Merziger / Holz / Timmann / Wille

Repetitorium Elementare Mathematik 2

REPETITORIUM
ELEMENTARE MATHEMATIK

Teil 1

Grundbegriffe
Beweise
Zahlen
Natürliche Zahlen
ggT, kgV
Euklidischer Algorithmus
Vollständige Induktion
Rationale Zahlen
Prozentrechnung
Reelle Zahlen
Potenzen
Logarithmen
Binomische Formeln
Pascalsches Dreieck
Koordinatensysteme
Geometrie
Dreieckskonstruktionen
Dreiecksberechnungen
Kreis, Ellipse, Hyperbel, Parabel
Gleichungen
Quadratische Gleichungen
Matrizen
Determinanten
Lineare Gleichungssysteme
Ungleichungen
Vektorrechnung
Skalarprodukt
Vektorprodukt
Spatprodukt
Geraden und Ebenen im Raum
Finanzmathematik
Dualsystem
Hexadezimalsystem

Teil 2

Polynome
Rationale Funktionen
Trigonometrische Funktionen
Exponentialfunktionen
Logarithmusfunktionen
Folgen
Reihen
Geometrische Reihe
Harmonische Reihe
Grenzwerte
Differenzialrechnung
Ableitungen
Technik des Differenzierens
Kurvendiskussionen
l'Hospital
Extremwertaufgaben
Integralrechnung
Technik des Integrierens
Partielle Integration
Integration durch Substitution
Hauptsatz
Flächenberechnungen
Volumen von Rotationskörpern
Kombinatorik
Wahrscheinlichkeiten
Zufallsvariablen
Verteilungen
Statistik
Komplexe Zahlen
Komplexe Zahlenebene
Multiplikation, Division
Potenzen, Wurzeln
Quadratische Gleichungen in $\mathbb{C}$

(i) $a_1 = \prod_{k=1}^{1} \frac{k}{k+1} = \frac{1}{2}$, $a_2 = \prod_{k=1}^{2} \frac{k}{k+1} = \frac{1}{2} \cdot \frac{2}{3} = \frac{1}{3}$,

$a_3 = \prod_{k=1}^{3} \frac{k}{k+1} = \frac{1}{2} \cdot \frac{2}{3} \cdot \frac{3}{4} = \frac{1}{4}$, $a_4 = \frac{1}{2} \cdot \frac{2}{3} \cdot \frac{3}{4} \cdot \frac{4}{5} = \frac{1}{5}$.

(j) $a_1 = \frac{2}{3}(1 - (-\frac{1}{2})^1) = 1$, $a_2 = \frac{2}{3}(1 - (-\frac{1}{2})^2) = \frac{2}{3} \cdot \frac{3}{4} = \frac{1}{2}$, $a_3 = \frac{2}{3} \cdot \frac{9}{8} = \frac{3}{4}$,
$a_4 = \frac{2}{3} \cdot \frac{15}{16} = \frac{5}{8}$, $a_5 = \frac{2}{3} \cdot \frac{33}{32} = \frac{11}{16}$.

(k) Mittels TR oder binomischer Formeln [**EM1**, Seite 104 ff] erhält man:
$(a_n) = 1, 1, 2, 3, 5, 8, 13, \ldots$ Das ist der Anfang der *Fibonacci–Folge*, vgl. [1.3 (a)].

1.2 *Man bestimme die ersten Glieder der rekursiv gegebenen Folgen:*

(a) $a_1 = 4, \quad a_{n+1} = a_n + 5, \quad n = 1, \ldots, 6,$
(b) $a_1 = 1, \quad a_{n+1} = a_n + n + 1, \quad n = 1, \ldots, 5,$
(c) $a_1 = 1, \quad a_{n+1} = \frac{1}{2}(1 + \frac{2}{a_n}), \quad n = 1, \ldots, 4,$
(d) $a_0 = 1, \quad a_{n+1} = \frac{2+a_n}{1+a_n}, \quad n = 0, \ldots, 4,$
(e) $a_0 = 1, \quad a_{n+1} = \frac{1}{1+a_n}, \quad n = 0, \ldots, 5,$
(f) $a_0 = 1, \quad a_{n+1} = \sqrt{1 + a_n}\,, \quad n = 0, \ldots, 3,$
(g) $a_0 = 1, \quad a_{n+1} = \sqrt{2 + a_n}\,, \quad n = 0, \ldots, 4.$

(a) $(a_n) = 4,\ 9,\ 14,\ 19,\ 24,\ 29, \ldots$
(b) $a_1 = 1, \quad a_2 = a_1 + 2 = 3, \quad a_3 = a_2 + 3 = 6, \quad a_4 = 6 + 4 = 10, \quad a_5 = 15.$
(c) $a_1 = 1, \quad a_2 = \frac{1}{2}(1 + \frac{2}{1}) = \frac{3}{2}, \quad a_3 = \frac{1}{2}(1 + \frac{2}{\frac{3}{2}}) = \frac{7}{6}, \quad a_4 = \frac{1}{2}(1 + \frac{2}{\frac{7}{6}}) = \frac{19}{14}.$
(d) $(a_n) = 1,\ \frac{3}{2},\ \frac{7}{5},\ \frac{17}{12},\ \frac{41}{29}, \ldots$
(e) $(a_n) = \frac{1}{1},\ \frac{1}{2},\ \frac{2}{3},\ \frac{3}{5},\ \frac{5}{8},\ \frac{8}{13}, \ldots$
(f) $a_0 = 1, \quad a_1 = \sqrt{2} \approx 1.4142, \quad a_3 = \sqrt{1 + \sqrt{2}} \approx 1.5538, \quad a_4 \approx 1.5981.$
(g) $a_0 = 1, \quad a_2 = \sqrt{3} \approx 1.7321, \quad a_3 = \sqrt{1 + \sqrt{3}} \approx 1.9319, \quad a_4 \approx 1.9829.$

Man kann eine Folge (a_n) auch rekursiv definieren durch zwei Startwerte a_1, a_2 und eine Vorschrift, mit der man a_{n+2} aus den beiden Vorgängern a_n und a_{n+1} berechnet: $a_{n+2} = f(a_n, a_{n+1})$.

1.3 *Man bestimme die ersten Glieder der rekursiv gegebenen Folgen:*

(a) $a_0 = 1, \quad a_1 = 1, \quad a_{n+2} = a_n + a_{n+1}, \quad n = 0, \ldots, 12,$
(b) $a_1 = 1, \quad a_2 = \frac{1}{2}, \quad a_{n+2} = \frac{a_n + a_{n+1}}{2}, \quad n = 1, \ldots, 5.$

(a) $(a_n) = 1,\ 1,\ 2,\ 3,\ 5,\ 8,\ 13,\ 21,\ 34,\ 55,\ 89,\ 144,\ 233, \ldots$
Diese (historisch berühmte) Folge heißt **Fibonacci–Folge**.

(b) $a_3 = \frac{1 + \frac{1}{2}}{2} = \frac{3}{4}, \quad a_4 = \frac{\frac{1}{2} + \frac{3}{4}}{2} = \frac{5}{8}, \quad a_5 = \frac{\frac{3}{4} + \frac{5}{8}}{2} = \frac{11}{16}.$

Endliche Folgen, Summen und Produkte werden in [**EM1**] ausführlich behandelt. Dort sind auch die Zeichen $\sum$ und $\prod$ erklärt.

Bei den folgenden Aufgaben benutze man ggf. einen Taschenrechner (TR).

1.1 *Man bestimme die ersten Glieder der explizit gegebenen Folgen:*

(a) $a_n = 5n - 1, \quad n = 1, \ldots, 6,$

(b) $a_n = 2^{n-3}, \quad n = 0, \ldots, 5,$

(c) $a_n = 2^n - 1, \quad n = 0, \ldots, 6,$

(d) $a_n = 1 + 2 + \cdots + n, \quad n = 1, \ldots, 6,$

(e) $a_n = n(n+1), \quad n = 1, \ldots, 4,$

(f) $a_n = 2n + (-1)^n, \quad n = 0, \ldots, 7,$

(g) $a_n = \sum_{k=1}^{n} (2k-1), \quad n = 1, \ldots, 4,$

(h) $a_n = \sum_{k=0}^{n} 2^k, \quad n = 1, \ldots, 6,$

(i) $a_n = \prod_{k=1}^{n} \frac{k}{k+1}, \quad n = 1, \ldots, 4,$

(j) $a_n = \frac{2}{3}\left(1 - (-\frac{1}{2})^n\right), \quad n = 1, \ldots, 5,$

(k) $a_n = \frac{1}{\sqrt{5}}\left(\left(\frac{1+\sqrt{5}}{2}\right)^{n+1} - \left(\frac{1-\sqrt{5}}{2}\right)^{n+1}\right), \quad n = 0, \ldots, 6.$

(a) $a_1 = 4, \; a_2 = 9, \; a_3 = 14, \; a_4 = 19, \; a_5 = 24, \; a_6 = 29.$

(b) $a_0 = \frac{1}{8}, \; a_1 = \frac{1}{4}, \; a_2 = \frac{1}{2}, \; a_3 = 1, \; a_4 = 2, \; a_5 = 4.$

(c) $a_0 = 0, \; a_1 = 1, \; a_2 = 3, \; a_3 = 7, \; a_4 = 15, \; a_5 = 31, \; a_6 = 63.$

(d) $a_1 = 1, \quad a_2 = 1 + 2 = 3, \quad a_3 = 1 + 2 + 3 = 6, \quad a_4 = 1 + 2 + 3 + 4 = 10,$
$a_5 = 1 + 2 + 3 + 4 + 5 = 15, \quad a_6 = 1 + 2 + 3 + 4 + 5 + 6 = 21.$

(e) $a_1 = 1 \cdot 2 = 2, \quad a_2 = 2 \cdot 3 = 6, \quad a_3 = 3 \cdot 4 = 12, \quad a_4 = 4 \cdot 5 = 20.$

(f) $(a_n) \; = \; 1, 1, 5, 5, 9, 9, 13, 13, \ldots$

(g) $a_1 = \sum_{k=1}^{1} (2k-1) = 1, \qquad a_2 = \sum_{k=1}^{2} (2k-1) = 1 + 3 = 4,$

$a_3 = \sum_{k=1}^{3} (2k-1) = 1 + 3 + 5 = 9, \qquad a_4 = \sum_{k=1}^{4} (2k-1) = 1 + 3 + 5 + 7 = 16.$

(h) $a_1 = \sum_{k=0}^{1} 2^k = 2^0 + 2^1 = 1 + 2 = 3, \qquad a_2 = \sum_{k=0}^{2} 2^k = 1 + 2 + 4 = 7,$

$a_3 = \sum_{k=0}^{3} 2^k = 1 + 2 + 4 + 8 = 15, \qquad a_4 = 31, \; a_5 = 63, \; a_6 = 127.$

1 Folgen

1.1 Grundlegende Eigenschaften von Folgen

Ist für jede natürliche Zahl n eine reelle Zahl a_n gegeben, so nennt man

$$a_1\ ,\ a_2\ ,\ a_3\ ,\ \dots\ ,\ a_n,\ \dots$$

eine **reelle Zahlenfolge** oder **Zahlenfolge** oder kurz **Folge**.

Folgen

Eine Folge $a_1, a_2, a_3, \dots, a_n, \dots$ ist durch ein **Bildungsgesetz** gegeben,

(a) **explizit** durch Angabe von $a_n = f(n),\ n \in \mathbb{N}$.

(b) **rekursiv** durch Angabe von a_1 und $a_{n+1} = f(a_n),\ n \in \mathbb{N}$.

Dabei ist f eine Funktion und $a_1 \in \mathbb{R}$ heißt **Startwert**.

Für die Folge $a_1, a_2, a_3, \dots, a_n, \dots$ schreibt man $(a_n),\ n \in \mathbb{N}$ oder kurz (a_n).
a_n heißt ***n*-tes Glied** der Folge (a_n), n heißt **Index**.
Die Bezeichnungen sind willkürlich, üblich sind auch (b_n) oder (x_k) usw.
Der Laufbereich des Indexes sollte klar sein oder angegeben werden:

$$n \in \mathbb{N} \quad \text{oder} \quad n = 0, 1, 2, \dots \quad \text{oder} \quad k \geq 2 \quad \text{usw.}$$

Ist eine Folge in der Form $(a_n) = a_1, a_2, a_3, \dots$ gegeben, so setzt man voraus, dass aus den angegebenen ersten Gliedern ein Bildungsgesetz erkennbar ist:

Zahlenfolge	nächstes Glied der Folge	Bildungsgesetz der Folge	Index
$1,\ 2,\ 3,\ 4,\ \dots$	5	$a_n = n$	$n = 1, 2, 3, \dots$
$2,\ 2,\ 2,\ 2,\ \dots$	2	$a_n = 2$	$n = 1, 2, 3, \dots$
$1,\ \frac{1}{2},\ \frac{1}{3},\ \frac{1}{4},\ \dots$	$\frac{1}{5}$	$a_n = \frac{1}{n}$	$n = 1, 2, 3, \dots$
$1,\ 2,\ 4,\ 8,\ \dots$	16	$a_n = 2^n$	$n = 0, 1, 2, \dots$
$2,\ 5,\ 8,\ 11,\ \dots$	14	$a_n = 2 + 3n$	$n = 0, 1, 2, \dots$
$\frac{4}{1},\ \frac{5}{2},\ \frac{6}{3},\ \frac{7}{4},\ \dots$	$\frac{8}{5}$	$a_n = \frac{n+1}{n-2}$	$n = 3, 4, 5, \dots$
$1,\ -1,\ 1,\ -1,\ \dots$	1	$a_n = (-1)^n$	$n = 0, 1, 2, \dots$
$-\frac{1}{2},\ \frac{2}{3},\ -\frac{3}{4},\ \frac{4}{5},\ \dots$	$-\frac{5}{6}$	$a_n = (-1)^n \frac{n}{n+1}$	$n = 1, 2, 3, \dots$

Die letzten beiden Folgen heißen **alternierend**. Ihre Glieder haben wechselndes Vorzeichen.

Griechisches Alphabet

A	α	alpha	I	ι	iota	P	ρ	rho
B	β	beta	K	κ	kappa	Σ	σ	sigma
Γ	γ	gamma	Λ	λ	lambda	T	τ	tau
Δ	δ	delta	M	μ	mü	Υ	υ	üpsilon
E	ϵ	epsilon	N	ν	nü	Φ	φ	phi
Z	ζ	zeta	Ξ	ξ	xi	X	χ	chi
H	η	eta	O	o	omicron	Ψ	ψ	psi
Θ	θ	theta	Π	π	pi	Ω	ω	omega

Deutsches Alphabet

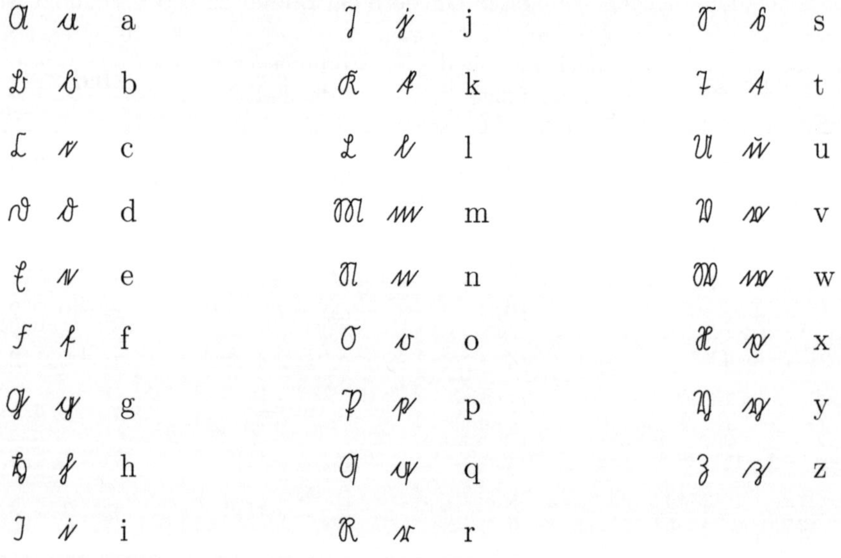

1.4 *Man bestimme ein explizites Bildungsgesetz der rekursiv gegebenen Folgen:*

(a) $a_1 = 4, \quad a_{n+1} = a_n + 5,$

(b) $a_1 = 1, \quad a_{n+1} = a_n + n + 1,$

(c) $a_0 = -2, \quad a_{n+1} = -\frac{1}{2}a_n,$

(d) $a_1 = \frac{1}{2}, \quad a_{n+1} = a_n - \frac{1}{2n(n+1)},$

(e) $a_1 = 1, \quad a_{n+1} = a_n(n+1)\,.$

(a) $a_1 = 4,\ a_2 = 4+5,\ a_3 = 4+5+5,\ \ldots$
Man sieht $a_n = 4 + (n-1)5$ bzw. $a_n = -1 + 5n$ für $n \geq 1$.

(b) $a_1 = 1, \quad a_2 = 1+2, \quad a_3 = 1+2+3, \quad a_4 = 1+2+3+4, \ldots,$ vgl. [1.1 (d)].
Man sieht $a_n = 1 + 2 + \cdots + n = \frac{1}{2}n(n+1)$ für $n \geq 1$, [**EM1**, Seite 31].

(c) $a_0 = -2,\ a_1 = -2(-\frac{1}{2}),\ a_2 = -2(-\frac{1}{2})(-\frac{1}{2}) = -2(-\frac{1}{2})^2,\ a_3 = -2(-\frac{1}{2})^3,\ \ldots$
also $a_n = -2(-\frac{1}{2})^n$ für $n \geq 0$.

(d) $a_1 = \frac{1}{2},\ a_2 = \frac{1}{4},\ a_3 = \frac{1}{6},\ a_4 = \frac{1}{8},\ \ldots$
Man vermutet $a_n = \frac{1}{2n}$. Dies stimmt für $n = 1$ und folgt wegen

$$a_{n+1} = a_n - \frac{1}{2n(n+1)} = a_n - \left(\frac{1}{2n} - \frac{1}{2(n+1)}\right)$$

durch vollständige Induktion.

(e) $a_1 = 1,\ a_2 = 1 \cdot 2,\ a_3 = 1 \cdot 2 \cdot 3,\ a_4 = 1 \cdot 2 \cdot 3 \cdot 4$, und man sieht $a_n = n!\,,\ n \geq 1\,.$

> Ist eine Folge explizit durch $a_n = f(n)$ gegeben, so liefert die
> **Differenzenfolge** $\quad a_{n+1} - a_n = f(n+1) - f(n)$
> das rekursive Bildungsgesetz $\quad a_{n+1} = a_n + f(n+1) - f(n)\,.$

1.5 *Man bestimme ein rekursives Bildungsgesetz der explizit gegebenen Folgen:*

(a) $a_n = n(n+1),\ n \geq 1, \qquad$ (b) $a_n = \frac{1}{n},\ n \geq 1.$

(a)
$$\begin{aligned} a_n &= n(n+1) = f(n) \quad \text{ergibt die Folge } 2, 6, 12, 20, 30, 42, \ldots \\ a_{n+1} &= a_n + f(n+1) - f(n) \\ &= a_n + \big((n+1)(n+2) - n(n+1)\big) \\ &= a_n + (n+1)(n+2-n) = a_n + 2(n+1) \end{aligned}$$

Ein rekursives Bildungsgesetz ist also: $a_1 = 2,\ a_{n+1} = a_n + 2(n+1)\,.$

(b)
$$\begin{aligned} a_n &= \tfrac{1}{n} = f(n) \quad \text{ergibt die Folge } 1, \tfrac{1}{2}, \tfrac{1}{3}, \tfrac{1}{4}, \tfrac{1}{5}, \tfrac{1}{6}, \ldots \\ a_{n+1} &= a_n + f(n+1) - f(n) \\ &= a_n + \left(\tfrac{1}{n+1} - \tfrac{1}{n}\right) \\ &= a_n + \tfrac{-1}{n(n+1)} = a_n - \tfrac{1}{n(n+1)} \end{aligned}$$

Ein rekursives Bildungsgesetz ist also: $a_1 = 1,\ a_{n+1} = a_n - \frac{1}{n(n+1)}\,.$

1.6 *Man bestimme ein explizites und ein rekursives Bildungsgesetz der Folgen:*

(a) $1, 2, 3, 4, \dots$ (b) $1, 0, 1, 0, 1, 0, \dots$ (c) $2, 2, 2, 2, \dots$

(d) $-\frac{1}{4}, \frac{1}{8}, -\frac{1}{16}, \frac{1}{32}, \dots$ (e) $0, 2, 4, 6, 8, 10, \dots$ (f) $1, \frac{1}{2}, \frac{1}{3}, \frac{1}{4}, \frac{1}{5}, \frac{1}{6}, \dots$

(g) $1, 3, 5, 7, 9, 11, \dots$ (h) $2, 6, 12, 20, 30, \dots$ (i) $1, 2, 4, 8, 16, 32, \dots$

(j) $1, 2, 6, 24, 120, 720, \dots$ (k) $1, -1, 1, -1, 1, \dots$ (l) $1, 4, 9, 16, 25, \dots$

(a) Folge der natürlichen Zahlen
expl.: $a_n = n,\ n \in \mathbb{N}$,
rek.: $a_1 = 1,\ a_{n+1} = a_n + 1$.

(b) Folge $1, 0, 1, 0, 1, 0, \dots$
expl.: $a_n = \frac{1}{2}\big(1 + (-1)^n\big),\ n \geq 0$,
rek.: $a_0 = 1,\ a_{n+1} = a_n + (-1)^{n+1}$.

(c) Konstante Folge (2)
expl.: $a_n = 2,\ n = 1, 2, 3, \dots$,
rek.: $a_1 = 2,\ a_{n+1} = a_n$.

(d) Folge $-\frac{1}{4}, \frac{1}{8}, -\frac{1}{16}, \frac{1}{32}, \dots$
expl.: $a_n = \frac{1}{2}(-\frac{1}{2})^n,\ n \geq 1$,
rek.: $a_1 = -\frac{1}{4},\ a_{n+1} = -\frac{1}{2}a_n$.

(e) Folge der geraden Zahlen
expl.: $a_n = 2n,\ n \geq 0$,
rek.: $a_0 = 0,\ a_{n+1} = a_n + 2$.

(f) Folge $1, \frac{1}{2}, \frac{1}{3}, \frac{1}{4}, \frac{1}{5}, \frac{1}{6}, \dots$, vgl. [1.5 (b)]
expl.: $a_n = \frac{1}{n},\ n \geq 1$,
rek.: $a_1 = 1,\ a_{n+1} = a_n - \frac{1}{n(n+1)}$.

(g) Folge der ungeraden Zahlen
expl.: $a_n = 2n - 1,\ n \geq 1$,
rek.: $a_1 = 1,\ a_{n+1} = a_n + 2$.

(h) Folge $2, 6, 12, 20, 30, 42, \dots$, vgl. [1.5(a)]
expl.: $a_n = n(n+1),\ n \geq 1$,
rek.: $a_1 = 2,\ a_{n+1} = a_n + 2(n+1)$.

(i) Folge der Potenzen von 2
expl.: $a_n = 2^n,\ n \geq 0$,
rek.: $a_0 = 1,\ a_{n+1} = 2a_n$.

(j) Folge der Fakultäten, vgl. [1.4 (e)]
expl.: $a_n = n!,\ n \geq 1$,
rek.: $a_1 = 1,\ a_{n+1} = a_n(n+1)$.

(k) Alternierende Folge $1, -1, 1, \dots$
expl.: $a_n = (-1)^n,\ n \geq 0$,
rek.: $a_0 = 1,\ a_{n+1} = -a_n$.

(l) Folge der Quadratzahlen
expl.: $a_n = n^2,\ n \geq 1$,
rek.: $a_0 = 1,\ a_{n+1} = a_n + 2n + 1$.

1.7 *Man bestimme* (a) *ein rekursives und* (b) *ein explizites Bildungsgesetz der Folge* $1, 5, 10, 16, 23, \dots$ *Hinweis: Betrachte die Differenzenfolge* $(a_{n+1} - a_n)$.

(a) Rekursiv: Es ist $a_2 - a_1 = 4$, $a_3 - a_2 = 5$, $a_4 - a_3 = 6$, $a_5 - a_6 = 7, \dots$
Die Differenzenfolge $(a_{n+1} - a_n)$ ist $4, 5, 6, 7, \dots$, also gilt $a_{n+1} - a_n = n + 3$.
Damit findet man das rekursive Bildungsgesetz $a_1 = 1,\ a_{n+1} = a_n + n + 3$.

(b) Explizit: Rückwärtseinsetzen, siehe auch [**EM1**, Seite 27], ergibt

$$a_n = a_{n-1} + (n-1) + 3 = a_{n-2} + ((n-2) + 3) + ((n-1) + 3) = \dots$$

$$= a_1 + (1+3) + (2+3) + \dots + ((n-1) + 3)$$
$$= a_1 + \big(1 + 2 + \dots + (n-1)\big) + \big(3 + 3 + \dots + 3\big)$$
$$= a_1 + \sum_{k=1}^{n-1} k + \sum_{k=1}^{n-1} 3$$
$$= 1 + \tfrac{1}{2}n(n-1) + 3(n-1) = \tfrac{1}{2}n^2 + \tfrac{5}{2}n - 2\,.$$

$$\sum_{k=1}^{n-1} k = \tfrac{1}{2}n(n-1),$$
siehe [**EM1**, S. 31].

Eigenschaften von Folgen

Eine Folge (a_n) heißt	falls
monoton wachsend	$a_n \leq a_{n+1}$ für alle n.
streng monoton wachsend	$a_n < a_{n+1}$ für alle n.
monoton fallend	$a_{n+1} \leq a_n$ für alle n.
streng monoton fallend	$a_{n+1} < a_n$ für alle n.
monoton	die Folge monoton wächst oder monoton fällt.
streng monoton	die Folge streng monoton wächst oder streng monoton fällt.
nach oben beschränkt	es ein $S \in \mathbb{R}$ gibt mit $a_n \leq S$ für alle n. S heißt dann **obere Schranke** der Folge.
nach unten beschränkt	es ein $S \in \mathbb{R}$ gibt mit $S \leq a_n$ für alle n. S heißt dann **untere Schranke** der Folge.
beschränkt	die Folge nach oben und nach unten beschränkt ist.

Es gibt einige offensichtliche Zusammenhänge zwischen diesen Eigenschaften: Beispielsweise ist jede streng monotone Folge auch monoton, jede monoton wachsende Folge nach unten beschränkt durch die Schranke a_1 und jede monoton fallende Folge nach oben beschränkt durch die Schranke a_1.
Ist S eine obere (untere) Schranke von (a_n), so ist natürlich jede größere (kleinere) Zahl ebenfalls eine obere (untere) Schranke der Folge.

1.8 *Welche der genannten Eigenschaften haben die Folgen* (a_n) *?*

(a) $a_n = n$, (b) $a_n = 1$, (c) $a_n = \frac{1}{n}$, (d) $a_n = (-1)^n$.

(a) $a_n = n$: Die Folge der natürlichen Zahlen ist streng monoton wachsend, denn $a_n = n < n+1 = a_{n+1}$. Also ist die Zahl $a_1 = 1$ oder jede kleinere Zahl untere Schranke der Folge (n). Sie ist nicht nach oben beschränkt, da es zu jeder reellen Zahl eine natürliche Zahl gibt, die größer ist.

(b) $a_n = 1$: Konstante Folgen sind sowohl monoton wachsend als auch monoton fallend, aber nicht streng monoton. Natürlich sind sie beschränkt.

(c) $a_n = \frac{1}{n}$: Die Folge $(\frac{1}{n})$ ist streng monoton fallend, da $a_{n+1} = \frac{1}{n+1} < \frac{1}{n} = a_n$. Also ist sie durch $a_1 = 1$ nach oben beschränkt. Sie ist durch 0 oder jede negative Zahl nach unten beschränkt, denn für alle natürlichen Zahlen n gilt $0 < \frac{1}{n} = a_n$.

(d) $a_n = (-1)^n$: Die Folge (a_n) ist nicht monoton, aber beschränkt. Z.B. ist 1 eine obere und -1 eine untere Schranke.

1.9 *Sind die rekursiv gegebenen Folgen aus* [1.4] *monoton?*

Die Folgen (a), (b), (e) sind streng monoton wachsend, Folge (d) ist streng monoton fallend. Die Folge (c) ist weder monoton wachsend noch monoton fallend.

1.2 Arithmetische und geometrische Folgen

Arithmetische und geometrische Folgen

(a_n) heißt **arithmetische Folge**, falls die Differenz aufeinanderfolgender Glieder konstant ist, d.h. es gibt eine reelle Zahl d mit $a_{n+1} - a_n = d$ für alle n.

arithmetische Folge: $\boxed{a_n = a_1 + (n-1)d}$

(a_n) heißt **geometrische Folge**, falls der Quotient aufeinanderfolgender Glieder konstant ist, d.h. es ist $a_n \neq 0$ und es gibt $q \in \mathbb{R}$ mit $\frac{a_{n+1}}{a_n} = q$ für alle n.

geometrische Folge: $\boxed{a_n = a_1 q^{n-1}}$

Nur konstante Folgen $\neq 0, 0, \ldots$ sind zugleich arithmetisch und geometrisch! [1.12(a)]

1.10 *Man bestimme die ersten 6 Glieder der arithmetischen Folge (a_n) mit*
(a) $a_1 = -2,\ d = 3$, (b) $a_1 = 1,\ d = -2$.

(a) $a_1 = -2,\ d = 3 \implies a_2 = 1,\ a_3 = 4,\ a_4 = 7,\ a_5 = 10,\ a_6 = 13.$

(b) $a_1 = 1,\ d = -2 \implies a_2 = -1,\ a_3 = -3,\ a_4 = -5,\ a_5 = -7,\ a_6 = -9.$

1.11 *Man bestimme die ersten 5 Glieder sowie ein explizites Bildungsgesetz der geometrischen Folge (a_n) mit*
(a) $a_1 = 1,\ q = 2$, (b) $a_1 = 1,\ q = \frac{1}{2}$, (c) $a_1 = 2,\ q = -1$,
(d) $a_1 = 1,\ q = -\frac{1}{3}$, (e) $a_1 = \frac{1}{3},\ q = -3$, (f) $a_1 = -\frac{1}{6},\ q = -\frac{2}{3}$.

(a) $a_1 = 1,\ q = 2 \implies a_2 = 2,\ a_3 = 4,\ a_4 = 8,\ a_5 = 16,\ a_n = 2^{n-1}.$

(b) $a_1 = 1,\ q = \frac{1}{2} \implies a_2 = \frac{1}{2},\ a_3 = \frac{1}{4},\ a_4 = \frac{1}{8},\ a_5 = \frac{1}{16},\ a_n = \frac{1}{2^{n-1}}.$

(c) $a_1 = 2,\ q = -1 \implies a_2 = -2,\ a_3 = 2,\ a_4 = -2,\ a_5 = 2,\ a_n = -2(-1)^n.$

(d) $a_1 = 1,\ q = -\frac{1}{3} \implies a_2 = -\frac{1}{3},\ a_3 = \frac{1}{9},\ a_4 = -\frac{1}{27},\ a_5 = \frac{1}{81},\ a_n = (-\frac{1}{3})^{n-1}.$

(e) $a_1 = \frac{1}{3},\ q = -3 \implies a_2 = -1,\ a_3 = 3,\ a_4 = -9,\ a_5 = 27,\ a_n = \frac{1}{3}(-3)^{n-1}.$

(f) $a_1 = -\frac{1}{6},\ q = -\frac{2}{3} \implies a_2 = \frac{1}{9},\ a_3 = -\frac{2}{27},\ a_4 = \frac{4}{81},\ a_5 = \frac{8}{243},\ a_n = -\frac{1}{6}(-\frac{2}{3})^{n-1}.$

1.12 *Sind die Folgen (a_n) arithmetisch bzw. geometrisch?*
(a) $a_n = 1$, (b) $a_n = n$, (c) $a_n = (-\frac{1}{2})^n$, (d) $a_n = \frac{1}{n}$,
(e) $a_n = 1 + 3n$, (f) $a_n = \frac{2^n}{3^{n+1}}$, (g) $a_1 = a_2 = 1,\ a_{n+2} = a_n + a_{n+1}$.

(a) Die Folge $(a_n) = 1, 1, 1, 1, \ldots$ ist arithmetisch mit $a_1 = 1,\ d = 0$ und geometrisch mit $a_1 = 1,\ q = 1$.

(b) Die Folge $(a_n) = 1, 2, 3, 4, \ldots$ ist arithmetisch mit $a_1 = 1,\ d = 1$, aber nicht geometrisch.

(c) Die Folge $a_n = (-\frac{1}{2})^n$ ist geometrisch mit $a_1 = -\frac{1}{2},\ q = -\frac{1}{2}$, aber nicht arithmetisch.

1.19 *Bestimme ggf. den Grenzwert a der Folgen (a_n) und zu einem beliebigen $\varepsilon > 0$ einen passenden Index n_0, von dem ab der Abstand $|a_n - a| < \varepsilon$ ist:*

(a) $a_n = \frac{5}{3n}$, (b) $a_n = \frac{(-1)^n}{n+1}$, (c) $a_n = 1 - \frac{1}{n^2}$,

(d) $a_n = \frac{2n^2}{n^2+1}$, (e) $a_n = \frac{n^2}{2n+1}$, (f) $a_n = 1 + (-1)^n$.

(a) $\lim\limits_{n\to\infty} \frac{5}{3n} = 0$, d.h. (a_n) ist eine Nullfolge.
Sei $\varepsilon > 0$ beliebig vorgegeben.
Gesucht ist $n_0 \in \mathbb{N}$ mit $|a_n - 0| = \frac{5}{3n} < \varepsilon$ für $n \geq n_0$. Es gilt: $\frac{5}{3n} < \varepsilon \iff \frac{5}{3\varepsilon} < n$.
Wähle $n_0 > \frac{5}{3\varepsilon}$. Dann gilt $|0 - a_n| = \frac{5}{3n} \leq \frac{5}{3n_0} < \varepsilon$ für alle $n \geq n_0$.

(b) $\lim\limits_{n\to\infty} \frac{(-1)^n}{n+1} = 0$, d.h. (a_n) ist eine Nullfolge.
Im Unterschied zur Folge in (a) liegen die Glieder der Folge $1, -\frac{1}{2}, \frac{1}{3}, -\frac{1}{4}, \frac{1}{5}, \ldots$ abwechselnd rechts und links von 0, es handelt sich um eine alternierende Folge.
Der Abstand von a_n und 0 ist $|a_n - 0| = \left|\frac{(-1)^n}{n+1}\right| = \frac{1}{n+1}$.
Sei $\varepsilon > 0$ beliebig vorgegeben. Es gilt $|a_n - 0| = \frac{1}{n+1} < \varepsilon \iff n + 1 > \frac{1}{\varepsilon}$.
Wähle $n_0 > \frac{1}{\varepsilon}$ und $n \geq n_0$. Dann ist $n + 1 > n_0 > \frac{1}{\varepsilon}$, also $|0 - a_n| = \frac{1}{n+1} < \varepsilon$.

(c) $\lim\limits_{n\to\infty} \left(1 - \frac{1}{n^2}\right) = 1$:
Für genügend große n liegen die Glieder der Folge beliebig nahe bei 1, da $(\frac{1}{n^2})$ analog zu $(\frac{1}{n})$ eine Nullfolge ist. Also ist 1 Grenzwert der Folge.
Exakt: $|1 - a_n| = \left|1 - (1 - \frac{1}{n^2})\right| = \frac{1}{n^2} \leq \frac{1}{n} < \varepsilon$ für alle $n \geq n_0 > \frac{1}{\varepsilon}$.

(d) $\lim\limits_{n\to\infty} \frac{2n^2}{n^2+1} = 2$:
Es ist $\frac{2n^2}{n^2+1} = 2 - \frac{2}{n^2+1}$, und die Ausdrücke $\frac{2}{n^2+1}$ werden für genügend große n beliebig klein, also hat die Folge den Grenzwert 2.
Exakt: $|2 - a_n| = \frac{2}{n^2+1} \leq \frac{1}{n}$, denn $2n \leq n^2 + 1$, da $n^2 - 2n + 1 = (n-1)^2 \geq 0$.
Wähle $n_0 > \frac{1}{\varepsilon}$. Dann gilt $\varepsilon > \frac{1}{n_0} \geq \frac{1}{n} \geq |2 - a_n|$ für alle $n \geq n_0$.

(e) Die ersten Glieder der Folge sind $\frac{1}{3}, \frac{4}{5}, \frac{9}{7}, \frac{16}{9}, \frac{25}{11}, \frac{36}{13}, \frac{49}{15}$.
Es scheint also, dass die Glieder der Folge beliebig groß werden. Dies ist richtig.
Es ist $a_n = \frac{n^2}{2n+1} \geq \frac{n^2}{2n+n} = \frac{n}{3}$, und schon die Zahlen $\frac{n}{3}$ werden beliebig groß.
Die Folge (a_n) hat keinen Grenzwert, sie ist bestimmt divergent gegen ∞ (s.u.).

(f) Es ist $a_1 = 0$, $a_2 = 2$, $a_3 = 0$, $a_4 = 2$, ...
Analog zur Folge $-1, 1, -1, 1, \ldots$, siehe [1.18 (c)], hat (a_n) keinen Grenzwert, ist aber beschränkt.

Die Folgen in [1.19 (a),(c),(d),(e)] sind sog. **rationale Folgen**. Ihre Grenzwerte kann man leicht ausrechnen. Siehe dazu [Seite 25].

Uneigentliche Grenzwerte, bestimmt divergente Folgen

$\lim_{n\to\infty} a_n = \infty \iff$ Zu jeder Zahl S gibt es ein $n_0 \in \mathbb{N}$, so dass für alle $n \geq n_0$ gilt $a_n \geq S$.

$\lim_{n\to\infty} a_n = -\infty \iff$ Zu jeder Zahl S gibt es ein $n_0 \in \mathbb{N}$, so dass für alle $n \geq n_0$ gilt $a_n \leq S$.

In diesen Fällen nennt man die Folgen (a_n) **bestimmt divergent**, ∞ bzw. $-\infty$ heißt **uneigentlicher Grenzwert** von (a_n).

Man sagt, dass die Folge (a_n) für genügend große n **über alle Grenzen wächst** bzw. **unter alle Grenzen fällt**. Man schreibt

$$\lim_{n\to\infty} a_n = \infty \text{ oder } a_n \longrightarrow \infty \quad \text{bzw.} \quad \lim_{n\to\infty} a_n = -\infty \text{ oder } a_n \longrightarrow -\infty.$$

Beispiele:

(1) Die Folge (n^2), also $1,\ 4,\ 9,\ 16,\ \ldots$ wächst über alle Grenzen.
Es gilt $\lim_{n\to\infty} n^2 = \infty$. Die Folge (n^2) ist bestimmt divergent gegen ∞.

(2) Die Folge (-2^n), also $-2,\ -4,\ -8,\ -16,\ \ldots$ fällt unter alle Grenzen.
Es gilt $\lim_{n\to\infty} (-2^n) = -\infty$. Die Folge (-2^n) ist bestimmt divergent gegen $-\infty$.

1.20 *Sind die Folgen (a_n) bestimmt divergent?*

(a) $a_n = 2^n$, (b) $a_n = (-1)^n$, (c) $a_n = \frac{n^2+n+1}{n+1}$, (d) $a_n = 1 - \sqrt{n}$,
(e) $a_n = (-n)^n$, (f) $a_n = (n-1)^2$, (g) $a_n = \frac{2^n}{n^4}$, (h) $a_n = (-1)^n \frac{2^n}{n^4}$.

(a) Mit n wächst auch $2^n > n$ für genügend große n über alle Grenzen.
Also $\lim_{n\to\infty} 2^n = \infty$ bzw. $2^n \longrightarrow \infty$, d.h. die Folge (2^n) ist bestimmt divergent.

(b) $a_n = (-1)^n$: Nach [1.17 (c)] hat die alternierende Folge keinen Grenzwert, sie ist divergent. Da sie beschränkt ist, kann sie nicht bestimmt divergent sein.

(c) Es ist $a_n = \frac{n^2+n+1}{n+1} = n + \frac{1}{n+1} > n$.
Mit n wächst also auch a_n über alle Grenzen, d.h. $\lim_{n\to\infty} a_n = \infty$ bzw. $a_n \longrightarrow \infty$.
Zu jedem S gibt es ein $n_0 \geq S$. Dann gilt $a_n > n \geq n_0 \geq S$ für alle $n \geq n_0$.

(d) $\sqrt{n}$ wächst ebenso wie n über alle Grenzen. Also fällt $1 - \sqrt{n}$ unter alle Grenzen, d.h. $\lim_{n\to\infty} 1 - \sqrt{n} = -\infty$, Die Folge $(1 - \sqrt{n})$ ist bestimmt divergent gegen $-\infty$.

(e) Die alternierende Folge $a_n = (-n)^n$ ist divergent, aber nicht bestimmt divergent. Ihr Betrag $|a_n| = n^n$ wächst über alle Grenzen. Wegen des wechselnden Vorzeichens kann $a_n = (-n)^n$ nicht bestimmt gegen $+\infty$ oder gegen $-\infty$ divergieren.

(f) $a_n = (n-1)^2 \longrightarrow \infty$: Die Folge ist bestimmt divergent gegen ∞.

(g) $a_n = \frac{2^n}{n^4}$: $a_n > 0$ und der Kehrwert $\frac{n^4}{2^n} \longrightarrow 0$ [Seite 23], also $\frac{2^n}{n^4} \longrightarrow \infty$.

(h) $a_n = (-1)^n \frac{2^n}{n^4}$: Diese Folge divergiert, ist aber nicht bestimmt divergent.
Nach (g) gehen die Glieder mit geradem Index gegen ∞ und die Glieder mit ungeradem Index gegen $-\infty$.

1.4 Bestimmung von Grenzwerten

Wichtige Grenzwerte

$\lim\limits_{n\to\infty} \frac{1}{n} = 0$	$\lim\limits_{n\to\infty} \frac{c}{n^r} = 0$ für $r > 0,\ c$ fest
$\lim\limits_{n\to\infty} a^n = 0$ für $\lvert a\rvert < 1$	$\lim\limits_{n\to\infty} a^n \cdot n^k = 0$ für $\lvert a\rvert < 1,\ k \in \mathbb{N}$ fest
$\lim\limits_{n\to\infty} \sqrt[n]{a} = 1$ für $a > 0$	$\lim\limits_{n\to\infty} \frac{n^k}{a^n} = 0$ für $\lvert a\rvert > 1,\ k \in \mathbb{N}$ fest
$\lim\limits_{n\to\infty} \sqrt[n]{n} = 1$	$\lim\limits_{n\to\infty} \left(1 + \frac{1}{n}\right)^n = \mathrm{e} \approx 2.718$

Es gibt kein allgemeines Verfahren, Grenzwerte zu bestimmen.
Häufig versucht man, unbekannte Grenzwerte auf bekannte zurückzuführen. Im Folgenden findet man einige dafür nützliche Rechenregeln und Verfahren.

Rechenregeln für Grenzwerte

$$\begin{array}{l} \lim\limits_{n\to\infty} a_n = a \\ \lim\limits_{n\to\infty} b_n = b \end{array} \quad \Longrightarrow \quad \begin{cases} \lim\limits_{n\to\infty} (a_n + b_n) = a + b \\ \lim\limits_{n\to\infty} (a_n - b_n) = a - b \\ \lim\limits_{n\to\infty} (a_n \cdot b_n) = a \cdot b \\ \lim\limits_{n\to\infty} \frac{a_n}{b_n} = \frac{a}{b} \quad \text{für } b_n \neq 0\ ,\ b \neq 0 \\ a_n \le b_n \text{ für } n \ge n_0 \Longrightarrow a \le b \end{cases}$$

1.21 *Man bestimme ggf. den Grenzwert der Folgen* (a_n)*:*

(a) $a_n = \frac{1}{n^2}$, (b) $a_n = \frac{2n+1}{n^2+n}$, (c) $a_n = \left(-\frac{4}{5}\right)^n$, (d) $a_n = \frac{3^n+2^n}{1-3^n}$,

(e) $a_n = \sqrt[n]{\mathrm{e}}$, (f) $a_n = \sqrt[n]{n^2}$, (g) $a_n = \frac{n^2}{2^n}$, (h) $a_n = \left(1 + \frac{1}{n}\right)^{n+1}$.

(a) Aus $\lim\limits_{n\to\infty} \frac{1}{n} = 0$ folgt $\lim\limits_{n\to\infty} \frac{1}{n^2} = \lim\limits_{n\to\infty} \left(\frac{1}{n} \cdot \frac{1}{n}\right) = \left(\lim\limits_{n\to\infty} \frac{1}{n}\right) \cdot \left(\lim\limits_{n\to\infty} \frac{1}{n}\right) = 0 \cdot 0 = 0.$

(b) Man klammert die höchsten Potenzen von n aus, kürzt und erhält:

$$a_n = \frac{2n+1}{n^2+n} = \frac{n(2+\frac{1}{n})}{n^2(1+\frac{1}{n})} = \frac{1}{n} \cdot \frac{2+\frac{1}{n}}{1+\frac{1}{n}} \longrightarrow 0 \cdot \frac{2+0}{1+0} = 0.$$

(c) Ist $\lvert a\rvert < 1$, so gilt $a^n \longrightarrow 0$. Also $\left(-\frac{4}{5}\right)^n \longrightarrow 0.$

(d) Es gilt $a_n = \frac{3^n+2^n}{1-3^n} = \frac{3^n(1+(\frac{2}{3})^n)}{3^n(\frac{1}{3^n}-1)} = \frac{1+(\frac{2}{3})^n}{\frac{1}{3^n}-1} \longrightarrow \frac{1+0}{0-1} = -1.$

(e) Ist $a > 0$, so gilt $\sqrt[n]{a} \longrightarrow 1$. Also $\sqrt[n]{\mathrm{e}} \longrightarrow 1$.

(f) $\sqrt[n]{n} \longrightarrow 1$, also $\sqrt[n]{n^2} = \left(\sqrt[n]{n}\right)^2 \longrightarrow 1^2 = 1.$

(g) $\frac{n^k}{a^n} \underset{n\to\infty}{\longrightarrow} 0$ für $\lvert a\rvert > 1,\ k \in \mathbb{N}$ fest, also $\frac{n^2}{2^n} \longrightarrow 0.$

(h) Es gilt $a_n = \left(1 + \frac{1}{n}\right)^{n+1} = \left(1 + \frac{1}{n}\right)^n \cdot \left(1 + \frac{1}{n}\right) \longrightarrow \mathrm{e} \cdot (1+0) = \mathrm{e}.$

Die oben angegebenen Rechenregeln gelten unter den folgenden Vereinbarungen auch für uneigentliche Grenzwerte.

Rechnen mit $\pm\infty$

∞ und $-\infty$ sind keine Zahlen, man kann mit ihnen nicht wie üblich rechnen. Es ist aber bequem, $-\infty < a < \infty$ für $a \in \mathbb{R}$ zu vereinbaren, sowie:

$$\begin{aligned} a+\infty &= \infty && \text{für } a \in \mathbb{R} \\ a-\infty &= -\infty && \text{für } a \in \mathbb{R} \\ \infty+\infty &= \infty \\ \infty\cdot\infty &= \infty \\ \frac{1}{\infty} &= 0 \\ a\cdot\infty &= \begin{cases} \infty & \text{für } a>0 \\ -\infty & \text{für } a<0 \end{cases} \end{aligned}$$

$\infty-\infty,\ \frac{\infty}{\infty},\ \frac{0}{0},\ 0\cdot\infty,\ \ldots$

werden **nicht definiert**!

Diese sog. *unbestimmten Ausdrücke* werden auf [S. 158] und in [**HM**] behandelt.

1.22 *Man bestimme den eventuell uneigentlichen Grenzwert der Folgen* (a_n):

(a) $(n+\frac{1}{n})n^{-1/2}$, (b) $\frac{n+2^n}{1-n}$, (c) $\frac{n+e^n}{\sqrt{n}}$,

(d) $\sqrt{n+1}-\sqrt{n}$, (e) $\sqrt{n^2+n}-\sqrt{n^2+1}$, (f) $\sqrt{n^3+n^2}-\sqrt{n^3}$.

Hinweis für die letzten drei Aufgaben: Erweitere mit $\sqrt{\ldots}+\sqrt{\ldots}$.

$$\sqrt{a}-\sqrt{b} = \frac{(\sqrt{a}-\sqrt{b})(\sqrt{a}+\sqrt{b})}{\sqrt{a}+\sqrt{b}} = \frac{a-b}{\sqrt{a}+\sqrt{b}}$$

(a) Es gilt $(n+\frac{1}{n})n^{-1/2} = \sqrt{n}+\frac{1}{n^{3/2}} \longrightarrow \infty+0=\infty$.

(b) Aus $\frac{n^k}{2^n} \xrightarrow[n\to\infty]{} 0$, siehe [Kasten Seite 23], folgt $\frac{2^n}{n} \longrightarrow \infty$. Damit ergibt sich

$$\frac{n+2^n}{1-n} = \frac{n(1+\frac{2^n}{n})}{n(\frac{1}{n}-1)} = \frac{1+\frac{2^n}{n}}{\frac{1}{n}-1} \longrightarrow (-1)\cdot\infty = -\infty.$$

(c) Aus $\frac{e^n}{\sqrt{n}} \ge \frac{e^n}{n} \longrightarrow \infty$, vgl. (b), folgt $\frac{n+e^n}{\sqrt{n}} = \sqrt{n}+\frac{e^n}{\sqrt{n}} \longrightarrow \infty+\infty=\infty$.

Die Aufgaben (d) - (f) zeigen, dass $\infty-\infty$ nicht sinnvoll definiert werden kann.

(d) $a_n = \sqrt{n+1}-\sqrt{n} = \frac{\left(\sqrt{n+1}-\sqrt{n}\right)\left(\sqrt{n+1}+\sqrt{n}\right)}{\sqrt{n+1}+\sqrt{n}} = \frac{1}{\sqrt{n+1}+\sqrt{n}} \longrightarrow 0.$

(e) $\sqrt{n^2+n}-\sqrt{n^2+1} = \frac{(n^2+n)-(n^2+1)}{\sqrt{n^2+n}+\sqrt{n^2+1}} = \frac{1-\frac{1}{n}}{\sqrt{1+\frac{1}{n}}+\sqrt{1+\frac{1}{n^2}}} \longrightarrow \frac{1}{2}.$

(f) $\sqrt{n^3+n^2}-\sqrt{n^3} = \frac{(n^3+n^2)-n^3}{\sqrt{n^3+n^2}+\sqrt{n^3}} = \frac{n^{1/2}}{\sqrt{1+n^{-1}}+1} \longrightarrow \infty.$

Grenzwerte rationaler Folgen

Rationale Folgen besitzen stets einen (evtl. uneigentlichen) Grenzwert.
Für $a \neq 0, b \neq 0$ und $k, l \in \mathbb{N}$ ist

$$\lim_{n\to\infty} \frac{\boldsymbol{a}\, n^k + \dots + a_1 n + a_0}{\boldsymbol{b}\, n^l + \dots + b_1 n + b_0} = \begin{cases} \frac{\boldsymbol{a}}{\boldsymbol{b}} & \text{für } k = l \text{ , d.h. Zählergrad = Nennergrad} \\ 0 & \text{für } k < l \text{ , d.h. Zählergrad < Nennergrad} \\ \pm\infty & \text{für } k > l \text{ , d.h. Zählergrad > Nennergrad} \end{cases}$$

∞ oder $-\infty$ je nach Vorzeichen von $\frac{a}{b}$

1.23 *Man bestimme den Grenzwert der Folgen (a_n) :*

(a) $a_n = \frac{2n^2+5}{-3n^2+n+1}$, (b) $a_n = \frac{(2n-1)^2}{n-2n^2}$, (c) $a_n = \frac{2n(n-1)^2}{(2n+1)^3}$,

(d) $a_n = \frac{n(n-2)^2}{(n^2+1)^2}$, (e) $a_n = \frac{(2n-1)^3}{3n^2+2n}$, (f) $a_n = \frac{(3-2n)^3}{(2n+1)^2}$.

Das obige Kochrezept liefert die Grenzwerte. Wir geben ausführlichere Lösungen an, bei denen die höchsten Potenzen von n ausgeklammert werden.
Diese Methode zeigt einmal, wie man das Kochrezept beweist, zum anderen ist sie auch in vielen anderen Situationen nützlich.

(a) $\frac{2n^2+5}{-3n^2+n+1} = \frac{n^2(2+\frac{5}{n^2})}{n^2(-3+\frac{1}{n}+\frac{1}{n^2})} = \frac{2+\frac{5}{n^2}}{-3+\frac{1}{n}+\frac{1}{n^2}} \longrightarrow \frac{2+0}{-3+0+0} = -\frac{2}{3}.$

(b) $\frac{(2n-1)^2}{n-2n^2} = \frac{4n^2-4n+1}{n-2n^2} = \frac{n^2(4-\frac{4}{n}+\frac{1}{n^2})}{n^2(\frac{1}{n}-2)} = \frac{4-\frac{4}{n}+\frac{1}{n^2}}{\frac{1}{n}-2} \longrightarrow \frac{4}{-2} = -2.$

(c) $\frac{2n(n-1)^2}{(2n+1)^3} = \frac{2n^3+\dots}{8n^3+\dots} \longrightarrow \frac{2}{8} = \frac{1}{4}.$ (d) $\frac{n(n-2)^2}{(n^2+1)^2} = \frac{n^3+\dots}{n^4+\dots} \longrightarrow 0.$

(e) $\frac{(2n-1)^3}{3n^2+2n} = \frac{8n^3+\dots}{3n^2+\dots} \longrightarrow \infty.$ (f) $\frac{(3-2n)^3}{(2n+1)^2} = \frac{-8n^3+\dots}{4n^2+\dots} \longrightarrow -\infty.$

1.24 *Es ist $\lim_{n\to\infty}(1+\frac{1}{n})^n = \mathrm{e}$. Man bestimme den Grenzwert der Folgen (a_n) :*

(a) $a_n = (1+\frac{1}{n})^{2n}$, (b) $a_n = (1+\frac{1}{n})^{n^2}$, (c) $a_n = (1-\frac{1}{n})^n$.

(a) $(1+\frac{1}{n})^{2n} = \left((1+\frac{1}{n})^n\right)^2 \longrightarrow \mathrm{e}^2.$

(b) $a_n = (1+\frac{1}{n})^{n^2}$: Wegen $\lim_{n\to\infty}(1+\frac{1}{n})^n = \mathrm{e} \approx 2.7$ gibt es ein $n_0 \in \mathbb{N}$ mit $(1+\frac{1}{n})^n > 2$ für alle $n \geq n_0$.
Damit folgt $a_n = (1+\frac{1}{n})^{n^2} = \left((1+\frac{1}{n})^n\right)^n > 2^n$ für $n \geq n_0$.
Also gilt $\lim_{n\to\infty} a_n = \infty$, die Folge ist bestimmt divergent.

(c) Es gilt $\lim_{n\to\infty}(1-\frac{1}{n})^n = \lim_{n\to\infty}(1-\frac{1}{n+1})^{n+1}$. Man formt um und erhält:

$$\begin{aligned}(1-\frac{1}{n+1})^{n+1} &= (\frac{n}{n+1})^{n+1} \\ &= \frac{1}{\left(\frac{n+1}{n}\right)^{n+1}} = \frac{1}{\left(1+\frac{1}{n}\right)^{n+1}} = \frac{1}{\left(1+\frac{1}{n}\right)^n} \cdot \frac{1}{1+\frac{1}{n}} \longrightarrow \frac{1}{\mathrm{e}} \cdot 1 = \frac{1}{\mathrm{e}}.\end{aligned}$$

Stetige Funktionen und Grenzwerte

Ist $f\colon D \to \mathbb{R}$ **stetig** [S. 163], so darf man Funktion und Limes vertauschen. D.h. für $a_n \in D,\ a \in D$ und $a_n \longrightarrow a$ gilt

$$\boxed{\lim_{n\to\infty} f(a_n) = f\big(\lim_{n\to\infty} a_n\big) = f(a)}$$

Beispiel: $\sqrt{x}$, $\ln x$, $\cos x$ usw. sind stetig. Daher gilt

$\lim \sqrt{a_n} = \sqrt{\lim a_n}$, $\lim \ln(a_n) = \ln\big(\lim a_n\big)$, $\lim \cos(a_n) = \cos\big(\lim a_n\big)$ usw.,

falls a_n und $\lim a_n$ Elemente der jeweiligen Definitionsbereiche sind.

1.25 *Man bestimme die Grenzwerte der Folgen* (a_n).

(a) $a_n = \sqrt{\frac{2n-1}{3n+1}}$, (b) $a_n = 2 - \frac{1}{n} + \sqrt{5 - \frac{2}{n^2}}$, (c) $a_n = \sqrt{2 + \mathrm{e}^{-n}}$,

(d) $a_n = \cos\sqrt{\frac{1}{n^2+1}}$, (e) $a_n = \sqrt{2 - \frac{1}{n}} \cdot \sqrt{\frac{-3n^2+1}{-2n^2}}$, (f) $a_n = \mathrm{e}^{\frac{2n}{n+1}}$,

(g) $a_n = \mathrm{e}^{\sqrt[n]{3n}}$, (h) $a_n = \sin\left(\frac{n\pi+1}{4n}\right)$, (i) $a_n = \ln\left(\frac{3n+1}{3n}\right)^n$.

(a) $\lim\limits_{n\to\infty} \sqrt{\frac{2n-1}{3n+1}} = \sqrt{\lim\limits_{n\to\infty} \frac{2n-1}{3n+1}} = \sqrt{\frac{2}{3}}$,

in kurzer Schreibweise: $\frac{2n-1}{3n+1} \longrightarrow \frac{2}{3}$, also $\sqrt{\frac{2n-1}{3n+1}} \longrightarrow \sqrt{\frac{2}{3}}$.

(b) $2 - \frac{1}{n} + \sqrt{5 - \frac{2}{n^2}} \longrightarrow 2 - 0 + \sqrt{5 - 0} = 2 + \sqrt{5}$.

(c) $a_n = \sqrt{2 + \mathrm{e}^{-n}} \longrightarrow \sqrt{2 + 0} = \sqrt{2}$.

(d) $\lim\limits_{n\to\infty} \cos\sqrt{\frac{1}{n^2+1}} = \cos\sqrt{\lim\limits_{n\to\infty} \frac{1}{n^2+1}} = \cos 0 = 1$.

(e) $\sqrt{2 - \frac{1}{n}} \cdot \sqrt{\frac{-3n^2+1}{-2n^2}} \longrightarrow \sqrt{2 - 0} \cdot \sqrt{\frac{-3}{-2}} = \sqrt{2} \cdot \sqrt{\frac{3}{2}} = \sqrt{3}$.

(f) $\lim\limits_{n\to\infty} \mathrm{e}^{\frac{2n}{n+1}} = \mathrm{e}^{\lim_{n\to\infty} \frac{2n}{n+1}} = \mathrm{e}^2$.

(g) $\lim\limits_{n\to\infty} \mathrm{e}^{\sqrt[n]{3n}} = \mathrm{e}^{\lim_{n\to\infty} \sqrt[n]{3n}} = \mathrm{e}^{\lim_{n\to\infty} (\sqrt[n]{3} \cdot \sqrt[n]{n})} = \mathrm{e}^{1\cdot 1} = \mathrm{e}$.

(h) $\lim\limits_{n\to\infty} \sin\left(\frac{n\pi+1}{4n}\right) = \sin\left(\lim\limits_{n\to\infty} \frac{n\pi+1}{4n}\right) = \sin\frac{\pi}{4} = \frac{1}{2}\sqrt{2}$.

(i) $\left(\frac{3n+1}{3n}\right)^n = \left(1 + \frac{1}{3n}\right)^n = \left(\left(1 + \frac{1}{3n}\right)^{3n}\right)^{1/3} \longrightarrow \mathrm{e}^{1/3}$, also

$\lim\limits_{n\to\infty} \ln\left(\frac{3n+1}{3n}\right)^n = \ln\left(\lim\limits_{n\to\infty} \left(\frac{3n+1}{3n}\right)^n\right) = \ln \mathrm{e}^{1/3} = \frac{1}{3}$.

Quetschlemma

Gilt $a_n \longrightarrow a$ und $b_n \longrightarrow a$ und $a_n \leq x_n \leq b_n$ ab einem Index n_0, so gilt auch $x_n \longrightarrow a$.

$$\begin{array}{ccccc} a_n & \leq & x_n & \leq & b_n \\ & \searrow & \downarrow & \swarrow & \\ & & a & & \end{array}$$

Diese Regel gilt auch für die uneigentlichen Grenzwerte $a = \infty$ und $a = -\infty$.

1.26 *Man bestimme*

(a) $\lim\limits_{n\to\infty} \dfrac{\sin n}{3n+1}$, (b) $\lim\limits_{n\to\infty} \dfrac{\frac{1}{n}}{\sin \frac{1}{n}}$, (c) $\lim\limits_{n\to\infty} \sqrt[n]{n^2+3}$, (d) $\lim\limits_{n\to\infty} (n+\sin n)$.

(a) Es ist $-1 \leq \sin n \leq 1$ und $3n+1 > 0$, also $\dfrac{-1}{3n+1} \leq \dfrac{\sin n}{3n+1} \leq \dfrac{1}{3n+1}$.

Quetschlemma:

$$\begin{array}{ccccc} \dfrac{-1}{3n+1} & \leq & \dfrac{\sin n}{3n+1} & \leq & \dfrac{1}{3n+1} \\ & \searrow & \downarrow & \swarrow & \\ & & 0 & & \end{array} \qquad \Longrightarrow \qquad \lim_{n\to\infty} \frac{\sin n}{3n+1} = 0.$$

(b) Da $0 < \frac{1}{n} < \frac{\pi}{2}$, gilt $0 < \sin \frac{1}{n} \leq \frac{1}{n} \leq \tan \frac{1}{n} = \dfrac{\sin \frac{1}{n}}{\cos \frac{1}{n}}$, siehe [S. 104]

Division der Ungleichung durch $\sin \frac{1}{n}$ ergibt $1 \leq \dfrac{\frac{1}{n}}{\sin \frac{1}{n}} \leq \dfrac{1}{\cos \frac{1}{n}}$

Quetschlemma:

$$\begin{array}{ccccc} 1 & \leq & \dfrac{\frac{1}{n}}{\sin \frac{1}{n}} & \leq & \dfrac{1}{\cos \frac{1}{n}} \\ & \searrow & \downarrow & \swarrow & \\ & & 1 & & \end{array} \qquad \Longrightarrow \qquad \lim_{n\to\infty} \frac{\frac{1}{n}}{\sin \frac{1}{n}} = 1.$$

(c) Es ist $\sqrt[n]{n^2} \leq \sqrt[n]{n^2+3} \leq \sqrt[n]{n^2+n^2}$ für $n \geq 2$.
Aus $\sqrt[n]{2} \longrightarrow 1$ und $\sqrt[n]{n} \longrightarrow 1$ [Seite 23] folgt $\sqrt[n]{n^2} = \left(\sqrt[n]{n}\right)^2 \longrightarrow 1^2 = 1$
und $\sqrt[n]{n^2+n^2} = \sqrt[n]{2n^2} = \sqrt[n]{2}\,\sqrt[n]{n^2} \longrightarrow 1 \cdot 1 = 1$.

Quetschlemma:

$$\begin{array}{ccccc} \sqrt[n]{n^2} & \leq & \sqrt[n]{n^2+3} & \leq & \sqrt[n]{n^2+n^2} \\ & \searrow & \downarrow & \swarrow & \\ & & 1 & & \end{array} \qquad \Longrightarrow \qquad \lim_{n\to\infty} \sqrt[n]{n^2+3} = 1.$$

(d) Für $n \in \mathbb{N}$ gilt $n-1 \leq n+\sin n \leq n+1$.
Bekannt ist $n-1 \longrightarrow \infty$ und $n+1 \longrightarrow \infty$.

Quetschlemma:

$$\begin{array}{ccccc} n-1 & \leq & n+\sin n & \leq & n+1 \\ & \searrow & \downarrow & \swarrow & \\ & & \infty & & \end{array} \qquad \Longrightarrow \qquad \lim_{n\to\infty} (n+\sin n) = \infty.$$

Monotoniekriterium

Jede monotone und beschränkte Folge ist konvergent

Mit dem Monotoniekriterium zeigt man nur die Konvergenz einer Folge.
Bei rekursiv gegebenen Folgen lässt sich häufig zusätzlich der Grenzwert aus dem Bildungsgesetz bestimmen:

1.27 *Die Folge (a_n) ist rekursiv gegeben durch* $a_1 = 1,\ a_{n+1} = \sqrt{1+a_n}\,.$

(a) *Zeige: (a_n) ist monoton wachsend und beschränkt, also konvergent.*

(b) *Man bestimme den Grenzwert von (a_n) aus der Rekursionsformel.*

(a) Monotonie: $a_{n+1} \geq a_n$. Beweis durch vollständige Induktion [**EM1**, Seite 53 ff]:
$a_2 = \sqrt{1+a_1} = \sqrt{2} \geq 1 = a_1$. Für $n = 1$ stimmt die Behauptung. Weiter folgt
$a_{n+1} \geq a_n \Longrightarrow 1 + a_{n+1} \geq 1 + a_n \Longrightarrow a_{n+2} = \sqrt{1+a_{n+1}} \geq \sqrt{1+a_n} = a_{n+1}$,
d.h. gilt die Aussage für n, so gilt sie auch für $n+1$.
Also gilt die Aussage $a_{n+1} \geq a_n$ für alle n, die Folge ist monoton wachsend.

Beschränktheit: $0 < a_n < 2$. Beweis durch vollständige Induktion:
$0 < a_1 = 1 < 2$ und $0 < a_n < 2 \Longrightarrow 0 < a_{n+1} = \sqrt{1+a_n} < \sqrt{1+2} = \sqrt{3} < 2$.
Also gilt die Aussage $0 < a_n < 2$ für alle n, die Folge ist beschränkt.

(b) (a_n) ist monoton und beschränkt und nach dem Monotoniekriterium konvergent.
Aus der Rekursionsformel $a_{n+1} = \sqrt{1+a_n}$ und $a_n \longrightarrow a$ folgt $a = \sqrt{1+a}\,$.
Man erhält für a die quadratische Gleichung $a^2 - a - 1 = 0$ mit $a = \frac{1}{2} \pm \frac{1}{2}\sqrt{5}\,$.
Da $a_n \geq 0$ ist, gilt $a \geq 0$, also $a = \frac{1}{2}(1+\sqrt{5}\,)$.
Vgl. [**EM1**, S. 124], goldener Schnitt.

Konvergenz arithmetischer und geometrischer Folgen

Ist $a_n = a_1 + (n-1)d$, so gilt für die **arithmetische** Folge (a_n):

$$(a_n) \text{ ist } \begin{cases} \text{konstant} = a_1, \text{ also konvergent} & \text{falls } d = 0 \\ \text{bestimmt divergent gegen } \infty & \text{falls } d < 0 \\ \text{bestimmt divergent gegen } \infty & \text{falls } d > 0 \end{cases}$$

Ist $a_n = a_1 q^{n-1}$ für $n \in \mathbb{N},\ a_1 \neq 0$, so gilt für die **geometrische** Folge (a_n):

$$(a_n) \text{ ist } \begin{cases} \text{konvergent gegen } 0 & \text{falls } -1 < q < 1 \\ \text{konstant} = a_1, \text{ also konvergent} & \text{falls } q = 1 \\ \text{bestimmt divergent gegen } \infty & \text{falls } q > 1 \\ \text{divergent} & \text{falls } q \leq -1 \end{cases}$$

1.5 Aufgaben

Beispiele und Aufgaben zu endlichen Folgen findet man in [**EM1**, Seite 26 ff].

1.28 *Für die Folge* $a_1, a_2, a_3, a_4, a_5, \ldots$ *bestimme man ein explizites und ein rekursives Bildungsgesetz:*

(a) $10, 17, 24, 31, 38, \ldots$ (b) $1, \frac{1}{4}, \frac{1}{9}, \frac{1}{16}, \frac{1}{25}, \ldots$ (c) $-1, 4, -9, 16, -25, \ldots$

(d) $\frac{1}{2}, -\frac{2}{3}, \frac{3}{4}, -\frac{4}{5}, \frac{5}{6}, \ldots$ (e) $\frac{1}{3}, \frac{2}{9}, \frac{3}{27}, \frac{4}{81}, \frac{5}{243}, \ldots$ (f) $1, 4, 10, 19, 31, 46, \ldots$

(g) $1, 3, 7, 15, 31, 63, \ldots$ (h) $3, 6, 24, 192, 3072, \ldots$ *Hinweis: Betrachte* $\frac{a_{n+1}}{a_n}$.

1.29 *Man untersuche die Folgen in* [1.28] *auf Monotonie und Beschränktheit.*

1.30 *Welche der Folgen sind arithmetisch, welche geometrisch?*

(a) $10, 17, 24, 31, 38, \ldots$ (b) $1, \frac{1}{4}, \frac{1}{9}, \frac{1}{16}, \frac{1}{25}, \ldots$ (c) $-1, 4, -16, 64, \ldots$

(d) $\frac{2}{3}, \frac{4}{9}, \frac{8}{27}, \frac{16}{81}, \frac{32}{243}, \ldots$ (e) $\frac{1}{2}, -\frac{1}{4}, \frac{1}{8}, -\frac{1}{16}, \frac{1}{32}, \ldots$ (f) $-12, 4, 20, 36, 52, \ldots$

1.31 *Großmutter überlässt ihren Verwandten an ihrem 80. Geburtstag ein Vermögen, das dadurch entstanden ist, dass sie seit ihrem 20. Geburtstag am Ende jedes Monats 50 € zu ihrer Mitgift von 3000 € in ihren Sparstrumpf gesteckt hat. Wie hoch ist das Vermögen?*

Wie hoch wäre es, wenn sie das Geld auf ein Konto mit jährlicher Verzinsung von $p = 3\%$ *eingezahlt hätte?*

1.32 *Das Land XY hatte Ende 1935 eine Million Einwohner. Durch Hungersnöte und Kriege sank diese Zahl 15 Jahre lang jährlich um 2%. Von Anfang 1951 bis Ende 2010 stieg sie jährlich um 3%. Wieviele Einwohner hat das Land Ende 2010? Wann hatte sich die Bevölkerung im Vergleich zu 1935 verdreifacht?*

1.33 F_0 *sei ein gleichseitiges Dreieck der Seitenlänge 1.* F_1 *entstehe aus* F_0*, indem auf das mittlere Drittel jeder Seite nach außen ein gleichseitiges Dreieck aufgesetzt wird und die Innenkanten entfernt werden, siehe Skizze. Ebenso entstehe* F_{n+1} *aus* F_n.

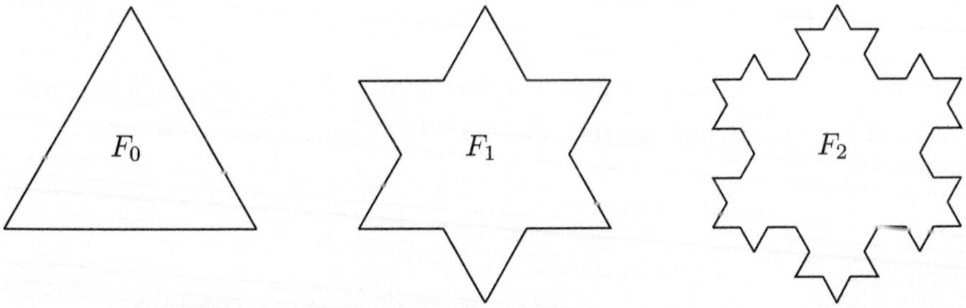

Man zeige, dass die Anzahl k_n *der Außenkanten von* F_n *und ihre Längen* l_n *geometrische Folgen bilden. Ferner bestimme man den Umfang* u_n *und die Fläche* f_n *von* F_n *und untersuche die Folgen* (u_n) *und* (f_n) *auf Konvergenz.*

1.34 (a) *Ab welchem Index* n_0 *liegt* $a_n = \frac{1}{\sqrt{n}}$ *im Intervall* $I =]-\frac{1}{12}, \frac{1}{12}[$?
Warum hat die Folge den Grenzwert 0?

(b) *Sei* $J =]1.999, 2.001[$. *Ab welchem Index* n_0 *liegt* $a_n = 2 + \frac{(-1)^n}{3^n}$ *im Intervall* J? *Warum hat die Folge den Grenzwert 2 ?*

(c) *Sei* $a_n = (-1)^n(2 + \frac{1}{n})$. *Man gebe Intervalle mit Mittelpunkt 2 bzw.* -2 *so an, dass unendlich viele* a_n *außerhalb der Intervalle liegen. Warum hat die Folge keinen Grenzwert?*

1.35 *Man untersuche, ob die Folgen* (a_n) *konvergent sind und bestimme gegebenenfalls ihren Grenzwert.*

(a) $a_n = 2 - \frac{1}{\sqrt{n^3}}$, (b) $a_n = \sqrt{5 + \frac{n+5}{n^2}}$, (c) $a_n = \sqrt{-5 + \frac{6n^2+15}{n^2+2}}$,

(d) $a_n = \sqrt{3 + \frac{5}{n}} \cdot \sqrt{12 - \frac{n}{n^2+1}}$, (e) $a_n = \frac{\sqrt{3-\frac{5}{n}}}{\sqrt{12+\frac{n}{n^2+1}}}$,

(f) $a_n = \frac{6n^3+2n+1}{3n^3+6n^2+n}$, (g) $a_n = \frac{2n^2+9n-1}{3n^3+n^2+5}$, (h) $a_n = \frac{-2n^4+n-1}{n^2+2n+2}$.

1.36 *Welchen Grenzwert hat die Folge* (a_n)?

(a) $a_n = (\frac{8}{9})^n$, (b) $a_n = (1 + 10^{-10})^n$, (c) $a_n = (\frac{-9}{7})^n$,

(d) $a_n = \frac{n^4}{1.01^n}$, (e) $a_n = \sqrt[n]{2n^2}$, (f) $a_n = \sqrt[n]{n^3} - \sqrt[n]{2}$,

(g) $a_n = \sqrt[n]{2n^2 + 7}$, (h) $a_n = \sqrt{n+1} - \sqrt{n}$, (i) $a_n = \frac{3n+1}{\sqrt{n^2+4n+1}}$,

(k) $a_n = \sqrt{n^2 + 2n} - \sqrt{n^2 + 1}$.

Hinweis zu (h) und (k): Erweitere mit $\sqrt{\cdots} + \sqrt{\cdots}$.

1.37 *Welchen Grenzwert hat die Folge* (a_n)?

(a) $a_n = \left(1 + \frac{1}{n}\right)^{n+9}$, (b) $a_n = \left(1 + \frac{1}{n}\right)^{3n}$, (c) $a_n = \left(\frac{n}{n+1}\right)^n$,

(d) $a_n = \left(1 + \frac{1}{2n}\right)^n$, (e) $a_n = \left(1 + \frac{1}{n}\right)^{n^3}$, (f) $a_n = \left(\frac{n+5}{n+4}\right)^n$.

1.38 *Die Folge* (a_n) *sei rekursiv gegeben durch* $a_1 = 2$, $a_{n+1} = \sqrt{12 + a_n}$.
Zeige mit dem Monotoniekriterium, dass (a_n) *konvergiert mit* $\lim\limits_{n\to\infty} a_n = 4$.

1.6 Lösungen

1.28

(a) Es ist $a_{n+1} - a_n = 7$. Daraus folgt:
Explizites Bildungsgesetz: $a_n = 3 + 7n$.
Rekursives Bildungsgesetz: $a_1 = 10$, $a_{n+1} = a_n + 7$.

(b) Explizit: $a_n = \frac{1}{n^2}$. Zu einem rekursiven Bildungsgesetz siehe [S. 13].
Rekursiv: $a_{n+1} - a_n = \frac{1}{(n+1)^2} - \frac{1}{n^2} = -\frac{2n+1}{(n^2+n)^2}$,
also $a_1 = 1$, $a_{n+1} = a_n - \frac{2n+1}{(n^2+n)^2}$.

(c) Explizit: $a_n = (-1)^n n^2$.
Rekursiv: $a_{n+1} - a_n = (-1)^{n+1}(n+1)^2 - (-1)^n n^2 = (-1)^{n+1}((n+1)^2 + n^2)$,
also $a_1 = -1$, $a_{n+1} = a_n + (-1)^{n+1}(2n^2 + 2n + 1)$.

(d) Explizit: $a_n = (-1)^{n+1}\frac{n}{n+1}$.
Rekursiv: $a_{n+1} - a_n = (-1)^{n+2}\frac{n+1}{n+2} - (-1)^{n+1}\frac{n}{n+1}$
$= (-1)^{n+2}\frac{n+1}{n+2} + (-1)^{n+2}\frac{n}{n+1} = (-1)^{n+2}\frac{2n^2+4n+1}{(n+2)(n+1)}$,
also $a_1 = \frac{1}{2}$, $a_{n+1} = a_n + (-1)^n \frac{2n^2+4n+1}{(n+2)(n+1)}$.

(e) Explizit: $a_n = \frac{n}{3^n}$.
Rekursiv: $a_{n+1} - a_n = \frac{n+1}{3^{n+1}} - \frac{n}{3^n} = \frac{-2n+1}{3^{n+1}}$, d.h. $a_1 = \frac{1}{3}$, $a_{n+1} = a_n + \frac{-2n+1}{3^{n+1}}$.

(f) Die Differenzenfolge $(a_{n+1} - a_n)$ lautet 3, 6, 9, 12, 15, ...
Sie ergibt das rekursive Bildungsgesetz: $a_1 = 1$, $a_{n+1} = a_n + 3n$.
Rückwärtsrechnen liefert:

$$\begin{aligned}
a_n &= a_{n-1} + 3(n-1) \\
&= a_{n-2} + 3(n-2) + 3(n-1) \\
&= a_{n-3} + 3(n-3) + 3(n-2) + 3(n-1) = \cdots = \\
&= a_1 + 3(n-(n-1)) + 3(n-(n-2)) + \cdots + 3(n-1) \\
&= a_1 + 3\cdot 1 + 3\cdot 2 + \cdots + 3(n-1) \\
&= a_1 + 3(1+2+\cdots+n-1) = 1 + 3\cdot\tfrac{1}{2}n(n-1),
\end{aligned}$$

also explizit: $a_n = 1 + \frac{3}{2}n(n-1)$.

$\sum_{k=1}^{n-1} k = \frac{1}{2}n(n-1)$, siehe [**EM1**, S. 31].

(g) Vielleicht erkennt man $a_n = 2^n - 1$.
Dann erhält man mit dem Verfahren von [S. 13] ein rekursives Bildungsgesetz:
$a_{n+1} - a_n = 2^{n+1} - 2^n = 2^n(2-1) = 2^n$, also $a_1 = 1$, $a_{n+1} = a_n + 2^n$.
Erkennt man $a_n = 2^n - 1$ nicht, hilft die Differenzenfolge $(a_{n+1} - a_n)$.
Sie lautet 2, 4, 8, 16, 32 ..., also $a_{n+1} - a_n = 2^n$.
Dies ergibt das rekursive Bildungsgesetz: $a_1 = 1$, $a_{n+1} = a_n + 2^n$.
Ein explizites Bildungsgesetz erhält man nun durch Rückwärtseinsetzen:
$a_n = a_{n-1} + 2^{n-1} = a_{n-2} + 2^{n-2} + 2^{n-1} = \cdots = a_1 + 2 + 2^2 + \cdots + 2^{n-1}$.
Mit $a_1 = 1$ ist $a_n = \sum_{k=0}^{n-1} 2^k = 2^n - 1$, denn $\sum_{k=0}^{n-1} 2^k = \frac{2^n-1}{2-1}$
nach der Summenformel für die endliche geometrische Reihe, siehe [Seite 18].

(h) Nach dem Hinweis berechnet man
$\frac{a_2}{a_1} = 2,\ \frac{a_3}{a_2} = 4 = 2^2,\ \frac{a_4}{a_3} = 8 = 2^3,\ \frac{a_5}{a_4} = 16 = 2^4,$ und allgemein $\frac{a_{n+1}}{a_n} = 2^n$.
Damit ergibt sich das rekursive Bildungsgesetz $a_1 = 3,\ a_{n+1} = a_n \cdot 2^n$.
Rückwärtsrechnen ergibt:

$$\begin{aligned} a_n &= 2^{n-1} \cdot a_{n-1} = 2^{n-1} \cdot 2^{n-2} \cdot a_{n-2} = \cdots = 2^{n-1} \cdot 2^{n-2} \cdots 2^1 \cdot a_1 \\ &= 2^{1+2+\cdots+n-1} \cdot 3 = 3 \cdot 2^{\frac{1}{2}n(n-1)}, \text{ also } a_n = 3 \cdot 2^{\frac{1}{2}n(n-1)}. \end{aligned}$$

1.29

(a) $a_n = 3 + 7n$: Die Folge ist streng monoton wachsend, denn $a_n = 3 + 7n < 3 + 7n + 7 = a_{n+1}$ für $n \in \mathbb{N}$. Also ist $a_1 = 3$ untere Schranke.
Sie ist nicht nach oben beschränkt: Zu jedem $S \in \mathbb{R}$ gibt es ein $n \in \mathbb{N}$ mit $n > S$. Für dies n gilt erst recht $a_n = 3 + 7n > n > S$.
(a_n) ist übrigens eine arithmetische Folge mit $a_{n+1} - a_n = 7 = d > 0$. Also ist (a_n) bestimmt divergent gegen ∞.

(b) $a_n = \frac{1}{n^2}$: Die Folge ist streng monoton fallend, denn $a_{n+1} = \frac{1}{(n+1)^2} < \frac{1}{n^2} = a_n$ für $n \in \mathbb{N}$. Sie ist damit nach oben beschränkt durch $a_1 = 1$.
0 ist untere Schranke, die Folge ist beschränkt.

(c) $a_n = (-1)^n n^2$: Die Folgenglieder haben wechselndes Vorzeichen, daher ist die Folge weder monoton wachsend noch monoton fallend.
Sie ist weder nach oben noch nach unten beschränkt: Ist $S \in \mathbb{R}$ beliebig, so gibt es ein n mit $|S| < n$. Dann ist $S < n < a_{2n} = (2n)^2$ und $-S < n$, also $a_{2n+1} = -(2n+1)^2 < -n < S$.

(d) $a_n = (-1)^{n+1}\frac{n}{n+1}$: Als alternierende Folge ist die Folge weder monoton wachsend noch monoton fallend. Da $0 < \frac{n}{n+1} < 1$, also $-1 < -\frac{n}{n+1}$ für alle n, ist -1 eine untere und 1 eine obere Schranke für (a_n), die Folge ist beschränkt.

(e) $a_n = \frac{n}{3^n}$: Die ersten Glieder legen nahe, dass die Folge streng monoton fällt.
$a_{n+1} < a_n \iff \frac{n+1}{3^{n+1}} < \frac{n}{3^n} \iff n + 1 < 3n$. Die letzte Aussage ist für alle $n \in \mathbb{N}$ erfüllt. Die Folge ist beschränkt: $0 < a_n \leq \frac{1}{3}$ für alle $n \in \mathbb{N}$.

(*) Die Folgen (f), (g) und (h) aus [1.28] sind streng monoton wachsend, nach unten beschränkt durch 0 und nicht nach oben beschränkt.

1.30

(a) $a_n = 3 + 7n$, siehe [1.28 (a)]: (a_n) ist arithmetisch, siehe Kasten auf [S. 16]. Nur konstante Folgen, bis auf $0, 0, 0, 0, \ldots$, sind arithmetisch und geometrisch, also ist die Folge nicht geometrisch.

(b) $a_n = \frac{1}{n^2}$, siehe [1.28 (b)]:
$a_2 - a_1 = \frac{1}{4} - 1 = -\frac{3}{4} \neq -\frac{5}{36} = \frac{1}{9} - \frac{1}{4} = a_3 - a_2$, die Folge ist nicht arithmetisch.
$\frac{a_2}{a_1} = \frac{1}{4} \neq \frac{4}{9} = \frac{a_3}{a_2}$, die Folge ist nicht geometrisch.

(c) $a_n = (-1)^n 4^n$: (a_n) ist geometrisch , da $\frac{a_{n+1}}{a_n} = -4 = q$ konstant ist.

(d) $a_n = (\frac{2}{3})^n$: (a_n) ist geometrisch , da $\frac{a_{n+1}}{a_n} = \frac{2}{3} = q$ konstant ist.

(e) $a_n = (-1)^{n+1}(\frac{1}{2})^n$: (a_n) ist geometrisch, da $\frac{a_{n+1}}{a_n} = -\frac{1}{2} = q$ konstant ist.

(f) $a_n = -12 + (n-1)16$:
(a_n) ist arithmetisch, da $a_{n+1} - a_n = 16 = d$ konstant ist.

1.31 Ist k_n das Kapital nach n Monaten, so ist $k_n = 3000 + n \cdot 50$.
Beim Ansparen entsteht eine arithmetische Folge (k_n). Nach 60 Jahren, also 720 Monaten, beträgt das gesparte Vermögen $(3000 + 720 \cdot 50)$ €, d.h. 39000 €.

Bei Einzahlung auf ein Konto sei K_n das Kapital nach n Jahren. K_n setzt sich aus zwei Teilen zusammen. Zum einen werden die 3000 € per Zinseszins verzinst. Das ergibt eine geometrische Folge $q^n \cdot 3000$ mit $q = p + 1 = 1.03$, siehe [S. 16]. Dazu kommt aber noch das Kapital, das sich bei einer Jahresrate von 600 € ansammelt $(12 \cdot 50$ €$)$. Dieses Kapital betrüge nach 60 Jahren bei einer jährlichen Verzinsung von 3% gemäß [1.16] $600 \cdot \frac{1.03^{60}-1}{1.03-1}$ €.

Insgesamt ergibt sich $K_{60} = \left(1.03^{60} \cdot 3000 + 600 \cdot \frac{1.03^{60}-1}{1.03-1}\right)$ € $\approx 115\,507$ €.

1.32 Sei b_n die Einwohnerzahl nach n Jahren, gerechnet ab 1935. Damit ist $b_0 = 10^6$. Analog zu [1.31] erhält man bei einem Schwund von 2% pro Jahr eine geometrische Folge (c_n) mit $c_n = 0.98^n \cdot 10^6$. Damit ist $b_{15} = c_{15} = 0.98^{15} \cdot 10^6 \approx 738\,569$.

Das Wachstum ab 1951 ist gegeben durch $d_n = 1.03^n \cdot b_{15}$. (d_n) ist ebenfalls eine geometrische Folge. Daher ist $b_{75} = d_{60} = 1.03^{60} \cdot b_{15} \approx 4\,351\,356$.
Ende 2010 hat das Land 4 351 356 Einwohner.

Wir rechnen nun ab 1951, wo Anfang des Jahres $b_{15} \approx 738\,569$ galt.
Gesucht ist dann r mit $1.03^r \cdot b_{15} = 3b_0 = 3 \cdot 10^6$, also $1.03^r = \frac{3 \cdot 10^6}{738\,569}$.
Durch Logarithmieren erhält man

$$\ln(1.03^r) = r \cdot \ln 1.03 = \ln \frac{3 \cdot 10^6}{738\,569}, \quad \text{also} \quad r \approx 47.42\,.$$

Im Laufe des Jahres 1998 hatte sich die Bevölkerung im Vergleich zu 1935 verdreifacht.

1.33 Sei k_n die Anzahl der Kanten von F_n und l_n die Länge jeder Kante.

Dann ist $k_0 = 3$, $k_1 = 4 \cdot 3$ und allgemein $k_{n+1} = 4k_n$.
Damit ist (k_n) eine geometrische Folge mit $k_n = 3 \cdot 4^n$, siehe [S. 16].

Ferner ist $l_0 = 1$, $l_1 = \frac{1}{3}$ und allgemein $l_{n+1} = \frac{1}{3}\, l_n$.

(l_n) ist eine geometrische Folge mit $l_n = \frac{1}{3^n}$.

u_n ist die Summe der Längen l_n der k_n Kanten von F_n, also
$u_n = 3 \cdot 4^n \cdot \frac{1}{3^n} = 3(\frac{4}{3})^n$. Mit dem Kasten auf [S. 23] folgt $\lim\limits_{n\to\infty} u_n = \infty$.

Da jede Fläche F_n innerhalb eines festen Quadrats liegt, ist die monoton wachsende Folge f_n beschränkt. Also muss sie einen Grenzwert f haben, siehe [S. 28].

Ein gleichseitiges Dreieck der Kantenlänge l hat den Flächeninhalt $\frac{\sqrt{3}}{4}\, l^2$, also hat F_0 die Fläche $f_0 = \frac{\sqrt{3}}{4}$.

Bei der Konstruktion von F_{n+1} aus F_n kommen k_n gleichseitige Dreiecke der Kantenlänge l_{n+1} hinzu, die aufsummiert eine Fläche von

$$\frac{\sqrt{3}}{4}\, l_{n+1}^2 \cdot k_n = \frac{\sqrt{3}}{4} \cdot \left(\frac{1}{3^{n+1}}\right)^2 \cdot (3 \cdot 4^n) = \frac{\sqrt{3}}{12} \cdot \left(\frac{4}{9}\right)^n$$

haben. Damit ist

$$\begin{aligned} f_n &= \frac{\sqrt{3}}{4} + \frac{\sqrt{3}}{12} \cdot \left(1 + \frac{4}{9} + \left(\frac{4}{9}\right)^2 + \cdots + \left(\frac{4}{9}\right)^{n-1}\right) = \frac{\sqrt{3}}{4} + \frac{\sqrt{3}}{12} \cdot \frac{1-\left(\frac{4}{9}\right)^n}{1-\frac{4}{9}} \\ &= \frac{\sqrt{3}}{4} + \frac{\sqrt{3}}{12} \cdot \frac{9}{5}\left(1 - \left(\frac{4}{9}\right)^n\right) = \frac{\sqrt{3}}{4} + \frac{3\sqrt{3}}{20} \cdot \left(1 - \left(\frac{4}{9}\right)^n\right) \end{aligned}$$

nach der Summenformel für die endliche geometrische Reihe.

Da $\lim\limits_{n\to\infty} \left(\frac{4}{9}\right)^n = 0$, ist

$$f = \lim_{n\to\infty} f_n = \frac{\sqrt{3}}{4} + \frac{3\sqrt{3}}{20} = \frac{2}{5}\sqrt{3} \approx 0.7$$

der gesuchte Grenzwert.

1.34

(a) Es gilt $a_n = \frac{1}{\sqrt{n}} \in I = \left]-\frac{1}{12}, \frac{1}{12}\right[\iff \frac{1}{\sqrt{n}} < \frac{1}{12} \iff 12 < \sqrt{n} \iff 144 < n$.

Es folgt: $a_n \in I \iff n \geq n_0 = 145$.

0 ist Grenzwert der Folge: Sei $\varepsilon > 0$ vorgegeben. Zu zeigen ist:
Es gibt $n_0 \in \mathbb{N}$, so dass $|0 - a_n| = |-\frac{1}{\sqrt{n}}| = \frac{1}{\sqrt{n}} < \varepsilon$ für alle $n \geq n_0$.

Wir gehen wie im Beispiel $\varepsilon = \frac{1}{12}$ vor: Es gilt $\frac{1}{\sqrt{n}} < \varepsilon \iff \frac{1}{\varepsilon^2} < n$. Zu jeder reellen Zahl findet man eine natürliche Zahl, die größer ist. Also gibt es $n_0 \in \mathbb{N}$ mit $\frac{1}{\varepsilon^2} < n_0$. Damit folgt $\frac{1}{\sqrt{n}} \leq \frac{1}{\sqrt{n_0}} < \varepsilon$ für alle $n \geq n_0$, wie gewünscht.

(b) J ist das Intervall $\left]2 - \frac{1}{1000}, 2 + \frac{1}{1000}\right[$. Damit gilt $a_n \in J \iff |2 - a_n| < \frac{1}{1000}$.

Nun ist $|2 - a_n| = |2 - (2 + \frac{(-1)^n}{3^n})| = \frac{1}{3^n}$ und $\frac{1}{3^n} < \frac{1}{1000} \iff 1000 < 3^n$.

Das kleinste n mit $1000 < 3^n$ ist $n_0 = 7$. Es ist $a_7 = 2 - \frac{1}{2187} \in J$.

Für $n \geq 7$ ist $\frac{1}{3^n} \leq \frac{1}{3^7} < \frac{1}{1000}$, also $a_n \in J$.

Die Folge hat den Grenzwert 2:
Sei $\varepsilon > 0$. $|2 - a_n| < \varepsilon \iff \frac{1}{3^n} < \varepsilon$.
Es gibt $n_0 \in \mathbb{N}$ mit $\frac{1}{n_0} < \varepsilon$. Für $n \geq n_0$ ist $\frac{1}{3^n} \leq \frac{1}{3^{n_0}} < \frac{1}{n_0} < \varepsilon$, also $|2 - a_n| < \varepsilon$.
Nach Definition hat (a_n) den Grenzwert 2.

(c) Es gilt: Die Folge $\frac{5}{2}, \frac{9}{4}, \frac{13}{6}, \ldots$ der Glieder mit geradem Index geht monoton fallend gegen 2, die Folge $-3, -\frac{7}{3}, -\frac{11}{5}, -\frac{15}{7}, \ldots$ der Glieder mit ungeradem Index geht monoton wachsend gegen -2.

Das Intervall $I_1 =]1, 3[$ mit Mittelpunkt 2 enthält kein Folgenglied mit ungeradem Index.

Das Intervall $I_2 =]-3, -1[$ mit Mittelpunkt -2 enthält kein Folgenglied mit geradem Index.

Die Folge (a_n) kann damit keinen Grenzwert besitzen:
Da I_1 und I_2 beide unendlich viele a_n enthalten, kann es kein Intervall der Länge (etwa) 1 geben, dass ab einem n_0 alle a_n enthält.

1.35

(a) $a_n = 2 - \frac{1}{\sqrt{n^3}}$:
$\lim\limits_{n\to\infty} \frac{1}{\sqrt{n^3}} = 0$, denn nach [S. 26] ist $\lim\limits_{n\to\infty} \frac{1}{\sqrt{n}} = 0$, und da $\frac{1}{\sqrt{n^3}} = (\frac{1}{\sqrt{n}})^3$ ist, folgt $\lim\limits_{n\to\infty} \frac{1}{\sqrt{n^3}} = 0$ aus den Rechenregeln für konvergente Folgen.
Alternativ:
Für alle n ist $0 < \frac{1}{\sqrt{n^3}} \le \frac{1}{n}$, und $\lim\limits_{n\to\infty} \frac{1}{n} = 0$.
Das Quetschlemma liefert $\lim\limits_{n\to\infty} \frac{1}{\sqrt{n^3}} = 0$.
Mit $\lim\limits_{n\to\infty} \frac{1}{\sqrt{n^3}} = 0$ folgt $\lim\limits_{n\to\infty} a_n = 2 - 0 = 2$, s. Rechenreg. für Grenzwerte [S. 23].

(b) $a_n = \sqrt{5 + \frac{n+5}{n^2}}$:
$\lim\limits_{n\to\infty} (5 + \frac{n+5}{n^2}) = \lim\limits_{n\to\infty} (5 + \frac{1}{n} + \frac{5}{n^2}) = 5 + \lim\limits_{n\to\infty} \frac{1}{n} + \lim\limits_{n\to\infty} \frac{5}{n^2} = 5 + 0 + 5 \cdot 0 = 5$
nach den Rechenregeln für Grenzwerte. Damit ist $\lim\limits_{n\to\infty} a_n = \sqrt{5}$ nach [S. 26].

(c) $a_n = \sqrt{-5 + \frac{6n^2+15}{n^2+2}}$:
Polynomdivision oder genaues Hinschauen ergibt $\frac{6n^2+15}{n^2+2} = 6 + \frac{3}{n^2+2}$,
also $-5 + \frac{6n^2+15}{n^2+2} = 1 + \frac{3}{n^2+2}$.
Da $\lim\limits_{n\to\infty} \frac{3}{n^2+2} = 0$, siehe [S. 25], ist $\lim\limits_{n\to\infty} a_n = \sqrt{1} = 1$.

(d) $a_n = \sqrt{3 + \frac{5}{n}} \cdot \sqrt{12 - \frac{n}{n^2+1}}$:
Analog zu (b) gilt: $\sqrt{3 + \frac{5}{n}} \longrightarrow \sqrt{3}$, $\sqrt{12 - \frac{n}{n^2+1}} \longrightarrow \sqrt{12}$.
Mit den Rechenregeln folgt: $a_n \longrightarrow \sqrt{3} \cdot \sqrt{12} = 6$, d.h. $\lim\limits_{n\to\infty} a_n = 6$.

(e) $a_n = \frac{\sqrt{3-\frac{5}{n}}}{\sqrt{12+\frac{n}{n^2+1}}}$: Analog zu (d) ergibt sich $\lim\limits_{n\to\infty} a_n = \frac{\sqrt{3}}{\sqrt{12}} = \frac{1}{2}$.

Alternativ: $a_n = \sqrt{\frac{3-\frac{5}{n}}{12+\frac{n}{n^2+1}}} \longrightarrow \sqrt{\frac{3}{12}} = \frac{1}{2}$.

(f) $a_n = \frac{6n^3+2n+1}{3n^3+6n^2+n}$ definiert eine rationale Folge.
Ausklammern der höchsten Potenzen von n bzw. das Kochrezept im Kasten auf [S. 25] liefert $\lim\limits_{n\to\infty} a_n = \lim\limits_{n\to\infty} \frac{6+2n^{-2}+n^{-3}}{3+6n^{-1}+n^{-2}} = \frac{6}{3} = 2$.

(g) Wie für (f) erhält man $\lim\limits_{n\to\infty} \frac{2n^2+9n-1}{3n^3+n^2+5} = 0$.

(h) Wie für (f) erhält man $\lim\limits_{n\to\infty} \frac{-2n^4+n-1}{n^2+2n+2} = -\infty$.

1.36 Wir verwenden Grenzwerte aus [Kasten, S. 23], die Rechenregeln und [S. 26].

(a) $a_n = (\frac{8}{9})^n$: Dies ist eine geometrische Folge (q^n) mit $q = \frac{8}{9}$.
Wegen $-1 < q < 1$ hat sie den Grenzwert 0.

(b) $a_n = (1+10^{-10})^n$: Dies ist eine geometrische Folge (q^n) mit $q = 1+10^{-10} > 1$. Also gilt $\lim\limits_{n\to\infty} a_n = \infty$.

(c) $a_n = (\frac{-9}{7})^n$: Geometrische Folge (q^n) mit $q = -\frac{9}{7} < -1$, die Folge divergiert.

(d) $a_n = \frac{n^4}{1.01^n}$: Die Folge hat die Form $\frac{n^k}{q^n}$ mit $k = 4$ und $q = 1.01 > 1$. Damit ist sie eine Nullfolge.

(e) $a_n = \sqrt[n]{2n^2}$: $a_n = \sqrt[n]{2} \cdot \sqrt[n]{n} \cdot \sqrt[n]{n} \longrightarrow 1 \cdot 1 \cdot 1 = 1$.

(f) $a_n = \sqrt[n]{n^3} - \sqrt[n]{2}$: Wie in (e) ist $\lim\limits_{n\to\infty} a_n = 1^3 - 1 = 0$.

(g) $a_n = \sqrt[n]{2n^2+7}$: Es ist $1 < a_n \leq \sqrt[n]{2n^2+7n^2} = \sqrt[n]{9n^2} = \sqrt[n]{9} \cdot (\sqrt[n]{n})^2$. Da $\lim\limits_{n\to\infty} \sqrt[n]{9} = \lim\limits_{n\to\infty} \sqrt[n]{n} = 1$, ist $\lim\limits_{n\to\infty} \sqrt[n]{9n^2} = 1$ und damit $\lim\limits_{n\to\infty} a_n = 1$ nach dem Quetschlemma.

(h) $a_n = \sqrt{n+1} - \sqrt{n}$: **Vorsicht:** Beide Wurzeln der Differenz gehen gegen ∞, jedoch ist „$\infty - \infty$" nicht definiert. Hier führt eventuell ein falscher Schluss zum richtigen Ergebnis, vergleiche jedoch mit Aufgabe [1.22].
Richtig rechnet man wie folgt:
Erweitere mit $\sqrt{n+1} + \sqrt{n}$! Es gilt:
$0 < a_n = (\sqrt{n+1} - \sqrt{n})\frac{\sqrt{n+1}+\sqrt{n}}{\sqrt{n+1}+\sqrt{n}} = \frac{1}{\sqrt{n+1}+\sqrt{n}} \leq \frac{1}{\sqrt{n}} \longrightarrow 0$.
Daher ist $\lim\limits_{n\to\infty} a_n = 0$.

(i) $a_n = \frac{3n+1}{\sqrt{n^2+4n+1}}$: Ausklammern der höchsten Potenz von n liefert

$$a_n = \frac{n(3+\frac{1}{n})}{n\sqrt{1+\frac{4}{n}+\frac{1}{n^2}}} = \frac{3+\frac{1}{n}}{\sqrt{1+\frac{4}{n}+\frac{1}{n^2}}} \longrightarrow \frac{3}{\sqrt{1+0+0}} = 3.$$ Daher ist $\lim\limits_{n\to\infty} a_n = 3$.

(k) $a_n = \sqrt{n^2+2n} - \sqrt{n^2+1}$: Wie in (h) wird erweitert, wie in (i) erhalten wir:

$$\begin{aligned} a_n &= \left(\sqrt{n^2+2n} - \sqrt{n^2+1}\right)\frac{\sqrt{n^2+2n}+\sqrt{n^2+1}}{\sqrt{n^2+2n}+\sqrt{n^2+1}} = \frac{2n-1}{\sqrt{n^2+2n}+\sqrt{n^2+1}} \\ &= \frac{n(2-\frac{1}{n})}{n\sqrt{1+\frac{2}{n}}+n\sqrt{1+\frac{1}{n^2}}} = \frac{2-\frac{1}{n}}{\sqrt{1+\frac{2}{n}}+\sqrt{1+\frac{1}{n^2}}} \longrightarrow \frac{2}{1+1} = 1 . \end{aligned}$$

1.37 Wir verwenden die Rechenregeln für Grenzwerte von [S. 23].

(a) Es ist $a_n = \left(1+\frac{1}{n}\right)^{n+9} = \left(1+\frac{1}{n}\right)^n \cdot \left(1+\frac{1}{n}\right)^9$.
Da $\lim\limits_{n\to\infty}(1+\frac{1}{n}) = 1$, ist $\lim\limits_{n\to\infty}(1+\frac{1}{n})^9 = 1^9 = 1$.
Mit $\lim\limits_{n\to\infty}\left(1+\frac{1}{n}\right)^n = \mathrm{e}$ folgt $\lim\limits_{n\to\infty} a_n = \mathrm{e}$.

(b) Es ist $a_n = \left(1+\frac{1}{n}\right)^{3n} = \left((1+\frac{1}{n})^n\right)^3$.
Mit $\lim\limits_{n\to\infty}\left(1+\frac{1}{n}\right)^n = \mathrm{e}$ folgt $\lim\limits_{n\to\infty} a_n = \mathrm{e}^3$.

(c) Es ist $a_n = \left(\frac{n}{n+1}\right)^n = \left(\frac{1}{\frac{n+1}{n}}\right)^n = \frac{1}{\left(\frac{n+1}{n}\right)^n}$.

Wegen $\lim\limits_{n\to\infty}\left(1+\frac{1}{n}\right)^n = \lim\limits_{n\to\infty}\left(\frac{n+1}{n}\right)^n = \mathrm{e} \approx 2.718$ folgt $\lim\limits_{n\to\infty} a_n = \frac{1}{\mathrm{e}} \approx 0.368$.

(d) Es ist $a_n = \left(1+\frac{1}{2n}\right)^n = \sqrt{(1+\frac{1}{2n})^{2n}}$.

Aus $\lim\limits_{n\to\infty}\left(1+\frac{1}{n}\right)^n = \mathrm{e}$ folgt $\lim\limits_{n\to\infty}\left(1+\frac{1}{2n}\right)^{2n} \overset{2n=m}{=} \lim\limits_{m\to\infty}\left(1+\frac{1}{m}\right)^m = \mathrm{e}$.

Daher ist $\lim\limits_{n\to\infty} a_n = \sqrt{\mathrm{e}}$.

(e) Es ist $a_n = \left(1+\frac{1}{n}\right)^{n^3} = \left((1+\frac{1}{n})^n\right)^{n^2}$.

Da $\lim\limits_{n\to\infty}\left(1+\frac{1}{n}\right)^n = \mathrm{e} \approx 2.718$, gibt es $n_0 \in \mathbb{N}$ mit $\left(1+\frac{1}{n}\right)^n \geq 2$ für $n \geq n_0$.

Für $n \geq n_0$ gilt daher $a_n \geq 2^{n^2} \geq 2^n$ und wegen $2^n \to \infty$ folgt $\lim\limits_{n\to\infty} a_n = \infty$.

(f) Es ist $a_n = \left(\frac{n+5}{n+4}\right)^n = \left(1+\frac{1}{n+4}\right)^n = \left(1+\frac{1}{n+4}\right)^{n+4} \cdot \left(1+\frac{1}{n+4}\right)^{-4}$.

Wie in (a) ist $\lim\limits_{n\to\infty}\left(1+\frac{1}{n+4}\right)^{-4} = 1$.

Wegen $\lim\limits_{n\to\infty}\left(1+\frac{1}{n+4}\right)^{n+4} = \lim\limits_{m\to\infty}\left(1+\frac{1}{m}\right)^m = \mathrm{e}$ folgt $\lim\limits_{n\to\infty} a_n = \mathrm{e}$.

1.38 Siehe Aufgabe [1.27]: Die Folge beginnt mit den Gliedern

$$2,\ \sqrt{14} \approx 3.742,\ \sqrt{\sqrt{14}+12} \approx 3.968,\ \sqrt{\sqrt{\sqrt{14}+12}+12} \approx 3.996,\ 3.999.$$

Dies lässt Monotonie und 4 als Grenzwert vermuten.

Wenn die Folge einen Grenzwert a hat, so ist $a \geq 0$, da $a_n \geq 0$ für alle n.

Aus $a_{n+1} = \sqrt{a_n + 12}$ folgt $a_{n+1}^2 = a_n + 12$. Da auch $\lim\limits_{n\to\infty} a_{n+1} = a$, ergibt sich $a^2 = \lim\limits_{n\to\infty} a_{n+1}^2 = \lim\limits_{n\to\infty}(a_n + 12) = a + 12$.

Die quadratische Gleichung $a^2 = a + 12$ hat die Lösungen -3, welche als Grenzwert entfällt, und 4. Wenn also (a_n) konvergiert, so gilt $\lim\limits_{n\to\infty} a_n = 4$.

Wir zeigen, dass die Folge monoton wachsend und beschränkt ist. Dann ist sie nach dem Monotoniekriterium konvergent.

1. Monotonie: Durch vollständige Induktion zeigen wir $a_n \leq a_{n+1}$ für alle n.
Da $a_1 = 2 \leq \sqrt{14} = a_2$, gilt die Behauptung für $n = 1$.
Gilt die Aussage für n, ist also $a_n \leq a_{n+1}$, so ist $a_n + 12 \leq a_{n+1} + 12$, also $a_{n+1} = \sqrt{a_n + 12} \leq \sqrt{a_{n+1} + 12} = a_{n+2}$; damit ist der Induktionsschluss erbracht. Die Folge ist also monoton wachsend.

2. Beschränktheit: Nach 1. ist $a_1 = 2$ eine untere Schranke.
Durch vollständige Induktion zeigen wir $a_n \leq 4$ für $n \in \mathbb{N}$.
Es ist $a_1 = 2 \leq 4$. Ist $a_n \leq 4$, so $a_{n+1} = \sqrt{a_n + 12} \leq \sqrt{4 + 12} = 4$.
Also ist (a_n) beschränkt.

Zusammen folgt die Konvergenz und damit $\lim\limits_{n\to\infty} a_n = 4$.

2 Reihen

2.1 Partialsummen, Konvergenz, Divergenz

Endliche Reihen haben wir in [**EM 1**, Seite 28–34] behandelt und verwenden die dortigen Schreibweisen.

Hier behandeln wir **unendliche Reihen**, kurz **Reihen** genannt.

Eine Reihe ist ein unendlicher Summationsprozess. Bricht man diesen an einer Stelle ab, was man für numerische Berechnungen tun muss, so erhält man eine Partial- oder Teilsumme.
Eine Reihe wird als die Folge dieser Partialsummen definiert.

Reihen

Eine **Reihe** $\sum_{k=0}^{\infty} a_k = a_0 + a_1 + a_2 + a_3 + \cdots$

(lies: Summe a_k von k gleich 0 bis unendlich)

ist die Folge (s_n) ihrer **Partialsummen** s_n:

$$\begin{aligned} s_0 &= a_0 \\ s_1 &= a_0 + a_1 \\ s_2 &= a_0 + a_1 + a_2 \\ &\vdots \\ s_n &= a_0 + a_1 + a_2 + \cdots + a_n \\ &\vdots \end{aligned}$$

$s_n = \sum_{k=0}^{n} a_k$ heißt ***n*-te Partialsumme** der Reihe $\sum_{k=0}^{\infty} a_k$.

Die Zahl a_k heißt ***k*-ter Summand** (k-tes Glied) der Reihe.

Die Folge (s_n) ist rekursiv gegeben durch $s_0 = a_0$, $s_{n+1} = s_n + a_{n+1}$.

Reihen der Form $\sum_{k=1}^{\infty} a_k$, $\sum_{n=2}^{\infty} b_n$, usw. sind analog definiert.

2.1 *Schreibe die Reihen mit dem Summenzeichen* $\sum$, *siehe auch* [**EM 1**, 2.13].

(a) $1 + 3 + 5 + 7 + \cdots$, (b) $1 + 4 + 9 + 16 + \cdots$,

(c) $1 - 2 + 4 - 8 \pm \cdots$, (d) $\frac{1}{4} - \frac{1}{6} + \frac{1}{8} - \frac{1}{10} \pm \cdots$.

(a) $1 + 3 + 5 + 7 + \cdots = \sum_{k=0}^{\infty}(2k+1)$, (b) $1 + 4 + 9 + 16 + \cdots = \sum_{k=1}^{\infty} k^2$,

(c) $1 - 2 + 4 - 8 \pm \cdots = \sum_{k=0}^{\infty}(-2)^k$, (d) $\frac{1}{4} - \frac{1}{6} + \frac{1}{8} - \frac{1}{10} \pm \cdots = \sum_{k=2}^{\infty} \frac{(-1)^k}{2k}$.

Konvergenz und Divergenz von Reihen

Eine Reihe $\sum_{k=0}^{\infty} a_k$ ist die Folge (s_n) ihrer Partialsummen $s_n = \sum_{k=0}^{n} a_k$.

$\sum_{k=0}^{\infty} a_k$ **konvergiert/divergiert** $\iff$ Die Folge (s_n) konvergiert/divergiert.

Konvergiert $\sum_{k=0}^{\infty} a_k$, d.h. existiert $\lim_{n\to\infty} s_n$, so bezeichnet man diesen Grenzwert ebenfalls mit $\sum_{k=0}^{\infty} a_k$ und nennt ihn auch **Wert** der Reihe. Dann ist

$$\sum_{k=0}^{\infty} a_k = \lim_{n\to\infty} s_n = \lim_{n\to\infty} \sum_{k=0}^{n} a_k.$$

2.4 *Man untersuche, ob die folgenden Reihen konvergieren oder divergieren und bestimme ggf. ihren Wert.*

(a) $\sum_{k=0}^{\infty} k$, (b) $\sum_{k=0}^{\infty} (\frac{1}{2})^k$, (c) $\sum_{k=0}^{\infty} 1$, (d) $\sum_{k=0}^{\infty} (-1)^k$,

(e) $\sum_{k=1}^{\infty} (-1)^k k$, (f) $\sum_{k=1}^{\infty} \frac{9}{10^k}$, (g) $\sum_{k=1}^{\infty} (\frac{1}{2})^k$.

(a) $\sum_{k=0}^{\infty} k = 1+2+3+4+5+\cdots$ und $s_n = \frac{1}{2}n(n+1)$ nach [2.3 (a)].

$s_n = \frac{1}{2}n(n+1) \xrightarrow[n\to\infty]{} \infty$. Also gilt $\sum_{k=0}^{\infty} k = \infty$, die Reihe divergiert.

(b) $\sum_{k=0}^{\infty} (\frac{1}{2})^k = 1 + \frac{1}{2} + (\frac{1}{2})^2 + (\frac{1}{2})^3 + (\frac{1}{2})^4 + \cdots$, siehe auch [Abschnitt 2.2].

Nach [2.3 (b)] ist $s_n = 2 - \frac{1}{2^n}$, und $s_n = 2 - \frac{1}{2^n} \xrightarrow[n\to\infty]{} 2$.

Die Reihe $\sum_{k=0}^{\infty} (\frac{1}{2})^k$ konvergiert und hat den Wert 2, geschrieben $\sum_{k=0}^{\infty} (\frac{1}{2})^k = 2$.

(c) $\sum_{k=0}^{\infty} 1 = 1+1+1+1+1+\cdots$, summiert werden lauter Einsen.

Die Folge der Partialsummen 1, 2, 3, 4, … divergiert gegen ∞.

Somit ist $\sum_{k=0}^{\infty} 1 = \infty$. Die Reihe divergiert.

(d) $\sum_{k=0}^{\infty} (-1)^k = 1-1+1-1+1-1\pm\cdots$.

Die Folge $(s_n) =$ 1, 0, 1, 0, 1, 0, … divergiert, also divergiert auch die Reihe.

(e) $\sum_{k=1}^{\infty}(-1)^k k = -1+2-3+4-5+6-7\pm\cdots$ ist eine alternierende Reihe.

Es ist $s_1 = -1\,,\qquad s_2 = -1+2 = 1\,,$
$s_3 = -1+2-3 = -2\,,\qquad s_4 = -1+2-3+4 = 2\,,$
$s_5 = s_4 - 5 = -3\,,\qquad s_6 = s_5 + 6 = 3\,.$

Man vermutet $s_{2n} = n$, $s_{2n-1} = -n$, was man exakt durch vollständige Induktion beweist. Analog zu [1.20 (e)] ergibt sich:

Die Folge (s_n) hat keinen Grenzwert, d.h. die Reihe $\sum_{k=0}^{\infty}(-1)^k k$ divergiert.

Bemerkung: Mit dem notwendigen Kriterium in [Abschnitt 2.4] folgt sofort, dass die Reihe $\sum_{k=1}^{\infty}(-1)^k k$ divergiert, da (a_k) mit $a_k = (-1)^k k$ keine Nullfolge ist.

(f) $\sum_{k=1}^{\infty}\frac{9}{10^k} = \frac{9}{10}+\frac{9}{100}+\frac{9}{1000}+\cdots$

> **Endliche geometrische Reihe**
> $\sum_{k=0}^{n} q^k = 1+q+q^2+\cdots+q^n = \frac{1-q^{n+1}}{1-q},\ q\neq 1.$

Hier benutzt man die endliche geometrische Reihe mit $q = \frac{1}{10}$ in der Form

$$\sum_{k=0}^{n-1}\frac{1}{10^k} = 1+\frac{1}{10}+\frac{1}{10^2}+\cdots+\frac{1}{10^{n-1}} = \frac{1-\left(\frac{1}{10}\right)^n}{1-\frac{1}{10}} = \frac{1-\frac{1}{10^n}}{\frac{9}{10}}.$$

$$s_n = \sum_{k=1}^{n}\frac{9}{10^k} = \frac{9}{10}\sum_{k=0}^{n-1}\frac{1}{10^k} = \frac{9}{10}\,\frac{1-\frac{1}{10^n}}{1-\frac{1}{10}} = \frac{9}{10}\,\frac{1-\frac{1}{10^n}}{\frac{9}{10}} = 1-\frac{1}{10^n} \xrightarrow[n\to\infty]{} 1.$$

Damit folgt $\lim_{n\to\infty} s_n = \sum_{k=1}^{\infty}\frac{9}{10^k} = 1.$

Es ist $\sum_{k=1}^{\infty}\frac{9}{10^k} = 0.999\ldots = 0.\overline{9}.$

> Für die periodische Dezimalzahl $0.\overline{9}$ gilt also $\mathbf{0.\overline{9} = 1}$, siehe auch [**EM 1**, 4.27].

(g) $\sum_{k=1}^{\infty}(\frac{1}{2})^k = \frac{1}{2}+\frac{1}{4}+\frac{1}{8}+\frac{1}{16}+\frac{1}{32}+\cdots.$ Wie in (f) schließt man:

$$s_n = \sum_{k=1}^{n}\frac{1}{2^k} = \frac{1}{2}\sum_{k=0}^{n-1}\frac{1}{2^k} = \frac{1}{2}\,\frac{1-\frac{1}{2^n}}{1-\frac{1}{2}} = \frac{1}{2}\,\frac{1-\frac{1}{2^n}}{\frac{1}{2}} = 1-\frac{1}{2^n} \xrightarrow[n\to\infty]{} 1, \text{ d.h. } \sum_{k=1}^{\infty}(\tfrac{1}{2})^k = 1.$$

Oder mit (b): $\sum_{k=0}^{\infty}(\frac{1}{2})^k = 2 \implies \sum_{k=1}^{\infty}(\frac{1}{2})^k = \sum_{k=0}^{\infty}(\frac{1}{2})^k - (\frac{1}{2})^0 = 2-1 = 1.$

Oder "Tortenreihe" (theoretisch: fortgesetzte Halbierung): Die Gastgeber haben eine Torte gebacken. Der erste Gast erhält die Hälfte $a_1 = \frac{1}{2}$, der zweite ein Viertel $a_2 = (\frac{1}{2})^2 = \frac{1}{4}$, der dritte ein Achtel usw.

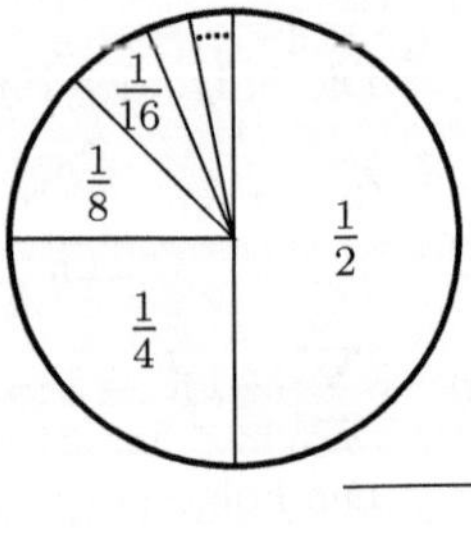

Man sieht $\sum_{k=1}^{\infty}(\frac{1}{2})^k = \frac{1}{2}+\frac{1}{4}+\frac{1}{8}+\frac{1}{16}+\frac{1}{32}+\cdots = 1.$

Rechenregeln für konvergente Reihen

$$\left.\begin{array}{l}\sum\limits_{k=0}^{\infty} a_k = a \\ \sum\limits_{k=0}^{\infty} b_k = b\end{array}\right\} \Longrightarrow \begin{cases} \sum\limits_{k=0}^{\infty}(a_k + b_k) = a + b & \textbf{Addition} \\ \sum\limits_{k=0}^{\infty}(a_k - b_k) = a - b & \textbf{Subtraktion} \\ \sum\limits_{k=0}^{\infty} c \cdot a_k = c \cdot a & \textbf{Multiplikation} \text{ mit } c \\ a_k \le b_k \text{ für alle } k \Longrightarrow a \le b & \textbf{Monotonie} \end{cases}$$

Diese Regeln gelten mit den Vereinbarungen [Seite 24] über das Rechnen mit ∞ auch für uneigentliche Grenzwerte.

2.2 Geometrische Reihen

Geometrische Reihen sind unendliche Reihen der Form $\sum\limits_{k=0}^{\infty} q^k$.

Die Beispiele $q = \frac{1}{2}$, $q = \frac{1}{10}$, $q = -1$ wurden in [2.3, 2.4] behandelt.

Zur endlichen geometrischen Reihe $\sum\limits_{k=0}^{n} q^k$ siehe [2.3 (b)] und [**EM1**, S. 32 ff].

Endliche geometrische Reihe (Summenformel)

$$\sum_{k=0}^{n} q^k = 1 + q + q^2 + \cdots + q^n = \frac{1 - q^{n+1}}{1 - q} \quad \text{für} \quad q \neq 1$$

Für die geometrische Folge (q^n) gilt [Seite 28]:

$|q| < 1$, also $-1 < q < 1$ $\Longrightarrow$ (q^n) konvergiert gegen 0,
$|q| > 1$, also $q > 1$ oder $q < -1$ $\Longrightarrow$ (q^n) divergiert.
Für $q = 1$ konvergiert die Folge gegen 1, für $q = -1$ divergiert sie.

Hieraus ergibt sich für die (unendliche) geometrische Reihe:

$$|q| < 1 \Longrightarrow \sum_{k=0}^{\infty} q^k = 1 + q + q^2 + \cdots = \lim_{n \to \infty} \sum_{k=0}^{n} q^k = \lim_{n \to \infty} \frac{1 - q^{n+1}}{1 - q} = \frac{1}{1-q},$$

$$|q| \ge 1 \Longrightarrow \sum_{k=0}^{\infty} q^k \quad \text{divergiert.}$$

Geometrische Reihe (Summenformel)

$$\sum_{k=0}^{\infty} q^k = 1 + q + q^2 + \cdots = \frac{1}{1 - q} \quad \text{für} \quad -1 < q < 1$$

2.5 *Man berechne ggf. die Werte der geometrischen Reihen:*

(a) $\sum\limits_{k=0}^{\infty}(\frac{1}{10})^k$, (b) $\sum\limits_{k=0}^{\infty}0.3^k$, (c) $\sum\limits_{k=0}^{\infty}(-\frac{1}{2})^k$, (d) $\sum\limits_{k=0}^{\infty}(-\frac{11}{10})^k$.

(a) $\sum\limits_{k=0}^{\infty}(\frac{1}{10})^k$: Hier ist $q = \frac{1}{10}$.

Also $\sum\limits_{k=0}^{\infty}(\frac{1}{10})^k = \frac{1}{1-\frac{1}{10}} = \frac{1}{\frac{9}{10}} = \frac{10}{9} = 1.111\ldots = 1.\overline{1}$.

(b) $\sum\limits_{k=0}^{\infty}0.3^k$: Mit $q = 0.3$ ergibt sich $\sum\limits_{k=0}^{\infty}0.3^k = \frac{1}{1-0.3} = \frac{1}{0.7} = \frac{10}{7}$.

(c) $\sum\limits_{k=0}^{\infty}(-\frac{1}{2})^k$: Mit $q = -\frac{1}{2}$ ergibt sich $\sum\limits_{k=0}^{\infty}(-\frac{1}{2})^k = \frac{1}{1-(-\frac{1}{2})} = \frac{1}{1+\frac{1}{2}} = \frac{2}{3}$.

(d) $\sum\limits_{k=0}^{\infty}(-\frac{11}{10})^k$: Die Reihe divergiert, da $q = -\frac{11}{10} \leq -1$ ist.

2.6 *Man berechne ggf. die Werte der geometrischen Reihen:*

(a) $\sum\limits_{k=0}^{\infty}\frac{4^k}{5^k}$, (b) $\sum\limits_{k=1}^{\infty}\frac{12}{10^{2k}}$, (c) $\sum\limits_{k=7}^{\infty}(\frac{1}{2})^k$,

(d) $\sum\limits_{k=0}^{\infty}(\frac{5}{6}-\frac{1}{7})^k$, (e) $\sum\limits_{k=0}^{\infty}(\frac{1}{7}-\frac{5}{6})^k$, (f) $\sum\limits_{k=1}^{\infty}\frac{2^{k+2}}{3^{k-3}}$.

(a) $\sum\limits_{k=0}^{\infty}\frac{4^k}{5^k} = \sum\limits_{k=0}^{\infty}(\frac{4}{5})^k = \frac{1}{1-\frac{4}{5}} = \frac{1}{\frac{1}{5}} = 5$, da $-1 < q = \frac{4}{5} < 1$.

(b) $\sum\limits_{k=1}^{\infty}\frac{12}{10^{2k}} = 12\sum\limits_{k=1}^{\infty}(\frac{1}{100})^k = 12\Big(\sum\limits_{k=0}^{\infty}(\frac{1}{100})^k - 1\Big) = 12\Big(\frac{1}{1-\frac{1}{100}} - 1\Big) = 12 \cdot \frac{1}{99} = \frac{4}{33}$,

vgl. [**EM 1**, 4.28 (b)]: $\sum\limits_{k=1}^{\infty}\frac{12}{10^{2k}} = \frac{12}{100} + \frac{12}{10000} + \cdots = 0.1212\cdots = 0.\overline{12}$.

(c) $\sum\limits_{k=7}^{\infty}(\frac{1}{2})^k = (\frac{1}{2})^7 + (\frac{1}{2})^8 + (\frac{1}{2})^9 + (\frac{1}{2})^{10} + \cdots$

$= (\frac{1}{2})^7 \cdot \Big(1+(\frac{1}{2})^1+(\frac{1}{2})^2+(\frac{1}{2})^3+\cdots\Big) = (\frac{1}{2})^7\sum\limits_{k=0}^{\infty}(\frac{1}{2})^k = \frac{1}{128} \cdot \frac{1}{1-\frac{1}{2}} = \frac{1}{64}$.

(d) $\sum\limits_{k=0}^{\infty}(\frac{6}{5}-\frac{1}{7})^k = \sum\limits_{k=0}^{\infty}(\frac{37}{35})^k$ ist divergent, da $q = \frac{37}{35} > 1$ ist.

(e) $\sum\limits_{k=0}^{\infty}(\frac{1}{7}-\frac{6}{5})^k = \sum\limits_{k=0}^{\infty}(-\frac{37}{35})^k$ ist divergent, da $q = -\frac{37}{35} < -1$ ist.

(f) $\sum\limits_{k=1}^{\infty}\frac{2^{k+2}}{3^{k-3}} = \frac{2^2}{3^{-3}}\sum\limits_{k=1}^{\infty}(\frac{2}{3})^k = \frac{2^2}{3^{-3}} \cdot \frac{2}{3}\sum\limits_{k=0}^{\infty}(\frac{2}{3})^k = 2^3 \cdot 3^2 \cdot \frac{1}{1-\frac{2}{3}} = 2^3 \cdot 3^3 = 6^3 = 216$.

2.7 *Aus Würfeln wird folgendermaßen ein Turm gebaut:*
Auf einen Würfel der Kantenlänge 1 wird ein Würfel der Kantenlänge $\frac{1}{2}$ gesetzt, darauf einer der Kantenlänge $\frac{1}{4}$ usw., also auf jeden Würfel ein Würfel halber Kantenlänge.
(a) *Welchem Grenzwert nähert sich die Höhe des Turms?*
(b) *Welchem Volumen nähert sich das Volumen des Turms?*

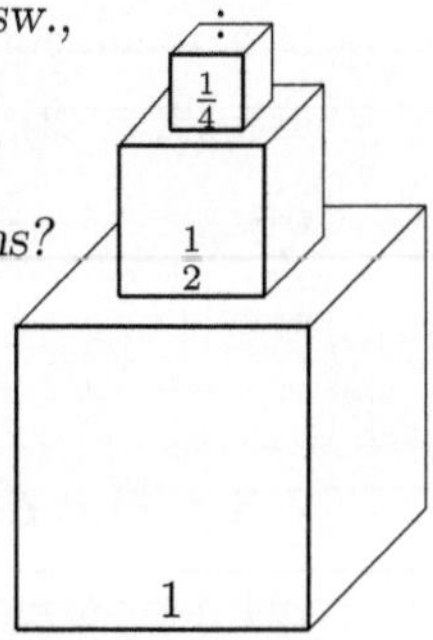

(a) Grenzwert der Höhe H des Turms:

$$H = 1 + \tfrac{1}{2} + \tfrac{1}{4} + \tfrac{1}{8} + \tfrac{1}{16} + \cdots = \sum_{k=0}^{\infty} (\tfrac{1}{2})^k = \frac{1}{1-\frac{1}{2}} = 2\,.$$

(b) Ein Würfel der Kantenlänge a hat das Volumen a^3.
Der erste Würfel hat also das Volumen $v_1 = 1$, der zweite Würfel hat das Volumen $v_2 = (\frac{1}{2})^3 = \frac{1}{8}$, der dritte das Volumen $v_3 = (\frac{1}{4})^3 = \frac{1}{2^6} = \frac{1}{8^2}$, der n-te die Kantenlänge $(\frac{1}{2})^{n-1} = \frac{1}{2^{n-1}}$ und das Volumen $v_n = (\frac{1}{2^{n-1}})^3 = \frac{1}{2^{3(n-1)}} = \frac{1}{8^{n-1}}$.
Für den Grenzwert V des Volumens des Turms gilt:

$$V = \sum_{k=1}^{\infty} (\tfrac{1}{8})^{k-1} = 1 + \tfrac{1}{8} + (\tfrac{1}{8})^2 + \cdots = \sum_{k=0}^{\infty} (\tfrac{1}{8})^k = \frac{1}{1-\frac{1}{8}} = \frac{8}{7}.$$

2.8 *Für welche x konvergieren die folgenden geometrischen Reihen?*
Was ist jeweils ihr Wert?

$$\text{(a)} \sum_{k=0}^{\infty} x^k, \quad \text{(b)} \sum_{k=0}^{\infty} (x-1)^k, \quad \text{(c)} \sum_{k=1}^{\infty} \tfrac{1}{3^k}(x+2)^k, \quad \text{(d)} \sum_{k=0}^{\infty} 3^k(x-2)^{2k}.$$

(a) $\displaystyle\sum_{k=0}^{\infty} x^k = 1 + x + x^2 + \cdots.$

Dies ist eine geometrische Reihe. Sie konvergiert $\iff |x| < 1 \iff -1 < x < 1$.

Man erhält: $\displaystyle\sum_{k=0}^{\infty} x^k = \frac{1}{1-x}$, für $|x| < 1$.

(b) $\displaystyle\sum_{k=0}^{\infty} (x-1)^k = 1 + (x-1) + (x-1)^2 + (x-1)^3 + \cdots.$

Dies ist eine geom. Reihe. Sie konvergiert $\iff |x-1| < 1 \iff 0 < x < 2$.

Man erhält: $\displaystyle\sum_{k=0}^{\infty} (x-1)^k = \frac{1}{1-(x-1)} = \frac{1}{2-x}$, für $|x-1| < 1$, d.h. $0 < x < 2$.

(c) $\displaystyle\sum_{k=1}^{\infty} \frac{1}{3^k}(x+2)^k = \sum_{k=1}^{\infty} \left(\frac{x+2}{3}\right)^k = \sum_{k=0}^{\infty} \left(\frac{x+2}{3}\right)^k - 1$

Diese geom. Reihe konvergiert $\iff \left|\frac{x+2}{3}\right| < 1 \iff |x+2| < 3 \iff -5 < x < 1$.

$\displaystyle\sum_{k=1}^{\infty} \frac{1}{3^k}(x+2)^k = \frac{1}{1-\frac{x+2}{3}} - 1 = \frac{3}{1-x} - 1 = \frac{2+x}{1-x}$, für $\left|\frac{x+2}{3}\right| < 1$, d.h. $-5 < x < 1$.

(d) $\sum_{k=0}^{\infty} 3^k(x-2)^{2k} = \sum_{k=0}^{\infty}\left(3(x-2)^2\right)^k = 1+3(x-2)^2+9(x-2)^4+27(x-2)^6+\cdots$

Dies ist eine geometrische Reihe. Sie konvergiert

$\iff |3(x-2)^2|<1 \iff (x-2)^2<\frac{1}{3} \iff |x-2|<\frac{1}{\sqrt{3}} \iff 2-\frac{1}{\sqrt{3}}<x<2+\frac{1}{\sqrt{3}}$.

$\sum_{k=0}^{\infty} 3^k(x-2)^{2k} = \frac{1}{1-3(x-2)^2}$, für $|3(x-2)^2|<1$, d.h. für $2-\frac{1}{\sqrt{3}}<x<2+\frac{1}{\sqrt{3}}$.

2.3 Harmonische Reihen

Bei der harmonischen Reihe ist jeder Summand das harmonische Mittel seiner Nachbarsummanden. Dabei ist das **harmonische Mittel** zweier Zahlen a und b definiert als $\frac{2}{\frac{1}{a}+\frac{1}{b}}$ und verdankt seinen Namen der Musiktheorie.

Z.B. ist $\frac{1}{3}$ $(=\frac{2}{2+4})$ das harmonische Mittel von $a=\frac{1}{2}$ und $b=\frac{1}{4}$.

Harmonische Reihen

Harmonische Reihe	$\sum_{k=1}^{\infty}\frac{1}{k} = 1+\frac{1}{2}+\frac{1}{3}+\frac{1}{4}+\cdots=\infty$,	[2.9]
Alternierende harmonische Reihe	$\sum_{k=1}^{\infty}\frac{(-1)^{k+1}}{k} = 1-\frac{1}{2}+\frac{1}{3}-\frac{1}{4}\pm\cdots=\ln 2$,	[2.22 (f)]
Allgemeine harmonische Reihe	$\sum_{k=1}^{\infty}\frac{1}{k^\alpha}$ konvergiert $\iff$ $\alpha>1$.	
Analog gilt für uneigentliche Integrale	$\int_1^{\infty}\frac{dx}{x^\alpha}$ konvergiert $\iff$ $\alpha>1$	[Seite 235] [5.53]

2.9 *Die harmonische Reihe* $\sum_{k=1}^{\infty}\frac{1}{k}$ *divergiert:* $\sum_{k=1}^{\infty}\frac{1}{k} = 1+\frac{1}{2}+\frac{1}{3}+\frac{1}{4}+\cdots=\infty$.

Durch geschicktes Zusammenfassen erkennt man, dass die Addition gewisser Summanden jeweils einen Wert größer als $\frac{1}{2}$ ergibt:

$$\begin{aligned}\sum_{k=1}^{\infty}\frac{1}{k} &= 1+\frac{1}{2}+\frac{1}{3}+\frac{1}{4}+\frac{1}{5}+\frac{1}{6}+\frac{1}{7}+\frac{1}{8}+\frac{1}{9}+\frac{1}{10}+\cdots+\frac{1}{16}+\cdots\\ &= 1+\frac{1}{2}+\underbrace{\left(\frac{1}{3}+\frac{1}{4}\right)}_{>2\cdot\frac{1}{4}=\frac{1}{2}}+\underbrace{\left(\frac{1}{5}+\frac{1}{6}+\frac{1}{7}+\frac{1}{8}\right)}_{>4\cdot\frac{1}{8}=\frac{1}{2}}+\underbrace{\left(\frac{1}{9}+\frac{1}{10}+\cdots+\frac{1}{16}\right)}_{>8\cdot\frac{1}{16}=\frac{1}{2}}+\cdots\\ &> \frac{1}{2}+\frac{1}{2}+\frac{1}{2}+\frac{1}{2}+\frac{1}{2}+\cdots=\infty.\end{aligned}$$

Die Partialsummen s_{2^n} der Reihe werden beliebig groß, also $\sum_{k=1}^{\infty}\frac{1}{k}=\infty$.

2.10 *Man untersuche die folgenden harmonischen Reihen auf Konvergenz:*

$$\text{(a)}\ \sum_{k=1}^{\infty}\frac{1}{k^2}, \qquad \text{(b)}\ \sum_{k=1}^{\infty}\frac{1}{\sqrt{k}}, \qquad \text{(c)}\ \sum_{k=1}^{\infty}\frac{1}{k^{-1}}, \qquad \text{(d)}\ \sum_{k=1}^{\infty}\frac{1}{k^{1.001}}.$$

(a) $\sum_{k=1}^{\infty}\frac{1}{k^2}$ konvergiert, allg. harmonische Reihe $\sum_{k=1}^{\infty}\frac{1}{k^\alpha}$ mit $\alpha = 2 > 1$.

(b) $\sum_{k=1}^{\infty}\frac{1}{\sqrt{k}}$ divergiert, allg. harmonische Reihe $\sum_{k=1}^{\infty}\frac{1}{k^\alpha}$ mit $\alpha = \frac{1}{2} < 1$.

(c) $\sum_{k=1}^{\infty}\frac{1}{k^{-1}} = \sum_{k=1}^{\infty} k$ divergiert, siehe [2.4 (a)], oder:

$\sum_{k=1}^{\infty}\frac{1}{k^{-1}}$ divergiert, allg. harmonische Reihe $\sum_{k=1}^{\infty}\frac{1}{k^\alpha}$ mit $\alpha = -1 < 1$.

(d) $\sum_{k=1}^{\infty}\frac{1}{k^{1.001}}$ konvergiert, allg. harmonische Reihe $\sum_{k=1}^{\infty}\frac{1}{k^\alpha}$ mit $\alpha = 1.001 > 1$.

2.4 Konvergenzkriterien

Ein **notwendiges Kriterium** für die Konvergenz einer Reihe gibt eine Bedingung an, die notwendigerweise aus der Konvergenz der Reihe folgt. Das heißt im Umkehrschluss: Ist die Bedingung nicht erfüllt, so divergiert die Reihe.

Ein **hinreichendes Kriterium** für die Konvergenz gibt eine Bedingung an, die hinreichend für die Konvergenz ist, d.h. die Konvergenz garantiert.

Das erste folgende Kriterium ist – wie der Name sagt – notwendig,
das Leibniz–Kriterium ist hinreichend für die Konvergenz einer Reihe.

Hinreichend für die Konvergenz bzw. Divergenz einer Reihe sind auch die Vergleichskriterien, das Quotientenkriterium und das Wurzelkriterium [Seite 49].

Konvergenzkriterien

Notwendiges Kriterium

Ist $\sum_{k=0}^{\infty} a_k$ konvergent, so ist (a_k) eine Nullfolge, d.h. $\lim_{k\to\infty} a_k = 0$.

Ist eine Reihe konvergent, so gehen die Summanden gegen Null!

Oder umgekehrt: Ist (a_k) keine Nullfolge, so ist $\sum_{k=0}^{\infty} a_k$ divergent.

Leibniz-Kriterium für **alternierende Reihen**

Ist (a_k) eine monoton fallende Nullfolge, so ist $\sum_{k=0}^{\infty}(-1)^k a_k$ konvergent.

2.11 *Man untersuche folgende Reihen auf Konvergenz:*

(a) $\sum\limits_{k=0}^{\infty}\frac{k}{2k+1}$, (b) $\sum\limits_{k=1}^{\infty}(-1)^k\frac{1}{k}$, (c) $\sum\limits_{k=1}^{\infty}(-1)^k k$, (d) $\sum\limits_{k=1}^{\infty}\left(1-(\frac{2}{3})^k\right)$,

(e) $\sum\limits_{k=0}^{\infty}(-1)^k\frac{1}{2k+1}$, (f) $\sum\limits_{k=2}^{\infty}(-1)^k\frac{k}{k^2-1}$, (g) $\sum\limits_{k=1}^{\infty}(-1)^k\sin\frac{1}{k}$.

(a) $\sum\limits_{k=0}^{\infty}\frac{k}{2k+1}$ ist nach dem notwendigen Kriterium divergent, da $\lim\limits_{k\to\infty}\frac{k}{2k+1}=\frac{1}{2}\neq 0$.

(b) $\sum\limits_{k=1}^{\infty}(-1)^k\frac{1}{k}$ ist nach dem Leibniz-Kriterium konvergent, da $(\frac{1}{k})$ eine monotone Nullfolge ist [1.8 (c)].

(c) $\sum\limits_{k=2}^{\infty}(-1)^k k = 1-2+3-4+\cdots$ divergiert, da das notwendige Kriterium nicht erfüllt ist. Die Summanden gehen nicht gegen Null. Siehe auch [2.4 (e)].

(d) $\sum\limits_{k=1}^{\infty}\left(1-(\frac{2}{3})^k\right)$ ist nach dem notwendigen Krit. divergent: $\lim\limits_{k\to\infty}\left(1-(\frac{2}{3})^k\right)=1\neq 0$.

(e) $\sum\limits_{k=0}^{\infty}(-1)^k\frac{1}{2k+1}=1-\frac{1}{3}+\frac{1}{5}-\frac{1}{7}\pm\cdots$ konvergiert nach dem Leibniz-Kriterium, da $(a_k)=\left(\frac{1}{2k+1}\right)$ eine monotone Nullfolge ist. Es gilt nämlich für alle $k\in\mathbb{N}$:

$$a_k=\frac{1}{2k+1}\geq\frac{1}{2k+3}=\frac{1}{2(k+1)+1}=a_{k+1}.$$

(f) $\sum\limits_{k=2}^{\infty}(-1)^k\frac{k}{k^2-1}=\frac{1}{3}-\frac{3}{8}+\frac{4}{15}\mp\cdots$ konvergiert nach dem Leibniz-Kriterium, da $(a_k)=\left(\frac{k}{k^2-1}\right)$ eine monotone Nullfolge ist. Es gilt nämlich

$a_2=\frac{2}{3}\geq\frac{3}{8}=a_3$ und $a_3=\frac{3}{8}\geq\frac{4}{15}=a_4$ und allgemein für alle $k\in\mathbb{N}$:

$$\begin{aligned}a_k=\frac{k}{k^2-1}\geq\frac{k+1}{(k+1)^2-1}=a_{k+1}\quad&\iff\quad k\left((k+1)^2-1\right)\geq(k+1)(k^2-1)\\&\iff\quad k^3+2k^2\geq k^3+k^2-k-1\\&\iff\quad k^2+k+1\geq 0\text{ , richtig für }k\in\mathbb{N}.\end{aligned}$$

(g) Da $\sin x$ im Intervall $[0,\frac{\pi}{2}]$ monoton steigend ist [4.42], gilt $\sin\frac{1}{k+1}\leq\sin\frac{1}{k}$. $\left(\sin\frac{1}{k}\right)$ ist also eine monotone Nullfolge, und $\sum\limits_{k=1}^{\infty}(-1)^k\sin\frac{1}{k}$ konvergiert, wieder nach dem Leibniz-Kriterium.

Vergleichskriterien

Ist $0 \le a_k \le b_k$ für alle $k \ge k_0$, dann gilt:

Majoranten-kriterium Ist $\sum_{k=0}^{\infty} b_k$ konvergent, dann ist auch $\sum_{k=0}^{\infty} a_k$ konvergent.

Minoranten-kriterium Ist $\sum_{k=0}^{\infty} a_k$ divergent, dann ist auch $\sum_{k=0}^{\infty} b_k$ divergent.

Für Reihen $\sum_{k=0}^{\infty} a_k$ mit $a_k > 0$ gilt:

Quotienten-kriterium $\frac{a_{k+1}}{a_k} \xrightarrow[k\to\infty]{} q \quad \Longrightarrow \quad \sum_{k=0}^{\infty} a_k \begin{cases} \text{konvergent} & \text{für } q < 1, \\ \text{divergent} & \text{für } q > 1. \end{cases}$

Wurzel-kriterium $\sqrt[k]{a_k} \xrightarrow[k\to\infty]{} q \quad \Longrightarrow \quad \sum_{k=0}^{\infty} a_k \begin{cases} \text{konvergent} & \text{für } q < 1, \\ \text{divergent} & \text{für } q > 1. \end{cases}$

2.12 *Man untersuche mit den Vergleichskriterien auf Konvergenz:*

(a) $\sum_{k=1}^{\infty} \left(\frac{k}{2k+1}\right)^k$. *Vergleiche mit der geometrischen Reihe* $\sum_{k=1}^{\infty} \left(\frac{1}{2}\right)^k$.

(b) $\sum_{k=1}^{\infty} \frac{k}{k^2+1}$. *Vergleiche mit der Reihe* $\frac{1}{2}\sum_{k=1}^{\infty} \frac{1}{k}$.

(a) Es gilt $0 \le \frac{k}{2k+1} \le \frac{k}{2k} = \frac{1}{2}$, also $0 \le \left(\frac{k}{2k+1}\right)^k \le \left(\frac{1}{2}\right)^k$ für $k \in \mathbb{N}$.

Die Reihe $\sum_{k=1}^{\infty} \left(\frac{1}{2}\right)^k$ konvergiert, da $-1 < \frac{1}{2} < 1 \implies \sum_{k=1}^{\infty} \left(\frac{k}{2k+1}\right)^k$ konvergiert.

(b) Es gilt $k^2 + 1 \le k^2 + k^2 \le 2k^2$ und weiter $k^2 + 1 \le 2k^2 \iff \frac{1}{2k} \le \frac{k}{k^2+1}$.

$\sum_{k=1}^{\infty} \frac{1}{2k} = \frac{1}{2}\sum_{k=1}^{\infty} \frac{1}{k}$ divergiert (harmonische Reihe), also auch $\sum_{k=1}^{\infty} \frac{k}{k^2+1}$.

2.13 *Man untersuche mit Wurzel- bzw. Quotientenkriterium auf Konvergenz:*

(a) $\sum_{k=1}^{\infty} \frac{k!}{k^k}$, (b) $\sum_{k=1}^{\infty} \frac{k^2}{2^k}$, (c) $\sum_{k=0}^{\infty} \frac{(2k)!}{(k!)^2}$, (d) $\sum_{k=1}^{\infty} \frac{1}{k^2}$.

(a) Q–Krit.: $\frac{a_{k+1}}{a_k} = \frac{(k+1)!k^k}{(k+1)^{k+1}k!} = \left(\frac{k}{k+1}\right)^k = \frac{1}{\left(1+\frac{1}{k}\right)^k} \xrightarrow[k\to\infty]{} \frac{1}{\mathrm{e}} < 1$, also $\sum_{k=1}^{\infty} \frac{k!}{k^k}$ konv.

(b) W–Krit: $\sqrt[k]{a_k} = \sqrt[k]{\frac{k^2}{2^k}} = \frac{(\sqrt[k]{k})^2}{2} \xrightarrow[k\to\infty]{} \frac{1}{2} < 1$, also ist $\sum_{k=1}^{\infty} \frac{k^2}{2^k}$ konvergent.

(c) Q–Krit.: $\frac{a_{k+1}}{a_k} = \frac{(2k+2)!(k!)^2}{((k+1)!)^2(2k)!} = \frac{(2k+1)(2k+2)}{(k+1)^2} \xrightarrow[k\to\infty]{} 4 > 1$, also $\sum_{k=0}^{\infty} \frac{(2k)!}{(k!)^2}$ div.

(d) W–Krit.: $\sqrt[k]{a_k} = \sqrt[k]{\frac{1}{k^2}} = \frac{1}{(\sqrt[k]{k})^2} \xrightarrow[k\to\infty]{} \frac{1}{1^2} = 1$, das Wurzelkriterium versagt, aber die Reihe konvergiert, allgemeine harmonische Reihe mit $\alpha = 2$ [Seite 46].

2.5 Potenzreihen

Viele Funktionen f wie z.B. $\sin x$, $\cos x$, e^x, $\ln(1+x)$ lassen sich in Potenzreihen entwickeln, d.h. sie besitzen Darstellungen der Form $f(x) = \sum_{k=0}^{\infty} a_k(x-x_0)^k$.

Potenzreihen

Eine Potenzreihe ist eine Reihe der Form

$$\sum_{k=0}^{\infty} a_k(x-x_0)^k = a_0 + a_1(x-x_0) + a_2(x-x_0)^2 + a_3(x-x_0)^3 + \cdots$$

Die a_k heißen **Koeffizienten**, x_0 heißt **Entwicklungspunkt** der Potenzreihe.

Hier behandeln wir bis auf [2.21] nur $x_0 = 0$, also Potenzreihen der Form

$$\sum_{k=0}^{\infty} a_k x^k = a_0 + a_1 x + a_2 x^2 + a_3 x^3 + \cdots$$

Bei diesen Potenzreihen ist der k-te Koeffizient a_k der Faktor von x^k.

Wichtige Potenzreihen siehe Umschlagseite **F2** oder **HM** oder **FH**.

2.14 *Für die folgenden Potenzreihen gebe man jeweils ihre Koeffizienten a_k an.*

(a) $\sum_{k=0}^{\infty} x^k$, (b) $\sum_{k=0}^{\infty} \frac{x^k}{k!}$, (c) $\sum_{k=0}^{\infty}(k+1)x^{2k}$, (d) $x\cdot\sum_{k=1}^{\infty} kx^{3k}$, (e) x^4-3x^2+2.

(a) $\sum_{k=0}^{\infty} x^k = 1+x+x^2+x^3+x^4+\cdots$ hat die Koeffizienten $a_k = 1$ für $k = 0, 1, 2, \ldots$.

(b) $\sum_{k=0}^{\infty} \frac{x^k}{k!} = 1+x+\frac{1}{2}x^2+\frac{1}{6}x^3+\frac{1}{24}x^4+\cdots$, also $a_k = \frac{1}{k!}$.

n-Fakultät

$n! = 1\cdot 2\cdots n$, für $n \in \mathbb{N}$

$0! = 1$ [**EM1**, S. 103]

(c) $\sum_{k=0}^{\infty}(k+1)x^{2k} = 1 + 2x^2 + 3x^4 + 4x^6 + \cdots$ hat die Koeffizienten

$$a_k = \begin{cases} 0 & \text{für ungerade } k \text{, da ungerade Potenzen von } x \text{ nicht auftreten,} \\ \frac{k}{2}+1 & \text{für gerade } k, \quad \text{also } a_0 = 1,\ a_2 = 2,\ a_4 = 3 \text{ usw.} \end{cases}$$

(d) $x\cdot\sum_{k=1}^{\infty} kx^{3k} = \sum_{k=1}^{\infty} kx^{3k+1} = x^4 + 2x^7 + 3x^{10} + 4x^{13} + \cdots$ hat die Koeffizienten

$$a_k = \begin{cases} \frac{k-1}{3} & \text{falls } k-1 \text{ durch 3 teilbar ist } (k \geq 1), \\ 0 & \text{sonst.} \end{cases}$$

(e) **Polynome sind Potenzreihen:** $x^4 - 3x^2 + 2$ hat die Koeffizienten $a_0 = 2$, $a_1 = 0$, $a_2 = -3$, $a_3 = 0$, $a_4 = 1$ und $a_k = 0$ für $k \geq 5$.

Geometrische Reihe

$$\sum_{k=0}^{\infty} x^k = \frac{1}{1-x} \quad \text{für} \quad |x| < 1,$$

$$\sum_{k=0}^{\infty} (x-x_0)^k = \frac{1}{1-(x-x_0)} \quad \text{für } |x-x_0| < 1, \quad \text{siehe [2.21].}$$

Man sagt: Die Potenzreihe

$\sum_{k=0}^{\infty} x^k$ **stellt die Funktion** $\frac{1}{1-x}$ **dar** für $|x| < 1$, d.h. für $-1 < x < 1$.

Der Konvergenzbereich einer Potenzreihe $\sum_{k=0}^{\infty} a_k(x-x_0)^k$ ist die Menge aller x, für die die Reihe konvergiert. Der Entwicklungspunkt x_0 gehört immer dazu.

Konvergenzbereich von Potenzreihen

(mit Entwicklungspunkt $x_0 = 0$)

Der Konvergenzbereich einer Potenzreihe $\sum_{k=0}^{\infty} a_k x^k$ kann

		Beispiel
(a)	aus ganz $\mathbb{R}$ bestehen.	[2.16 (c)]
(b)	nur aus dem Nullpunkt bestehen.	[2.16 (d)]
(c)	ein endliches Intervall $[-r, r]$ mit Mittelpunkt 0 sein, wobei dessen Endpunkte $-r$, r gesondert zu betrachten sind.	

Für die Randpunkte $-r$, r sind drei Fälle möglich:

Die Reihe konvergiert in keinem Randpunkt	[2.15]
Die Reihe konvergiert in genau einem Randpunkt	[2.16 (a) (b)]
Die Reihe konvergiert in beiden Randpunkten	[2.22 (e)]

r heißt **Konvergenzradius** von $\sum_{n=0}^{\infty} a_k x^k$ und ist gegeben durch

$$r = \lim_{k\to\infty} \frac{1}{\sqrt[k]{|a_k|}} = \frac{1}{\lim\limits_{k\to\infty} \sqrt[k]{|a_k|}} \quad \text{oder auch} \quad r = \lim_{k\to\infty} \left|\frac{a_k}{a_{k+1}}\right|,$$

falls diese Grenzwerte existieren.

Der Fall (a) ergibt sich aus $\lim\limits_{k\to\infty} \sqrt[k]{|a_k|} = 0$, dann ist $r = \infty$.

Der Fall (b) ergibt sich aus $\lim\limits_{k\to\infty} \sqrt[k]{|a_k|} = \infty$, dann ist $r = 0$.

Die wichtigsten Potenzreihen findet man auf der Umschlagseite **F2**.
Ausführlichere Darstellungen siehe **HM** und **FH**.

2.15 *Man bestimme Konvergenzradius r, Konvergenzbereich und dargestellte Funktion f für folgende geometrische Reihen.*

$$\text{(a)} \sum_{k=0}^{\infty} x^k, \qquad \text{(b)} \sum_{k=0}^{\infty} 2^k x^k, \qquad \text{(c)} \sum_{k=0}^{\infty} \tfrac{1}{3^k} x^k, \qquad \text{(d)} \sum_{k=0}^{\infty} 3^k x^{2k}.$$

(a) $\sum_{k=0}^{\infty} x^k = 1 + x + x^2 + x^3 + \cdots = \frac{1}{1-x}$, für $|x| < 1$.

Die geometrische Reihe $\sum_{k=0}^{\infty} x^k$ konvergiert für $|x| < 1$ und divergiert für $|x| \geq 1$, da die Summanden nicht gegen 0 gehen, konvergiert also in keinem Randpunkt.
Konvergenzradius: $r = 1$, Konvergenzbereich: $]-1, 1[$, $f(x) = \frac{1}{1-x}$.

(b) $\sum_{k=0}^{\infty} 2^k x^k = 1 + 2x + 4x^2 + 8x^3 + \cdots = \sum_{k=0}^{\infty} (2x)^k = \frac{1}{1-2x}$ für $|2x| < 1$.

$|2x| < 1 \iff -1 < 2x < 1 \iff -\frac{1}{2} < x < \frac{1}{2} \iff x \in]-\frac{1}{2}, \frac{1}{2}[\iff |x| < \frac{1}{2}$.
Konvergenzradius: $r = \frac{1}{2}$, Konvergenzbereich: $]-\frac{1}{2}, \frac{1}{2}[$, $f(x) = \frac{1}{1-2x}$.

(c) $\sum_{k=0}^{\infty} \frac{1}{3^k} x^k = 1 + \frac{1}{3}x + \frac{1}{9}x^2 + \frac{1}{27}x^3 + \cdots = \sum_{k=0}^{\infty} \left(\frac{x}{3}\right)^k = \frac{1}{1-\frac{x}{3}} = \frac{3}{3-x}$ für $|\frac{x}{3}| < 1$.

$|\frac{x}{3}| < 1 \iff -1 < \frac{x}{3} < 1 \iff -3 < x < 3 \iff x \in]-3, 3[\iff |x| < 3$.
Konvergenzradius: $r = 3$, Konvergenzbereich: $]-3, 3[$, $f(x) = \frac{3}{3-x}$.

(d) $\sum_{k=0}^{\infty} 3^k x^{2k} = 1 + 3x^2 + 9x^4 + 27x^6 + \cdots = \sum_{k=0}^{\infty} (3x^2)^k = \frac{1}{1-3x^2}$ für $|3x^2| < 1$.

$3x^2 < 1 \iff |x| < \frac{1}{\sqrt{3}} = \frac{1}{3}\sqrt{3} \iff -\frac{1}{\sqrt{3}} < x < \frac{1}{\sqrt{3}}$.
Konvergenzradius: $r = \frac{1}{\sqrt{3}}$, Konvergenzbereich: $]-\frac{1}{\sqrt{3}}, \frac{1}{\sqrt{3}}[$, $f(x) = \frac{1}{1-3x^2}$.

2.16 *Bestimme Konvergenzradius und Konvergenzbereich der Potenzreihen*

$$\text{(a)} \sum_{k=1}^{\infty} \frac{x^k}{k}, \qquad \text{(b)} \sum_{k=1}^{\infty} \frac{(-1)^{k+1}}{k} x^k, \qquad \text{(c)} \sum_{k=0}^{\infty} \frac{x^k}{k!}, \qquad \text{(d)} \sum_{k=1}^{\infty} k^k x^k.$$

(a) $\sum_{k=1}^{\infty} \frac{x^k}{k} = \sum_{k=1}^{\infty} \frac{1}{k} x^k = x + \frac{1}{2}x^2 + \frac{1}{3}x^3 + \frac{1}{4}x^4 + \cdots$ hat die Koeffizienten $a_k = \frac{1}{k}$.

Konvergenzradius, siehe [Seite 51]:

$$r = \lim_{k\to\infty} \frac{1}{\sqrt[k]{|a_k|}} = \lim_{k\to\infty} \sqrt[k]{k} = 1 \text{ oder}$$

$$r = \lim_{k\to\infty} \left|\frac{a_k}{a_{k+1}}\right| = \lim_{k\to\infty} \frac{k+1}{k} = \lim_{k\to\infty} \left(1 + \frac{1}{k}\right) = 1.$$

Der Konvergenzradius ist also $r = 1$. Die Reihe konvergiert für $|x| < 1$ und evtl. noch in den beiden Randpunkten 1 und -1. Diese werden gesondert untersucht:

$x = -1$: $\sum_{k=1}^{\infty} \frac{(-1)^k}{k}$ konvergent, Leibniz-Kriterium [2.11 (b)].

$x = 1$: $\sum_{k=1}^{\infty} \frac{1^k}{k} = \sum_{k=1}^{\infty} \frac{1}{k}$ divergent, harmonische Reihe [2.9].

Konvergenzbereich: $-1 \le x < 1$, also $[-1, 1[$.

(b) $\sum_{k=1}^{\infty} \frac{(-1)^{k+1}}{k} x^k = x - \frac{1}{2}x^2 + \frac{1}{3}x^3 - \frac{1}{4}x^4 \pm \cdots$ Koeffizienten: $a_k = \frac{(-1)^{k+1}}{k}$.

Konvergenzradius, wie in (a):

$$r = \lim_{k\to\infty} \frac{1}{\sqrt[k]{|a_k|}} = \lim_{k\to\infty} \sqrt[k]{k} = 1 \text{ oder}$$
$$r = \lim_{k\to\infty} \left|\frac{a_k}{a_{k+1}}\right| = \lim_{k\to\infty} \frac{k+1}{k} = 1.$$

Wie in (a) ist $r = 1$. Die Reihe konvergiert für $|x| < 1$ und evtl. noch in den beiden Randpunkten 1 und -1. Diese werden gesondert untersucht:

$x = -1$: $\sum_{k=1}^{\infty} \frac{(-1)^{k+1}}{k}(-1)^k = \sum_{k=1}^{\infty} \frac{(-1)^{2k+1}}{k} = -\sum_{k=1}^{\infty} \frac{1}{k}$ divergent, harmonische Reihe.

$x = 1$: $\sum_{k=1}^{\infty} \frac{(-1)^{k+1}}{k} 1^k = \sum_{k=1}^{\infty} \frac{(-1)^{k+1}}{k}$ konvergent, Leibniz-Kriterium.

Wie in (a) ergibt sich $r = 1$ als Konvergenzradius.
Nur ist hier die Reihe für $x = 1$ konvergent und für $x = -1$ divergent.
Konvergenzbereich: $-1 < x \le 1$, also $]-1, 1]$.

(c) $\sum_{k=0}^{\infty} \frac{x^k}{k!} = \sum_{k=0}^{\infty} \frac{1}{k!} x^k = 1 + x + \frac{1}{2}x^2 + \frac{1}{6}x^3 + \frac{1}{24}x^4 + \cdots$ Koeffizienten $a_k = \frac{1}{k!}$.

Konvergenzradius: $r = \lim_{k\to\infty} \left|\frac{a_k}{a_{k+1}}\right| = \lim_{k\to\infty} \frac{(k+1)!}{k!} = \lim_{k\to\infty} (k+1) = \infty$.

Konvergenzbereich: Die Reihe konvergiert für alle x.

Die durch die Reihe dargestellte Funktion ist die Exponentialfunktion e^x.

Für alle x gilt $\boxed{e^x = \sum_{k=0}^{\infty} \frac{x^k}{k!}}$, siehe auch [Seite 96 ff]. Speziell für $x = 1$ erhält

man $e = \sum_{k=0}^{\infty} \frac{1}{k!} = 1 + 1 + \frac{1}{2!} + \frac{1}{3!} + \frac{1}{4!} + \cdots = 2.718\ldots$ **Eulersche Zahl.**

(d) $\sum_{k=1}^{\infty} k^k x^k = x + 4x^2 + 27x^3 + 256x^4 + \cdots$ Koeffizienten $a_k = k^k$.

Konvergenzradius: $r = \lim_{k\to\infty} \frac{1}{\sqrt[k]{k^k}} = \lim_{k\to\infty} \frac{1}{k} = 0$.

Konvergenzbereich: Die Reihe konvergiert nur im Entwicklungspunkt $x = 0$.

2.6 Aufgaben

2.17 *Man bestimme jeweils die Partialsummen s_n der folgenden Reihen und untersuche, ob sie konvergent sind.*

(a) $\sum_{k=0}^{\infty} 10^{-5}$, (b) $\sum_{k=0}^{\infty} \frac{1}{3^k}$, (c) $\sum_{k=0}^{\infty}(1-(-1)^k)$, (d) $\sum_{k=1}^{\infty} 2k$.

2.18 *Man berechne ggf. die Werte der folgenden Reihen:*

(a) $\sum_{k=0}^{\infty} \frac{3^k}{7^k}$, (b) $\sum_{k=2}^{\infty} \frac{2^{k-1}}{3^{k+2}}$, (c) $\sum_{k=12}^{\infty} (\frac{1}{2})^k$, (d) $\sum_{k=0}^{\infty}(\frac{1}{9}-\frac{9}{8})^k$, (e) $\sum_{k=0}^{\infty}(1+\frac{1}{k})^k$.

2.19 *Man untersuche, ob die folgenden Reihen konvergent sind:*

(a) $\sum_{k=0}^{\infty} \frac{1}{k^2+3}$, (b) $\sum_{k=1}^{\infty} \frac{k^2+1}{3k^2+k}$, (c) $\sum_{k=1}^{\infty}(-1)^k \frac{1}{k^2}$,

(d) $\sum_{k=1}^{\infty}(-1)^{k+1} \frac{k+2}{k^2+k}$, (e) $\sum_{k=0}^{\infty} \frac{1}{3+\sqrt{k}}$, (f) $\sum_{k=0}^{\infty} \frac{2^k}{k!}$.

(g) $\sum_{k=1}^{\infty}(2+\frac{1}{k})^k$, (h) $\sum_{k=1}^{\infty}(1-\frac{1}{k})^{k^2}$, (i) $\sum_{k=1}^{\infty} \frac{1}{k\sqrt{k}}$.

2.20 *Durch Partialbruchzerlegung der Summanden bestimme man die Partialsummen s_5, s_6 und s_n der Reihe* $\sum_{k=3}^{\infty} \frac{2}{k^2-2k}$ *und berechne ihren Wert.*

2.21 *Man bestimme den Konvergenzbereich der folgenden geometrischen Reihen. Welche Funktion wird im Konvergenzbereich durch die Reihe dargestellt?*

(a) $\sum_{k=0}^{\infty} x^{3k}$, (b) $\sum_{k=0}^{\infty}(x-5)^k$, (c) $\sum_{k=0}^{\infty} 2^k(x+4)^k$, (d) $\sum_{k=0}^{\infty} \frac{1}{3^k}(x-1)^{2k}$.

2.22 *Man bestimme den Konvergenzradius und Konvergenzbereich der folgenden Potenzreihen:*

(a) $\sum_{k=1}^{\infty} kx^k$, (b) $\sum_{k=1}^{\infty} kx^{2k}$, (c) $\sum_{k=0}^{\infty} \frac{x^k}{2^k}$, (d) $\sum_{k=0}^{\infty} \frac{k}{2^k}x^k$,

(e) $\sum_{k=0}^{\infty}(-1)^k \frac{x^{2k+1}}{2k+1}$, (f) $\sum_{k=1}^{\infty}(-1)^{k+1} \frac{x^k}{k}$, (g) $\sum_{k=0}^{\infty} \frac{x^{2k}}{(2k)!}$, (h) $\sum_{k=0}^{\infty}(-1)^k \frac{x^{2k}}{(2k)!}$.

2.7 Lösungen

2.17

(a) $\sum_{k=0}^{\infty} 10^{-5} = 10^{-5} + 10^{-5} + 10^{-5} + \cdots = \infty$, denn

$a_k = 10^{-5} = \frac{1}{10^5}$ und $s_n = a_0 + a_1 + \cdots + a_n = (n+1)10^{-5} \xrightarrow[n\to\infty]{} \infty$.

Oder: Die Reihe divergiert, weil die Summanden nicht gegen 0 gehen. Die konstante Folge (10^{-5}) ist keine Nullfolge.

(b) $\sum_{k=0}^{\infty} \frac{1}{3^k} = 1 + \frac{1}{3} + \frac{1}{3^2} + \frac{1}{3^3} + \cdots = \frac{1}{1-\frac{1}{3}} = \frac{3}{2}$, geometrische Reihe mit $q = \frac{1}{3}$.

Ausführlich: Nach der Formel für die endliche geometrische Reihe [Seite 43] gilt

$s_n = 1 + \frac{1}{3} + \frac{1}{9} + \cdots + (\frac{1}{3})^n = \frac{1-(\frac{1}{3})^{n+1}}{1-\frac{1}{3}} = \frac{3}{2}\big(1 - (\frac{1}{3})^{n+1}\big)$.

$\lim\limits_{n\to\infty} \big(\frac{1}{3}\big)^{n+1} = 0 \implies \sum_{k=0}^{\infty} \frac{1}{3^k} = \lim\limits_{n\to\infty} s_n = \frac{3}{2} \lim\limits_{n\to\infty} \big(1 - (\frac{1}{3})^{n+1}\big) = \frac{3}{2}$.

(c) $\sum_{k=0}^{\infty} (1 - (-1)^k) = 0 + 2 + 0 + 2 + 0 + 2 + \cdots = \infty$, denn

die Folge $s_n:\ 0, 2, 2, 4, 4, 6, 6, \ldots$ divergiert, $\sum_{k=0}^{\infty} (1 - (-1)^k)$ ist also divergent.

Oder: $(a_k) = \big(1 - (-1)^k\big)$ ist keine Nullfolge.

(d) $\sum_{k=1}^{\infty} 2k = 2 + 4 + 6 + 8 + 10 \cdots = \infty$.

Die Summanden gehen nicht gegen 0, die Reihe divergiert, oder:

$s_n = \sum_{k=1}^{n} 2k = 2\sum_{k=1}^{n} k = 2\frac{n(n+1)}{2} = n^2 + n$ ist die Summe der ersten n geraden Zahlen und geht gegen ∞, die Reihe divergiert.

2.18

(a) $\sum_{k=0}^{\infty} \frac{3^k}{7^k}$: Geometrische Reihe mit $-1 < q = \frac{3}{7} < 1$, also $\sum_{k=0}^{\infty} \frac{3^k}{7^k} = \frac{1}{1-\frac{3}{7}} = \frac{7}{4}$.

(b) $\sum_{k=2}^{\infty} \frac{2^{k-1}}{3^{k+2}}$, vergleiche z.B. [2.6 (f)]:

$$\sum_{k=2}^{\infty} \frac{2^{k-1}}{3^{k+2}} = \frac{2^{-1}}{3^2} \sum_{k=2}^{\infty} \frac{2^k}{3^k} = \frac{1}{18}\Big(\sum_{k=0}^{\infty} \frac{2^k}{3^k} - 1 - \frac{2}{3}\Big) = \frac{1}{18}\big(\frac{1}{1-\frac{2}{3}} - 1 - \frac{2}{3}\big) = \frac{2}{27}.$$

Oder: $\sum_{k=2}^{\infty} \frac{2^{k-1}}{3^{k+2}} = \frac{1}{2\cdot 3^2} \sum_{k=2}^{\infty} \frac{2^k}{3^k} = \frac{1}{2\cdot 3^2} \cdot \frac{2^2}{3^2} \sum_{k=0}^{\infty} \frac{2^k}{3^k} = \frac{1}{18} \cdot \frac{4}{9} \cdot \frac{1}{1-\frac{2}{3}} = \frac{2}{27}$.

(c) $\sum_{k=12}^{\infty} (\frac{1}{2})^k$: Wie in [2.6 (c)] gilt

$$\sum_{k=12}^{\infty} (\tfrac{1}{2})^k = \sum_{k=0}^{\infty} (\tfrac{1}{2})^k - \sum_{k=0}^{11} (\tfrac{1}{2})^k = \frac{1}{1-\frac{1}{2}} - \frac{1-(\frac{1}{2})^{12}}{1-\frac{1}{2}} = (\tfrac{1}{2})^{11} = \frac{1}{2048}.$$

Oder: $\sum_{k=12}^{\infty} (\frac{1}{2})^k = (\frac{1}{2})^{12} \sum_{k=0}^{\infty} (\frac{1}{2})^k = (\frac{1}{2})^{12} \frac{1}{1-\frac{1}{2}} = (\frac{1}{2})^{11} = \frac{1}{2048}$.

(d) $\sum_{k=0}^{\infty} (\frac{1}{9} - \frac{9}{8})^k$, diese geometrische Reihe mit $q = \frac{1}{9} - \frac{9}{8} = -\frac{73}{72} < -1$ divergiert.

(e) $\sum_{k=0}^{\infty} (1 + \frac{1}{k})^k$: Hier ist $a_k = (1 + \frac{1}{k})^k$.

Dies ist **keine** geometrische Reihe $\sum_{k=0}^{\infty} q^k$, da bei geometrischen Reihen q eine feste Zahl sein muss und nicht von k abhängen darf.

$a_k = (1 + \frac{1}{k})^k \xrightarrow[k \to \infty]{} \mathrm{e} \neq 0$, siehe [Seite 23], ausführlich [**HM**, 14.13].
Die Summanden gehen nicht gegen Null, nach dem notwendigen Kriterium, siehe [S. 47], ist die Reihe divergent.

2.19

(a) $\sum_{k=1}^{\infty} \frac{1}{k^2+3}$: Mit dem Majorantenkriterium [Seite 49] schließt man

$$0 \leq \frac{1}{k^2+3} \leq \frac{1}{k^2} \text{ und } \sum_{k=1}^{\infty} \frac{1}{k^2} \text{ konvergiert} \implies \sum_{k=1}^{\infty} \frac{1}{k^2+3} \text{ konvergiert.}$$

(b) $\sum_{k=1}^{\infty} \frac{k^2+1}{3k^2+k}$: $\frac{k^2+1}{3k^2+k} = \frac{1+\frac{1}{k^2}}{3+\frac{1}{k}} \xrightarrow[k \to \infty]{} \frac{1}{3} \neq 0 \implies$ die Reihe divergiert.

(c) $\sum_{k=1}^{\infty} (-1)^k \frac{1}{k^2}$: Alternierende Reihe der Form $\sum_{k=1}^{\infty} (-1)^k a_k$ mit $a_k = \frac{1}{k^2}$.
$(a_k) = (\frac{1}{k^2})$ ist eine monotone Nullfolge, denn $0 < a_{k+1} = \frac{1}{(k+1)^2} < \frac{1}{k^2} = a_k$.
Nach dem Leibniz-Kriterium ist die Reihe konvergent.

(d) $\sum_{k=1}^{\infty} (-1)^{k+1} \frac{k+2}{k^2+k}$: Alternierende Reihe der Form $\sum_{k=1}^{\infty} (-1)^{k+1} a_k$ mit $a_k = \frac{k+2}{k^2+k}$.
(a_k) ist eine monoton fallende Nullfolge, denn

$$\begin{aligned} a_{k+1} < a_k \quad &\iff \quad \frac{k+3}{(k+1)^2+k+1} < \frac{k+2}{k^2+k} \\ &\iff \quad (k+3)(k^2+k) < (k+2)(k^2+3k+1) \\ &\iff \quad 0 < k^2 + 4k + 2, \quad \text{richtig für alle } k \in \mathbb{N}. \end{aligned}$$

Nach dem Leibniz-Kriterium ist die Reihe konvergent.

(e) $\sum\limits_{k=1}^{\infty}\frac{1}{3+\sqrt{k}}$: $\sum\limits_{k=1}^{\infty}\frac{1}{\sqrt{k}}=\infty$, allg. harmonische Reihe $\sum\limits_{k=1}^{\infty}\frac{1}{k^\alpha}$ mit $\alpha=\frac{1}{2}<1$.

Also ist auch $\sum\limits_{k=1}^{\infty}\frac{1}{2\sqrt{k}}=\infty$. Ferner gilt

$\frac{1}{2\sqrt{k}}\leq\frac{1}{\sqrt{k}+3}\iff\sqrt{k}+3\leq 2\sqrt{k}\iff 3\leq\sqrt{k}\iff 9\leq k.$

Mit dem Minorantenkriterium folgt $\sum\limits_{k=1}^{\infty}\frac{1}{3+\sqrt{k}}=\infty$.

(f) Q-Krit.: $\frac{a_{k+1}}{a_k}=\frac{2^{k+1}k!}{(k+1)!2^k}=\frac{2}{k+1}\xrightarrow[k\to\infty]{}0<1$, also ist $\sum\limits_{k=0}^{\infty}\frac{2^k}{k!}$ konvergent.

> $e^x=\sum\limits_{k=0}^{\infty}\frac{x^k}{k!}$, für alle x, s. **F2**. Speziell für $x=2$ also $\sum\limits_{k=0}^{\infty}\frac{2^k}{k!}=e^2\approx 7.4$.

(g) W-Krit.: $\sqrt[k]{a_k}=\sqrt[k]{(2+\frac{1}{k})^k}=2+\frac{1}{k}\xrightarrow[k\to\infty]{}2>1$, also ist $\sum\limits_{k=0}^{\infty}(2+\frac{1}{k})^k$ divergent.

Man braucht kein Wurzel-Krit.: Die Reihe divergiert, da $(2+\frac{1}{k})^k\geq 2$ ist und $(a_k)=\big((2+\frac{1}{k})^k\big)$ folglich keine Nullfolge ist: [S. 47], notwendiges Kriterium.

(h) Wurzel-Kriterium: $\sqrt[k]{(1-\frac{1}{k})^{k^2}}=(1-\frac{1}{k})^k\xrightarrow[k\to\infty]{}e^{-1}<1$, siehe [1.24 (c)],

also konvergiert $\sum\limits_{k=0}^{\infty}(1-\frac{1}{k})^{k^2}$.

(i) Q-Krit.: $\frac{a_{k+1}}{a_k}=\frac{k\sqrt{k}}{(k+1)\sqrt{k+1}}=\frac{k}{k+1}\sqrt{\frac{k}{k+1}}\xrightarrow[k\to\infty]{}1$, Q-Kriterium versagt!

W-Krit.: $\sqrt[k]{a_k}=\sqrt[k]{\frac{1}{k\sqrt{k}}}=\frac{1}{\sqrt[k]{k}}\sqrt{\frac{1}{\sqrt[k]{k}}}\xrightarrow[k\to\infty]{}1$, W-Kriterium versagt!

Aber: $\sum\limits_{k=1}^{\infty}\frac{1}{k\sqrt{k}}=\sum\limits_{k=1}^{\infty}\frac{1}{k^{3/2}}$ ist allg. harmon. Reihe [S. 46] mit $\alpha=\frac{3}{2}>1$, also konv.

2.20 $\sum\limits_{k=3}^{\infty}\frac{2}{k^2-2k}$: Partialbruchzerlegung: $\frac{2}{k^2-2k}=\frac{2}{(k-2)k}=\frac{A}{k-2}+\frac{B}{k}$.

Die Zuhaltemethode [S. 94] ergibt $A=1$, $B=-1$, also $\frac{2}{(k-2)k}=\frac{1}{k-2}-\frac{1}{k}$, also

$\sum\limits_{k=3}^{\infty}\frac{2}{k^2-2k}=\sum\limits_{k=3}^{\infty}\frac{2}{(k-2)k}=\sum\limits_{k=3}^{\infty}(\frac{1}{k-2}-\frac{1}{k})$. Speziell

$s_5=(1-\frac{1}{3})+(\frac{1}{2}-\frac{1}{4})+(\frac{1}{3}-\frac{1}{5})=1+\frac{1}{2}-\frac{1}{4}-\frac{1}{5}=\frac{21}{40}$,

$s_6=(1-\frac{1}{3})+(\frac{1}{2}-\frac{1}{4})+(\frac{1}{3}-\frac{1}{5})+(\frac{1}{4}-\frac{1}{6})=1+\frac{1}{2}-\frac{1}{5}-\frac{1}{6}=\frac{17}{30}$. Man sieht:

In s_5 hebt sich $\frac{1}{3}$ weg, in s_6 sowohl $\frac{1}{3}$ als auch $\frac{1}{4}$. Allgemein gilt für $n\geq 5$:

$s_n=(1-\frac{1}{3})+(\frac{1}{2}-\frac{1}{4})+(\frac{1}{3}-\frac{1}{5})+\dots+(\frac{1}{n-4}-\frac{1}{n-2})+(\frac{1}{n-3}-\frac{1}{n-1})+(\frac{1}{n-2}-\frac{1}{n})$.

Alle Summanden heben sich weg bis auf 1, $\frac{1}{2}$, $\frac{1}{n-1}$, $\frac{1}{n}$.

Man erhält $s_n=1+\frac{1}{2}-\frac{1}{n-1}-\frac{1}{n}$, also $\lim\limits_{n\to\infty}s_n=\sum\limits_{k=0}^{\infty}\frac{2}{k^2-2k}=1+\frac{1}{2}=\frac{3}{2}$.

2.21

(a) $\sum_{k=0}^{\infty} x^{3k} = 1 + x^3 + x^6 + x^9 + \cdots$ ist eine geometrische Reihe mit $q = x^3$.

Es gilt $\sum_{k=0}^{\infty} x^{3k} = \sum_{k=0}^{\infty} (x^3)^k = \frac{1}{1-x^3}$ für $-1 < x^3 < 1$, d.h. für $-1 < x < 1$.

(b) $\sum_{k=0}^{\infty} (x-5)^k = 1 + (x-5) + (x-5)^2 + (x-5)^3 + \cdots$

ist eine geometrische Reihe mit $q = x - 5$.

Es gilt $\sum_{k=0}^{\infty} (x-5)^k = \frac{1}{1-(x-5)} = \frac{1}{6-x}$ für $|x-5| < 1$, also für $4 < x < 6$.

(c) $\sum_{k=0}^{\infty} 2^k(x+4)^k = \sum_{k=0}^{\infty} \big(2(x+4)\big)^k = 1 + 2(x+4) + 4(x+4)^2 + 8(x+4)^3 + \cdots$

ist eine geometrische Reihe mit $q = 2(x+4)$.

$\sum_{k=0}^{\infty} 2^k(x+4)^k = \sum_{k=0}^{\infty} \big(2(x+4)\big)^k = \frac{1}{1-2(x+4)} = \frac{-1}{7+2x}$ für $-1 < 2(x+4) < 1$.

Mit den Rechenregeln für Ungleichungen [**EM1**, Seite 249] erhält man:

$-1 < 2(x{+}4) < 1 \iff -\frac{1}{2} < x{+}4 < \frac{1}{2} \iff -\frac{1}{2}{-}4 < x < \frac{1}{2}{-}4 \iff -\frac{9}{2} < x < -\frac{7}{2}$.

(d) $\sum_{k=0}^{\infty} \frac{1}{3^k}(x-1)^{2k} = \sum_{k=0}^{\infty} \left(\frac{(x-1)^2}{3}\right)^k = 1 + \frac{1}{3}(x-1)^2 + \frac{1}{9}(x-1)^4 + \frac{1}{27}(x-1)^6 + \cdots$

ist eine geometrische Reihe mit $q = \frac{(x-1)^2}{3}$.

$\sum_{k=0}^{\infty} \frac{1}{3^k}(x-1)^{2k} = \sum_{k=0}^{\infty} \left(\frac{(x-1)^2}{3}\right)^k = \frac{1}{1-\frac{(x-1)^2}{3}} = \frac{3}{3-(x-1)^2}$ für $-1 < \frac{(x-1)^2}{3} < 1$.

Aus $(x{-}1)^2 \geq 0$ und $a^2 < b^2 \iff |a| < |b|$, Rechnen mit Beträgen [**EM1**, S. 93]

folgt $-1 < \frac{(x-1)^2}{3} < 1 \iff (x{-}1)^2 < 3 \iff |x-1| < \sqrt{3} \iff 1{-}\sqrt{3} < x < 1{+}\sqrt{3}$.

2.22

(a) $\sum_{k=1}^{\infty} kx^k = x + 2x^2 + 3x^3 + 4x^4 + \cdots$.

Es ist $a_k = k$ und man erhält $r = \lim_{k\to\infty} |\frac{a_k}{a_{k+1}}| = \lim_{k\to\infty} \frac{k}{k+1} = 1$.

Die Reihe konvergiert für $|x| < 1$, d.h. für $-1 < x < 1$, also im Intervall $]-1, 1[$.

Für die Randpunkte 1 und -1 ergeben sich die Reihen $\sum_{k=0}^{\infty} k$ und $\sum_{k=0}^{\infty} k(-1)^k$.

(k) und $\big(k(-1)^k\big)$ sind keine Nullfolgen.
Folglich ist die Reihe in den Randpunkten divergent.

Der Konvergenzbereich der Reihe $\sum_{k=1}^{\infty} kx^k$ ist also $-1 < x < 1$.

(b) $\sum_{k=1}^{\infty} kx^{2k} = x^2 + 2x^4 + 3x^6 + 4x^8 + \cdots, \quad a_{2k} = k$ und $a_{2k-1} = 0$ für $k \geq 1$.

Die Formel für den Konvergenzradius ist nicht anwendbar, da alle ungeraden Koeffizienten 0 sind.

Setzt man $u = x^2$, so folgt aus (a), dass

$\sum_{k=1}^{\infty} ku^k = u + 2u^2 + 3u^3 + \cdots$ für $|u| < 1$, also für $-1 < u < 1$ konvergiert und

$\sum_{k=1}^{\infty} kx^{2k} = \sum_{k=1}^{\infty} k(x^2)^k$ folglich für $|x^2| < 1$, also für $-1 < x < 1$ konvergiert.

(c) $\sum_{k=0}^{\infty} \frac{x^k}{2^k} = 1 + \frac{x}{2} + \frac{x^2}{2^2} + \frac{x^3}{2^3} + \cdots$. Es ist $a_k = \frac{1}{2^k}$ und man erhält

$$r = \lim_{k\to\infty} \left|\frac{a_k}{a_{k+1}}\right| = \lim_{k\to\infty} \frac{2^{k+1}}{2^k} = 2 \quad \text{oder} \quad r = \lim_{k\to\infty} \frac{1}{\sqrt[k]{|a_k|}} = \lim_{k\to\infty} \sqrt[k]{2^k} = 2,$$

Die Reihe konvergiert für $|x| < 2$, also für $-2 < x < 2$. In den Randpunkten $x = 2$ bzw. $x = -2$ erhält man die divergenten Reihen $\sum_{k=0}^{\infty} 1$ bzw. $\sum_{k=0}^{\infty} (-1)^k$.

Einfacher: $\sum_{k=0}^{\infty} \frac{x^k}{2^k} = \sum_{k=1}^{\infty} \left(\frac{x}{2}\right)^k$ ist eine geometrische Reihe $\sum_{k=0}^{\infty} q^k$ mit $q = \frac{x}{2}$, die genau für $-1 < \frac{x}{2} < 1$, also für $-2 < x < 2$ konvergiert.

(d) $\sum_{k=0}^{\infty} \frac{k}{2^k} x^k = \frac{1}{2} + \frac{2}{2^2}x^2 + \frac{3}{2^3}x^3 + \frac{4}{2^4}x^4 + \cdots$. Es ist $a_k = \frac{k}{2^k}$.

$$r = \lim_{k\to\infty} \left|\frac{a_k}{a_{k+1}}\right| = \lim_{k\to\infty} \frac{\frac{k}{2^k}}{\frac{k+1}{2^{k+1}}} = \lim_{k\to\infty} \frac{k\cdot 2^{k+1}}{(k+1)\cdot 2^k} = 2 \lim_{k\to\infty} \frac{k}{k+1} = 2.$$

Die Reihe konvergiert für $|x| < 2$, also für $-2 < x < 2$. Für die Randpunkte 2 und -2 ergeben sich die divergenten Reihen $\sum_{k=0}^{\infty} k$ und $\sum_{k=0}^{\infty} k(-1)^k$, vgl. (a).

(e) $\sum_{k=0}^{\infty} (-1)^k \frac{x^{2k+1}}{2k+1} = x - \frac{x^3}{3} + \frac{x^5}{5} - \frac{x^7}{7} \pm \cdots, \quad a_{2k} = 0$ und $a_{2k+1} = \frac{(-1)^k}{2k+1}$.

$\sum_{k=0}^{\infty} (-1)^k \frac{x^{2k+1}}{2k+1} = x \sum_{k=0}^{\infty} (-1)^k \frac{x^{2k}}{2k+1}$ konvergiert analog zu (b)

mit $u = x^2$ für $-1 < x < 1$. In den Randpunkten $x = 1$ und $x = -1$ konvergiert die Reihe nach dem Leibniz-Kriterium.

Konvergenzradius ist $r = 1$ und der Konvergenzbereich $[-1, 1]$, also $-1 \leq x \leq 1$.

Beachte: $\sum_{k=0}^{\infty} (-1)^k \frac{x^{2k+1}}{2k+1} = \arctan x$, für $-1 \leq x \leq 1$, siehe **HM** oder **FH**.

(f) $\sum_{k=1}^{\infty}(-1)^{k+1}\frac{x^k}{k} = x - \frac{x^2}{2} + \frac{x^3}{3} - \frac{x^4}{4} + \frac{x^5}{5} \mp \cdots$. Es ist $a_k = \frac{(-1)^{k+1}}{k}$ und
$r = \lim_{k\to\infty}|\frac{a_k}{a_{k+1}}| = \lim_{k\to\infty}\frac{k+1}{k} = 1$, vergl. (a). Die Reihe konvergiert für $-1 < x < 1$.

Randpunkt $x = 1$: Die alternierende Reihe $\sum_{k=1}^{\infty}\frac{(-1)^{k+1}}{k}$ konvergiert nach dem Leibniz-Kriterium.

Randpunkt $x = -1$: Die negative harmonische Reihe $-\sum_{k=1}^{\infty}\frac{1}{k}$ divergiert. (Es ist $(-1)^{k+1}(-1)^k = (-1)^{2k+1} = -1$.)

Der Konvergenzbereich ist damit $-1 < x \leq 1$, also $]-1,1]$.

Beachte: $\sum_{k=1}^{\infty}(-1)^{k+1}\frac{x^k}{k} = \ln(1+x)$, für $-1 < x \leq 1$, siehe **F2**, [**HM**, 14.36].
Speziell für $x = 1$ ergibt sich die alternierende harmonische Reihe [Seite 46]:
$\sum_{k=0}^{\infty}\frac{(-1)^{k+1}}{k} = 1 - \frac{1}{2} + \frac{1}{3} - \frac{1}{4} \pm \cdots = \ln 2$, siehe ausführlich [**HM**, 14.20 (a)].

(g) $\sum_{k=0}^{\infty}\frac{x^{2k}}{(2k)!} = 1 + \frac{x^2}{2!} + \frac{x^4}{4!} + \frac{x^6}{6!} + \cdots$. Es ist $a_{2k} = \frac{1}{(2k)!}$ und $a_{2k+1} = 0$.
Setzt man $u = x^2$, so erhält man die Potenzreihe
$\sum_{k=0}^{\infty}\frac{u^k}{(2k)!} = 1 + \frac{u}{2!} + \frac{u^2}{4!} + \frac{u^3}{6!} + \cdots$ mit dem Konvergenzradius
$r = \lim_{k\to\infty}|\frac{a_k}{a_{k+1}}| = \lim_{k\to\infty}|\frac{(2(k+1))!}{(2k)!}| = \lim_{k\to\infty}\frac{(2k+2)!}{(2k)!} = \lim_{k\to\infty}(2k+1)(2k+2) = \infty$.
$\sum_{k=0}^{\infty}\frac{u^k}{(2k)!}$ konvergiert für alle u, also konvergiert $\sum_{k=0}^{\infty}\frac{x^{2k}}{(2k)!}$ für alle x.

Beachte: $\sum_{k=0}^{\infty}\frac{x^{2k}}{(2k)!} = \cosh x = \frac{e^x + e^{-x}}{2}$, für alle x.

(h) $\sum_{k=0}^{\infty}(-1)^k\frac{x^{2k}}{(2k)!} = 1 - \frac{x^2}{2!} + \frac{x^4}{4!} - \frac{x^6}{6!} \pm \cdots$
Wie in (g) erhält man $r = \infty$, die Reihe konvergiert für alle x.

Beachte: $\sum_{k=0}^{\infty}(-1)^k\frac{x^{2k}}{(2k)!} = \cos x$ für alle x, siehe **F2** oder **HM** oder **FH**.

Wichtige Potenzreihen auf der Umschlagseite **F2** oder in **HM** oder **FH**.

3 Funktionen

3.1 Grundlagen

Funktionen

Eine **Funktion** oder Abbildung f von X nach Y ordnet jedem **Argument** $\boldsymbol{x} \in X$ einen eindeutig bestimmten **Funktionswert** $\boldsymbol{f(x)} \in Y$ zu.

X heißt **Definitionsbereich** und Y **Zielbereich** von f. Man schreibt u.a.:

$$f : \begin{cases} X \to Y \\ x \mapsto f(x) \end{cases} \quad \text{oder kurz} \quad x \mapsto f(x) \quad \text{oder noch kürzer} \quad y = f(x).$$

$y = f(x)$ heißt **Funktionsgleichung**.

Der **Graph** von f ist die Menge der Paare $\big(x, f(x)\big) \in X \times Y$.
Im Folgenden unterscheiden wir meistens nicht zwischen Funktion und Graph!

Geht es um geometrische Eigenschaften reeller Funktionen,
sagen wir auch **Kurve** statt Funktion.

Häufig redet man auch von der Funktion $y = f(x)$, sogar von der Funktion x^2, obwohl x^2 streng genommen ein Funktionswert und keine Funktion ist.

3.1 *Man skizziere jeweils die Funktion:*

(a) $f : \begin{cases} \mathbb{N} \to \mathbb{N} \\ x \mapsto 2x \end{cases}$ (b) $f : \begin{cases} [-1, 4] \to \mathbb{R} \\ x \mapsto 2x \end{cases}$ (c) $f : \begin{cases} \mathbb{R} \to \mathbb{R} \\ x \mapsto 2x \end{cases}$

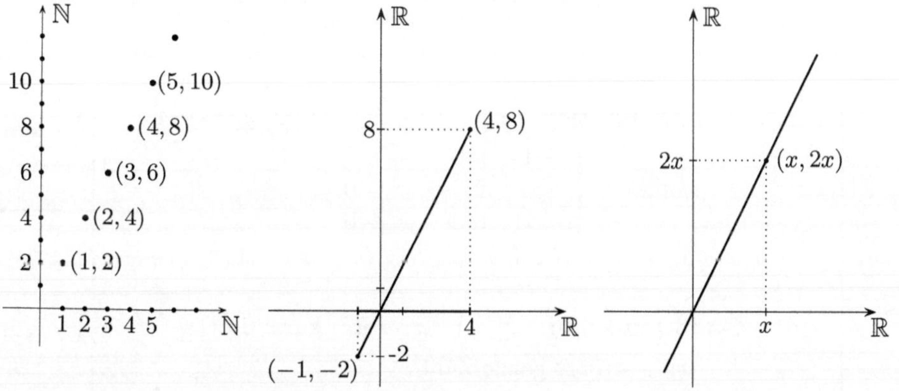

Bemerkungen: Die Funktionsgleichung $y = 2x$ ist bei den drei Funktionen gleich, aber Definitionsbereich und Zielbereich sind zum Teil verschieden. Daher liegen drei unterschiedliche Funktionen vor:

(a) Der Graph von f besteht aus den *isolierten* Punkten $(1, 2), (2, 4), (3, 6), \ldots$

(b) Der Graph von f ist die Strecke von $(-1, -2)$ bis $(4, 8)$.

(c) Der Graph von f ist eine Gerade, siehe auch [Seite 80].

3.2 *Man skizziere die Funktion* $f : \left\{ \begin{array}{rcl} [0,4] & \to & [0,\infty[\\ x & \mapsto & \sqrt{x} \end{array} \right. .$

Funktionsgleichung: $y = \sqrt{x}$

Definitionsbereich: $[0,4]$

Zielbereich: $[0,\infty[$.

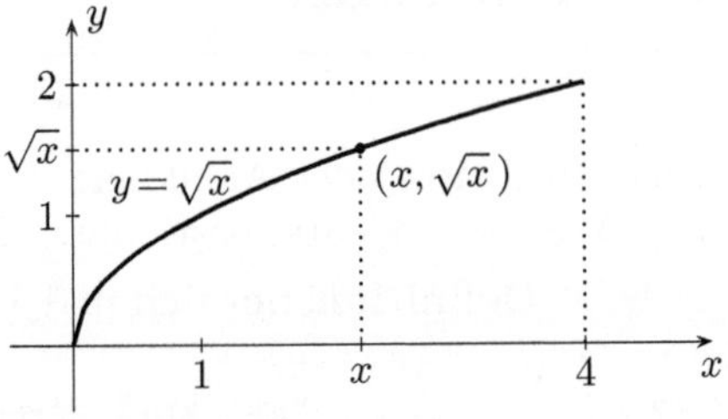

Bei einer Funktion muss der Funktionswert *eindeutig* bestimmt sein. $y = \pm\sqrt{x}$ ist keine Funktion!
Funktionen können auch durch Fallunterscheidung definiert werden wie z.B. die Betragsfunktion, siehe unten.
Bei der Beschriftung schreibt man im Folgenden häufig kurz $f(x)$ statt $y = f(x)$.

Beispiele für einfache Funktionen

(a) **Identität** $\mathrm{id} : \left\{ \begin{array}{l} \mathbb{R} \to \mathbb{R} \\ x \mapsto \mathrm{id}(x) = x \end{array} \right.$ kurz: $y = x$

(b) **Nullfunktion** $O : \left\{ \begin{array}{l} \mathbb{R} \to \mathbb{R} \\ x \mapsto O(x) = 0 \end{array} \right.$ kurz: $y = 0$

(c) **Betragsfunktion** abs: $\mathbb{R} \to \mathbb{R}$ kurz: $y = |x|$

$$\mathrm{abs}(x) = |x| = \left\{ \begin{array}{rl} x & \text{falls } x \geq 0 \\ -x & \text{falls } x < 0 \end{array} \right.$$

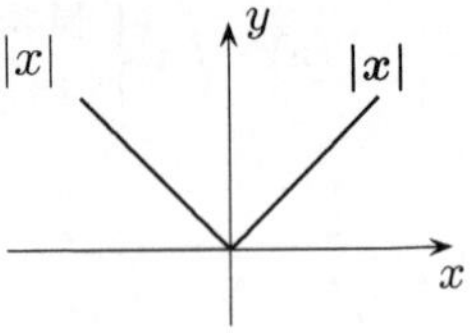

(d) **Signumfunktion** sgn: $\mathbb{R} \to \mathbb{R}$ kurz: $y = \mathrm{sgn}\, x$

$$\mathrm{sgn}(x) = \left\{ \begin{array}{rll} -1 & \text{falls} & x < 0 \\ 0 & \text{falls} & x = 0 \\ 1 & \text{falls} & x > 0 \end{array} \right.$$

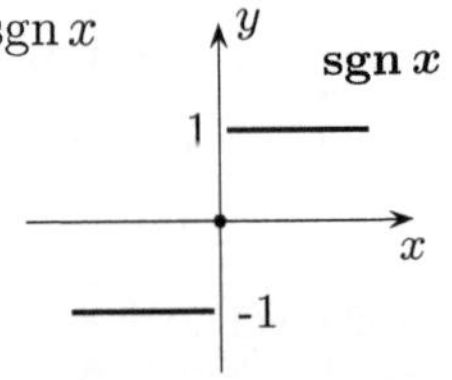

(d) **Gauß-Funktion** $[\ ]$: $\mathbb{R} \to \mathbb{R}$ kurz: $y = [x]$

$[x]$ = größte ganze Zahl $\leq x$

Beispiele:

$$\begin{array}{rcr} [-1.5] & = & -2 \\ [-1.1] & = & -2 \\ [0.99] & = & 0 \\ [1.11] & = & 1 \\ [2.0] & = & 2 \end{array}$$

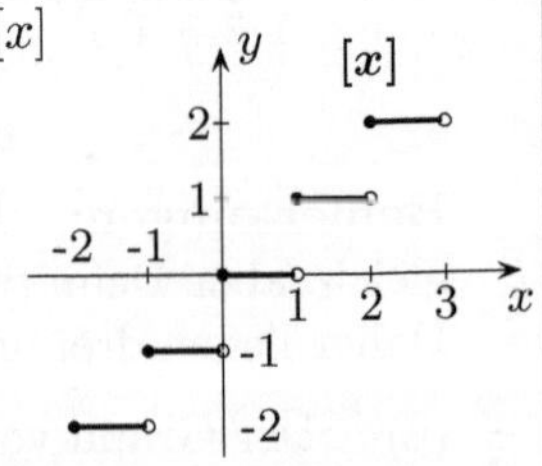

Bild und Urbild

Sei $f\colon X \to Y$ eine Funktion und $A \subseteq X$.

Dann heißt $f(A) = \{\, f(a) \mid a \in A \,\}$ das **Bild** von A unter f.
Speziell heißt $f(X) = \{ f(x) \mid x \in X \}$ der **Wertebereich** von f.

Für Teilmengen $B \subseteq Y$ heißt $f^{-1}(B) = \{ x \in X \mid f(x) \in B \}$ das **Urbild** von B unter f, siehe [Seite 67].

Ist $B = \{y\}$, so schreibt man auch $f^{-1}(y) = \{ x \in X \mid f(x) = y \}$.

3.3 *Für die Funktion* $f : \begin{cases} \mathbb{R} \to \mathbb{R} \\ x \mapsto x^2 \end{cases}$ *gebe man Funktionsgleichung, Definitionsbereich, Zielbereich und Wertebereich an.*
Man bestimme $f\big([0,1]\big)$, $f^{-1}\big([0,1]\big)$, $f^{-1}(1)$, $f^{-1}(-1)$ *und skizziere* f.

Funktionsgleichung $y = x^2$
Definitionsbereich: $\mathbb{R}$
Zielbereich: $\mathbb{R}$
Wertebereich: $[0, \infty[$

$f\big([0,1]\big) = [0,1]$
$f^{-1}\big([0,1]\big) = [-1,1]$
$f^{-1}(1) = \{1,-1\}$
$f^{-1}(-1) = \emptyset$

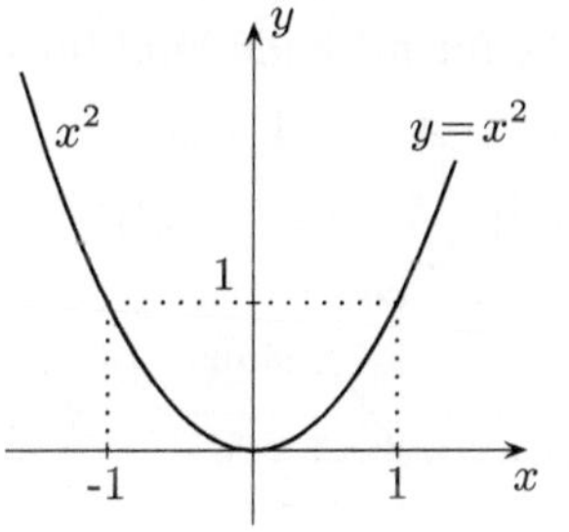

$f = \{(x, x^2) \mid x \in \mathbb{R}\}$ ist die Normalparabel $y = x^2$, siehe [Seite 82].

3.4 *Für die folgenden Funktionen* f_j *bestimme man die Bilder* $f_j\big([-1,0[\big)$ *und Urbilder* $f_j^{-1}\big([1,2[\big)$. *Man skizziere die Funktionen.*

(a) $f_1(x) = \sqrt{|x|}$, (b) $f_2(x) = \operatorname{sgn}(x+1)$, (c) $f_3(x) = 1 - \frac{x}{2}$.

(a) Für $f_1(x) = \sqrt{|x|}$ gilt
$f_1\big([-1,0[\big) =]0,1] = \{x \mid 0 < x \leq 1\}$
$f_1^{-1}\big([1,2[\big) =]-4,-1] \cup [1,4[$.

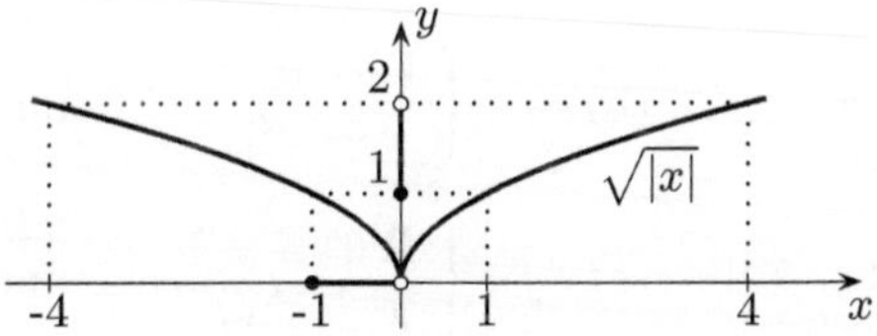

(b) Für $f_2(x) = \operatorname{sgn}(x+1)$ gilt
$f_2\big([-1,0[\big) = \{0,1\}$ und
$f_2^{-1}\big([1,2[\big) = f_2^{-1}(1) =]-1,\infty[$.

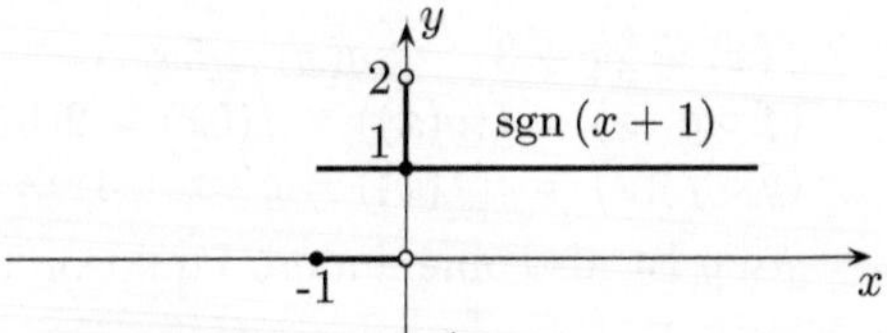

(c) Für $f_3(x) = 1 - \frac{x}{2}$ gilt
$f_3\big([-1,0[\big) =]1, \frac{3}{2}]$ und
$f_3^{-1}\big([1,2[)\big) =]-2,0]$.

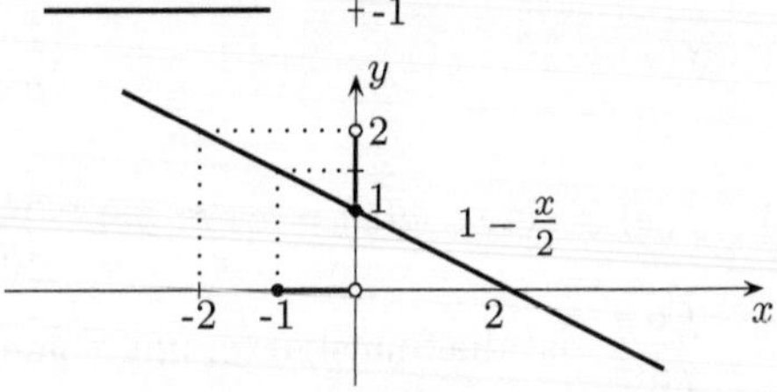

Einschränkung und Verknüpfung von Funktionen

Ist $f\colon X \to Y$ eine Funktion und $A \subseteq X$, so heißt

$$f|_A\colon A \to Y \quad , \quad f|_A(a) = f(a) \text{ für alle } a \in A,$$

die **Einschränkung** von f auf A.

Seien $g\colon X \to Y$ und $f\colon Y \to Z$ Funktionen. Dann heißt

$$f \circ g\colon X \to Z \quad \text{mit} \quad (f \circ g)(x) = f(g(x)), \quad \text{lies: } f \text{ von } g \text{ von } x,$$

die **Verknüpfung** von f und g.

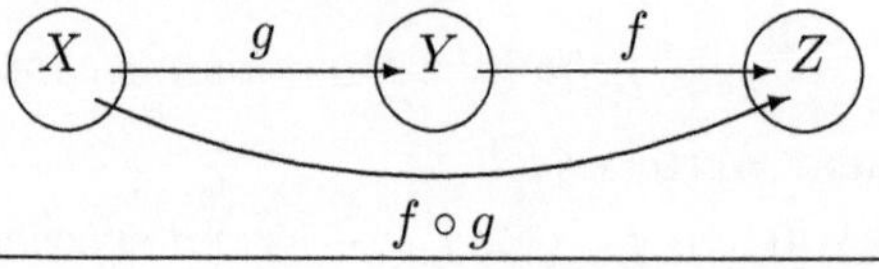

(Erst g, dann f anwenden.)

3.5 *Man skizziere $f|_A$ für folgende Funktionen f:*

(a) $f(x) = x^2 - 1,\ A = [-1, \sqrt{2}]$, (b) $f(x) = \sin x,\ A = [-\frac{\pi}{2}, \frac{\pi}{2}]$,

(c) $f(x) = |x+1| - 1,\ A = [-2, 1]$, (d) $f(x) = \sqrt{|x|},\ A = [-1, 1]$.

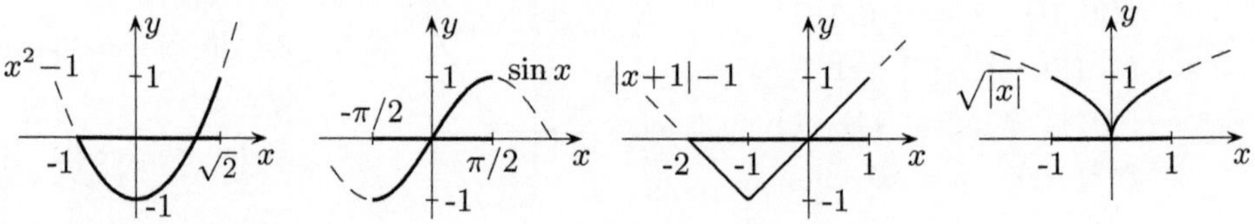

3.6 *Für die folgenden Funktionen f und g bestimme man $f \circ g$ und $g \circ f$.*

(a) $f : \begin{cases} \mathbb{R} \to \mathbb{R} \\ x \mapsto 2x + 3 \end{cases}$ und $g : \begin{cases} \mathbb{R} \to \mathbb{R} \\ x \mapsto 5x \end{cases}$

(b) $f : \begin{cases} \mathbb{R} \to \mathbb{R} \\ x \mapsto x^2 \end{cases}$ und $g : \begin{cases} \mathbb{R} \to \mathbb{R} \\ x \mapsto 2x + 1 \end{cases}$

(c) $f : \begin{cases} \mathbb{R} \to \mathbb{R} \\ x \mapsto \sin x \end{cases}$ und $g : \begin{cases} \mathbb{R} \to \mathbb{R} \\ x \mapsto x + \pi \end{cases}$

(a) $f(x) = 2x + 3 \qquad g(x) = 5x$
$(f \circ g)(x) = f(g(x)) = f(5x) = 2(5x) + 3 = 10x + 3$
$(g \circ f)(x) = g(f(x)) = g(2x + 3) = 5(2x + 3) = 10x + 15$
$f \circ g$ ist also eine andere Funktion als $g \circ f$. "$\circ$ ist nicht kommutativ."

(b) $f(x) = x^2,\ g(x) = 2x{+}1 \implies \begin{aligned} (f \circ g)(x) &= f(g(x)) = f(2x + 1) = (2x + 1)^2, \\ (g \circ f)(x) &= g(f(x)) = g(x^2) = 2x^2 + 1. \end{aligned}$

(c) $f(x) = \sin x,\ g(x) = x{+}\pi \implies \begin{aligned} (f \circ g)(x) &= f(g(x)) = f(x + \pi) = \sin(x + \pi), \\ (g \circ f)(x) &= g(f(x)) = g(\sin x) = (\sin x) + \pi. \end{aligned}$

$\begin{matrix} f \circ g \\ g \circ f \end{matrix}$ ist die Sinuskurve, um π nach $\begin{matrix} \text{links} \\ \text{oben} \end{matrix}$ verschoben [S. 69].

Wurzeln

Sei $x \geq 0$. Die ***n*-te Wurzel**

$$\sqrt[n]{x} \;=\; x^{1/n}$$

ist diejenige Zahl c mit $c^n = x$.

Für $n \in \mathbb{N}$ sind

$y = x^n,\ x \geq 0$ und $y = \sqrt[n]{x},\ x \geq 0$

Umkehrfunktionen voneinander.

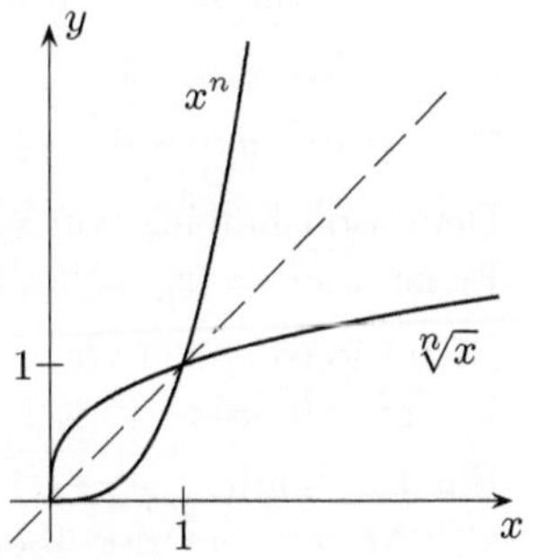

Ist n ungerade, so ist x^n eine bijektive Funktion von $\mathbb{R}$ auf $\mathbb{R}$.
In diesem Fall ist die n-te Wurzel auch für negative x, also auf ganz $\mathbb{R}$ definiert.

3.17 *Man skizziere $f(x) = x^2$ und $g(x) = x^3$ und ihre Umkehrfunktionen.*

$f(x) = x^2$ ist auf $\mathbb{R}_{\geq 0}$ bzw. auf $\mathbb{R}_{\leq 0}$ umkehrbar und besitzt dort die Umkehrfunktionen $y = \sqrt{x}$ bzw. $y = -\sqrt{x}$, siehe obiger Kasten bzw. [3.9 (b)].
$g(x) = x^3$ ist auf ganz $\mathbb{R}$ umkehrbar und besitzt dort die Umkehrfunktion $y = \sqrt[3]{x}$.

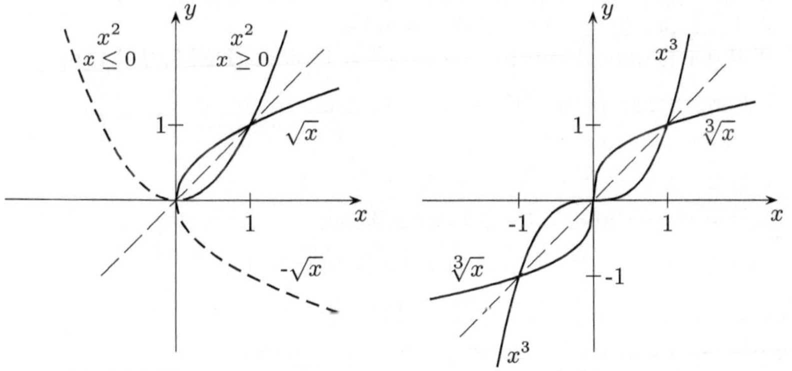

3.18 *Bestimme den Definitionsbereich folgender Funktionen und skizziere sie:*
(a) $y = \sqrt{x}$ *und* $y = \sqrt{x-2}$, (b) $y = \sqrt{-x}$ *und* $y = \sqrt{3-x}$.

(a) Definitionsbereich von $\sqrt{x}$ ist $[0, \infty[$,
Definitionsbereich von $\sqrt{x-2}$ ist $[2, \infty[$, denn $x - 2 \geq 0 \iff x \geq 2$.

(b) Definitionsbereich von $\sqrt{-x}$ ist $]-\infty, 0]$. $\sqrt{-x}$ geht durch Spiegelung an der y-Achse aus $\sqrt{x}$ hervor.,
Definitionsbereich von $\sqrt{3-x}$ ist $]-\infty, 3]$, denn $3 - x \geq 0 \iff x \leq 3$.
Es ist $\sqrt{3-x} = \sqrt{-(x-3)}$. Die Funktion $\sqrt{-(x-3)}$ geht also durch Verschiebung um 3 in x-Richtung aus der Funktion $\sqrt{-x}$ hervor.

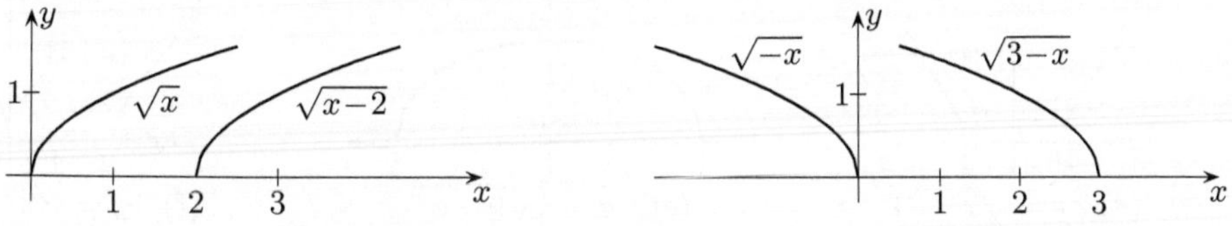

3.19 *Bestimme den Definitionsbereich folgender Funktionen und skizziere sie:*

(a) $y=\sqrt{x^2}\,,$ (b) $y=\sqrt{1-x^2}\,,$ (c) $y=\sqrt{1+x^2}\,,$
(d) $y=\sqrt{x^2-1}\,,$ (e) $y=\frac{2}{3}\sqrt{9-x^2}\,,$ (f) $y=\sqrt{x^2+2x}\,.$

(a) Definitionsbereich von $\sqrt{x^2}$ ist $\mathbb{R}$, denn $x^2\geq 0$ für alle x.
Es ist $\sqrt{x^2}=|x|$, siehe [**EM1**, S. 93].

(b) Definitionsbereich von $\sqrt{1-x^2}$ ist $[-1,1]$, denn
$1-x^2\geq 0 \iff x^2\leq 1 \iff |x|\leq 1 \iff -1\leq x\leq 1.$
Für $y\geq 0$ gilt: $y=\sqrt{1-x^2} \iff y^2=1-x^2 \iff x^2+y^2=1,$
also ist $\sqrt{1-x^2}$ der über oder auf der x-Achse liegende Teil des Einheitskreises.

(c) Definitionsbereich von $\sqrt{1+x^2}$ ist $\mathbb{R}$, denn $1+x^2>0$ für alle x.
Für $y\geq 0$ gilt: $y=\sqrt{1+x^2} \iff y^2=1+x^2 \iff -x^2+y^2=1,$
also ist $\sqrt{1+x^2}$ der über der x-Achse liegende Teil
der Einheitshyperbel $-x^2+y^2=1$, siehe [**EM1**, S. 147 ff].

(d) Definitionsbereich von $\sqrt{x^2-1}$ ist $]-\infty,-1]\cup[1,\infty[$, denn
$x^2-1\geq 0 \iff x^2\geq 1 \iff |x|\geq 1 \iff x\leq -1$ oder $1\leq x\,.$
Für $y\geq 0$ gilt: $y=\sqrt{x^2-1} \iff y^2=x^2-1 \iff x^2-y^2=1,$
also ist $\sqrt{x^2-1}$ der über oder auf der x-Achse
liegende Teil der Einheitshyperbel $x^2-y^2=1$, siehe [**EM1**, S. 147 ff].

(e) Definitionsbereich von $\frac{2}{3}\sqrt{9-x^2}$ ist $[-3,3]$, denn
$9-x^2\geq 0 \iff x^2\leq 9 \iff |x|\leq 3 \iff -3\leq x\leq 3.$
Für $y\geq 0$ gilt: $y=\frac{2}{3}\sqrt{9-x^2} \iff \frac{x^2}{9}+\frac{y^2}{4}=1,$
also ist $\frac{2}{3}\sqrt{9-x^2}$ der über oder auf der x-Achse
liegende Teil der Ellipse $\frac{x^2}{9}+\frac{y^2}{4}=1$, siehe [**EM1**, S. 142 ff].

(f) $\sqrt{x^2+2x}=\sqrt{x^2+2x+1-1}=\sqrt{(x+1)^2-1}\,.$
Definitionsbereich von $\sqrt{x^2+2x}$ ist $]-\infty,-2]\cup[0,\infty[$, denn
$x^2+2x=x(x+2)\geq 0 \iff x\geq 0$ oder $x\leq -2$, vergleiche [**EM1**, 13.5].
Wegen $y=\sqrt{x^2+2x}=\sqrt{(x+1)^2-1}$ geht $\sqrt{x^2+2x}$ durch Verschiebung um -1 in x-Richtung aus $\sqrt{x^2-1}$ hervor.

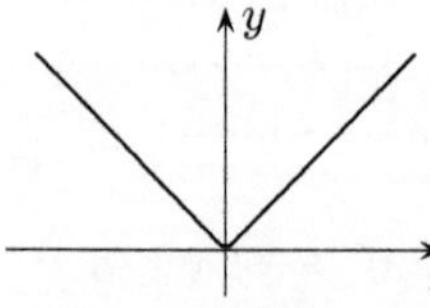

(a) $y=\sqrt{x^2}=|x|$

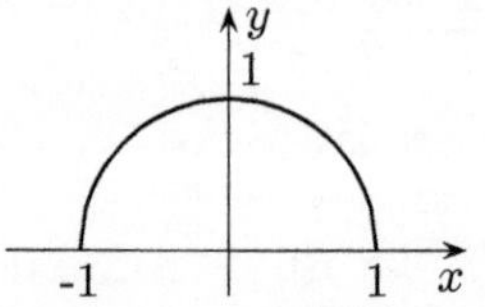

(b) $y=\sqrt{1-x^2}$

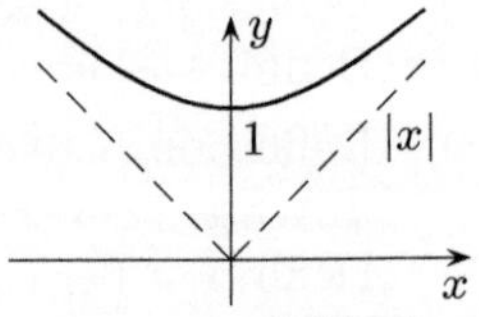

(c) $y=\sqrt{1+x^2}$

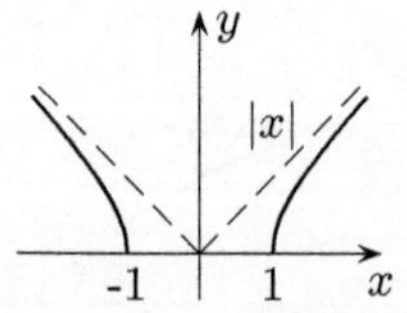

(d) $y=\sqrt{x^2-1}$

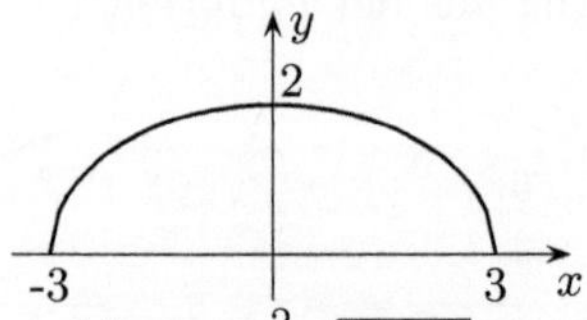

(e) $y=\frac{2}{3}\sqrt{9-x^2}$

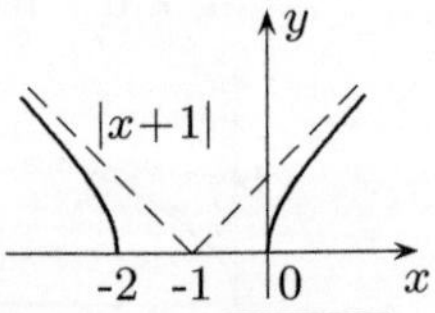

(f) $y=\sqrt{x^2+2x}$

3.4 Polynome

Siehe dazu auch [**EM1**, Abschnitt 10.4] und [**HM**, Seite 59–67], insbesondere zu Nullstellenbestimmung, Faktorzerlegung, Polynomdivision und Horner-Schema.

Polynome

Funktionen der Form

$$p\colon \mathbb{R} \to \mathbb{R} \ ; \quad y \ = \ p(x) \ = \ a_n x^n + \cdots + a_1 x + a_0$$

heißen **Polynome** oder **ganzrationale Funktionen**.

Dabei ist n eine natürliche Zahl oder $n = 0$.

Die **Koeffizienten** $a_0, a_1, \ldots, a_n$ sind reelle Zahlen.
Ist $a_n \neq 0$, so heißt a_n der **Leitkoeffizient** von p.
Ist $a_n = 1$, so heißt das Polynom p **normiert**.

Ist $a_n \neq 0$, so heißt n der **Grad** des Polynoms p, geschrieben $\deg p = n$.
Als Grad des Nullpolynoms $y = 0$ wird $\deg 0 = -\infty$ definiert.

Gradformeln	$\deg(p \cdot q)$	$=$	$\deg p + \deg q$
	$\deg(p \circ q)$	$=$	$\deg p \cdot \deg q$, falls $\deg p, \deg q \geq 1$

3.20 *Beispiele und Bemerkungen*

(a) $y = (x+1)^2 = x^2 + 2x + 1$ ist ein normiertes Polynom vom Grad 2.
$y = 3x^2 - 2x + 1$ ist ein Polynom vom Grad 2 mit dem Leitkoeffizienten 3.

(b) Die konstanten Polynome $y = a_0$ haben den Grad 0, wenn $a_0 \neq 0$.
Das Nullpolynom $y = 0$ hat definitionsgemäß den Grad $-\infty$.

(c) Sind p und q Polynome, so sind auch $p \pm q$, $p \cdot q$ und $p \circ q$ Polynome.

(d) Es gilt $\deg(p \cdot q) = \deg p + \deg q$ für alle Polynome p und q.
$p(x) = x^2 + 1$ hat den Grad 2, $q(x) = x^3 - 1$ den Grad 3 und
$(p \cdot q)(x) = p(x) \cdot q(x) = (x^2+1) \cdot (x^3 - 1) = x^5 + x^3 - x^2 - 1$ den Grad $2 + 3 = 5$.

(e) Hat p den Grad n und q den Grad m, so ist $\deg(p \pm q) \leq \max(n, m)$.
$p(x) = x^2 - 1$ und $q(x) = x - x^2$ sind beides Polynome vom Grad 2. Die Summe $p(x) + q(x) = (x^2 - 1) + (x - x^2) = x - 1$ hat den Grad 1.

(f) Hat p den Grad $n \geq 1$ und q den Grad $m \geq 1$, so ist $\deg(p \circ q) = n \cdot m$.
$p(x) = x^2 + x$ hat den Grad 2, $q(x) = x^3$ den Grad 3 und
$(p \circ q)(x) = p(q(x)) = (x^3)^2 + x^3 = x^6 + x^3$ den Grad $2 \cdot 3 = 6$.

(g) Polynome sind genau dann gerade, wenn in ihrer Normaldarstellung nur gerade Potenzen x^{2k} auftreten, d.h. wenn die Koeffizienten der ungeraden Potenzen x^{2k+1} alle $= 0$ sind.
Entsprechendes gilt für ungerade Polynome.

$x^2 + 1$ ist gerade, $x^5 - x$ ist ungerade und $(x-1)^2 = x^2 - 2x + 1$ ist weder gerade noch ungerade.

Nullstellen von Polynomen

Ist p ein Polynom und $p(x_0) = 0$, so heißt x_0 **Nullstelle** von p.

x_0 ist Nullstelle von $p \iff$ der Linearfaktor $(x - x_0)$ teilt $p(x)$.

Gilt $p(x) = (x - x_0)^k q(x)$ für ein Polynom q mit $q(x_0) \neq 0$, so heißt x_0 eine **k-fache Nullstelle** (Nullstelle der Vielfachheit k bzw. der Ordnung k) von p.

Jedes reelle Polynom vom Grad $n \geq 1$ hat höchstens n Nullstellen.[2]

Zu Nullstellen von Polynomen siehe auch [**EM1**, Abschnitt 10.4] und [**EM1**, S. 61 ff].

3.21 *Beispiele und Bemerkungen*

(a) $p(x) = x^2 - 1 = (x-1)(x+1)$ hat die beiden einfachen Nullstellen $x_{1,2} = \pm 1$.

(b) $p(x) = x(x+2)^2(x-1)^3 = x^6 + x^5 - 5x^4 + 8x^2 - 4x$ hat die einfache Nullstelle 0, die zweifache Nullstelle -2 und die dreifache Nullstelle 1.

(c) Polynome n-ten Grades haben höchstens n Nullstellen, $n \geq 1$.
Nennt man x_0 eine **a-Stelle** von p, falls $p(x_0) = a$ ist, so gilt entsprechend:
Polynome n-ten Grades haben höchstens n a-Stellen. Denn:

$p(x) = a \iff q(x) := p(x) - a = 0$. Beide Polynome p und q haben den Grad n.
Die a-Stellen von p entsprechen also den Nullstellen von q.

(d) Polynome mit ungeradem Grad haben mindestens eine Nullstelle und damit für jedes a auch mindestens eine a-Stelle.

Faktorzerlegung von Polynomen

Jedes reelle Polynom lässt sich als Produkt einer Konstanten, Linearfaktoren $x - x_0$ und unzerlegbaren quadratischen Faktoren $x^2 + bx + c$ schreiben.

x^2+bx+c ist über $\mathbb{R}$ unzerlegbar $\iff x^2 + bx + c$ hat keine reellen Nullst.
$\iff b^2 - 4c < 0$.

Zur Faktorzerlegung von Polynomen siehe [**EM1**, Abschnitt 10.4].

3.22 *Man bestimme die Nullstellen der folgenden Polynome, zerlege sie in Linearfaktoren und unzerlegbare quadratische Faktoren und skizziere sie.*

(a) $p(x) = x^3 + 1$, (b) $p(x) = x^4 - 5x^2 + 4$, (c) $p(x) = x^4 + 1$.

(a) Man rät -1 als Nullstelle von $p(x) = x^3 + 1$.

Abspaltung des Linearfaktors $(x+1)$ mittels Polynomdivision [**EM1**, S. 189 ff] ergibt $x^3 + 1 = (x+1)(x^2 - x + 1)$.

Die quadrat. Gleichung $x^2 - x + 1 = 0$ hat nach der p,q–Formel [**EM1**, S. 181] die nichtreellen Lösungen $x_{1,2} = \frac{1}{2} \pm \sqrt{\frac{1}{4} - 1}$, das Polynom $x^2 - x + 1$ ist folglich in $\mathbb{R}$ unzerlegbar! Dies folgt auch aus $b^2 - 4c = -3 < 0$.

Die gesuchte Zerlegung ist also $\quad x^3 + 1 = (x+1)(x^2 - x + 1)$.

---

[2] Jedes komplexe Polynom p vom Grad $n \geq 1$ zerfällt in $\mathbb{C}$ in Linearfaktoren, [Abschnitt 8]: $p(x) = a(x - x_1) \cdots (x - x_n)$ mit $a, x_1, \ldots, x_n \in \mathbb{C}$, ausführlich siehe [**HM**, Seite 106 ff].

(b) $x^4 - 5x^2 + 4 = 0$ ist eine biquadratische Gleichung. $z = x^2$ führt auf die quadratische Gleichung $z^2 - 5z + 4$. Die p, q–Formel ergibt $z_1 = 1$ und $z_2 = 4$.
$x^2 = 1$ liefert $x_{1,2} = \pm 1$ und $x^2 = 4$ liefert $x_{3,4} = \pm 2$.
Man erhält die Zerlegung $\quad x^4 - 5x^2 + 4 = (x-1)(x+1)(x-2)(x+2)$.
$p(x) = x^4 - 5x^2 + 4$ ist gerade, also symmetrisch zur y-Achse.

(c) Da $x^4 + 1 > 0$ für alle $x \in \mathbb{R}$, hat das Polynom keine (reellen) Nullstellen, zerfällt also in zwei unzerlegbare quadratische Faktoren: $x^4+1 = (x^2+ax+b)(x^2+cx+d)$.

(1) Die Bestimmung der Koeffizienten a, b, c, d ist mühsam: Ausmultiplizieren $(x^2 + ax + b)(x^2 + cx + d) = x^4 + (a+c)x^3 + (b+d+ac)x^2 + (ad+bc)x + bd$ und Koeffizientenvergleich führt auf das nichtlineare Gleichungssystem:

$$\begin{aligned} a + c &= 0 \\ b + d + ac &= 0 \\ ad + bc &= 0 \\ bd &= 1 \end{aligned}$$

Probiert man naheliegenderweise $b = d = 1$, erhält man $\begin{aligned} a + c &= 0 \\ ac &= -2 \end{aligned}$ mit Lösungen $\begin{aligned} a &= \sqrt{2} \\ b &= -\sqrt{2} \end{aligned}$

Man kommt so auf die Zerlegung $\quad x^4 + 1 = (x^2 + \sqrt{2}x + 1)(x^2 - \sqrt{2}x + 1)$.

(2) Einfacher ist die Zerlegung von $z^4 + 1$ in $\mathbb{C}$ in vier Linearfaktoren und Zusammenfassen der konjugiert komplexen Faktoren: Die vier Lösungen von $z^4 + 1 = 0$ findet man in [8.29 (c)]. Damit erhält man:

$$\begin{aligned} z^4 + 1 &= \left[\left(z - \tfrac{1}{2}\sqrt{2}\,(1+\mathrm{i})\right)\left(z - \tfrac{1}{2}\sqrt{2}\,(1-\mathrm{i})\right)\right] \cdot \left[\left(z - \tfrac{1}{2}\sqrt{2}\,(-1+\mathrm{i})\right)\left(z - \tfrac{1}{2}\sqrt{2}\,(-1-\mathrm{i})\right)\right] \\ &= \left[z^2 - \sqrt{2}z + 1\right] \cdot \left[z^2 + \sqrt{2}z + 1\right] \end{aligned}$$

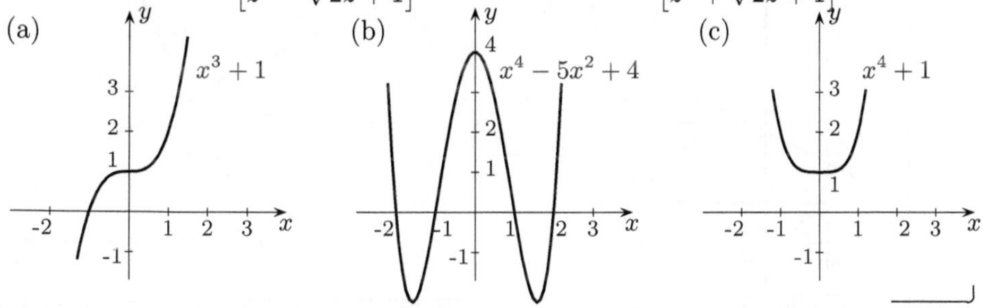

Grundsätzlicher Verlauf eines Polynoms

***n* ungerade** z.B. ***n* = 3, *a* > 0**	***n* gerade** z.B. ***n* = 4, *a* > 0**
$ax^3 + bx^2 + cx + d$	$ax^4 + bx^3 + cx^2 + dx + e$
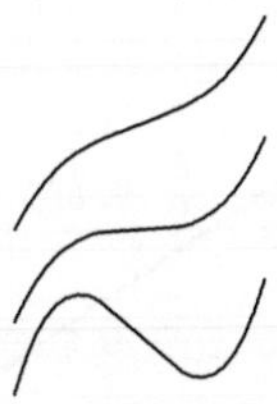	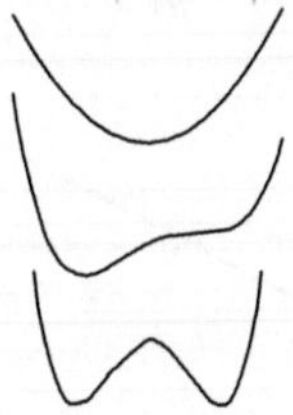
Der Grad ist **ungerade** und $a > 0$: Das Polynom kommt von unten und geht nach oben.	Der Grad ist **gerade** und $a > 0$: Das Polynom kommt von oben und geht nach oben.

Für $a < 0$ kehrt sich der Verlauf jeweils um.

Polynome 0. und 1. Grades, Geraden

Polynome vom Grad ≤ 1 beschreiben Geraden in der (x, y)-Ebene.

Normalform: $y = ax + b$
Gerade durch $(0, b)$ mit der Steigung a.

Punktrichtungsform: $y - y_0 = a(x - x_0)$
Gerade durch (x_0, y_0) mit der Steigung a.

2-Punkte-Form: $y - y_1 = \frac{y_2 - y_1}{x_2 - x_1}(x - x_1)$
Gerade durch die Punkte (x_1, y_1), (x_2, y_2) mit $x_1 \neq x_2$.

Achsenabschnittsform: $\frac{x}{a} + \frac{y}{b} = 1 \quad (a \neq 0 \neq b)$
Gerade mit den Achsenschnittpunkten $(a, 0)$ und $(0, b)$.

Waagerechte Geraden haben Gleichungen der Form $y = c$.
Sie sind die konstanten Funktionen.

Senkrechte Geraden haben Gleichungen der Form $x = d$.
Sie lassen sich **nicht** als Funktion $y = f(x)$ darstellen.

Zu Geraden siehe auch [**EM1**, Abschnitt 14.6].

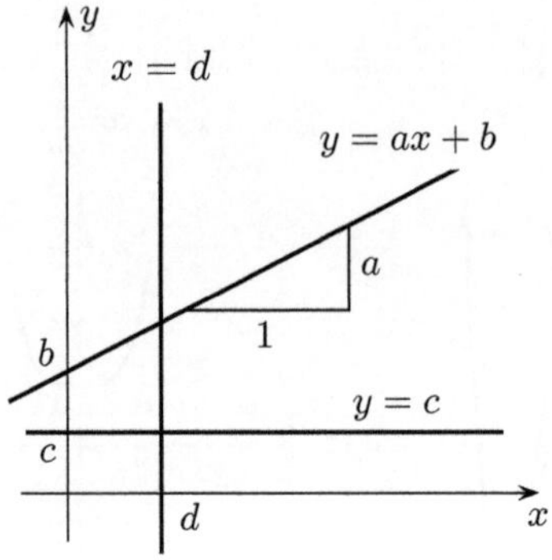

Normalform $y = ax + b$

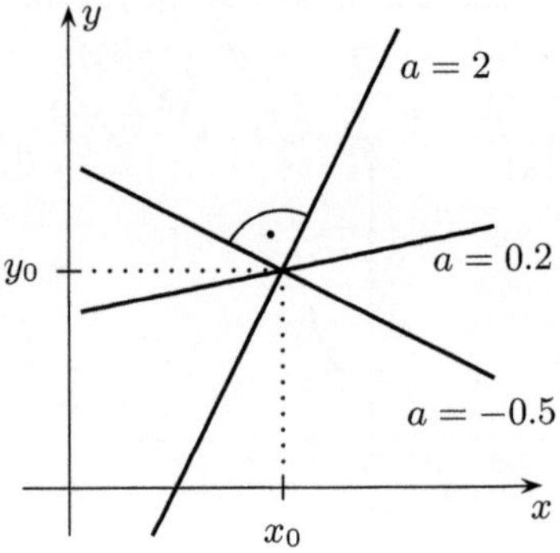

Punkt-Richtungs-Form $y - y_0 = a(x - x_0)$

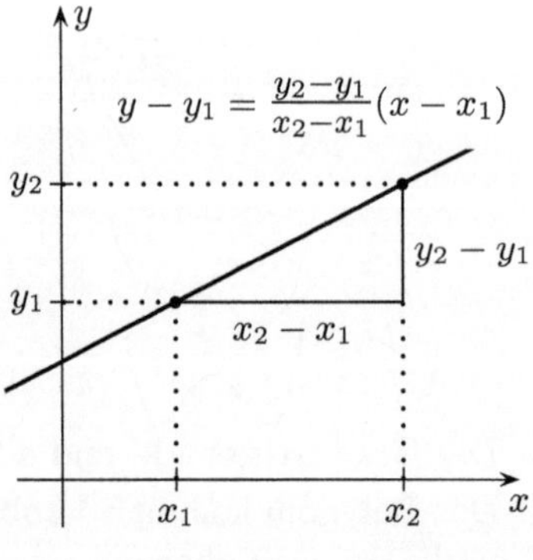

2-Punkte-Form $y - y_1 = \frac{y_2 - y_1}{x_2 - x_1}(x - x_1)$

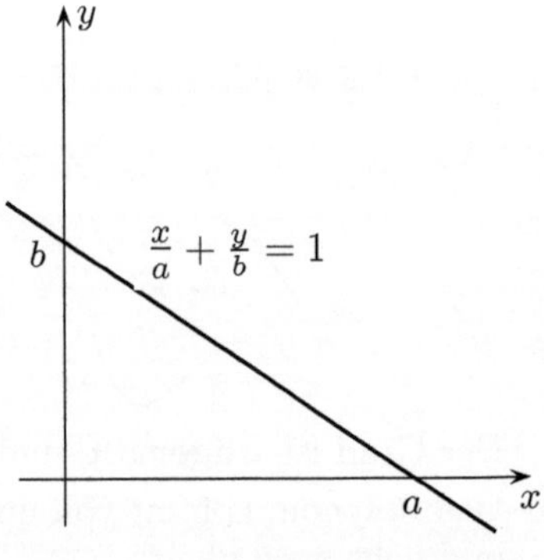

Achsenabschnittsform $\frac{x}{a} + \frac{y}{b} = 1$

3.23 *Man bestimme die Gerade durch $(1,-2)$ und $(3,4)$ und stelle sie in Normalform und Achsenabschnittsform dar.*

2-Punkte-Form: $y+2=\frac{4+2}{3-1}(x-1)=3(x-1)$. Auflösen nach y liefert die
Normalform: $y=3x-5$. Teilen durch 5 und sortieren liefert die
Achsenabschnittsform: $\frac{x}{5/3}-\frac{y}{5}=1$.

3.24 *Man gebe die Gerade durch $(-1,\sqrt{2})$ parallel zur Winkelhalbierenden $y=x$ in Normalform und Achsenabschnittsform an.*

Die Winkelhalbierende $y=x$ hat die Steigung 1.
Zu bestimmen ist also die Gerade durch $(-1,\sqrt{2})$ mit der Steigung 1:
Punktrichtungsform: $y-\sqrt{2}=1\cdot(x+1)$. Auflösen nach y liefert die
Normalform: $y=x+1+\sqrt{2}$. Teilen durch $1+\sqrt{2}$ und sortieren liefert
Achsenabschnittsform: $\frac{x}{-1-\sqrt{2}}+\frac{y}{1+\sqrt{2}}=1$.

3.25 *Sei $a>0$. Man bestimme den Flächeninhalt des Dreiecks, das die Gerade $y=\frac{1}{a}-\frac{x}{a^2}$ vom 1. Quadranten abschneidet.*

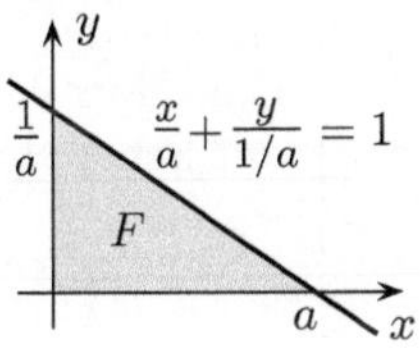

Die Achsenabschnittsform dieser Geraden ist $\frac{x}{a}+\frac{y}{1/a}=1$.
Die Gerade hat also die Achsenabschnitte a und $\frac{1}{a}$.
Das Dreieck hat daher für $a>0$ den
Flächeninhalt $F=\frac{1}{2}\cdot a\cdot\frac{1}{a}=\frac{1}{2}$. Dieser ist unabhängig von a.

Zueinander senkrechte Geraden

Sind $y=a_1x+b_1,\ a_1\neq 0$ und $y=a_2x+b_2,\ a_2\neq 0$ Geraden, so gilt:
Die Geraden stehen senkrecht aufeinander $\iff$ $a_1\cdot a_2=-1$.

3.26 *Gegeben ist die Gerade G durch $P_1=(1,1)$ und $P_2=(3,0)$. Man gebe die Gerade H durch $P_3=(-2,-1)$ an, die senkrecht zu G ist, bestimme den Schnittpunkt S von G und H und skizziere G und H.*

Die 2-Punkte-Form von G liefert
$y-1=\frac{-1}{2}(x-1)$, also $y=-\frac{1}{2}x+\frac{3}{2}$.
H hat daher die Steigung 2, denn $2\cdot(-\frac{1}{2})=-1$.
Die Punktrichtungsform liefert für H:
$y+1=2(x+2)$, also $y=2x+3$.
Schnittpunkt von G und H:

$$-\tfrac{1}{2}x+\tfrac{3}{2}=2x+3 \iff -\tfrac{5}{2}x=\tfrac{3}{2} \iff x=-\tfrac{3}{5}$$

Zugehöriges y ist $y=-\frac{1}{2}\cdot(-\frac{3}{5})+\frac{3}{2}=\frac{9}{5}$,
G und H schneiden sich im Punkt $(-\frac{3}{5},\frac{9}{5})$.

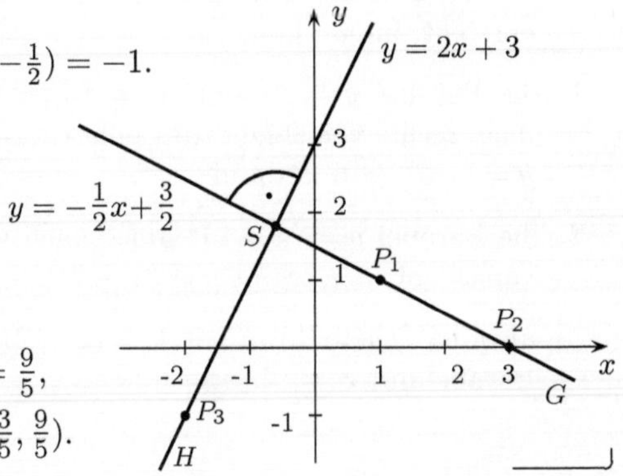

Polynome 2. Grades, Parabeln

Quadratische Funktionen (Polynome 2. Grades) $y = ax^2 + bx + c$ mit $a \neq 0$ sind nach unten oder oben geöffnete **Parabeln**.

Normalform:	$y = ax^2 + bx + c$	$a > 0$ nach oben geöffnet, $a < 0$ nach unten geöffnet.
Scheitelform:	$y - y_s = a(x - x_s)^2$	Scheitelpunkt $S = (x_s, y_s)$.
Zerlegungsform:	$y = a(x - x_1)(x - x_2)$	Nullstellen x_1 und x_2, wenn diese existieren.

Der Scheitelpunkt ist Extrempunkt (Maximum oder Minimum) der Parabel. Die Gerade $x = x_s$ ist die **Symmetrieachse** der Parabel.

Parabeln werden ausführlich behandelt in [**EM1**, S. 150–156].

Speziell für $a = 1$ bzw. $a = -1$ erhält man **Normalparabeln**.

Normalparabel

Eine Normalparabel (nach oben geöffnet) mit Scheitelpunkt $S = (x_s, y_s)$ ist gegeben durch

Normalform:	$y = x^2 + bx + c$
Scheitelform:	$y - y_s = (x - x_s)^2$
Zerlegungsform:	$y = (x - x_1)(x - x_2)$, falls Nullstellen x_1 und x_2 ex.

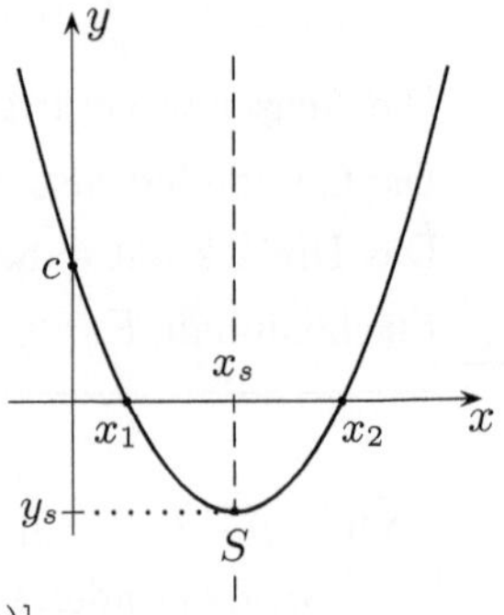

Beispiele zur Normalparabel siehe auch [3.3, 3.11, 3.29 (a)].

3.27 *Man skizziere die nach oben geöffneten Normalparabeln mit den Scheitelpunkten* $(0,0)$ *und* $(2,-1)$, *und leite die Scheitelform der 2. Parabel aus den Verschiebungen von* [Seite 69] *her.*

Die Parabel mit dem Scheitelpunkt $(2, -1)$ entsteht, indem man

1. die Parabel $y = x^2$ mit $S_0 = (0, 0)$ um 2 nach rechts verschiebt, das liefert $y = (x - 2)^2$ und dann
2. die Parabel $y = (x - 2)^2$ um 1 nach unten verschiebt, das ergibt $y = (x - 2)^2 - 1$,

also die Scheitelform $y + 1 = (x - 2)^2$ der Parabel mit $S = (2, -1)$.

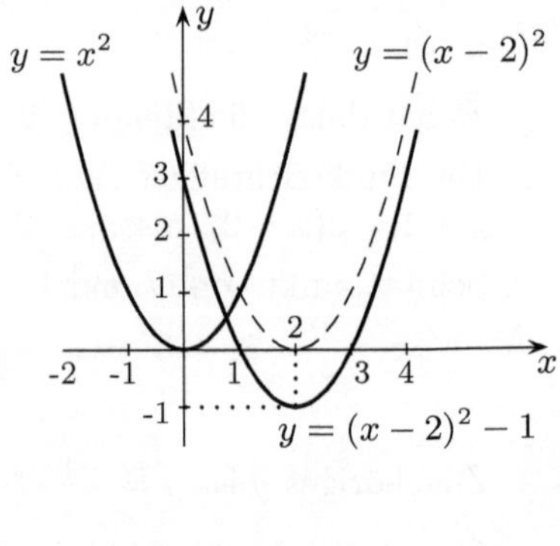

3.28 (a) *Skizziere die Parabeln $ax^2 + bx + c$ mit dem Scheitelpunkt $(2, 1)$ und*
$a = -2, \quad a = -1, \quad a = -\frac{1}{3}, \quad a = \frac{1}{3}, \quad a = 1, \quad a = 2.$

(b) *Skizziere die Parabeln $ax^2 + bx + c$ mit den Nullstellen 1 und 3 und*
$a = -2, \quad a = -1, \quad a = -\frac{1}{3}, \quad a = \frac{1}{3}, \quad a = 1, \quad a = 2.$

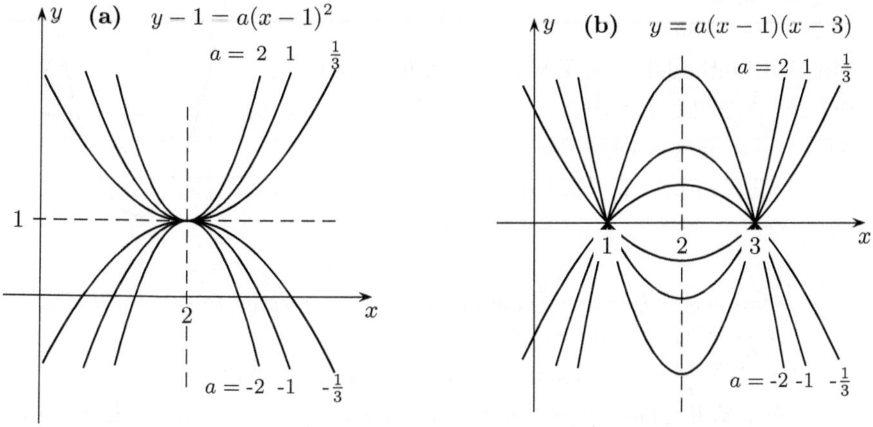

3.29 *Man gebe die Parabeln in Scheitelform und Zerlegungsform an:*
(a) $y = x^2 + 6x + 8$, b) $y = 2x^2 - 4x - 6$.

(a) Für die Scheitelform wird mittels quadratischer Ergänzung umgeformt:
$y = x^2 + 6x + 8 = (x^2 + 6x + 9) - 1 = (x + 3)^2 - 1$.
Scheitelform: $y + 1 = (x + 3)^2$, Scheitelpunkt $S = (-3, -1)$.
Für die Zerlegungsform werden die Nullstellen von $x^2 + 6x + 8$ gesucht. Dazu kann man die Nullstellen mit der p, q–Formel berechnen oder die Zerlegung in Linearfaktoren raten. Vieta [**EM1**, S. 184] hilft! Es ist $x^2+6x+8 = (x+2)(x+4)$.
Zerlegungsform: $y = (x + 2)(x + 4)$, Nullstellen -2 und -4.

(b) $y = 2x^2 - 4x - 6 = 2(x^2 - 2x - 3) = 2((x - 1)^2 - 1 - 3) = 2(x - 1)^2 - 8$
Scheitelform: $y + 8 = 2(x - 1)^2$, Scheitelpunkt $S = (1, -8)$.
$y = 2x^2 - 4x - 6 = 2(x^2 - 2x - 3) = 2(x + 1)(x - 3)$
Zerlegungsform: $y = 2(x + 1)(x - 3)$, Nullstellen -1 und 3.

3.30 *Bestimme die Scheitelform der Parabeln durch $(0, 0)$ mit Scheitelpunkt auf der Geraden $y = 2$. Welche hat speziell den Scheitelpunkt $(1, 2)$?*

Parabeln mit dem Scheitelpunkt auf der Geraden $y = 2$, etwa im Punkt $(b, 2)$, haben die Form $y - 2 = a(x - b)^2$, $a \neq 0$.
Geht die Parabel durch $(0, 0)$, gilt
$0 = a(0 - b)^2 + 2$, also $a = \frac{-2}{b^2}$, $b \neq 0$.
Scheitelform: $y - 2 = \frac{-2}{b^2}(x - b)^2$.
Sie hat speziell den Scheitelpunkt $(1, 2)$
$\iff 0 = \frac{-2}{b^2}(1 - b)^2 \iff b = 1$,
also $y = -2(x - 1)^2 + 2$ bzw. $y = -2x^2 + 4x$.

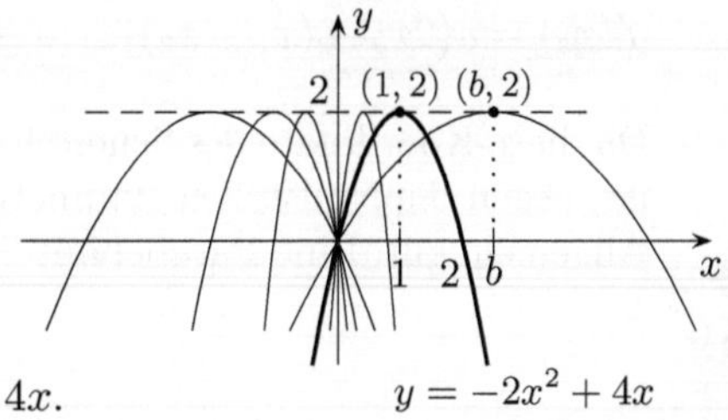

3.31 *Man bestimme die Parabel durch die drei Punkte* $P=(1,-1),\ Q=(2,-2),\ R=(4,2)$.

Der Ansatz $y = ax^2 + bx + c$ und Einsetzen der drei gegebenen Punkte liefert ein LGS.

$$\begin{aligned} -1 &= a + b + c \\ -2 &= 4a + 2b + c \\ 2 &= 16a + 4b + c \end{aligned}$$

Mit den Methoden aus [**EM1**, S. 227 ff] erhält man als Lösung $a = 1,\ b = -4,\ c = 2$.

Also lautet die gesuchte Parabel

$y = x^2 - 4x + 2$ in Normalform, bzw.

$y + 2 = (x-2)^2$ in Scheitelform.

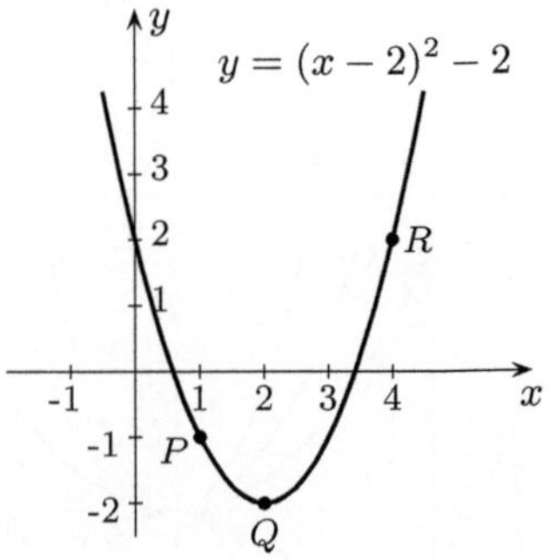

3.32 *Man zeige: Für den Scheitelpunkt (x_s, y_s) einer Parabel mit den beiden Nullstellen x_1 und x_2 gilt stets:*

$x_s = \frac{x_1+x_2}{2}$ *ist das arithmetische Mittel der Nullstellen.*

Die Nullstellen liegen - falls vorhanden - symmetrisch zur Extremstelle.

(a) *Man benutze die Scheitelform.*

(b) *Man benutze die Ableitung, um die Extremstelle zu bestimmen.*

(a) Eine Parabel mit den Nullstellen x_1, x_2 hat die Form $y = a(x-x_1)(x-x_2),\ a \neq 0$. Man formt diese Zerlegungsform mittels quadratischer Ergänzung zur Scheitelform um:

$$\begin{aligned} y &= a(x-x_1)(x-x_2) = a\left(x^2 - (x_1+x_2)x + x_1x_2\right) \\ &= a\left(x^2 - 2\tfrac{x_1+x_2}{2}x + \left(\tfrac{x_1+x_2}{2}\right)^2 + x_1x_2 - \left(\tfrac{x_1+x_2}{2}\right)^2\right) \\ &= a\left(x - \tfrac{x_1+x_2}{2}\right)^2 + a\left(x_1x_2 - \left(\tfrac{x_1+x_2}{2}\right)^2\right). \end{aligned}$$

Dies ist die Scheitelform und man liest ab: $x_s = \frac{x_1+x_2}{2}$.

(b) Einfacher bestimmt man x_s als Nullstelle der Ableitung [Abschnitt 4.2] der Funktion

$y = a(x-x_1)(x-x_2) = a(x^2 - (x_1+x_2)x + x_1x_2)$:

$y'(x) = a\big(2x - (x_1+x_2)\big)$

$y'(x_s) = a\big(2x_s - (x_1+x_2)\big) = 0 \iff x_s = \frac{x_1+x_2}{2}$.

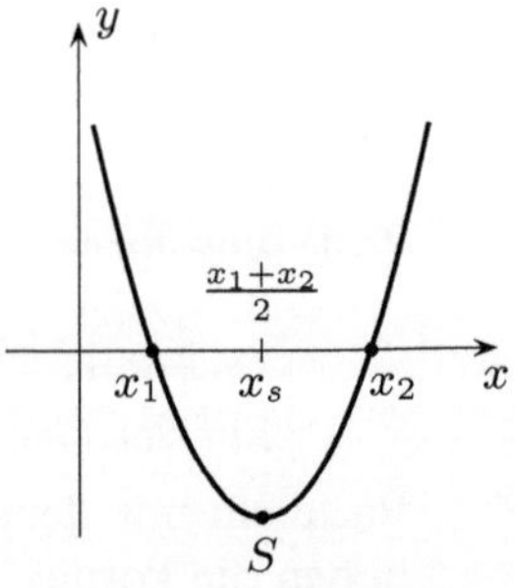

Da die x-Koordinate des Scheitelpunktes das arithmetische Mittel der Nullstellen ist, liegen die Nullstellen symmetrisch zur Extremstelle.

Allgemein gilt: Eine Parabel mit Scheitel (x_s, y_s) hat die Symmetrieachse $x = x_s$.

Polynome 3. Grades

Polynome 3. Grades (kubische Polynome) $y = ax^3 + bx^2 + cx + d,\ a \neq 0$ haben mindestens eine und höchstens drei reelle Nullstellen.

Normalform: $y = ax^3 + bx^2 + cx + d,$

Wendepunktform: $y - y_w = a(x-x_w)^3 + m(x-x_w),\quad \begin{array}{l} W = (x_w, y_w), \\ m = y'(x_w) \end{array}.$

Zerlegungsform: $y = a(x-x_1)(x-x_2)(x-x_3)$, Nullst. x_1, x_2, x_3.

Kubische Polynome besitzen genau einen Wendepunkt $W = (x_w, y_w)$. Sie sind links von W rechtsdrehend (konkav ⌒) und rechts von W linksdrehend (konvex ⌣) oder umgekehrt, je nach Vorzeichen des Leitkoeffizienten a. Kubische Polynome sind punktsymmetrisch zum Wendepunkt W.

Beispiele kubischer Polynome

(Wendepunktform)

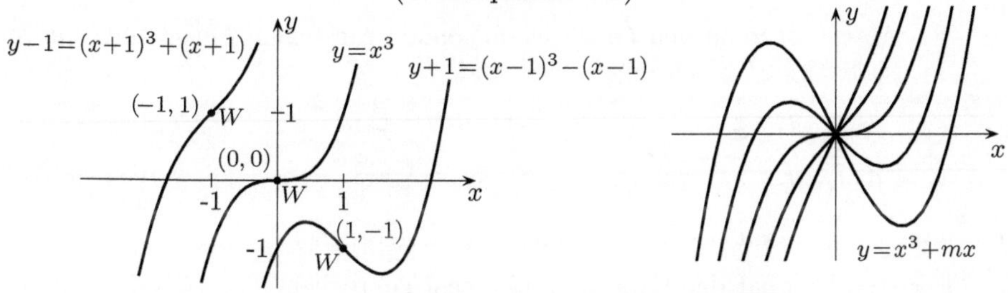

3.33 *Man gebe Polynome 3. Grades mit genau einer, genau zwei bzw. genau drei Nullstellen an, und skizziere sie.*

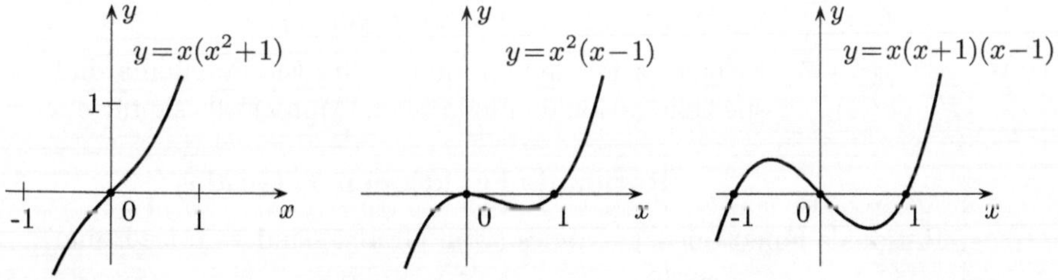

3.34 *Gesucht ist das Polynom 3. Grades durch den Punkt $(0, 2)$ mit den Nullstellen $1,\ 2,\ 3$.*

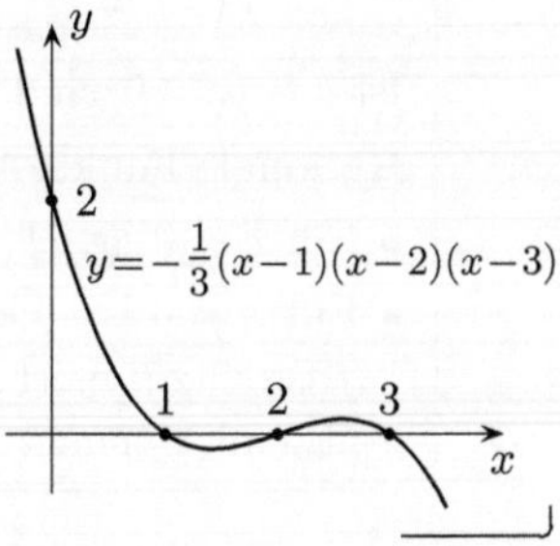

Die Zerlegungsform
$p(x) = a(x-1)(x-2)(x-3)$ und $p(0) = 2$
liefert $2 = a(-1)(-2)(-3) = -6a$, also $a = -\frac{1}{3}$.

Das gesuchte Polynom ist $y = -\frac{1}{3}(x-1)(x-2)(x-3)$.

3.5 Rationale Funktionen

Rationale Funktionen

Rationale Funktionen sind Funktionen der Form

$$y = f(x) = \frac{p(x)}{q(x)}, \quad \text{wobei } p, q \text{ Polynome sind.}$$

Rationale Funktion sind bis auf die Nullstellen des Nenners (also von q) in ganz $\mathbb{R}$ definiert. Meist setzt man Zähler p und Nenner q teilerfremd voraus (gekürzte Darstellung), um uninteressante Sonderfälle (Definitionslücken) zu vermeiden. In der gekürzten Darstellung haben p und q keine gemeinsamen Nullstellen, sind also nicht gleichzeitig Null.

$\deg f := \max\{\deg p, \deg q\}$ heißt **Grad** der rationalen Funktion $f = \frac{p}{q} \neq 0$.

Eine rationale Funktion $f = \frac{p}{q}$ heißt **echt gebrochen**, wenn der Zählergrad echt kleiner als der Nennergrad ist:

$$f = \frac{p}{q} \text{ ist echt gebrochen} \iff \deg p < \deg q.$$

3.35 *Man bestimme den Grad der folgenden rationalen Funktionen und entscheide, ob sie echt gebrochen sind.*

(a) $y = \frac{1}{x}$, (b) $y = -\frac{2}{x^2}$, (c) $y = \frac{x+2}{2x+1}$,

(d) $y = \frac{x^2(x-2)^2}{(x+1)^3}$, (e) $y = \frac{x^3-9}{x^4+1}$, (f) $y = 3x^2 + 7$.

(a) $y = \frac{1}{x}$ hat den Grad 1 und ist echt gebrochen.

(b) $y = -\frac{2}{x^2}$ hat den Grad 2 und ist echt gebrochen.

(c) $y = \frac{x+2}{2x+1}$ hat den Grad 1 und ist nicht echt gebrochen.

(d) $y = \frac{x^2(x-2)^2}{(x+1)^3}$ hat den Grad 4 und ist nicht echt gebrochen.

(e) $y = \frac{x^3-9}{x^4+1}$ hat den Grad 4 und ist echt gebrochen.

(f) $y = 3x^2 + 7$ ist eine rationale Funktion 2. Grades. Polynome sind spezielle rationale Funktionen. Man erhält sie für $q(x) = 1$.

Rationale Funktionen 1. Grades

Rationale Funktionen 1. Grades (vom Grad 1) sind von der Bauart

$$\boldsymbol{f(x) = \frac{ax+b}{cx+d}}, \text{ wobei die sog. } \textbf{Determinante } ad - bc \neq 0 \text{ ist.}$$

Ist $ad - bc = 0$, sind Zähler und Nenner Vielfache voneinander, also $f(x) = \text{const.}$

Rationale Funktionen 1. Grades heißen auch **lineare Transformationen**.

- Für $c = 0$ ist $f(x) = \frac{a}{d}x + \frac{b}{d}$ linear (Polynom 1. Grades), siehe [S. 80].
- Für $c \neq 0$ ist f eine bijektive Abbildung von $\mathbb{R} \setminus \{-\frac{d}{c}\}$ auf $\mathbb{R} \setminus \{\frac{a}{c}\}$.
  f ist eine Hyperbel mit Asymptoten parallel zu den Koordinatenachsen, also mit Symmetrieachsen parallel zu den Winkelhalbierenden $y = \pm x$.

3.36 *Skizziere die folgenden rationalen Funktionen vom Grad 1:*

(a) $y = \frac{1}{x}$, (b) $y = \frac{-1}{x-2}$, (c) $y = \frac{x+1}{x}$, (d) $y = \frac{x+1}{x-2}$.

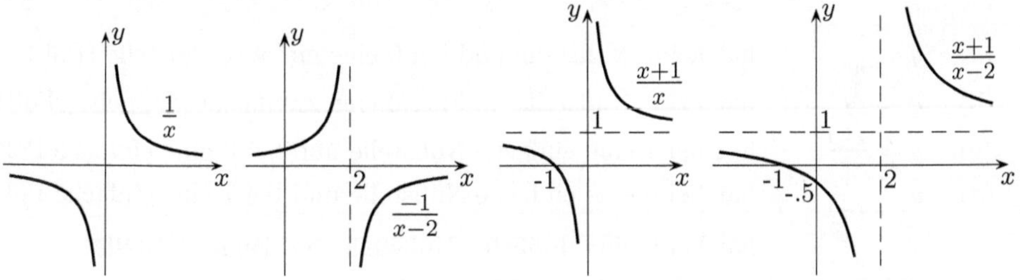

3.37 *Bestimme die Umkehrfunktion von*

(a) $y = \frac{x+1}{x}$, (b) $f(x) = \frac{ax+b}{cx+d}$.

Zur Bestimmung der Umkehrfunktion siehe [Seite 67]:

(a) Auflösen nach x liefert:

$$y = \frac{x+1}{x} \iff y = 1 + \frac{1}{x} \iff \frac{1}{x} = y - 1 \iff x = \frac{1}{y-1}, \quad \text{für } y \neq 1.$$

Vertauschen von x und y liefert $y = \frac{1}{x-1}$ als Umkehrfunktion von $y = \frac{x+1}{x}$.

(b) Auflösen nach x liefert:

$$y = \frac{ax+b}{cx+d} \iff cx + d = \frac{ax+b}{y} \iff (c - \tfrac{a}{y})x = \frac{b}{y} - d \iff x = \frac{\frac{b}{y} - d}{c - \frac{a}{y}}$$

$$\iff x = \frac{b-dy}{cy-a} \iff x = \frac{dy-b}{-cy+a}, \quad \text{für } y \neq \frac{a}{c}.$$

Vertauschen von x und y liefert $y = \frac{dx-b}{-cx+a}$ als Umkehrfunktion von $y = \frac{ax+b}{cx+d}$.

Mit dieser Formel lässt sich (a) ohne viel Rechnung lösen.

Nullstellen und Polstellen rationaler Funktionen

Sei $f(x) = \frac{p(x)}{q(x)}$ eine rationale Funktion in gekürzter Darstellung, also mit teilerfremden Zähler und Nenner. Dann gilt $f(x) = 0 \iff p(x) = 0$.

Die ***k*-fachen Nullstellen** des Zählerpolynoms p	heißen	***k*-fache Nullstellen** der Funktion f.
Die ***k*-fachen Nullstellen** des Nennerpolynoms q	heißen	***k*-fache Polstellen (Pole)** der Funktion f.

f ist nur an den Polstellen nicht definiert.

Zur Bestimmung der Nullstellen und Polstellen von $f = \frac{p}{q}$, also der Nullstellen von Zählerpolynom p bzw. Nennerpolynom q, siehe [**EM1**, Abschnitt 10.4].

3.38 *Man bestimme Nullstellen und Polstellen der rationalen Funktionen:*

(a) $y = \frac{1}{x}$, (b) $y = \frac{1}{x^2}$, (c) $y = \frac{x-1}{x}$, (d) $y = \frac{x}{x-1}$,

(e) $y = \frac{x^3}{x^2+1}$, (f) $y = \frac{(x-1)^2}{x^3}$, (g) $y = \frac{x^3}{x^2-1}$, (h) $y = \frac{x^2+2x+1}{x^2-2}$.

(a) $y = \frac{1}{x}$ hat keine Nullstelle und bei 0 eine einfache Polstelle (Pol).

(b) $y = \frac{1}{x^2}$ hat keine Nullstelle und bei 0 eine zweifache (doppelte) Polstelle.

(c) $y = \frac{x-1}{x}$ hat bei 1 eine einfache Nullstelle und bei 0 eine einfache Polstelle.

(d) $y = \frac{x}{x-1}$ hat bei 0 eine einfache Nullstelle und bei 1 eine einfache Polstelle.

(e) $y = \frac{x^3}{x^2+1}$ hat bei 0 eine dreifache Nullstelle und keine Polstelle.

(f) $y = \frac{(x-1)^2}{x^3}$ hat bei 1 eine zweifache Nullstelle und bei 0 einen dreifachen Pol.

(g) $y = \frac{x^3}{x^2-1} = \frac{x^3}{(x-1)(x+1)}$ hat bei 0 eine dreifache Nullstelle und bei 1 und -1 einfache Polstellen.

(h) $y = \frac{x^2+2x+1}{x^2-2} = \frac{(x+1)^2}{(x-\sqrt{2})(x+\sqrt{2})}$ hat bei -1 eine zweifache Nullstelle und bei $\sqrt{2}$ und $-\sqrt{2}$ einfache Polstellen.

In der Nähe k-facher Nullstellen bzw. Polstellen x_0 verhält sich f wie $(x - x_0)^k$ bzw. $\frac{1}{(x-x_0)^k}$, also wie x^k bzw. $\frac{1}{x^k}$ im Nullpunkt.

Insbesondere wechselt f bei ungerader Ordnung k das Vorzeichen, nicht jedoch bei gerader Ordnung k: Stellen mit bzw. ohne **Vorzeichenwechsel (VZW)**.

Folgende Skizzen zeigen typisches Verhalten rationaler Funktionen bei Nullstellen bzw. Polstellen ungerader bzw. gerader Ordnung:

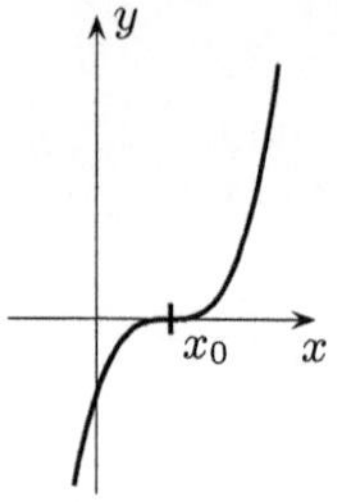

Nullstelle mit VZW
ungerade Ordnung > 1
z.B. $y = (x-1)^3$

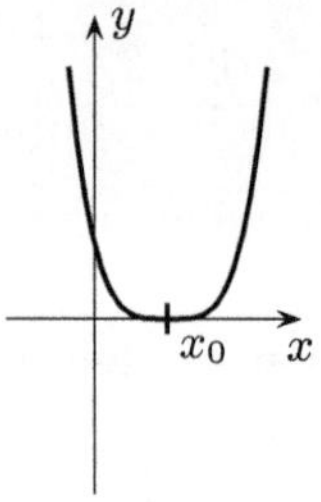

Nullst. ohne VZW
gerade Ordnung
z.B. $y = (x-1)^4$

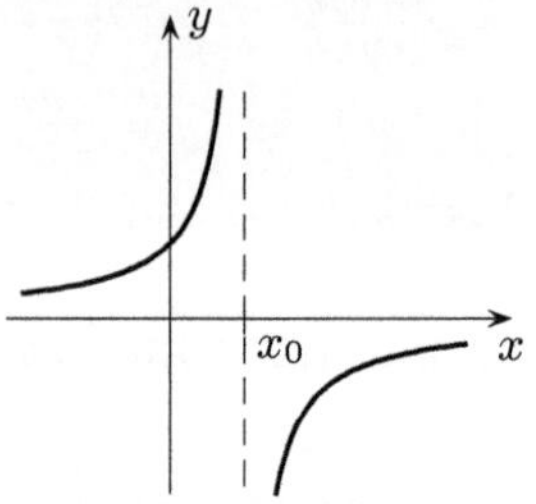

Polstelle mit VZW
ungerade Ordnung
z.B. $y = \frac{1}{x-1}$

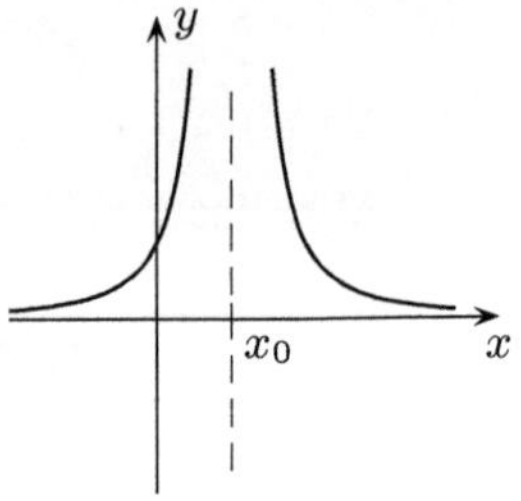

Polstelle ohne VZW
gerade Ordnung
z.B. $y = \frac{1}{(x-1)^2}$

Skizzieren rationaler Funktionen

Um rationale Funktionen zu skizzieren, bestimmt man

Nullstellen und **Polstellen**, also Nullstellen von Zähler und Nenner,

Vorzeichenwechsel bei Nullstellen und Polstellen [S. 89],

Asymptoten [S. 90],

Symmetrieeigenschaften.

Grenzwerte rationaler Funktionen für $x \longrightarrow \pm\infty$ siehe auch [Seite 162].

Vorzeichenwechsel und Vorzeichenverhalten rationaler Funktionen

Die Faktorzerlegungen von Zähler und Nenner von f liefern die Nullstellen und Polstellen von f.

Ist x_0 eine k-fache Nullstelle bzw. eine k-fache Polstelle von f, so gilt:

$$\boxed{f \text{ wechselt bei } x_0 \text{ das Vorzeichen} \iff k \text{ ist ungerade.}}$$

x_0 heißt Nullstelle oder Polstelle mit bzw. ohne Vorzeichenwechsel (VZW).

---

f kann das Vorzeichen nur an Null- oder Polstellen wechseln. Zwischen benachbarten Null- bzw. Polstellen ist das Vorzeichen also konstant. Beim Übergang zum angrenzenden Intervall muss man nur beachten, ob man eine Null- bzw. Polstelle mit oder ohne Vorzeichenwechsel (VZW), also eine Stelle ungerader oder gerader Ordnung, überschreitet.

3.39 *Bestimme Vorzeichenwechsel und Vorzeichenverhalten der rationalen Funktionen, schraffiere Bereiche, in denen f nicht verläuft:*

(a) $f(x) = \frac{x-2}{x+1}$, (b) $f(x) = -\frac{(x+2)^2}{x^3}$, (c) $f(x) = \frac{(x+1)^2(x-1)}{(3+x)(x-2)^3(3-x)}$.

(a) $f(x) = \frac{x-2}{x+1}$ $\quad$ 2 ist einfache Nullstelle, also mit VZW,
-1 ist einfache Polstelle, also mit VZW.

Nun benötigt man nur noch eine Angabe für das Vorzeichenverhalten von f. Z.B. ist $f(x)$ positiv für $x > 2$. Damit ergibt sich mit den angegebenen Vorzeichenwechseln das skizzierte Vorzeichenverhalten von f.

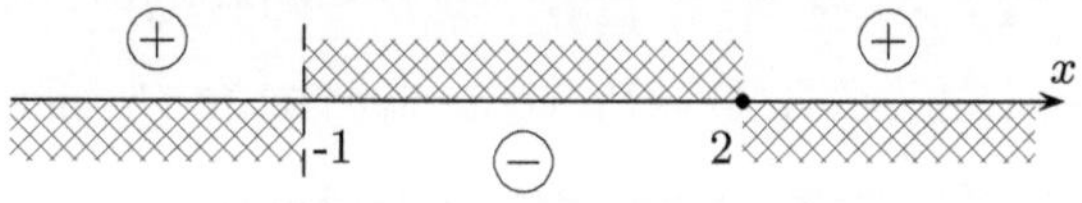

(b) $f(x) = -\frac{(x+2)^2}{x^3}$ $\quad$ -2 ist zweifache Nullstelle, also ohne VZW,
0 ist dreifache Polstelle, also mit VZW.

Da $f(x)$ für $x > 0$ negativ ist, ergibt sich analog zu (a):

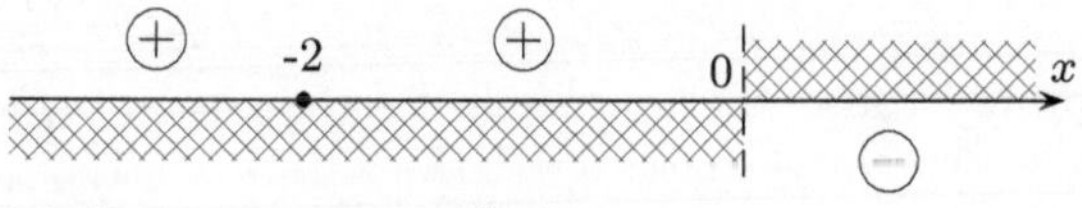

(c) $f(x) = \frac{(x+1)^2(x-1)}{(3+x)(x-2)^2(3-x)^3} = -\frac{(x+1)^2(x-1)}{(x+3)(x-2)^2(x-3)^3}$

-1 ist zweifache Nullstelle, ohne VZW,
1 ist einfache Nullstelle, mit VZW,
-3 ist einfache Polstelle, mit VZW,
2 ist zweifache Polstelle, ohne VZW,
3 ist dreifache Polstelle, mit VZW.

Für $x > 3$ ist $f(x)$ negativ. Damit ergibt sich:

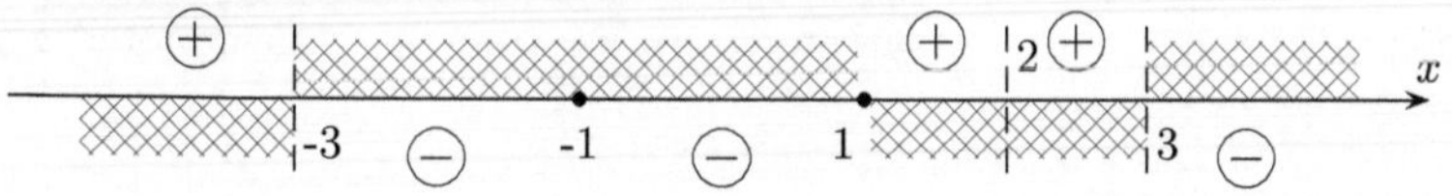

Asymptoten rationaler Funktionen

Jede rationale Funktion $f(x)$ lässt sich durch Abspalten eines Polynoms eindeutig zerlegen in die Summe eines Polynoms (einer ganzrationalen Funktion) und einer echt gebrochenen rationalen Funktion:

$$f(x) \;=\; \frac{p(x)}{q(x)} \;=\; a(x) + \frac{r(x)}{q(x)} \quad \text{mit} \quad \deg r < \deg q.$$

Der Polynomanteil $a(x)$ heißt auch **Asymptote** von $f(x)$ für $x \to \pm\infty$. Er lässt sich durch Polynomdivision bestimmen.

Ist $f(x)$ echt gebrochen, so ist $y = 0$, also die x-Achse Asymptote.

Die senkrechten Geraden $x = x_j$ durch die Polstellen x_j heißen **Polgeraden**, manchmal auch Asymptoten.

Der echt gebrochene Summand $\frac{r(x)}{q(x)}$ – also die Differenz $f - a$ ("Funktion minus Asymptote") – strebt für $x \to \pm\infty$ gegen Null.
Also schmiegt sich f für $x \to \pm\infty$ an die Asymptote an.

3.40 *Man bestimme jeweils die Asymptote $a(x)$ der rationalen Funktionen.*

(a) $y = \frac{x+1}{2x}$, (b) $y = \frac{x^2+2x}{x+1}$, (c) $y = \frac{x^4}{x^2+1}$.

$a(x)$ lässt sich immer mit Polynomdivision bestimmen. Häufig geht es einfacher:

(a) $\frac{x+1}{2x} = \frac{1}{2} + \frac{1}{2x}$ ergibt sich direkt. Die Asymptote ist $a(x) = \frac{1}{2}$.

(b) Umformen und Aufspalten des Zählers liefert
$\frac{x^2+2x}{x+1} = \frac{(x+1)^2-1}{x+1} = x + 1 - \frac{1}{x+1}$. Die Asymptote ist $a(x) = x + 1$.

(c) Bei $y = \frac{x^4}{x^2+1}$ führen wir eine Polynomdivision durch, siehe [**EM1**, Seite 189].

$$\begin{array}{l} (x^4 \qquad\qquad) \;:\; (x^2+1) = x^2 - 1 + \frac{1}{x^2+1} \\ \underline{-(x^4 + \;x^2)} \\ \qquad - \;x^2 \\ \quad \underline{-(-x^2-1)} \\ \qquad\qquad 1 \end{array}$$

Die Asymptote ist also $a(x) = x^2 - 1$.

Alternativ kann man umformen:

$$\begin{aligned} \frac{x^4}{x^2+1} &= \frac{(x^4-1)+1}{x^2+1} \\ &= \frac{(x^2+1)(x^2-1)}{x^2+1} + \frac{1}{x^2+1} \\ &= x^2 - 1 + \frac{1}{x^2+1} \end{aligned}$$

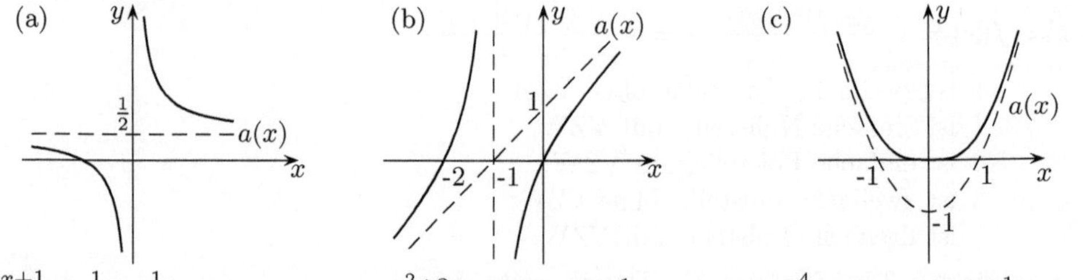

(a) $\frac{x+1}{2x} = \frac{1}{2} + \frac{1}{2x}$
Asymptote: $a(x) = \frac{1}{2}$

(b) $\frac{x^2+2x}{x+1} = x + 1 - \frac{1}{x+1}$
Asymptote: $a(x) = x + 1$

(c) $\frac{x^4}{x^2+1} = x^2 - 1 + \frac{1}{x^2+1}$
Asymptote: $a(x) = x^2 - 1$

3.41 *Man bestimme eine rationale Funktion $f(x)$ mit*

(a) *Asymptote $a(x) = x^2$, zwei Polen und keiner Nullstelle.*

(b) *Asymptote $a(x) = 1$, zwei einfachen Polen und einer doppelten Nullstelle.*

(a) Wählt man $1, -1$ als Polstellen, also als Nullstellen des Nenners q, so erhält man $q(x) = (x+1)(x-1) = x^2 - 1$.

Die Asymptote soll $a(x) = x^2$ sein. Wir probieren $f(x) = x^2 + \frac{1}{x^2-1} = \frac{x^4-x^2+1}{x^2-1}$.

Es ist $x^4 - x^2 + 1 = (x^2 - \frac{1}{2})^2 + \frac{3}{4} > 0$, also hat f keine Nullstellen.

$f(x) = \frac{x^4-x^2+1}{x^2-1}$ leistet das Gewünschte.

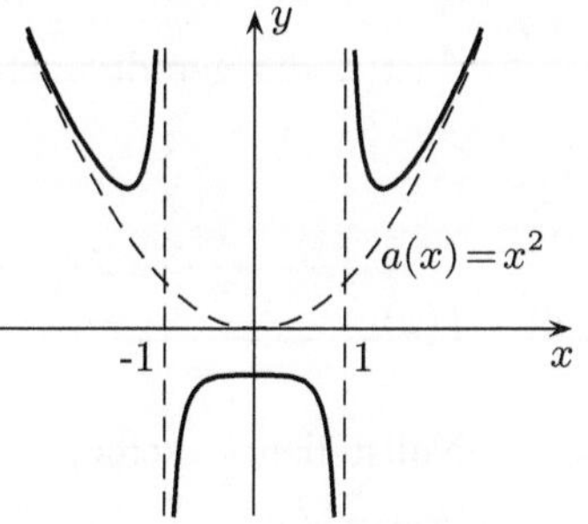

(b) Wählt man 1 und -1 als einfache Pole, so muss $f(x)$ die Gestalt $f(x) = 1 + \frac{Ax+B}{(x-1)(x+1)}$ haben.

$1 + \frac{Ax+B}{(x-1)(x+1)} = \frac{x^2-1+Ax+B}{(x-1)(x+1)} \stackrel{!}{=} \frac{x^2}{(x-1)(x+1)}$,

falls $A = 0$ und $B = 1$ ist.

$f(x) = \frac{x^2}{(x-1)(x+1)}$ leistet das Gewünschte.

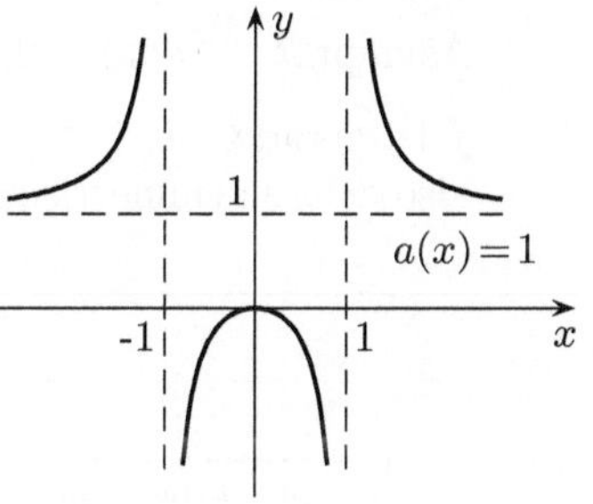

3.42 *Man skizziere unter Benutzung der Nullstellen, Polstellen, des Vorzeichenverhaltens, der Asymptote und der Symmetrieeigenschaften die Funktionen:*

(a) $f(x) = \frac{1}{x^2+1}$, (b) $f(x) = \frac{x}{x^2+1}$, (c) $f(x) = \frac{(x^2-1)(x-2)}{x^3}$,

(d) $f(x) = \frac{1}{x^2-1}$, (e) $f(x) = \frac{x^3}{(x+1)(x-1)}$, (f) $f(x) = \frac{x^5}{x^2+1}$.

(a) $f(x) = \frac{1}{x^2+1}$

Nullstellen: keine,

Polstellen: keine, da $x^2 + 1 > 0$ für alle x,

Asymptote: $y = 0$, die x-Achse.

Symmetrie: f ist gerade, da f nur gerade Potenzen von x enthält. f ist also achsensymmetrisch zur y-Achse.

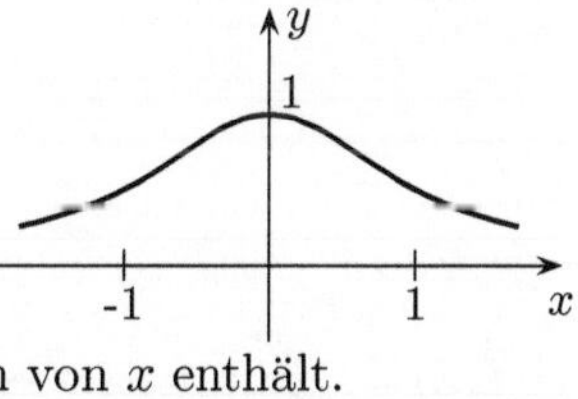

(b) $f(x) = \frac{x}{x^2+1}$

Nullstellen: $x = 0$, einfach, mit VZW,

Polstellen: keine, da $x^2 + 1 > 0$ für alle x,

Asymptote: $y = 0$, die x-Achse.

Symmetrie: f ist ungerade, da $f(-x) = \frac{-x}{(-x)^2+1} = -\frac{x}{x^2+1} = -f(x)$ ist. f ist also punktsymmetrisch zum Nullpunkt.

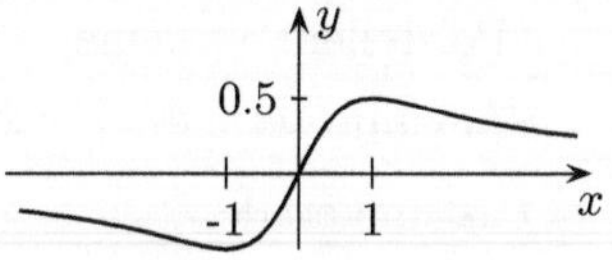

(c) $f(x) = \frac{(x^2-1)(x-2)}{x^3} = 1 - \frac{2x^2+x-2}{x^3}$

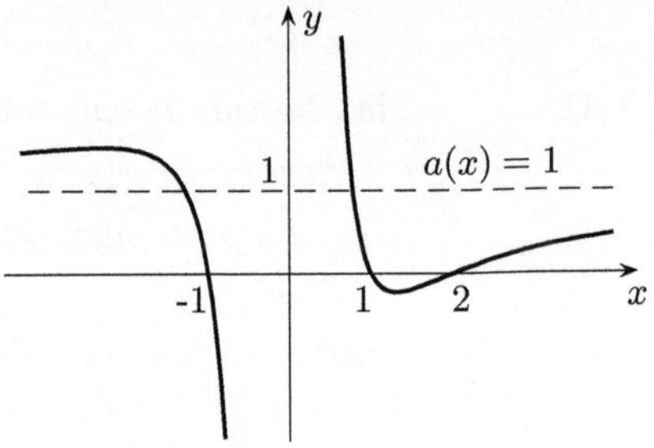

Nullstellen: $-1, 1, 2$, einfach, also mit VZW,
Polstellen: 0, dreifach, also mit VZW,
Asymptote: $a(x) = 1$, Parallele zur x-Achse.

f ist weder gerade noch ungerade.

(d) $f(x) = \frac{1}{x^2-1} = \frac{1}{(x-1)(x+1)}$

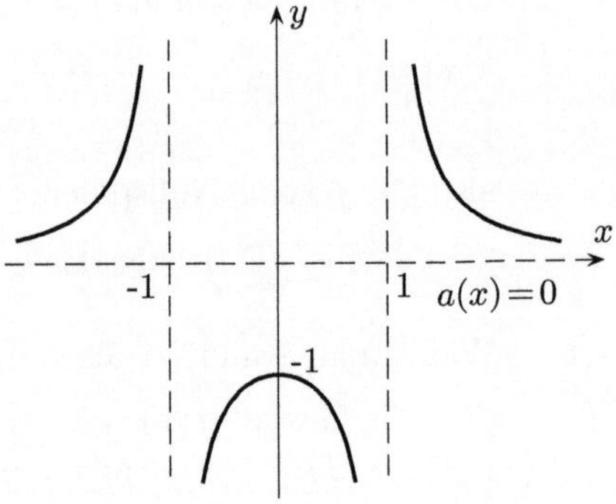

Nullstellen: keine,
Polstellen: $1, -1$, einfach, also mit VZW,
Asymptote: $a(x) = 0$, die x-Achse.

f ist gerade,
also achsensymmetrisch zur y-Achse.

(e) $f(x) = \frac{x^3}{(x+1)(x-1)} = x + \frac{x}{x^2-1}$

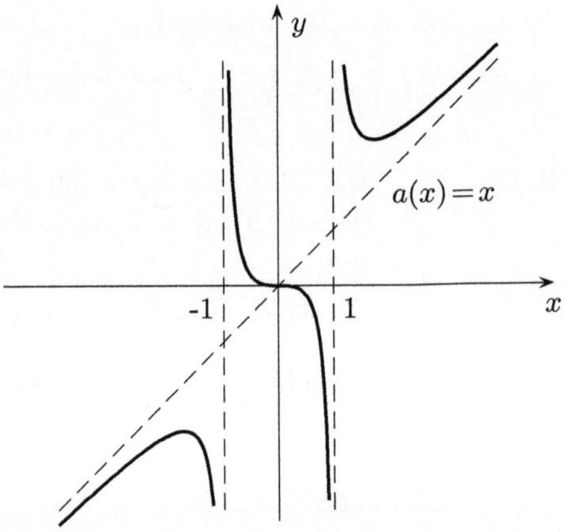

Nullstellen: 0, dreifach, also mit VZW,
Polstellen: ± 1, einfach, also mit VZW,
Asymptote: $a(x) = x$.

f ist ungerade,
also punktsymmetrisch zum Ursprung.

(f) $f(x) = \frac{x^5}{x^2+1} = x(x^2-1) + \frac{x}{x^2+1}$

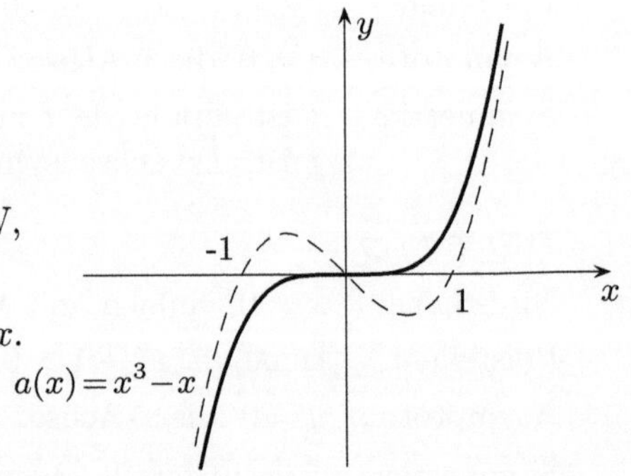

Nullstellen: 0, fünffach, also mit VZW,
Polstellen: keine,
Asymptote: $a(x) = x(x^2-1) = x^3 - x$.

f ist ungerade,
also punktsymmetrisch zum Ursprung.

Jede echt gebrochene rationale Funktion lässt sich in eine Summe einfacher Brüche – sog. **Partialbrüche** – zerlegen. Wir beschränken uns hier auf einige einfache Fälle, ausführliche Erklärungen und Beispiele in [**HM**, Seite 67-74].

Partialbruchzerlegung rationaler Funktionen (PBZ)

Partialbrüche sind rationale Funktionen der Form

$$\frac{A}{(x-x_0)^k} \quad \text{mit } x_0, A \in \mathbb{R},\ k \in \mathbb{N} \quad \text{oder}$$

$$\frac{Ax+B}{(x^2+bx+c)^k} \quad \text{mit } A, B, b, c \in \mathbb{R},\ k \in \mathbb{N}, \text{ wobei } x^2+bx+c \text{ unzerlegbar ist.}$$

Jede rationale Funktion f lässt sich als Summe von Partialbrüchen und einem Polynom schreiben.

Die **Partialbruchzerlegung** kann man nach folgendem Schema durchführen:

1. **Polynom abspalten**, falls f nicht echt gebrochen ist.
2. **Faktorzerlegung des Nenners**, siehe [**EM1**, Abschnitt 10.4].
3. **Ansatz für die Zerlegung** mit unbestimmten Koeffizienten.
   Zur genauen Anleitung für den Ansatz siehe [**HM**, S. 68].
4. **Bestimmung der Koeffizienten**, z.B. durch
   (a) Koeffizientenvergleich und Lösen eines linearen Gleichungssystems,
   (b) Einsetzen von Werten und Lösen eines linearen Gleichungssystems,
   (c) Zuhaltemethode, siehe [Seite 94].

3.43 *Für $\frac{x}{x^2-1}$ führe man eine Partialbruchzerlegung durch und bestimme die Koeffizienten auf die o.a. drei Arten.*

1. $\frac{x}{x^2-1}$ ist echt gebrochen, kein Polynom ist abzuspalten.
2. $= \frac{x}{(x+1)(x-1)}$ Faktorzerlegung des Nenners.
3. $= \frac{A}{x+1} + \frac{B}{x-1}$ Ansatz für die PBZ.
4. Bestimmung der Koeffizienten A und B aus dem Ansatz

$$\boxed{\frac{x}{(x+1)(x-1)} = \frac{A}{x+1} + \frac{B}{x-1}}$$

(a) Rechte Seite auf den Hauptnenner bringen:

$$\frac{x}{(x+1)(x-1)} = \frac{A}{x+1} + \frac{B}{x-1} = \frac{A(x-1)+B(x+1)}{(x+1)(x-1)} = \frac{(A+B)x-A+B}{(x+1)(x-1)}.$$

Koeffizientenvergleich ergibt folgendes LGS für A und B:

$$\begin{aligned} A+B&=1 \\ -A+B&=0 \end{aligned} \quad \text{mit der Lösung } A=B=\tfrac{1}{2}, \text{ PBZ: } \frac{x}{(x+1)(x-1)} = \frac{\frac{1}{2}}{x+1} + \frac{\frac{1}{2}}{x-1}.$$

(b) Einsetzen von z.B. $x=0$ und $x=2$ in den Ansatz führt auf das LGS:

$$\begin{aligned} A-B&=0 \\ \tfrac{1}{3}A+B&=\tfrac{2}{3} \end{aligned} \quad \text{mit der Lösung } A=B=\tfrac{1}{2}, \text{ PBZ: } \frac{x}{(x+1)(x-1)} = \frac{\frac{1}{2}}{x+1} + \frac{\frac{1}{2}}{x-1}.$$

(c) **Zuhaltemethode** (ZHM): Multiplikation des Ansatzes $\frac{x}{(x+1)(x-1)} = \frac{A}{x+1} + \frac{B}{x-1}$ mit $(x+1)$ ergibt $\frac{x}{(x-1)} = A + \frac{B}{x-1}(x+1)$. Man setzt darin $x = -1$, die Nullstelle des Linearfaktors $x+1$ ein und erhält $\frac{-1}{-1-1} = A$, also $A = \frac{1}{2}$.
Analog erhält man $B = \frac{1}{1+1} = \frac{1}{2}$ und mit PBZ: $\frac{x}{(x+1)(x-1)} = \frac{\frac{1}{2}}{x+1} + \frac{\frac{1}{2}}{x-1}$.

Der Name Zuhaltemethode rührt daher, dass man im Term $\frac{x}{(x+1)(x-1)}$ den im Nenner von $\frac{A}{x+1}$ stehenden grauen Linearfaktor $x+1$ zuhält, im verbleibenden Term $\frac{x}{(x-1)}$ die Nullstelle von $(x+1)$, also $x = -1$, einsetzt und $A = \frac{1}{2}$ erhält.
Entsprechend hält man zur Berechnung von B im Term $\frac{x}{(x+1)(x-1)}$ den grauen Teil $(x-1)$ zu, setzt $x = 1$ ein und erhält $B = \frac{1}{2}$.

Die Zuhaltemethode ist ein schnelles Berechnungsverfahren, das sich in vielen Fällen anwenden lässt. Näheres findet man ausführlich in [**HM**, Seite 67-74].

3.44 *Man zerlege in Partialbrüche*

(a) $\frac{x+1}{x^2}$, (b) $\frac{4}{x^2-4}$, (c) $\frac{x^2}{x^2+3x-4}$, (d) $\frac{x^3+x^2-x-3}{x^2-1}$.

(a) $\frac{x+1}{x^2} = \frac{1}{x} + \frac{1}{x^2}$ ist die PBZ,
die sich direkt durch Aufspalten des gegebenen Terms in Summanden ergibt.

(b) $\frac{4}{x^2-4}$ ist echt gebrochen, man muss kein Polynom abspalten.
$= \frac{4}{(x-2)(x+2)}$ Faktorzerlegung des Nenners
$= \frac{A}{x-2} + \frac{B}{x+2}$ Ansatz für die PBZ
Zuhaltemethode: $A = \frac{4}{2+2} = 1$, $B = \frac{4}{-2-2} = -1$, PBZ: $\frac{4}{x^2-4} = \frac{1}{x-2} - \frac{1}{x+2}$.

(c) $\frac{x^2}{x^2+3x-4} = 1 + \frac{-3x+4}{x^2+3x-4}$ Polynom abspalten, mit Polynomdivision
$\frac{-3x+4}{x^2+3x-4}$ wird nun zerlegt:
$\frac{-3x+4}{x^2+3x-4} = \frac{-3x+4}{(x-1)(x+4)}$ Faktorzerlegung des Nenners
$= \frac{A}{x-1} + \frac{B}{x+4}$ Ansatz für die PBZ
Zuhaltemethode: $A = \frac{(-3)\cdot 1+4}{1+4} = \frac{1}{5}$, $B = \frac{(-3)\cdot(-4)+4}{-4-1} = -\frac{16}{5}$,
PBZ: $\frac{x^2}{x^2+3x-4} = 1 + \frac{1/5}{x-1} - \frac{16/5}{x+4}$.

(d) $\frac{x^3+x^2-x-3}{x^2-1} = x + 1 + \frac{-2}{x^2-1}$ Polynom abspalten, mit Polynomdivision
$\frac{-2}{x^2-1}$ wird nun zerlegt:
$\frac{-2}{x^2-1} = \frac{-2}{(x-1)(x+1)}$ Faktorzerlegung des Nenners
$= \frac{A}{x-1} + \frac{B}{x+1}$ Ansatz für die PBZ
Zuhaltemethode: $A = \frac{-2}{1+1} = -1$, $B = \frac{-2}{-1-1} = 1$,
PBZ: $\frac{x^3+x^2-x-3}{x^2-1} = x + 1 - \frac{1}{x-1} + \frac{1}{x+1}$.

3.49 (a) *Durch jeden Punkt* (x_0, y_0) *mit* $x_0 \neq 0$ *und* $0 < y_0 \neq 1$ *geht genau eine Exponentialfunktion* $y = a^x$.
Man bestimme die Exponentialfunktion $y = a^x$ *durch* $(2, \sqrt{2})$.

(b) *Durch jeden Punkt* (x_0, y_0) *mit* $0 < x_0 \neq 1$ *und* $y_0 \neq 0$ *geht genau eine Logarithmusfunktion* $y = \log_a x$.
Man bestimme die Logarithmusfunktion $y = \log_a x$ *durch* $(2, -1)$.

(c) *Man bestimme die Funktion* $y = c \cdot a^x$ *durch* $(1, 2)$ *und* $(2, 3)$.

(d) *Man bestimme die Funktion* $y = \log_a cx$ *durch* $(2, 3)$ *und* $(3, 4)$.

(a) Gesucht ist die Exponentialfunktion $f(x) = a^x$ mit $f(2) = \sqrt{2}$, also $a > 0$ mit $\sqrt{2} = a^2$. Man erhält $a = \sqrt[4]{2} \approx 1.2$. Die gesuchte Funktion ist $\underline{y = 2^{x/4} = (\sqrt[4]{2}\,)^x}$.

(b) Gesucht ist die Logarithmusfunktion $y = \log_a x$ mit $f(2) = -1$,
also a mit $-1 = \log_a 2$. Beachtet man $y = \log_a x \iff a^y = x$, so erhält man
$-1 = \log_a 2 \iff a^{-1} = 2 \iff a = \frac{1}{2}$ und die gesuchte Funktion $\underline{y = \log_{1/2} x}$.

(c) Gesucht ist die Exponentialfunktion $y = c \cdot a^x$ durch $(1, 2)$ und $(2, 3)$, d.h. gesucht sind a und c mit
$$\begin{aligned} 2 &= c \cdot a^1, \\ 3 &= c \cdot a^2. \end{aligned}$$
Division der beiden Gleichungen liefert $a = 3/2 = 1.5$.
Einsetzen von $a = \frac{3}{2}$ z.B. in die 1. Gleichung ergibt
$2 = c \cdot a = c \cdot \frac{3}{2} \Longrightarrow c = \frac{4}{3}$. Die gesuchte Funktion ist $\underline{y = \frac{4}{3} \cdot 1.5^x}$.

(d) Gesucht ist die Logarithmusfunktion $y = \log_a cx$ durch $(2, 3)$ und $(3, 4)$, d.h. gesucht sind a und c mit
$$\begin{aligned} 3 &= \log_a 2c = \log_a 2 + \log_a c, \\ 4 &= \log_a 3c = \log_a 3 + \log_a c. \end{aligned}$$
Subtraktion der Gleichungen liefert $1 = \log_a 3 - \log_a 2 = \log_a 3/2$, also $a = \frac{3}{2}$.
Einsetzen von $a = \frac{3}{2}$, z.B. in die 1. Gleichung, ergibt
$3 = \log_{3/2} 2c \iff 2c = (3/2)^3 = \frac{27}{8} \iff c = \frac{27}{16} \approx 1.69$, also $\underline{y = \log_{3/2}\left(\frac{27}{16}\,x\right)}$.

3.50 *Man bestimme die Umkehrfunktionen von:*
(a) $y = (\frac{1}{2})^{x-3}$, (b) $y = \log_{1/3}(x+2)$, (c) $y = \log_x 2$.

(a) $y = (\frac{1}{2})^{x-3}$ Auflösen nach x:
$y = (\frac{1}{2})^{x-3} \iff x - 3 = \log_{1/2} y = -\log_2 y \iff x = 3 - \log_2 y$.
Vertauschen von x und y ergibt $\underline{y = 3 - \log_2 x}$.

(b) $y = \log_{1/3}(x+2)$ Auflösen nach x und Vertauschen von x und y ergibt
$y = \log_{1/3}(x+2) \iff (1/3)^y = x+2 \iff x = (1/3)^y - 2 \iff x = 3^{-y} - 2$.
Vertauschen: $\underline{y = 3^{-x} - 2}$.

(c) $y = \log_x 2$ Auflösen nach x und Vertauschen von x und y ergibt
$y = \log_x 2 \iff x^y = 2 \iff x = 2^{1/y}$. Vertauschen: $\underline{y = 2^{1/x}}$.

3.51 *Man bestimme für $1 < a < b$ die folgenden Grenzwerte s.* [Abschn. 4.1]*:*

(a) $\lim\limits_{x\to\infty} \frac{a^x}{b^x}$, (b) $\lim\limits_{x\to\infty} \left(b^x - a^x\right)$,

(c) $\lim\limits_{x\to\infty} \left(\log_b x - \log_a x\right)$, (d) $\lim\limits_{x\to\infty} \frac{\log_b x}{\log_a x}$.

(a) $\lim\limits_{x\to\infty} \frac{a^x}{b^x} = \lim\limits_{x\to\infty} \left(\frac{a}{b}\right)^x = 0,$ da $0 < a/b < 1$. (siehe [Seite 23])

(b) $b^x - a^x = b^x\left(1 - \left(\frac{a}{b}\right)^x\right)$, also $\lim\limits_{x\to\infty} \left(b^x - a^x\right) = \lim\limits_{x\to\infty} b^x\left(1 - \left(\frac{a}{b}\right)^x\right) = \infty,$
denn $1 < b \Longrightarrow \lim\limits_{x\to\infty} b^x = \infty$ und $\lim\limits_{x\to\infty} \left(1 - \left(\frac{a}{b}\right)^x\right) = 1$, da nach (a) $\lim\limits_{x\to\infty} \left(\frac{a}{b}\right)^x = 0$.

(c) $\log_b x - \log_a x = \frac{\ln x}{\ln b} - \frac{\ln x}{\ln a} = \ln x \underbrace{\left(\frac{1}{\ln b} - \frac{1}{\ln a}\right)}_{D}$. Beachte $\boxed{\log_a x = \frac{\ln x}{\ln a}}$

$1 < a < b \Longrightarrow 0 < \ln a < \ln b \Longleftrightarrow 0 < \frac{1}{\ln b} < \frac{1}{\ln a}$, also ist die Konstante $D < 0$.

Aus $\lim\limits_{x\to\infty} \ln x = \infty$ folgt $\lim\limits_{x\to\infty} \left(\log_b x - \log_a x\right) = \lim\limits_{x\to\infty} \ln x \underbrace{\left(\frac{1}{\ln b} - \frac{1}{\ln a}\right)}_{D<0} = -\infty.$

(d) $\frac{\log_b x}{\log_a x} = \frac{\frac{\ln x}{\ln b}}{\frac{\ln x}{\ln a}} = \frac{\ln a}{\ln b}$, also $\lim\limits_{x\to\infty} \frac{\log_b x}{\log_a x} = \frac{\ln a}{\ln b}$.

Diese Grenzwerte lassen sich auch mit l'Hospital bestimmen, s. [Abschnitt 4.6].

Radioaktiver Zerfall

Radioaktive Substanzen zerfallen nach dem **Zerfallsgesetz**

$\boxed{m(t) = m_0\, e^{-at}}$

$m(t)$ ist die Masse zur Zeit t,
m_0 ist die Anfangsmasse zur Zeit $t = 0$ und
$a > 0$ ist ein konstanter Parameter.

Die **Halbwertzeit** t_H ist die Zeit, nach der noch die Hälfte der Ausgangsmasse vorhanden ist.

$\boxed{t_H = \frac{\ln 2}{a}}$ denn $m(t_H) = m_0\, e^{-a\,t_H} = \frac{m_0}{2} \Longleftrightarrow e^{a\,t_H} = 2 \Longleftrightarrow t_H = \frac{\ln 2}{a}$.

3.52 (a) *Von einer radioaktiven Substanz sind nach 2 Stunden noch 9 % übrig. Bestimme ihr Zerfallsgesetz und ihre Halbwertzeit.*

(b) *Eine radioaktive Substanz hat eine Halbwertzeit von 3 Jahren. Nach wieviel Jahren ist noch 1 % der Ausgangsmasse vorhanden?*

(c) *Von einer radioaktiven Substanz mit der Halbwertzeit von zwei Tagen ist noch 1 g übrig. Wieviel war vor 30 Tagen vorhanden?*

(a) Zerfallsgesetz: Bestimmung von a: $m(2) = 9\%\, m_0 = 0.09\, m_0 = m_0\, e^{-a\cdot 2} \Longleftrightarrow$
$0.09 = e^{-2a} \Longleftrightarrow -2a = \ln 0.09 \Longleftrightarrow a = -\frac{1}{2} \ln 0.09 = -\ln\sqrt{0.09} = -\ln 0.3 \approx 1.2.$

$a = -\ln 0.3$ liefert $m(t) = m_0\, e^{(\ln 0.3)t} = m_0\left(e^{\ln 0.3}\right)^t = m_0(0.3)^t$.

Zerfallsgesetz: $m(t) = m_0(0.3)^t$, Halbwertzeit: $t_H = \frac{\ln 2}{-\ln 0.3} \approx 0.58$ Stunden.

(b) Halbwertzeit: $t_H = 3 = \frac{\ln 2}{a} \Longrightarrow a = \frac{\ln 2}{3} = \ln \sqrt[3]{2} \approx 0.23$ liefert das Zerfallsgesetz: $m(t) = m_0\, \mathrm{e}^{-at} = m_0\, \mathrm{e}^{(-\ln \sqrt[3]{2})t} = m_0\big(\frac{1}{\sqrt[3]{2}}\big)^t \approx m_0(0.794)^t$.

Zur gesuchten Zeit t ist noch 1 %, also $\frac{1}{100}$ der Ausgangsmasse vorhanden: $\frac{1}{100} = \mathrm{e}^{-at} \Longleftrightarrow \ln 100 = at$. Einsetzen $a = \frac{\ln 2}{3}$ ergibt $t = \frac{3 \ln 100}{\ln 2} \approx 19.93$ Jahre. Nach 20 Jahren ist noch 1% der Ausgangsmasse vorhanden.

(c) Gegeben ist $m(t_0) = m_0\, \mathrm{e}^{-at_0} = 1$ und $2 = t_H = \frac{\ln 2}{a}$, also $a = \frac{\ln 2}{2} = \ln \sqrt{2}$. Gesucht ist $m(t_0 - 30) = m_0\, \mathrm{e}^{-a(t_0-30)} = m_0\, \mathrm{e}^{-at_0}\, \mathrm{e}^{30a} = \mathrm{e}^{30a} = (\mathrm{e}^a)^{30} = \sqrt{2}^{30} = 2^{15}$. Also waren vor 30 Tagen genau 2^{15} g= 32.768 kg vorhanden.

Kapitalentwicklung bei Zinseszins

Ein Kapital K_0 wird mit jährlich p% verzinst, die Zinsen werden jeweils am Jahresende dem Kapital zugeschlagen.

Kapital nach 1 Jahr	$K_1 = K_0\,(1 + p/100)$,
Kapital nach n Jahren	$K_n = K_0\,(1 + p/100)^n$.

3.53 (a) *Ein Kapital K_0 wird mit jährlich 3% verzinst. Nach wieviel Jahren hat sich das Kapital verdoppelt?*

(b) *Bei welchem Zinssatz p% verdreifacht sich das Kapital in 10 Jahren?*

(c) *Nach 20 Jahren sind 10 000 € auf dem Konto. Wie hoch war das Startkapital bei einem Zinssatz von 2%?*

(a) $K_n = K_0\,(1 + p/100)^n$ liefert mit $K_n = 2 \cdot K_0$ und $p = 3$
$2K_0 = K_0(1 + 3/100)^n \Longrightarrow \ln 2 = n \cdot \ln 1.03 \Longrightarrow n = \frac{\ln 2}{\ln 1.03} \approx 23.45$.
Also hat sich das Kapital nach 24 Jahren verdoppelt.

(b) Gesucht ist p mit $K_{10} = 3K_0 = K_0(1 + p/100)^{10}$.
Auflösen ergibt $p = 100(3^{1/10} - 1) \approx 11.6$. Der Zinssatz betägt 11.6 %.

(c) Gesucht ist das Startkapital K_0 mit $10\,000 = K_0(1 + \frac{2}{100})^{20}$.
Auflösen ergibt $K_0 = \frac{10\,000}{(1.02)^{20}} \approx 6\,730$. Das Startkapital beträgt 6 730 €.

3.54 *Zins wächst linear und Zinseszins wächst exponentiell! Siehe auch Aufgabe "Jakobspfennig" [**EM1**, 4.35]:*

A leiht sich 10 000 € für 30 Jahre zu 3% Zinsen bei

(a) seinem Bruder, der 'nur' Zinsen verlangen darf,

(b) einer Bank, die Zinseszinsen verlangt.

Wieviel Zinsen sind nach 30 Jahren dem Bruder bzw. der Bank zu zahlen?

(a) $10\,000 \cdot 0.03 \cdot 30 = 9\,000$.

Der Bruder erhält zusätzlich zum verliehenen Kapital 9 000 € Zinsen.

(b) Kapital nach 30 Jahren: $K_{30} = 10\,000(1 + 3/100)^{30} = 24\,273$.

Die Bank bekommt zusätzlich zum verliehenen Kapital 14 273 € Zinsen.

3.55 *Verteuert sich eine Ware um $p\% = 25\%$, war sie vorher $q\% = 20\%$ billiger. Zeige: Die Kaufkraft der Währung bzgl. dieser Ware nimmt um 20% ab.*

$q\% = \frac{25}{100+25} = \frac{1}{5} = 20\%$ wurde in [**EM1**, Seite 67 ff] behandelt.

Dass die Kaufkraft um diesen Prozentsatz abnimmt, sieht man folgendermaßen:

Verteuert sich eine Ware um 25% z.B. von 100 € auf 125 €, bekommt man für 100 € genau $q\% = \frac{25}{125} = \frac{1}{5} = 20\%$ weniger Ware.

Der Kaufkraftverlust (bzgl. dieser Ware) ist also 20%.

Allgemein gilt: Der Verteuerung um $p\%$

entspricht der Kaufkraftverlust von $q\% = \frac{p\%}{1+p\%} = \frac{p}{100+p}$.

Auflösung der Gleichung $q\% = \frac{p\%}{1+p\%}$ nach $p\%$ ergibt

$$(1+p\%)q\% = p\% \iff q\% = p\%(1-q\%) \iff p\% = \frac{q\%}{1-q\%} = \frac{q}{100-q}.$$

Inflation

Inflation bedeutet zweierlei:
(1) die Güter werden teurer,
(2) das Geld wird weniger wert.

Verteuern sich die Güter[1] jährlich um $p\%$ (**Preissteigerung**), so wird das Geld jährlich $q\%$ weniger wert (**Kaufkraftverlust**). Zusammenhang:

$$q\% = \frac{p\%}{1+p\%} = \frac{p}{100+p} \quad \text{und} \quad p\% = \frac{q\%}{1-q\%} = \frac{q}{100-q}$$

3.56 *Die jährliche Verteuerung der Güter (Inflation) betrage 3%.*

(a) *Bestimme den jährlichen Kaufkraftverlust $q\%$ der Währung.*

(b) *Bestimme Preissteigerung und Kaufkraftverlust nach 12 Jahren.*

(c) *Nach wieviel Jahren hat sich der Preis der Güter verdoppelt, die Kaufkraft halbiert?*

(a) $p\% = 3\% \implies q\% = \frac{p\%}{1+p\%} = \frac{3}{103} \approx 0.0291 = 2.91\%$ jährlicher Kaufkraftverlust.

(b) $(1+p\%)^{12} = (1+\frac{3}{100})^{12} = 1.03^{12} \approx 1.4258$

$\implies$ die Preissteigerung in 12 Jahren beträgt $1.4258 - 1 = 0.4258 = 42.58\%$.

$(1-q\%)^{12} = (1-\frac{3}{103})^{12} = (\frac{100}{103})^{12} \approx 0.7014$

$\implies$ der Kaufkraftverlust in 12 Jahren beträgt $1 - 0.7014 = 0.2986 = 29.86\%$.

(c) $(1+3\%)^n = 2 \iff n = \frac{\ln 2}{\ln 1.03} \approx 23.45$,

der Preis der Güter hat sich nach 24 Jahren verdoppelt.

Natürlich hat sich nach 24 Jahren die Kaufkraft halbiert, Probe:

$(1-q\%)^n = (1-\frac{3}{103})^n = (\frac{100}{103})^n = \frac{1}{2} \iff n = \frac{\ln\frac{1}{2}}{\ln(1-\frac{3}{103})} = \frac{-\ln 2}{\ln\frac{100}{103}} \approx 23.45$,

die Kaufkraft hat sich nach 24 Jahren halbiert.

[1] die Güter werden bei der Berechnung der Inflationsrate über Warenkörbe definiert.

3.7 Trigonometrische Funktionen

Die **trigonometrischen** oder **Kreis-** bzw. **Winkelfunktionen** kann man durch Potenzreihen, am Einheitskreis oder für spitze Winkel im rechtwinkligen Dreieck erklären.

Zur Winkelmessung in Grad- und Bogenmaß siehe [**EM1**, 8.1].

Trigonometrische Funktionen im rechtwinkligen Dreieck

Für Winkel $0° < \alpha < 90°$ (siehe Skizze) werden **Sinus** (sin), **Kosinus** (cos), **Tangens** (tan) und **Kotangens** (cot) definiert durch

$$\sin\alpha = \frac{a}{c} = \frac{\text{Gegenkathete}}{\text{Hypotenuse}}$$

$$\cos\alpha = \frac{b}{c} = \frac{\text{Ankathete}}{\text{Hypotenuse}}$$

$$\tan\alpha = \frac{a}{b} = \frac{\text{Gegenkathete}}{\text{Ankathete}} = \frac{\sin\alpha}{\cos\alpha}$$

$$\cot\alpha = \frac{b}{a} = \frac{\text{Ankathete}}{\text{Gegenkathete}} = \frac{\cos\alpha}{\sin\alpha} = \frac{1}{\tan\alpha}$$

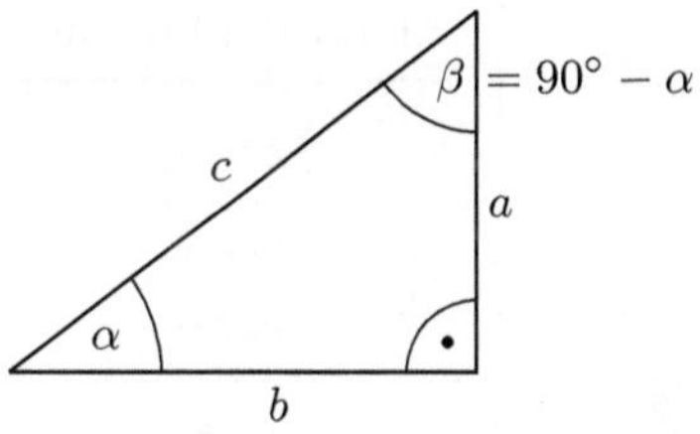

An der Zeichnung liest man ab:

$$\cos\alpha = \sin(90° - \alpha) \quad \text{und} \quad \cot\alpha = \tan(90° - \alpha).$$

3.57 (a) *Berechne* $\sin 30°$ *und* $\sin 60°$ *und leite daraus Werte für*
(b) $\cos 30°,\ \cos 60°$ *sowie* $\tan 30°,\ \tan 60°$ *und* $\cot 30°,\ \cot 60°$ *ab.*

(a) Die Winkel in einem gleichseitigen Dreieck sind alle 60°.

Das rechtwinklige Dreieck mit Hypothenuse c und $\alpha = 30°$ ist die Hälfte eines gleichseitigen Dreiecks (siehe Skizze).

Die Länge der Gegenkathete ist $\frac{c}{2}$, also ist

$$\sin 30° = \frac{\text{Gegenkathete}}{\text{Hypotenuse}} = \frac{c/2}{c} = \frac{1}{2}.$$

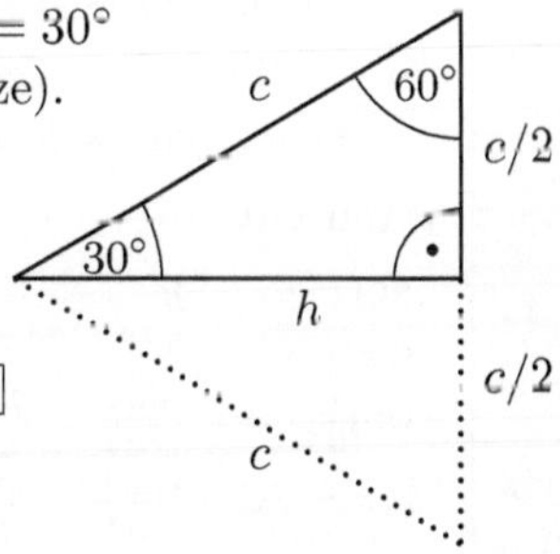

Für die Höhe h im gleichseitigen Dreieck [**EM1**, 8.18] gilt nach dem Satz des Pythagoras:

$h^2 + (\frac{c}{2})^2 = c^2 \implies h^2 = \frac{3}{4}c^2$, also $h = \frac{1}{2}\sqrt{3}\,c.$

Für den Komplementwinkel 60° gilt daher

$$\sin 60° = \frac{\text{Gegenkathete}}{\text{Hypotenuse}} = \frac{h}{c} = \frac{1}{2}\sqrt{3}.$$

(b) $\cos\alpha = \sin(90° - \alpha) \implies \cos 30° = \frac{1}{2}\sqrt{3}$ und $\cos 60° = \frac{1}{2}$.

$\sin 30° = \frac{1}{2},\ \cos 30° = \frac{1}{2}\sqrt{3} \implies \tan 30° = \frac{\sin 30°}{\cos 30°} = \frac{1}{\sqrt{3}} = \frac{1}{3}\sqrt{3}.$

$\sin 60° = \frac{1}{2}\sqrt{3},\ \cos 60° = \frac{1}{2} \implies \tan 60° = \frac{\sin 60°}{\cos 60°} = \sqrt{3}.$

$\cot\alpha = \frac{1}{\tan\alpha} \implies \cot 30° = \sqrt{3}$ und $\cot 60° = \frac{1}{\sqrt{3}} = \frac{1}{3}\sqrt{3}.$

3.58 *Man berechne* $\sin 45°$ *und* $\cos 45°$.

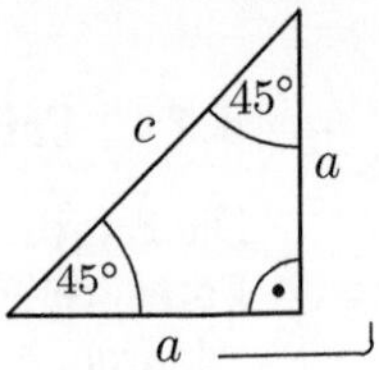

Man liest ab: $2a^2 = c^2$ also $a = \frac{1}{2}\sqrt{2}\,c$ und erhält
$\sin 45° = \cos 45° = \frac{a}{c} = \frac{1}{2}\sqrt{2}$ und $\tan 45° = \cot 45° = \frac{a}{a} = 1$.

In der folgenden Tabelle stehen einige Werte der trigonometrischen Funktionen[1].

α in Grad	0°	30°	45°	60°	90°
α im Bogenmaß	0	$\pi/6$	$\pi/4$	$\pi/3$	$\pi/2$
$\sin\alpha$	0	$\frac{1}{2}$	$\frac{1}{2}\sqrt{2}$	$\frac{1}{2}\sqrt{3}$	1
Merkregel für $\sin\alpha$	$\frac{1}{2}\sqrt{\mathbf{0}}$	$\frac{1}{2}\sqrt{\mathbf{1}}$	$\frac{1}{2}\sqrt{\mathbf{2}}$	$\frac{1}{2}\sqrt{\mathbf{3}}$	$\frac{1}{2}\sqrt{\mathbf{4}}$
$\cos\alpha$	1	$\frac{1}{2}\sqrt{3}$	$\frac{1}{2}\sqrt{2}$	$\frac{1}{2}$	0
$\tan\alpha$	0	$\frac{1}{3}\sqrt{3}$	1	$\sqrt{3}$	–
$\cot\alpha$	–	$\sqrt{3}$	1	$\frac{1}{3}\sqrt{3}$	0

Um die trigonometrischen Funktionen für beliebige Winkel zu definieren, betrachtet man sie am **Einheitskreis**, dem Kreis um $(0,0)$ mit Radius 1.

Trigonometrische Funktionen am Einheitskreis

Sei $P = (x, y)$ ein beliebiger Punkt auf dem Einheitskreis.
Der Winkel t zwischen der positiven x-Achse und dem Strahl von $(0,0)$ durch P wird im Bogenmaß gemessen, und zwar

für $t \geq 0$ gegen den Uhrzeigersinn
(mathematisch positiv),
für $t \leq 0$ im Uhrzeigersinn
(mathematisch negativ).

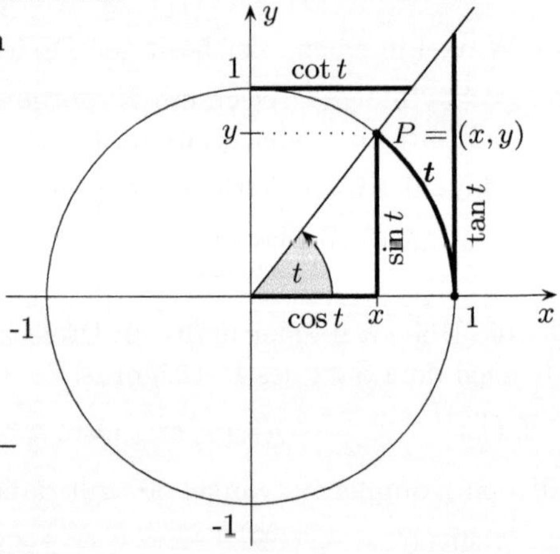

Dann gilt:

$$\begin{aligned} \sin t &= y \\ \cos t &= x \\ \tan t &= \frac{\sin t}{\cos t} = \frac{y}{x} \\ \cot t &= \frac{\cos t}{\sin t} = \frac{x}{y} = \frac{1}{\tan t} \end{aligned}$$

$$0 \leq t < \frac{\pi}{2} \implies \sin t \leq t \leq \tan t.$$

Geometrische Deutung:

Durchläuft t das Intervall $[0, 2\pi]$, so durchläuft $P(t) = (\cos t, \sin t)$ den Einheitskreis $x^2 + y^2 = 1$ im $\mathbb{R}^2$ gegen den Uhrzeigersinn.

Das Bogenmaß t des grauen Winkels ist die Länge des Bogens (Arcus) $\widehat{1P}$.

Bemerkung: Die Umkehrfunktionen der Kreisfunktionen nennt man deshalb Arcusfunktionen, vgl. [Seite 120].

[1] für $\alpha = 0°$ und $\alpha = 90°$ ergeben sie sich durch stetige Ergänzung.

Zur Potenzreihenentwicklung von Sinus und Kosinus siehe **F2**.

Zur Anwendung der trigonometrischen Funktionen, um etwa Dreiecke mit *Sinus-Satz* und *Kosinus-Satz* zu berechnen, siehe [**EM1**, Kap. 8.9].

3.59 *Mit Hilfe der Tabelle auf [S. 104] bestimme und skizziere man die Punkte* $P(t) = \big(\cos t, \sin t\big)$ *für* $t = \pi,\ -\frac{\pi}{2},\ \frac{11\pi}{2},\ \frac{7\pi}{4},\ \frac{7\pi}{3}$.

$$P(\pi) = \big(\cos\pi, \sin\pi\big) = (-1, 0),$$

$$P(-\tfrac{\pi}{2}) = \big(\cos(-\tfrac{\pi}{2}), \sin(-\tfrac{\pi}{2})\big) = \big(\cos\tfrac{\pi}{2}, -\sin\tfrac{\pi}{2}\big) = (0, -1),$$

$$P(\tfrac{11\pi}{2}) = P\big(6\pi - \tfrac{\pi}{2}\big) = P(-\tfrac{\pi}{2}) = (0, -1),$$

$$P(\tfrac{7\pi}{4}) = P(-\tfrac{\pi}{4}) = \big(\cos(-\tfrac{\pi}{4}), \sin(-\tfrac{\pi}{4})\big), = \big(\cos\tfrac{\pi}{4}, -\sin\tfrac{\pi}{4}\big) = \big(\tfrac{\sqrt{2}}{2}, -\tfrac{\sqrt{2}}{2}\big),$$

$$P(\tfrac{7\pi}{3}) = P(2\pi + \tfrac{\pi}{3}) = P(\tfrac{\pi}{3}), = \big(\cos\tfrac{\pi}{3}, \sin\tfrac{\pi}{3}\big) = \big(\tfrac{1}{2}, \tfrac{\sqrt{3}}{2}\big).$$

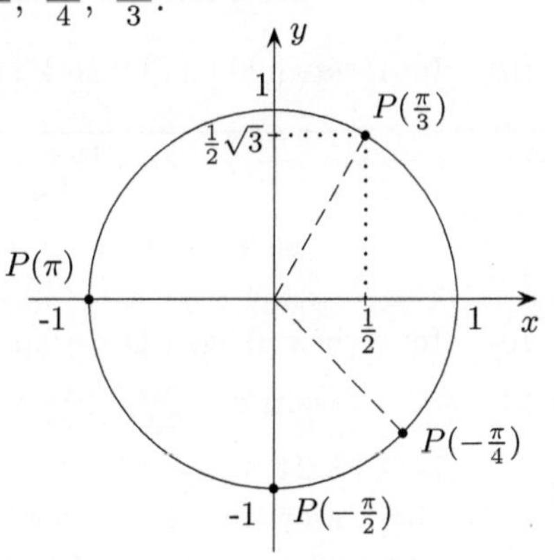

3.60 *Man bestimme mit dem Taschenrechner auf drei Stellen nach dem Komma die Werte von* sin, cos, tan, cot *für die Winkel:*
in Grad: 0.1°, 1°, 10°, 100°, *und im Bogenmaß:* 0.1, 1, π, 10.

Grad Bogenm.	0.1° 0.002	1° 0.017	10° 0.175	100° 1.745	5.730° 0.1	57.296° 1	180° π	572.958° 10
$\sin\alpha$	0.002	0.017	0.174	0.985	0.100	0.841	0.000	−0.544
$\cos\alpha$	1.000	1.000	0.985	−0.174	0.995	0.540	−1.000	−0.839
$\tan\alpha$	0.002	0.017	0.176	−5.671	0.100	1.557	0.000	0.648
$\cot\alpha$	572.957	57.290	5.671	−0.176	9.967	0.642	–	1.542

3.61 *Man berechne mittels der trigonometrischen Funktionen:*

(a) Die Sonne steht 15° über dem Horizont.
Wie lang ist der Schatten s eines 2 m großen Mannes?

(b) Eine 3 m lange Leiter lehnt unter dem Winkel von 70° an einer senkrechten Hauswand.
In welcher Höhe h berührt sie die Wand?

(c) Von einem Berggipfel blickt man auf eine 2000 m tiefer gelegene Ebene. Zwei Dörfer in dieser Ebene liegen in der gleichen Himmelsrichtung.
Wie groß ist die Entfernung d dieser Dörfer, wenn man sie vom Gipfel aus unter den Winkeln −12° und −15° sieht?

(d) Eine Straße hat 10% Steigung.
Welche Strecke s muss man auf ihr fahren, um 100 m Höhe zu gewinnen?

(a) Im rechtwinkligen Dreieck ist

$$\cot\alpha = \frac{\text{Ankathete}}{\text{Gegenkathete}}.$$

Hier ist $\alpha = 15°$. Die Schattenlänge ist daher

$$s = 2\cot 15°\,\text{m} \approx 7.46\,\text{m}.$$

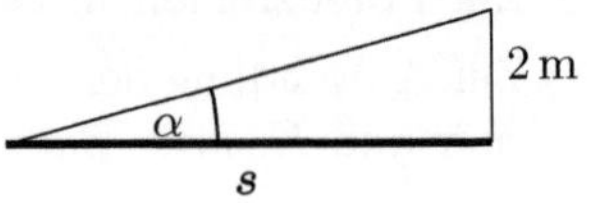

(b) Im rechtwinkligen Dreieck ist

$$\sin\alpha = \frac{\text{Gegenkathete}}{\text{Hypotenuse}}.$$

Hier ist $\alpha = 70°$. Die Höhe des Anlegepunktes ist daher

$$h = 3\sin 70°\,\text{m} \approx 2.82\,\text{m}.$$

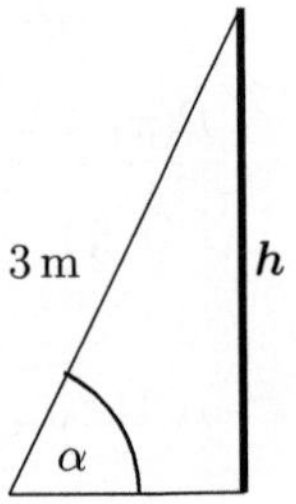

(c) Im rechtwinkligen Dreieck ist

$$\cot\alpha = \frac{\text{Ankathete}}{\text{Gegenkathete}}.$$

Hier ist $\alpha_1 = 12°$ bzw. $\alpha_2 = 15°$.

Die Entfernung der Dörfer in der Ebene vom Fußpunkt des Gipfels ist daher
$x_1 = 2000\cot 12°\,\text{m} \approx 9409\,\text{m}$
bzw. $x_2 = 2000\cot 15°\,\text{m} \approx 7464\,\text{m}$.

Die Entfernung der Dörfer voneinander ist

$$d = x_1 - x_2 \approx 1945\,\text{m}.$$

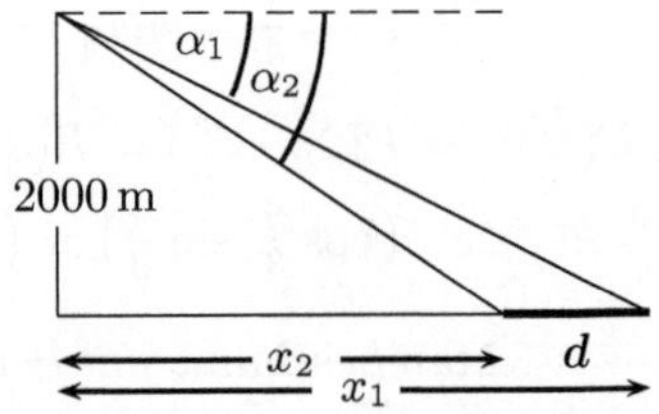

(d) Nach Definition bedeutet 10% Steigung, dass pro 100 m in *waagerechter* Richtung die Höhe um 10 m zunimmt. Also hat man nach 1000 m waagerechter Entfernung 100 m Höhe gewonnen.

Die Fahrstrecke s wird aber auf der Straße gemessen. Nach Pythagoras (ohne Winkelfunktionen) folgt

$$s = \sqrt{1000^2 + 100^2}\,\text{m} \approx 1005\,\text{m}.$$

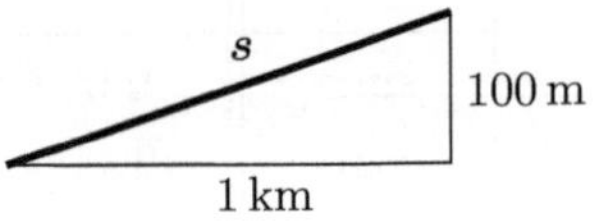

Vorzeichenverteilung der trigonometrischen Funktionen

Durch eine Winkelfunktion – etwa $\sin t$ – ist der Winkel t nicht eindeutig bestimmt, auch nicht, wenn man sich auf ein Intervall der Länge 2π beschränkt. Man muss zusätzlich wissen, in welchem Quadranten der Winkel t liegt.

In diesem und in anderen Zusammenhängen sind die Vorzeichen der trigonometrischen Funktionen in den einzelnen Quadranten Q_j wichtig:

Quadrant	Gradmaß	Bogenmaß	sin	cos	tan	cot
Q_1	$0° < \alpha < 90°$	$0 < t < \frac{\pi}{2}$	+	+	+	+
Q_2	$90° < \alpha < 180°$	$\frac{\pi}{2} < t < \pi$	+	−	−	−
Q_3	$-180° < \alpha < -90°$	$-\pi < t < -\frac{\pi}{2}$	−	−	+	+
Q_4	$-90° < \alpha < 0°$	$-\frac{\pi}{2} < t < 0$	−	+	−	−

Sinus und Kosinus

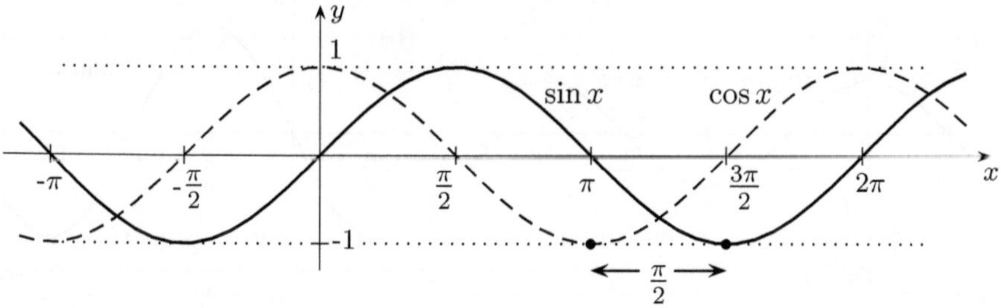

Die Kosinuskurve ist eine um $\frac{\pi}{2}$ nach links verschobene Sinuskurve, also gilt:

$$\cos(x - \tfrac{\pi}{2}) \;=\; \sin x \qquad \text{bzw.} \qquad \sin(x + \tfrac{\pi}{2}) \;=\; \cos x.$$

Weiteres zu Sinus und Kosinus siehe [3.64, 3.65, 3.66] und den Abschnitt über harmonische Schwingungen [Abschnitt 3.8].

Eigenschaften von Sinus und Kosinus

(1) sin und cos sind in ganz $\mathbb{R}$ definiert, ihr Wertebereich ist $[-1, 1]$.

(2) sin ist ungerade, cos ist gerade.

(3) sin und cos sind periodisch mit der kleinsten positiven Periode 2π.

(4) *Nullstellen*

$$\sin x = 0 \iff x = k\pi = (2k)\tfrac{\pi}{2} \quad \text{mit } k \in \mathbb{Z}.$$
$$\cos x = 0 \iff x = k\pi + \tfrac{\pi}{2} = (2k+1)\tfrac{\pi}{2} \quad \text{mit } k \in \mathbb{Z}.$$

(5) $\sin^2 x + \cos^2 x = 1$

(6) *Additionsformeln, Additionstheoreme*

$$\sin(x+y) = \cos x \sin y + \sin x \cos y, \qquad \sin 2x = 2 \sin x \cos x$$
$$\cos(x+y) = \cos x \cos y - \sin x \sin y, \qquad \cos 2x = \cos^2 x - \sin^2 x$$

Weitere Formeln siehe [**FH**].

3.62 *Zeige mit den Additionsformeln:*

$\sin(x + \pi) = -\sin x$ *und* $\cos(x + \pi) = -\cos x$.

$$\sin \pi = 0 \text{ und } \cos \pi = -1 \implies \begin{array}{l} \sin(x+\pi) = \cos x \sin \pi + \sin x \cos \pi = -\sin x, \\ \cos(x+\pi) = \cos x \cos \pi - \sin x \sin \pi = -\cos x. \end{array}$$

3.63 *Zeige: Die kleinste positive Periode von* $\sin^2$, $|\sin|$, $\cos^2$, $|\cos|$ *ist* π.

$\sin^2(x+\pi) = (\sin(x+\pi))^2 = (-\sin x)^2 = \sin^2 x$, also ist π eine Periode von $\sin^2$.
Aus $\sin 0 = \sin \pi = 0$ und $\sin x \neq 0$ für $0 < x < \pi$ folgt, dass π die kleinste positive Periode von $\sin^2$ ist.

$|\sin x| = \sqrt{\sin^2 x}$, also ist π die kleinste positive Periode von $|\sin|$.

Die Aussagen für $\cos^2$ und $|\cos|$ zeigt man analog.

3.64 *Skizziere:* (a) $\sin(x+\frac{\pi}{2})$, (b) $2\sin x$, (c) $\cos(2x)$, (d) $1-\cos x$.

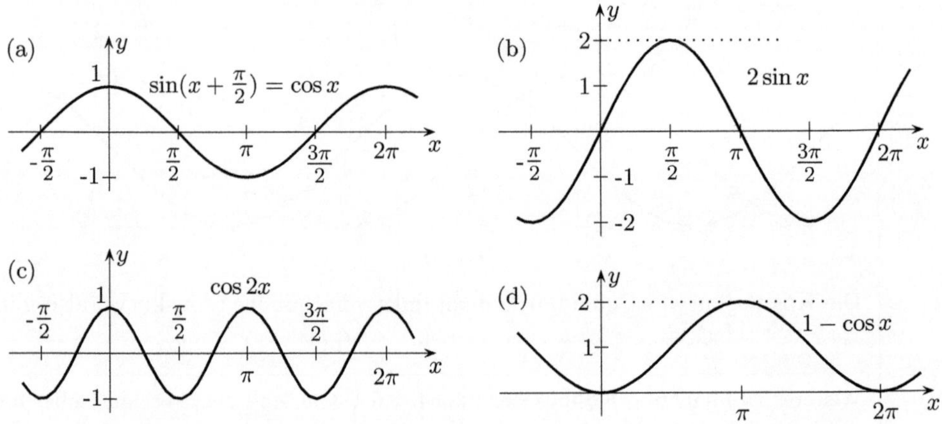

3.65 *Für welche x ist*

(a) $\sin x = 1$, (b) $|\sin x| \geq \frac{\sqrt{3}}{2}$, (c) $\cos x = -\frac{1}{2}$, (d) $\cos^2 x \leq \frac{1}{2}$?

Im Folgenden ist mit Periode immer die kleinste positive Periode gemeint!

(a) In $[0, 2\pi]$ ist $\sin x = 1 \iff x = \frac{\pi}{2}$.

$\sin x$ hat die Periode 2π, also gilt

$\sin x = 1 \iff x = 2k\pi + \frac{\pi}{2},\ \ k \in \mathbb{Z}$.

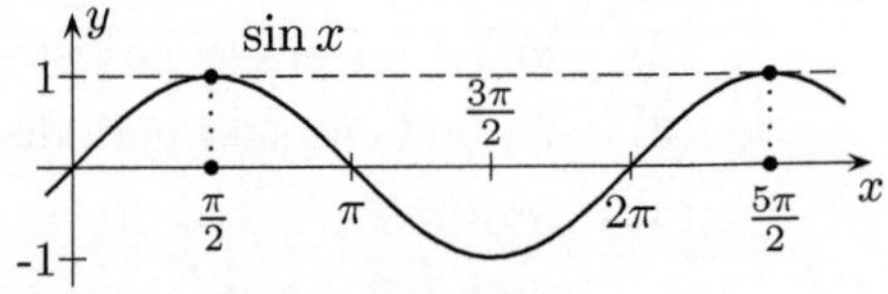

(b) Im Intervall $[0, \pi]$ ist $|\sin x| \geq \frac{\sqrt{3}}{2} \iff \frac{\pi}{3} \leq x \leq \frac{2\pi}{3}$.

$|\sin x|$ hat die Periode π [3.63], also gilt

$|\sin x| \geq \frac{\sqrt{3}}{2}$

$\iff x \in \left[k\pi + \frac{\pi}{3}, k\pi + \frac{2\pi}{3}\right],\ \ k \in \mathbb{Z}$.

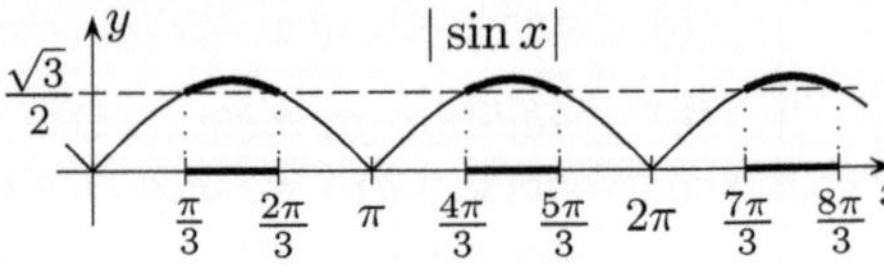

(c) In $[0, 2\pi]$ ist $\cos x = -\frac{1}{2} \iff x = \pi \pm \frac{\pi}{3}$. $\cos x$ hat die Periode 2π, also gilt

$\cos x = -\frac{1}{2}$

$\iff x = 2k\pi + (\pi \pm \frac{\pi}{3}),\ \ k \in \mathbb{Z}$

$\iff x = (2k+1)\pi \pm \frac{\pi}{3},\ \ k \in \mathbb{Z}$.

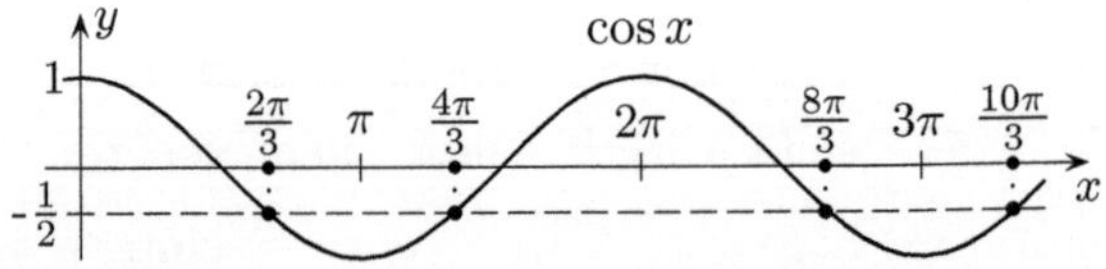

(d) Es ist $\cos^2 x \leq \frac{1}{2} \iff |\cos x| \leq \frac{1}{\sqrt{2}} = \frac{\sqrt{2}}{2}$.

Im Intervall $[0, \pi]$ ist $\cos^2 x \leq \frac{1}{2} \iff \frac{\pi}{4} \leq x \leq \frac{3\pi}{4}$.

$\cos^2 x$ hat die Periode π [3.63], also gilt

$\cos^2 x \leq \frac{1}{2}$

$\iff x \in \left[k\pi + \frac{\pi}{4}, k\pi + \frac{3\pi}{4}\right],\ \ k \in \mathbb{Z}$.

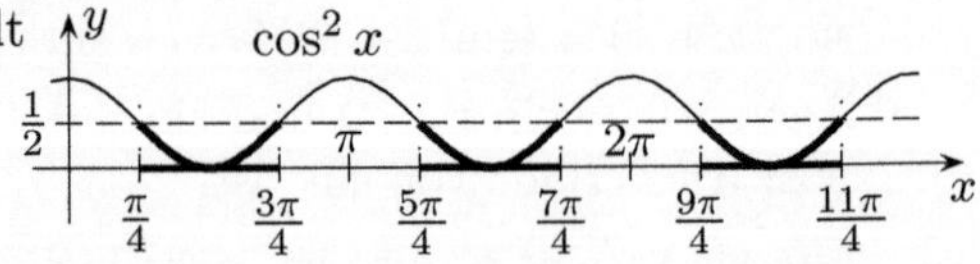

3.66 *Beweise mit den Additionsformeln und interpretiere an den Kurven:*

(a) $\cos\left(\frac{\pi}{2}-x\right)=\sin x$, (b) $\sin\left(\pi-x\right)=\sin x$.

(a) Aus der Additionsformel für den Kosinus folgt

$$\cos\left(\tfrac{\pi}{2}-x\right)=\underbrace{\cos\left(\tfrac{\pi}{2}\right)}_{=0}\cos(-x)-\underbrace{\sin\left(\tfrac{\pi}{2}\right)}_{=1}\sin(-x)=-\sin(-x)=\sin x.$$

Spiegelung an der Geraden $x=\frac{\pi}{4}$ [S. 69], also Übergang von x zu $\frac{\pi}{2}-x$, führt die Kosinuskurve in die Sinuskurve über und umgekehrt, was man auch am rechtwinkligen Dreieck [Seite 103] bzw. an $\cos(\frac{\pi}{4}-x)=\sin(\frac{\pi}{4}+x)$ abliest.

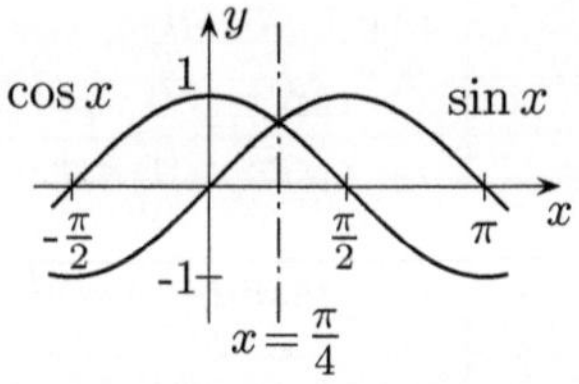

(b) Aus der Additionsformel für den Sinus folgt

$$\sin\left(\pi-x\right)=\underbrace{\sin\pi}_{=0}\cos(-x)+\underbrace{\cos\pi}_{=-1}\sin(-x)$$
$$=-\sin(-x)=\sin x.$$

Spiegelung an der Geraden $x=\frac{\pi}{2}$ [S. 69], also Übergang von x zu $\pi-x$, führt die Sinuskurve in sich über. Oder: Verwende $\sin(\frac{\pi}{2}-x)=\sin(\frac{\pi}{2}+x)$.

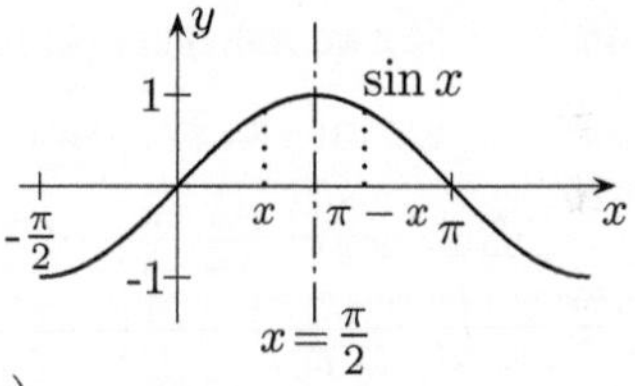

Tangens und Kotangens

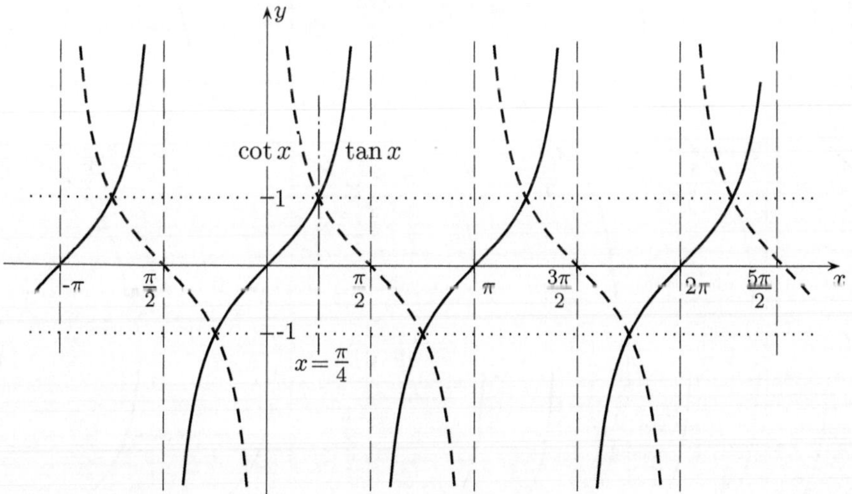

Die Kotangenskurve ist eine an der y-Achse gespiegelte und um $\frac{\pi}{2}$ nach rechts oder links verschobene Tangenskurve. Die Tangenskurve geht durch Spiegelung an der Geraden $x=\frac{\pi}{4}$ in die Kotangenskurve über. Also gilt

$$\cot x=-\tan(x\pm\tfrac{\pi}{2}) \quad \text{und} \quad \cot x=\tan(\tfrac{\pi}{2}-x).$$

Eigenschaften von Tangens und Kotangens

(1) $\tan x = \frac{\sin x}{\cos x}$ und $\cot x = \frac{\cos x}{\sin x} = \frac{1}{\tan x}$ sind in ganz $\mathbb{R}$ definiert außer in den Nullstellen ihrer Nenner. Ihr Wertebereich ist ganz $\mathbb{R}$.

(2) tan und cot sind ungerade [Seite 71].

(3) tan und cot sind periodisch, ihre kleinste positive Periode ist π.

(4) *Nullstellen:*

$\tan x = 0 \iff \sin x = 0 \iff x = k\pi = (2k)\frac{\pi}{2}$ mit $k \in \mathbb{Z}$,

$\cot x = 0 \iff \cos x = 0 \iff x = k\pi + \frac{\pi}{2} = (2k+1)\frac{\pi}{2}$ mit $k \in \mathbb{Z}$.

(5) *Asymptoten (Polgeraden)* des Tangens: $x = \frac{\pi}{2} + k\pi$, Kotangens: $x = k\pi$ mit $k \in \mathbb{Z}$.

Weitere Formeln siehe [**FH**].

3.67 *Aus den Eigenschaften von* Sinus *und* Kosinus [Seite 107] *leite man ab:* $\tan(-x) = -\tan x$ *und* $\tan(x+\pi) = \tan x$.

$$\tan(-x) = \frac{\sin(-x)}{\cos(-x)} = \frac{-\sin x}{\cos x} = -\tan x.$$

$$\tan(x+\pi) = \frac{\sin(x+\pi)}{\cos(x+\pi)} = \frac{\cos x \sin \pi + \sin x \cos \pi}{\cos x \cos \pi - \sin x \sin \pi} = \frac{-\sin x}{-\cos x} = \tan x.$$

3.68 *Skizziere:* (a) $\tan(x+\frac{\pi}{2})$, (b) $\tan\frac{x}{2}$, (c) $\cot(2x)$, (d) $1+\cot x$.

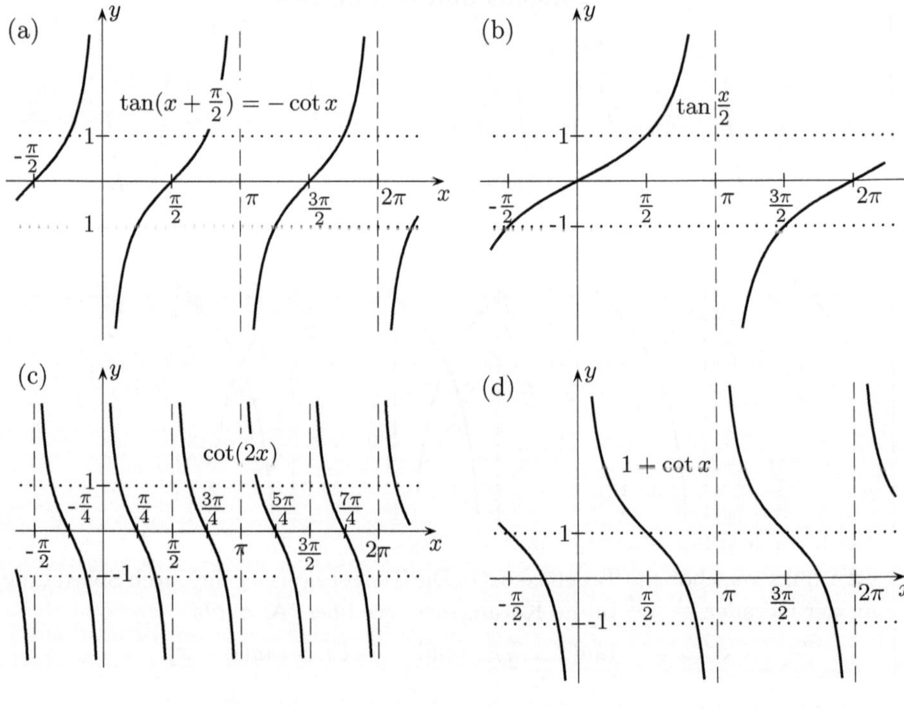

3.69 *Für welche x ist*

(a) $\tan x = \sqrt{3}$, (b) $\tan^2 x \leq 1$, (c) $\cot x = -1$, (d) $\cot x \geq \frac{1}{\sqrt{3}}$?

(a) Im Intervall $\left]-\frac{\pi}{2}, \frac{\pi}{2}\right[$ ist
$\tan x = \sqrt{3} \iff x = \frac{\pi}{3}$.
$\tan x$ hat die Periode π, also
$\tan x = \sqrt{3} \iff x = k\pi + \frac{\pi}{3}, \quad k \in \mathbb{Z}$.

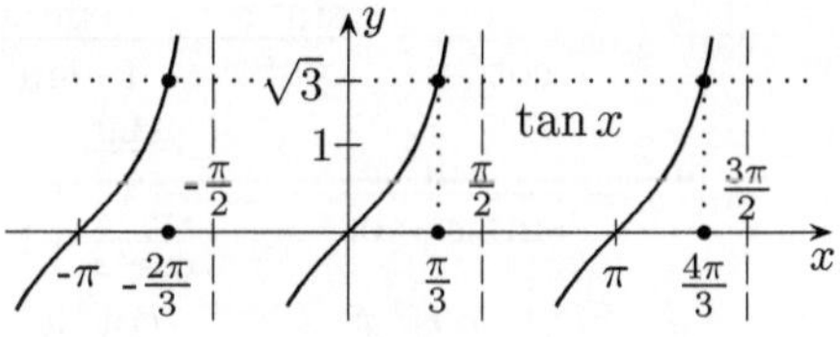

(b) Im Intervall $\left]-\frac{\pi}{2}, \frac{\pi}{2}\right[$ ist
$\tan^2 x \leq 1 \iff$
$-1 \leq \tan x \leq 1 \iff -\frac{\pi}{4} \leq x \leq \frac{\pi}{4}$.
$\tan x$ hat die Periode π, also
$\tan^2 x \leq 1 \iff$
$x \in \left[k\pi - \frac{\pi}{4}, k\pi + \frac{\pi}{4}\right], \quad k \in \mathbb{Z}$.

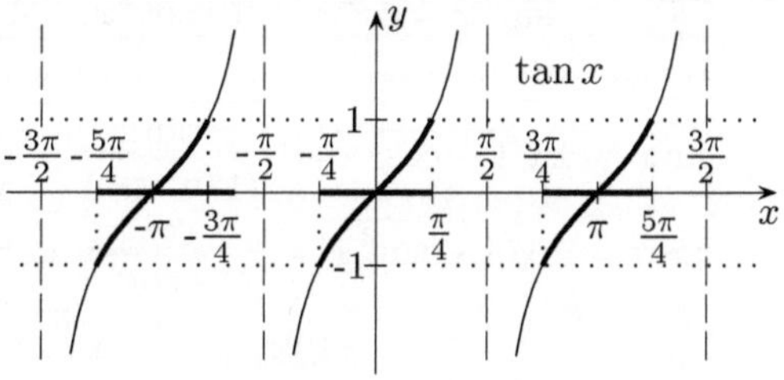

(c) Im Intervall $]0, \pi[$ ist
$\cot x = -1 \iff x = \frac{3\pi}{4}$.
$\cot x$ hat die Periode π, also
$\cot x = -1 \iff x = k\pi + \frac{3\pi}{4}, \quad k \in \mathbb{Z}$.

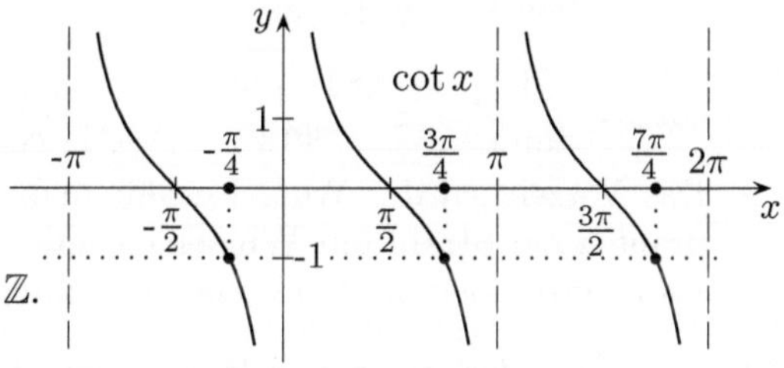

(d) Im Intervall $]0, \pi[$ ist
$\cot x \geq \frac{1}{\sqrt{3}} \iff 0 < x \leq \frac{\pi}{3}$.
$\cot x$ hat die Periode π, also
$\cot x \geq \frac{1}{\sqrt{3}} \iff$
$x \in \left]k\pi, k\pi + \frac{\pi}{3}\right], \quad k \in \mathbb{Z}$.

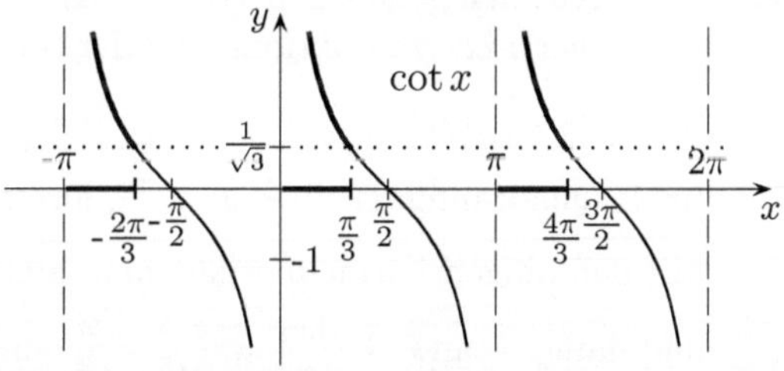

3.70 *Beweise und interpretiere an den Kurven:*
$\cot\left(\frac{\pi}{2} - x\right) = \tan x$ *und* $\tan\left(\frac{\pi}{2} - x\right) = \cot x$.

Mit den Additionsformeln, $\sin \pi = 1$, $\cos \frac{\pi}{2} = 0$, $\sin(-x) = -\sin x$ und $\cos(-x) = \cos x$ folgt:

$$\cot\left(\frac{\pi}{2} - x\right) = \frac{\cos(\frac{\pi}{2}-x)}{\sin(\frac{\pi}{2}-x)} =$$

$$= \frac{\cos\frac{\pi}{2}\cos(-x)-\sin\frac{\pi}{2}\sin(-x)}{\sin\frac{\pi}{2}\cos(-x)+\cos\frac{\pi}{2}\sin(-x)} = \frac{\sin x}{\cos x} = \tan x.$$

Spiegelung an der Geraden $x = \frac{\pi}{4}$ [S. 69], also Übergang von x zu $\frac{\pi}{2} - x$, führt folglich Kotangens und Tangens ineinander über.

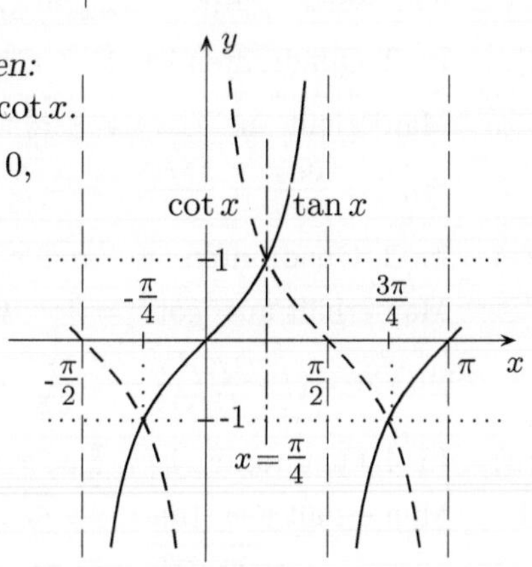

$\cot\left(\frac{\pi}{2}-x\right) = \tan x \stackrel{(x\to\frac{\pi}{2}-x)}{\Longrightarrow} \tan\left(\frac{\pi}{2}-x\right) = \cot x$. Oder: $\cot(\frac{\pi}{4}-x) = \tan(\frac{\pi}{4}+x)$.

3.71 *Drücke jede der 4 Kreisfunktionen durch jeweils nur eine der anderen aus!*

Wegen $\sin^2 x + \cos^2 x = 1$ gilt

$$\tan^2 x = \frac{1}{\cot^2 x} = \frac{\sin^2 x}{\cos^2 x} = \frac{\sin^2 x}{1-\sin^2 x} = \frac{1-\cos^2 x}{\cos^2 x} \quad ,$$

$$\sin^2 x = \frac{\sin^2 x}{\sin^2 x+\cos^2 x} = \frac{\frac{\sin^2 x}{\cos^2 x}}{\frac{\sin^2 x}{\cos^2 x}+1} = \frac{\tan^2 x}{\tan^2 x+1} = \frac{1}{1+\cot^2 x} \quad \text{und}$$

$$\cos^2 x = \frac{\cos^2 x}{\sin^2 x+\cos^2 x} = \frac{\cot^2 x}{1+\cot^2 x} = \frac{1}{1+\tan^2 x}.$$

Wurzelziehen liefert die gesuchten Formeln:

$$\sin x = \pm\sqrt{1-\cos^2 x} = \frac{\pm\tan x}{\sqrt{\tan^2 x+1}} = \frac{\pm 1}{\sqrt{1+\cot^2 x}} \,,$$

$$\cos x = \pm\sqrt{1-\sin^2 x} = \frac{\pm\cot x}{\sqrt{1+\cot^2 x}} = \frac{\pm 1}{\sqrt{1+\tan^2 x}} \,,$$

$$\tan x = \frac{1}{\cot x} = \frac{\pm\sin x}{\sqrt{1-\sin^2 x}} = \pm\frac{\sqrt{1-\cos^2 x}}{\cos x} \,,$$

$$\cot x = \frac{1}{\tan x} = \pm\frac{\sqrt{1-\sin^2 x}}{\sin x} = \frac{\pm\cos x}{\sqrt{1-\cos^2 x}}.$$

Das Vorzeichen der Wurzel erhält man nur, wenn man weiß, in welchem Quadranten der Strahl mit Winkel x liegt.
Siehe dazu auch die Vorzeichenverteilung der trig. Funktionen [Seite 106].

3.72 *Aus den gegebenen Werten berechne man die Werte der anderen trigonometrischen Funktionen an der Stelle x im angegebenen Quadranten (Q_j):*

(a) $\sin x = \frac{4}{5}$ (Q_1) (b) $\cos x = -\frac{12}{13}$ (Q_2) (c) $\cot x = 2$ (Q_3) (d) $\tan x = -\frac{24}{7}$ (Q_4).

(a) Im 1. Quadranten ist $0 < x < \frac{\pi}{2}$, also sind dort alle 4 Funktionen > 0.
Mit den obigen Formeln erhält man aus $\sin x = \frac{4}{5}$: $\cos x = \sqrt{1-\frac{16}{25}} = \frac{3}{5}$
und damit $\tan x = \frac{\sin x}{\cos x} = \frac{4/5}{3/5} = \frac{4}{3}$ und $\cot x = 1/\tan x = \frac{3}{4}$.

(b) Im 2. Quadranten ist $\frac{\pi}{2} < x < \pi$, also gilt dort $\sin x > 0$, $\cos x, \tan x, \cot x < 0$.
Man erhält aus $\cos x = -\frac{12}{13}$: $\sin x = \sqrt{1-\frac{144}{169}} = \frac{5}{13}$ und damit
$\tan x = \frac{\sin x}{\cos x} = \frac{5/13}{-12/13} = -\frac{5}{12}$ und $\cot x = 1/\tan x = -\frac{12}{5}$.

(c) Im 3. Quadranten ist $-\pi < x < -\frac{\pi}{2}$, also gilt $\sin x, \cos x < 0$, $\tan x, \cot x > 0$.
Man erhält aus $\cot x = 2$: $\tan x = \frac{1}{2}$ und damit
$\sin x = -\sqrt{\frac{(1/2)^2}{1+(1/2)^2}} = -\frac{2}{\sqrt{5}}$ und $\cos x = -\sqrt{1-(2/\sqrt{5})^2} = -\sqrt{1/5} = -\frac{1}{\sqrt{5}}$.

(d) Im 4. Quadranten ist $-\frac{\pi}{2} < x < 0$, also gilt dort $\cos x > 0$, $\sin x, \tan x, \cot x < 0$.
Man erhält aus $\tan x = -\frac{24}{7}$: $\cot x = -\frac{7}{24}$ und damit
$\sin x = -\sqrt{\frac{(24/7)^2}{1+(24/7)^2}} = -\frac{24}{25}$ und $\cos x = \sqrt{1-(24/25)^2} = \frac{7}{25}$.

3.73 *Man drücke mit Hilfe der Additionsformeln* $\cos\frac{x}{2}$ *durch* $\cos x$ *aus.*

Sei $t = \frac{x}{2}$. Dann ist $x = 2t$. Aus den Additionsformeln folgt

$$\cos 2t = \cos^2 t - \sin^2 t = \cos^2 t - (1 - \cos^2 t) = 2\cos^2 t - 1.$$

Also ist $\cos^2 t = \frac{1}{2}(\cos 2t + 1)$ bzw. $\cos\frac{x}{2} = \pm\sqrt{\frac{1}{2}(\cos x + 1)}$.

Welches Vorzeichen gilt? Es ist $\cos t \geq 0$ wenn t im Intervall $[-\frac{\pi}{2}, \frac{\pi}{2}]$ oder in den um Vielfache von 2π verschobenen Intervallen liegt.

Also gilt $\cos\frac{x}{2} = +\sqrt{\frac{1}{2}(\cos x + 1)}$ im Intervall $[-\pi, \pi]$ und in den um Vielfache von 4π verschobenen Intervallen.

Es gilt $\cos\frac{x}{2} = -\sqrt{\frac{1}{2}(\cos x + 1)}$ für die restlichen Bereiche.

3.74 *Man drücke* $\tan 2x$ *und* $\cot 2x$ *durch* $\tan x$ *bzw.* $\cot x$ *aus.*

Aus den Additionsformeln folgt

$$\tan 2x = \frac{\sin 2x}{\cos 2x} = \frac{2\sin x\cos x}{\cos^2 x - \sin^2 x} = \frac{2\,\frac{\sin x}{\cos x}}{1 - \frac{\sin^2 x}{\cos^2 x}} = \frac{2\tan x}{1 - \tan^2 x}.$$

Bei der vorletzten Umformung wurde der Bruch mit $\frac{1}{\cos^2 x}$ erweitert.

Analog erhält man

$$\cot 2x = \frac{\cos 2x}{\sin 2x} = \frac{\cos^2 x - \sin^2 x}{2\sin x\cos x} = \frac{\frac{\cos^2 x}{\sin^2 x} - 1}{2\,\frac{\cos x}{\sin x}} = \frac{\cot^2 x - 1}{2\cot x}.$$

Natürlich gelten diese Formeln nur für die x, für die tan und cot definiert sind.

3.75 *Man vereinfache:*

(a) $\dfrac{1 + \cos x}{\sin x} - \dfrac{\sin x}{1 - \cos x}$, (b) $\dfrac{\tan x - \cot x}{\tan x + \cot x}$, (c) $\dfrac{\cot x + \cos x}{1 + \sin x}$.

Hauptnennerbildung, $\sin^2 x + \cos^2 x = 1$ und $\cos^2 x - \sin^2 x = \cos 2x$ liefern:

(a) $$\frac{1+\cos x}{\sin x} - \frac{\sin x}{1-\cos x} = \frac{1-\cos^2 x-\sin^2 x}{\sin x(1-\cos x)} = 0.$$

(b) $$\frac{\tan x-\cot x}{\tan x+\cot x} = \frac{\frac{\sin x}{\cos x} - \frac{\cos x}{\sin x}}{\frac{\sin x}{\cos x} + \frac{\cos x}{\sin x}} = \frac{\sin^2 x-\cos^2 x}{\sin^2 x+\cos^2 x} = -\cos 2x.$$

(c) $$\frac{\cot x+\cos x}{1+\sin x} = \frac{\frac{\cos x}{\sin x} + \frac{\cos x\sin x}{\sin x}}{1+\sin x} = \frac{\cos x(1+\sin x)}{\sin x(1+\sin x)} = \frac{\cos x}{\sin x} = \cot x.$$

3.8 Harmonische Schwingungen

Viele natürliche, von der *Zeit* abhängige Vorgänge werden durch harmonische Schwingungen beschrieben. Hier wird t (*tempus* bzw. *time*) statt x als Variable verwendet.

Wir setzen im Folgenden $A > 0$ voraus. Zum Fall $A < 0$ siehe [S. 116].

Harmonische Schwingungen

$$\boldsymbol{y = A\sin(\omega t + \varphi), \quad A > 0, \omega > 0}$$

heißt **harmonische Schwingung** oder **Sinusschwingung**.

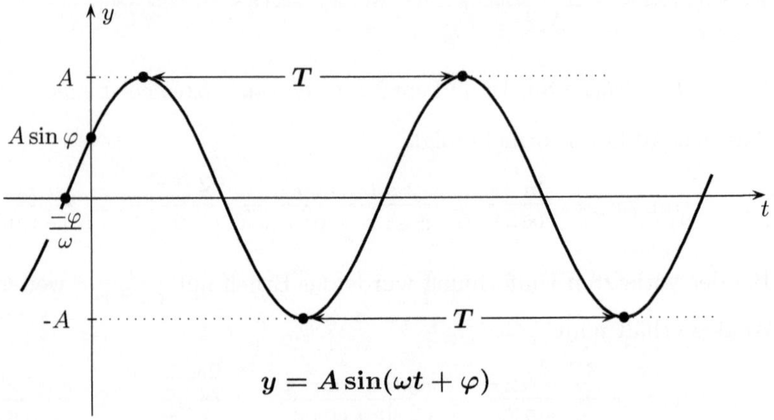

$$\boldsymbol{y = A\sin(\omega t + \varphi)}$$

Die charakteristischen Größen einer Schwingung:

$\boldsymbol{A}$	**Amplitude** (Auslenkung, halber Wert der Schwingungsweite),
$\boldsymbol{T} = \frac{2\pi}{\omega} = \frac{1}{\nu}$	**Periode** (Wellenlänge, Schwingungsdauer),
$\boldsymbol{\omega} = \frac{2\pi}{T}$	**Kreisfrequenz** (Zahl der Schwingungen in 2π Zeiteinheiten),
$\boldsymbol{\nu} = \frac{\omega}{2\pi} = \frac{1}{T}$	**Frequenz** (Zahl der Schwingungen pro Zeiteinheit),
$\boldsymbol{\varphi}$	**Phasenverschiebung** (Phasenwinkel, Phase).

Nullstellen $\frac{-\varphi}{\omega} + k \cdot \frac{\pi}{\omega},\ k \in \mathbb{Z}$.

Schnittstelle mit der $\boldsymbol{y}$-Achse $y_0 = A\sin\varphi$.

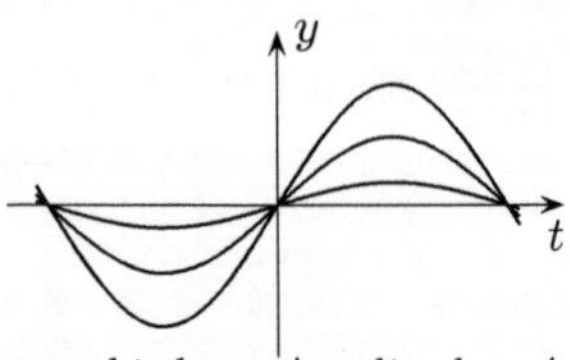

verschiedene Amplituden A

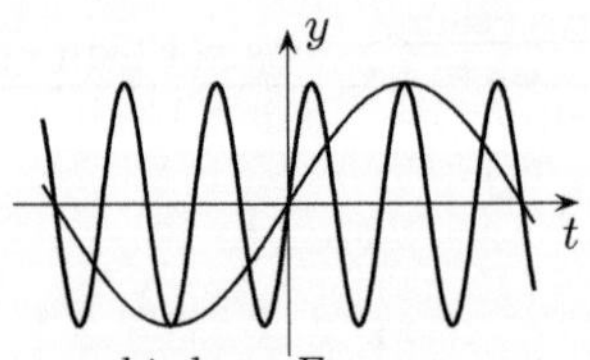

verschiedene Frequenzen ω

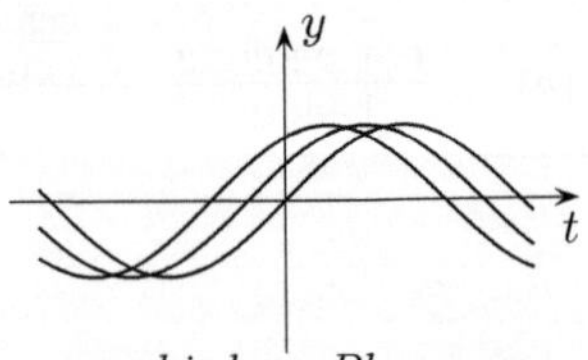

verschiedene Phasen φ

Die Überlagerung von Schwingungen gleicher Frequenz ergibt wieder eine Schwingung der gleichen Frequenz, siehe [**HM**, S. 83,84].

Überlagerung von Schwingungen

$$\boxed{A_1 \sin(\omega t + \varphi_1) + A_2 \sin(\omega t + \varphi_2) = A \sin(\omega t + \varphi)}$$

$$A = \sqrt{A_1^2 + A_2^2 + 2A_1A_2 \cos(\varphi_1 - \varphi_2)}$$

$$\tan\varphi = \frac{A_1 \sin\varphi_1 + A_2 \sin\varphi_2}{A_1 \cos\varphi_1 + A_2 \cos\varphi_2} \quad \text{(Quadranten beachten, s. [3.84].)}$$

Speziell: $\boxed{B \cos\omega t + C \sin\omega t = A \sin(\omega t + \varphi)}$

$$\left(\begin{matrix} \text{hier ist} \\ A_1 = B\,, \quad \varphi_1 = \pi/2 \\ A_2 = C\,, \quad \varphi_2 = 0 \end{matrix}\right) \qquad A = \sqrt{B^2 + C^2}, \qquad \tan\varphi = \frac{B}{C} \; \left(\begin{matrix}\text{Quadranten des} \\ \text{Punktes } (C, B) \text{ beachten!}\end{matrix}\right)$$

3.83 *Berechne Amplitude und Phase der Schwingung* $3\cos\omega t - \sqrt{3}\,\sin\omega t$.

$A = \sqrt{B^2 + C^2} = \sqrt{9+3} = 2\sqrt{3}\,,$

$\tan\varphi = \frac{B}{C} = \frac{3}{-\sqrt{3}} = -\sqrt{3} \Longrightarrow \varphi = -\frac{\pi}{3} + \pi = \frac{2}{3}\pi$ (2. Quadrant!)

Überlagerung: $3\cos\omega t - \sqrt{3}\,\sin\omega t = 2\sqrt{3}\,\sin(\omega t + \frac{2}{3}\pi)$,

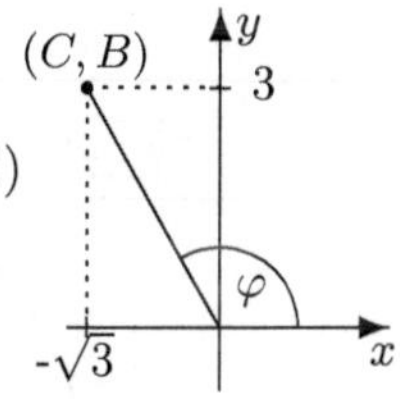

3.84 *Man bestimme folgende Überlagerungen in der Form* $A\sin(\omega t + \varphi)$.

(a) $3\sin(4t+1) - 3\sin(4t+1+\pi)$, (b) $\sin(3t + \frac{5\pi}{6}) - 3\cos(3t - \frac{2\pi}{3})$.

(a) $A = \sqrt{9 + 9 + 2\cdot 3(-3)\cos(-\pi)} = 6,$

$\tan\varphi = \frac{3\sin 1 - 3\sin(1+\pi)}{3\cos 1 - 3\cos(1+\pi)} = \frac{6\sin 1}{6\cos 1} = \tan 1 \Longrightarrow \varphi = 1 \;(\varphi \approx 57.3°).$

Also: $3\sin(4t+1) - 3\sin(4t+1+\pi) = 6\sin(4t+1)$.

Das hätte man einfacher haben können: $\sin(4t + 1 + \pi) = -\sin(4t+1)$.

(b) Zunächst ist $-3\cos(3t - \frac{2\pi}{3}) = -3\sin(3t - \frac{2\pi}{3} + \frac{\pi}{2}) = -3\sin(3t - \frac{\pi}{6})$.

Für $\sin(3t + \frac{5\pi}{6}) - 3\sin(3t - \frac{\pi}{6})$ erhält man nun:

$A = \sqrt{1 + 9 + 2\cdot 1(-3)\cos\left(\frac{5\pi}{6} - (-\frac{\pi}{6})\right)} = \sqrt{10 - 6\cos\pi} = 4,$

$\tan\varphi = \frac{\sin 5\pi/6 - 3\sin(-\pi/6)}{2\cos 5\pi/6 - 3\cos(-\pi/6)} = \frac{\frac{1}{2}+\frac{3}{2}}{-\frac{1}{2}\sqrt{3} - 3\cdot\frac{1}{2}\sqrt{3}} = \frac{4}{-4\sqrt{3}} = \frac{1}{-\sqrt{3}}$

$(C, B) = (-4\sqrt{3}, 4)$ liegt im 2. Quadranten, also ist $\varphi = \frac{5}{6}\pi$, d.h. $\varphi = 150°$.

Überlagerung: $\sin(3t + \frac{5\pi}{6}) - 3\cos(3t - \frac{2\pi}{3}) = 4\sin(3t + \frac{5}{6}\pi)$.

3.10 Arcusfunktionen

Arcusfunktionen

Arcussinus, Arcuscosinus, Arcustangens und **Arcuscotangens** sind die Umkehrfunktionen der trigonometrischen Funktionen in bestimmten Intervallen. Es ist:

$\arcsin : [-1,1] \to [-\frac{\pi}{2},\frac{\pi}{2}]$ die Umkehrfkt. von $\sin : [-\frac{\pi}{2},\frac{\pi}{2}] \to [-1,1]$,

d.h. für $-\frac{\pi}{2} \le x \le \frac{\pi}{2}$ gilt $y = \sin x \iff x = \arcsin y$.

$\arccos : [-1,1] \to [0,\pi]$ die Umkehrfkt. von $\cos : [0,\pi] \to [-1,1]$,

$\arctan : \mathbb{R} \to]-\frac{\pi}{2},\frac{\pi}{2}[$ die Umkehrfkt. von $\tan :]-\frac{\pi}{2},\frac{\pi}{2}[\to \mathbb{R}$,

$\operatorname{arccot} : \mathbb{R} \to]0,\pi[$ die Umkehrfkt. von $\cot :]0,\pi[\to \mathbb{R}$.

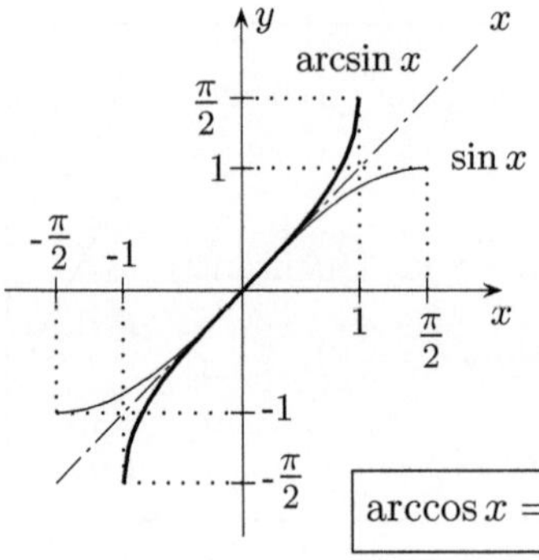

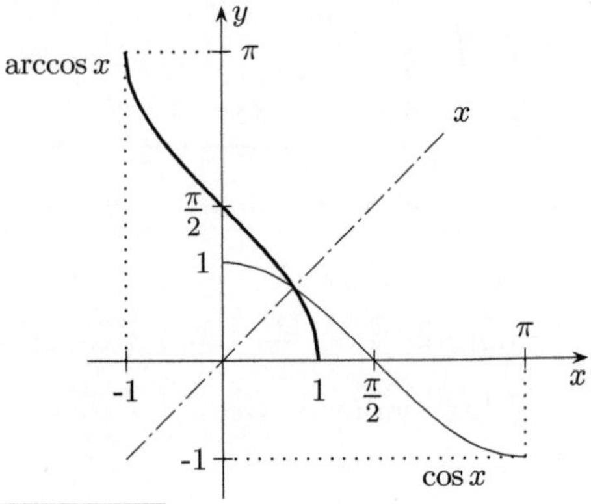

$\arccos x = \frac{\pi}{2} - \arcsin x$, [3.86]

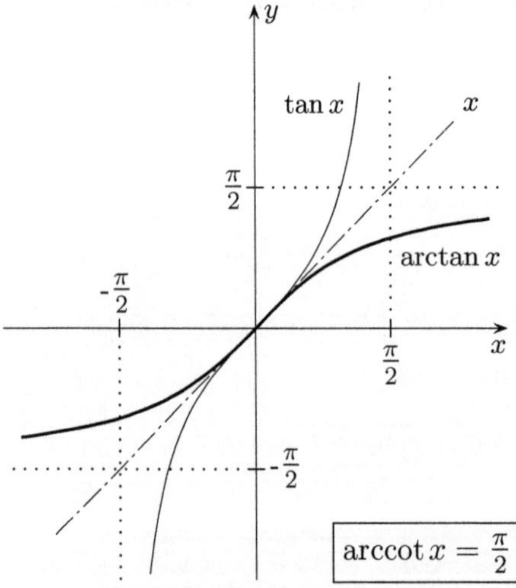

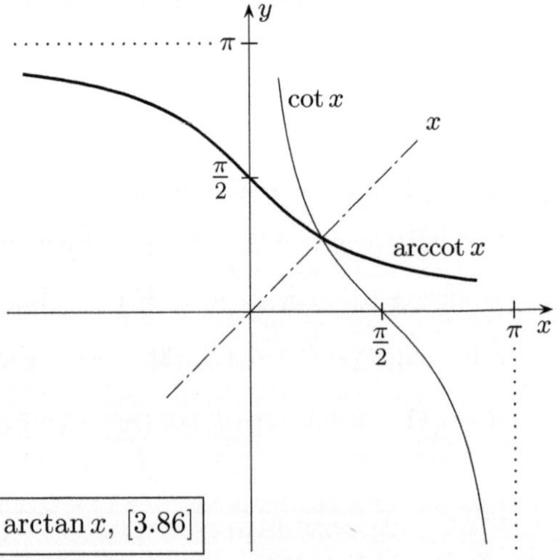

$\operatorname{arccot} x = \frac{\pi}{2} - \arctan x$, [3.86]

Die Kreisfunktionen $\sin, \cos, \ldots$ sind auch in anderen Intervallen umkehrbar. Die entsprechenden Umkehrfunktionen nennt man auch **Nebenwerte**, die oben angegebenen auch **Hauptwerte** von $\arcsin, \arccos, \ldots$.

3.85 (a) *Für die folgenden Argumente x bestimme man die Werte von* $\arcsin x$, $\arccos x$,... *im Bogenmaß, evt. mit dem Taschenrechner:* $x = -100, -2, -\sqrt{3}, -1, 0, 1, \sqrt{3}, \pi, 100.$

(b) *Für welche x gilt* $\sin(\arcsin x) = x$, *für welche t gilt* $\arcsin(\sin t) = t$ *?*

(c) *Bestimme* $\cos\left(\operatorname{arccot}\frac{8}{15}\right)$, *siehe* [3.71].

(a)

x	-100	-2	$-\sqrt{3}$	-1	0	1	$\sqrt{3}$	π	100
$\arcsin x$	n.d.	n.d.	n.d.	$-\pi/2$	0	$\pi/2$	n.d.	n.d.	n.d.
$\arccos x$	n.d.	n.d.	n.d.	π	$\pi/2$	0	n.d.	n.d.	n.d.
$\arctan x$	-1.56	-1.11	$-\pi/3$	$-\pi/4$	0	$\pi/4$	$\pi/3$	1.26	1.56
$\operatorname{arccot} x$	3.13	2.68	$5\pi/6$	$3\pi/4$	$\pi/2$	$\pi/4$	$\pi/6$	0.31	0.01

Die Werte sind i.A. nur auf zwei Stellen genau! n.d. = nicht definiert.

(b) Es ist $\sin(\arcsin x) = x$ für alle $x \in [-1,1]$ (= Def.bereich von arcsin), $\arcsin(\sin t) = t$ nur für $t \in \left[-\frac{\pi}{2}, \frac{\pi}{2}\right]$, da arcsin die Umkehrfunktion von $\sin : [-\frac{\pi}{2}, \frac{\pi}{2}] \to [-1,1]$ ist.

(c) Wegen $\cos^2 t = \dfrac{\cot^2 t}{1+\cot^2 t}$ ist

$$\cos\left(\operatorname{arccot}\tfrac{8}{15}\right) = \pm\frac{\cot\operatorname{arccot}\frac{8}{15}}{\sqrt{1+\cot^2\operatorname{arccot}\frac{8}{15}}} = \pm\frac{\frac{8}{15}}{\sqrt{1+\frac{64}{225}}} = \pm\frac{8}{17}.$$

$t := \operatorname{arccot}\frac{8}{15}$ ist ein Winkel zwischen 0 und $\frac{\pi}{2}$. Für diese Winkel ist $\cos t > 0$. Also ist $\cos\left(\operatorname{arccot}\frac{8}{15}\right) = \frac{8}{17}$.

3.86 *Warum gilt* $\arccos x = \frac{\pi}{2} - \arcsin x$ *für alle* $x \in [-1,1]$ *und* $\operatorname{arccot} x = \frac{\pi}{2} - \arctan x$ *für alle* $x \in \mathbb{R}$ *?*

$y = \arccos x$ ist der eindeutig bestimmte Winkel $y \in [0,\pi]$ mit $\cos y = x$, und $z = \arcsin x$ ist der eindeutig bestimmte Winkel $z \in [-\frac{\pi}{2}, \frac{\pi}{2}]$ mit $\sin z = x$.

Es ist $\cos\left(\frac{\pi}{2} - z\right) = \sin z = x$, und für $z \in [-\frac{\pi}{2}, \frac{\pi}{2}]$ ist $\frac{\pi}{2} - z \in [0,\pi]$.
Also ist $y = \frac{\pi}{2} - z$, das heißt $\arccos x = \frac{\pi}{2} - \arcsin x$ für $x \in [-1,1]$.

$\operatorname{arccot} x = \frac{\pi}{2} - \arctan x$ für $x \in \mathbb{R}$ zeigt man analog.

3.87 *Bestimme x:* (a) $\arctan 3x + \arctan x = \frac{\pi}{2}$, (b) $\arcsin(2x^2 + x) = \frac{\pi}{2}$.

(a) $\arctan 3x + \arctan x = \frac{\pi}{2} \implies \arctan 3x = \frac{\pi}{2} - \arctan x \implies$

$$3x = \tan(\arctan 3x) = \tan\left(\tfrac{\pi}{2} - \arctan x\right) = \cot(\arctan x) \text{ [S. 109]}$$
$$= \frac{1}{\tan(\arctan x)} = \frac{1}{x} \implies x^2 = \frac{1}{3} \implies x = \pm\frac{1}{\sqrt{3}}.$$

Wegen $x > 0 \iff \arctan x > 0 \iff \arctan 3x > 0$ muss $x = 1/\sqrt{3}$ sein.

(b) Es gilt $\arcsin(2x^2 + x) = \frac{\pi}{2} \iff 2x^2 + x = 1 \iff x = -1$ oder $x = \frac{1}{2}$.

3.88 *Bestimme die Umkehrfunktion von* sin *im Intervall* $\left[\frac{\pi}{2}, \frac{3\pi}{2}\right]$.

(a) sin ist im Intervall $\left[\frac{\pi}{2}, \frac{3\pi}{2}\right]$ umkehrbar, da die Funktion dort streng monoton fällt.

Also gibt es zu jedem $x \in [-1, 1]$ genau ein $y \in \left[\frac{\pi}{2}, \frac{3\pi}{2}\right]$ mit $\sin y = x$.

Für dieses y ist $\pi - y \in \left[-\frac{\pi}{2}, \frac{\pi}{2}\right]$ und wegen

$$\sin(\pi - y) = \sin y = x$$

muss $\pi - y = \arcsin x$ sein.

Die gesuchte Umkehrfunktion ist $y = \pi - \arcsin x$.

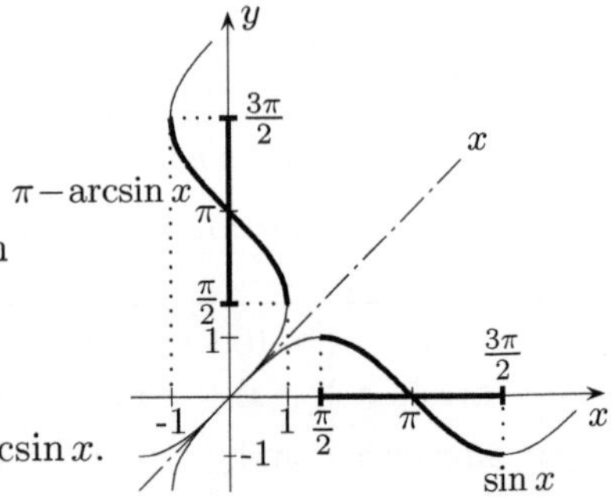

3.89 *Man skizziere die Funktionen* (a) $\arcsin(\sin x)$, (b) $\cos(\arcsin x)$.

(a) $\arcsin(\sin x)$ ist für alle x definiert, da $\sin x$ für alle x und $\arcsin t$ auf dem Wertebereich von sin, also auf dem Intervall $[-1, 1]$ definiert ist.

$\arcsin(\sin x)$ ist 2π-periodisch, da die innere Funktion $\sin x$ die Periode 2π hat.

Für $x \in [-\frac{\pi}{2}, \frac{\pi}{2}]$ gilt $\arcsin(\sin x) = x$, denn arcsin ist die Umkehrfunktion von sin im Intervall $[-\frac{\pi}{2}, \frac{\pi}{2}]$.

Für $x \in [\frac{\pi}{2}, \frac{3\pi}{2}]$ ist $\pi - x \in [-\frac{\pi}{2}, \frac{\pi}{2}]$.
Wegen $\sin x = \sin(\pi - x)$ folgt dort

$$\begin{aligned}\arcsin(\sin x) &= \arcsin\big(\sin(\pi - x)\big)\\ &= \pi - x.\end{aligned}$$

Zusammenfassend erhält man:

$$\arcsin(\sin x) = \begin{cases} x & \text{für } -\frac{\pi}{2} \le x \le \frac{\pi}{2},\\ \pi - x & \text{für } \frac{\pi}{2} \le x \le \frac{3\pi}{2}.\\ 2\pi\text{-periodisch fortgesetzt.} \end{cases}$$

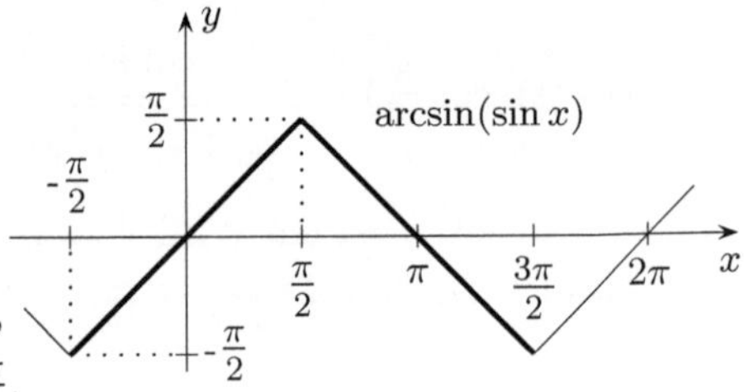

(b) Die innere Funktion $t = \arcsin x$ ist definiert in $[-1, 1]$ und hat Werte in $[-\frac{\pi}{2}, \frac{\pi}{2}]$.
Dort ist die äußere Funktion $\cos t \ge 0$.
Also ist $\cos(\arcsin x)$ definiert im Intervall $[-1, 1]$ und dort ≥ 0.

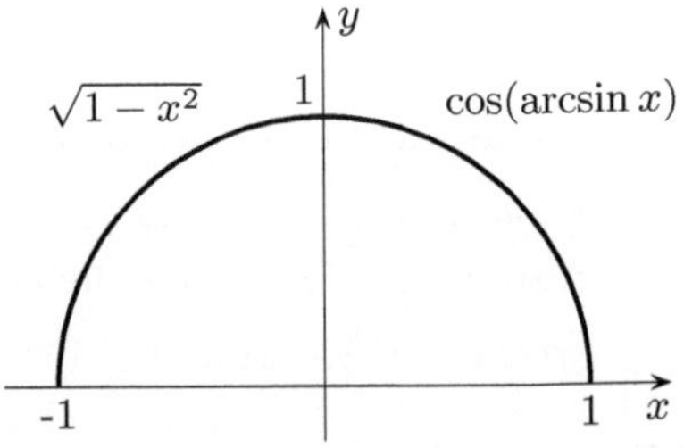

In $[-1, 1]$ gilt $\sin(\arcsin x) = x$ und wegen $\cos^2 t + \sin^2 t = 1$ folgt
$\big(\cos(\arcsin x)\big)^2 + \big(\sin(\arcsin x)\big)^2 = 1$, also $\big(\cos(\arcsin x)\big)^2 + x^2 = 1$
Die Funktion $\cos(\arcsin x)$ ist daher Teil des Einheitskreisrandes.
Wegen $\cos(\arcsin x) \ge 0$ ist $\cos(\arcsin x) = +\sqrt{1 - x^2}$ die obere Hälfte des Einheitskreisrandes.

3.11 Hyperbelfunktionen

Hyperbelfunktionen

Die Hyperbelfunktionen werden mit Hilfe der Exponentialfunktion definiert:

$\cosh x = \frac{1}{2}(\mathrm{e}^{x} + \mathrm{e}^{-x})$		**Kosinus Hyperbolicus**
$\sinh x = \frac{1}{2}(\mathrm{e}^{x} - \mathrm{e}^{-x})$		**Sinus Hyperbolicus**
$\tanh x = \frac{\sinh x}{\cosh x} = \frac{\mathrm{e}^{2x}-1}{\mathrm{e}^{2x}+1}$		**Tangens Hyperbolicus**
$\coth x = \frac{\cosh x}{\sinh x} = \frac{\mathrm{e}^{2x}+1}{\mathrm{e}^{2x}-1}$	$(x \neq 0)$	**Kotangens Hyperbolicus**

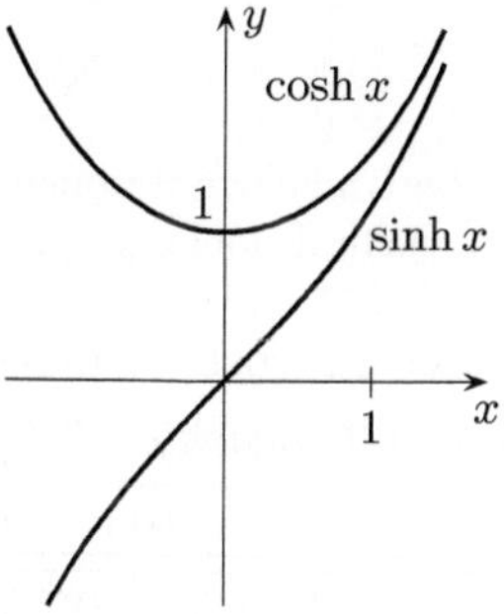

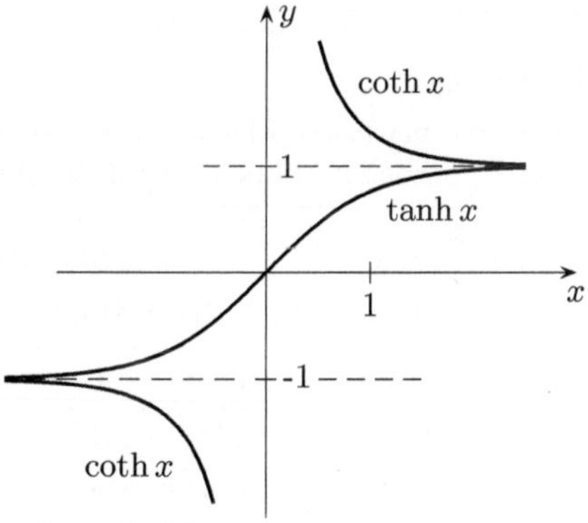

(1) cosh ist gerade: $\cosh(-x) = \cosh x$, [3.90]

(2) sinh, tanh, coth sind ungerade, z.B. ist $\sinh(-x) = -\sinh x$, [3.90].

(3) $\cosh^2 x - \sinh^2 x = 1$, $\cosh x \geq 1$ für alle x, [3.91].

(4) Additionsformeln, Additionstheoreme

$$\cosh(x+y) = \cosh x \cosh y + \sinh x \sinh y$$
$$\sinh(x+y) = \cosh x \sinh y + \sinh x \cosh y$$

(5) Folgerungen aus den Additionsformeln

$$\cosh 2x = \cosh^2 x + \sinh^2 x$$
$$\sinh 2x = 2 \sinh x \cosh x$$

(6) $\mathrm{e}^{x} = \cosh x + \sinh x$

Dies ist die eindeutig bestimmte Zerlegung der Exponentialfunktion in die Summe einer geraden und einer ungeraden Funktion.

3.90 *Zeige:* cosh *ist gerade,* sinh, tanh, coth *sind ungerade.*

$\cosh(-x) = \frac{1}{2}(\mathrm{e}^{-x} + \mathrm{e}^{-(-x)}) = \frac{1}{2}(\mathrm{e}^{-x} + \mathrm{e}^{x}) = \cosh x$, also ist cosh gerade.

$$\sinh(-x) = \frac{1}{2}(\mathrm{e}^{-x} - \mathrm{e}^{-(-x)}) = \frac{1}{2}(\mathrm{e}^{-x} - \mathrm{e}^{x}) = -\frac{1}{2}(\mathrm{e}^{x} - \mathrm{e}^{-x}) = -\sinh x,$$ also ist sinh ungerade.

$\tanh(-x) = \frac{\sinh(-x)}{\cosh(-x)} = \frac{-\sinh x}{\cosh x} = -\tanh x$, also ist tanh ungerade.

$\coth(-x) = \frac{1}{\tanh(-x)} = -\frac{1}{\tanh x} = -\coth x$, also ist coth ungerade.

3.91 *Zeige:* $\cosh^2 x - \sinh^2 x = 1.$

$$\cosh^2 x - \sinh^2 x = \tfrac{1}{4}(\mathrm{e}^{x} + \mathrm{e}^{-x})^2 - \tfrac{1}{4}(\mathrm{e}^{x} - \mathrm{e}^{-x})^2 = \tfrac{1}{4}(\mathrm{e}^{2x} + 2 + \mathrm{e}^{-2x}) - \tfrac{1}{4}(\mathrm{e}^{2x} - 2 + \mathrm{e}^{-2x}) = 1.$$

Geometrische Deutung

Durchläuft t das Intervall $]-\infty, \infty[$, so durchläuft der Punkt $(\cosh t, \sinh t)$ den rechten Ast der Einheitshyperbel $x^2 - y^2 = 1$ in der (x,y)-Ebene.

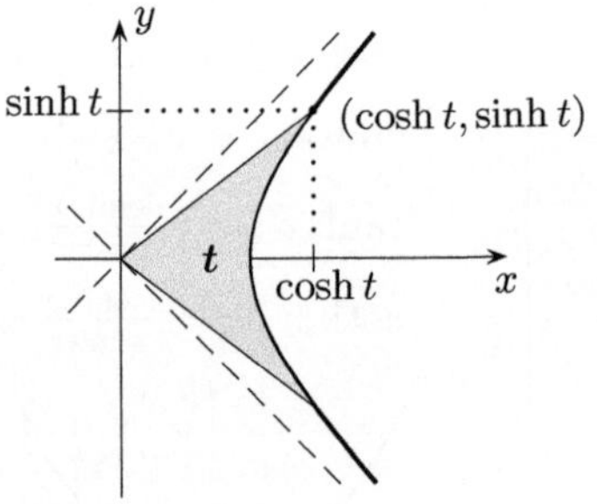

t ist gleich $\pm$ dem markierten Flächeninhalt.

Bemerkung:

Da t die markierte Fläche (Area) ist, nennt man die Umkehrfunktionen der Hyperbelfunktionen **Areafunktionen**, vgl. Arcusfunktionen [S. 120].

3.92 *Bestimme mit Taschenrechner die Werte von* sinh, cosh, tanh, coth *für:* $x = -10, -1, 0, 1, 10, 100$ *und* $x = \ln 2$ *ohne TR, beachte* $\mathrm{e}^{\ln 2} = 2$.

x	-10	-1	0	1	10	100	$\ln 2$
$\sinh x$	$-11 \cdot 10^3$	-1.18	0	1.18	$11 \cdot 10^3$	$1.34 \cdot 10^{43}$	$\frac{3}{4}$
$\cosh x$	$11 \cdot 10^3$	1.54	1	1.54	$11 \cdot 10^3$	$1.34 \cdot 10^{43}$	$\frac{5}{4}$
$\tanh x$	-1	-0.76	0	0.76	1	1	$\frac{3}{5}$
$\coth x$	-1	-1.31	n.d.	1.31	1	1	$\frac{5}{3}$

Die Werte sind i.A. nur auf zwei Stellen genau! n.d. = nicht definiert.

3.93 *Leite Formeln für* $\sinh 2x$, $\cosh 2x$ *und* $\cosh 3x$ *ab.*

Die Additionsformeln liefern

$\sinh 2x = \sinh(x + x) = \cosh x \sinh x + \sinh x \cosh x = 2 \sinh x \cosh x\,.$

$\cosh 2x = \cosh x \cosh x + \sinh x \sinh x = \sinh^2 x + \cosh^2 x = 2\cosh^2 x - 1,$ also

$$\cosh 3x = \cosh 2x \cosh x + \sinh 2x \sinh x = (2\cosh^2 x - 1)\cosh x + 2\sinh^2 x \cosh x = 2\cosh^3 x - \cosh x + 2(\cosh^2 x - 1)\cosh x = 4\cosh^3 x - 3\cosh x\,.$$

3.94 *Man vereinfache:* (a) $\dfrac{1-\cosh x}{\sinh x} + \dfrac{\sinh x}{1+\cosh x}$, (b) $\dfrac{\tanh^2 x - 1}{\coth^2 x - 1}$,

(c) $\cosh^4 x - \sinh^4 x - 2\sinh^2 x$.

(a) $$\frac{1-\cosh x}{\sinh x} + \frac{\sinh x}{1+\cosh x} = \frac{1-\cosh^2 x + \sinh^2 x}{\sinh x(1-\cosh x)} = 0.$$

(b) $$\frac{\tanh^2 x - 1}{\coth^2 x - 1} = \frac{\frac{\sinh^2 x}{\cosh^2 x} - \frac{\cosh^2 x}{\cosh^2 x}}{\frac{\cosh^2 x}{\sinh^2 x} - \frac{\sinh^2 x}{\sinh^2 x}} = \frac{\frac{-1}{\cosh^2 x}}{\frac{1}{\sinh^2 x}} = -\frac{\sinh^2 x}{\cosh^2 x} = -\tanh^2 x.$$

(c) $$\cosh^4 x - \sinh^4 x - 2\sinh^2 x = (\cosh^2 x - \sinh^2 x)(\cosh^2 x + \sinh^2 x) - 2\sinh^2 x = \cosh^2 x - \sinh^2 x = 1.$$

3.95 *Für welche x gilt:*

(a) $2\cosh^2 x - \cosh x - 1 = 0,$ (b) $\cosh x + 1 = \sinh x$?

(a) Es ist $2\cosh^2 x - \cosh x - 1 = 0 \iff (2\cosh x + 1)(\cosh x - 1) = 0$

$\iff \cosh x = 1 \iff x = 0.$

(b) Es ist $\cosh x = \frac{1}{2}(\mathrm{e}^x + \mathrm{e}^{-x}) > \frac{1}{2}(\mathrm{e}^x - \mathrm{e}^{-x}) = \sinh x,$
also gilt $\cosh x + 1 > \cosh x > \sinh x$.

Daher hat die Gleichung $\cosh x + 1 = \sinh x$ keine Lösung.

3.96 (a) *Zeige:* $\sinh\colon \mathbb{R} \to \mathbb{R}$ *ist umkehrbar, da* $\sinh x$ *streng monoton wächst.*

(b) *Drücke die Umkehrfunktion* $\sinh^{-1}\colon \mathbb{R} \to \mathbb{R}$ *durch den natürlichen Logarithmus* ln *aus.*

(a) Die Exponentialfunktion e^x ist in $\mathbb{R}$ streng monoton wachsend. Infolgedessen ist e^{-x} streng monoton fallend und $-\mathrm{e}^{-x}$ wieder streng monoton wachsend.
Als Summe von zwei streng monoton wachsenden Funktionen ist daher $\mathrm{e}^x - \mathrm{e}^{-x}$ und damit auch $\sinh x = \frac{1}{2}\left(\mathrm{e}^x - \mathrm{e}^{-x}\right)$ streng monoton wachsend in $\mathbb{R}$.

(b) Da die Hyperbelfunktionen durch die Exponentialfunktion definiert sind, kann man ihre Umkehrfunktionen durch die Logarithmusfunktion ausdrücken!

Um die Umkehrfunktion $\sinh^{-1}$ zu bestimmen, ist die Gleichung $y = \frac{1}{2}(\mathrm{e}^x - \mathrm{e}^{-x})$ nach x aufzulösen, und anschließend sind x und y zu vertauschen.

$y = \frac{1}{2}(\mathrm{e}^x - \mathrm{e}^{-x})$	Multiplikation mit $2\,\mathrm{e}^x$
$2y\,\mathrm{e}^x = \mathrm{e}^{2x} - 1$	Ordnen
$\left(\mathrm{e}^x\right)^2 - 2y\,\mathrm{e}^x - 1 = 0$	dies ist eine quadratische Gleichung in e^x, Lösungen:
$\mathrm{e}^x = y \pm \sqrt{y^2+1}$	$\mathrm{e}^x > 0$ für alle $x \in \mathbb{R}$, daher entfällt $-\sqrt{\ }$, also
$\mathrm{e}^x = y + \sqrt{y^2+1}$	Logarithmieren
$x = \ln(y + \sqrt{y^2+1})$	nun noch x und y vertauschen und man erhält
$y = \ln(x + \sqrt{x^2+1})$	die Umkehrfunktion $\sinh^{-1}$ von sinh.

Die Umkehrfunktion von $y = \sinh x$ heißt **Areasinushyperbolicus**, $y = \operatorname{arsinh} x$.

Es gilt also für $x \in \mathbb{R}$

$y = \sinh^{-1} x = \operatorname{arsinh} x = \ln(x + \sqrt{x^2+1})$.

Warum die Umkehrfunktionen der Kreisfunktionen Arcusfunktionen bzw. die Umkehrfunktionen der Hyperbelfunktionen Areafunktionen heißen, wird auf [Seite 124] erläutert.

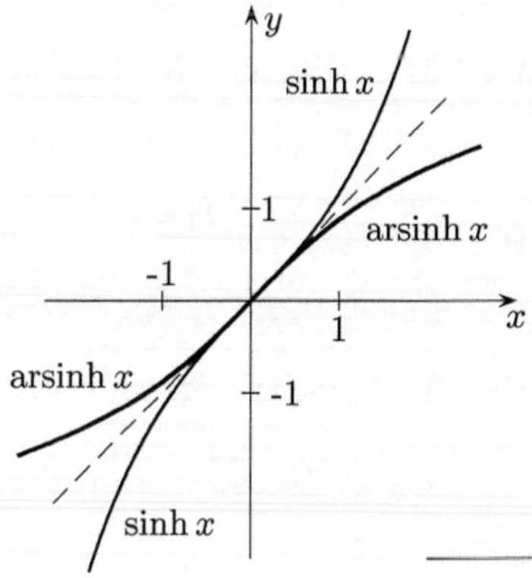

3.12 Aufgaben

Funktionen allgemein, reelle Funktionen

3.97 *Für die folgenden Funktionen bestimme man den Definitionsbereich, den Wertebereich und skizziere sie.*

(a) $f(x) = \frac{x}{|x|}$, (b) $g(x) = \mathrm{e}^{\operatorname{sgn} x}$,

(c) $h(x) = [\sin \pi x]$, (d) $k(x) = \sqrt{\cos x}$.

3.98 *Für f_j bestimme man die Bilder $f_j\big(\,]-\infty, 0]\big)$ und Urbilder $f_j^{-1}\big([-2, 1]\big)$.*

(a) $f_1(x) = \sqrt{|x-1|}$, (b) $f_2(x) = (\operatorname{sgn} x)^2$, (c) $f_3(x) = [-x]$.

3.99 *Seien $f\colon X \to Y$ eine Funktion, $A, B \subseteq X$ und $C, D \subseteq Y$.*
Man beweise oder widerlege:

(a) $f(A \cap B) = f(A) \cap f(B)$, (b) $f^{-1}(C \cap D) = f^{-1}(C) \cap f^{-1}(D)$.

3.100 *Man skizziere $f\big|_A$ für*

(a) $f(x) = \sqrt{x^2}$, $A =]-\infty, 0]$, (b) $f(x) = \sqrt{x^2}$, $A = [0, \infty[$,

(c) $f(x) = [x]$, $A = \mathbb{Z}$.

3.101 *Für die Funktionen f, g bestimme und skizziere man $f \circ g$ und $g \circ f$.*

(a) $f(x) = \frac{1}{x}$, $g(x) = \sin x$, (b) $f(x) = 2x$, $g(x) = \cos x$.

3.102 *Welche der folgenden Funktionen sind injektiv, surjektiv bzw. bijektiv?*

$q_1(x) = x^2$; $q_1 : \mathbb{R} \to \mathbb{R}$;
$q_2(x) = x^2$; $q_2 : \mathbb{R} \to [0, \infty[$;
$q_3(x) = x^2$; $q_3 : [0, \infty[\to [0, \infty[$.

3.103 *Man bestimme jeweils die Umkehrfunktion und skizziere Funktion und Umkehrfunktion.*

(a) $y = 3x - 6$, (b) $y = \frac{1}{x}$,

(c) $y = \sqrt{\mathrm{e}^x} = \mathrm{e}^{x/2}$, (d) $\tan\colon]\frac{\pi}{2}, \frac{3\pi}{2}[\to \mathbb{R}$.

3.104 *Man skizziere die folgende Funktionen*

$y = |x-1|$, $y = |x| - 1$, $y = \big||x| - 1\big|$, $y = |2x|$.

3.105 *Sei $f(x) = \frac{2x}{1+x^2}$.*
Skizziere $f(x)$, $f(-x)$, $-f(x)$, $f(|x|)$, $\big|f(x)\big|$, $-f(-x)$.

3.106 *Welche der folgenden Funktionen sind gerade, welche ungerade?*

(a) $y = \frac{1}{\cos x}$, (b) $y = x\,\mathrm{e}^{-x^2}$, (c) $y = \ln x$, (d) $y = \sqrt{|x^2 + x + 1|}$.

3.107 *Man beweise für $f\colon \mathbb{R} \to \mathbb{R}$:*
$g_1(x) = f(x) + f(-x)$ ist gerade und $g_2(x) = f(x) - f(-x)$ ist ungerade.
Man schreibe f als Summe einer geraden und einer ungeraden Funktion.
Was erhält man speziell für $f(x) = \mathrm{e}^x$?

3.108 *Man beweise: Ist f ungerade und $0 \in D(f)$, so ist $f(0) = 0$.*

3.109 *Sind die folgenden Funktionen periodisch?*
Wenn ja, was ist ihre kleinste positive Periode?
(a) $y = (-1)^{[x]}$, (b) $y = \sin|x|$, (c) $y = \cos|x|$, (d) $y = \sin^2 x$.

3.110 *Welche der folgenden Funktionen sind nach oben bzw. unten beschränkt ?*
(a) $y = [x]$ in $\mathbb{R}$, (b) $y = |x|$ in $\mathbb{R}$, (c) $y = \tan x$ in $\left[-\frac{\pi}{3}, \frac{\pi}{3}\right]$.

Wurzeln, Potenzen, Exponentialfunktionen und Logarithmen

3.111 *Man skizziere die Kurven:*
(a) $y = \frac{1}{2}\sqrt{x+1} - 1$, (b) $y = \frac{1}{\sqrt{x+1}}$,
(c) $y = \left(\sqrt{x} - 1\right)^2$, (d) $y = \sqrt{\sqrt{x} - 1}$.

3.112 *Man skizziere die Kurvenscharen und bestimme jeweils diejenige Kurve der Schar, die durch den Punkt $(1,2)$ geht:*
(a) $y = \frac{1}{a}\sqrt{x+a^2}$, $a > 0$, (b) $y = \frac{1}{a^2}(x+a)^2$, $a > 0$,
(c) $y = \frac{(2+a)^3}{(x+a)^3}$, $a > 0$ und $x > -a$.

3.113 *Man skizziere die Funktionen 3^x und 5^x, sowie $\log_3 x$ und $\log_5 x$.*
Welche Zusammenhänge bestehen zwischen ihnen?

3.114 *Man skizziere die Funktionen:*
(a) $y = \frac{1}{1+\mathrm{e}^{-x}}$, (b) $y = \mathrm{e}^{-|x|}$, (c) $y = \frac{1}{1+\ln x}$.

3.115 *Man bestimme die Exponentialfunktion*
(a) $y = a^x$ durch den Punkt $(\pi, 0.5)$,
(b) $y = c \cdot a^x$ durch die Punkte $(1,2)$ und $(4,3)$.

3.116 *Halbwertzeit bei radioaktivem Zerfall:*
(a) Von einer radioaktiven Substanz sei zur Zeit t (in Sekunden) noch die Menge $m(t) = m_0\,\mathrm{e}^{-2t}$ vorhanden.
Man bestimme die Halbwertzeit t_H, also die Zeit, nach der noch die Hälfte der Ausgangsmenge $m_0 = m(0)$ vorhanden ist.
(b) ^{239}Pu ist das am häufigsten produzierte Plutoniumisotop. Es hat eine Halbwertzeit von 24 110 Jahren. Wie lautet sein Zerfallsgesetz?
(c) Eine Bakterienkultur wachse nach dem Gesetz $m(t) = m_0\,\mathrm{e}^{0.1\,t}$, t in Tagen. Nach wieviel Tagen t hat sich die Anzahl der Bakterien verdoppelt?

3.117 *Zinseszins*

(a) Ein Kapital K_0 wird mit jährlich 5% verzinst. Nach wieviel Jahren hat sich das Kapital verdoppelt?

(b) Bei welchem Zinssatz hat sich ein Kapital in 10 Jahren verdoppelt?

(c) Nach 20 Jahren sind 5.000 € auf dem Konto. Wie hoch war das Startkapital K_0 bei einem Zinssatz von 3% ?

(d) Laut Mietvertrag wird die Anfangsmiete von 500 € jedes Jahr um 2.5% erhöht. Wie hoch ist sie nach 20 Jahren?

(e) Im Moment kostet ein Liter Benzin ca. 1.60 €. Der Benzinpreis steige jedes Jahr um 5%.
wieviel Benzin bekommt man in 12 Jahren für 100 € ?
Um wieviel Prozent ist die Kaufkraft des Euro (gemessen am Benzinpreis) in diesen 12 Jahren durchschnittlich jährlich gesunken?

3.118 *Bestimme x aus:*

(a) $\log_5 x = 2$, (b) $\log_{81} x = \frac{1}{2}$, (c) $\log_x 16 = 2$, (d) $\log_{125} x = \frac{2}{3}$,
(e) $625 = 5^x$, (f) $32 = 2^{x^2-4}$, (g) $5 = 4^x$, (h) $4 = 2^{2x-1}$.

Polynome

3.119 *Man stelle die folgenden Geraden in Normal- und Achsenabschnittsform dar:*

(a) Gerade durch $(-1,-2)$ und $(\frac{1}{2},3)$,

(b) Gerade durch $(\frac{3}{4},-1)$ und $(3,-1)$,

(c) Gerade durch $(1,\pi)$ parallel bzw. senkrecht zur Geraden $2y - x = 1$.

3.120 *Man bestimme und skizziere die nach unten (oben) geöffneten Normalparabeln mit Scheitel auf der Winkelhalbierenden $y = x$.*

3.121 *Bestimme alle Polynome höchstens 2. Grades*

(a) durch $(1,1)$ und $(3,2)$,

(b) durch $(0,0)$ mit Steigung $y'(0) = \frac{1}{2}$, siehe [Abschnitt 4.2].

3.122 *In welchen Punkten schneiden sich die folgenden Polynome?*

(a) $x+3$ und $2x^2+x+1$, (b) $-x^2+x+2$ und x^3-x+2.

3.123 *Man bestimme alle Polynome p dritten Grades mit*

(a) *$p(0) = p(2) = 0$ und $p(\pm 1) = \pm 1$,*

(b) *der doppelten Nullstelle $x_1 = -1$ und der einfachen Nullstelle $x_2 = 1$,*

(c) *den einfachen Nullstellen ± 1 und 0.*

3.124 *Gesucht ist die Wendepunktform $y - y_w = a(x - x_w)^3 + m(x - x_w)$ des kubischen Polynoms $y = x^3 + 3x^2 + 2x + 1$.*

3.125 (a) *Man gebe ein Polynom 4. Grades an mit*

(1) *zwei einfachen und einer doppelten Nullstelle,*

(2) *keiner einfachen und genau einer doppelten Nullstelle,*

(3) *einer einfachen und einer dreifachen Nullstelle.*

(b) *Warum kann ein Polynom 4. Grades weder genau eine Nullstelle, wobei diese einfach ist, noch genau drei einfache Nullstellen haben?*

(c) *Welche Möglichkeiten gibt es für die Nullstellen eines Polynoms 4. Grades?*

3.126 *Man skizziere die folgenden Funktionen:*
(a) $y = \frac{1}{2}(x^4-2x^3)$, (b) $y = \frac{1}{2}x^2(x+2)(x^2-1)$, (c) $y = \frac{1}{10}(x^2-4)^2(x^2-1)$.

Rationale Funktionen

3.127 *Man skizziere die folgenden Funktionen:*
$y = \frac{1}{x}$, $y = \frac{1}{x+1}$, $y = \frac{x+1}{x}$, $y = \frac{x}{x+1}$.

3.128 *Für* $f_1(x) = \dfrac{a_1x+b_1}{c_1x+d_1}$ *und* $f_2(x) = \dfrac{a_2x+b_2}{c_2x+d_2}$ *bestimme man* $f_1 \circ f_2$ *und* $f_2 \circ f_1$.
Lässt sich ein Zusammenhang mit Matrizenprodukten [**EM1**, Abschnitt 11.2] *erkennen?*

3.129 *Man skizziere die folgenden rationalen Funktionen ohne Hilfsmittel der Differenzialrechnung:*
(a) $\frac{x^2}{x^2+1}$, (b) $\frac{x^3}{x^2+1}$, (c) $\frac{2x^3}{x^4+1}$, (d) $\frac{x^3}{x+1}$, (e) $\frac{x^3}{x^3+1}$.

3.130 *Man gebe eine rationale Funktion an mit*

(a) *genau zwei einfachen Polen, einer dreifachen Nullstelle und der Asymptote* $y = x$,

(b) *genau drei einfachen Polen, keiner Nullstelle und der Asymptote* $y = x$,

(c) *Grad 3, Asymptote* $y = 2$ *und Nullstelle* 0.

3.131 *Warum hat jede rationale Funktion 3. Grades mit Asymptote* $y = 2$ *mindestens eine Nullstelle?*

3.132 *Man beweise:*
Eine rationale Funktion vom Grad n *nimmt jeden Wert höchstens* n*-mal an.*

3.133 *Man zerlege in Partialbrüche:*

(a) $\dfrac{6x^2-12}{(x^2-4)(x+1)}$, (b) $\dfrac{18x^2+15x-4}{(3x+1)^2(x-2)}$,

(c) $\dfrac{x^4}{(x-2)^3}$, (d) $\dfrac{3x^2+x-1}{x^3-1}$.

Trigonometrische Funktionen

3.134 *Mit Hilfe von* $\sin 30° = \frac{1}{2}$, $\cos 30° = \frac{1}{2}\sqrt{3}$ *und nebenstehender Skizze zeige man, dass* $\tan 15° = 2 - \sqrt{3}$ *gilt.*

Ferner bestimme man $\sin 15°$ *und* $\cos 15°$.

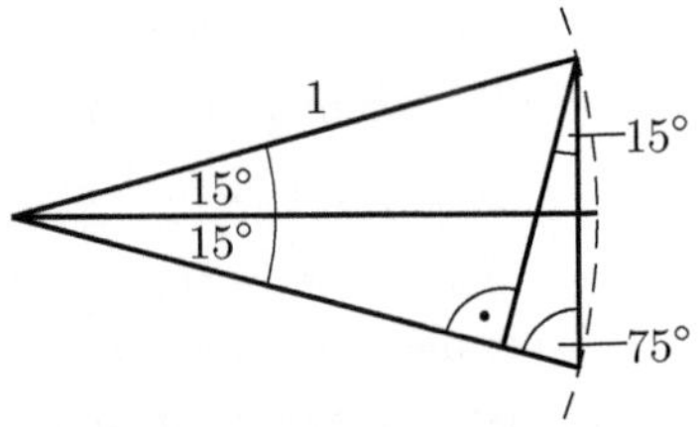

3.135 *Für welche* x *gilt:*

(a) $2\sin x = \sqrt{2}$, (b) $2\cos x = 1$, (c) $\tan^2 x = 3$, (d) $\cot^2 x \le 1$?

3.136 *Man beweise mit Hilfe der Additionsformeln und interpretiere die Formeln an den Kurven:*

(a) $\cos(x+\pi) = -\cos x$, (b) $\sin\left(x+\frac{\pi}{2}\right) = \cos x$, (c) $\tan(x \pm \frac{\pi}{2}) = -\cot x$.

3.137 *Man stelle mit Hilfe der Additionsformeln* $\sin\frac{x}{2}$ *durch* $\cos x$ *dar.*

3.138 *Man schreibe als Sinusschwingung* $A\sin(\omega t + \varphi)$ *mit* $A > 0$ *und skizziere:*

(a) $-2\sin(t - \frac{3\pi}{4})$, (b) $-3\cos(2t + \frac{\pi}{4})$, (c) $-\frac{3}{2}\sin(\frac{\pi}{3} - \frac{1}{2}t)$.

3.139 *Man zerlege in zwei Schwingungen der Form* $B\cos\omega t$ *und* $C\sin\omega t$.

(a) $y = 3\sin\left(2t+1\right)$, (b) $y = \frac{1}{2}\cos\left(\frac{\pi}{6}t - \frac{\pi}{3}\right)$.

3.140 *Man bestimme die charakteristischen Größen und Funktionsgleichungen der folgenden harmonischen Schwingungen:*

(a)

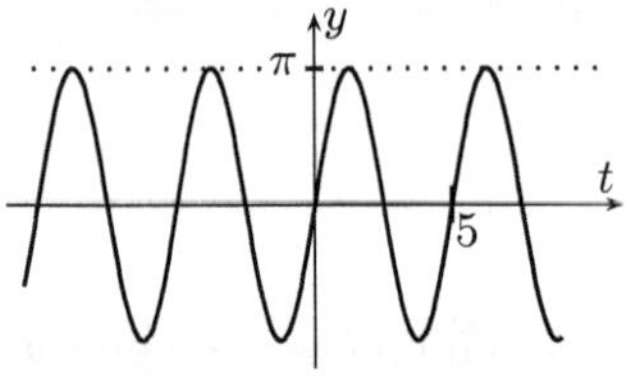

(b)

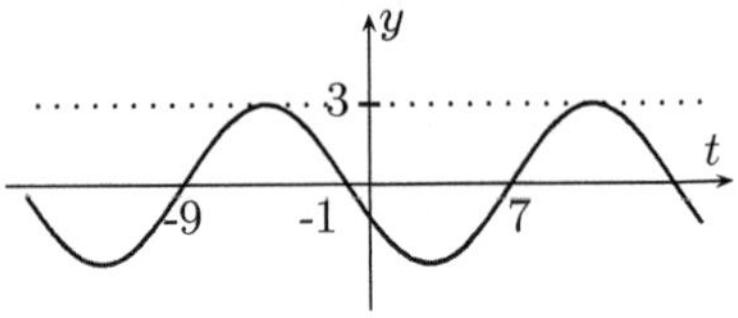

3.141 *Man stelle die Überlagerungen in der Form* $A\sin(\omega t + \varphi)$ *dar.*

(a) $\sin t + \cos t$, (b) $\sin t - 2\cos t$, (c) $2\cos(2t - \frac{\pi}{4}) - \frac{1}{2}\cos(2t - \frac{\pi}{2})$.

3.142 *Man skizziere*

(a) $f(x) = \frac{1}{x}\sin x$, (b) $g(x) = \sin x \cdot \sin 12x$, (c) $h(x) = \sqrt{|x|} \cdot \sin x^2$.

Hyperbelfunktionen

3.143 *Für welche x gilt*

(a) $\cosh x = 1 + \sinh x$, (b) $2\cosh x - \sinh^2 x = 2$?

3.144 *Man drücke die Umkehrfunktion von* $\cosh\colon [0,\infty[\to [1,\infty[$ *durch den natürlichen Logarithmus aus!*

3.145 Kettenlinie

Ein wie in nebenstehender Skizze an den Enden aufgehängtes Seil (Kette) erzeugt eine Kurve, die beschrieben wird durch

$y = f(x) = \frac{1}{a}\cosh ax + D.$

Deshalb nennt man die Kurve $\cosh x$ *auch* **Kettenlinie**.

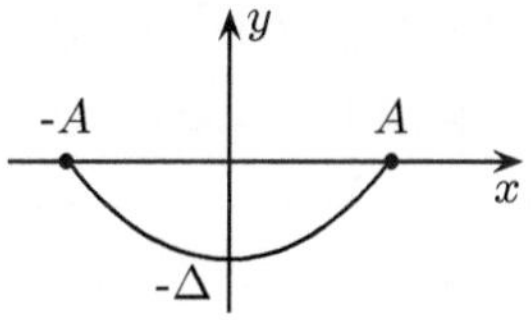

Man bestimme eine solche Kurve für

(a) $A = 1, \Delta = 2$, (b) $A = 2, \Delta = 1$?

3.13 Lösungen

3.97

(a) $f(x) = \frac{x}{|x|} = \begin{cases} -1 & \text{falls } x < 0, \\ 1 & \text{falls } x > 0. \end{cases}$

ist für alle $x \neq 0$ definiert.
Also ist $D = \mathbb{R}\setminus\{0\}$ der Definitionsbereich und $f(D) = \{-1, 1\}$ der Wertebereich.

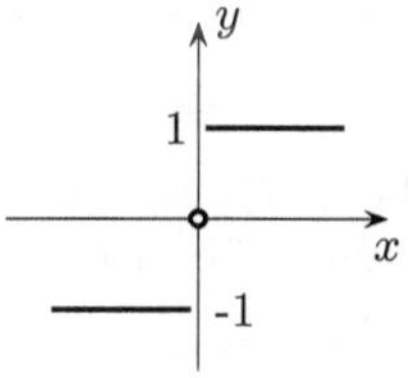

f stimmt für $x \neq 0$ mit der *Signum-Funktion* überein [S. 62].

(b) $g(x) = \mathrm{e}^{\operatorname{sgn} x}$ ist in ganz $\mathbb{R}$ definiert, denn sowohl die Signum- als auch die Exponentialfunktion sind in ganz $\mathbb{R}$ definiert. Also ist $D = \mathbb{R}$.
Wertebereich von g ist die dreielementige Menge $g(D) = \{\mathrm{e}^0, \mathrm{e}^1, \mathrm{e}^{-1}\} = \{1, \mathrm{e}, \frac{1}{\mathrm{e}}\}$.

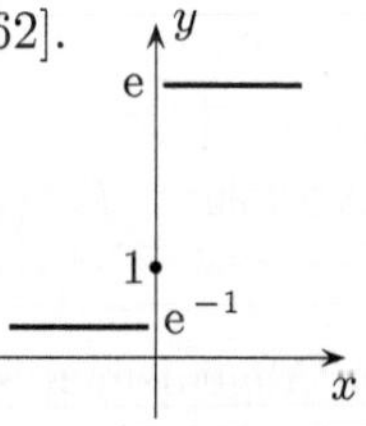

(c) $[x] = \max\{n \in \mathbb{Z} \,|\, n \leq x\}$ ist die sogenannte Gauß-Funktion, siehe [S. 62].
Sie ist, wie auch der Sinus, in $\mathbb{R}$ definiert.
Also ist der Definitionsbereich von $h(x) = [\sin \pi x]$ ebenfalls ganz $\mathbb{R}$.

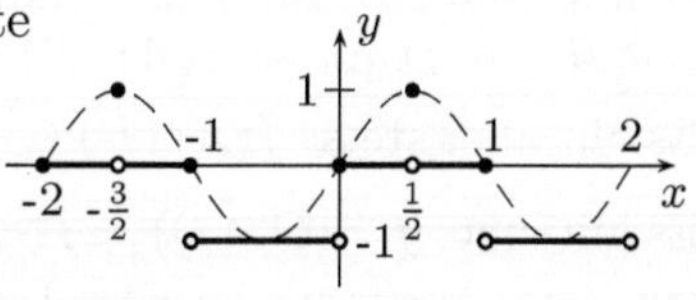

Wegen $-1 \leq \sin \pi x \leq 1$ nimmt $[\sin \pi x]$ nur die Werte $-1, 0, 1$ an.
Also ist $D = \mathbb{R}$ der Definitionsbereich und $h(D) = \{-1, 0, 1\}$ der Wertebereich.

$\sin x$ ist periodisch mit der Periode 2π.
$\sin \pi x$ ist periodisch mit der Periode 2. Also gilt
$h(x) = [\sin \pi x]$ ist periodisch mit der Periode 2.

(d) $k(x) = \sqrt{\cos x}$ ist in den Intervallen definiert, in denen $\cos x \geq 0$ ist, also in den Intervallen $\left[2k\pi - \frac{\pi}{2}, 2k\pi + \frac{\pi}{2}\right]$. Da dort $0 \leq \cos x \leq 1$ gilt, ist auch $0 \leq \sqrt{\cos x} \leq 1$.

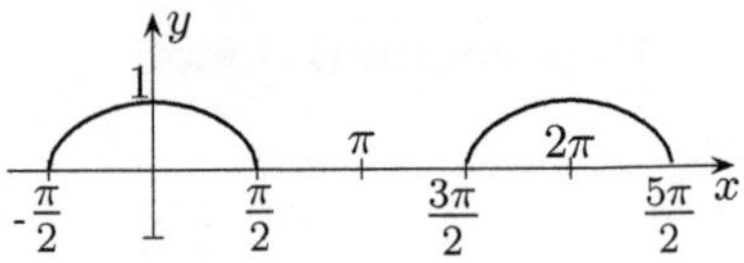

Der Definitionsbereich D ist die Vereinigung der Intervalle $\left[2k\pi - \frac{\pi}{2}, 2k\pi + \frac{\pi}{2}\right]$, $k \in \mathbb{Z}$. Der Wertebereich ist $k(D) = [0, 1]$.

3.98

(a) Für $f_1(x) = \sqrt{|x-1|}$ gilt
$f_1(]-\infty, 0]) = [1, \infty[$.
Da f_1 nur Werte ≥ 0 annimmt, gilt
$f_1^{-1}([-2, 1]) = f_1^{-1}([0, 1])$.
Für $0 \leq x \leq 2$ ist $0 \leq \sqrt{|x-1|} \leq 1$, also
$f_1^{-1}([-2, 1]) = [0, 2]$.

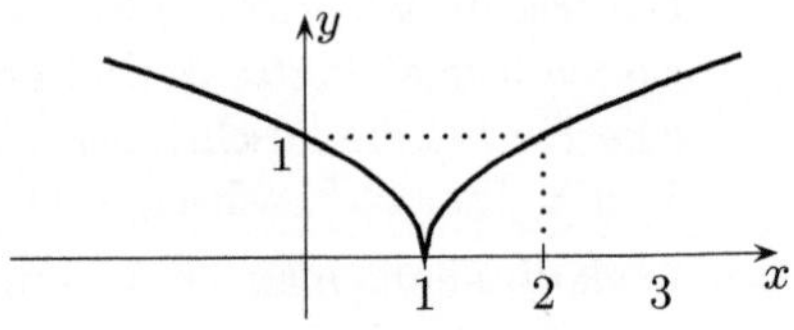

(b) Für $f_2(x) = (\operatorname{sgn} x)^2$ gilt $D(f_2) = \mathbb{R}$ und $f_2(\mathbb{R}) = \{0, 1\}$. Insbesondere ist
$f_2(]-\infty, 0]) = \{0, 1\}$ und
$f_2^{-1}([-2, 1]) = f_2^{-1}(\{0, 1\}) = \mathbb{R}$.

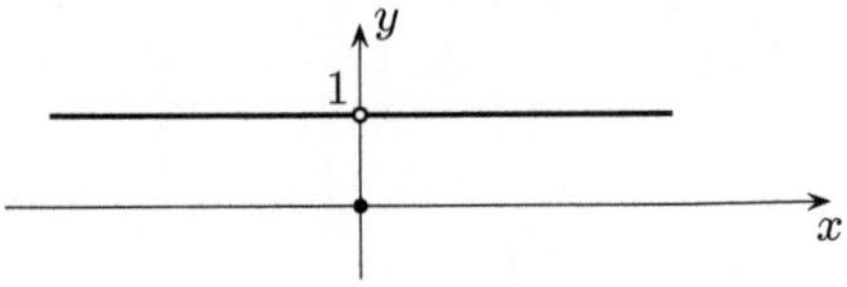

(c) Für $f_3(x) = [-x]$ gilt
$f_3(]-\infty, 0]) = \{0, 1, 2, \ldots\} = \mathbb{N} \cup \{0\}$.
Da $[-x]$ nur ganze Zahlen als Werte annimmt, überlegt man sich zur Bestimmung von $f_3^{-1}([-2, 1])$:

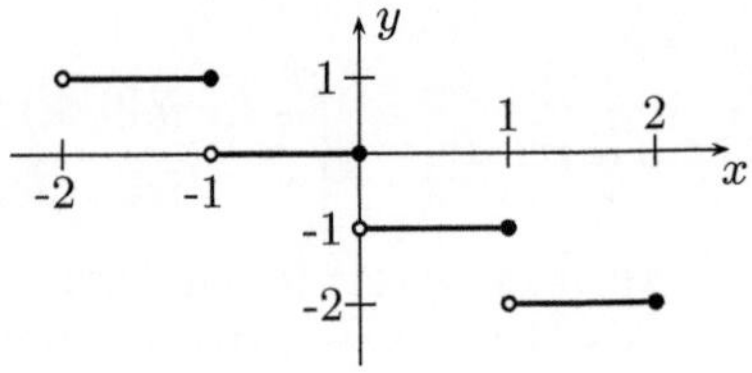

Für welche x gilt: $f_3(x) = -2$, $f_3(x) = -1$, $f_3(x) = 0$ bzw. $f_3(x) = 1$?
$f_3(x) = [-x] = -2 \iff 2 \geq x > 1$, $f_3(x) = [-x] = -1 \iff 1 \geq x > 0$, usw.
Also folgt $f_3^{-1}([-2, 1]) =]-2, 2]$.

3.99

(a) Im Allgemeinen ist $f(A \cap B) \neq f(A) \cap f(B)$.
Wählt man z.B. für f die Nullfunktion auf $\{1, 2\}$ und $A = \{1\}$, $B = \{2\}$, so ist $A \cap B = \emptyset$. Dann ist $f(A \cap B) = f(\emptyset) = \emptyset$ und $f(A) \cap f(B) = \{0\} \cap \{0\} = \{0\}$.
Es gilt aber stets $f(A \cap B) \subseteq f(A) \cap f(B)$.

(b) Es gilt stets $f^{-1}(C \cap D) = f^{-1}(C) \cap f^{-1}(D)$.
Wir zeigen $f^{-1}(C \cap D) \subseteq f^{-1}(C) \cap f^{-1}(D)$ und $f^{-1}(C) \cap f^{-1}(D) \subseteq f^{-1}(C \cap D)$.
Sei zunächst $x \in f^{-1}(C \cap D)$. Dann ist $f(x) \in C \cap D$, also $x \in f^{-1}(C)$ wegen $f(x) \in C$, und es ist $x \in f^{-1}(D)$ wegen $f(x) \in D$. Also $x \in f^{-1}(C) \cap f^{-1}(D)$.
Sei andererseits $x \in f^{-1}(C) \cap f^{-1}(D)$.
Dann ist $f(x) \in C$ und $f(x) \in D$, also $f(x) \in C \cap D$ und damit $x \in f^{-1}(C \cap D)$.

3.100

(a) Für $x \in A =]-\infty, 0]$ ist $f\big|_A(x) = \sqrt{x^2} = |x| = -x$.

(b) Für $x \in A = [0, \infty[$ ist $f\big|_A(x) = \sqrt{x^2} = |x| = x$.

(c) Für $x \in A = \mathbb{Z}$ ist $f\big|_{\mathbb{Z}}(x) = [x] = x$, also ist $f\big|_{\mathbb{Z}} : \mathbb{Z} \longrightarrow \mathbb{Z}$ die Identität.

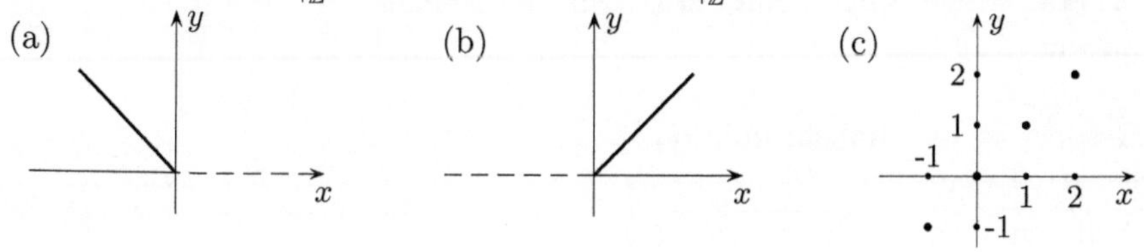

3.101

(a) Für $f(x) = \frac{1}{x}$, $g(x) = \sin x$ ist
$(f \circ g)(x) = f(g(x)) = f(\sin x) = \frac{1}{\sin x}$
definiert für $\sin x \neq 0$,
also für $x \neq k\pi$ $(k \in \mathbb{Z})$ und
$(g \circ f)(x) = g(f(x)) = g(\frac{1}{x}) = \sin\frac{1}{x}$
für $x \neq 0$.

Es ist $f \circ g \neq g \circ f$.

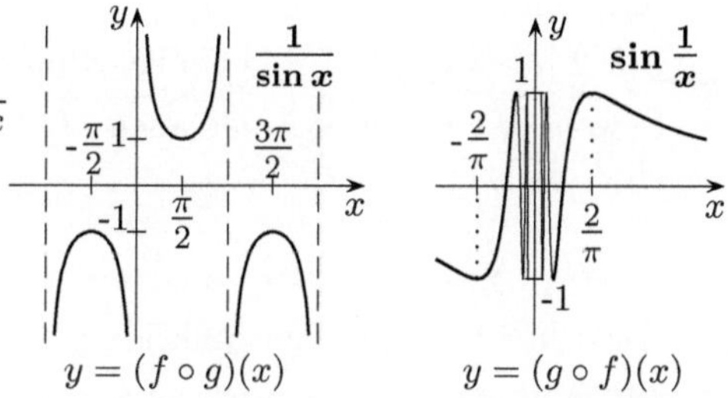

(b) $f(x) = 2x$ und $g(x) = \cos x$ sind in ganz $\mathbb{R}$ definiert, also auch
$(f \circ g)(x) = f(g(x)) = 2\cos x$ und
$(g \circ f)(x) = g(f(x)) = \cos 2x$.
$f \circ g$ ist die Kosinuskurve
um den Faktor 2 in y-Richtung gestreckt,
$g \circ f$ ist die Kosinuskurve
mit doppelter Frequenz. Es ist $f \circ g \neq g \circ f$.

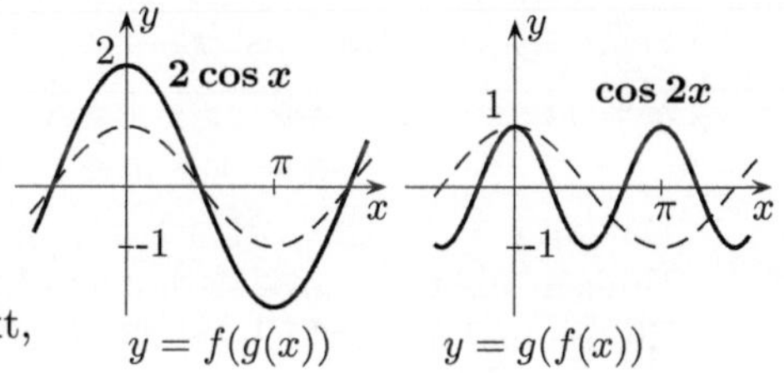

3.102 $q_1 : \mathbb{R} \to \mathbb{R}$, $q_1(x) = x^2$ ist
nicht injektiv, da $q_1(-1) = q_1(1) = 1$ und nicht surjektiv, da $-1 \notin q_1(\mathbb{R})$.
Also ist q_1 erst recht nicht bijektiv.

$q_2 : \mathbb{R} \to [0, \infty[$, $q_2(x) = x^2$ ist surjektiv, da $q_3\big([0, \infty[\big) = [0, \infty[$ ist.
q_2 ist nicht injektiv, da z.B. $q_2(-1) = q_2(1) = 1$.
q_2 ist nicht bijektiv, da q_2 nicht injektiv ist.

$q_3 : [0, \infty[\to [0, \infty[$, $q_3(x) = x^2$ ist injektiv,
da q_3 in $[0, \infty[$ streng monoton wächst.

q_3 ist bijektiv, da q_3 injektiv und surjektiv ist.

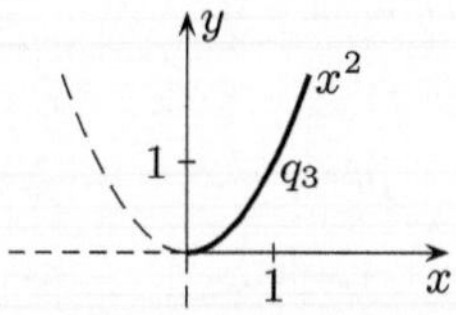

3.103

(a) $y = 3x - 6$ ist injektiv, also umkehrbar.
Auflösen nach x liefert $x = \frac{1}{3}y + 2$.
Vertauschen von x und y ergibt die
Umkehrfunktion $y = f^{-1}(x) = \frac{1}{3}x + 2$.

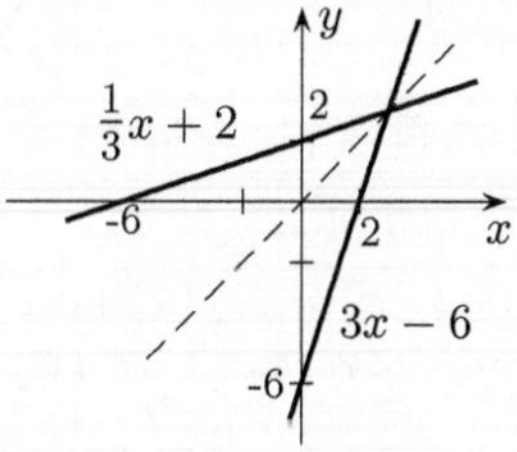

(b) $f(x) = y = \frac{1}{x}$ ist in $\mathbb{R}\backslash\{0\}$ injektiv.

Hier ist $f^{-1} = f$. f hat also sich selbst als Umkehrfunktion (denn zweimalige Kehrwertbildung liefert wieder den Ausgangsterm).

$f(x) = \frac{1}{x}$ ist daher symmetrisch zur Winkelhalbierenden $y = x$.

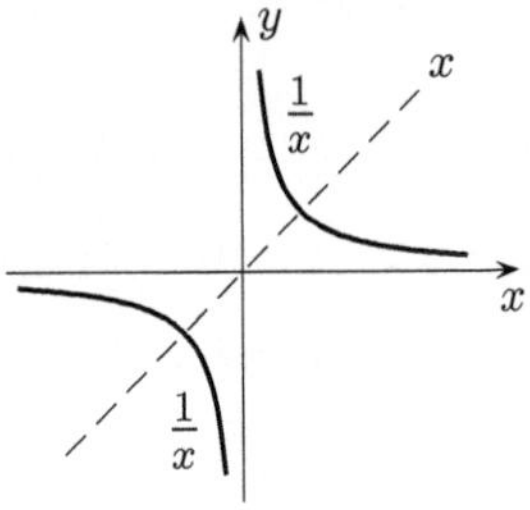

(c) Gesucht ist die Umkehrfunktion von $y = f(x) = \sqrt{e^x} = e^{x/2}$.

Auflösen nach x liefert zunächst $y^2 = e^x$ und dann $x = \ln y^2 = 2 \ln y$ (da $y > 0$). Also ist $y = 2 \ln x = f^{-1}(x)$ die Umkehrfunktion von f.

Sowohl $f\colon \mathbb{R} \to]0, \infty[$ als auch $f^{-1}\colon]0, \infty[\to \mathbb{R}$ sind bijektiv.

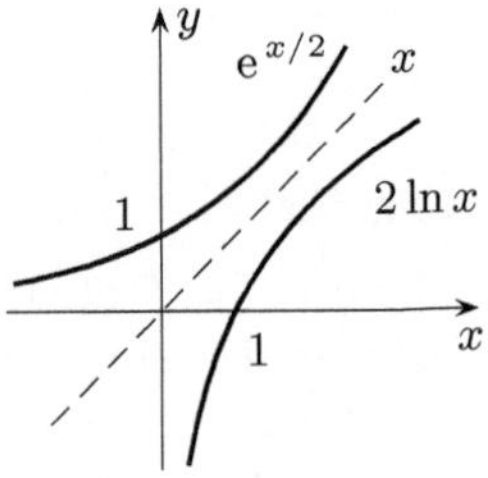

(d) Gesucht ist die Umkehrfunktion von $y = \tan x$ im Intervall $]\frac{\pi}{2}, \frac{3\pi}{2}[$.

Sei $x \in]\frac{\pi}{2}, \frac{3\pi}{2}[$. Dann ist $x - \pi \in] - \frac{\pi}{2}, \frac{\pi}{2}[$ und

$$y = \tan(x - \pi) \iff x - \pi = \arctan y$$
$$\iff x = \pi + \arctan y$$

Da $\tan x = \tan(x - \pi)$, ist $y = \pi + \arctan x$ die Umkehrfunktion von $y = \tan x$ im Intervall $]\frac{\pi}{2}, \frac{3\pi}{2}[$.

Zu tan und arctan siehe auch [S. 120].

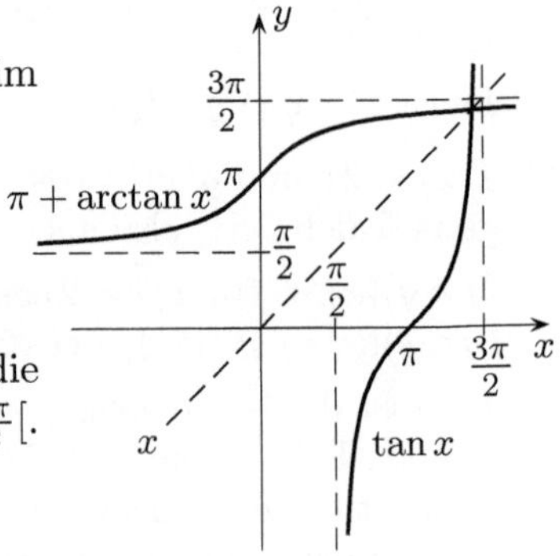

3.104

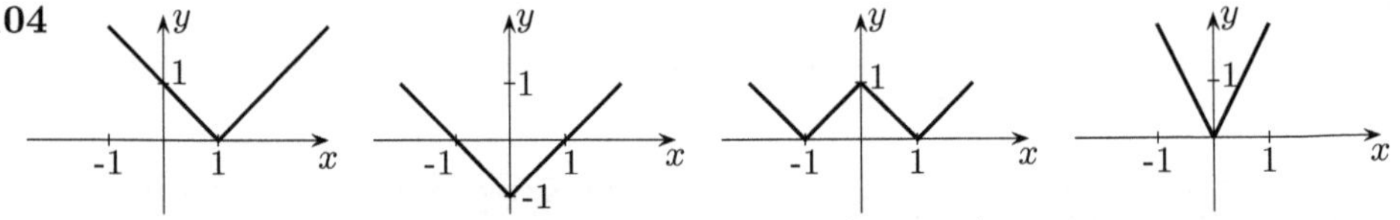

$y = |x - 1|$ $y = |x| - 1$ $y = \big||x| - 1\big|$ $y = |2x| = 2|x|$

3.105

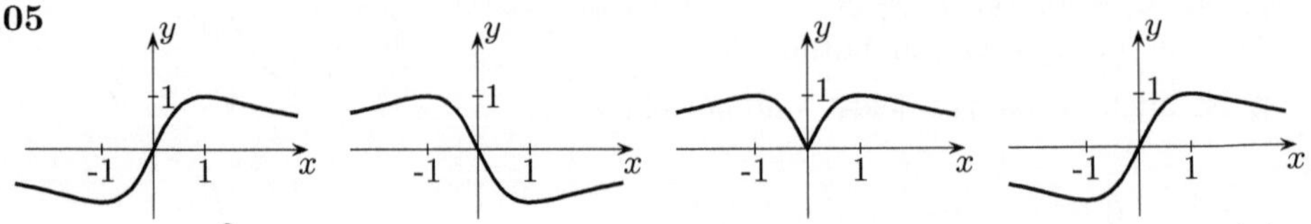

$f(x) = \frac{2x}{1+x^2}$ $f(-x) = -f(x)$ $f(|x|) = |f(x)|$ $-f(-x) = f(x)$

Siehe auch [3.42].

Es ist $f(-x) = -f(x)$ und $f(x) = -f(-x)$, da f eine ungerade Funktion ist.

Mit $f(x) \geq 0$ für $x \geq 0$ folgt damit $f(|x|) = |f(x)|$.

3.106

(a) $f(x) = \frac{1}{\cos x}$ ist gerade, da $\cos x$ gerade ist, s. [S. 107].

Man kann auch direkt nachrechnen:
$f(-x) = \frac{1}{\cos(-x)} = \frac{1}{\cos x} = f(x).$

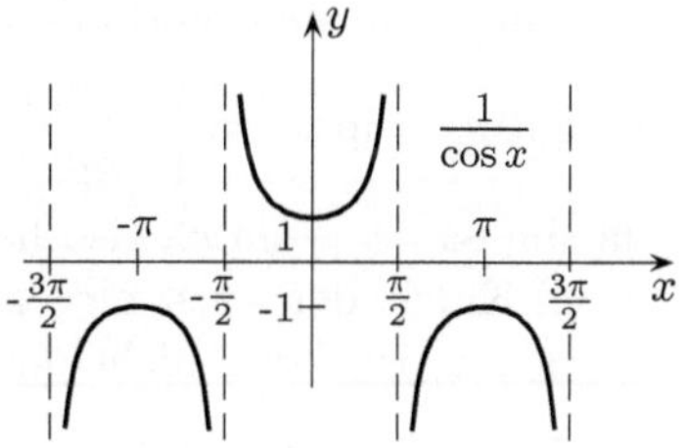

(b) $g(x) = x\,\mathrm{e}^{-x^2}$ ist ungerade.
Da x ungerade und e^{-x^2} gerade ist, folgt dies auch mit den Rechenregeln auf [Seite 72].

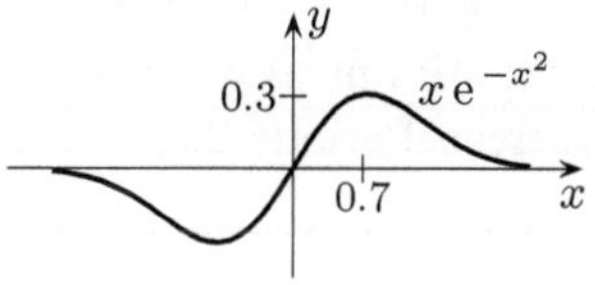

(c) $h(x) = \ln x$
ist weder gerade noch ungerade, da ln für negative x nicht definiert ist.

(d) $k(x) = \sqrt{|x^2 + x + 1|}$ ist weder gerade noch ungerade.
Z.B. ist $k(-1) = \sqrt{|1 - 1 + 1|} = \sqrt{1} = 1$ und $k(1) = \sqrt{|1 + 1 + 1|} = \sqrt{3}$, also $k(-1) \neq k(1)$, k ist nicht gerade; $k(-1) \neq -k(1)$, k ist nicht ungerade.

3.107 $g_1(x) = f(x) + f(-x)$ ist gerade, denn

$$g_1(-x) = f(-x) + f(-(-x)) = f(-x) + f(x) = g_1(x).$$

$g_2(x) = f(x) - f(-x)$ ist ungerade, denn

$$g_2(-x) = f(-x) - f(-(-x)) = f(-x) - f(x) = -g_2(x).$$

Für alle $f\colon \mathbb{R} \to \mathbb{R}$ und $x \in \mathbb{R}$ gilt

$$f(x) = \underbrace{\tfrac{1}{2}\big(f(x) + f(-x)\big)}_{gerade} + \underbrace{\tfrac{1}{2}\big(f(x) - f(-x)\big)}_{ungerade}.$$

Also ist jede Funktion f Summe einer geraden und einer ungeraden Funktion.
Speziell für e^x ergibt sich die Zerlegung

$$\mathrm{e}^x = \underbrace{\tfrac{1}{2}\big(\mathrm{e}^x + \mathrm{e}^{-x}\big)}_{\cosh x} + \underbrace{\tfrac{1}{2}\big(\mathrm{e}^x - \mathrm{e}^{-x}\big)}_{\sinh x} = \cosh x + \sinh x.$$

3.108 f ist ungerade, wenn für alle $x \in D(f)$ gilt $f(x) = -f(-x)$.
Speziell für $x = 0 = -0$ gilt dann $f(0) = -f(-0) = -f(0)$, also $f(0) = 0$.

3.109

(a) Wegen $[x + 2] = [x] + 2$ gilt

$$(-1)^{[x+2]} = (-1)^{[x]+2} = (-1)^{[x]} \cdot (-1)^2 = (-1)^{[x]}.$$

$y = (-1)^{[x]}$ ist periodisch mit der kleinsten positiven Periode $p = 2$.

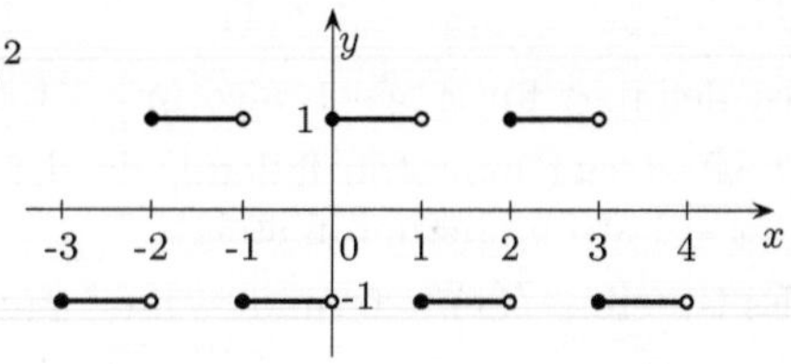

(b) $y = \sin|x|$ ist nicht periodisch.

Es gilt $y = \sin|x| = \begin{cases} \sin x & \text{für } x \geq 0 \\ -\sin x & \text{für } x \leq 0, \end{cases}$

da $\sin(-x) = -\sin x$. Also hat $\sin|x|$ in $(0,0)$ einen Knick, der sonst nirgends auftritt.
$y = \sin|x|$ ist daher nicht periodisch.

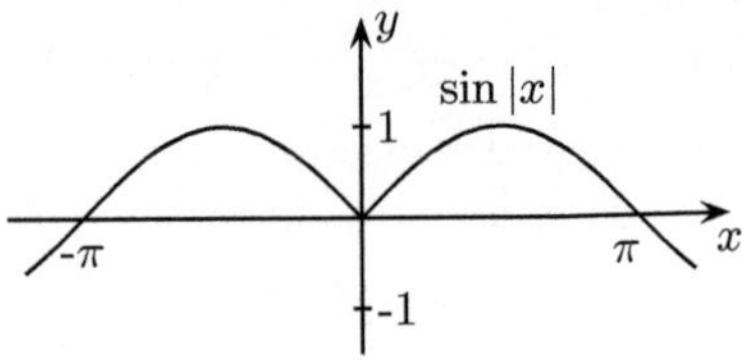

(c) cos ist gerade, also $\cos(-x) = \cos x$ und damit $\cos|x| = \cos x$.
$\cos|x|$ stimmt also mit $\cos x$ überein und ist damit periodisch mit der kleinsten positiven Periode 2π.

(d) $\sin^2 x$ hat die Periode π. Denn aus $\sin(x+\pi) = -\sin x$, siehe [3.62], folgt
$\sin^2(x+\pi) = \sin(x+\pi)\sin(x+\pi) = (-\sin x)(-\sin x) = \sin^2 x$.
π ist auch die kleinste positive Periode, siehe [3.63].

3.110

(a) $y = [x]$ ist in $\mathbb{R}$ weder nach oben noch nach unten beschränkt.
Es gilt $[x] \to \pm\infty$ für $x \to \pm\infty$.

(b) $y = |x|$ ist in $\mathbb{R}$ nach unten beschränkt, z.B. durch 0.
Es gilt $|x| \to +\infty$ für $x \to \pm\infty$. Also ist $|x|$ in $\mathbb{R}$ nicht nach oben beschränkt.

(c) $y = \tan x$ ist in $\left[-\frac{\pi}{3}, \frac{\pi}{3}\right]$ nach oben und nach unten beschränkt.
$\tan x$ wächst monoton in $\left[-\frac{\pi}{3}, \frac{\pi}{3}\right]$. Für $x \in \left[-\frac{\pi}{3}, \frac{\pi}{3}\right]$
gilt also $\tan(-\frac{\pi}{3}) \leq \tan x \leq \tan\frac{\pi}{3}$.
Schranken sind also $\tan(-\frac{\pi}{3}) = -\sqrt{3}$ und $\tan\frac{\pi}{3} = \sqrt{3}$ oder auch -2 und 2.

Wurzeln, Potenzen, Exponentialfunktionen und Logarithmen

3.111

(a) $y = \frac{1}{2}\sqrt{x+1} - 1$
ist definiert für $x \geq -1$, also in $[-1, \infty[$.
$\frac{1}{2}\sqrt{x+1} - 1$ entsteht aus $\sqrt{x}$
durch
Verschieben um 1 nach links,
Stauchung um den Faktor $\frac{1}{2}$ in y-Richtung,
Verschieben um 1 nach unten.

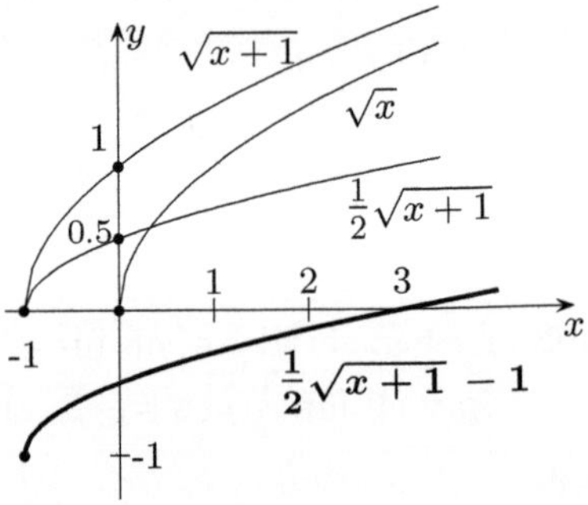

(b) $f(x) = y = \frac{1}{\sqrt{x+1}} = (x+1)^{-1/2}$
ist definiert für $x > -1$, also in $]-1, \infty[$.
f ist streng monoton fallend, da der Nenner $\sqrt{x+1}$ streng monoton steigt.
Es ist $\lim\limits_{x\to\infty} f(x) = 0$ und $\lim\limits_{x\to -1^+} f(x) = \infty$.

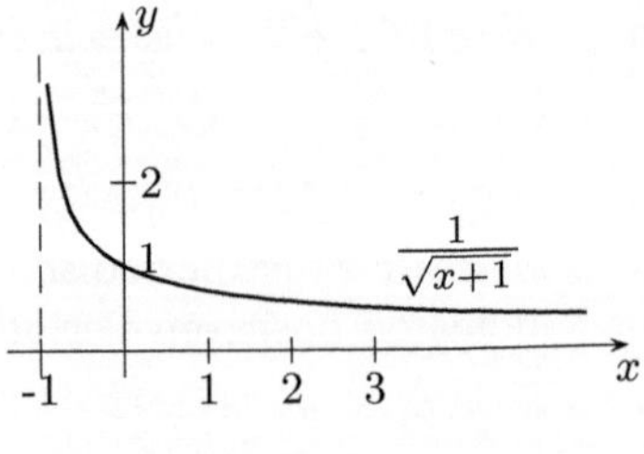

(c) $f(x) = y = (\sqrt{x} - 1)^2 = x + 1 - 2\sqrt{x}$
ist definiert für $x \geq 0$.

f entsteht aus $y = \sqrt{x}$ durch
Verschieben um 1 nach unten und
anschließendes Quadrieren.

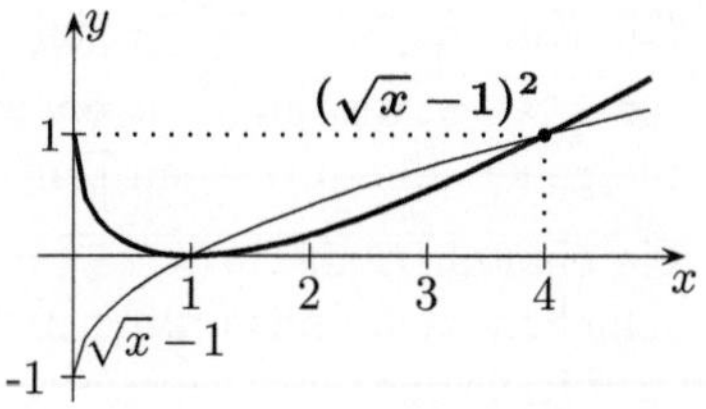

(d) $f(x) = y = \sqrt{\sqrt{x} - 1}$
ist definiert für $x \geq 1$.

f entsteht aus $y = \sqrt{x}$ durch
Verschieben um 1 nach unten und
anschließendes Wurzelziehen.

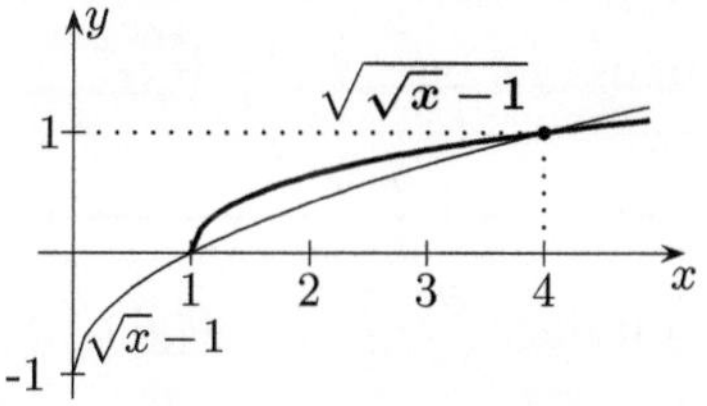

3.112

(a) Die Kurven $y = \frac{1}{a}\sqrt{x + a^2}$ mit $a > 0$
sind definiert für $x \geq -a^2$.
Sie gehen alle durch den Punkt $(0, 1)$.
Sie entstehen aus $y = \sqrt{x}$ durch
Verschieben nach links und
Stauchung/Streckung in y-Richtung.

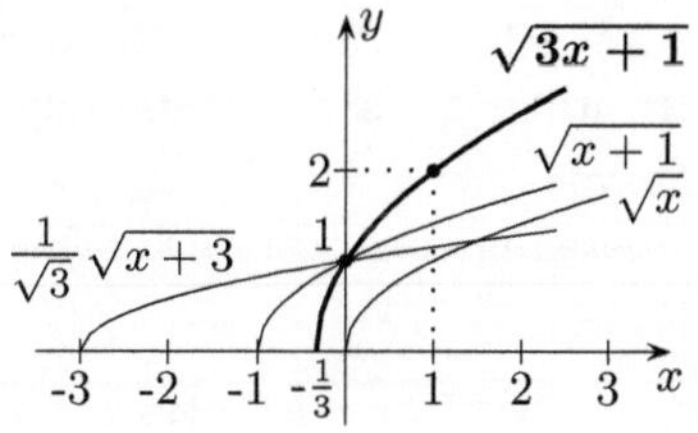

Für die Kurve durch den Punkt $(1, 2)$ muss gelten: $2 = \frac{1}{a}\sqrt{1 + a^2}$.
Multiplikation dieser Gleichung mit a und Quadrieren ergibt:
$4a^2 = 1 + a^2$, d.h. $a^2 = \frac{1}{3}$, also $a = \frac{1}{\sqrt{3}}$ (wegen $a > 0$).
Für $a = \frac{1}{\sqrt{3}} \approx 0.58$,
also für $y = \sqrt{3}\sqrt{x + \frac{1}{3}} = \sqrt{3x + 1}$, $x \geq -\frac{1}{3}$, gilt dann $y(1) = 2$.

(b) Die Kurven $y = \frac{1}{a^2}(x + a)^2$ mit $(a > 0)$
sind in ganz $\mathbb{R}$ definiert.
Sie gehen alle durch $(0, 1)$.
Sie entstehen aus $y = x^2$ durch
Verschieben nach links und
Stauchung/Streckung in y-Richtung.

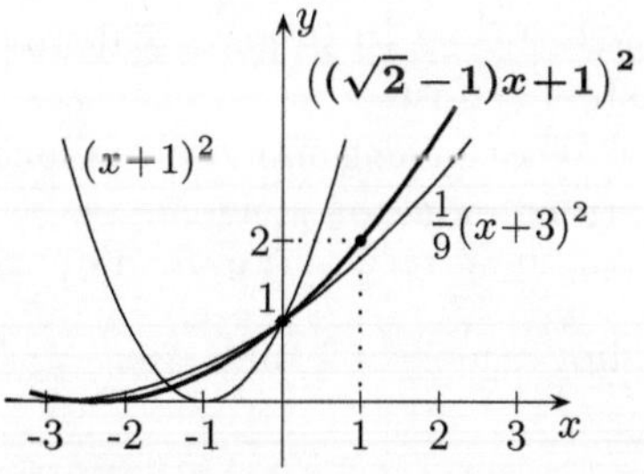

Für die Kurve durch den Punkt $(1, 2)$ muss gelten: $2 = \frac{1}{a^2}(1 + a)^2$.
Es folgt $2a^2 = (1 + a)^2$, wegen $a > 0$ also
$\sqrt{2}\,a = 1 + a$ d.h. $a = \frac{1}{\sqrt{2} - 1} \approx 2.41$ und $\frac{1}{a^2} = (\sqrt{2} - 1)^2 \approx 0.17$.

Für $y = \frac{1}{a^2}(x + a)^2 = (\sqrt{2} - 1)^2\left(x + \frac{1}{\sqrt{2} - 1}\right)^2 = \left((\sqrt{2} - 1)x + 1\right)^2$ gilt $y(1) = 2$.

(c) Die Kurven $y = \frac{(2+a)^3}{(x+a)^3}$, mit $a > 0$ sind für $x > -a$, also in $]-a, \infty[$ zu untersuchen. Sie gehen alle durch den Punkt $(2, 1)$.

Sie entstehen aus $y = x^{-3} = \frac{1}{x^3}$ durch Verschieben nach links und Stauchung/Streckung in y-Richtung.

Für die Kurve durch den Punkt $(1, 2)$ muss gelten: $2 = \frac{(2+a)^3}{(1+a)^3}$.

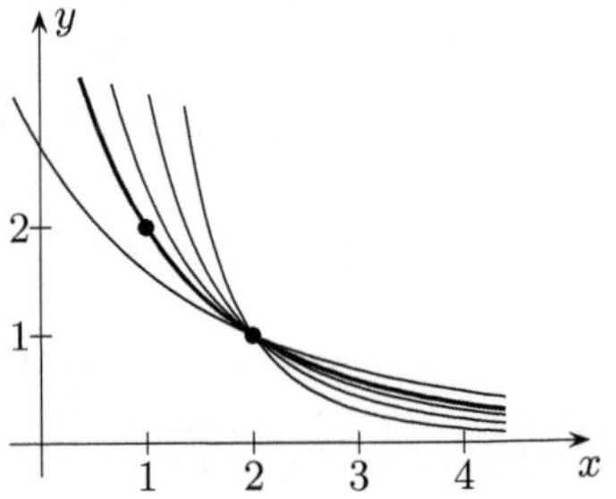

Dies liefert $\frac{2+a}{1+a} = \sqrt[3]{2}$ bzw. $2 + a = \sqrt[3]{2}(1 + a)$. Auflösen ergibt $a = \frac{\sqrt[3]{2}-2}{1-\sqrt[3]{2}}$.

Für $a = \frac{\sqrt[3]{2}-2}{1-\sqrt[3]{2}} \approx 2.85$ gilt $y(1) = 2$.

3.113 Wegen $5 = 2^{\log_2 5}$ ist $5^x = 2^{x \log_2 5}$.
Also geht 5^x aus 2^x durch Stauchung in Richtung der x-Achse um den Faktor $\frac{1}{\log_2 5}$ hervor.
Übergang von x zu $c \cdot x$: Siehe [S. 69].
Es ist
$y = \log_5 x = \frac{\log_2 x}{\log_2 5} = \frac{1}{\log_2 5} \cdot \log_2 x$.
Also entsteht $y = \log_5 x$ aus $y = \log_2 x$ durch Stauchung in Richtung der y-Achse.
Übergang von y zu $c \cdot y$: Siehe [S. 69].

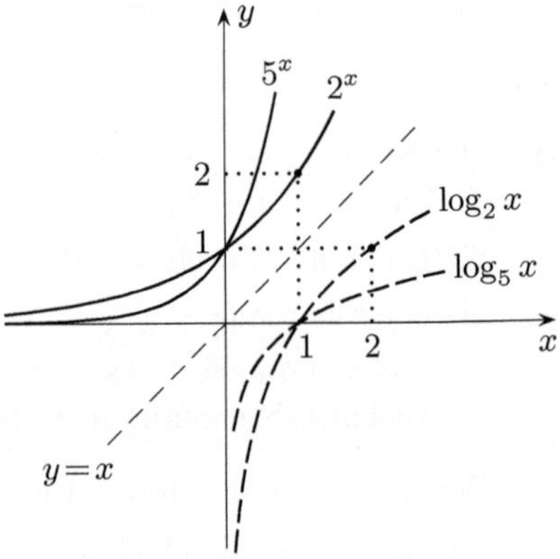

Die Logarithmusfunktionen sind die Umkehrfunktionen der Exponentialfunktionen. Also entsteht $y = \log_5 x$ durch Spiegelung von $y = 5^x$ an der Winkelhalbierenden $y = x$.
Entsprechendes gilt für $y = \log_2 x$ und $y = 2^x$.

3.114

(a) $y = \frac{1}{1+\mathrm{e}^{-x}}$ ist in ganz $\mathbb{R}$ definiert, da $\mathrm{e}^{-x} > 0$ für alle x und daher der Nenner stets $\neq 0$ ist.
e^{-x} ist streng monoton fallend, also $\frac{1}{1+\mathrm{e}^{-x}}$ streng monoton steigend.
Aus $\lim\limits_{x\to\infty} \mathrm{e}^{-x} = 0$ und $\lim\limits_{x\to-\infty} \mathrm{e}^{-x} = \infty$ folgt
$\lim\limits_{x\to\infty} \frac{1}{1+\mathrm{e}^{-x}} = 1$ und $\lim\limits_{x\to-\infty} \frac{1}{1+\mathrm{e}^{-x}} = 0$.

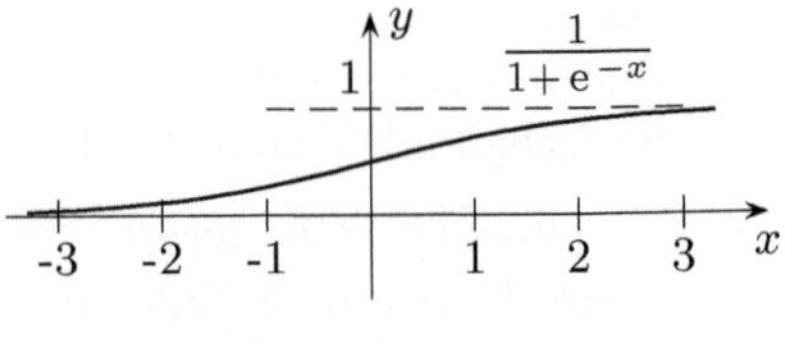

(b) $y = \mathrm{e}^{-|x|} = \frac{1}{\mathrm{e}^{|x|}}$ ist in ganz $\mathbb{R}$ definiert.
Wegen $|x| = |-x|$ ist die Funktion gerade.
Für $x \geq 0$ ist $|x| = x$, also $y = \mathrm{e}^{-x}$.
Für $x \leq 0$ ist $|x| = -x$, also $y = \mathrm{e}^{x}$.

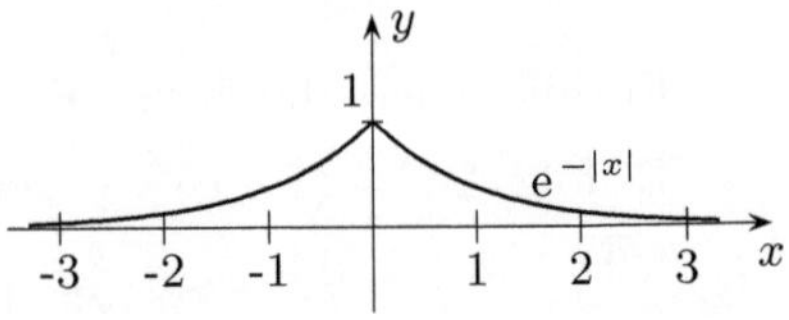

(c) Sei $f(x) = \frac{1}{1+\ln x}$. Es ist
$1 + \ln x = 0 \iff \ln x = -1$
$\iff x = \mathrm{e}^{-1} = \frac{1}{\mathrm{e}}$.
Also ist f definiert in $\{x > 0 \,|\, x \neq \frac{1}{\mathrm{e}}\}$.
Wegen $\lim\limits_{x\to\infty} \ln x = \infty$ und $\lim\limits_{x\to 0+} \ln x = -\infty$
gilt $\lim\limits_{x\to\infty} f(x) = \lim\limits_{x\to 0+} f(x) = 0$.
Für $0 < x < \frac{1}{\mathrm{e}}$ ist $f(x) < 0$.
Für $x > \frac{1}{\mathrm{e}}$ ist $f(x) > 0$.
Damit folgt $\lim\limits_{x\to \frac{1}{\mathrm{e}}+} f(x) = +\infty$
und $\lim\limits_{x\to \frac{1}{\mathrm{e}}-} f(x) = -\infty$.

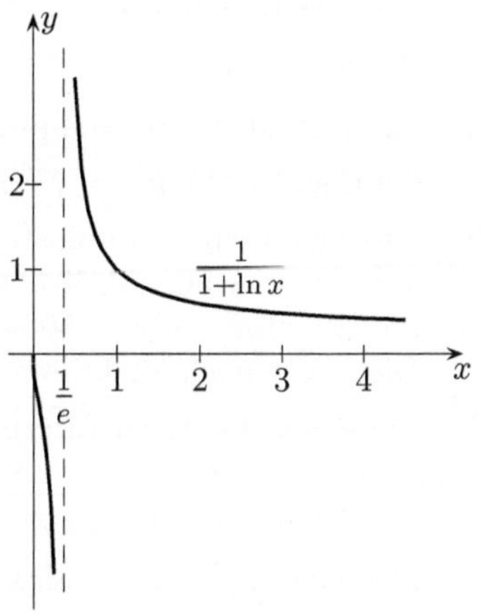

3.115

(a) Sei $y = a^x$. Gesucht ist $a > 0$ mit $y(\pi) = a^\pi = 0.5$.
$a = 0.5^{1/\pi} \approx 0.802\ldots$ tut es.

(b) Sei $y = c \cdot a^x$. Gesucht sind $a, c \in \mathbb{R}$ mit $y(1) = 2$ und $y(4) = 3$, also mit
$$2 = c \cdot a^1 = c \cdot a \quad \text{und} \quad 3 = c \cdot a^4.$$
Division der beiden Gleichungen und Umformung liefert
$$\frac{2}{3} = \frac{a}{a^4} = a^{-3} \Longrightarrow a^3 = \frac{3}{2} \quad\Longrightarrow\quad a = \left(\frac{3}{2}\right)^{1/3} \approx 1.145.$$
Einsetzen in eine der ersten beiden Gleichungen liefert $c = \dfrac{2}{a} \approx 1.747$.

3.116 *Halbwertzeit bei radioaktivem Zerfall*

(a) Von der Substanz ist zur Zeit t in Sekunden noch $m(t) = m_0\,\mathrm{e}^{-2t}$ vorhanden, zur Halbwertzeit t_H also noch $m(t_H) = m_0\,\mathrm{e}^{-2t_H} = \frac{1}{2}m_0$.
Also ist $\mathrm{e}^{-2t_H} = 0.5$ bzw. $-2t_H = \ln 0.5 = -\ln 2$.
Damit ist die Halbwertzeit $t_H = \frac{1}{2}\ln 2 \approx 0.3466$.
Die Substanz ist also in ungefähr 0.35 Sekunden zur Hälfte zerfallen.

(b) ^{239}Pu hat eine Halbwertzeit von 24 110 Jahren.
Gesucht ist der Koeffizient a im Zerfallsgesetz $m(t) = m_0\,\mathrm{e}^{-at}$.
Aus $t_H = \frac{1}{a}\ln 2 = 24\,110$, s. [S. 100], folgt $a = \frac{\ln 2}{24\,110} \approx 0.000029 = 2.9 \cdot 10^{-5}$.
Das Zerfallsgesetz lautet also $m(t) = m_0\,\mathrm{e}^{-0.000029t}$ (t in Jahren).

(c) Die Bakterienkultur wächst nach dem Gesetz $m(t) = m_0\,\mathrm{e}^{0.1t}$ (t in Tagen).
Zur Zeit t_D soll gelten $m(t_D) = m_0\,\mathrm{e}^{0.1t_D} = 2m_0$.
Also ist $\mathrm{e}^{0.1t_D} = 2$ bzw. $0.1t_D = \ln 2$, d.h. $t_D = 10 \cdot \ln 2 \approx 7$.
Die Bakterienzahl hat sich nach ungefähr 7 Tagen verdoppelt.

3.117 *Zinseszins*

(a) $K_n = K_0\big(1 + p/100\big)^n$, siehe [S. 101], liefert mit $K_n = 2K_0$ und $p = 5$:
$$2K_0 = K_0\big(1 + 5/100\big)^n \Longrightarrow \ln 2 = n \ln 1.05 \Longrightarrow n = \frac{\ln 2}{\ln 1.05} \approx 14.21.$$
Also hat sich das Kapital nach 15 Jahren verdoppelt.

(b) Gesucht ist p mit $K_{10} = 2K_0 = K_0\left(1 + p/100\right)^{10}$.
Auflösen ergibt $p = 100\left(2^{1/10} - 1\right) \approx 7.2$. Der Zinssatz beträgt 7.2%.

(c) Gesucht ist das Startkapital K_0 mit $5000 = K_0\left(1 + 3/100\right)^{20}$.
Auflösen ergibt $K_0 = \frac{5000}{1.03^{20}} \approx 2768$. Das Startkapital beträgt 2768 €.

(d) Analog zu einem verzinsten Kapital ist $M_n = M_0(1 + p/100)^n$ die Miete nach n Jahren bei einer jährlichen Erhöhung von p%. Hier ist $M_0 = 500$, $p = 2.5$ und $n = 20$, also $M_{20} = 500 \cdot 1.025^{20} \approx 819$.
Die Miete nach 20 Jahren beträgt ca. 819 €.

(e) Bei einem heutigen Literpreis von 1.60 € kostet der Liter Benzin in 12 Jahren $1.6 \cdot (1 + 5/100)^{12}$ € ≈ 2.87 €.
Für 100 € kann man z.Zt. $\frac{100}{1.6}$, d.h. 62.5 Liter Benzin kaufen, in 12 Jahren aber nur noch $\frac{100}{2.87}$, d.h. ≈ 35 Liter.
Die Kaufkraft gibt an, welche Warenmenge man für einen festen Währungsbetrag kaufen kann, siehe auch [S. 102]. Wenn sie jedes Jahr um q% sinkt, kann man nach 12 Jahren statt M_0 nur noch $M_{12} = M_0\,(1 - q/100)^{12}$ kaufen.
Gesucht ist also q mit $34.8 = 62.5 \cdot (1 - q/100)^{12}$.
Auflösen nach q ergibt $q = 100 \cdot \left(1 - (34.8/62.5)^{1/12}\right) \approx 4.8$.
Die Kaufkraft (bezogen auf Benzin) sinkt also jedes Jahr um ca. 4.8%.

3.118

(a) $\log_5 x = 2 \iff x = 5^2 = 25$. (b) $\log_{81} x = \frac{1}{2} \iff x = 81^{1/2} = \sqrt{81} = 9$.

(c) $\log_x 16 = 2 \iff x^2 = 16 \iff x = 4\ (x > 0)$.

(d) $\log_{125} x = \frac{2}{3} \iff x = 125^{2/3} = (125^{1/3})^2 = 5^2 = 25$.

(e) $625 = 5^x \iff x = \log_5 625 = \log_5 5^4 = 4$.

(f) $32 = 2^{x^2-4} \iff 2^5 = 2^{x^2-4} \iff 5 = x^2 - 4 \iff x = \pm 3$.

(g) $5 = 4^x \iff \ln 5 = \ln 4^x = x \ln 4 \iff x = \frac{\ln 5}{\ln 4} \approx 1.161$.

(h) $4 = 2^{2x-1} \iff 2^2 = 2^{2x-1} \iff 2 = 2x - 1 \iff x = \frac{3}{2}$.

Polynome

3.119

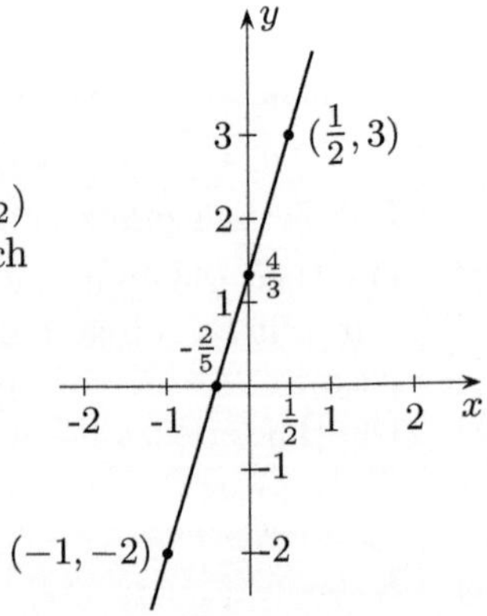

(a) $y - y_1 = \frac{y_2 - y_1}{x_2 - x_1}(x - x_1)$ ist die 2-Punkte-Form der Geraden durch die beiden Punkte (x_1, y_1), (x_2, y_2) mit $x_1 \neq x_2$. Also erhält man hier für die Gerade durch $(-1, -2)$ und $(\frac{1}{2}, 3)$ die

2-Punkte-Form: $y + 2 = \frac{3-(-2)}{\frac{1}{2}-(-1)}(x + 1)$

$= \frac{10}{3}(x + 1)$.

Umformen ergibt die

Normalform: $y = \frac{10}{3}x + \frac{4}{3}$.

Teilen durch $\frac{4}{3}$ und Sortieren liefert die

Achsenabschnittsform: $\frac{x}{-2/5} + \frac{y}{4/3} = 1$. Achsenabschnitte: $(-\frac{2}{5}, 0)$ und $(0, \frac{4}{3})$.

(b) $y = -1$ ist die eindeutig bestimmte Gerade durch die beiden Punkte $(\frac{3}{4}, -1)$ und $(3, -1)$. Sie ist eine Parallele zur x-Achse mit der Steigung 0.

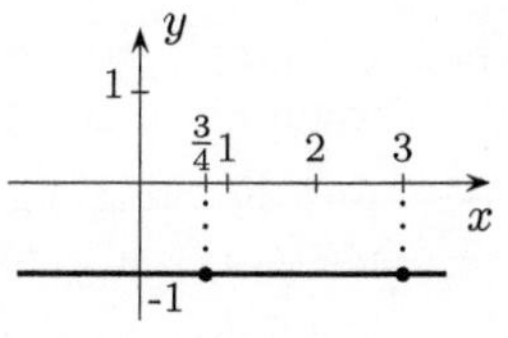

Da diese Gerade die x-Achse nicht schneidet, besitzt sie keine Achsenabschnittsform.
Normalform: $y = -1$.

(c) $2y - x = 1$, d.h. $y = \frac{1}{2}x + \frac{1}{2}$, hat die Steigung $\frac{1}{2}$.
Also hat die Gerade durch $(1, \pi)$ parallel zu $2y - x = 1$ die

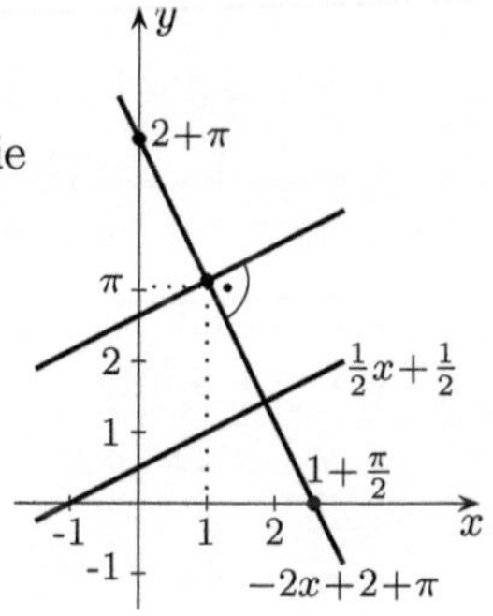

Normalform: $y = \frac{1}{2}x - \frac{1}{2} + \pi$,
Achsenabschnittsform: $\frac{x}{1-2\pi} + \frac{y}{\pi - 1/2} = 1$.
Die Gerade durch $(1, \pi)$ senkrecht zu $2y - x = 1$ hat die
Normalform: $y = -2x + 2 + \pi$,
Achsenabschnittsform: $\frac{x}{1+\pi/2} + \frac{y}{2+\pi} = 1$.

3.120 Die Scheitelform einer Normalparabel mit Scheitelpunkt $S = (x_s, y_s)$ ist
$y - y_s = (x - x_s)^2$, nach oben geöffnet bzw.
$y - y_s = -(x - x_s)^2$, nach unten geöffnet.

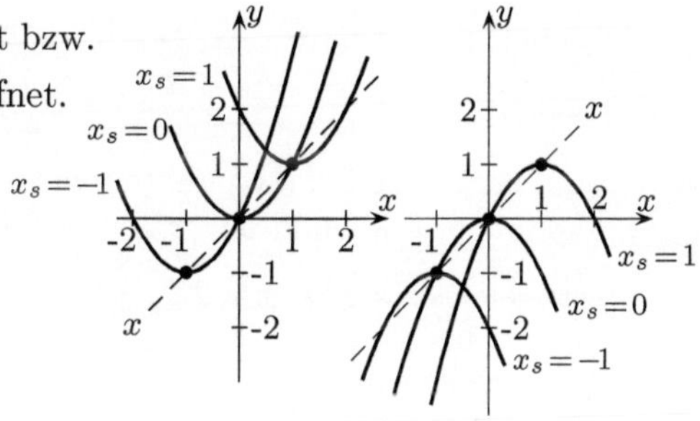

Für $y_s = x_s$ sind dies die Parabeln
$y = x^2 - 2x_s x + x_s^2 + x_s$ bzw.
$y = -x^2 + 2x_s x - x_s^2 + x_s$.
Skizziert sind diese Parabeln jeweils für $x_s = -1$, $x_s = 0$, $x_s = 1$.

3.121

(a) $y = ax^2 + bx + c$ geht genau dann durch die Punkte $(1, 1)$ und $(3, 2)$, wenn

$$1 = a + b + c \text{ und } 2 = 9a + 3b + c.$$

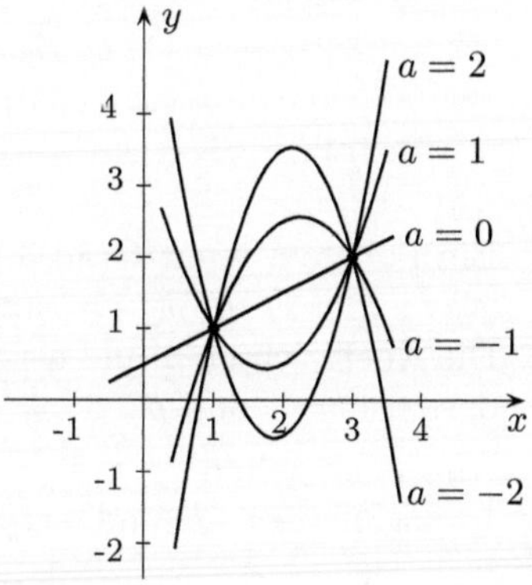

Subtraktion liefert $1 = 8a + 2b$, also

$$b = \frac{1}{2}(1 - 8a).$$

Einsetzen ergibt $c = \frac{1}{2}(1 + 6a)$.
Die Schar der Polynome 2. Grades durch die Punkte $(1, 1)$ und $(3, 2)$ ist

$$ax^2 + \frac{1}{2}(1 - 8a)x + \frac{1}{2}(1 + 6a)\ , \text{ mit } a \neq 0.$$

Für $a = 0$ erhält man $\frac{1}{2}x + \frac{1}{2}$, das ist ein Polynom 1. Grades.
$y = \frac{1}{2}x + \frac{1}{2}$ ist die Gerade durch $(1, 1)$ und $(3, 2)$.

(b) $y = ax^2 + bx + c$ geht genau dann durch $(0,0)$, wenn $c = 0$ ist.

Für die Steigung $y' = 2ax + b$ soll gelten $y'(0) = \frac{1}{2}$, also folgt $b = \frac{1}{2}$.

Die Schar der Polynome 2. Grades durch $(0,0)$ mit Steigung $y'(0) = \frac{1}{2}$ ist $ax^2 + \frac{1}{2}x,\ a \neq 0$.

Für $a = 0$ erhält man $\frac{1}{2}x$, ein Polynom 1. Grades.

$y = \frac{1}{2}x$ ist die Gerade durch $(0,0)$ mit der Steigung $\frac{1}{2}$.

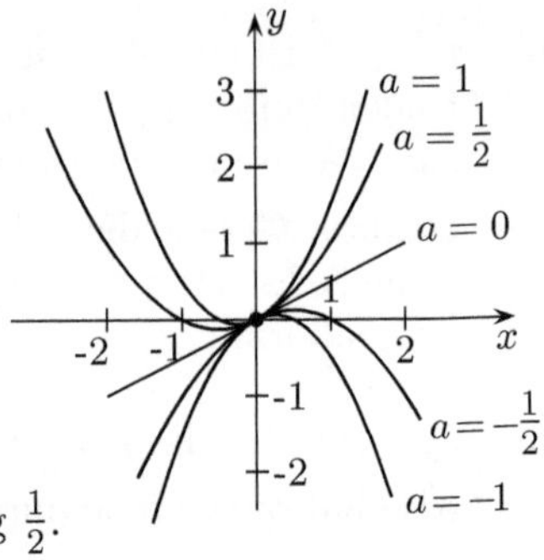

3.122

(a) Man erhält die Schnittpunkte von $y = x + 3$ und $y = 2x^2 + x + 1$ durch:

$x + 3 = 2x^2 + x + 1$

$\iff \quad 2x^2 = 2$

$\iff \quad x^2 = 1$

also $x = 1$ oder $x = -1$.

Die Schnittpunkte sind daher

$S_1 = (1,4)$ und $S_2 = (-1,2)$.

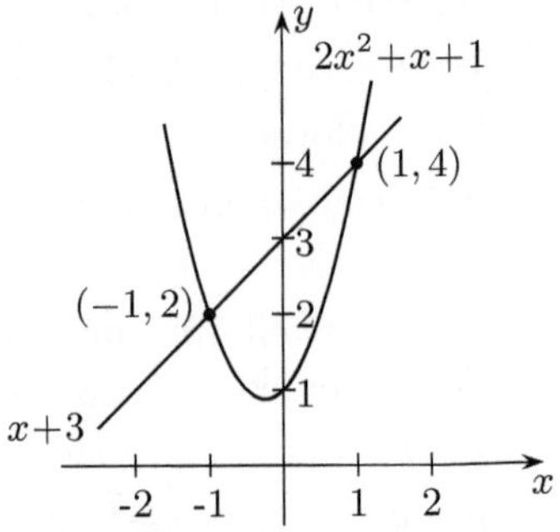

(b) Man erhält die Schnittpunkte von $y = -x^2 + x + 2$ und $y = x^3 - x + 2$ wie folgt:

$-x^2 + x + 2 = x^3 - x + 2$

$\iff \quad x^3 + x^2 - 2x = 0$

$\iff \quad x(x^2 + x - 2) = 0$

$\iff \quad x(x+2)(x-1) = 0$

also $x = 0$ oder $x = 1$ oder $x = -2$.

Die Schnittpunkte sind daher

$S_1 = (0,2)$, $S_2 = (1,2)$, $S_3 = (-2,-4)$.

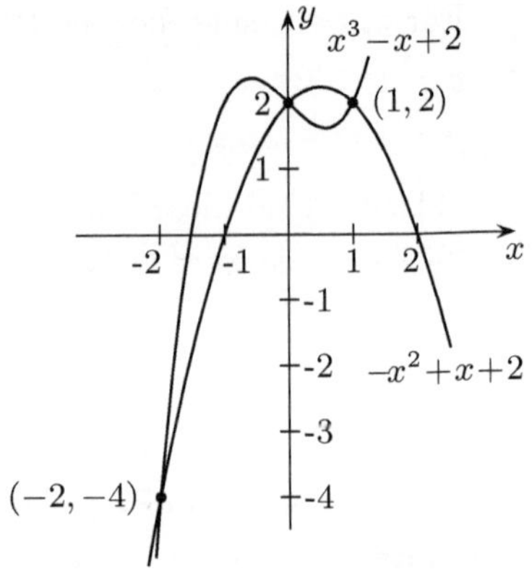

3.123

(a) Ein Polynom p mit Grad 3 und $p(0) = p(2) = 0$ ist von der Form $p(x) = x(x-2)(ax+b)$.

Die Koeffizienten a und b sind so zu bestimmen, dass $p(1) = 1$ und $p(-1) = -1$ ist.

Also muss gelten

$1 = p(1) = -a - b$ und $-1 = p(-1) = -3a + 3b$.

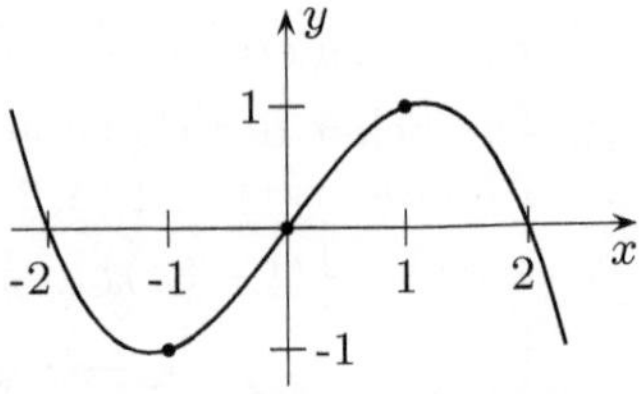

$a = -\frac{1}{3}$ und $b = -\frac{2}{3}$ ist die eindeutig bestimmte Lösung dieses linearen Gleichungssystems. Es gibt daher genau ein Polynom 3. Grades mit den geforderten Eigenschaften, nämlich $\quad p(x) = x(x-2)(-\frac{1}{3}x - \frac{2}{3}) = -\frac{1}{3}x^3 + \frac{4}{3}x$.

(b) Ein Polynom p dritten Grades mit einer doppelten Nullstelle in $x_1 = -1$ und einer einfachen Nullstelle in $x_2 = 1$ ist von der Form
$p(x) = a(x+1)^2(x-1), \quad a \neq 0.$
Skizziert sind die Polynome für
$a = 1,$ durch den Punkt $(0,-1)$,
$a = -1,$ durch $(0,1)$,
$a = \frac{1}{2},$ durch $(0,-\frac{1}{2})$.

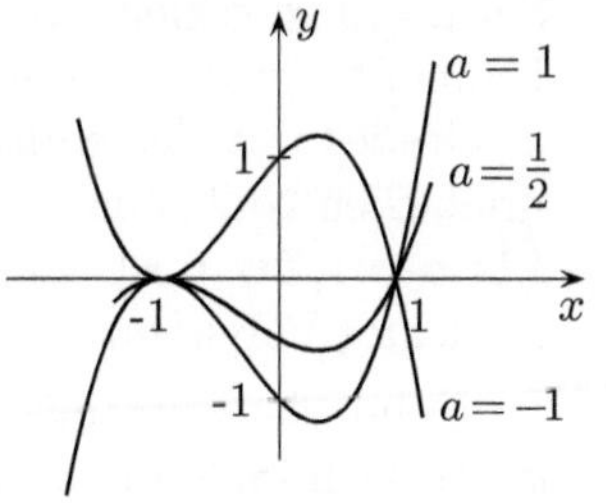

(c) Ein Polynom p dritten Grades mit den einfachen Nullstellen $x_{1,2} = \pm 1$ und $x_3 = 0$ ist von der Form
$p(x) = a(x+1)x(x-1)$
$\quad = ax(x^2-1) \; (a \in \mathbb{R} \setminus \{0\}).$
Skizziert sind die Fälle $a = 1$ und $a = -2$.

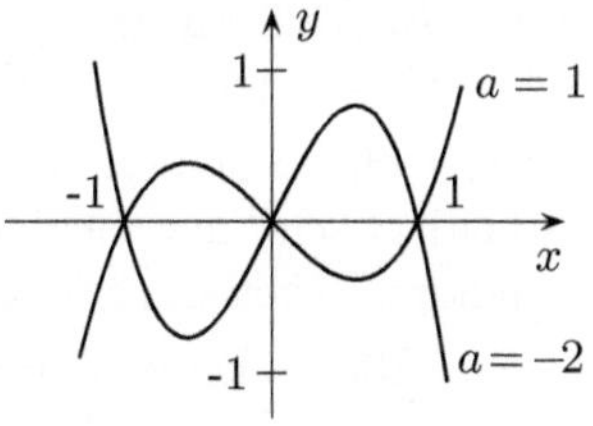

3.124 Gesucht ist die Wendepunktform

$$y - y_w = a(x-x_w)^3 + m(x-x_w)$$

des kubischen Polynoms $y = x^3 + 3x^2 + 2x + 1$.
a, m, x_w, y_w müssen bestimmt werden.
Durch Koeffizientenvergleich für x^3 folgt $a = 1$.
Für den Wendepunkt (x_w, y_w) gilt $y''(x_w) = 0$,
also $y'' = 6x + 6 = 0$, siehe [S. 189].
Es folgt $x_w = -1$ und $y_w = y(x_w) = 1$.

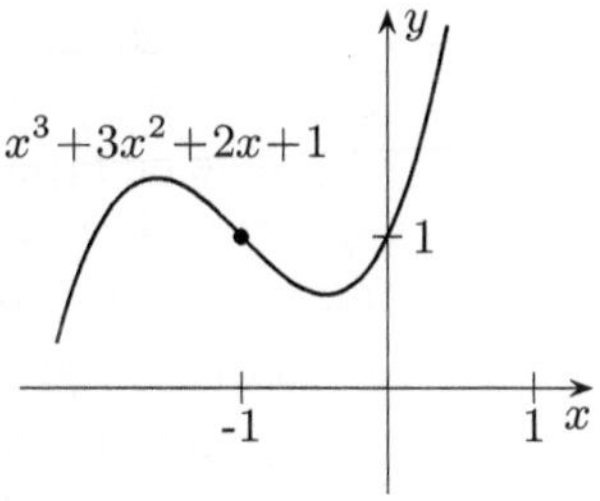

Es bleibt m zu bestimmen.
Es ist $m = y'(x_w)$, siehe [S. 85].
Wegen $y' = 3x^2 + 6x + 2$ folgt $m = y'(-1) = -1$.
$y - 1 = (x+1)^3 - (x+1)$ ist die gesuchte Wendepunktform.
Die Funktion ist punktsymmetrisch zum Wendepunkt $(x_w, y_w) = (-1, 1)$.

3.125
(a1) Seien a, b, c verschiedene reelle Zahlen. Dann ist $p(x) = (x-a)(x-b)(x-c)^2$ ein Polynom 4. Grades mit den beiden einfachen Nullstellen a und b und der doppelten Nullstelle c.
Mit $a = 1$, $b = -1$, $c = 0$ erhält man z.B.
$p(x) = (x^2-1)x^2 = x^4 - x^2$ als ein gesuchtes Polynom.

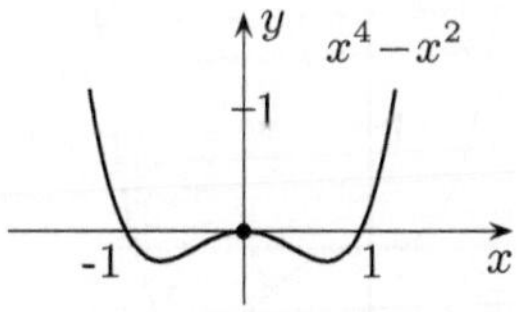

(a2) $p(x) = x^2(x^2+1) = x^4 + x^2$
hat genau die doppelte Nullstelle $x = 0$.
Der zweite Faktor $x^2 + 1$ hat in $\mathbb{R}$ keine Nullstelle.

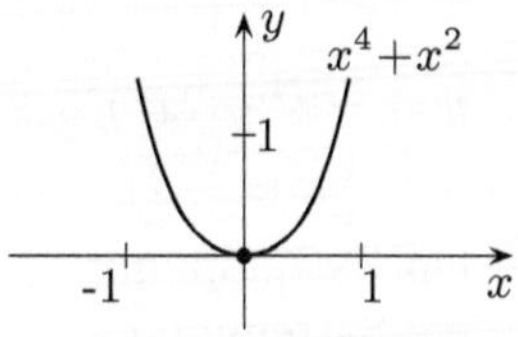

(a3) Seien a, b verschieden.
Dann ist $p(x) = (x-a)(x-b)^3$ ein Polynom 4. Grades mit der einfachen Nullstelle a und der dreifachen Nullstelle b.
Für $a = 1, b = 0$ ist $p(x) = (x-1)x^3 = x^4 - x^3$ ein gesuchtes Polynom.

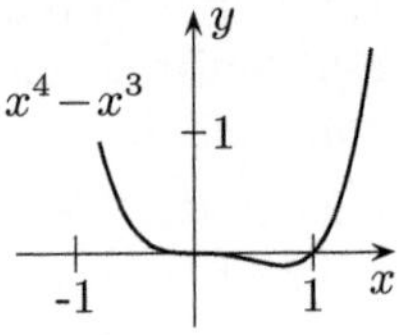

(b) Ist b einfache Nullstelle von p, so hat p die Form $p = (x-b)q$ mit $\deg q = 3$. q hat nach [S. 85] eine Nullstelle, also hat p eine weitere Nullstelle.
Sind a, b, c einfache Nullstellen von p, so ist $p = (x-a)(x-b)(x-c)q$, wobei $q = dx + e$ linear ist. q hat eine Nullstelle, damit hat p vier Nullstellen.
Die beiden genannten Fälle können also nicht auftreten.

(c) Ein reelles Polynom p lässt sich nach [Seite 78] zerlegen in lineare Faktoren und quadratische unzerlegbare Faktoren. Hat es den Grad 4, so ist die Anzahl der quadratischen unzerlegbaren Faktoren 0, 1 oder 2.

(1) Hat es keine quadratischen unzerlegbaren Faktoren, so sind nach (b) folgende Fälle möglich:
   (a) vier einfache Nullstellen (z.B. $x(x-1)(x-2)(x-3)$),
   (b) zwei einfache und eine doppelte Nullstelle (z.B. $x^2(x^2-1)$),
   (c) zwei doppelte Nullstellen (z.B. $(x-1)^2(x+1)^2$),
   (d) eine einfache und eine dreifache Nullstelle (z.B. $x^3(x-1)$),
   (e) eine vierfache Nullstelle (z.B. x^4).

(2) Hat es genau einen quadratischen unzerlegbaren Faktor, so sind folgende Fälle möglich:
   (f) genau zwei einfache Nullstellen (z.B. $(x-1)(x+1)(x^2+1)$).
   (g) genau eine doppelte Nullstelle (z.B. $x^2(x^2+1)$).

(3) Hat es zwei quadratische unzerlegbare Faktoren, so ist nur noch folgender Fall möglich:
   (h) keine Nullstelle, z.B. $(x^2+1)^2$.

3.126 **(a)**

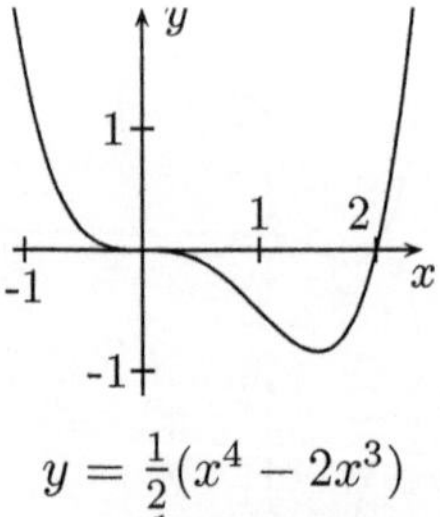

$y = \frac{1}{2}(x^4 - 2x^3)$
$= \frac{1}{2}x^3(x-2)$

ein Extrempunkt, ein Sattelpunkt, siehe [Abschn. 4.4].

(b)

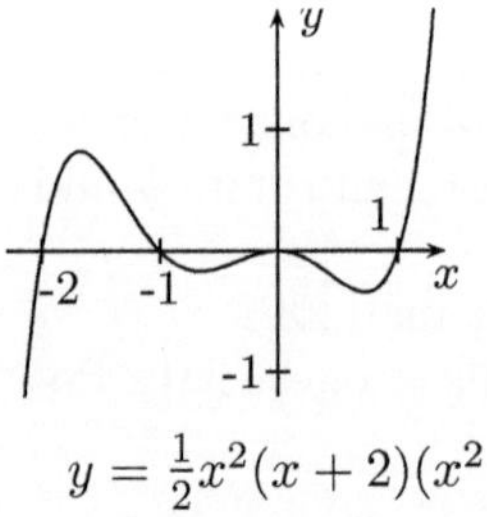

$y = \frac{1}{2}x^2(x+2)(x^2-1)$

vier Extrempunkte, siehe [Abschn. 4.4].

(c)

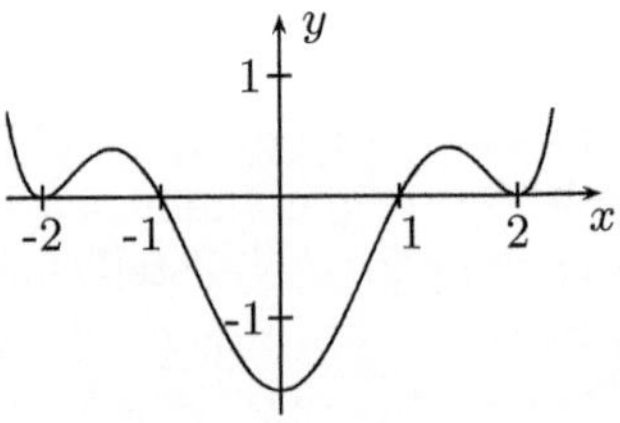

$y = \frac{1}{10}(x^2-4)^2(x^2-1)$,

fünf Extrempunkte, siehe [Abschn. 4.4], gerade Funktion.

Rationale Funktionen

3.127

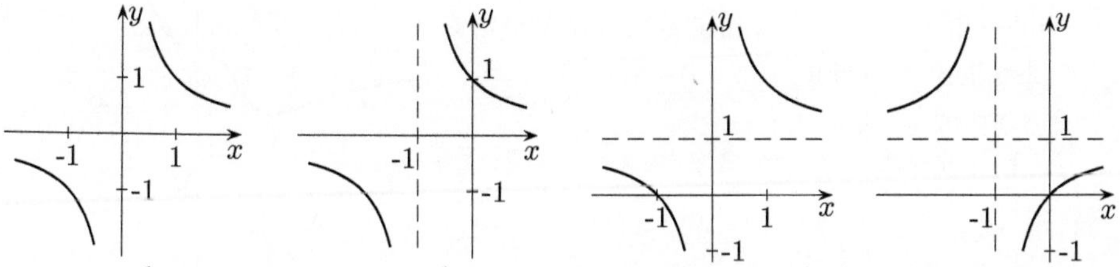

$y = \frac{1}{x}$ $\qquad$ $y = \frac{1}{x+1}$ $\qquad$ $y = \frac{x+1}{x} = 1 + \frac{1}{x}$ $\qquad$ $y = \frac{x}{x+1} = 1 - \frac{1}{x+1}$

$y = \frac{1}{x+1}$ entsteht aus $y = \frac{1}{x}$ durch Verschiebung um 1 nach links.

$y = \frac{x+1}{x}$ entsteht wegen $\frac{x+1}{x} = 1 + \frac{1}{x}$ aus $y = \frac{1}{x}$ durch Verschiebung um 1 nach oben.

$y = \frac{x}{x+1}$ entsteht wegen $\frac{x}{x+1} = \frac{x+1-1}{x+1} = 1 - \frac{1}{x+1}$ aus $y = \frac{1}{x}$ durch Spiegelung an der x-Achse und Verschiebung um 1 nach links und um 1 nach oben.

3.128 $(f_1 \circ f_2)(x) = f_1\big(f_2(x)\big) = \dfrac{a_1 \frac{a_2x+b_2}{c_2x+d_2} + b_1}{c_1 \frac{a_2x+b_2}{c_2x+d_2} + d_1} = \dfrac{(a_1a_2 + b_1c_2)x + (a_1b_2 + b_1d_2)}{(c_1a_2 + d_1c_2)x + (c_1b_2 + d_1d_2)}$.

Multiplikation der Koeffizientenmatrizen [**EM1**, S. 210] $\begin{pmatrix} a_1 & b_1 \\ c_1 & d_1 \end{pmatrix}$ und $\begin{pmatrix} a_2 & b_2 \\ c_2 & d_2 \end{pmatrix}$

von f_1 und f_2 liefert $\quad \begin{pmatrix} a_1 & b_1 \\ c_1 & d_1 \end{pmatrix} \begin{pmatrix} a_2 & b_2 \\ c_2 & d_2 \end{pmatrix} = \begin{pmatrix} a_1a_2 + b_1c_2 & a_1b_2 + b_1d_2 \\ c_1a_2 + d_1c_2 & c_1b_2 + d_1d_2 \end{pmatrix}$,

die Koeffizientenmatrix von $f_1 \circ f_2$. Ebenso liefert das Matrizenprodukt

$$\begin{pmatrix} a_2 & b_2 \\ c_2 & d_2 \end{pmatrix} \begin{pmatrix} a_1 & b_1 \\ c_1 & d_1 \end{pmatrix} = \begin{pmatrix} a_2a_1 + b_2c_1 & a_2b_1 + b_2d_1 \\ c_2a_1 + d_2c_1 & c_2b_1 + d_2d_1 \end{pmatrix}$$

die Koeffizientenmatrix von $f_2 \circ f_1$, d.h. $f_2\big(f_1(x)\big) = \dfrac{(a_2a_1+b_2c_1)x+(a_2b_1+b_2d_1)}{(c_2a_1+d_2c_1)x+(c_2b_1+d_2d_1)}$.

3.129

(a) $\quad f(x) = \frac{x^2}{x^2+1} = \frac{x^2+1-1}{x^2+1} = 1 - \frac{1}{x^2+1}$

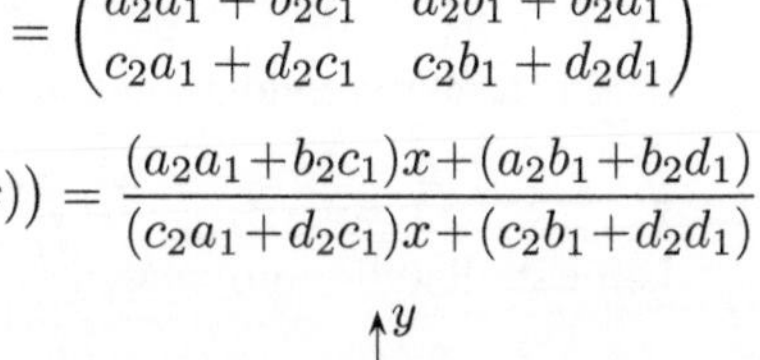

Nullstellen: $x = 0$, doppelt, ohne VZW,
Polstellen: keine
Asymptote: $y = 1$
f ist gerade und $0 \leq f(x) < 1$ für alle x.

(b) $\quad f(x) = \frac{x^3}{x^2+1} = \frac{x^3+x-x}{x^2+1} = x - \frac{x}{x^2+1}$

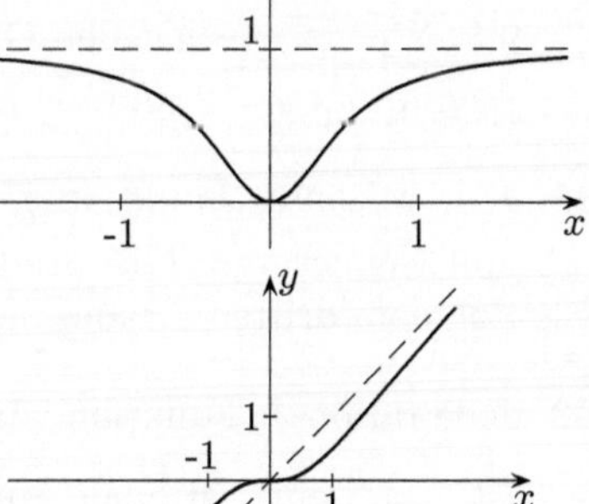

Nullstellen: $x = 0$, dreifach, mit VZW,
Polstellen: keine,
Asymptote: $y = x$,
f ist ungerade.

(c) $f(x) = \frac{2x^3}{x^4+1}$

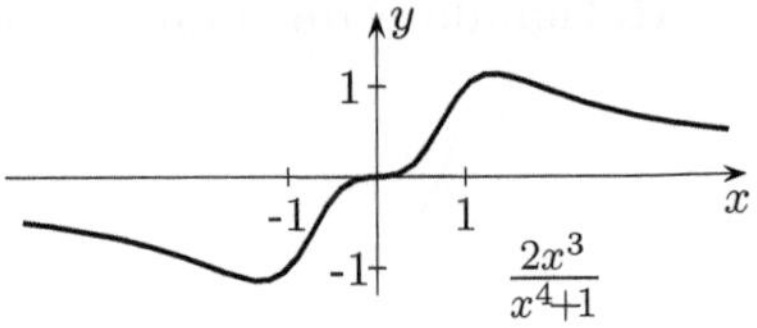

Nullstellen: $x = 0$, dreifach, mit VZW,
Polstellen: keine,
Asymptote: $y = 0$,
f ist ungerade.

(d) $f(x) = \frac{x^3}{x+1} = x^2 - x + 1 - \frac{1}{x+1}$

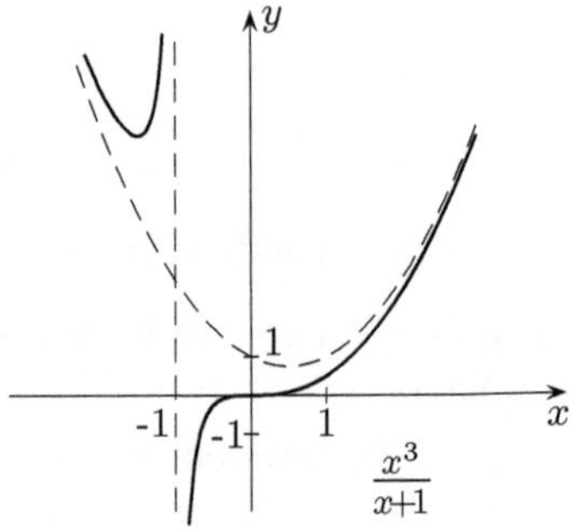

Nullstellen: $x = 0$, dreifach, mit VZW,
Polstellen: $x = -1$, einfach, mit VZW,
Asymptote: $y = x^2 - x + 1 = (x - \frac{1}{2})^2 + \frac{3}{4}$,
f ist weder gerade noch ungerade.

(e) $f(x) = \frac{x^3}{x^3+1} = 1 - \frac{1}{(x+1)(x^2-x+1)}$

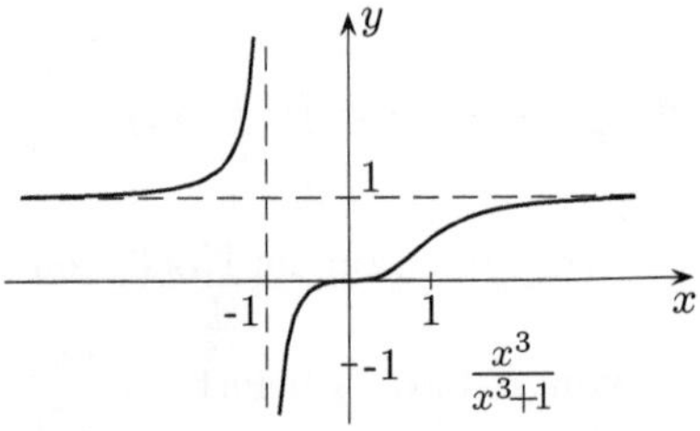

Nullstellen: $x = 0$, dreifach, mit VZW,
Polstellen: $x = -1$, einfach, mit VZW,
Asymptote: $y = 1$,
f ist weder gerade noch ungerade.

3.130

(a) $y = f(x) = \frac{x^3}{x^2-1} = x + \frac{x}{x^2-1}$ hat genau zwei einfache Pole ($x_{1,2} = \pm 1$), die dreifache Nullstelle $x_0 = 0$ und die Asymptote $y = x$.

(b) $y = f(x) = \frac{x^4+1}{x(x^2-1)} = \frac{x^4+1}{x(x+1)(x-1)}$ hat genau drei einfache Pole (0, 1 und -1), keine Nullstelle und wegen $(x^4+1) : (x^3-1) = x + \frac{1+x}{x^3-1}$ die Asymptote $y = x$.

(c) $y = \frac{2x(x^2+1)}{(x^2-1)(x+2)}$ hat den Grad 3, die einfache Nullstelle 0 (und sonst keine), die Asymptote $y = 2$ und die einfachen Pole ± 1 und -2.

3.131 Jede rationale Funktion $f = \frac{p}{q}$ mit Asymptote $y = 2$ hat gleichen Zählergrad und Nennergrad. Gilt $\operatorname{grad} f = \max(\operatorname{grad} p, \operatorname{grad} q) = 3$, so ist $\operatorname{grad} p = 3$. Ein Polynom dritten Grades hat aber mindestens eine Nullstelle.

3.132 Jede rationale Funktion vom Grad n nimmt jeden Wert a höchstens n-mal an.

Ist $f = \frac{p}{q}$ eine rationale Funktion vom Grad n und $a \in \mathbb{R}$, so gilt.

$$f(x) = \frac{p(x)}{q(x)} = a \iff p(x) - aq(x) = 0.$$

$p - aq$ ist ein Polynom vom Grad $\leq \max(\operatorname{grad} p, \operatorname{grad} q) = n$ und hat daher höchstens n Nullstellen.

Also hat die Gleichung $f(x) = a$ höchstens n Lösungen.

3.133

(a) $\frac{6x^2-12}{(x^2-4)(x+1)}$ ist echt gebrochen mit Zählergrad 2, Nennergrad 3.
Also ist kein Polynom abzuspalten.
Der Nenner hat drei einfache Nullstellen bei $x = \pm 2$ und $x = -1$.
Der Ansatz für die PBZ lautet also

$$\frac{6x^2-12}{(x^2-4)(x+1)} = \frac{6x^2-12}{(x+2)(x+1)(x-2)} = \frac{A}{x+2} + \frac{B}{x+1} + \frac{C}{x-2}.$$

Die Zuhaltemethode liefert $A = 3$, $B = 2$ und $C = 1$.

PBZ: $$\frac{6x^2-12}{(x^2-4)(x+1)} = \frac{3}{x+2} + \frac{2}{x+1} + \frac{1}{x-2}.$$

(b) $\frac{18x^2+15x-4}{(3x+1)^2(x-2)}$ ist echt gebrochen mit Zählergrad 2, Nennergrad 3.
Also ist kein Polynom abzuspalten.
Der Nenner hat eine doppelte Nullstelle bei $x = -\frac{1}{3}$ und eine einfache Nullstelle bei $x = 2$. Der Ansatz für die PBZ lautet also

$$\frac{18x^2+15x-4}{(3x+1)^2(x-2)} = \frac{A}{3x+1} + \frac{B}{(3x+1)^2} + \frac{C}{x-2}.$$

Die Zuhaltemethode liefert $B = 3$ und $C = 2$
Einsetzen von (etwa) $x = 0$ ergibt $\frac{-4}{-2} = A + B - \frac{C}{2} = A + 2$, also $A = 0$.

PBZ: $$\frac{18x^2+15x-4}{(3x+1)^2(x-2)} = \frac{3}{(3x+1)^2} + \frac{2}{x-2}.$$

(c) $\frac{x^4}{(x-2)^3}$ ist nicht echt gebrochen mit Zählergrad 4, Nennergrad 3.
Also ist ein Polynom vom Grad 1 abzuspalten.
Auf Grund des einfach gebauten Nenners (Potenz eines Linearfaktors) empfiehlt es sich, den Zähler nach Potenzen von $(x-2)$ umzuordnen. Die binomische Formel liefert: $x^4 = \left[(x-2)+2\right]^4 = (x-2)^4 + 8(x-2)^3 + 24(x-2)^2 + 32(x-2) + 16$.
Einsetzen ergibt sofort die

PBZ: $$\frac{x^4}{(x-2)^3} = x + 6 + \frac{24}{x-2} + \frac{32}{(x-2)^2} + \frac{16}{(x-2)^3}.$$

(d) $\frac{3x^2+x-1}{x^3-1}$ ist echt gebrochen mit Zählergrad 2, Nennergrad 3.
Also ist kein Polynomanteil abzuspalten. Der
Nenner $x^3 - 1 = (x-1)(x^2+x+1)$ hat nur eine einfache Nullstelle bei $x = 1$.
Der Ansatz für die PBZ lautet also

$$\frac{3x^2+x-1}{x^3-1} = \frac{3x^2+x-1}{(x-1)(x^2+x+1)} = \frac{A}{x-1} + \frac{Bx+C}{x^2+x+1}.$$

Die Zuhaltemethode liefert $A = 1$.
Einsetzen und neu sortieren, der Faktor $(x-1)$ muss sich wegkürzen, liefert

$$\frac{Bx+C}{x^2+x+1} = \frac{3x^2+x-1}{x^3-1} - \frac{1}{x-1} = \frac{(3x^2+x-1)-(x^2+x+1)}{x^3-1} = \frac{2x^2-2}{x^3-1} = \frac{2x+2}{x^2+x+1}.$$

PBZ: $$\frac{3x^2+x-1}{x^3-1} = \frac{1}{x-1} + \frac{2x+2}{x^2+x+1}.$$

Trigonometrische Funktionen

3.134 Es ist $\sin 30° = \frac{1}{2} = c$ und $\cos 30° = \frac{1}{2}\sqrt{3} = a$, also $b = 1 - a = 1 - \frac{1}{2}\sqrt{3}$.
Das rechtwinklige Dreieck rechts liefert

$$\tan 15° = \frac{\text{Gegenkathete}}{\text{Ankathete}} = \frac{b}{c} = \frac{1-\sqrt{3}/2}{1/2} = 2 - \sqrt{3}.$$

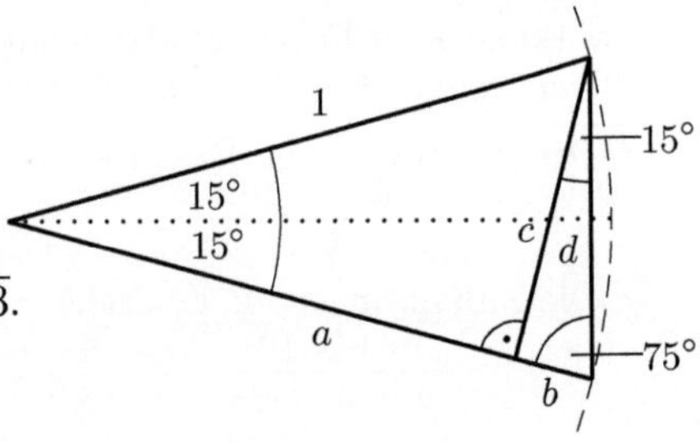

Nach Pythagoras ist

$$d^2 = c^2 + b^2 = (\tfrac{1}{2})^2 + \left(1 - \tfrac{\sqrt{3}}{2}\right)^2 = 2 - \sqrt{3}.$$

Wegen $\sin 15° = \frac{1}{2}d$, siehe z.B. obere Hälfte des großen Dreiecks, folgt

$$\sin 15° = \tfrac{1}{2}\sqrt{2-\sqrt{3}}, \quad \cos^2 15° = 1 - \sin^2 15° \quad \text{ergibt}$$

$$\cos 15° = \sqrt{1 - \tfrac{1}{4}(2-\sqrt{3})} = \tfrac{1}{2}\sqrt{2+\sqrt{3}}.$$

3.135

(a) Im Intervall $[0, 2\pi]$ gilt

$$2\sin x = \sqrt{2} \iff \sin x = \frac{\sqrt{2}}{2} \iff x = \frac{\pi}{2} \pm \frac{\pi}{4}.$$

Wegen der Periodizität von sin gilt

$$\sin x = \frac{\sqrt{2}}{2} \iff x = 2k\pi + \frac{\pi}{2} \pm \frac{\pi}{4},\ k \in \mathbb{Z}.$$

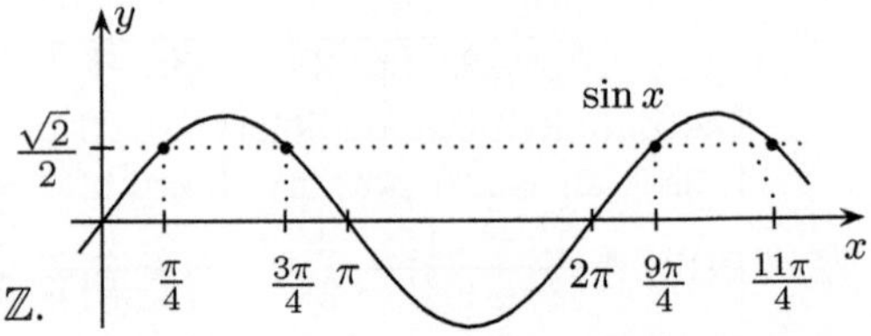

(b) Im Intervall $[-\pi, \pi]$ ist

$$2\cos x = 1 \iff \cos x = \frac{1}{2} \iff x = \pm\frac{\pi}{3}.$$

Wegen der Periodizität von cos gilt

$$2\cos x = 1 \iff x = \pm\frac{\pi}{3} + 2k\pi,\ k \in \mathbb{Z}.$$

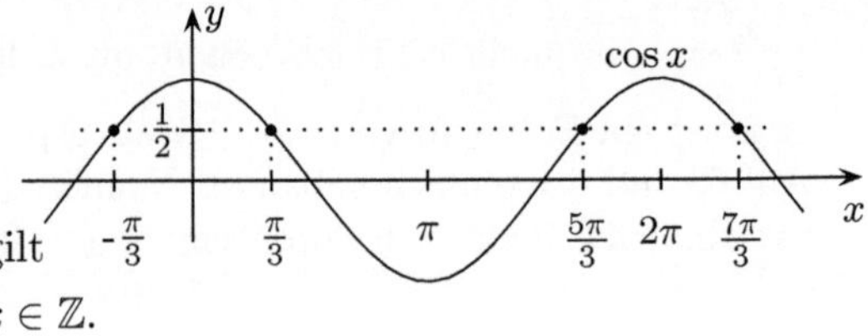

(c) Im Intervall $]-\frac{\pi}{2}, \frac{\pi}{2}[$ gilt

$$\tan^2 x = 3 \iff \tan x = \pm\sqrt{3} \iff x = \pm\frac{\pi}{3}$$

Wegen der Periodizität von tan gilt

$$\tan^2 x = 3 \iff x = k\pi \pm \frac{\pi}{3},\ k \in \mathbb{Z}.$$

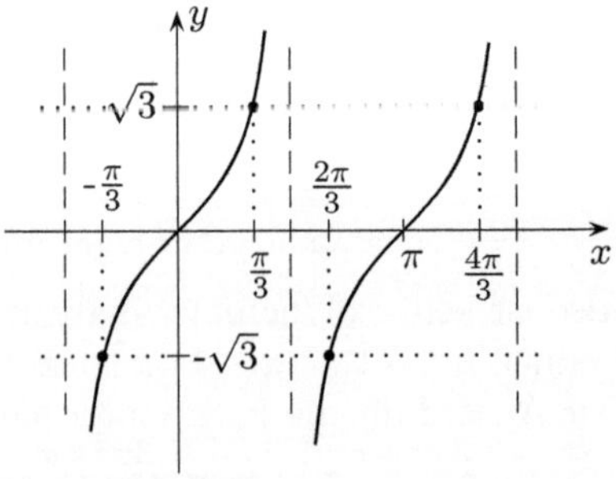

(d) Im Intervall $[0, \pi]$ ist

$$\cot^2 x \le 1 \iff |\cot x| \le 1 \iff \frac{\pi}{4} \le x \le \frac{3\pi}{4}.$$

Wegen der Periodizität von cot gilt

$$\cot^2 x \le 1 \iff x \in \left[k\pi + \frac{\pi}{4}, k\pi + \frac{3\pi}{4}\right],\ k \in \mathbb{Z}.$$

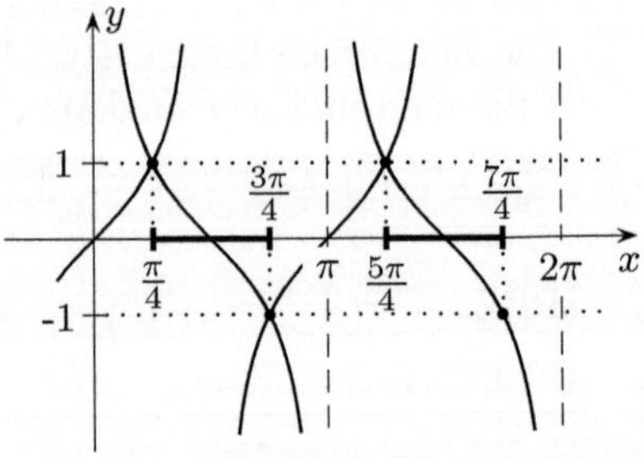

3.136

(a) Aus der Additionsformel [S. 107] für den Kosinus folgt

$$\cos(x+\pi) = \cos x \cdot \underbrace{\cos\pi}_{=-1} - \sin x \cdot \underbrace{\sin\pi}_{=0} = -\cos x.$$

Verschiebt man die Kosinuskurve um π nach links oder rechts, so erhält man die an der x-Achse gespiegelte Kosinuskurve.

Siehe hierzu [Seite 69], Übergang von $f(x)$ zu $f(x-x_0)$.

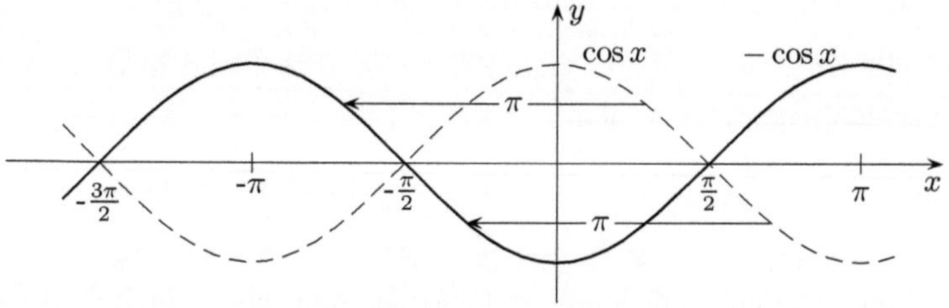

(b) Aus der Additionsformel des Sinus folgt

$$\sin\left(x+\tfrac{\pi}{2}\right)$$
$$= \sin x \cdot \underbrace{\cos\left(\tfrac{\pi}{2}\right)}_{=0} + \cos x \cdot \underbrace{\sin\left(\tfrac{\pi}{2}\right)}_{=1}$$
$$= \cos x.$$

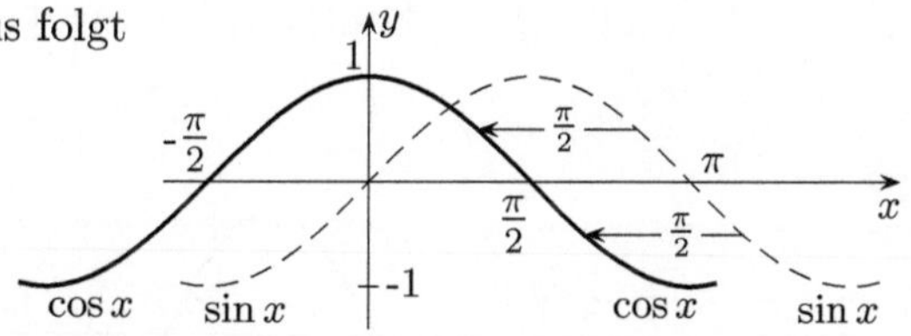

Verschiebt man die Sinuskurve um $\frac{\pi}{2}$ nach links, so erhält man die Kosinuskurve.

(c) Aus den Additionsformeln von Sinus und Kosinus folgt

$$\tan\left(x \pm \tfrac{\pi}{2}\right) = \frac{\sin\left(x \pm \frac{\pi}{2}\right)}{\cos\left(x \pm \frac{\pi}{2}\right)}$$
$$= \frac{\sin x \cdot \cos(\pm\frac{\pi}{2}) + \cos x \cdot \sin(\pm\frac{\pi}{2})}{\cos x \cdot \cos(\pm\frac{\pi}{2}) - \sin x \cdot \sin(\pm\frac{\pi}{2})}$$
$$= -\frac{\cos x}{\sin x}, \text{ da } \begin{array}{l}\sin(\pm\frac{\pi}{2}) = \pm 1\\ \cos(\pm\frac{\pi}{2}) = 0\end{array}$$
$$= -\cot x.$$

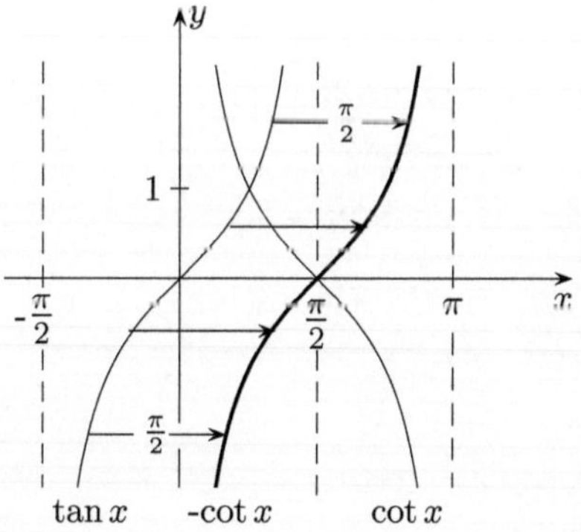

Verschiebt man die Tangenskurve um $\frac{\pi}{2}$ nach rechts oder links, so erhält man die an der x-Achse gespiegelte Kotangenskurve.

3.137 Man stelle mit Hilfe der Additionsformeln $\sin\frac{x}{2}$ durch $\cos x$ dar.

Sei $t = \frac{x}{2}$. Dann ist $x = 2t$. Aus den Additionsformeln folgt

$$\cos 2t \;=\; \cos^2 t - \sin^2 t \;=\; 1 - 2\sin^2 t.$$

Also ist $\quad \sin^2 t = \frac{1}{2}\big(1 - \cos 2t\big)$ bzw. $\sin\frac{x}{2} = \pm\sqrt{\frac{1}{2}\big(1 - \cos x\big)}$.

Welches Vorzeichen gilt? Es ist $\sin t \geq 0$ im Intervall $\big[0, \pi\big]$ und in den um Vielfache von 2π verschobenen Intervallen.

Also gilt $\sin\frac{x}{2} = +\sqrt{\frac{1}{2}\big(1 - \cos x\big)}$ für $x \in \big[0, 2\pi\big]$ und in den um Vielfache von 4π verschobenen Intervallen.

Es gilt $\sin\frac{x}{2} = -\sqrt{\frac{1}{2}\big(1 - \cos x\big)}$ für die restlichen Bereiche.

Für die folgenden Umformungen benötigt man die Formeln von [Seite 116]:

$$\boxed{-A\sin(\omega t + \varphi) = A\sin(\omega t + \varphi + \pi)} \quad \boxed{-A\cos(\omega t + \varphi) = A\sin(\omega t + \varphi - \tfrac{\pi}{2})}$$

3.138

(a) $$\begin{aligned} & -2\sin(t - \tfrac{3\pi}{4}) \\ =\; & 2\sin(t - \tfrac{3\pi}{4} + \pi) \\ =\; & 2\sin(t + \tfrac{\pi}{4}) \end{aligned}$$

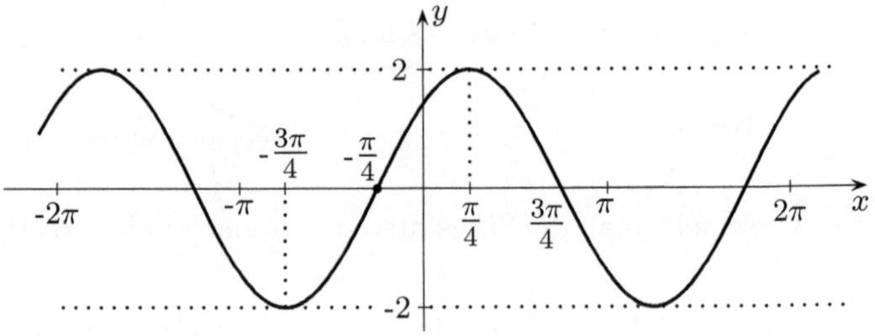

(b) $$\begin{aligned} & -3\cos(2t + \tfrac{\pi}{4}) \\ =\; & 3\sin(2t + \tfrac{\pi}{4} - \tfrac{\pi}{2}) \\ =\; & 3\sin(2t - \tfrac{\pi}{4}) \\ =\; & 3\sin 2(t - \tfrac{\pi}{8}) \end{aligned}$$

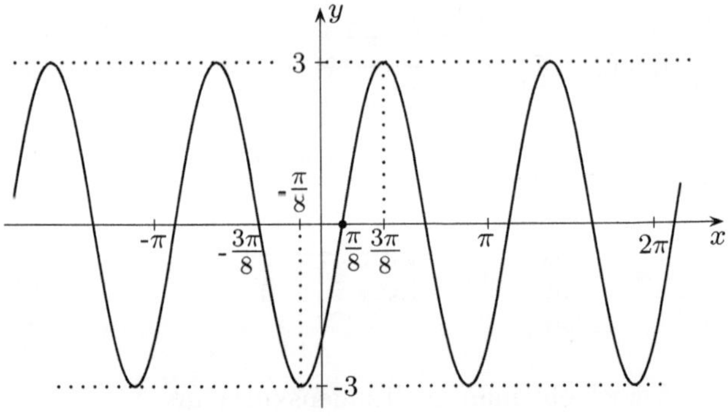

(c) $$\begin{aligned} & -\tfrac{3}{2}\sin(\tfrac{\pi}{3} - \tfrac{1}{2}t) \\ =\; & \tfrac{3}{2}\sin(\tfrac{1}{2}t - \tfrac{\pi}{3}) \\ =\; & \tfrac{3}{2}\sin\tfrac{1}{2}(t - \tfrac{2\pi}{3}) \end{aligned}$$

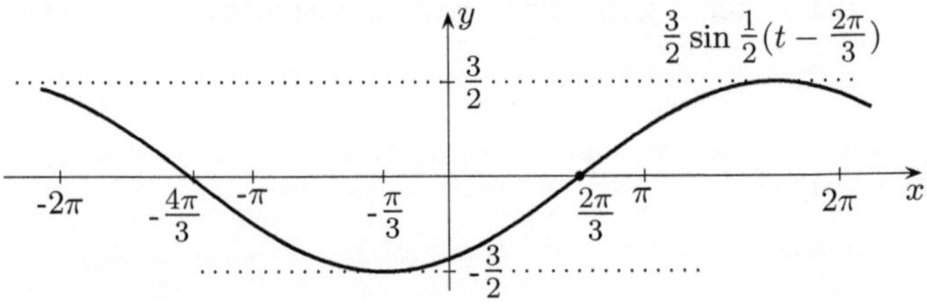

3.139

(a) $3\sin\big(2t+1\big) = 3\big(\sin 2t\cos 1+\cos 2t\sin 1\big) = 3\cos 1\sin 2t + 3\sin 1\cos 2t \approx 1.62\sin 2t + 2.52\cos 2t.$

(b) $\frac{1}{2}\cos\big(\frac{\pi}{6}t-\frac{\pi}{3}\big) = \frac{1}{2}\big(\cos(\frac{\pi}{6}t)\cos(-\frac{\pi}{3})-\sin(\frac{\pi}{6}t)\sin(-\frac{\pi}{3})\big) = \frac{1}{2}\big(\cos(\frac{\pi}{6}t)\frac{1}{2}+\sin(\frac{\pi}{6}t)\frac{\sqrt{3}}{2}\big) = \frac{1}{4}\cos(\frac{\pi}{6}t)+\frac{\sqrt{3}}{4}\sin(\frac{\pi}{6}t).$

3.140

(a) Die Amplitude ist $A=\pi$, die Wellenlänge $T=\frac{1}{\nu}=\frac{2\pi}{\omega}=5$. Also ist die Frequenz $\nu=\frac{1}{5}$ und die Kreisfrequenz $\omega=\frac{2\pi}{5}$. Die Phasenverschiebung ist $\varphi=0$ und die Funktionsgleichung daher $y=\pi\sin(\frac{2\pi}{5}t)$.

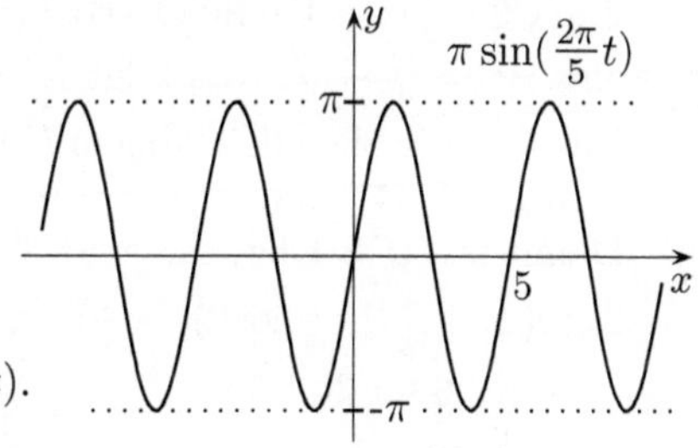

(b) Die Amplitude ist $A=3$ und die Wellenlänge $T=\frac{1}{\nu}=\frac{2\pi}{\omega}=16$. Also ist die Frequenz $\nu=\frac{1}{16}$ und die Kreisfrequenz $\omega=\frac{\pi}{8}$. Einsetzen von $t=-9$ liefert die Phasenverschiebung $\varphi=\frac{9\pi}{8}$ und man erhält $y=3\sin(\frac{\pi}{8}t+\frac{9\pi}{8})$.

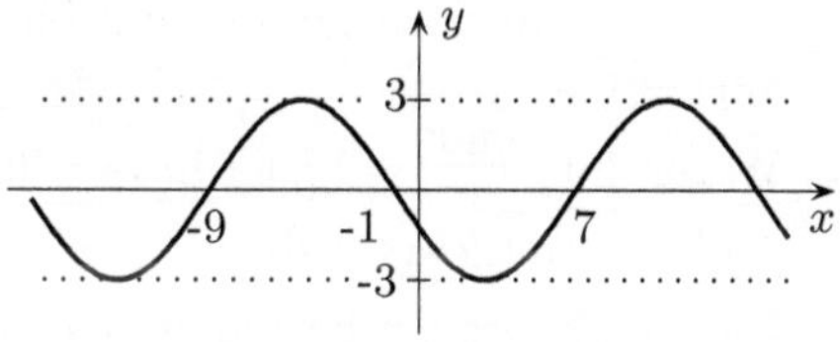

3.141

(a) Gesucht sind $A>0$ und φ mit $\sin t+\cos t = A\sin(t+\varphi)$. Die Formeln von [S. 118] liefern mit $B=C=1$: $A=\sqrt{1+1}=\sqrt{2}$ und $\tan\varphi=\frac{1}{1}=1$. Also $\varphi=\pm\frac{\pi}{4}$. $(C,B)=(1,1)$ liegt im 1. Quadranten, also $\varphi=\frac{\pi}{4}$. Man erhält $\sin t+\cos t=\sqrt{2}\sin(t+\frac{\pi}{4})$.

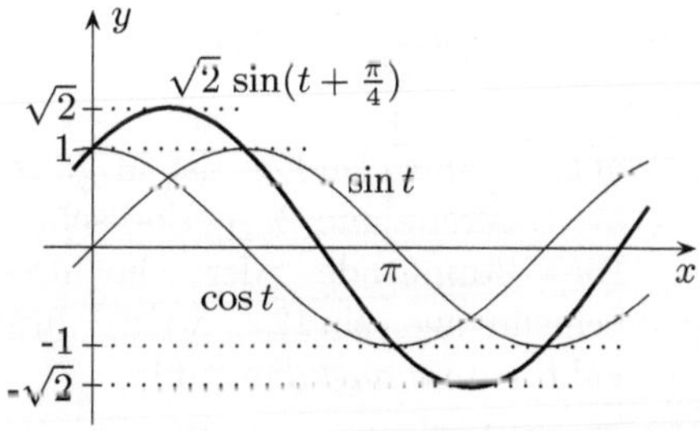

(b) Gesucht sind $A>0$ und φ mit $\sin t-2\cos t=A\sin(t+\varphi)$. Die Formeln von [Seite 118] liefern mit $B=-2$ und $C=1$: $A=\sqrt{4+1}=\sqrt{5}$ und $\tan\varphi=-2$. Es ist $\varphi\approx-1.11$ bzw. $\varphi=-63.43°$, da $(C,B)=(1,-2)$ im 4. Quadranten liegt. Also $\sin t-2\cos t=\sqrt{5}\sin(t-1.11)$.

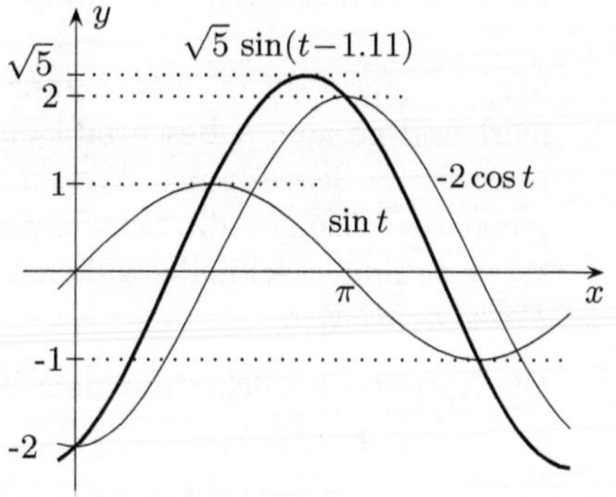

(c) Gesucht sind $A > 0$ und φ mit $2\cos(2t - \frac{\pi}{4}) - \frac{1}{2}\cos(2t - \frac{\pi}{2}) = A\sin(2t + \varphi)$.
Hier gehen wir anders vor als in (a) und (b).
Man setzt zwei Werte für t ein, z.B. $t = 0$ und $t = \frac{\pi}{4}$. Das ergibt die Gleichungen

$$(*)\quad \begin{aligned} \sqrt{2} &= A\sin\varphi, \\ \sqrt{2} - \tfrac{1}{2} &= A\sin(\tfrac{\pi}{2} + \varphi) = A\cos\varphi. \end{aligned}$$

Quadrieren und Addieren ergibt
$2 + (\sqrt{2} - \frac{1}{2})^2 = A^2(\sin^2\varphi + \cos^2\varphi) = A^2$,
also $A^2 = \frac{17}{4} - \sqrt{2}$. Es folgt $A \approx 1.68$.
Einsetzen in die Gleichungen $(*)$:
$\sin\varphi \approx 0.84$ und $\cos\varphi \approx 0.54$.
Damit ist $\varphi \approx 1$ bzw. $\varphi \approx 57.3°$ und

$$2\cos(2t - \tfrac{\pi}{4}) - \tfrac{1}{2}\cos(2t - \tfrac{\pi}{2}) \approx 1.68\sin(2t + 1).$$

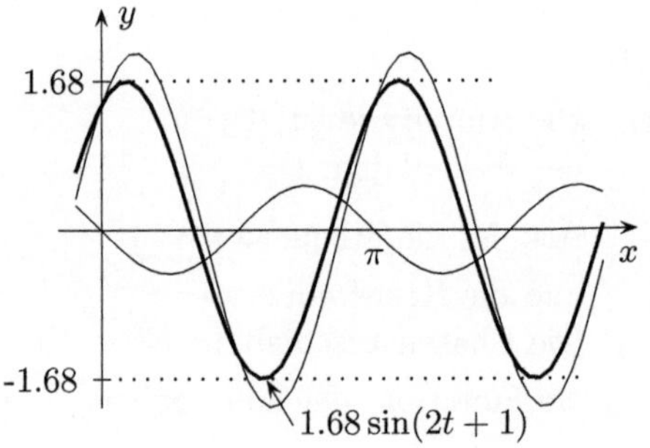

3.142

(a) $f(x) = \frac{1}{x}\sin x$ ist gerade und für $x \neq 0$ definiert.
Wegen $\lim\limits_{x\to 0} \frac{\sin x}{x} = 1$ ist f in $x_0 = 0$ durch $f(0) = 1$ stetig ergänzbar.
Die Amplitude der harmonischen Schwingung $\sin x$ wird durch den Faktor $\frac{1}{x}$ *gedämpft*.
Es gilt $\lim\limits_{x\to\pm\infty} \frac{\sin x}{x} = 0$.

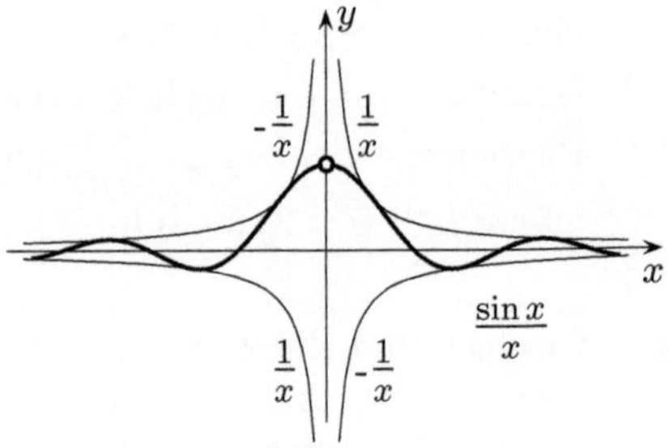

(b) $g(x) = \sin x \cdot \sin 12x$ ist in ganz $\mathbb{R}$ definiert, gerade und 2π-periodisch.
Die Amplitude der hochfrequenten Schwingung $\sin 12x$ wird durch den Faktor $\sin x$ *moduliert*, d.h.
die Schwingung $\sin 12x$ bewegt sich zwischen den Kurven $\sin x$ und $-\sin x$.

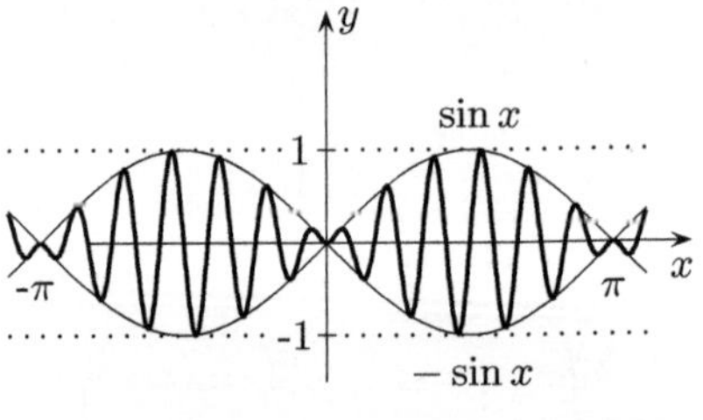

(c) $h(x) = \sqrt{|x|} \cdot \sin x^2$ ist in ganz $\mathbb{R}$ definiert und gerade. h beschreibt eine nicht periodische Schwingung. Wegen des Argumentes x^2 folgen die Schwingungen für $|x| \to \infty$ immer schneller aufeinander, *die Frequenz wächst.*

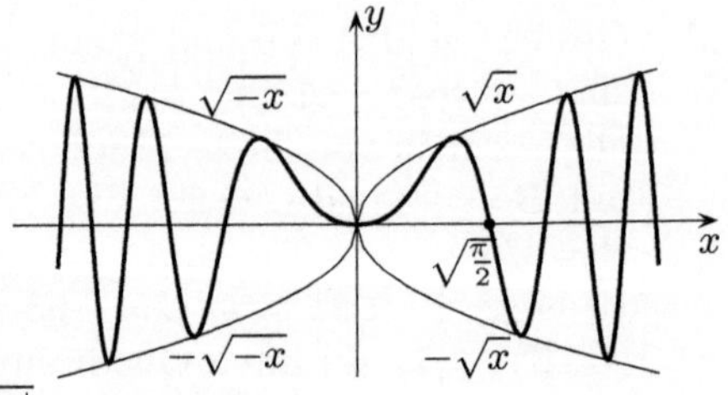

Die Amplitude wächst mit dem Faktor $\sqrt{|x|}$.

Hyperbelfunktionen

3.143

(a) Einsetzen von $\cosh x = \frac{1}{2}(\mathrm{e}^x + \mathrm{e}^{-x})$ und $\sinh x = \frac{1}{2}(\mathrm{e}^x - \mathrm{e}^{-x})$ liefert
$\cosh x = 1 + \sinh x \iff \frac{1}{2}(\mathrm{e}^x + \mathrm{e}^{-x}) = 1 + \frac{1}{2}(\mathrm{e}^x - \mathrm{e}^{-x}) \iff \mathrm{e}^{-x} = 1 \iff x = 0.$

(b) Mit $\cosh^2 x - 1 = \sinh^2 x$ erhält man

$$\begin{aligned} 2\cosh x - \sinh^2 x = 2 &\iff 2\cosh x - (\cosh^2 x - 1) = 2 \\ &\iff \cosh^2 x - 2\cosh x + 1 = 0 \\ &\iff (\cosh x - 1)^2 = 0 \iff \cosh x = 1 \iff x = 0. \end{aligned}$$

3.144 Aus $y = \cosh x = \frac{1}{2}\left(\mathrm{e}^x + \mathrm{e}^{-x}\right)$ folgt durch Multiplikation mit $2\,\mathrm{e}^x$:
$2y\,\mathrm{e}^x = \mathrm{e}^{2x} + 1$ und weiter $\mathrm{e}^{2x} - 2y\,\mathrm{e}^x + y^2 = \left(\mathrm{e}^x - y\right)^2 = y^2 - 1.$
Also ist $\mathrm{e}^x - y = \pm\sqrt{y^2 - 1}\,.$
Für $x \geq 0$ ist aber $\mathrm{e}^x - y = \mathrm{e}^x - \frac{1}{2}(\mathrm{e}^x + \mathrm{e}^{-x}) = \frac{1}{2}(\mathrm{e}^x - \mathrm{e}^{-x}) \geq 0.$
Daher scheidet die negative Wurzel aus, d.h. es ist $\mathrm{e}^x = y + \sqrt{y^2 - 1}$ bzw. $x = \ln\left(y + \sqrt{y^2 - 1}\right).$

Die Umkehrfunktion von $\cosh\colon [0, \infty[\to [1, \infty[$ ist also $y = \ln\left(x + \sqrt{x^2 - 1}\right).$

3.145 Kettenlinie

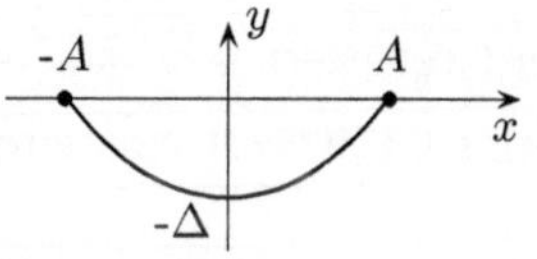

Ein wie in nebenstehender Skizze an den Enden aufgehängtes Seil (Kette) soll durch $y = f(x) = \frac{1}{a}\cosh ax + D.$ beschrieben werden. Die gegebenen Punkte liefern

$f(0) = -\Delta \Longrightarrow \frac{1}{a} + D = -\Delta \qquad f(A) = 0 \Longrightarrow \frac{1}{a}\cosh aA + D = 0$

$\Longrightarrow D = -\Delta - \frac{1}{a} \qquad \cosh aA - a\Delta - 1 = 0 \quad (*)$

(a) Für $A = 1$ und $\Delta = 2$ folgt aus $(*)$: $\cosh a = 2a + 1.$
Für diese Gleichung ist eine Lösung > 0 gesucht. Skizze (I) zeigt, dass die Gleichung $\cosh a = 2a + 1$ eine Lösung besitzt und dass diese etwa bei $a \approx 2.5$ liegt.
Eine genauere Berechnung ist aber nur näherungsweise möglich, praktischerweise mit einem Rechenprogramm.
Als Lösungskurve ergibt sich $y \approx 0.4\cosh 2.5x - 2.4.$

(b) Für $A = 2$ und $\Delta = 1$ ist die Gleichung $\cosh 2a = a + 1$ zu lösen, die ebenfalls nur näherungsweise lösbar ist. Es ist $a \approx 0.5.$
Gesuchte Kurve: $y \approx 2\cosh 0.5x - 3,$ siehe Skizze (II).

Skizze (I)

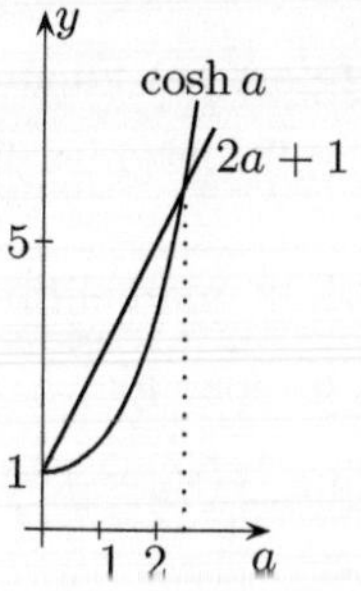

Skizze (II)

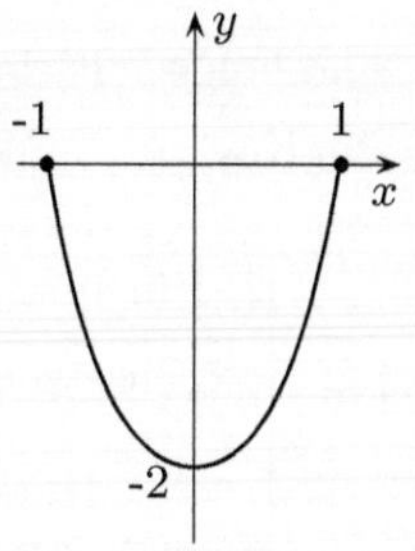

4 Differenzialrechnung

4.1 Grenzwerte und Stetigkeit von Funktionen

Grenzwerte von Funktionen werden auf Grenzwerte von Folgen zurückgeführt:

Grenzwert einer Funktion

Eine Funktion f hat an der Stelle x_0 den **Grenzwert a**, wenn für jede Folge von Elementen $x_n \neq x_0$ aus dem Definitionsbereich von f, die gegen x_0 konvergiert, die Folge der Funktionswerte $f(x_n)$ gegen a konvergiert.

$$\text{kurz:} \qquad x_n \to x_0 \quad \Longrightarrow \quad f(x_n) \to a$$

Schreibweisen:

$$\lim_{x \to x_0} f(x) = a \qquad \text{oder} \qquad f(x) \to a \ \text{ für } x \to x_0 \qquad \text{oder} \qquad f(x) \xrightarrow[x \to x_0]{} a.$$

Ist $\lim\limits_{x \to x_0} f(x) = \pm\infty$, so spricht man von einem **uneigentlichen Grenzwert**.

Entsprechend werden **links-** und **rechtsseitige** (d.h. $x \to x_0^-$ bzw. $x \to x_0^+$) **Grenzwerte** von Funktionen definiert, ebenso Grenzwerte für $x \to \pm\infty$.

Der Grenzwert $\lim\limits_{x \to x_0} f(x)$ existiert genau dann, wenn der rechts- und der linksseitige Grenzwert existieren und beide gleich sind.

Merke: Ob und wie f in x_0 definiert ist, spielt für den Grenzwert $\lim\limits_{x \to x_0} f(x)$ keine Rolle.

4.1 *Man bestimme die folgenden Grenzwerte:*

(a) $\lim\limits_{x \to 2} x^2$, (b) $\lim\limits_{x \to 0^+} \sqrt{x}$, (c) $\lim\limits_{x \to \pi} \cos x$.

(a) Sei (x_n) eine Folge mit $\lim\limits_{n \to \infty} x_n = 2$. Nach den Rechenregeln für Grenzwerte, siehe [S. 23], gilt dann für die Folge (x_n^2): $\lim\limits_{n \to \infty} x_n^2 = \lim\limits_{n \to \infty} x_n \cdot \lim\limits_{n \to \infty} x_n = 2 \cdot 2 = 4$.
Also ist $\lim\limits_{x \to 2} x^2 = 4$.

(b) Sei (x_n) eine Folge mit $x_n > 0$ und $\lim\limits_{n \to \infty} x_n = 0$. Nach den Rechenregeln für Grenzwerte gilt dann für die Folge $(\sqrt{x_n})$: $\lim\limits_{n \to \infty} \sqrt{x_n} = 0$. Also ist $\lim\limits_{x \to 0^+} \sqrt{x} = 0$.

(c) Sei (x_n) eine Folge mit $\lim\limits_{n \to \infty} x_n = \pi$. Dann konvergiert die Folge $(\cos x_n)$ gegen $\cos \pi$, da die Kosinus-Funktion stetig ist, siehe [S. 163]. Also ist $\lim\limits_{x \to \pi} \cos x = -1$.

Merke: Für in x_0 stetige Funktionen f erhält man $\lim\limits_{x \to x_0} f(x)$ durch Einsetzen von x_0, der Grenzwert ist also gleich $f(x_0)$.

$$f \text{ stetig in } x_0 \quad \Longleftrightarrow \quad \lim_{x \to x_0} f(x) = f(x_0).$$

4.2 *Warum existiert* $\lim\limits_{x\to 0} \operatorname{sgn} x$ *nicht?*

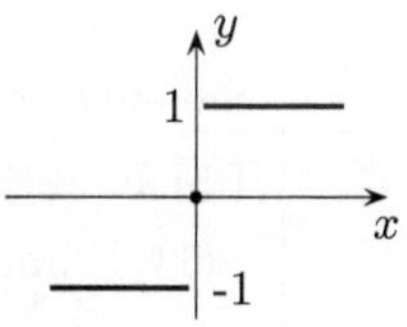

$$\operatorname{sgn} x = \begin{cases} -1 & \text{, falls } x < 0. \\ 0 & \text{, falls } x = 0. \\ 1 & \text{, falls } x > 0. \end{cases} \qquad \begin{aligned} &\Longrightarrow \lim_{x\to 0^-} \operatorname{sgn} x = -1, \\ \\ &\Longrightarrow \lim_{x\to 0^+} \operatorname{sgn} x = 1. \end{aligned}$$

Links- und rechtsseitiger Grenzwert sind verschieden, $\lim\limits_{x\to 0} \operatorname{sgn} x$ existiert nicht!

4.3 *Existieren die folgenden Grenzwerte?*

(a) $\lim\limits_{x\to 0} \frac{1}{x}$, (b) $\lim\limits_{x\to 0} \frac{1}{x^2}$, (c) $\lim\limits_{x\to\infty} \sin x$.

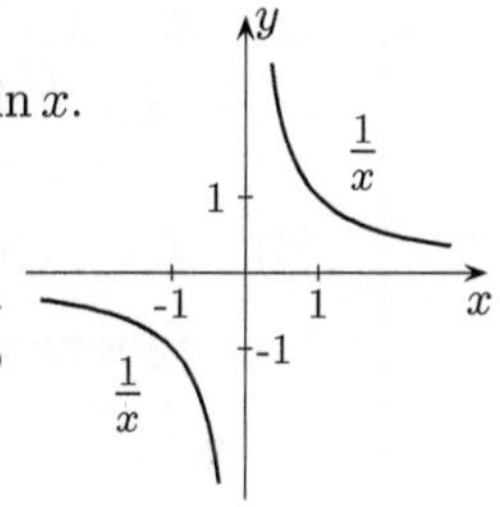

(a) Wir betrachten z.B. die Folgen $(\frac{1}{n})$ und $(-\frac{1}{n})$, die beide gegen 0 konvergieren. Die Folgen der Funktionswerte sind (n) und $(-n)$, die gegen ∞ bzw. $-\infty$ divergieren. Also existiert $\lim\limits_{x\to 0} \frac{1}{x}$ nicht.

Die Skizze von $\frac{1}{x}$ zeigt: $\lim\limits_{x\to 0^-} \frac{1}{x} = -\infty$ und $\lim\limits_{x\to 0^+} \frac{1}{x} = \infty$.

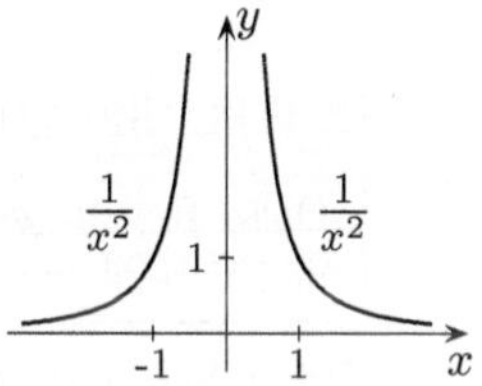

(b) Hier zeigt die Skizze der Funktion $\frac{1}{x^2}$, dass $\lim\limits_{x\to 0^+} \frac{1}{x^2} = \infty$ und $\lim\limits_{x\to 0^-} \frac{1}{x^2} = \infty$ ist.

Also hat $\frac{1}{x^2}$ den uneigentlichen Grenzwert $\lim\limits_{x\to 0} \frac{1}{x^2} = \infty$.

(c) Die Folge $(\frac{\pi}{2} + n\pi) = \frac{\pi}{2}, \frac{3\pi}{2}, \frac{5\pi}{2}, \ldots$ geht gegen ∞. Die Folge der Funktionswerte $\big(\sin(\frac{\pi}{2} + n\pi)\big) = 1, -1, 1, -1, \ldots$ ist die divergente Folge $\big((-1)^n\big)$, $n \in \mathbb{N}_0$. Also existiert $\lim\limits_{x\to\infty} \sin x$ nicht, was man natürlich auch direkt an der Skizze sieht: Der Sinus nimmt für $x \to \infty$ immer wieder alle Werte zwischen -1 und 1 an.

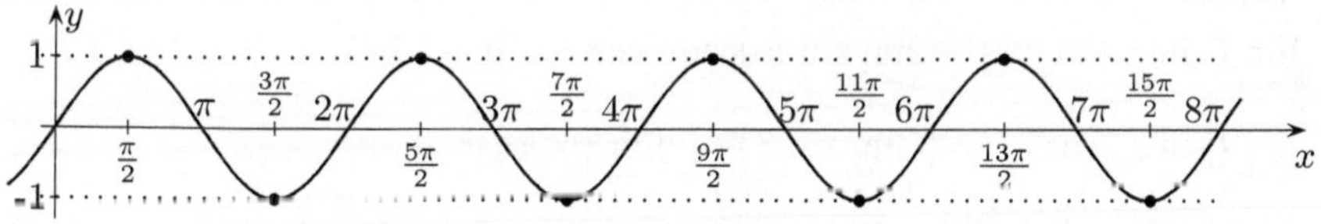

Wichtige Grenzwerte

(1) $\lim\limits_{x\to 0} \dfrac{\sin x}{x} = 1$, Winkel im Bogenmaß, siehe [**EM 1**, 8.1]]

(2) $\lim\limits_{x\to\infty} \dfrac{e^x}{x^n} = \infty$, $\lim\limits_{x\to -\infty} x^n e^x = 0$, *"Exponentialfktn. gewinnt".*

Die Exponentialfunktion steigt schneller als jede Potenz x^n, $n \in \mathbb{N}$.

(3) $\lim\limits_{x\to 0^+} x \cdot (\ln x)^n = 0$, $\lim\limits_{x\to\infty} \dfrac{(\ln x)^n}{x} = 0$, *"Logarithmus verliert".*

(4) $\lim\limits_{x\to 0^+} x^x = 1$, $\lim\limits_{x\to\infty} x^{1/x} = 1$.

Rechenregeln für Grenzwerte von Funktionen

Sie entsprechen den Rechenregeln für Grenzwerte von Folgen, siehe [S. 23].

Für Funktionen f und g, deren Grenzwerte in x_0 existieren, gilt:

(1) $\lim\limits_{x \to x_0} \big[c \cdot f(x)\big] = c \cdot \lim\limits_{x \to x_0} f(x)$, für alle $c \in \mathbb{R}$.

(2) $\lim\limits_{x \to x_0} \big[f(x) \pm g(x)\big] = \lim\limits_{x \to x_0} f(x) \pm \lim\limits_{x \to x_0} g(x)$.

(3) $\lim\limits_{x \to x_0} \big[f(x) \cdot g(x)\big] = \lim\limits_{x \to x_0} f(x) \cdot \lim\limits_{x \to x_0} g(x)$.

(4) $\lim\limits_{x \to x_0} \dfrac{f(x)}{g(x)} = \dfrac{\lim\limits_{x \to x_0} f(x)}{\lim\limits_{x \to x_0} g(x)}$, falls $g(x) \neq 0$ und $\lim\limits_{x \to x_0} g(x) \neq 0$.

(5) $f(x) \leq g(x)$ für alle $x \implies \lim\limits_{x \to x_0} f(x) \leq \lim\limits_{x \to x_0} g(x)$.

(6) **Quetschlemma** [vgl. Quetschlemma für Folgen, Seite 27]:

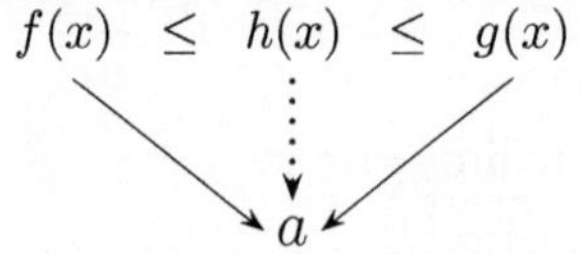

Gilt in einer Umgebung [s.u.] von x_0 $f(x) \leq h(x) \leq g(x)$ und gilt $\lim\limits_{x \to x_0} f(x) = \lim\limits_{x \to x_0} g(x) = a$, so gilt auch $\lim\limits_{x \to x_0} h(x) = a$.

(7) $\lim\limits_{x \to x_0} \big|f(x)\big| = \Big|\lim\limits_{x \to x_0} f(x)\Big|$.

Diese Regeln gelten entsprechend für $x_0 = \pm\infty$, für einseitige Grenzwerte und mit den Vereinbarungen über das Rechnen mit $\pm\infty$ [S. 24] für uneigentliche Grenzwerte.

Jede Obermenge eines offenen Intervalls mit Mittelpunkt x_0 heißt **Umgebung** von x_0.

4.4 *Man bestimme die folgenden Grenzwerte:*

(a) $\lim\limits_{x \to 0} \big(\sin x + \cos x\big)$, (b) $\lim\limits_{x \to 0} \big(\sin x \cdot \cos x\big)$, (c) $\lim\limits_{x \to 0} \dfrac{\sin x}{\cos x}$,

(d) $\lim\limits_{x \to 0^+} \big(\mathrm{e}^x - \ln x\big)$, (e) $\lim\limits_{x \to 0^+} \big(\mathrm{e}^x \cdot \ln x\big)$, (f) $\lim\limits_{x \to 0^+} \dfrac{\mathrm{e}^x}{\ln x}$.

Alle auftretenden Funktionen sind stetig, man kann also meistens x_0 einsetzen.

(a) $\lim\limits_{x \to 0} \big(\sin x + \cos x\big) = \lim\limits_{x \to 0} \sin x + \lim\limits_{x \to 0} \cos x = 0 + 1 = 1$.

(b) $\lim\limits_{x \to 0} \big(\sin x \cdot \cos x\big) = \Big(\lim\limits_{x \to 0} \sin x\Big) \cdot \Big(\lim\limits_{x \to 0} \cos x\Big) = 0 \cdot 1 = 0$.

(c) $\lim\limits_{x \to 0} \dfrac{\sin x}{\cos x} = \dfrac{\lim\limits_{x \to 0} \sin x}{\lim\limits_{x \to 0} \cos x} = \dfrac{0}{1} = 0 = \lim\limits_{x \to 0} \tan x$.

(d) $\lim\limits_{x \to 0^+} \big(\mathrm{e}^x - \ln x\big) = \Big(\lim\limits_{x \to 0^+} \mathrm{e}^x\Big) - \Big(\lim\limits_{x \to 0^+} \ln x\Big)$.

e^x ist stetig, also $\lim\limits_{x \to 0} \mathrm{e}^x = \mathrm{e}^0 = 1$ und $\lim\limits_{x \to 0^+} \ln x = -\infty$, [S. 96]. Damit folgt

$$\lim_{x \to 0^+} \big(\mathrm{e}^x - \ln x\big) = \Big(\lim_{x \to 0^+} \mathrm{e}^x\Big) - \Big(\lim_{x \to 0^+} \ln x\Big) = 1 - (-\infty) = +\infty.$$

(e) $\lim\limits_{x \to 0^+} \big(\mathrm{e}^x \cdot \ln x\big) = \Big(\lim\limits_{x \to 0^+} \mathrm{e}^x\Big) \cdot \Big(\lim\limits_{x \to 0^+} \ln x\Big) = 1 \cdot (-\infty) = -\infty$.

(f) $\lim\limits_{x \to 0^+} \dfrac{\mathrm{e}^x}{\ln x} = \dfrac{\lim\limits_{x \to 0^+} \mathrm{e}^x}{\lim\limits_{x \to 0^+} \ln x} = \dfrac{1}{-\infty} = 0$.

4.5 *Man bestimme* $\lim\limits_{x\to\infty} \mathrm{e}^{\frac{1}{x}}$.

Da e^x stetig ist, darf man Grenzwert und Funktion vertauschen:

Ist f stetig und $\lim\limits_{x\to x_0} g(x) \in D(f)$, so gilt $\lim\limits_{x\to x_0} f\big(g(x)\big) = f\big(\lim\limits_{x\to x_0} g(x)\big)$.

$\lim\limits_{x\to\infty} \frac{1}{x} = 0$, also $\lim\limits_{x\to\infty} \mathrm{e}^{\frac{1}{x}} = \mathrm{e}^{\left(\lim\limits_{x\to\infty} \frac{1}{x}\right)} = \mathrm{e}^0 = 1.$

4.6 *Existieren die folgenden Grenzwerte? Wenn ja, berechne man sie.*

(a) $\lim\limits_{x\to\infty} \dfrac{\sin x}{x}$, (b) $\lim\limits_{x\to 0} \dfrac{\sin x}{x}$, (c) $\lim\limits_{x\to 0} \dfrac{x}{|x|}$, (d) $\lim\limits_{x\to 0} \dfrac{\tan x}{2x}$.

(a) Es ist $-1 \le \sin x \le 1$, d.h. für $x > 0$ gilt $\frac{-1}{x} \le \frac{\sin x}{x} \le \frac{1}{x}$.

$$\frac{-1}{x} \le \frac{\sin x}{x} \le \frac{1}{x}$$

Quetschlemma ($x \to \infty$): $\frac{-1}{x} \to 0$, $\frac{1}{x} \to 0$ $\Longrightarrow \lim\limits_{x\to\infty} \frac{\sin x}{x} = 0.$

(b) Wir zeigen zunächst $\lim\limits_{x\to 0} \frac{x}{\sin x} = 1$, woraus $\lim\limits_{x\to 0} \frac{\sin x}{x} = \dfrac{1}{\lim\limits_{x\to 0} \frac{x}{\sin x}} = \frac{1}{1} = 1$ folgt.

Für $0 < x < \frac{\pi}{2}$ gilt $\sin x \le x \le \tan x = \frac{\sin x}{\cos x}$ [S. 104], also $1 \le \frac{x}{\sin x} \le \frac{1}{\cos x}$.

$$1 \le \frac{x}{\sin x} \le \frac{1}{\cos x}$$

Quetschlemma ($x \to 0^+$): $1 \to 1$, $\frac{1}{\cos x} \to 1$ $\Longrightarrow \lim\limits_{x\to 0+} \frac{x}{\sin x} = 1.$

Da $\frac{x}{\sin x}$ als Quotient zweier ungerader Funktionen eine gerade Funktion ist, gilt auch $\lim\limits_{x\to 0-} \frac{x}{\sin x} = 1$. Links- und rechtsseitiger Grenzwert sind gleich,

also $\lim\limits_{x\to 0} \frac{x}{\sin x} = 1$ und folglich $\lim\limits_{x\to 0} \frac{\sin x}{x} = 1$.

(c) $\lim\limits_{x\to 0} \dfrac{x}{|x|}$ existiert nicht.

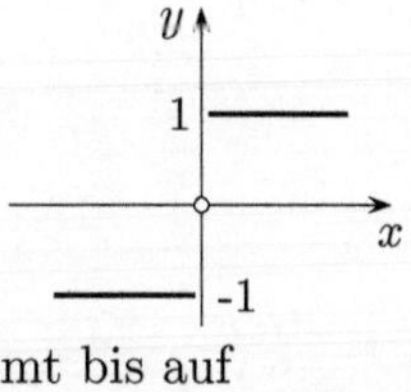

Links- und rechtsseitiger Grenzwert sind verschieden:

Es ist nämlich $\lim\limits_{x\to 0+} \frac{x}{|x|} = \lim\limits_{x\to 0+} \frac{x}{x} = 1$

und $\lim\limits_{x\to 0-} \frac{x}{|x|} = \lim\limits_{x\to 0-} \frac{x}{-x} = -1.$

$\frac{x}{|x|}$ ist für $x = 0$ nicht definiert. Die Funktion $\frac{x}{|x|}$ stimmt bis auf den Punkt $(0,0)$ mit der Signum-Funktion überein [Seite 62].

(d) $\lim\limits_{x\to 0} \frac{\tan x}{2x} = \frac{1}{2} \lim\limits_{x\to 0} \frac{\tan x}{x}$ Mit $\lim\limits_{x\to 0} \frac{\sin x}{x} = 1$ aus (b) folgt weiter:

$$= \frac{1}{2} \lim_{x\to 0} \left(\frac{\sin x}{\cos x} \cdot \frac{1}{x}\right) = \frac{1}{2} \lim_{x\to 0} \left(\frac{\sin x}{x} \frac{1}{\cos x}\right) = \frac{1}{2}\Big(\lim_{x\to 0} \frac{\sin x}{x}\Big)\Big(\lim_{x\to 0} \frac{1}{\cos x}\Big) = \frac{1}{2} \cdot 1 \cdot 1 = \frac{1}{2}.$$

Unbestimmte Ausdrücke

Gehen f und g für $x \to x_0$ beide gegen 0 oder beide gegen $\pm\infty$, so kann man über den Grenzwert von $\frac{f}{g}$ keine allgemeine Aussage machen. Als Grenzwert kann sich alles mögliche ergeben, evtl. existiert der Grenzwert auch gar nicht.

Es gibt kein allgemeines Verfahren für die Untersuchung solcher Ausdrücke vom Typ

$$\boxed{\frac{0}{0}} \quad \text{und} \quad \boxed{\frac{\infty}{\infty}}.$$

Oft hilft die **Regel von l'Hospital** (siehe [Abschnitt 4.6]). Manchmal kommt man auch durch geschicktes Umformen weiter (siehe z.B. Methode "Ausklammern").

Weitere Typen unbestimmter Ausdrücke sind

$$\boxed{0 \cdot \infty} \quad \text{und} \quad \boxed{\infty - \infty},$$

die man auf die ersten beiden Typen zurückführen kann.

$$\boxed{1^{\infty}} \quad \text{und} \quad \boxed{0^0} \quad \text{und} \quad \boxed{\infty^0}$$

formt man mit $a^b = \mathrm{e}^{b \ln a}$ um und erhält im Exponenten den Typ $\boxed{0 \cdot \infty}$

4.7 *Man bestimme die folgenden Grenzwerte vom Typ* $\boxed{\frac{0}{0}}$:

(a) $\lim\limits_{x\to 1} \frac{x^2-1}{x-1}$, (b) $\lim\limits_{x\to -1} \frac{(x+1)^2}{x^3+1}$, (c) $\lim\limits_{x\to 0+} \frac{\sin x}{\cos 2x - 1}$.

(a) $\lim\limits_{x\to 1} \frac{x^2-1}{x-1} = 2$, denn für $x \neq 1$ ist

$$\frac{x^2-1}{x-1} = \frac{(x-1)(x+1)}{x-1} = x + 1 \xrightarrow[x\to 1]{} 2.$$

3. binomische Formel
$x^2 - 1 = (x-1)(x+1)$

(b) $\lim\limits_{x\to -1} \frac{(x+1)^2}{x^3+1} = 0$, denn für $x \neq -1$ ist

$$\frac{(x+1)^2}{x^3+1} = \frac{x+1}{x^2-x+1} \xrightarrow[x\to -1]{} \frac{0}{3} = 0.$$

$x^3 + 1 = (x+1)(x^2 - x + 1)$

(c) $\lim\limits_{x\to 0+} \frac{\sin x}{\cos 2x - 1} = -\infty$, denn für $x \neq 0$ ist

$\cos 2x = \cos^2 x - \sin^2 x$
und
$\cos^2 x - 1 = -\sin^2 x$

$$\frac{\sin x}{\cos 2x - 1} = \frac{\sin x}{\cos^2 x - \sin^2 x - 1} = \frac{\sin x}{-2\sin^2 x} = \frac{1}{-2\sin x} \xrightarrow[x\to 0^+]{} -\infty.$$

Methode "*Ausklammern*"

Bei Ausdrücken vom Typ $\boxed{\frac{0}{0}}$ oder $\boxed{\frac{\infty}{\infty}}$ hilft es oft, die *wesentlichen Terme* in Zähler und Nenner auszuklammern und direkt miteinander zu vergleichen. "Wesentlich" sind dabei diejenigen Terme, die am schnellsten gegen ∞ bzw. am langsamsten gegen 0 gehen.

4.8 *Man bestimme die folgenden Grenzwerte vom Typ* $\boxed{\frac{\infty}{\infty}}$:

(a) $\lim\limits_{x\to\infty} \frac{\sqrt{x^3+1}}{x^2+1}$, (b) $\lim\limits_{x\to\infty} \frac{e^x+e^{-x}}{e^x-e^{-x}}$, (c) $\lim\limits_{x\to\infty} \frac{3\ln^2 x}{\ln 3x}$.

(a) $\lim\limits_{x\to\infty} \frac{\sqrt{x^3+1}}{x^2+1} = 0$. Ausklammern und Kürzen liefert:

$$\frac{\sqrt{x^3+1}}{x^2+1} = \frac{\sqrt{x^3(1+x^{-3})}}{x^2(1+x^{-2})} = \frac{x\sqrt{x}\,\sqrt{1+x^{-3}}}{x^2(1+x^{-2})} = \frac{1}{\sqrt{x}} \cdot \frac{\sqrt{1+x^{-3}}}{1+x^{-2}} \xrightarrow[x\to\infty]{} 0\cdot 1 = 0.$$

(b) $\lim\limits_{x\to\infty} \frac{e^x+e^{-x}}{e^x-e^{-x}} = 1$. Ausklammern und Kürzen liefert:

$$\frac{e^x+e^{-x}}{e^x-e^{-x}} = \frac{e^x(1+e^{-2x})}{e^x(1-e^{-2x})} = \frac{1+e^{-2x}}{1-e^{-2x}} \xrightarrow[x\to\infty]{} \frac{1}{1} = 1.$$

(c) $\lim\limits_{x\to\infty} \frac{3\ln^2 x}{\ln 3x} = \infty$. Umformen, Ausklammern und Kürzen liefert:

$$\frac{3\ln^2 x}{\ln 3x} = \frac{3\ln^2 x}{\ln 3+\ln x} = \frac{3\ln^2 x}{\ln x(1+\frac{\ln 3}{\ln x})} = \ln x \cdot \frac{3}{1+\frac{\ln 3}{\ln x}} \xrightarrow[x\to\infty]{} \infty \cdot \frac{3}{1+0} = \infty.$$

4.9 *Bestimme die folgenden Grenzwerte durch Ausklammern und Kürzen:*

(a) $\lim\limits_{x\to\infty} \frac{2x^5-4x+1}{(x^2-1)(x^3+1)}$, (b) $\lim\limits_{x\to-\infty} \frac{(x-1)^4}{(x+1)(x^2+1)}$, (c) $\lim\limits_{x\to 0^+} \frac{\sqrt{x}+x^3}{2\sqrt{x}+x}$.

(a) $$\frac{2x^5-4x+1}{(x^2-1)(x^3+1)} = \frac{x^5}{x^5} \cdot \frac{2-\frac{4}{x^4}+\frac{1}{x^5}}{(1-\frac{1}{x^2})(1+\frac{1}{x^3})} = \frac{2-\frac{4}{x^4}+\frac{1}{x^5}}{(1-\frac{1}{x^2})(1+\frac{1}{x^3})} \xrightarrow[x\to\infty]{} 2.$$

(b) $$\frac{(x-1)^4}{(x+1)(x^2+1)} = \frac{x^4}{x^3} \cdot \frac{(1-\frac{1}{x})^4}{(1+\frac{1}{x})(1+\frac{1}{x^2})} = x \cdot \frac{(1-\frac{1}{x})^4}{(1+\frac{1}{x})(1+\frac{1}{x^2})} \xrightarrow[x\to-\infty]{} (-\infty)\cdot 1 = -\infty.$$

(c) $$\frac{\sqrt{x}+x^3}{2\sqrt{x}+x} = \frac{\sqrt{x}}{\sqrt{x}} \cdot \frac{1+x^{5/2}}{2+x^{1/2}} = \frac{1+x^{5/2}}{2+x^{1/2}} \xrightarrow[x\to 0^+]{} \frac{1}{2}.$$

4.10 *Man bestimme die folgenden Grenzwerte vom Typ* $\boxed{\infty - \infty}$:

(a) $\lim\limits_{x\to\infty}(\sqrt{x} - \sqrt{x-1})$, (b) $\lim\limits_{x\to\infty}(\sqrt{x+\sqrt{x}} - \sqrt{x})$,

(c) $\lim\limits_{x\to\infty}(\sqrt{x^2+1} - \sqrt{x+1})$, (d) $\lim\limits_{x\to\infty}(\sqrt[3]{x} - \sqrt[4]{x})$.

Bei (a) und (b) werden die Differenzen durch Erweitern in Brüche verwandelt. Dabei wird so erweitert, dass im Zähler die 3. binomische Formel anwendbar ist.

(a) Die 3. bin. Formel in der Form $\boxed{x-(x-1) = (\sqrt{x}-\sqrt{x-1})(\sqrt{x}+\sqrt{x-1})}$ ergibt:

$$\sqrt{x}-\sqrt{x-1} = \frac{(\sqrt{x}-\sqrt{x-1})(\sqrt{x}+\sqrt{x-1})}{\sqrt{x}+\sqrt{x-1}}, \text{ erweitert mit } \sqrt{x}+\sqrt{x-1},$$

$$= \frac{x-(x-1)}{\sqrt{x}+\sqrt{x-1}} = \frac{1}{\sqrt{x}+\sqrt{x-1}} \xrightarrow[x\to\infty]{} 0.$$

Also gilt $\lim\limits_{x\to\infty}(\sqrt{x}-\sqrt{x-1}) = 0$.

(b) Die 3. bin. Formel $\boxed{(x+\sqrt{x})-x = (\sqrt{x+\sqrt{x}}-\sqrt{x})(\sqrt{x+\sqrt{x}}+\sqrt{x})}$ ergibt:

$$\sqrt{x+\sqrt{x}}-\sqrt{x} = \frac{(\sqrt{x+\sqrt{x}}-\sqrt{x})(\sqrt{x+\sqrt{x}}+\sqrt{x})}{\sqrt{x+\sqrt{x}}+\sqrt{x}}, \text{ erweitert mit } \sqrt{\ }+\sqrt{\ },$$

$$= \frac{(x+\sqrt{x})-x}{\sqrt{x+\sqrt{x}}+\sqrt{x}} = \frac{\sqrt{x}}{\sqrt{x+\sqrt{x}}+\sqrt{x}} = \frac{1}{\sqrt{1+\frac{1}{\sqrt{x}}}+1} \xrightarrow[x\to\infty]{} \frac{1}{2}.$$

Also gilt $\lim\limits_{x\to\infty}(\sqrt{x+\sqrt{x}}-\sqrt{x}) = \frac{1}{2}$.

(c) Wie in (a) und (b) kann man die 3. bin. Formel zum Erweitern des Bruches benutzen. Alternativ hilft Ausklammern von x^2 unter der Wurzel weiter:

$$\sqrt{x^2+1}-\sqrt{x+1} = \sqrt{x^2(1+\tfrac{1}{x^2})} - \sqrt{x^2(\tfrac{1}{x}-\tfrac{1}{x^2})} = x\cdot\left(\sqrt{1+\tfrac{1}{x^2}} - \sqrt{\tfrac{1}{x}-\tfrac{1}{x^2}}\right)$$

Es gilt $\sqrt{1+\frac{1}{x^2}} \xrightarrow[x\to\infty]{} 1$ und $\sqrt{\frac{1}{x}-\frac{1}{x^2}} \xrightarrow[x\to\infty]{} 0$, also

$$x\cdot\left(\sqrt{1+\tfrac{1}{x^2}} - \sqrt{\tfrac{1}{x}-\tfrac{1}{x^2}}\right) \xrightarrow[x\to\infty]{} \infty\cdot 1 = \infty.$$

Also gilt $\lim\limits_{x\to\infty}(\sqrt{x^2+1}-\sqrt{x+1}) = \infty$.

(d) $\sqrt[3]{x}-\sqrt[4]{x} = x^{1/3}-x^{1/4} = x^{1/4}(x^{1/12}-1)$, denn $\frac{1}{4}+\frac{1}{12} = \frac{1}{3}$,

$$\xrightarrow[x\to\infty]{} \infty\cdot\infty = \infty.$$

Also gilt $\lim\limits_{x\to\infty}(\sqrt[3]{x}-\sqrt[4]{x}) = \infty$.

4.11 *Man bestimme die folgenden Grenzwerte vom Typ* $\boxed{\infty \cdot 0}$:

(a) $\lim\limits_{x\to\infty} x\cdot\left(\sqrt{x}-\sqrt{x-1}\right)$, (b) $\lim\limits_{x\to\infty} \sqrt{x}\cdot\left(\sqrt{x}-\sqrt{x-1}\right)$.

Nach [4.10 (a)] gilt $\lim\limits_{x\to\infty}\left(\sqrt{x}-\sqrt{x-1}\right)=0$, also handelt es sich bei (a) und (b) um Grenzwerte des Typs $\boxed{\infty \cdot 0}$. Wie in [4.10 (a), (b)] erweitert man mit $\sqrt{x}+\sqrt{x-1}$ und erhält dadurch Grenzwerte von Typ $\boxed{\frac{\infty}{\infty}}$.

(a) $$x\cdot\left(\sqrt{x}-\sqrt{x-1}\right)=x\cdot\frac{x-(x-1)}{\sqrt{x}+\sqrt{x-1}}=\frac{x}{\sqrt{x}+\sqrt{x-1}}=\frac{\sqrt{x}\,\sqrt{x}}{\sqrt{x}(1+\sqrt{1-\frac{1}{x}})}\text{, Kürzen!}$$
$$=\frac{\sqrt{x}}{1+\sqrt{1-\frac{1}{x}}}\xrightarrow[x\to\infty]{}\infty.$$

(b) $$\sqrt{x}\cdot\left(\sqrt{x}-\sqrt{x-1}\right)=\sqrt{x}\cdot\frac{x-(x-1)}{\sqrt{x}+\sqrt{x-1}}=\frac{\sqrt{x}}{\sqrt{x}+\sqrt{x-1}}\text{, Kürzen mit }\sqrt{x},$$
$$=\frac{1}{1+\sqrt{\frac{x-1}{x}}}=\frac{1}{1+\sqrt{1-\frac{1}{x}}}\xrightarrow[x\to\infty]{}\frac{1}{2}.$$

Weitere Beispiele siehe Abschnitt [4.6] und bei den Aufgaben [S. 199].

Unbestimmte Ausdrücke mit e^x

$$\lim_{x\to\infty}\frac{e^x}{x^n}=\infty,\qquad \lim_{x\to\infty}\frac{x^n}{e^x}=0,\qquad \lim_{x\to-\infty}x^n e^x=0.$$

Die Exponentialfunktion wächst für $x\to\infty$ schneller als jede Potenz von x.

4.12 *Man bestimme die folgenden Grenzwerte:*

(a) $\lim\limits_{x\to\infty}\dfrac{e^x-x}{2e^x-x^2}$, (b) $\lim\limits_{x\to-\infty}\dfrac{e^x+\frac{3}{x}}{e^{2x}+\frac{1}{x^2}}$, (c) $\lim\limits_{x\to\infty}\dfrac{x^{-1/2}+\frac{1}{1+x}}{x^{-1/4}+e^{-x}}$.

(a) $$\frac{e^x-x}{2e^x-x^2}=\frac{e^x}{e^x}\cdot\frac{1-\frac{x}{e^x}}{2-\frac{x^2}{e^x}}=\frac{1-\frac{x}{e^x}}{2-\frac{x^2}{e^x}}\xrightarrow[x\to\infty]{}\frac{1-0}{2-0}=\frac{1}{2}.$$

(b) $$\frac{e^x+\frac{3}{x}}{e^{2x}+\frac{1}{x^2}}=\frac{\frac{1}{x}(3+x\,e^x)}{\frac{1}{x^2}(1+x^2e^{2x})}=x\cdot\frac{3+x\,e^x}{1+x^2e^{2x}}\xrightarrow[x\to-\infty]{}-\infty\cdot\frac{3+0}{1+0}=-\infty.$$

(c) $$\frac{x^{-1/2}+\frac{1}{1+x}}{x^{-1/4}+e^{-x}}=\frac{x^{-1/2}(1+\frac{x^{1/2}}{1+x})}{x^{-1/4}(1+x^{1/4}e^{-x})}=x^{-1/4}\cdot\frac{1+\frac{x^{1/2}}{1+x}}{1+x^{1/4}e^{-x}}\xrightarrow[x\to\infty]{}0\cdot\frac{1+0}{1+0}=0,$$

wegen $x^{-1/4}=\dfrac{1}{\sqrt[4]{x}}\xrightarrow[x\to\infty]{}0$, $\dfrac{x^{1/2}}{1+x}\xrightarrow[x\to\infty]{}0$ und $x^{1/4}e^{-x}=\dfrac{\sqrt[4]{x}}{e^x}\xrightarrow[x\to\infty]{}0$.

Grenzwerte rationaler Funktionen für $x \to \pm\infty$

Die führenden Terme von Zähler p und Nenner q bestimmen das Verhalten von $f = \frac{p}{q}$ für $x \to \pm\infty$.
Ausklammern und Kürzen ergibt $\lim\limits_{x\to\infty} f(x)$ und $\lim\limits_{x\to-\infty} f(x)$.
Genauer für $x \to \infty$:
Für $f(x) = \frac{p(x)}{q(x)} = \frac{a_n x^n + \ldots + a_1 x + a_0}{b_m x^m + \ldots + b_1 x + b_0}$ mit $a_n \neq 0 \neq b_m$ gilt:

$$\lim_{x\to\infty} f(x) = \begin{cases} +\infty & \text{falls } n > m,\ a_n/b_m > 0, \\ -\infty & \text{falls } n > m,\ a_n/b_m < 0, \\ 0 & \text{falls } n < m, \\ a_n/b_m & \text{falls } n = m. \end{cases}$$

Beispiele zu $\lim\limits_{x\to-\infty} f(x)$ siehe [4.13].

4.13 *Man bestimme die Grenzwerte für $x \to \infty$ und $x \to -\infty$:*

(a) $\frac{(x^2+1)(x-1)}{2x^3-x+1}$, (b) $\frac{1-x^2}{x^3-x^2+x-1}$, (c) $\frac{2x^3+x+1}{3x^2-x}$,

(d) $\frac{1-x^4}{2x^3+1}$, (e) $\frac{(1-x)(1-2x)^3}{(1+3x)^3}$, (f) $\frac{(2x+1)^3(1-3x^2)^2}{(1-x)^4(3-4x)^3}$.

Wir leiten die Grenzwerte wie im Kasten erwähnt durch Ausklammern und Kürzen her. Die Grenzwerte für $x \to \infty$ können teilweise auch direkt nach der Fallunterscheidung im Kasten angegeben werden.

(a) $\frac{(x^2+1)(x-1)}{2x^3-x+1} = \frac{x^3+\ldots}{2x^3+\ldots}$, also $\lim\limits_{x\to\infty} \frac{(x^2+1)(x-1)}{2x^3-x+1} = \lim\limits_{x\to-\infty} \frac{(x^2+1)(x-1)}{2x^3-x+1} = \frac{1}{2}$.

(b) $\frac{1-x^2}{x^3-x^2+x-1} = \frac{-x^2+\cdots}{x^3+\cdots}$, also $\lim\limits_{x\to\infty} \frac{1-x^2}{x^3-x^2+x-1} = \lim\limits_{x\to-\infty} \frac{1-x^2}{x^3-x^2+x-1} = 0$.

(c) $\frac{2x^3+x+1}{3x^2-x} = \frac{x^3(2+\frac{1}{x^2}+\frac{1}{x^3})}{x^2(3-\frac{1}{x})} = x\,\frac{2+\frac{1}{x^2}+\frac{1}{x^3}}{3-\frac{1}{x}}$, also

$\lim\limits_{x\to\infty} \frac{2x^3+x+1}{3x^2-x} = \infty \cdot \frac{2}{3} = \infty$ und $\lim\limits_{x\to-\infty} \frac{2x^3+x+1}{3x^2-x} = -\infty \cdot \frac{2}{3} = -\infty$.

(d) $\frac{1-x^4}{2x^3+1} = \frac{-x^4(1-\frac{1}{x^4})}{x^3(2+\frac{1}{x^3})} = -x\,\frac{1-\frac{1}{x^4}}{2+\frac{1}{x^3}}$, also

$\lim\limits_{x\to\infty} \frac{1-x^4}{2x^3+1} = -\infty \cdot \frac{1}{2} = -\infty$ und $\lim\limits_{x\to-\infty} \frac{1-x^4}{2x^3+1} = \infty \cdot \frac{1}{2} = \infty$.

(e) $\frac{(1-x)(1-2x)^3}{(1+3x)^3} = \frac{8x^4+\cdots}{27x^3+\cdots}$, also $\lim\limits_{x\to\infty} \frac{(1-x)(1-2x)^3}{(1+3x)^3} = \infty$,

$\lim\limits_{x\to-\infty} \frac{(1-x)(1-2x)^3}{(1+3x)^3} = \lim\limits_{x\to-\infty} \frac{8x^4+\cdots}{27x^3+\cdots} = -\infty$.

(f) $\frac{(2x+1)^3(1-3x^2)^2}{(1-x)^4(3-4x)^3} = \frac{(8x^3+\cdots)(9x^4+\cdots)}{(x^4+\cdots)(-64x^3+\cdots)} = \frac{72x^7+\cdots}{-64x^7+\cdots} \xrightarrow[x\to\pm\infty]{} \frac{72}{-64} = -\frac{9}{8}$.

Stetige Funktionen

Sei $f : D \longrightarrow \mathbb{R}$ eine Funktion und $x_0 \in D$.

f heißt **in x_0** (an der Stelle x_0) **stetig**, wenn $\lim\limits_{x \to x_0} f(x) = f(x_0)$.

Eine Funktion f ist also stetig in x_0, wenn

1.) $f(x_0)$ definiert ist,

2.) $\lim\limits_{x \to x_0} f(x)$ existiert,

3.) $\lim\limits_{x \to x_0} f(x) = f(x_0)$ Grenzwert und Funktionswert übereinstimmen.

f heißt **stetig in D**, wenn f in jedem $x_0 \in D$ stetig ist.

f heißt **unstetig** in x_0 (in D), wenn f nicht stetig in x_0 (in D) ist.

Polynome, rationale Funktionen, Wurzelfunktionen, trigonometrische Funktionen, Exponential- und Logarithmusfunktionen sind in ihren Definitionsbereichen stetig.

Bemerkung: Ist f in x_0 nicht definiert, so ist es sinnlos zu fragen, ob f in x_0 stetig ist. Z.B. ist $f(x) = \frac{1}{x}$ in $x_0 = 0$ weder stetig noch unstetig, sondern dort einfach *nicht definiert.* $f(x) = \frac{1}{x}$ ist in $\mathbb{R} \setminus \{0\}$ stetig.

4.14 *Man gebe aus den in* [Abschnitt 3] *behandelten Funktionen Beispiele für* (a) *stetige und* (b) *nicht stetige Funktionen an.*

(a) Polynome, rationale Fktn., Wurzelfktn., Exponential- und Logarithmusfktn. und die trignometrischen Fktn. sind in ihren Definitionsbereichen stetig, z.B.:
$3x^4 - 2x^2 + 3x + 5$ für $x \in \mathbb{R}$, $\frac{x^2-3}{x^2-1}$ für $x \neq \pm 1$, $\sqrt{x-2}$ für $x \geq 2$,
e^{-x^2} für $x \in \mathbb{R}$, $\ln x$ für $x > 0$, $2 \sin 3x$ für $x \in \mathbb{R}$, $\tan x$ für $x \neq \frac{\pi}{2} + k\pi$.

(b1)
$$\operatorname{sgn} x = \begin{cases} -1 & \text{, falls } x < 0. \\ 0 & \text{, falls } x = 0. \\ 1 & \text{, falls } x > 0. \end{cases} \qquad \begin{array}{l} \Longrightarrow \lim\limits_{x \to 0^-} \operatorname{sgn} x = -1, \\ \\ \Longrightarrow \lim\limits_{x \to 0^+} \operatorname{sgn} x = 1. \end{array}$$

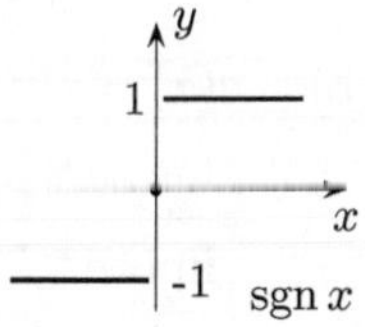

$\lim\limits_{x \to 0} \operatorname{sgn} x$ existiert nicht [4.2], $\operatorname{sgn} x$ ist in 0 nicht stetig!

Dagegen ist $\operatorname{sgn} x$ für $x \neq 0$ stetig.

(b2) Gaußklammer $[x] = \max\{n \in \mathbb{Z} \mid n \leq x\}$:

Es gilt $\lim\limits_{x \to n^-} [x] = n - 1$ und $\lim\limits_{x \to n^+} [x] = n$.

Der Grenzwert $\lim\limits_{x \to n} [x]$ existiert also nicht.

$[x]$ ist an den Stellen $n \in \mathbb{Z}$ unstetig!

Dagegen ist $[x]$ für $x \in \mathbb{R} \setminus \mathbb{Z}$ stetig.

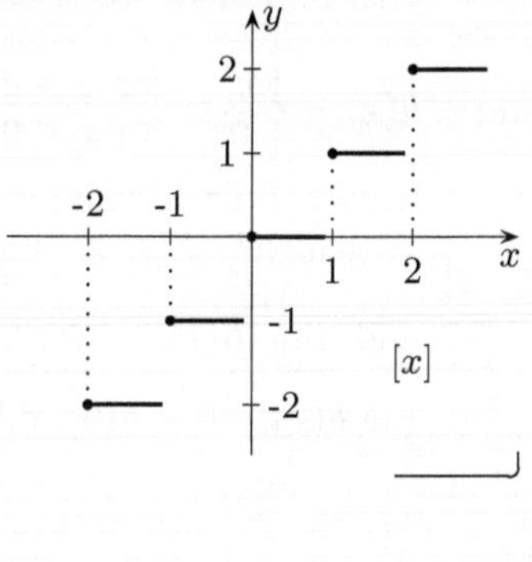

Stetig ergänzbare Funktionen

f ist **stetig ergänzbar in x_0**, wenn f in x_0 nicht definiert ist, aber $\lim_{x\to x_0} f(x)$ existiert. Die durch $f(x_0) = \lim_{x\to x_0} f(x)$ ergänzte Funktion ist dann in x_0 stetig.

4.15 (a) *Ist $f(x) = \frac{1}{x}$ in $x_0 = 0$ stetig ergänzbar?*

(b) *Ist $g(x) = \frac{\sin x}{x}$ in $x_0 = 0$ stetig ergänzbar?*

(a) $f(x) = \frac{1}{x}$ ist in $x_0 = 0$ nicht definiert.

$\lim_{x\to 0} \frac{1}{x}$ existiert nicht , da

$\lim_{x\to 0+} \frac{1}{x} = \infty$ und $\lim_{x\to 0-} \frac{1}{x} = -\infty$.

$f(x) = \frac{1}{x}$ ist folglich in $x_0 = 0$ nicht stetig ergänzbar.

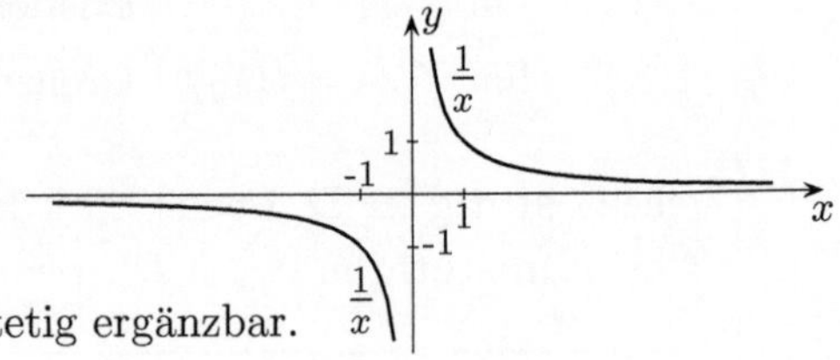

(b) $g(x) = \frac{\sin x}{x}$ ist in $x_0 = 0$ nicht definiert.

$\lim_{x\to 0} \frac{\sin x}{x} = 1$, siehe [4.6 (b)].

Also ist $g(x) = \frac{\sin x}{x}$ in $x_0 = 0$

durch $g(0) = 1$ stetig ergänzbar.

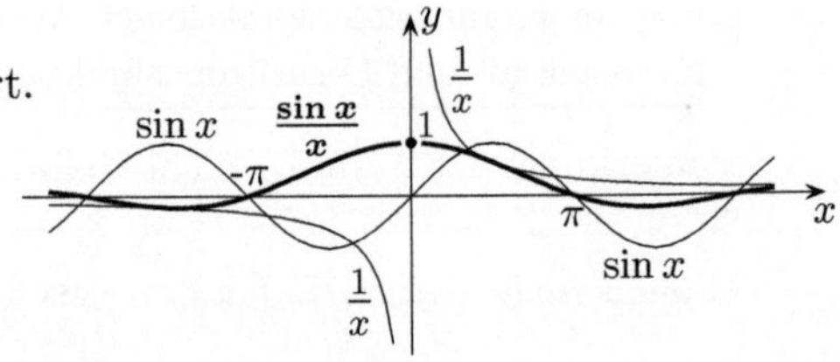

4.16 *Sind die folgenden Funktionen stetig bzw. stetig ergänzbar?*

(a) $f(x) = \frac{x^2-1}{x+1}$, (b) $g(x) = e^{1/x}$, (c) $h(x) = \begin{cases} x^2 & \text{für } x > 0 \\ 0, & \text{für } x \le 0. \end{cases}$

(a) $f(x) = \frac{x^2-1}{x+1}$ ist in $x_0 = -1$ nicht definiert und in $\mathbb{R} \setminus \{-1\}$ stetig.

Wegen $\frac{x^2-1}{x+1} = x - 1$ für $x \neq -1$ gilt $\lim_{x\to -1} \frac{x^2-1}{x+1} = \lim_{x\to -1} (x-1) = -2$.

Daher ist f in -1 durch $f(-1) = -2$ stetig ergänzbar.

(b) $g(x) = e^{1/x}$ ist in $\mathbb{R} \setminus \{0\}$ stetig und in $x_0 = 0$ nicht definiert.

$$\left.\begin{array}{l} \lim_{x\to 0+} e^{1/x} = \infty \\ \lim_{x\to 0-} e^{1/x} = 0 \end{array}\right\} \Longrightarrow \lim_{x\to 0} e^{1/x} \text{ existiert nicht.}$$

g ist in 0 nicht stetig ergänzbar.

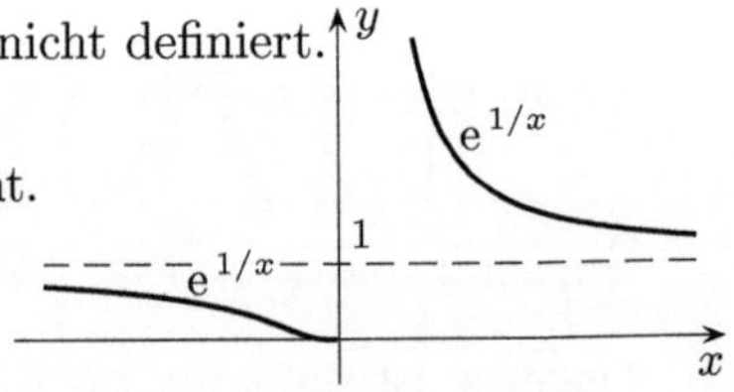

(c) $h(x) = \begin{cases} x^2 & \text{für } x > 0 \\ 0 & \text{für } x \le 0 \end{cases}$ ist in $\mathbb{R} \setminus \{0\}$ stetig.

In $x_0 = 0$ ist h definiert durch $h(0) = 0$.

Wegen $\lim_{x\to 0-} h(x) = \lim_{x\to 0-} 0 = 0$

und $\lim_{x\to 0+} h(x) = \lim_{x\to 0+} x^2 = 0$ gilt

$\lim_{x\to 0} h(x) = 0 = h(0)$, d.h. h ist auch in 0 stetig.

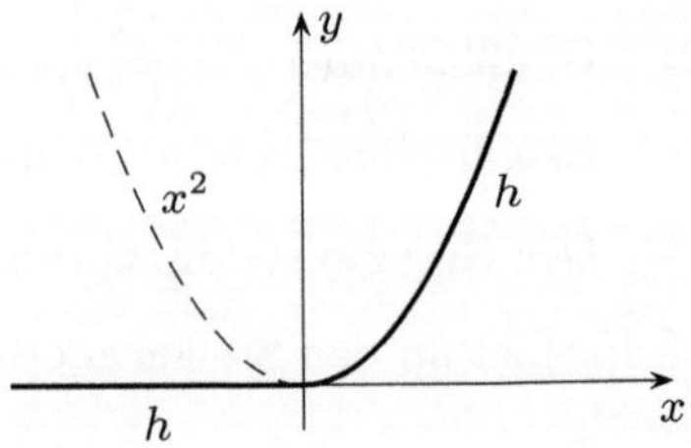

Typische Unstetigkeitsstellen für $f : D \longrightarrow \mathbb{R}$, $x_0 \in D$

(a) **Hebbare Unstetigkeitsstellen:**
Der Grenzwert $\lim\limits_{x\to x_0} f(x)$ existiert, ist aber ungleich $f(x_0)$.
Dann kann die Unstetigkeitsstelle x_0 behoben werden, indem man $f(x_0)$ an der Stelle x_0 durch den Grenzwert $\lim\limits_{x\to x_0} f(x)$ ersetzt.

(b) **Sprungstellen:**
Rechts- und linksseitiger Grenzwert existieren, sind aber verschieden.

(c) f ist bei x_0 unbeschränkt.

(d) Es gibt Folgen $x_n \to x_0$ und $y_n \to x_0$ mit $\lim f(x_n) \neq \lim f(y_n)$.

4.17 *Beispiele für diese vier typischen Unstetigkeitsstellen:*

(a) $|\text{sgn } x|$ hat in 0 eine hebbare Unstetigkeitsstelle.
Es ist $\text{sgn } 0 = 0$, aber $\lim\limits_{x\to 0} |\text{sgn } x| = 1 \neq \text{sgn } 0$.
Ersetzt man an der Stelle 0 den Funktionswert $|\text{sgn } 0| = 0$ durch den Grenzwert $\lim\limits_{x\to 0} |\text{sgn } x| = 1$, so erhält man die stetige Funktion $y = 1$.

(b) $\text{sgn}\, x$ hat in 0 eine Sprungstelle, wegen $\lim\limits_{x\to 0+} \text{sgn } x = 1$ und $\lim\limits_{x\to 0-} \text{sgn } x = -1$.

(c) $f(x) = \begin{cases} \frac{1}{x} & \text{für } x > 0 \\ 0 & \text{für } x \leq 0 \end{cases}$. Die Funktion f ist bei 0 unbeschränkt.

(d) $f(x) = \begin{cases} \sin(\frac{1}{x}) & \text{für } x > 0 \\ 0 & \text{für } x \leq 0 \end{cases}$ oszilliert bei 0, ein Beispiel, das nicht auch unter (a) - (c) fällt.

Z.B. gilt für die Folge
$(x_n) = (\frac{1}{n\pi})$: $\lim\limits_{n\to\infty} x_n = 0$ und $\lim\limits_{n\to\infty} f(x_n) = \lim\limits_{n\to\infty} \sin n\pi = 0$
und für die Folge
$(y_n) = (\frac{1}{\pi/2+2n\pi})$: $\lim\limits_{n\to\infty} y_n = 0$ und $\lim\limits_{n\to\infty} f(y_n) = \lim\limits_{n\to\infty} \sin(\frac{\pi}{2} + 2n\pi) = 1$.

Dies zeigt, dass f für $x > 0$ oszilliert.

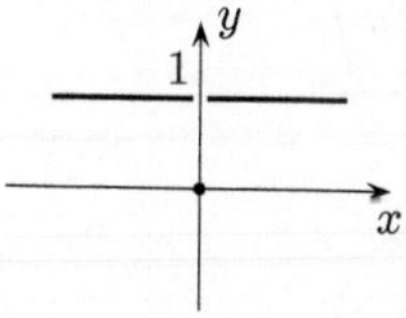

(a) $|\text{sgn}\, x|$

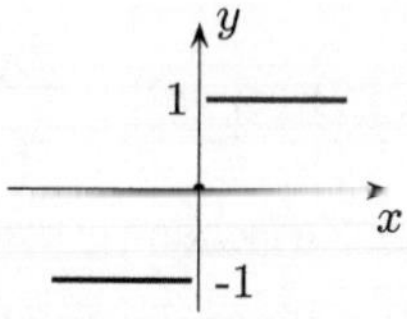

(b) $\text{sgn}\, x$

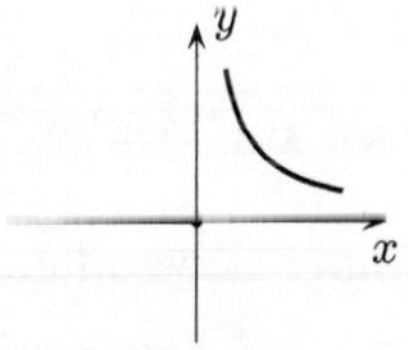

(c) 0 für $x \leq 0$, $1/x$ sonst

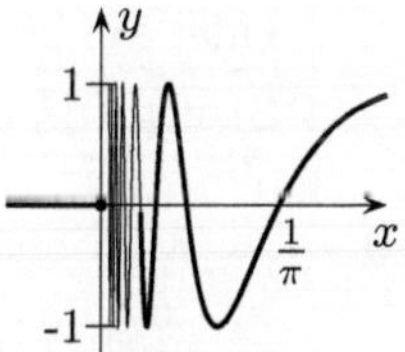

(d) 0 für $x \leq 0$, $\sin(1/x)$ sonst

Rechenregeln für stetige Funktionen

Sind $f, g\colon D \to \mathbb{R}$ stetig, so sind auch $f \pm g$ und $f \cdot g$ in D stetig.

Ist zusätzlich $g(x) \neq 0$ in D, so ist auch $\frac{f}{g}$ stetig.

Mit f ist auch $|f|$ stetig.

Sind $f\colon D \to E$ und $h\colon E \to \mathbb{R}$ stetig, so ist auch $h \circ f\colon D \to \mathbb{R}$ stetig.

4.18 *Man untersuche auf Stetigkeit:*

(a) $\frac{1}{x} + \ln x$, (b) $\ln(x+1)$, (c) $\frac{e^x}{x^2+1}$,

(d) $|\operatorname{sgn} x|$, (e) $|x| \operatorname{sgn} x$.

(a) $\ln x$ ist in $]0, \infty[$ definiert und stetig. $\frac{1}{x}$ ist in $\mathbb{R} \setminus \{0\}$ definiert und stetig. Also ist $\frac{1}{x} + \ln x$ in $]0, \infty[$ definiert und stetig.

(b) $\ln(x+1)$ ist in $]-\infty, -1]$ nicht definiert. In $]-1, \infty[$ ist $\ln(x+1)$ definiert und stetig.

(c) Die Exponentialfunktion e^x ist in ganz $\mathbb{R}$ definiert und stetig. $x^2 + 1$ ist in ganz $\mathbb{R}$ definiert, stetig und $\neq 0$. Also ist $\frac{e^x}{x^2+1}$ in ganz $\mathbb{R}$ definiert und stetig.

(d) $\operatorname{sgn} x$ und damit auch $f(x) = |\operatorname{sgn} x|$ ist in $\mathbb{R} \setminus \{0\}$ definiert und stetig. In $x_0 = 0$ ist f unstetig, denn $\lim\limits_{x \to 0} f(x) = 1 \neq f(0) = 0$, vgl. aber [4.17 (a)].

(e) $|x|$ ist in ganz $\mathbb{R}$ definiert und stetig. $\operatorname{sgn} x$ ist in $\mathbb{R}$ definiert und in $\mathbb{R} \setminus \{0\}$ stetig. Also ist sicherlich $g(x) = |x| \operatorname{sgn} x$ in $\mathbb{R}$ definiert und in $\mathbb{R} \setminus \{0\}$ stetig. Wegen $\lim\limits_{x \to 0} g(x) = 0 = g(0)$ ist g auch in $x_0 = 0$ stetig. Es gilt übrigens $g(x) = x$ in ganz $\mathbb{R}$.

Eine wichtige Eigenschaft stetiger Funktionen formuliert der Zwischenwertsatz:

Zwischenwertsatz

Sei $f\colon [a, b] \to \mathbb{R}$ stetig und $f(a) < d < f(b)$.
Dann gibt es ein c mit $a < c < b$ und $f(c) = d$.

In Worten: Nimmt eine stetige Funktion in einem Intervall zwei Werte an, so nimmt sie in dem Intervall auch jeden Wert dazwischen an.

Oder kürzer:

Stetige Bilder von Intervallen sind Intervalle.

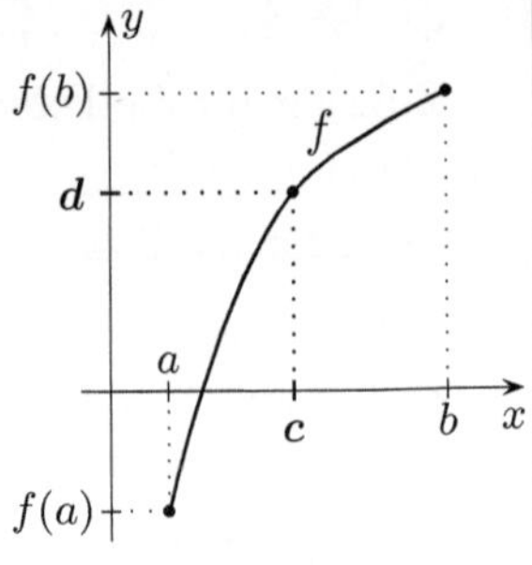

4.19 *Man beweise durch Anwendung des Zwischenwertsatzes:*

(a) $f(x) = 3x - e^x$ hat eine Nullstelle im Intervall $]0, 1[$.

(b) Die Gleichung $x = \tan x$ hat eine Lösung im Intervall $]\pi, \frac{3\pi}{2}[$.

(c) $f(x) = 4x^3 - 12x^2 - x + 6$ hat in $\mathbb{R}$ genau drei Nullstellen.

(d) Zu jedem Zeitpunkt gibt es zwei auf dem Äquator gegenüberliegende Punkte, die die gleiche Temperatur haben.

(b) $f(x) = \tan x - x$ ist stetig im Intervall $]\pi, \frac{3\pi}{2}[$.
Es gilt $f(\pi) = 0 - \pi < 0$ und $\lim\limits_{x \to (3\pi/2)^-} f(x) = \infty$.
Also gibt es hinreichend nahe bei $\frac{3\pi}{2}$ ein $b \in]\pi, \frac{3\pi}{2}[$ mit $f(b) > 0$.
Nach dem Zwischenwertsatz gibt es ein $c \in]\pi, b[\subseteq]\pi, \frac{3\pi}{2}[$ mit $f(c) = 0$,
also mit $\tan c = c$.

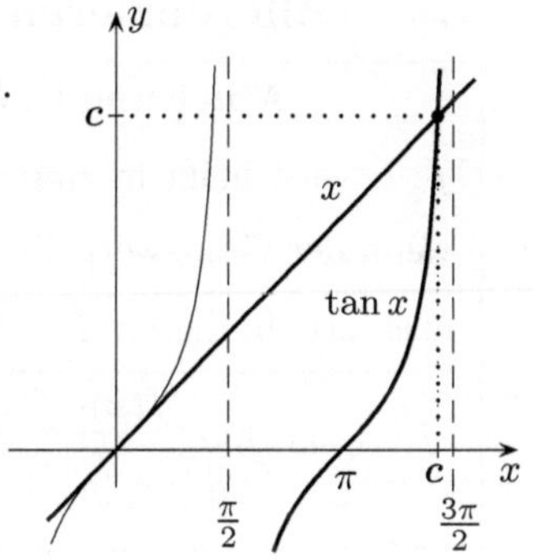

(c) $f(x) = 4x^3 - 12x^2 - x + 6$ ist stetig.
Man berechnet z.B.

$$\begin{aligned} f(-1) &= -9 < 0 \\ f(0) &= 6 > 0 \\ f(1) &= -3 < 0 \\ f(3) &= 3 > 0. \end{aligned}$$

Nach dem Zwischenwertsatz gibt es Stellen
$x_1 \in]-1, 0[, \quad x_2 \in]0, 1[, \quad x_3 \in]1, 3[$
mit $f(x_i) = 0$.
Also hat f mindestens drei Nullstellen.
Als Polynom dritten Grades kann f auch nicht mehr als drei Nullstellen haben, siehe [S. 78].
Also hat f genau drei Nullstellen.

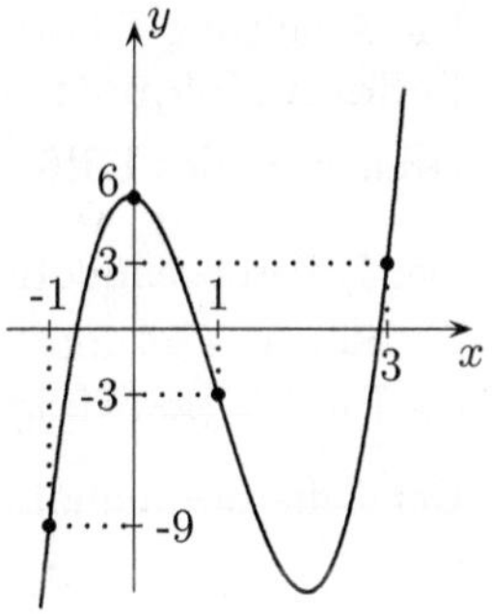

(d) Sei $T(\varphi)$ die Temperatur in dem Äquatorpunkt mit dem östlichen Längengrad φ.
Insbesondere ist $T(\varphi) = T(\varphi + 360°)$.
T ist eine stetige Funktion.
$f(\varphi) = T(\varphi) - T(\varphi + 180°)$ ist die Temperaturdifferenz der gegenüberliegenden Punkte mit den Längengraden φ und $\varphi + 180°$.
Ist $f(0°) = T(0°) - T(180°) = 0$, so sind wir fertig, denn dann haben die Äquatorpunkte mit den Längengraden 0° und 180° gleiche Temperatur.

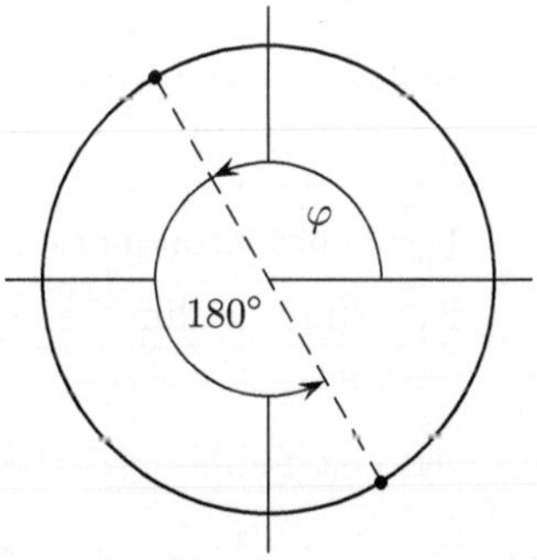

Ist $f(0°) \neq 0$, etwa $f(0°) > 0$, so ist

$$\begin{aligned} f(180°) &= T(180°) - T(360°) = T(180°) - T(0°) = -(T(0°) - T(180°)) \\ &= -f(0°) < 0. \end{aligned}$$

Nach dem Zwischenwertsatz muss es dann einen Längengrad φ geben mit $0° < \varphi < 180°$ und $f(\varphi) = T(\varphi) - T(\varphi + 180°) = 0$, d.h. $T(\varphi) = T(\varphi + 180°)$.
Die beiden sich auf dem Äquator gegenüberliegenden Punkte mit den Längengraden φ bzw. $\varphi + 180°$ haben also gleiche Temperatur.

4.2 Differenzieren

Ableitung in einem Punkt

$f\colon D \to \mathbb{R}$ heißt in $x_0 \in D$ differenzierbar, wenn der Grenzwert $\lim\limits_{x\to x_0} \frac{f(x)-f(x_0)}{x-x_0}$ existiert. In diesem Fall heißt

$f'(x_0) = \lim\limits_{x\to x_0} \dfrac{f(x)-f(x_0)}{x-x_0}$	**Ableitung** von f in x_0.

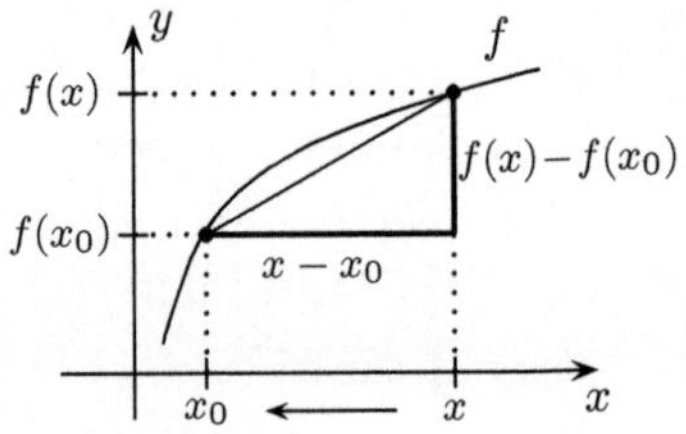

Ist $y = f(x)$, so setzt man: $f'(x_0) = y'(x_0) = \frac{df}{dx}(x_0) = \frac{dy}{dx}(x_0)$.

Die Ableitung $f'(x_0)$ heißt auch **Differenzialquotient** von f in x_0 und ist der Grenzwert des **Differenzenquotienten** $\frac{f(x)-f(x_0)}{x-x_0}$.

Der Differenzenquotient $\frac{f(x)-f(x_0)}{x-x_0}$ ist die Steigung der **Sehne** (Sekante) von f durch die Punkte $(x_0, f(x_0))$ und $(x, f(x))$.

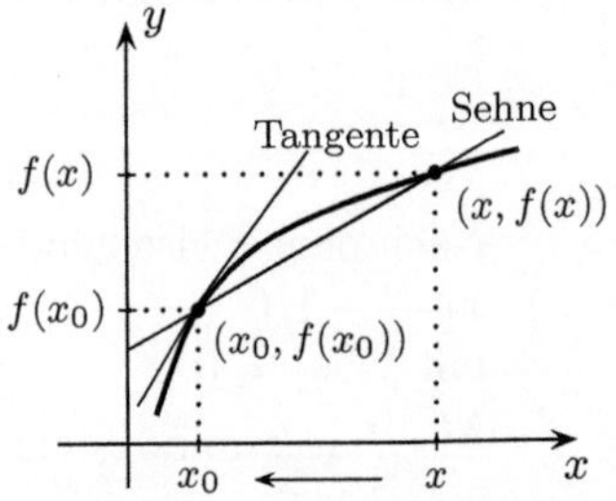

Der Differenzialquotient $f'(x_0) = \lim\limits_{x\to x_0} \frac{f(x)-f(x_0)}{x-x_0}$ ist der Grenzwert der Sehnensteigungen für $x \to x_0$, ist also die Steigung der **Tangente** [Seite 174] bzw. die Steigung von f im Punkt $(x_0, f(x_0))$.

4.20 *Man bestimme Differenzen- und Differenzialquotient von $f(x) = x^2$ in x_0.*

Der Differenzenquotient (Sehnensteigung) von f in x_0 ist $\frac{f(x)-f(x_0)}{x-x_0} = \frac{x^2-x_0^2}{x-x_0} = \frac{(x-x_0)(x+x_0)}{x-x_0} = x + x_0$.

Der Differenzialquotient (Tangentensteigung) von f in x_0 ist $f'(x_0) = \lim\limits_{x\to x_0} \frac{f(x)-f(x_0)}{x-x_0} = \lim\limits_{x\to x_0} (x+x_0) = 2x_0$.

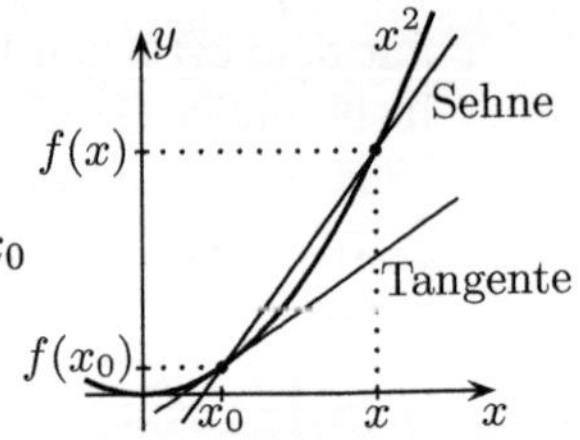

Also ist f differenzierbar in x_0. Die Ableitung ist $f'(x_0) = 2x_0$, d.h. $(x^2)' = 2x$.

4.21 *Man zeige, dass $f(x) = |x|$ in $x_0 = 0$ nicht differenzierbar ist.*

Der Grenzwert $\lim\limits_{x\to 0} \frac{f(x)-f(0)}{x-0} = \lim\limits_{x\to 0} \frac{|x|-|0|}{x-0} = \lim\limits_{x\to 0} \frac{|x|}{x}$ existiert nicht, denn der rechtsseitige Grenzwert ist

$\lim\limits_{x\to 0^+} \frac{f(x)-f(0)}{x-0} = \lim\limits_{x\to 0^+} \frac{x}{x} = 1$ (rechtsseitige Steigung).

Der linksseitige Grenzwert ist

$\lim\limits_{x\to 0^-} \frac{f(x)-f(0)}{x-0} = \lim\limits_{x\to 0^-} \frac{-x}{x} = -1$ (linksseitige Steigung).

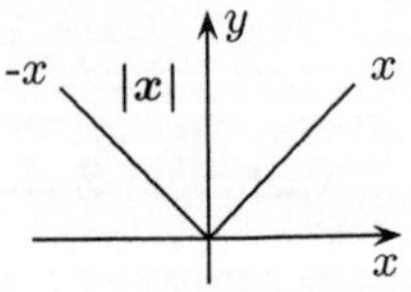

Merke: Differenzierbare Kurven haben keine Knicke!

Ableitung einer Funktion

$f : D \to \mathbb{R}$ heißt **differenzierbar**, wenn f in jedem $x_0 \in D$ differenzierbar ist.

In diesem Falle heißt die Funktion $f' : \left\{ \begin{array}{ccc} D & \to & \mathbb{R} \\ x & \mapsto & f'(x) \end{array} \right.$ **Ableitung von *f*.**

Ist $y = f(x)$, so setzt man: $f' = y' = \frac{dy}{dx} = \frac{d}{dx} f(x)$.

Differenzierbare Funktionen sind stetig, aber nicht umgekehrt, siehe [4.21].

4.22 *Man bestimme die Ableitung folgender Funktionen:*

(a) $f(x) = c \ (c \in \mathbb{R})$, (b) $f(x) = 3x - 2$, (c) $f(x) = \sqrt{x}$.

(a) $f'(x_0) = \lim\limits_{x \to x_0} \frac{f(x) - f(x_0)}{x - x_0} = \lim\limits_{x \to x_0} \frac{c - c}{x - x_0} = \lim\limits_{x \to x_0} 0 = 0.$

Ist f eine konstante Funktion, so ist die Ableitung die Nullfunktion. Anschaulch: Eine zur x-Achse parallele Gerade hat die Steigung 0.

(b) $$\begin{aligned} f'(x_0) &= \lim_{x \to x_0} \frac{f(x) - f(x_0)}{x - x_0} = \lim_{x \to x_0} \frac{3x - 2 - (3x_0 - 2)}{x - x_0} = \lim_{x \to x_0} \frac{3x - 3x_0}{x - x_0} \\ &= \lim_{x \to x_0} \frac{3(x - x_0)}{x - x_0} = \lim_{x \to x_0} 3 = 3. \end{aligned}$$

Die Gerade $y = 3x - 2$ hat in jedem Punkt die Steigung 3.

(c) $f'(x_0) = \lim\limits_{x \to x_0} \frac{f(x) - f(x_0)}{x - x_0} = \lim\limits_{x \to x_0} \frac{\sqrt{x} - \sqrt{x_0}}{x - x_0}$ | Erweitern mit $\sqrt{x} + \sqrt{x_0}$, $(\sqrt{x} - \sqrt{x_0})(\sqrt{x} + \sqrt{x_0}) = x - x_0$

$$= \lim_{x \to x_0} \frac{x - x_0}{(x - x_0)(\sqrt{x} + \sqrt{x_0})} = \lim_{x \to x_0} \frac{1}{\sqrt{x} + \sqrt{x_0}} = \frac{1}{2\sqrt{x_0}}, \quad x_0 > 0.$$

Die Ableitung von $f(x) = \sqrt{x}$ ist also $f'(x) = \frac{1}{2\sqrt{x}}$.

Ableitungen (siehe auch F 4)

f	f'
x^r	$rx^{r-1}, \ r \in \mathbb{R}$
$\sqrt{x}$	$\frac{1}{2\sqrt{x}}$
e^x	e^x
$\ln x$	$\frac{1}{x}$

f	f'
$\sin x$	$\cos x$
$\cos x$	$-\sin x$
$\tan x$	$\frac{1}{\cos^2 x} = 1 + \tan^2 x$
$\cot x$	$\frac{-1}{\sin^2 x} = -1 - \cot^2 x$

f	f'
$\arcsin x$	$\frac{1}{\sqrt{1-x^2}}$
$\arccos x$	$\frac{-1}{\sqrt{1-x^2}}$
$\arctan x$	$\frac{1}{1+x^2}$
$\text{arccot}\, x$	$\frac{-1}{1+x^2}$

In der Praxis führt man die Ableitung komplizierter Funktionen mit Hilfe von Ableitungsregeln auf einfache Ableitungen zurück.

Ableitungsregeln

$(f \pm g)' = f' \pm g'$	**Summenregel**
$(cf)' = cf'$	**Vorziehen konstanter Faktoren**
$(f \cdot g)' = f'g + fg'$	**Produktregel**
$\left(\frac{f}{g}\right)' = \frac{f'g - fg'}{g^2}$	**Quotientenregel** , $g(x) \neq 0$
$\big(f(g(x))\big)' = f'(g(x)) \cdot g'(x)$	**Kettenregel**, siehe [Seite 171]

4.23 *Man differenziere:*

(a) $3x^5 - 2x + 7$, (b) $x\sqrt{x}$, (c) $\frac{1}{\sqrt[3]{x^2}}$,

(d) $3\sin x - 4\ln x + \frac{1}{x}$, (e) $x \cdot \mathrm{e}^x$, (f) $(3x^2 + 2x)(1 + \ln x)$,

(g) $\frac{x}{x+1}$, (h) $\tan x$, (i) $(x^2 + 1)^2$.

(a)
$$\begin{aligned}\left(3x^5 - 2x + 7\right)' &= (3x^5)' - (2x)' + (7)' && \text{Summenregel}\\ &= 3(x^5)' - 2(x)' + 0 && \text{konstante Faktoren vorziehen}\\ &= 3 \cdot 5x^4 - 2 \cdot 1 && \text{Tabelle: } (x^r)' = rx^{r-1}\\ &= \underline{15x^4 - 2}.\end{aligned}$$

Konstante Summanden fallen beim Differenzieren fort,
konstante Faktoren bleiben beim Differenzieren erhalten.

(b) $y = x \cdot \sqrt{x}$

$y' = (x)' \cdot \sqrt{x} + x \cdot (\sqrt{x})'$ Produktregel und $(\sqrt{x})' = \frac{1}{2\sqrt{x}}$

$= 1 \cdot \sqrt{x} + \frac{x}{2\sqrt{x}} = \sqrt{x} + \frac{\sqrt{x}\sqrt{x}}{2\sqrt{x}} = \sqrt{x} + \frac{1}{2}\sqrt{x} = \underline{\frac{3}{2}\sqrt{x}}.$

Oder mittels Umformen und $(x^r)' = rx^{r-1}$:

$y = x \cdot \sqrt{x} = x \cdot x^{\frac{1}{2}} = x^{\frac{3}{2}} \implies y' = \frac{3}{2}x^{\frac{3}{2}-1} = \frac{3}{2}x^{\frac{1}{2}} = \frac{3}{2}\sqrt{x}.$

(c) $\left(\frac{1}{\sqrt[3]{x^2}}\right)' = (x^{-\frac{2}{3}})' = -\frac{2}{3}x^{-\frac{5}{3}} = \underline{-\frac{2}{3x\sqrt[3]{x^2}}}.$ $(x^r)' = rx^{r-1}$ und Umformen

(d)
$$\begin{aligned}\left(3\sin x - 4\ln x + \tfrac{1}{x}\right)' &= (3\sin x)' - (4\ln x)' + \left(\tfrac{1}{x}\right)' && \text{Summenregel}\\ &= 3(\sin x)' - 4(\ln x)' + (x^{-1})' && \text{konstante Faktoren}\\ &= \underline{3 \cdot \cos x - 4 \cdot \tfrac{1}{x} - \tfrac{1}{x^2}}. && (\sin x)' = \cos x,\ (\ln x)' = \tfrac{1}{x}\end{aligned}$$

(e)
$$\begin{aligned}\left(x \cdot \mathrm{e}^x\right)' &= (x)' \cdot \mathrm{e}^x + x \cdot (\mathrm{e}^x)' && \text{Produktregel}\\ &= 1 \cdot \mathrm{e}^x + x \cdot \mathrm{e}^x = \underline{\mathrm{e}^x(1 + x)}. && (\mathrm{e}^x)' = \mathrm{e}^x\end{aligned}$$

(f)
$$\begin{aligned}&\left((3x^2 + 2x)(1 + \ln x)\right)'\\ &= (3x^2 + 2x)'(1 + \ln x) + (3x^2 + 2x)(1 + \ln x)' && \text{Produktregel}\\ &= (6x + 2)(1 + \ln x) + (3x^2 + 2x)\tfrac{1}{x} && (x^r)' = rx^{r-1},\ (\ln x)' = \tfrac{1}{x}\\ &= \underline{9x + 4 + (6x + 2)\ln x}.\end{aligned}$$

(g) $\left(\frac{x}{x+1}\right)' = \frac{(x)'(x+1)-x(x+1)'}{(x+1)^2} = \frac{1\cdot(x+1)-x\cdot 1}{(x+1)^2} = \underline{\frac{1}{(x+1)^2}}.$ Quotientenregel

(h) $\big(\tan x\big)' = \left(\frac{\sin x}{\cos x}\right)' = \frac{(\sin x)'\cos x - \sin x(\cos x)'}{\cos^2 x}$ Quotientenregel

$= \frac{\cos^2 x + \sin^2 x}{\cos^2 x} = \underline{\frac{1}{\cos^2 x}} = \underline{1 + \tan^2 x}.$

Beide Darstellungen $\big(\tan x\big)' = \frac{1}{\cos^2 x} = 1 + \tan^2 x$ sind nützlich!

(i) $\big((x^2+1)^2\big)' = (x^4+2x^2+1)' = \underline{4x^3+4x}$. Man kann natürlich auch die Produktregel benutzen. Am einfachsten geht es mit der Kettenregel, siehe unten.

4.24 *Man leite eine Produktregel für $(f\cdot g\cdot h)'$ her.*

$$(f\cdot g\cdot h)' = \big((fg)\cdot h\big)' = (fg)'h + (fg)h'$$
$$= \big(f'g + fg'\big)h + (fg)h'$$
$$= f'gh + fg'h + fgh'.$$

Man erhält drei Summanden, in denen jeweils eine Ableitung vorkommt. Dies lässt sich verallgemeinern.

Kettenregel

Sind $z = f(y)$ und $y = g(x)$ differenzierbar, so ist

$\big(f(g(x))\big)' = f'(g(x))\cdot g'(x)$ bzw. $\frac{dz}{dx} = \frac{dz}{dy}\cdot\frac{dy}{dx}$.

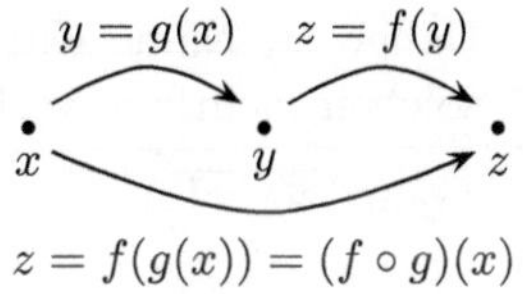

Merke bei zusammengesetzten Funktionen:

Ableitung = äußere Ableitung • innere Ableitung

4.25 *Man differenziere mit der Kettenregel:*

(a) $(x^2+1)^2$, (b) $\sqrt{x^2+1}$, (c) $\cos(\sin x)$,

(d) $e^{\sqrt{x}}$, (e) $\ln(1-x^2)$, (f) $\arctan x^2$.

(a) $((x^2+1)^2)' = 2(x^2+1)^1\cdot(x^2+1)'$ Kettenregel

$= 2(x^2+1)\cdot 2x$ äußere Ableitung • innere Ableitung

$= \underline{4x^3+4x}.$ siehe [4.23 (i)]

(b) $\big(\sqrt{x^2+1}\big)' = ((x^2+1)^{1/2})' = \frac{1}{2\sqrt{x^2+1}}\cdot(x^2+1)' = \frac{1}{2\sqrt{x^2+1}}\cdot 2x = \underline{\frac{x}{\sqrt{x^2+1}}}.$

(c) $\big(\cos(\sin x)\big)' = \cos'(\sin x)\cdot\sin' x = \underline{-\sin(\sin x)\cdot\cos x}.$

(d) $\big(e^{\sqrt{x}}\big)' = \big(\exp(\sqrt{x})\big)' = \exp'(\sqrt{x})\cdot\big(\sqrt{x}\big)' = \exp\big(\sqrt{x}\big)\cdot\frac{1}{2\sqrt{x}} = \underline{\frac{e^{\sqrt{x}}}{2\sqrt{x}}}.$

(e) $(\ln(1-x^2))' = \ln'(1-x^2)\cdot(1-x^2)' = \frac{1}{1-x^2}\cdot(-2x) = \underline{\frac{2x}{x^2-1}}.$

(f) $(\arctan x^2)' = \arctan'(x^2)\cdot(x^2)' = \frac{1}{1+(x^2)^2}\cdot 2x = \underline{\frac{2x}{1+x^4}}.$

Häufig ist die Kettenregel mehrfach anzuwenden, für dreifach verkettete Funktionen gilt z.B. $\big(f(g(h(x)))\big)' = f'(g(h(x))) \cdot g'(h(x)) \cdot h'(x)$ usw.

4.26 *Man differenziere:*

(a) $\sqrt{e^{3x}}$, (b) $\sin(\cos^2(x^2+1))$, (c) $\tan(e^{\sqrt[3]{x^2+1}})$.

(a) $\sqrt{e^{3x}}$ ist eine zusammengesetzte Funktion $f(g(h(x)))$, wobei f die Wurzelfunktion, g die Exponentialfunktion und h die Funktion $3x$ ist. Die Formel liefert

$$\begin{aligned}(\sqrt{e^{3x}})' &= \frac{1}{2\sqrt{e^{3x}}} \cdot (e^{3x})' && \text{Wurzelfunktion differenziert,}\\ &= \frac{1}{2\sqrt{e^{3x}}} \cdot e^{3x} \cdot (3x)' && \text{Exponentialfunktion differenziert,}\\ &= \frac{1}{2\sqrt{e^{3x}}} \cdot e^{3x} \cdot 3 && \text{Funktion } 3x \text{ differenziert.}\end{aligned}$$

(b)
$$\begin{aligned}\big(\sin(\cos^2(x^2+1))\big)' &= \cos(\cos^2(x^2+1)) \cdot \big(\cos^2(x^2+1)\big)'\\ &= \cos(\cos^2(x^2+1)) \cdot 2\cos(x^2+1) \cdot \big(\cos(x^2+1)\big)'\\ &= \cos(\cos^2(x^2+1)) \cdot 2\cos(x^2+1) \cdot (-\sin(x^2+1)) \cdot (x^2+1)'\\ &= \cos(\cos^2(x^2+1)) \cdot 2\cos(x^2+1) \cdot (-\sin(x^2+1)) \cdot 2x\end{aligned}$$

Daher der Name Kettenregel! Mit etwas Routine schreibt man das Ergebnis bei solchen mehrfach verketteten Funktionen ohne Zwischenschritte hin.

(c) $$\big(\tan(e^{\sqrt[3]{x^2+1}})\big)' = \frac{1}{\cos^2(e^{\sqrt[3]{x^2+1}})} \cdot e^{\sqrt[3]{x^2+1}} \cdot \tfrac{1}{3}(x^2+1)^{-\frac{2}{3}} \cdot 2x.$$

Auf mögliche Umformungen des Ergebnisses wird verzichtet.

4.27 *Man differenziere die folgenden Funktionen:*

(a) $\dfrac{1}{f(x)}$, (b) $\sqrt{f(x)}$, (c) $\ln f(x)$.

(a) $\left(\frac{1}{f(x)}\right)' = \big((f(x))^{-1}\big)' = (-1)\big(f(x)\big)^{-2} \cdot f'(x) = -\frac{f'(x)}{f^2(x)}.$

(b) $\left(\sqrt{f(x)}\right)' = \big((f(x))^{1/2}\big)' = \frac{1}{2}\big(f(x)\big)^{-1/2} \cdot f'(x) = \frac{f'(x)}{2\sqrt{f(x)}}.$

(c) $(\ln f(x))' = \frac{1}{f(x)} \cdot f'(x) = \frac{f'(x)}{f(x)}.$

4.28 *Man differenziere* (a) 2^x, (b) x^x, (c) $\log_2 x$, (d) $\ln|x|$.

(a) **Vorsicht:** Die Regel $(x^r)' = rx^{r-1}$ darf hier nicht angewendet werden!
Zur Definition von a^x siehe [S. 96]: $(2^x)' = \big(e^{x\ln 2}\big)' = \big(x\ln 2\big)' e^{x\ln 2} = \ln 2 \cdot 2^x$.

(b) $(x^x)' = \big(e^{x\ln x}\big)' = \big(x\ln x\big)' e^{x\ln x} = (x'\ln x + x(\ln x)')x^x = (1+\ln x)x^x$.

(c) $\big(\log_2 x\big)' = \left(\frac{\ln x}{\ln 2}\right)' = \frac{1}{\ln 2}(\ln x)' = \frac{1}{\ln 2} \cdot \frac{1}{x} = \frac{1}{x\ln 2}.$

(d) Für $x > 0$ ist $\ln|x| = \ln x$. Es folgt: $(\ln|x|)' = (\ln x)' = \frac{1}{x}$ für $x > 0$.
Für $x < 0$ ist $\ln|x| = \ln(-x)$. Es folgt mit der Kettenregel:
$(\ln|x|)' = (\ln(-x))' = \frac{1}{-x} \cdot (-1) = \frac{1}{x}$ für $x < 0$. Also ist $(\ln|x|)' = \frac{1}{x}$, $x \neq 0$.

Ableitung der Umkehrfunktion

Ist $y = f(x)$ umkehrbar und differenzierbar und $f'(x) \neq 0$, dann ist die Umkehrfunktion $x = f^{-1}(y)$ differenzierbar und es gilt

$$(f^{-1})'(y) = \frac{1}{f'(x)} = \frac{1}{f'(f^{-1}(y))}.$$

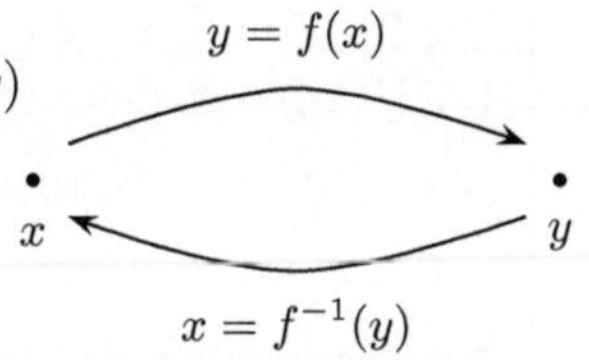

Ableitung der Umkehrfunktion
= 1 / Ableitung der Funktion (an der entsprechenden Stelle)

4.29 *Man differenziere mit der Regel über die Ableitung der Umkehrfunktion:*

(a) $y = \sqrt{x}$ *als Umkehrfunktion von* $y = x^2$, $x > 0$.

(b) $y = \ln x$ *als Umkehrfunktion von* $y = \mathrm{e}^x$.

(c) $y = \arctan x$ *als Umkehrfunktion von* $y = \tan x$, $-\frac{\pi}{2} < x < \frac{\pi}{2}$.

(a) $x = \sqrt{y}$ ist Umkehrfunktion von $y = x^2$, $x \geq 0$.
Anwendung der Regel liefert: $(\sqrt{y})' = \frac{1}{(x^2)'} = \frac{1}{2x} = \frac{1}{2\sqrt{y}}$.
Ersetzt man hierin wieder y durch x, erhält man die gesuchte Ableitung von $\sqrt{x}$ in der üblichen Form $(\sqrt{x})' = \frac{1}{2\sqrt{x}}$, siehe auch Tabelle [Seite 169].
Diese Vertauschung von x und y ist üblich. Man merkt sich die Regel über das Ableiten der Umkehrfunktion auch in der Form

$$\boxed{(f^{-1})'(x) = \frac{1}{f'(f^{-1}(x))}}.$$

(b) ln ist die Umkehrfunktion der Exponentialfunktion exp. Die Formel liefert:
$$(\ln x)' = \frac{1}{\exp'(\ln x)} = \frac{1}{\exp(\ln x)} = \frac{1}{x}.$$

Die Skizze erläutert die Regel zum Ableiten einer Umkehrfunktion.

Man beachte dabei, dass der Graph der Umkehrfunktion g von f durch Spiegelung des Graphen von f an der Winkelhalbierenden $y = x$ entsteht (Vertauschung von x und y).

Mit $f(x_0) = y_0$ ist $f'(x_0) = \frac{b}{a}$ und
$$g'(y_0) = \frac{a}{b} = \frac{1}{\frac{b}{a}} = \frac{1}{f'(x_0)}.$$

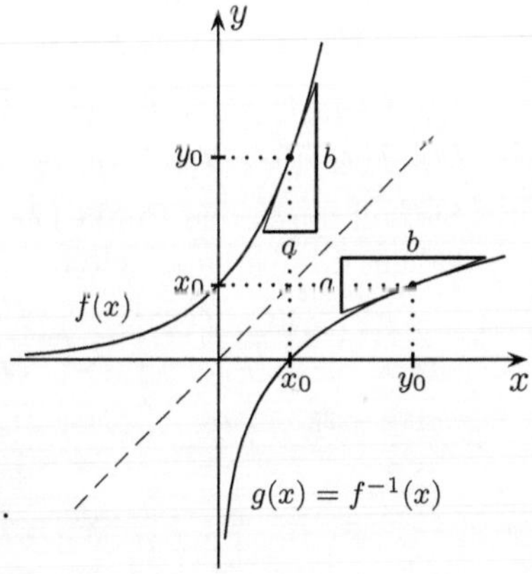

(c) Arcustangens ist die Umkehrfunktion des Tangens. Also gilt
$$\arctan'(x) = \frac{1}{\tan'(\arctan x)} = \frac{1}{1+\tan^2(\arctan x)} = \frac{1}{1+(\tan(\arctan x))^2} = \frac{1}{1+x^2}.$$

Tangenten

Die **Tangente** an die Kurve $y = f(x)$ im Punkt $\big(x_0, f(x_0)\big)$ ist definiert durch die Gleichung

$$y = f(x_0) + f'(x_0)(x - x_0) \text{ bzw.}$$
$$y - y_0 = f'(x_0)(x - x_0).$$

Sie ist die eindeutig bestimmte Gerade durch den Punkt $\big(x_0, f(x_0)\big)$ mit der Steigung $f'(x_0)$.

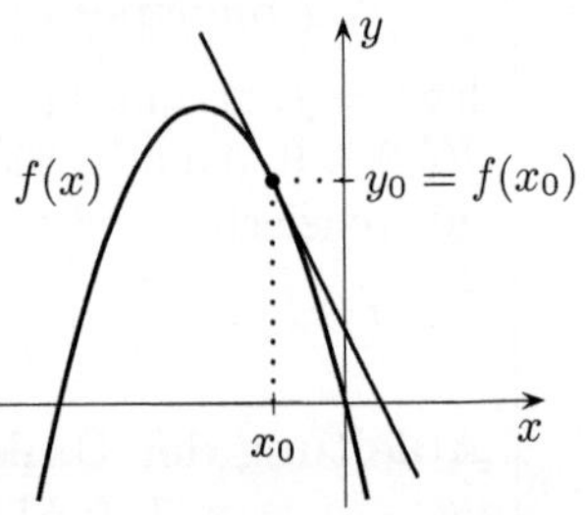

4.30 *Man bestimme die Tangente an die Kurve $y = f(x)$ im Punkt $(x_0, f(x_0))$.*

(a) $y = \mathrm{e}^x$, $(x_0, y_0) = (1, \mathrm{e})$,

(b) $y = \dfrac{x}{1+x^2}$, $(x_0, y_0) = \big(1, \frac{1}{2}\big)$.

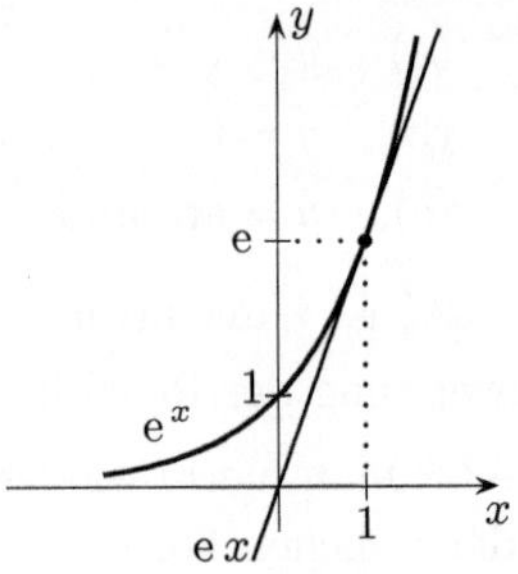

(a) Es ist $(\mathrm{e}^x)' = \mathrm{e}^x$, also $f'(1) = \mathrm{e}^1 = \mathrm{e}$.
Die Gleichung der Tangente im Punkte $(x_0, y_0) = (1, \mathrm{e})$ ist daher

$$y - \mathrm{e} = \mathrm{e}\,(x-1) \quad \text{bzw.} \quad y = \mathrm{e} \cdot x.$$

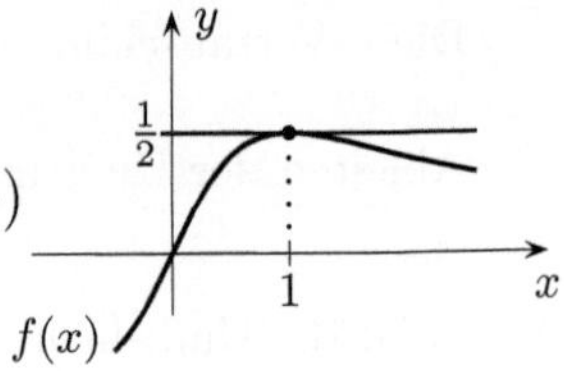

(b) Es ist $\big(\dfrac{x}{1+x^2}\big)' = \dfrac{1-x^2}{(1+x^2)^2}$, also $f'(1) = 0$.

Die Gleichung der Tangente im Punkte $(x_0, y_0) = \big(1, \frac{1}{2}\big)$ ist daher $y - \frac{1}{2} = 0(x-1)$ bzw. $y = \frac{1}{2}$.

4.31 *Bestimme vom Punkt $(\frac{1}{4}, -\frac{1}{2})$ aus die Tangenten an die Parabel $y = x^2+1$.*

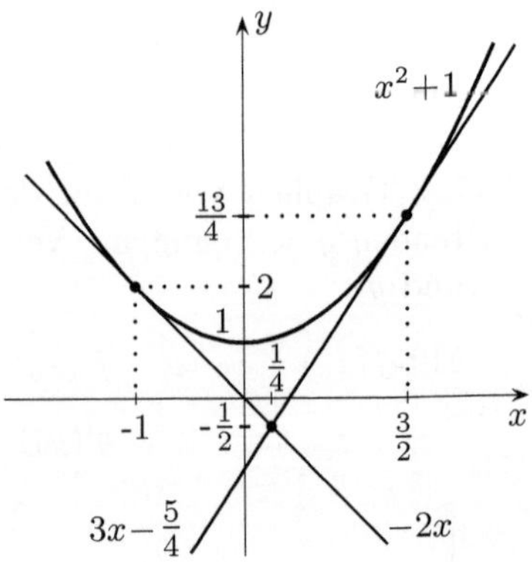

Die Gleichung der Tangente im Punkte $(x_0, f(x_0))$ ist $y - f(x_0) = f'(x_0)(x - x_0)$.
Sie soll durch den Punkt $(x_1, y_1) = (\frac{1}{4}, -\frac{1}{2})$ gehen, d.h. es muss gelten

$$\begin{aligned} y_1 - f(x_0) &= f'(x_0)(x_1 - x_0) \\ \Longleftrightarrow \quad -\tfrac{1}{2} - x_0^2 - 1 &= 2x_0(\tfrac{1}{4} - x_0) \\ \Longleftrightarrow \quad x_0^2 - \tfrac{1}{2}x_0 - \tfrac{3}{2} &= 0 \\ \Longleftrightarrow \quad x_0 &= \tfrac{1}{4} \pm \tfrac{5}{4} \\ \Longleftrightarrow \quad x_0 = \tfrac{3}{2} &\text{ oder } x_0 = -1 \end{aligned}$$

$f(\frac{3}{2}) = (\frac{3}{2})^2 + 1 = \frac{13}{4}$, $f(-1) = (-1)^2 + 1 = 2$.
Die Berührungspunkte sind $(\frac{3}{2}, \frac{13}{4})$ und $(-1, 2)$.

Vom Punkt $(\frac{1}{4}, -\frac{1}{2})$ gibt es 2 Tangenten an die Parabel: $y = 3x - \frac{5}{4}$ und $y = -2x$.

Höhere Ableitungen

Ist $y = f(x)$ eine differenzierbare Funktion und ist ihre Ableitung $y' = f'(x)$ ebenfalls differenzierbar, so heißt f **zweimal differenzierbar**. Man schreibt $y'' = f''(x) = \big(f'(x)\big)'$ und nennt f'' **zweite Ableitung** von f, usw.

$y^{(0)} = f^{(0)}(x) = f(x)$	
$y^{(1)} = f^{(1)}(x) = f'(x) = y'$	1. Ableitung von f
$y^{(2)} = f^{(2)}(x) = (f'(x))' = f''(x) = y''$	2. Ableitung von f
$y^{(3)} = f^{(3)}(x) = (f''(x))' = f'''(x) = y'''$	3. Ableitung von f
$\vdots$	
$y^{(n)} = f^{(n)}(x) = (f^{(n-1)}(x))'$	n-te Ableitung von f

Schreibweisen: $y^{(n)} = f^{(n)}(x) = \dfrac{d^n f}{dx^n} = \dfrac{d^n y}{dx^n}$.

Bemerkungen:

1. Potenzfunktionen, Polynome und rationale Funktionen sind in ihren Definitionsbereichen beliebig oft differenzierbar.
2. Die elementaren Funktionen sin, cos, exp usw. und ihre Umkehrfunktionen arcsin, arccos, ln usw. sind in ihren Definitionsbereichen beliebig oft differenzierbar.
3. Es gibt Funktionen, die einmal, aber nicht zweimal differenzierbar sind usw., siehe [4.73] und ausführlich auch [**Ana1**].

4.32 *Man bestimme f' und f'' für*

(a) $f(x) = 3x^5 - 4x^3 + 1$, (b) $f(x) = x^2\,\mathrm{e}^x$, (c) $f(x) = \frac{2x+1}{2x+3}$.

(a) $f(x) = 3x^5 - 4x^3 + 1,\quad f'(x) = 15x^4 - 12x^2,\quad f''(x) = 60x^3 - 24x.$

(b) $f(x) = x^2\,\mathrm{e}^x,\quad f'(x) = 2x\,\mathrm{e}^x + x^2\,\mathrm{e}^x = \mathrm{e}^x(x^2 + 2x),$

$f''(x) = \mathrm{e}^x(x^2 + 2x) + \mathrm{e}^x(2x + 2) = \mathrm{e}^x(x^2 + 4x + 2).$

(c) $f(x) = \frac{2x+1}{2x+3},$

$f'(x) = \frac{2(2x+3)-(2x+1)2}{(2x+3)^2} = \frac{4}{(2x+3)^2} = 4(2x+3)^{-2},$ Quotientenregel.

$f''(x) = -8(2x+3)^{-3} \cdot 2 = -16(2x+3)^{-3} = \frac{-16}{(2x+3)^3},$ Kettenregel.

Auf die Quotientenregel kann man verzichten, wenn man gleich umformt:

$f(x) = \frac{2x+1}{2x+3} = \frac{2x+3-2}{2x+3} = 1 - \frac{2}{2x+3} = 1 - 2(2x+3)^{-1}.$ Dann folgt:

$f'(x) = 2(2x+3)^{-2} \cdot 2$ nach der Kettenregel, und f'' ergibt sich wie oben.

4.33 *Man bestimme die n-te Ableitung von*

$$\text{(a)}\quad f(x) = x^3 - 2x^2, \qquad \text{(b)}\quad g(x) = \sin x, \qquad \text{(c)}\quad h(x) = \ln x.$$

(a) Für $f(x) = x^3 - 2x^2$ gilt
$f'(x) = 3x^2 - 4x$, $f''(x) = 6x - 4$, $f'''(x) = 6$ und $f^{(n)}(x) = 0$ für alle $n \geq 4$.

(b) Für $g(x) = \sin x$ gilt
$g'(x) = \cos x$, $g''(x) = -\sin x$, $g'''(x) = -\cos x$, $g^{(4)}(x) = g(x) = \sin x$ usw.
Es gilt $g^{(n+4)} = g^{(n)}$ für alle n.

(c) Es gilt $(\ln x)' = \frac{1}{x}$, $(\ln x)'' = \left(\frac{1}{x}\right)' = -\frac{1}{x^2}$, $(\ln x)''' = \left(\frac{1}{x}\right)'' = \left(-\frac{1}{x^2}\right)' = \frac{2}{x^3}$.
Mit vollständiger Induktion zeigt man $(\ln x)^{(n)} = (-1)^{n-1}\frac{(n-1)!}{x^n}$.

4.34 *Man bestimme die 2. und 3. Ableitung von $f \cdot g$.*

$$\begin{aligned}
(fg)' &= f'g + fg', \quad \text{nochmaliges Differenzieren ergibt:} \\
(fg)'' &= (f'g + fg')' = (f'g)' + (fg')' \\
&= (f''g + f'g') + (f'g' + fg'') \\
&= f''g + 2f'g' + fg'' \quad \text{und entsprechend} \\
(fg)''' &= f'''g + 3f''g' + 3f'g'' + fg'''.
\end{aligned}$$

4.35 *Sei $p(x) = a_n x^n + \cdots + a_1 x + a_0$ und $0 \leq k \leq n$.*
Man berechne $p^{(k)}(0)$, also die k-te Ableitung von p an der Stelle 0.

Für $k = 0$ ist $p^{(0)}(x) = p(x)$, also $p^{(0)}(0) = a_0$.

Für $k = 1$ ist $p^{(1)}(x) = p'(x) = na_n x^{n-1} + \cdots + 2a_2 x + a_1$, also $p^{(1)}(0) = a_1$.

Für $k = 2$ ist $p^{(2)}(x) = p''(x) = n(n-1)a_n x^{n-2} + \cdots + 2a_2$, also $p^{(2)}(0) = 2a_2$.

Allgemein ist $p^{(k)}(0) = k!\, a_k$.

4.3 Monotonie

Grundlage für viele Anwendungen der Differenzialrechnung ist der

Mittelwertsatz der Differenzialrechnung (MWS)

Ist $f\colon [a,b] \to \mathbb{R}$ stetig und in $]a,b[$ differenzierbar, dann gibt es ein c zwischen a und b mit

$f(b) - f(a) = f'(c)(b-a)$ bzw. $f'(c) = \frac{f(b)-f(a)}{b-a}$.

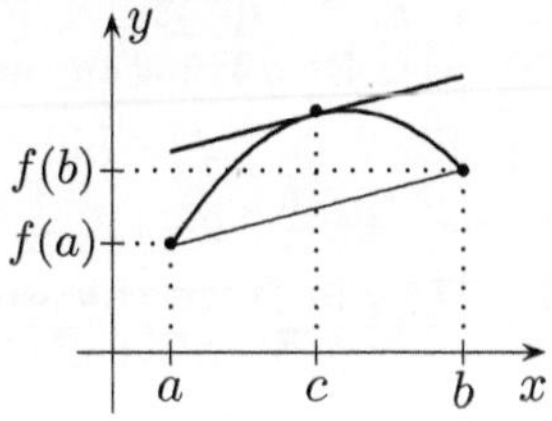

Jede Sehnensteigung ist Tangentensteigung in einem Zwischenpunkt.

Satz von Rolle

Gilt speziell $f(a) = f(b)$, so gibt es ein c zwischen a und b mit $f'(c) = 0$.

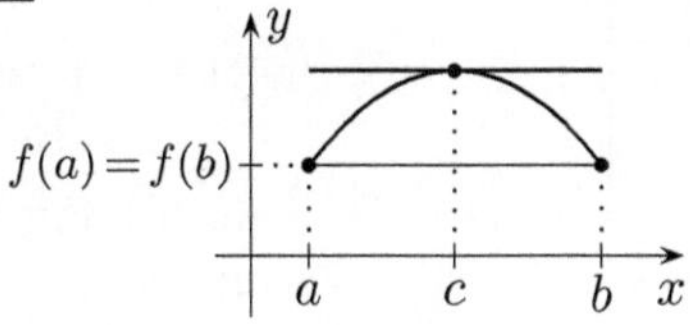

4.36 *Sei $f(x) = x^2$.*

(a) *Man bestimme ein $c \in]2,5[$ mit $f'(c) = \frac{f(5)-f(2)}{5-2}$.*

(b) *Allgemein: Bestimme ein $c \in]a,b[$ mit $f'(c) = \frac{f(b)-f(a)}{b-a}$.*

Es ist $f'(x) = 2x$.

(a) Gesucht ist ein $c \in]2,5[$ mit $f'(c) = 2c = \frac{25-4}{3} = 7$. Es folgt $c = \frac{7}{2}$.

(b) Gesucht ist ein $c \in]a,b[$ mit $f'(c) = 2c = \frac{f(b)-f(a)}{b-a} = \frac{b^2-a^2}{b-a} = b+a$.
Also ist $c = \frac{1}{2}(b+a)$, d.h. c ist bei der Parabel $f(x) = x^2$ stets das arithmetische Mittel von a und b. Man erkennt die Übereinstimmung mit dem Ergebnis in (a).

4.37 *Sei f differenzierbar im Intervall D und nicht konstant. Dann gibt es ein $c \in D$ mit $f'(c) \neq 0$.*

Wenn f in D nicht konstant ist, dann gibt es $a, b \in D$ mit $a < b$ und $f(a) \neq f(b)$, also mit $\frac{f(b)-f(a)}{b-a} \neq 0$.

Nach dem MWS gibt es ein c zwischen a und b mit $f'(c) = \frac{f(b)-f(a)}{b-a} \neq 0$.

Durch Umkehrschluss ergibt sich: Ist die Ableitung einer Funktion f in einem ganzen Intervall D gleich 0, so ist f konstant in D. Also gilt:

f ist konstant im Intervall D $\iff$ f' ist konstant gleich 0 im Intervall D.

4.38 *Untersuche die Funktion $f(x) = \operatorname{sgn} x$ auf Differenzierbarkeit in $\mathbb{R}$.*

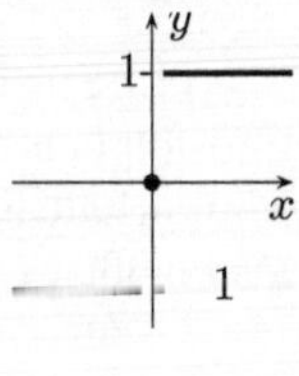

$f(x) = \operatorname{sgn} x$ ist in $\mathbb{R} \setminus \{0\}$ differenzierbar mit $f'(x) = 0$, ist dort aber nicht konstant!
Das liegt daran, dass $\mathbb{R} \setminus \{0\}$ kein Intervall ist.
In $x_0 = 0$ ist $\operatorname{sgn} x$ unstetig, also nicht differenzierbar.

4.39 *Man beweise:* $\arcsin x + \arccos x = \frac{\pi}{2}$ *in* $[-1,1]$.

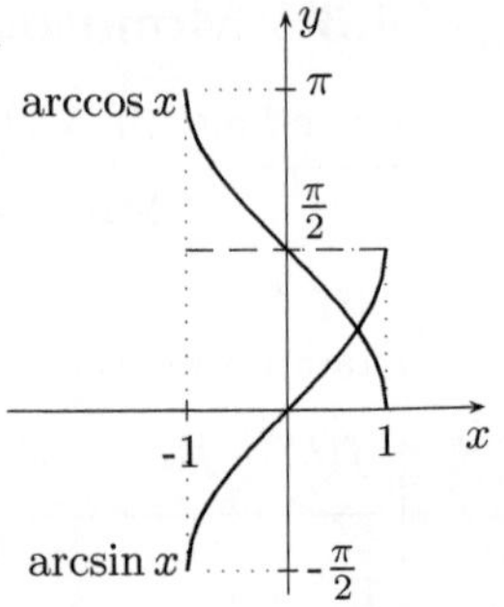

$g(x) = \arcsin x + \arccos x$ ist differenzierbar im Intervall $]-1,1[$ und stetig im abgeschlossenen Intervall $[-1,1]$.

$g'(x) = \frac{1}{\sqrt{1-x^2}} - \frac{1}{\sqrt{1-x^2}} = 0$ in $]-1,1[$.

Also ist g konstant in $]-1,1[$. Wegen $g(0) = 0 + \frac{\pi}{2} = \frac{\pi}{2}$ gilt $g(x) = \arcsin x + \arccos x = \frac{\pi}{2}$ in $]-1,1[$.

Es ist also $g(x) = \frac{\pi}{2}$ im offenen Intervall $]-1,1[$.

Da g im abgeschlossenen Intervall $[-1,1]$ stetig ist, gilt $g(x) = \frac{\pi}{2}$ in $[-1,1]$.

Monotone Funktionen

$f\colon D \to \mathbb{R}$ heißt **monoton steigend** in D, wenn
$$a < b \implies f(a) \le f(b) \quad \text{für alle } a, b \in D.$$

$f\colon D \to \mathbb{R}$ heißt **streng monoton steigend** in D, wenn
$$a < b \implies f(a) < f(b) \quad \text{für alle } a, b \in D.$$

Analog definiert man (streng) monoton fallende Funktionen.

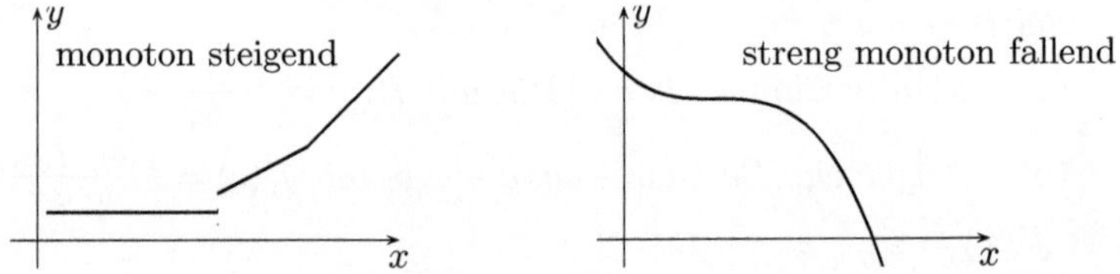

Streng monoton steigend sind:			Streng monoton fallend sind:		
x^2, x^{2k}	für $x \ge 0$	$(k \in \mathbb{N})$	x^2, x^{2k}	für $x \le 0$	$(k \in \mathbb{N})$
x^{2k+1}	für $x \in \mathbb{R}$	$(k \in \mathbb{N}_0)$	$\frac{1}{x}$	für $x > 0$	
e^x, a^x	für $x \in \mathbb{R}$	$(a > 1)$	e^{-x}, a^x	für $x \in \mathbb{R}$	$(0 < a < 1)$
$\ln x$	für $x > 0$				

Monotoniekriterien für differenzierbare Funktionen siehe [S. 179].

4.40 *Wo sind die folgenden Funktionen monoton?*

(a) $f(x) = x^2$, (b) $f(x) = |x|$, (c) $f(x) = \sin x$.

(a) $f(x) = x^2$ ist für $x \le 0$ streng monoton fallend, $x \ge 0$ streng monoton steigend.

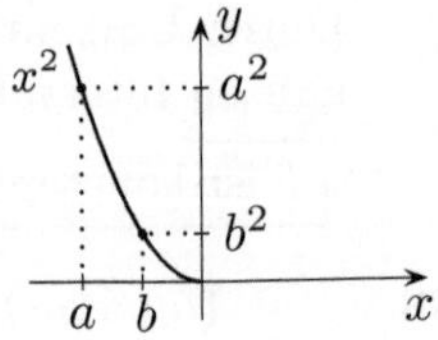

$x \le 0$: Für $a < b \le 0$ gilt $a - b < 0$ und $a + b < 0$ und folglich $a^2 - b^2 = (a-b)(a+b) > 0$, also $a^2 > b^2$.
Man erhält also $a < b \le 0 \implies a^2 > b^2$.

Das heißt $f(x) = x^2$ ist für $x \le 0$ streng monoton fallend.

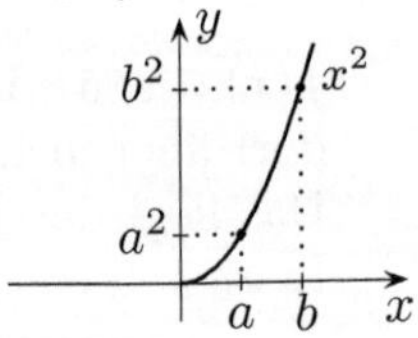

$x \ge 0$: Für $0 \le a < b$ gilt $a - b < 0$ und $a + b > 0$ und folglich $a^2 - b^2 = (a-b)(a+b) < 0$, also $a^2 < b^2$.
Man erhält also $0 \le a < b \implies a^2 < b^2$.
Das heißt $f(x) = x^2$ ist für $x \ge 0$ streng monoton steigend.

(b) Es ist $|x| = x$ für $x \geq 0$, und $|x| = -x$ für $x \leq 0$.
$f(x) = |x|$ ist daher in $[0, \infty[$ streng monoton steigend und in $]-\infty, 0]$ streng monoton fallend.

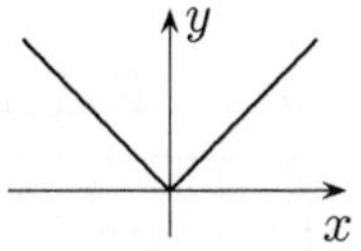

(c) Der Graph der Sinus-Funktion (siehe [S. 107]) zeigt, dass $\sin x$ in den Bereichen $[-\frac{\pi}{2} + k\pi, \frac{\pi}{2} + k\pi]$, $k \in \mathbb{Z}$, streng monoton steigt, und in den Bereichen $[\frac{\pi}{2} + k\pi, \frac{3}{2}\pi + k\pi]$, $k \in \mathbb{Z}$, streng monoton fällt, siehe auch [4.42].

Bemerkungen:

(i) Konstante Funktionen sind sowohl monoton steigend als auch monoton fallend (aber nicht streng monoton).

(ii) Streng monotone Funktionen sind injektiv und damit umkehrbar. Es gibt aber injektive Funktionen, die nicht streng monoton sind.

Beispiel: Sei $f\colon \mathbb{R} \to \mathbb{R}$ definiert durch $f(x) = \frac{1}{x}$ für $x \neq 0$ und $f(0) = 0$. f ist bijektiv, insbesondere also injektiv, aber nicht monoton.

4.41 *Man untersuche auf Monotonie:*

(a) $\mathrm{e}^x + \arctan x$ in $\mathbb{R}$, (b) $x \sin x$ in $\left[0, \frac{\pi}{2}\right]$, (c) $\frac{1}{1+x}$ in $]-1, \infty[$.

(a) e^x und $\arctan x$ sind beide in $\mathbb{R}$ streng monoton steigend. Ihre Summe $\mathrm{e}^x + \arctan x$ ist dann ebenfalls in $\mathbb{R}$ streng monoton steigend.

(b) x und $\sin x$ sind in $\left[0, \frac{\pi}{2}\right]$ monoton steigend und ≥ 0. Auch das Produkt $x \sin x$ ist dann in $\left[0, \frac{\pi}{2}\right]$ monoton steigend.

(c) $1 + x$ ist für $x > -1$ positiv und streng monoton steigend. Der Kehrwert $\frac{1}{1+x}$ ist dann für $x > -1$ streng monoton fallend.

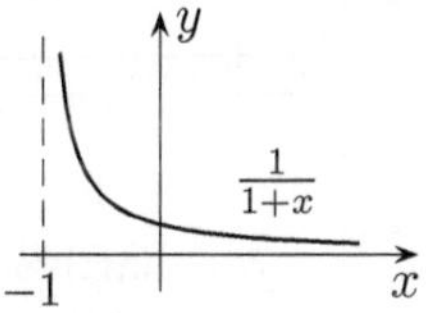

Monotoniekriterien für differenzierbare Funktionen

Seien $D \subseteq \mathbb{R}$ ein **Intervall** und $f\colon D \to \mathbb{R}$ differenzierbar.

$f'(x) \geq 0$	für alle $x \in D$	$\Longleftrightarrow$	f monoton steigend in D.
$f'(x) > 0$	für alle $x \in D$	$\Longrightarrow^*$	f streng monoton steigend in D.
$f'(x) \leq 0$	für alle $x \in D$	$\Longleftrightarrow$	f monoton fallend in D.
$f'(x) < 0$	für alle $x \in D$	$\Longrightarrow^*$	f streng monoton fallend in D.
$f'(x) = 0$	für alle $x \in D$	$\Longleftrightarrow$	f konstant in D.

* Zur Umkehrung siehe [4.93].

4.42 *Man untersuche mit diesen Kriterien auf Monotonie:*

(a) x^3, (b) e^x, (c) $\ln x$, (d) $\sin x$, $0 \leq x \leq \frac{\pi}{2}$.

(a) $(x^3)' = 3x^2 \geq 0$ für alle $x \in \mathbb{R}$. Also ist x^3 monoton steigend in $\mathbb{R}$.

(b) $(\mathrm{e}^x)' = \mathrm{e}^x > 0$ für alle $x \in \mathbb{R}$. Also ist e^x streng monoton steigend in $\mathbb{R}$, s. [4.93].

(c) $(\ln x)' = \frac{1}{x} > 0$ für $x > 0$. Also ist $\ln x$ streng monoton steigend für $x > 0$.

(d) $(\sin x)' = \cos x \geq 0$ für $0 \leq x \leq \frac{\pi}{2}$. Also ist $\sin x$ monoton steigend für $0 \leq x \leq \frac{\pi}{2}$.

4.4 Extrema von Funktionen

Relative und absolute Extrema

Sei $f\colon D \to \mathbb{R}$ eine Funktion und $x_0 \in D$. Man sagt:

f hat bei x_0 ein **relatives Maximum**
$\iff$ $f(x) \leq f(x_0)$ für alle x aus einer Umgebung von x_0.

f hat bei x_0 ein **relatives Minimum**
$\iff$ $f(x) \geq f(x_0)$ für alle x aus einer Umgebung von x_0.

f hat bei x_0 ein **relatives Extremum**
$\iff$ f hat bei x_0 ein relatives Maximum oder Minimum.

---

f hat bei x_0 ein **absolutes Maximum**
$\iff$ $f(x) \leq f(x_0)$ für alle x aus D.

f hat bei x_0 ein **absolutes Minimum**
$\iff$ $f(x) \geq f(x_0)$ für alle x aus D.

f hat bei x_0 ein **absolutes Extremum**
$\iff$ f hat bei x_0 ein absolutes Maximum oder Minimum.

Jedes absolute Extremum ist auch ein relatives Extremum!

Bezeichnungen

f	hat bei x_0 ein	Extremum	Maximum	Minimum
x_0	heißt	Extremstelle	Maximalstelle	Minimalstelle
$f(x_0)$	heißt	Extremwert	Maximalwert	Minimalwert
$(x_0, f(x_0))$	heißt	Extrempunkt	Maximalpunkt	Minimalpunkt

Statt Maximalpunkt / Minimalpunkt sagt man auch **Hochpunkt** / **Tiefpunkt**.

Liegt das Extremum am Rand von D, nennt man es **Randextremum**.

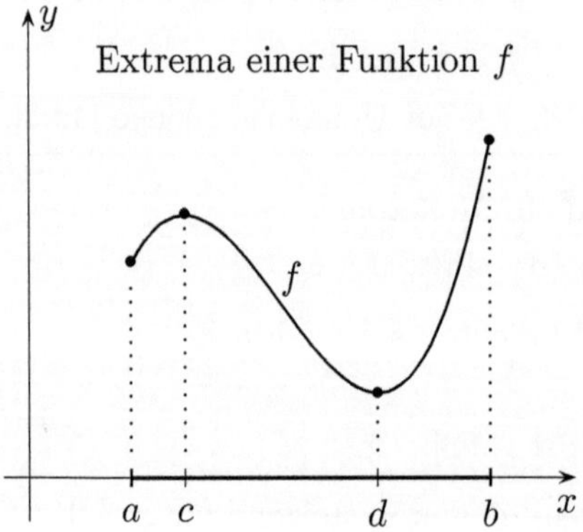

$f\colon [a,b] \to \mathbb{R}$
hat Extrema bei a, b, c, d,

und zwar bei
a ein relatives Minimum,
c ein relatives Maximum,
d ein absolutes Minimum,
b ein absolutes Maximum.

Bei a und b liegen Randextrema.

Bestimmung der Extrema von f

1. Bestimme diejenigen Stellen, an denen bei einer Funktion f Extrema auftreten können. Diese **kritischen Stellen** sind
   - (I) Stellen x_0 mit $f'(x_0) = 0$ (a und b in der Skizze, dort hat f eine waagerechte Tangente).
   - (II) Randstellen vom Definitionsbereich (c und d in der Skizze).
   - (III) Stellen, an denen f nicht differenzierbar ist, z.B. Knicke (e in der Skizze).

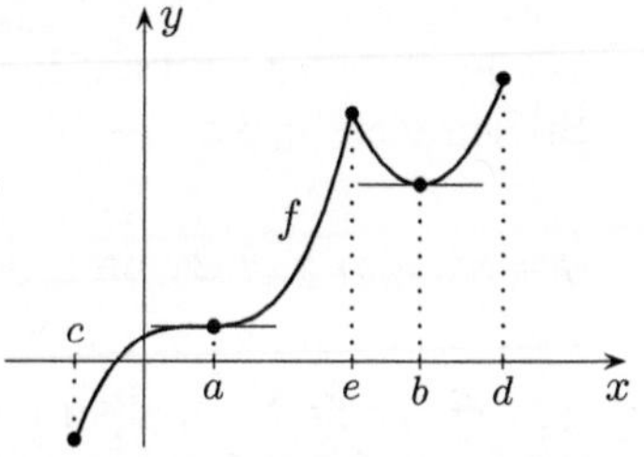

2. Untersuche die kritischen Stellen mit gewissen Kriterien, siehe Beispiele.

4.43 *Bestimme und untersuche die kritischen Stellen folgender Funktionen:*

(a) $f(x) = x^2 - 1$ auf $\mathbb{R}$, (b) $f(x) = x^2 - 1$ auf $[-1, 2]$,
(c) $f(x) = |x^2 - 1|$ auf $[-1, 2]$.

(a) f ist auf ganz $\mathbb{R}$ differenzierbar. Es gibt nur kritische Stellen vom Typ (I): $f'(x) = 0 \iff x = 0$. Nur bei $x = 0$ kann f ein Extremum haben.

(b) Hier kommen als kritische Stellen die Randstellen Typ (II) hinzu. Kritische Stellen sind also -1, 0, 2.

(c) Für $\begin{matrix} -1 \leq x \leq 1 \\ 1 < x \leq 2 \end{matrix}$ gilt $\begin{matrix} x^2 - 1 \leq 0 \\ x^2 - 1 > 0 \end{matrix}$ also $\begin{matrix} f(x) = |x^2 - 1| = & -(x^2 - 1), \\ f(x) = |x^2 - 1| = & x^2 - 1\,. \end{matrix}$

Kritische Stellen:

(I) $f'(x) = 0 \iff -2x = 0 \iff x = 0$.

(II) Randstellen -1 und 2.

(III) f ist in 1 nicht differenzierbar (Knick!), da $\lim\limits_{x \to 1} \frac{f(x) - f(1)}{x - 1}$ nicht existiert:

$$\lim_{x \to 1-} \frac{f(x)-f(1)}{x-1} = \lim_{x \to 1-} \frac{-(x^2-1)}{x-1} = \lim_{x \to 1-} -(x+1) = -2,$$
$$\lim_{x \to 1+} \frac{f(x)-f(1)}{x-1} = \lim_{x \to 1+} \frac{x^2-1}{x-1} = \lim_{x \to 1+} (x+1) = 2.$$

Kritische Stellen sind also: -1, 0, 1, 2. Man erkennt an den Skizzen:

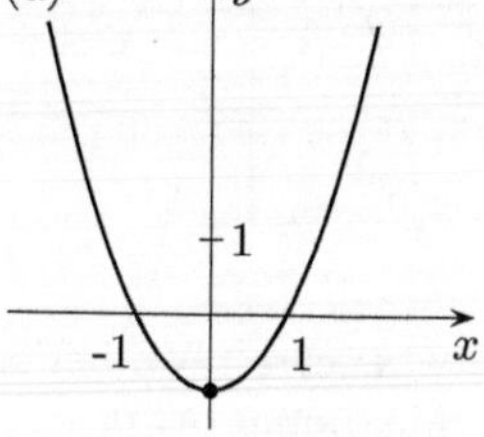

abs. Minimum bei 0,
Maxima ex. nicht.

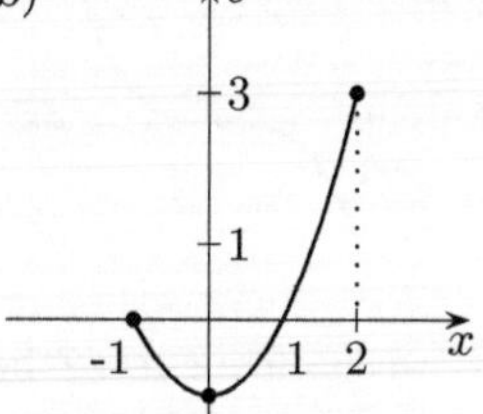

abs. Minimum bei 0,
rel. Maximum bei -1,
abs. Maximum bei 2.

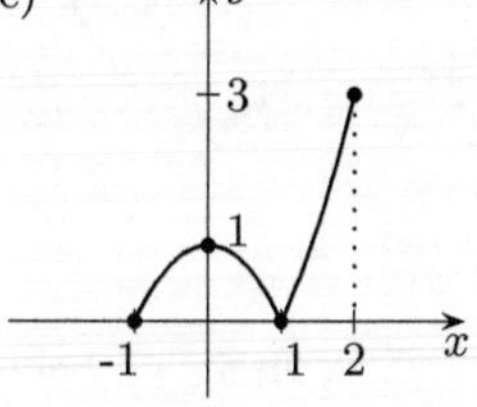

abs. Minima bei $-1, 1$,
rel. Maximum bei 0,
abs. Maximum bei 2.

Im Folgenden beschränken wir uns auf Funktionen, die in ihrem Definitionsbereich differenzierbar sind. Kritische Stellen vom Typ (III) treten also nicht auf.

4.44 *Man untersuche folgende Funktionen auf Extrema.*

(a) $y = x^2$, (b) $y = x^3$, (c) $y = -x^4 + 1$.

Die Funktionen sind auf $\mathbb{R}$ definiert und differenzierbar, es gibt also nur kritische Stellen vom Typ I.

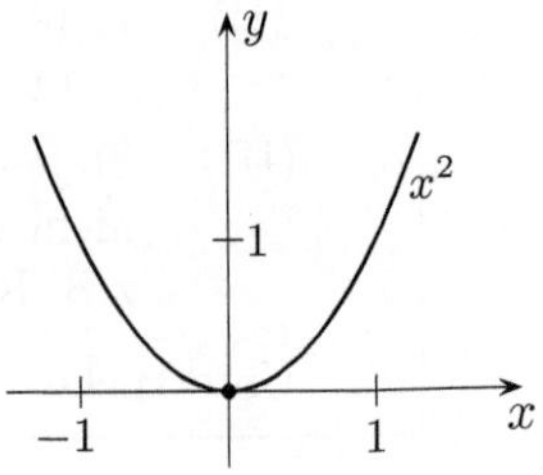

(a) $y = x^2$, also $y' = 2x$ und $y' = 0 \iff x = 0$.
Ein Extremum kann nur bei $x_0 = 0$ vorliegen.
$y = x^2$ ist die Normalparabel.
Also hat x^2 bei 0 ein absolutes Minimum.
$(0, 0)$ ist also ein absoluter Minimalpunkt.

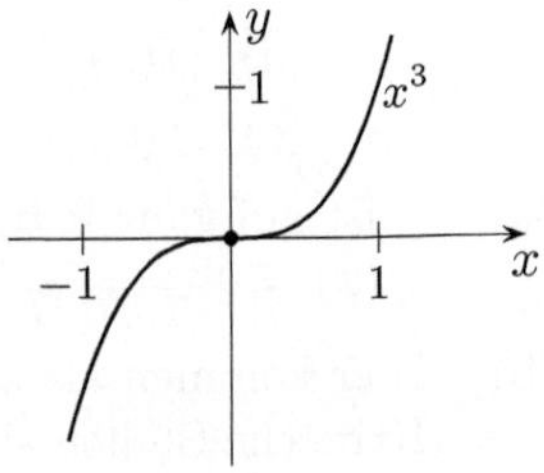

(b) $y = x^3$, also $y' = 3x^2$ und $y' = 0 \iff x = 0$.
Ein Extremum kann nur bei $x_0 = 0$ vorliegen.
In jeder Umgebung von 0 gibt es sowohl Stellen mit positivem als auch solche mit negativem Funktionswert, also liegt bei 0 kein Extremum.
$(0, 0)$ ist ein Wendepunkt mit waagerechter Tangente ein sogenannter Sattelpunkt, siehe [S. 189].

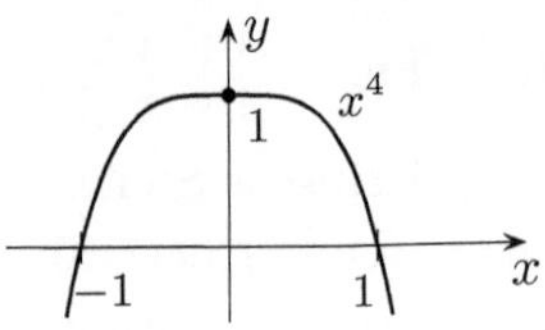

(c) $y = -x^4 + 1$, also $y' = -4x^3$ und $y' = 0 \iff x = 0$.
Ein Extremum kann nur bei 0 mit $f(0) = 1$ vorliegen.
Wegen $y = -x^4 + 1 \le 1$ ist $(0, 1)$ absol. Maximalpunkt.

Um die Kriterien im folgenden Kasten zu erläutern, skizzieren wir noch einmal diese drei Funktionen f und ihre Ableitungen f' gestrichelt. Entscheidend ist, ob f' bei 0 das Vorzeichen (VZ) wechselt oder in einer Umgebung von 0 (außer in 0) einheitliches VZ hat, also nur positiv bzw. nur negativ ist.

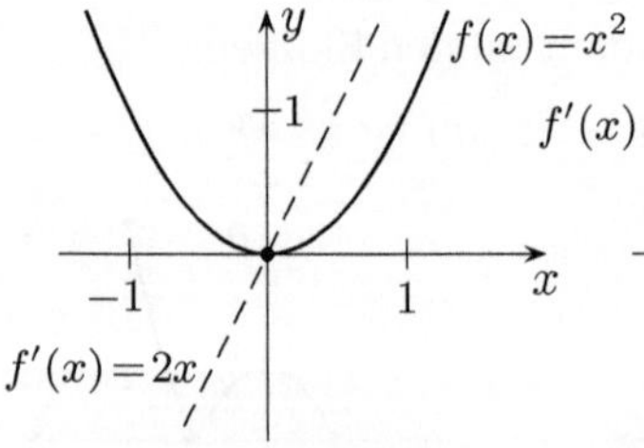

f' wechselt VZ bei 0,
Minimum bei 0,
$(0, 0)$ ist Minimalpunkt.

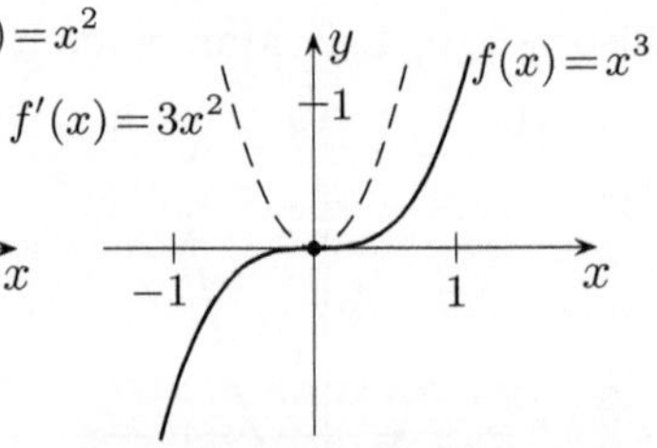

f' wechselt nicht VZ bei 0,
kein Extremum bei 0,
es gibt keine Extrempunkte.

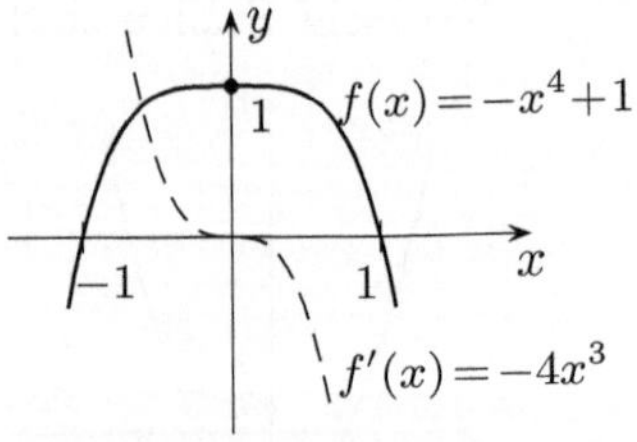

f' wechselt VZ bei 0,
Maximum bei 0,
$(0, 1)$ ist Maximalpunkt.

Kritische Stellen x_0 vom Typ I, $f'(x_0) = 0$

Kriterium ohne höhere Ableitungen:

f' wechselt in x_0 das VZ		$\Longrightarrow$	f hat bei x_0 ein Extremum, und zwar:	
f' wechselt bei x_0 von	$-$ nach $+$ $+$ nach $-$	$\Longrightarrow$	f hat bei x_0 ein	Minimum, Maximum.

Ist f' in einer Umgebung von x_0 (außer in x_0) nur positiv bzw. nur negativ, so hat f bei x_0 kein Extremum.

Kriterium mit der 2. Ableitung:

$f''(x_0) > 0 \quad \Longrightarrow \quad f$ hat bei x_0 ein Minimum.
$f''(x_0) < 0 \quad \Longrightarrow \quad f$ hat bei x_0 ein Maximum.

Ist $f''(x_0) = 0$, so hilft dieses Kriterium nicht weiter!

4.45 *Haben folgende Funktionen an der kritischen Stelle $x_0 = 0$ ein Extremum? Man benutze nicht das Kriterium mit der 2. Ableitung.*

(a) $f(x) = x^2$, (b) $f(x) = -x^4 + 1$, (c) $f(x) = x^3$.

(a) $f(x) = x^2$ und $f'(x) = 2x = 0 \iff x = 0$.
Links von 0, also für $x < 0$, ist f' negativ, rechts von 0, also für $x > 0$, ist f' positiv.
f' wechselt bei 0 das Vorzeichen von $-$ auf $+$.
f fällt links von 0 und steigt rechts von 0, also hat f bei 0 ein Minimum.

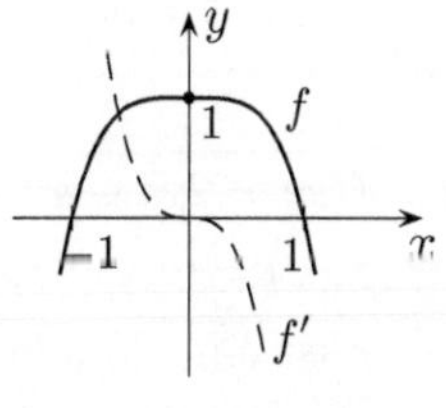

(b) $f(x) = -x^4 + 1$ und $f'(x) = -4x^3 = 0 \iff x = 0$.
Links von 0 ist f' positiv, rechts von 0 ist f' negativ.
f' wechselt bei 0 das Vorzeichen von $+$ auf $-$.
Also hat f bei 0 ein Maximum.

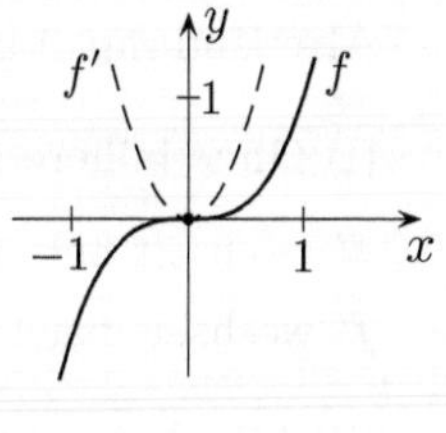

(c) $f(x) = x^3$ und $f'(x) = 3x^2 = 0 \iff x = 0$.
Die Ableitung f' ist (außer in 0) stets positiv, also hat f bei 0 kein Extremum.
Oder: f' ist 0 nur für $x = 0$, sonst aber stets positiv, d.h. die Steigung von f ist (bis auf 0) stets positiv.

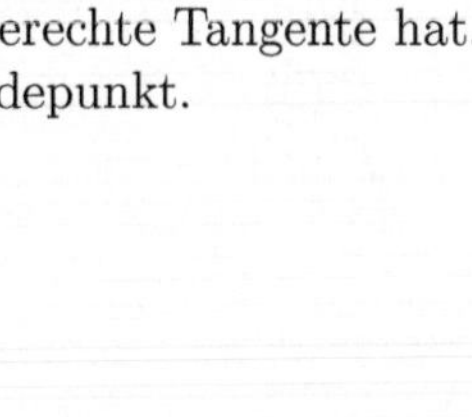

Bei 0 hat f also kein Extremum, obwohl f dort eine waagerechte Tangente hat. Ein solcher Punkt heißt **Sattelpunkt** oder Horizontalwendepunkt.

4.46 *Man untersuche folgende Funktionen auf Extrema:*

(a) $f(x) = x^2 - 2x$, (b) $f(x) = \frac{1}{2}x^4 - x^3$, (c) $f(x) = 2x^2 - x^4$,
(d) $f(x) = \frac{4x}{1+x^2}$, (e) $f(x) = x\,\mathrm{e}^x$, (f) $f(x) = \frac{x^3}{x^2-x-2}$.

(a) Anschauliche Vorbetrachtung, siehe etwa [Seite 82]:
$y = x^2 - 2x$, d.h. $y + 1 = (x-1)^2$, ist die Gleichung einer nach oben geöffneten Parabel mit dem Scheitelpunkt $(1, -1)$. f hat also bei 1 ein absolutes Minimum.

Mit den obigen Kriterien ergibt sich
$f'(x) = 2x - 2 = 2(x-1) = 0 \Longleftrightarrow x = 1$.

(i) Ohne höhere Ableitungen:
f' wechselt bei 1 das VZ von $-$ nach $+$, also hat f bei 1 ein Minimum.

(ii) Mit der 2 Ableitung:
$f''(1) = 2 > 0$, also hat f bei 1 ein Minimum.

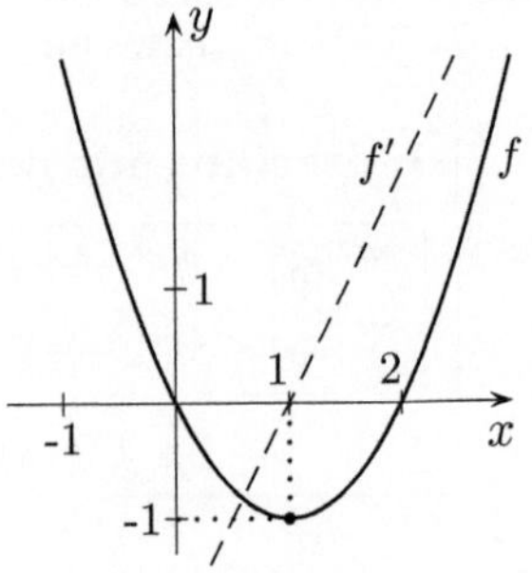

(b) $f(x) = \frac{1}{2}x^4 - x^3$ und $f'(x) = 2x^3 - 3x^2 = x^2(2x-3)$
$f'(x) = 0 \iff x = 0$ oder $x = \frac{3}{2}$.

Ohne höhere Ableitungen:
Bei 0 hat f' eine doppelte Nullstelle ohne Vorzeichenwechsel, also hat f bei 0 kein Extremum.
$(0, 0)$ ist ein Sattelpunkt (Horizontalwendepunkt).

Bei $\frac{3}{2}$ wechselt f' das Vorzeichen von $-$ nach $+$, also hat f bei $\frac{3}{2}$ ein Minimum.

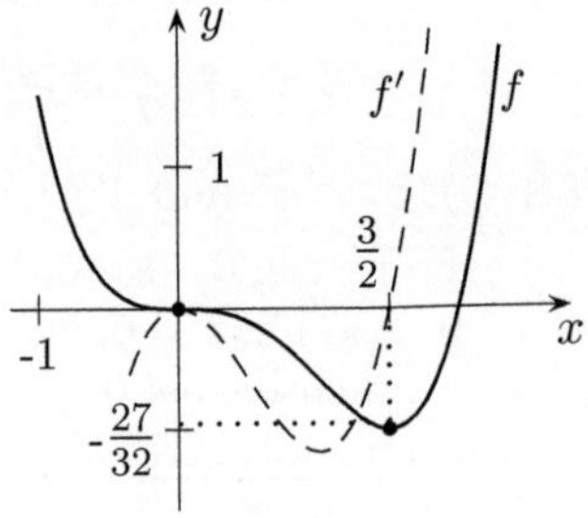

(c) $f(x) = 2x^2 - x^4$ und $f'(x) = 4x - 4x^3 = 4x(1-x^2)$,
$f'(x) = 0 \iff x = 0$ oder $x = 1$ oder $x = -1$.
f ist eine gerade Funktion, da $f(x) = f(-x)$ gilt.
Die Funktion ist also symmetrisch zur y-Achse.
Also sind nur 0 und 1 zu untersuchen:

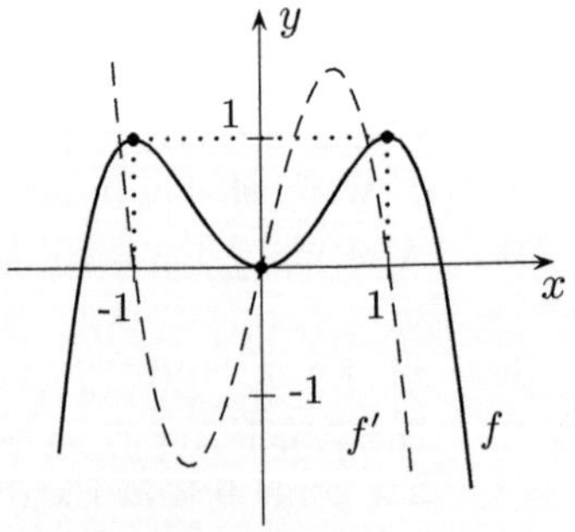

(i) Ohne höhere Ableitungen, $f'(x) = 4x(1-x^2)$:

f' wechselt bei 0 das VZ von $-$ auf $+$, also hat f bei 0 ein Minimum.
f' wechselt bei 1 das VZ von $+$ auf $-$, also hat f bei -1 und 1 Maxima.

(ii) Mit der zweiten Ableitung $f''(x) = 4 - 12x^2$:

$f''(0) = 4 > 0 \Longrightarrow f$ hat bei 0 ein Minimum.
$f''(\pm 1) = -8 < 0 \Longrightarrow f$ hat bei 1 und -1 Maxima.

(d) $y = f(x) = \frac{4x}{x^2+1}$

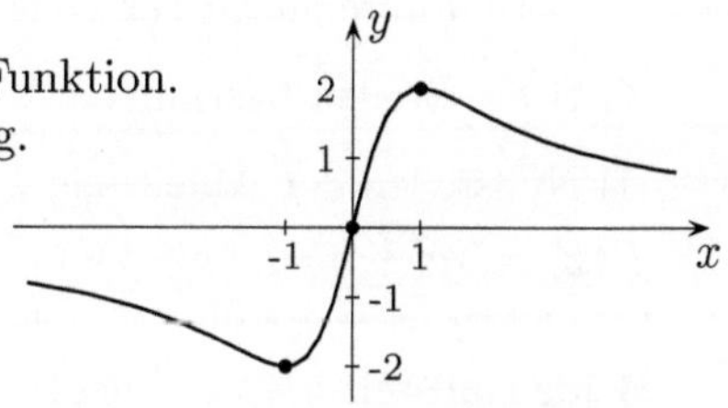

Wegen $f(-x) = -f(x)$ ist f eine ungerade Funktion. f ist daher punktsymmetrisch zum Ursprung.

Es reicht die Untersuchung für $x \geq 0$.

$f'(x) = \frac{4(x^2+1)-4x\cdot 2x}{(x^2+1)^2} = -4\frac{x^2-1}{(x^2+1)^2}$.

$f'(x) = 0 \iff x^2 - 1 = 0 \iff x = 1$.

Bei 1 wechselt f' das Vorzeichen von + auf −, also hat f ein Maximum bei 1, $(1, 2)$ ist ein Maximalpunkt.

Aus Symmetriegründen hat f bei -1 ein Minimum, und $(-1, -2)$ ist ein Minimalpunkt.

Dass die Extrema absolute Extrema sind, folgt aus $\lim\limits_{x\to\infty} \frac{4x}{1+x^2} = 0$.

Um mit der 2. Ableitung zu argumentieren, muss man erheblich mehr rechnen.

(e) $y = f(x) = x\,\mathrm{e}^x$, also $f'(x) = 1 \cdot \mathrm{e}^x + x \cdot \mathrm{e}^x = (x+1)\,\mathrm{e}^x = 0 \iff x = -1$.

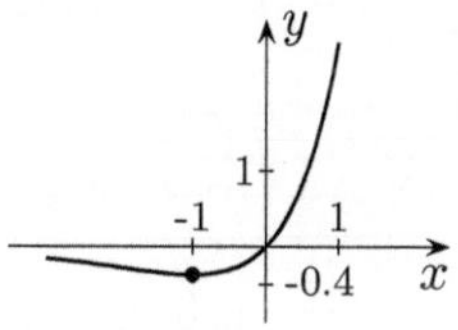

Bei -1 wechselt f' von − auf +, also Minimum bei 1, $(-1, -\mathrm{e}^{-1}) \approx (-1, -0.4)$ ist ein Minimalpunkt.

Die nebenstehende Skizze ergibt sich mit $\lim\limits_{x\to\infty} f(x) = \infty$ und $\lim\limits_{x\to-\infty} f(x) = 0$.

Man sieht: $(-1, -\mathrm{e}^{-1})$ ist absoluter Minimalpunkt.

(f) $y = f(x) = \frac{x^3}{x^2-x-2}$

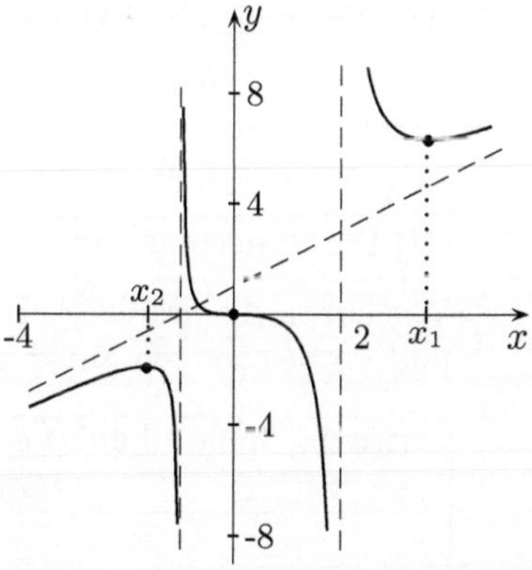

$f'(x) = \frac{3x^2(x^2-x-2)-x^3(2x-1)}{(x^2-x-2)^2} = \frac{x^2(x^2-2x-6)}{(x^2-x-2)^2}$

$f'(x) = 0 \iff x = 0$ oder $x^2 - 2x - 6 = 0$,
$x^2 - 2x - 6 = 0 \iff x = 1 \pm \sqrt{7}$.

Kritische Stellen:
$x_0 = 0$, $x_1 = 1 + \sqrt{7} \approx 3.65$, $x_2 \approx -1.65$.

Bei 0 liegt kein Extremum, da f' dort nicht das Vorzeichen wechselt, $(0, 0)$ ist ein Sattelpunkt.

Das Vorzeichen von f' hängt nur vom Vorzeichen des Faktors $x^2 - 2x - 6$ (nach oben geöffnete Parabel) ab.

Also wechselt das Vorzeichen von f' bei x_1 von − auf + und bei x_2 von + auf −.

Damit hat f bei x_1 ein relatives Minimum und bei x_2 ein relatives Maximum.

Bei der Untersuchung differenzierbarer Funktionen auf Extrema hilft der folgende **Satz vom Maximum**, da differenzierbare Funktionen stetig sind:

> Stetige Funktionen besitzen auf beschränkten abgeschlossenen Intervallen $[a, b]$ sowohl ein Maximum als auch ein Minimum.

Also: Die kritischen Stellen bestimmen und die Funktionswerte vergleichen!

4.47 *Man untersuche $f(x) = x^3 - 3x - 3$ im Intervall $[-\frac{3}{2}, \frac{5}{2}]$ auf Extrema.*

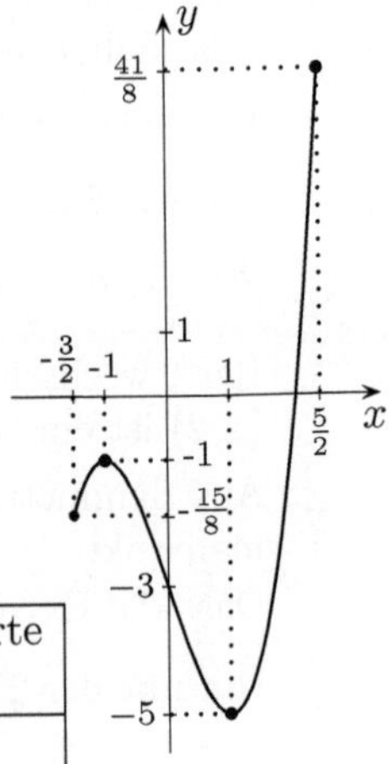

Kritische Stellen bestimmen:

(I) Nullstellen der Ableitung:

$f'(x) = 3x^2 - 3 = 3(x+1)(x-1) = 0$

$\Longleftrightarrow$ $x = -1$ oder $x = 1$.

Beide Nullstellen von f' liegen im Intervall $[-\frac{3}{2}, \frac{5}{2}]$.

(II) Die Randstellen sind $-\frac{3}{2}$ und $\frac{5}{2}$.

Wir haben also die vier kritischen Stellen $-\frac{3}{2}, -1, 1, \frac{5}{2}$ und vergleichen die Funktionswerte:

kritische Stelle x	Funktionswert $f(x)$	Vergleich der Funktionswerte ergibt
$-\frac{3}{2}$	$-\frac{15}{8}$	relatives (Rand-)Minimum
-1	-1	relatives Maximum
1	-5	absolutes Minimum
$\frac{5}{2}$	$\frac{41}{8}$	absolutes (Rand-)Maximum

4.48 *Man bestimme die Extrema von $f(x) = x + \sin x$ in $[0, 2\pi]$.*

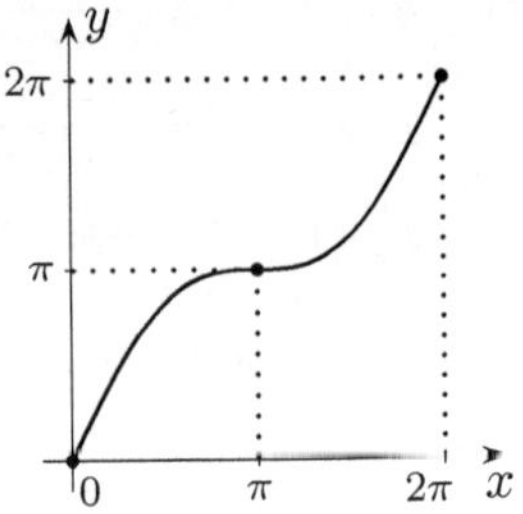

Kritische Stellen bestimmen:

(I) Nullstellen der Ableitung:

$f'(x) = 1 + \cos x = 0 \quad \Longleftrightarrow \quad \cos x = -1$

$\Longleftrightarrow \quad x_k = \pi + 2k\pi, \; k \in \mathbb{Z}$.

$x_k = \pi + 2k\pi \in [0, 2\pi] \Longrightarrow k = 0$, also $x_0 = \pi$.

(II) Die Randstellen sind 0 und 2π.

Wir haben die drei kritischen Stellen $0, \pi, 2\pi$ und vergleichen die Funktionswerte:

kritische Stelle x	Funktionswert $f(x)$	Vergleich der Funktionswerte ergibt
0	0	absolutes (Rand-)Minimum
π	π	kein Extremum
2π	2π	absolutes (Rand-)Maximum

Die kritische Stelle π ist keine Extremstelle, da die Ableitung f' dort das Vorzeichen nicht wechselt.
Sowohl links als auch rechts von π ist nämlich $f'(x) = 1 + \cos x > 0$, also f streng monoton steigend.
(π, π) ist ein Sattelpunkt (Horizontalwendepunkt).

Die zweite Ableitung $f''(\pi) = -\sin\pi = 0$ liefert keine Entscheidung.

4.49 *Welche Konservendose hat bei gegebenem Volumen die kleinste Oberfläche?*

Eine Konservendose mit Grundkreisradius R und Höhe H hat das Volumen $V = \textit{Grundfläche} \times \textit{Höhe} = \pi R^2 \cdot H$.

Die Oberfläche (Mantelfläche + Deckel + Boden) ist $S = 2\pi R \cdot H + \pi R^2 + \pi R^2 = 2\pi R \cdot H + 2\pi R^2$.

V ist gegeben, also ist $H = \frac{V}{\pi R^2}$. Einsetzen liefert

$S(R) = 2\pi R \cdot \frac{V}{\pi R^2} + 2\pi R^2 = \frac{2V}{R} + 2\pi R^2$.

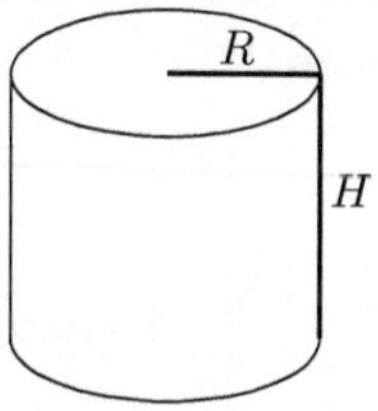

Die minimale Oberfläche ist gesucht. Für $R \to 0^+$ und $R \to \infty$ geht $S(R) \to \infty$.

Im Intervall $]0, \infty[$ muss $S(R)$ daher eine Minimalstelle besitzen, und dafür kommt nur eine Nullstelle der Ableitung von $S(R) = \frac{2V}{R} + 2\pi R^2$ in Frage:

$S'(R) = -\frac{2V}{R^2} + 4\pi R = 0 \iff V = 2\pi R^3$.

Einsetzen von V in $H = \frac{V}{\pi R^2}$ liefert $H = \frac{2\pi R^3}{\pi R^2} = 2R$.

Eine Dose mit $H = 2R$ hat also bei gegebenem Volumen die kleinste Oberfläche.

Einsetzen von V in $S(R) = \frac{2V}{R} + 2\pi R^2$ liefert $S_{min} = \frac{2 \cdot 2\pi R^3}{R} + 2\pi R^2 = 6\pi R^2$.

4.50 *Aus einem quadratischen Stück Pappe werden vier gleich große Eckquadrate ausgeschnitten, anschließend wird ein nach oben offener Karton gefaltet. Sein Volumen soll möglichst groß werden.*

Sei a die Seitenlänge des Ausgangsquadrates und x die Seitenlänge der ausgeschnittenen Eckquadrate. Es ist also $0 \le x \le \frac{a}{2}$.

Der aus dem Reststück gefaltete, nach oben offene Karton hat die Höhe x und als Grundfläche ein Quadrat mit der Seitenlänge $a - 2x$.

Sein Volumen ist $V = V(x) = x \cdot (a - 2x)^2$.

V soll maximal sein.

In den Randstellen $x = 0$ und $x = \frac{a}{2}$ ist $V = 0$.

Als Maximalstellen kommen daher nur Nullstellen der Ableitung in Frage. Es ist

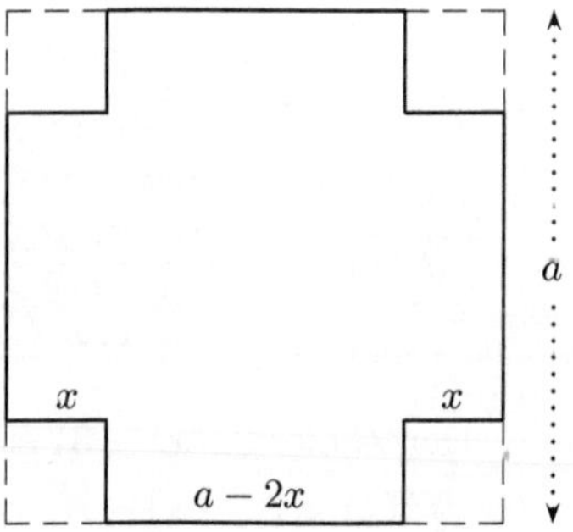

$$\begin{aligned} V'(x) &= (a - 2x)^2 + x \cdot 2(a - 2x) \cdot (-2) \\ &= (a - 2x)(a - 2x - 4x) = (a - 2x)(a - 6x) = 0 \iff x = \tfrac{a}{2} \text{ oder } x = \tfrac{a}{6}. \end{aligned}$$

Als Maximalstelle kommt nicht die Randstelle $\frac{a}{2}$ mit $V(\frac{a}{2}) = 0$, sondern nur $\frac{a}{6}$ in Frage. Das maximale Volumen ist daher $V_{max} = V(\frac{a}{6}) = \frac{2}{27}a^3$.

4.5 Krümmung und Wendepunkte

konvex, konkav

f heißt **konvex**[1] im Intervall D (linksdrehend, **linksgekrümmt**), wenn $f''(x) > 0$ für alle $x \in D$.

f heißt **konkav** im Intervall D (rechtsdrehend, **rechtsgekrümmt**), wenn $f''(x) < 0$ für alle $x \in D$.

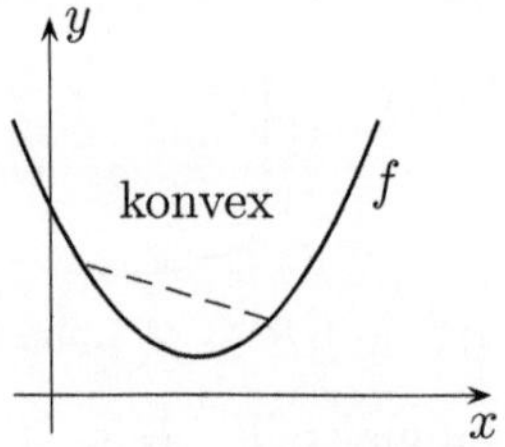

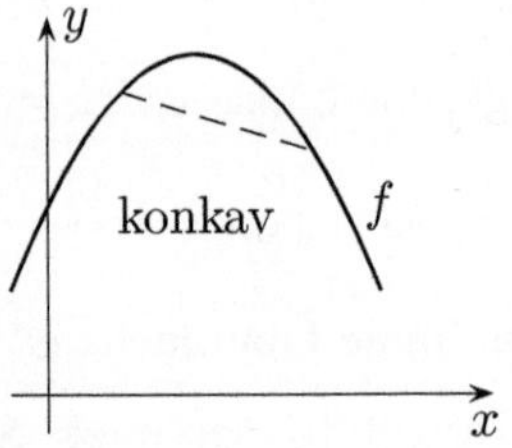

Geometrische Veranschaulichung

f ist konvex in D, wenn der Graph von f unterhalb seiner Sehnen liegt.

f ist konkav in D, wenn der Graph von f oberhalb seiner Sehnen liegt.

4.51 *Wo ist $f(x) = x^3 - 4x$ konvex bzw. konkav?*

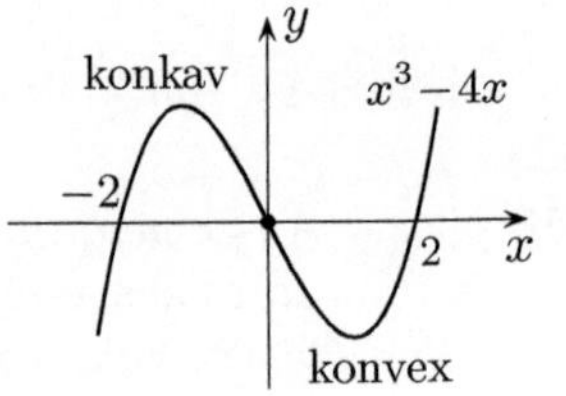

f'' liefert die Entscheidung.
$f'(x) = 3x^2 - 4$ und $f''(x) = 6x$. Es ist
$f''(x) > 0$ für $x > 0$, also ist f dort konvex und
$f''(x) < 0$ für $x < 0$, also ist f dort konkav.

4.52 *Man untersuche das Krümmungsverhalten von:*

(a) $f(x) = \frac{x}{1+x^2}$, vgl. [4.53 (a)], (b) $f(x) = x^2\, \mathrm{e}^x$.

(a) $f(x) = \frac{x}{1+x^2}$ ist als rationale Funktion ohne Polstellen in $\mathbb{R}$ definiert und beliebig oft differenzierbar. Die Quotientenregel liefert die Ableitungen

$$f'(x) = \frac{(1+x^2)-x(2x)}{(1+x^2)^2} = \frac{1-x^2}{(1+x^2)^2} \quad \text{und}$$

$$f''(x) = \frac{-2x(1+x^2)^2-(1-x^2)2(1+x^2)2x}{(1+x^2)^4} = \frac{2x(x^2-3)}{(1+x^2)^3}.$$

Der Zähler $2x(x^2-3)$ entscheidet über das Vorzeichen von f''. Man erhält:

$f''(x) < 0$ in $]-\infty, -\sqrt{3}[$ und in $]0, \sqrt{3}[$,
$f''(x) > 0$ in $]-\sqrt{3}, 0[$ und in $]\sqrt{3}, \infty[$
und $f''(x) = 0$ für $x = 0$ oder $\pm\sqrt{3}$.

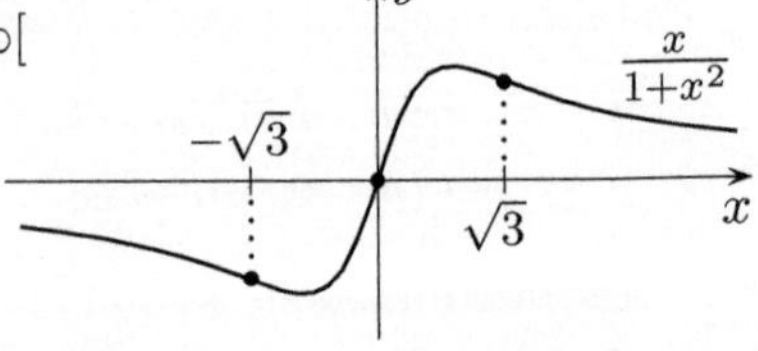

f ist
konkav in $]-\infty, -\sqrt{3}[$ und in $]0, \sqrt{3}[$,
konvex in $]-\sqrt{3}, 0[$ und in $]\sqrt{3}, \infty[$.

[1] Wir unterscheiden aus Vereinfachungsgründen nicht zwischen konvex und streng konvex. In unserem Sinne sind z.B. Geradenstücke weder konvex noch konkav.

(b) $f(x) = x^2\,\mathrm{e}^x$ ist in $\mathbb{R}$ beliebig oft differenzierbar.

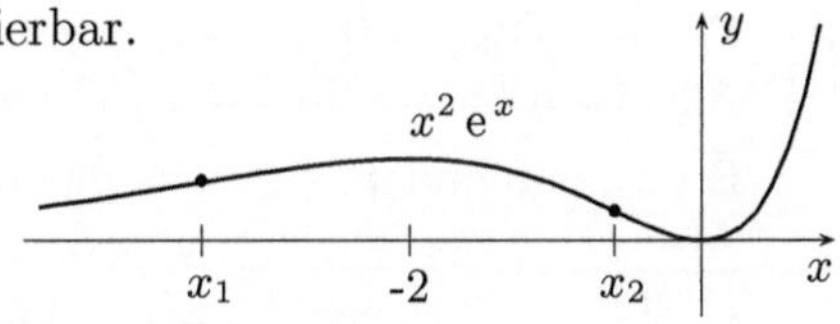

Die Produktregel liefert die Ableitungen

$$f'(x) = (2x + x^2)\,\mathrm{e}^x = x(x+2)\,\mathrm{e}^x,$$
$$f''(x) = (x^2 + 4x + 2)\,\mathrm{e}^x.$$

Wegen $\mathrm{e}^x > 0$ für alle x gilt

$$f''(x) = 0 \iff x^2 + 4x + 2 = 0 \iff x_1 = -2 - \sqrt{2} \quad \text{oder} \quad x_2 = -2 + \sqrt{2}.$$

Es gilt $f''(x) > 0$, also f konvex in $]-\infty, x_1[$ und in $]x_2, \infty[$,
$f''(x) < 0$, also f konkav in $]x_1, x_2[$.

Wendepunkte

Sei $f\colon D \to \mathbb{R}$ eine Funktion und $x_0 \in D$.

f hat bei x_0 einen **Wendepunkt** $\big(x_0, f(x_0)\big)$, wenn f in x_0 das Krümmungsverhalten ändert, d.h. links von x_0 konkav und rechts davon konvex ist, oder umgekehrt.

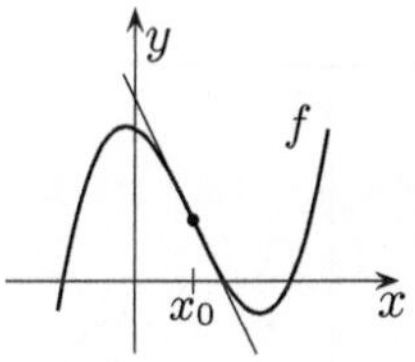

Wendepunktkriterium

f hat bei x_0 einen Wendepunkt $\implies f''(x_0) = 0$.

$f''(x_0) = 0,\ f'''x_0) \neq 0 \implies f$ hat bei x_0 einen Wendepunkt.

Hat f bei x_0 einen Wendepunkt und gilt $f'(x_0) = 0$, so hat f bei x_0 einen **Sattelpunkt** (Horizontalwendepunkt).

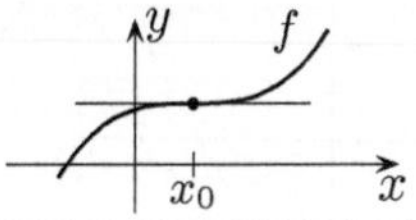

Ein Wendepunkt von f ist ein Extrempunkt von f'.
Die Tangente im Wendepunkt durchdringt den Graphen von f.

4.53 *Man bestimme die Wendepunkte von:*

(a) $f(x) = \frac{x}{1+x^2}$, (b) $f(x) = x^2\,\mathrm{e}^x$.

(a) Die Berechnungen in [4.52 (a)] liefern:
Bei $\pm\sqrt{3}$ und 0 hat f Wendepunkte. Diese berechnen sich zu
$W_1 = (-\sqrt{3}, -\frac{1}{4}\sqrt{3})$, $W_2 = (0,0)$, und $W_3 = (\sqrt{3}, \frac{1}{4}\sqrt{3})$.

(b) Nach [4.52 (b)] hat f bei $x_1 = -2 - \sqrt{2}$ und $x_2 = -2 + \sqrt{2}$ Wendepunkte.
Diese sind $W_1 = (x_1, f(x_1)) \approx (-3.4, 0.38)$, $W_2 = (x_2, f(x_2)) \approx (-0.59, 0.19)$.

4.54 *Man bestimme die Wendepunkte von:*

(a) $f(x) = x^3$, (b) $g(x) = x^4$.

Es ist $f''(x) = 6x$ und $g''(x) = 12x^2$. Beide Funktionen können also nur bei $x_0 = 0$ einen Wendepunkt haben, denn $f''(x) = 0 \iff g''(x) = 0 \iff x = 0$.

(a) Es gilt: $f''(x) < 0$ (also f konkav) in $]-\infty, 0[$,
$f''(x) > 0$ (also f konvex) in $]0, \infty[$.

Bei $x_0 = 0$ ändert sich also das Krümmungsverhalten von f, also ist $(0,0)$ ein Wendepunkt von f, und zwar der einzige.

(b) Es gilt $g''(x) > 0$ für alle $x \neq 0$.
Also ist g konvex in $]-\infty, 0[$ und in $]0, \infty[$.

Bei $x_0 = 0$ ändert sich also das Krümmungsverhalten von g nicht.
Also hat g bei 0 keinen und damit insgesamt keinen Wendepunkt.

Aus $f''(x_0) = 0$ folgt also nicht zwingend, dass f bei x_0 einen Wendepunkt besitzt. Es gilt aber:

f hat bei x_0 einen Wendepunkt $\iff$ f' hat bei x_0 ein Extremum.

Zusammenhang von f, f', f''

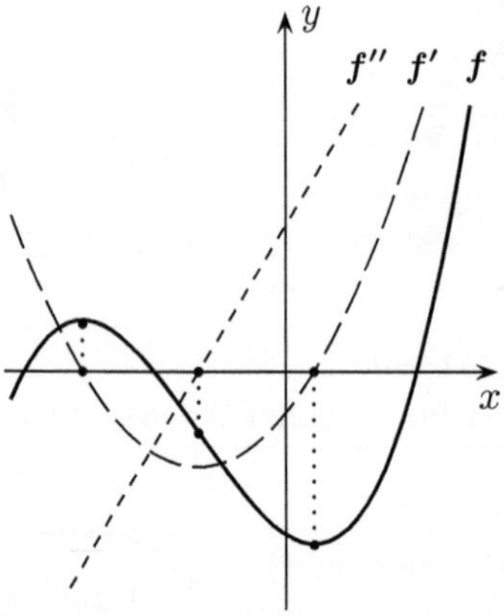

f hat **Extremum** bei x_0 $\implies f'(x_0) = 0$.

$f' > 0 \implies f$ steigt.

$f' < 0 \implies f$ fällt.

f hat **Wendepunkt** bei x_0 $\iff$ f' hat **Extremum** bei x_0 $\implies f''(x_0) = 0$.

$f'' > 0 \iff f$ ist konvex $\implies f'$ steigt.

$f'' < 0 \iff f$ ist konkav $\implies f'$ fällt.

4.6 Grenzwerte mit l'Hospital

Die Regel von l'Hospital ist ein nützliches, **aber nicht immer zum Ziel führendes Hilfsmittel**, um Grenzwerte unbestimmter Ausdrücke vom Typ

$$\boxed{\frac{0}{0}}, \quad \boxed{\frac{\infty}{\infty}}$$

zu bestimmen. Auf diese beiden Typen kann man die anderen Typen

$$\boxed{0 \cdot \infty}, \quad \boxed{\infty - \infty}, \quad \boxed{0^0}, \quad \boxed{1^\infty}, \quad \boxed{\infty^0}$$

unbestimmter Ausdrücke zurückführen: Genaueres findet man auf Seite 158, weitere ausführliche Beispiele in [**HM**, Seite 273-278].

Regel von l'Hospital

Sind f und g in einer Umgebung von x_0 differenzierbar und ist $\lim\limits_{x \to x_0} \frac{f(x)}{g(x)}$ von der Form $\boxed{\frac{0}{0}}$ bzw. $\boxed{\frac{\infty}{\infty}}$, dann ist

$$\lim_{x \to x_0} \frac{f(x)}{g(x)} = \lim_{x \to x_0} \frac{f'(x)}{g'(x)},$$ falls der letzte Grenzwert existiert!

Diese Regel gilt auch für einseitige und uneigentliche Grenzwerte.

4.55 $\boxed{\frac{0}{0}}$ *Bestimme folgende Grenzwerte mit der Regel von l'Hospital:*

$$\text{(a)} \lim_{x\to 0} \frac{\sin x}{x}, \qquad \text{(b)} \lim_{x\to 1} \frac{\ln x}{x-1}, \qquad \text{(c)} \lim_{x\to\infty} \frac{\arctan x - \frac{\pi}{2}}{\frac{1}{x}}.$$

(a) $\lim\limits_{x\to 0} \frac{\sin x}{x} \overset{\left[\frac{0}{0}\right]}{=} \lim\limits_{x\to 0} \frac{\cos x}{1} = \cos 0 = 1$ (siehe [4.6 (b)]).

(b) $\lim\limits_{x\to 1} \frac{\ln x}{x-1} \overset{\left[\frac{0}{0}\right]}{=} \lim\limits_{x\to 1} \frac{\frac{1}{x}}{1} = \lim\limits_{x\to 1} \frac{1}{x} = 1.$

(c) $\lim\limits_{x\to\infty} \frac{\arctan x - \frac{\pi}{2}}{\frac{1}{x}} \overset{\left[\frac{0}{0}\right]}{=} \lim\limits_{x\to\infty} \frac{\frac{1}{1+x^2}}{-\frac{1}{x^2}} = -\lim\limits_{x\to\infty} \frac{x^2}{1+x^2} = -\lim\limits_{x\to\infty} \frac{1}{\frac{1}{x^2}+1} = -1.$

Der Grenzwert $\lim\limits_{x\to\infty} \frac{x^2}{1+x^2}$ hat die Form $\boxed{\frac{\infty}{\infty}}$.

Statt $\frac{x^2}{1+x^2}$ mit $\frac{1}{x^2}$ zu erweitern, kann man die Regel von de l'Hospital noch einmal anwenden und weiterrechnen: $-\lim\limits_{x\to\infty} \frac{x^2}{1+x^2} \overset{\left[\frac{\infty}{\infty}\right]}{=} -\lim\limits_{x\to\infty} \frac{2x}{2x} = -1.$

Die Regel von de l'Hospital kann mehrfach hintereinander angewendet werden.

4.56 $\boxed{\frac{\infty}{\infty}}$ *Bestimme folgende Grenzwerte mit der Regel von l'Hospital:*

$$\text{(a)} \lim_{x\to\infty} \frac{x}{\sinh x}, \qquad \text{(b)} \lim_{x\to-\infty} \frac{3x+5}{3-2x}, \qquad \text{(c)} \lim_{x\to\infty} \frac{e^x}{x^2}.$$

(a) $\lim\limits_{x\to\infty} \frac{x}{\sinh x} \overset{\left[\frac{\infty}{\infty}\right]}{=} \lim\limits_{x\to\infty} \frac{1}{\cosh x} = \frac{1}{\infty} = 0.$

(b) $\lim\limits_{x\to-\infty} \frac{3x+5}{3-2x} = -\lim\limits_{x\to-\infty} \frac{-5-3x}{3-2x} \overset{\left[\frac{\infty}{\infty}\right]}{=} -\lim\limits_{x\to-\infty} \frac{-3}{-2} = -\frac{3}{2}.$

Ursprünglich ergibt sich hier $\left[\frac{-\infty}{\infty}\right]$. Die Umformung zeigt, dass es bei Anwendung des Falles $\left[\frac{\infty}{\infty}\right]$ nicht auf das Vorzeichen ankommt.

(c) $\lim\limits_{x\to\infty} \frac{e^x}{x^2} \overset{\left[\frac{\infty}{\infty}\right]}{=} \lim\limits_{x\to\infty} \frac{e^x}{2x} \overset{\left[\frac{\infty}{\infty}\right]}{=} \lim\limits_{x\to\infty} \frac{e^x}{2} = \infty.$

vgl. [Seite 155, 159]
Exponentielles Wachstum ist stärker als polynomiales!

4.57 $\boxed{0\cdot\infty}$ *Man bestimme* $\lim\limits_{x\to 0^+} x \ln x$.

Umformen $x \ln x = \frac{\ln x}{\frac{1}{x}}$ und l'Hospital ergibt:

$$\lim_{x\to 0^+} x \ln x = \lim_{x\to 0^+} \frac{\ln x}{\frac{1}{x}} \overset{\left[\frac{\infty}{\infty}\right]}{=} \lim_{x\to 0^+} \frac{\frac{1}{x}}{-\frac{1}{x^2}} = \lim_{x\to 0^+} (-x) = 0.$$

4.58 $\boxed{\infty-\infty}$ *Man bestimme* (a) $\lim\limits_{x\to\infty}(\sqrt{x}-\ln x)$, (b) $\lim\limits_{x\to 0}(\frac{1}{x^2}-\frac{\sin x}{x^3})$.

(a) Ausklammern: $\sqrt{x}-\ln x=\sqrt{x}(1-\frac{\ln x}{\sqrt{x}})$, auf $\lim\limits_{x\to\infty}\frac{\ln x}{\sqrt{x}}$ l'Hospital anwenden:

$$\lim_{x\to\infty}\frac{\ln x}{\sqrt{x}}\overset{\left[\frac{\infty}{\infty}\right]}{=}\lim_{x\to\infty}\frac{\frac{1}{x}}{\frac{1}{2\sqrt{x}}}=\lim_{x\to\infty}\frac{2\sqrt{x}}{x}=\lim_{x\to\infty}\frac{2}{\sqrt{x}}=0.$$

Also ist $\lim\limits_{x\to\infty}(\sqrt{x}-\ln x)=\lim\limits_{x\to\infty}\sqrt{x}(1-\frac{\ln x}{\sqrt{x}})=\infty(1-0)=\infty.$

(b) Auf den Hauptnenner bringen: $\frac{1}{x^2}-\frac{\sin x}{x^3}=\frac{x-\sin x}{x^3}$, dann dreimal l'Hospital:

$$\lim_{x\to 0}\frac{x-\sin x}{x^3}\overset{\left[\frac{0}{0}\right]}{=}\lim_{x\to 0}\frac{1-\cos x}{3x^2}\overset{\left[\frac{0}{0}\right]}{=}\lim_{x\to 0}\frac{\sin x}{6x}\overset{\left[\frac{0}{0}\right]}{=}\lim_{x\to 0}\frac{\cos x}{6}=\frac{1}{6}.$$

$$\lim_{x\to x_0}\mathrm{e}^{f(x)}=\mathrm{e}^{\lim\limits_{x\to x_0}f(x)}\quad\text{bzw.}\quad\lim_{x\to x_0}\exp\big(f(x)\big)=\exp\big(\lim_{x\to x_0}f(x)\big)$$

Bei stetigen Funktionen darf man Limes und Funktion vertauschen.

4.59 $\boxed{0^0}$ *Man bestimme* $\lim\limits_{x\to 0+}x^x$.

Umformen $x^x=\mathrm{e}^{x\ln x}=\exp(x\ln x)$ und $\lim\limits_{x\to 0+}x\ln x=0$ nach [4.57] ergibt

$$\lim_{x\to 0+}x^x=\lim_{x\to 0+}\exp(x\ln x)=\exp(\lim_{x\to 0+}x\ln x)=\mathrm{e}^0=1.$$

4.60 $\boxed{1^\infty}$ *Man bestimme* $\lim\limits_{x\to\infty}\left(1+\frac{1}{x}\right)^x$. Siehe auch [Seite 23].

Umformen $\left(1+\frac{1}{x}\right)^x=\mathrm{e}^{x\cdot\ln(1+\frac{1}{x})}$. Für den Exponenten erhält man

$$\lim_{x\to\infty}x\cdot\ln(1+\tfrac{1}{x})=\lim_{x\to\infty}\frac{\ln(1+\frac{1}{x})}{\frac{1}{x}}\overset{\left[\frac{0}{0}\right]}{=}\lim_{x\to\infty}\frac{(1+\frac{1}{x})^{-1}\cdot(-\frac{1}{x^2})}{-\frac{1}{x^2}}=\lim_{x\to\infty}\frac{1}{1+\frac{1}{x}}=1.$$

Damit erhält man $\lim\limits_{x\to\infty}\left(1+\frac{1}{x}\right)^x=\exp\left(\lim\limits_{x\to\infty}x\cdot\ln(1+\frac{1}{x})\right)=\exp(1)=\mathrm{e}\,.$

4.61 $\boxed{\infty^0}$ *Man bestimme* $\lim\limits_{x\to 0+}(-\ln x)^x$.

Es ist $(-\ln x)^x=\mathrm{e}^{x\ln(-\ln x)}$, und $\lim\limits_{x\to 0+}x\ln(-\ln x)$ hat die Form $\boxed{0\cdot\infty}$.
Man formt um und wendet l'Hospital an:

$$\lim_{x\to 0+}x\ln(-\ln x)=\lim_{x\to 0+}\frac{\ln(-\ln x)}{\frac{1}{x}}\overset{\left[\frac{\infty}{\infty}\right]}{=}\lim_{x\to 0+}\frac{\frac{1}{-\ln x}\cdot(-\frac{1}{x})}{-\frac{1}{x^2}}=-\lim_{x\to 0+}\frac{x}{\ln x}=0.$$

Also $\lim\limits_{x\to 0+}(-\ln x)^x=\lim\limits_{x\to 0+}\exp\big(x(-\ln x)\big)=\exp\big(\lim\limits_{x\to 0+}x(-\ln x)\big)=\mathrm{e}^0=1.$

Beachte: $\lim\limits_{x\to 0+}\frac{x}{\ln x}$ ist kein unbestimmter Ausdruck:

Der Zähler geht gegen 0 und der Nenner gegen $-\infty$, der Quotient also gegen 0.

4.7 Kurvendiskussionen

Die Differenzialrechnung bietet viele Möglichkeiten, Funktionen zu untersuchen. Wie ausführlich eine Kurvendiskussion ist, hängt von der Aufgabe ab.

Kurvendiskussionen

- Ohne Differenzieren, also direkt am Funktionsterm, kann man oft **Vorzeichen, Nullstellen, Symmetrie-** und **Randverhalten** ablesen und damit die **Funktion skizzieren.**
- Die 1. Ableitung braucht man in der Regel für **Monotonie** und **Extremwertbestimmung.**
- Die 2. Ableitung nützt bei **Krümmungsverhalten** und **Wendepunkten.**
- l'Hospital hilft häufig bei der Untersuchung des Randverhaltens.

4.62 *Man bestimme Symmetrieverhalten, Vorzeichen, Nullstellen und Randverhalten und skizziere f.*
Bestimme dann Extrema, Krümmungsverhalten und Wendepunkte.

(a) $f(x) = \frac{1}{1+x^2}$, (b) $f(x) = \frac{x}{1+x^2}$, (c) $f(x) = \frac{x}{\sqrt{1+x^2}}$.

(a) Symmetrieverhalten:

$f(x) = \frac{1}{1+x^2}$ ist gerade, denn $f(-x) = f(x)$,
f ist symmetrisch zur y-Achse.

Vorzeichen und Nullstellen:

$f(x) = \frac{1}{1+x^2} > 0$, f hat keine Nullstellen.

Randverhalten:

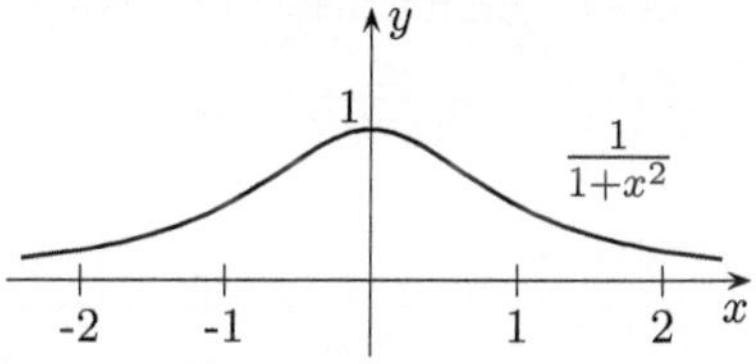

Für $x \to \pm\infty$ folgt: $f(x) \to 0$.

Extrema: $f'(x) = \frac{-2x}{(1+x^2)^2} = 0 \iff x = 0.$

$$f' \text{ ist } \begin{cases} > 0 \text{ für } x < 0 \\ < 0 \text{ für } x > 0 \end{cases} \implies$$
f' wechselt das Vorz. bei 0 von + zu −.
f hat bei 0 ein Maximum mit $f(0) = 1$.
$(0, 1)$ ist absoluter Maximalpunkt.

Krümmungsverhalten und Wendepunkte:

$$f''(x) = \frac{-2(1+x^2)^2 - (-2x)\cdot 2\cdot 2x(1+x^2)}{(1+x^2)^4} = \frac{6x^2-2}{(1+x^2)^3} = 0 \iff x = \pm\sqrt{\frac{1}{3}} = \pm\frac{1}{\sqrt{3}}.$$

$$f'' \text{ ist } \begin{cases} > 0 & \text{für } |x| > \frac{1}{\sqrt{3}}, \\ < 0 & \text{für } |x| < \frac{1}{\sqrt{3}}. \end{cases}$$

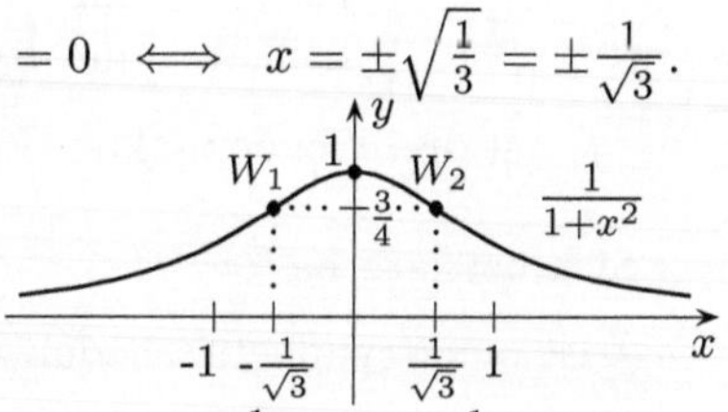

$$f \text{ ist } \begin{cases} \text{konvex} & \text{für } |x| > \frac{1}{\sqrt{3}} & \text{also für} & x < -\frac{1}{\sqrt{3}} \text{ und } \frac{1}{\sqrt{3}} < x, \\ \text{konkav} & \text{für } |x| < \frac{1}{\sqrt{3}} & \text{also für} & -\frac{1}{\sqrt{3}} < x < \frac{1}{\sqrt{3}}. \end{cases}$$

f besitzt zwei Wendepunkte: $W_1 = (-\frac{1}{\sqrt{3}}, \frac{3}{4})$ und $W_2 = (\frac{1}{\sqrt{3}}, \frac{3}{4})$.

(b) Symmetrieverhalten: $f(x) = \frac{x}{1+x^2}$ ist ungerade, denn $f(-x) = -f(x)$,
f ist punktsymmetrisch zum Ursprung.

Vorzeichen und Nullstellen:

Das Vorzeichen von Zähler und Nenner zeigt:

$$f \text{ ist } \begin{cases} > 0 & \text{für } x > 0, \\ = 0 & \text{für } x = 0, \\ < 0 & \text{für } x < 0. \end{cases}$$

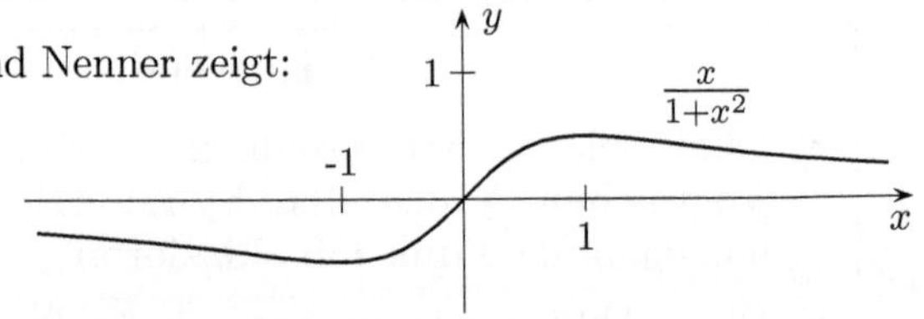

Randverhalten:

Für $x \to \pm\infty$ folgt: $f(x) \to 0$, siehe [3.42 (b)].

Damit erhält man die obige Skizze, wobei die Lage der Extrempunkte natürlich geschätzt ist. Ihre genaue Lage wird mittels f' berechnet.

Extrema: $f'(x) = \frac{1+x^2-2x^2}{(1+x^2)^2} = \frac{1-x^2}{(1+x^2)^2} = \frac{(1-x)(1+x)}{(1+x^2)^2} = 0 \iff x = \pm 1$.

$$f' \text{ ist } \begin{cases} > 0 & \text{für } 0 < x < 1, \\ < 0 & \text{für } x > 1. \end{cases} \implies$$

f' wechselt das Vorz. bei 1 von + zu −.
f hat bei 1 ein Maximum mit $f(1) = \frac{1}{2}$.
$(1, \frac{1}{2})$ ist absoluter Maximalpunkt.

Aus Symmetriegründen folgt:

f' wechselt das Vorz. bei −1 von − zu +.
f hat bei −1 ein Minimum mit $f(-1) = -\frac{1}{2}$.
$(-1, -\frac{1}{2})$ ist absoluter Minimalpunkt.

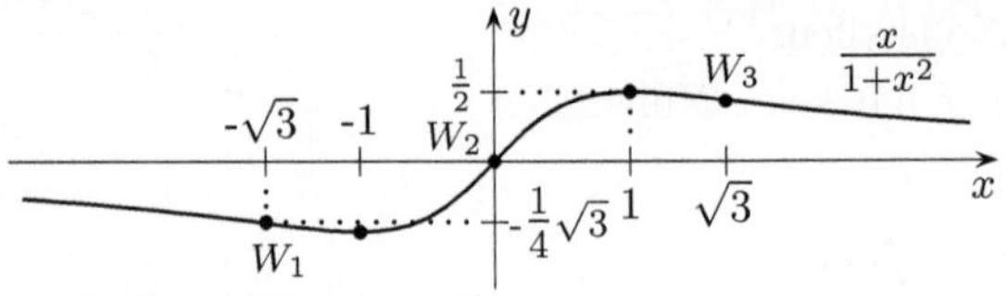

Krümmungsverhalten, Wendepunkte:

$$f''(x) = \frac{-2x(1+x^2)^2 - (-x^2+1)\cdot 2\cdot 2x(1+x^2)}{(1+x^2)^4} = \frac{2x(x^2-3)}{(1+x^2)^3} = 0 \iff x = 0 \text{ oder } x = \pm\sqrt{3}\,.$$

$$f'' \text{ ist } \begin{cases} > 0 & \text{für } -\sqrt{3} < x < 0 \text{ und für } \sqrt{3} < x, \\ < 0 & \text{für } 0 < x < \sqrt{3} \text{ und für } x < -\sqrt{3}\,. \end{cases}$$

$$f \text{ ist } \begin{cases} \text{konvex} & \text{für } -\sqrt{3} < x < 0 \text{ und für } \sqrt{3} < x, \\ \text{konkav} & \text{für } 0 < x < \sqrt{3} \text{ und für } x < -\sqrt{3}\,. \end{cases}$$

f hat drei Wendepunkte: $W_1 = (-\sqrt{3}\,, -\frac{1}{4}\sqrt{3}\,)$, $W_2 = (0,0)$, $W_3 = (\sqrt{3}\,, \frac{1}{4}\sqrt{3}\,)$.

(c) Symmetrieverhalten: $f(x) = \frac{x}{\sqrt{1+x^2}}$ ist ungerade,
f ist punktsymmetrisch zum Ursprung.

Vorzeichen und Nullstellen:

$$f \text{ ist } \begin{cases} > 0 & \text{für } x > 0, \\ = 0 & \text{für } x = 0, \\ < 0 & \text{für } x < 0. \end{cases}$$

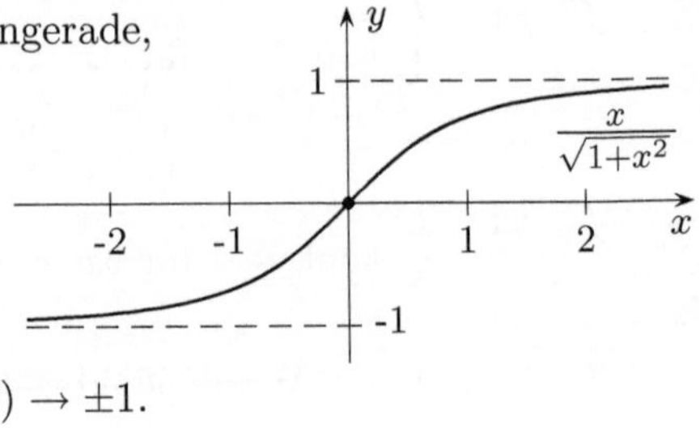

Randverhalten: Für $x \to \pm\infty$ folgt $f(x) \to \pm 1$.

Extrema: $f'(x) = \dfrac{\sqrt{1+x^2} - \frac{x \cdot 2x}{2\sqrt{1+x^2}}}{1+x^2} = \dfrac{1}{(1+x^2)^{\frac{3}{2}}} > 0$ für alle $x \in \mathbb{R}$.

f ist also streng monoton steigend in ganz $\mathbb{R}$ und hat keine Extrema.

Krümmungsverhalten, Wendepunkte: $f''(x) = -\frac{3}{2}(1+x^2)^{-\frac{5}{2}} \cdot 2x = 0 \iff x = 0$.

$$f'' \text{ ist } \begin{cases} > 0 & \text{für } x < 0, \\ < 0 & \text{für } x > 0, \end{cases} \implies f \text{ ist } \begin{cases} \text{konvex} & \text{für } x < 0, \\ \text{konkav} & \text{für } x > 0. \end{cases}$$

Der einzige Wendepunkt von f ist $(0,0)$.

4.63 *Gegeben ist die für $x \neq 0$ definierte Funktion $f(x) = x^2 \ln|x|$.*

(a) *Man bestimme Symmetrie- und Vorzeichenverhalten, Nullstellen und Randverhalten.*
Ferner untersuche man, ob f an der Stelle 0 stetig ergänzbar ist.

(b) *Man bestimme Monotonieverhalten, Extrempunkte und $\lim\limits_{x\to 0} f'(x)$.*

(c) *Man bestimme Krümmungsverhalten und Wendepunkte und skizziere f.*

(a) Symmetrieverhalten:

Wegen $f(-x) = f(x)$ ist f gerade, also symmetrisch zur y-Achse.
Die Untersuchung für $x > 0$ ergibt auch die entsprechenden Ergebnisse für $x < 0$.

Vorzeichenverhalten und Nullstellen:

$$f \text{ ist } \begin{cases} < 0 & \text{für } 0 < x < 1 \text{ und für } -1 < x < 0, \\ = 0 & \text{für } x = \pm 1, \\ > 0 & \text{für } x > 1 \text{ und für } x < -1 \end{cases}$$

Randverhalten: Zu bestimmen sind $\lim\limits_{x\to\pm\infty} f(x)$ und $\lim\limits_{x\to 0} f(x)$.

Es ist $\lim\limits_{x\to\infty} f(x) = \infty$ und wegen $f(x) = f(-x)$ auch $\lim\limits_{x\to-\infty} f(x) = \infty$.

$\lim\limits_{x\to 0+} x^2 \ln|x|$ ist vom Typ $\boxed{0 \cdot \infty}$. Die Regel von de l'Hospital ergibt:

$$\lim_{x\to 0+} x^2 \ln|x| = \lim_{x\to 0+} x^2 \ln x = \lim_{x\to 0+} \frac{\ln x}{\frac{1}{x^2}} \overset{\left[\frac{\infty}{\infty}\right]}{=} \lim_{x\to 0+} \frac{\frac{1}{x}}{-\frac{2}{x^3}} = \lim_{x\to 0+} -\frac{1}{2}x^2 = 0.$$

Wegen der Symmetrie gilt daher auch $\lim\limits_{x\to 0-} x^2 \ln|x| = 0$, also ist $\lim\limits_{x\to 0} x^2 \ln|x| = 0$.
f kann im Randpunkt 0 durch $f(0) = 0$ stetig ergänzt werden.

(b) Monotonieverhalten:

Sei zunächst $x > 0$. Die Symmetrie liefert dann Aussagen für $x < 0$.

Für $x > 0$ ist $f'(x) = 2x \cdot \ln x + x^2 \cdot \dfrac{1}{x} = x\big(1 + 2\ln x\big)$. Also gilt für $x > 0$:

$$f' \text{ ist } \begin{cases} > 0 \iff 1 + 2\ln x > 0 \iff \ln x > -\frac{1}{2} \iff \mathrm{e}^{-1/2} = \frac{1}{\sqrt{\mathrm{e}}} < x, \\ = 0 \iff 1 + 2\ln x = 0 \iff \ln x = -\frac{1}{2} \iff x = \mathrm{e}^{-1/2} = \frac{1}{\sqrt{\mathrm{e}}}, \\ < 0 \iff 1 + 2\ln x < 0 \iff \ln x < -\frac{1}{2} \iff 0 < x < \mathrm{e}^{-1/2} = \frac{1}{\sqrt{\mathrm{e}}}. \end{cases}$$

Aus Symmetriegründen erhält man:

$$f \text{ ist } \begin{cases} \text{streng monoton fallend für} & x < -\frac{1}{\sqrt{\mathrm{e}}} \quad \text{und} \quad 0 < x < \frac{1}{\sqrt{\mathrm{e}}}, \\ \text{streng monoton steigend für} & x > \frac{1}{\sqrt{\mathrm{e}}} \quad \text{und} \quad -\frac{1}{\sqrt{\mathrm{e}}} < x < 0. \end{cases}$$

Extrema: Die Rechnung beim Monotonieverhalten zeigt

$f'(x) = 0 \iff x = \pm\,\mathrm{e}^{-1/2} = \pm\frac{1}{\sqrt{\mathrm{e}}}$.

Aus dem Monotonieverhalten folgt, dass f bei $\pm\,\mathrm{e}^{-1/2} = \pm\frac{1}{\sqrt{\mathrm{e}}}$ Minima hat. Mit $f\big(\mathrm{e}^{-1/2}\big) = -\frac{1}{2\,\mathrm{e}} \approx -0.18$ erhält man die Minimalpunkte. Sie liegen etwa bei $(0.61\,,\,-0.18)$ und $(-0.61\,,\,-0.18)$.

f besitzt keine Maxima.

Aber: Ergänzt man f an der Stelle 0 stetig durch den Funktionswert 0, so besitzt diese neue Funktion bei 0 ein (relatives) Maximum.

Verhalten von f' für $x \longrightarrow 0$:

$$\lim_{x\to 0^+} f'(x) = \lim_{x\to 0^+} x(1+2\ln x) = \lim_{x\to 0^+} \frac{1+2\ln x}{\frac{1}{x}} \overset{\left[\frac{\infty}{\infty}\right]}{=} \lim_{x\to 0^+} \frac{\frac{2}{x}}{-\frac{1}{x^2}} = \lim_{x\to 0^+}(-2x) = 0$$

Damit ist aus Symmetriegründen auch $\lim\limits_{x\to 0^-} f'(x) = 0$, also $\lim\limits_{x\to 0} f'(x) = 0$.

Dieses Ergebnis zeigt, dass der Graph von f mit der Steigung 0 von rechts und links zum Punkt $(0,0)$ läuft. f' ist also durch $f'(0) = 0$ stetig ergänzbar. Dies hilft bei einer korrekten Skizze.

(c) Krümmungsverhalten:

Für $x > 0$ ist $f''(x) = \big(1+2\ln x\big) + x\cdot\frac{2}{x} = 3 + 2\ln x$. Also gilt für $x > 0$:

$f''(x) < 0 \iff 3 + 2\ln x < 0 \iff \ln x < -\frac{3}{2} \iff 0 < x < \mathrm{e}^{-3/2} = \frac{1}{\sqrt{\mathrm{e}^3}} \approx 0.22$,

und analog $f''(x) > 0 \iff \ln x > -\frac{3}{2} \iff \mathrm{e}^{-3/2} = \frac{1}{\sqrt{\mathrm{e}^3}} < x < \infty$.

Aus Symmetriegründen erhält man:

f ist konkav in $\left]-\frac{1}{\sqrt{\mathrm{e}^3}}, 0\right[$ und in $\left]0, \frac{1}{\sqrt{\mathrm{e}^3}}\right[$,

f ist konvex in $\left]-\infty, -\frac{1}{\sqrt{\mathrm{e}^3}}\right[$ und in $\left]\frac{1}{\sqrt{\mathrm{e}^3}}, \infty\right[$.

Wendepunkte:

Die Rechnungen bei (c) zeigen $f''(x) = 0 \iff x = \pm\,\mathrm{e}^{-3/2}$.

Das Krümmungsverhalten liefert zwei Wendepunkte bei $\pm\,\mathrm{e}^{-3/2} = \pm\frac{1}{\sqrt{\mathrm{e}^3}}$.

Diese liegen etwa bei

$(0.22\,,\,-0.07)$

und

$(-0.22\,,\,-0.07)$.

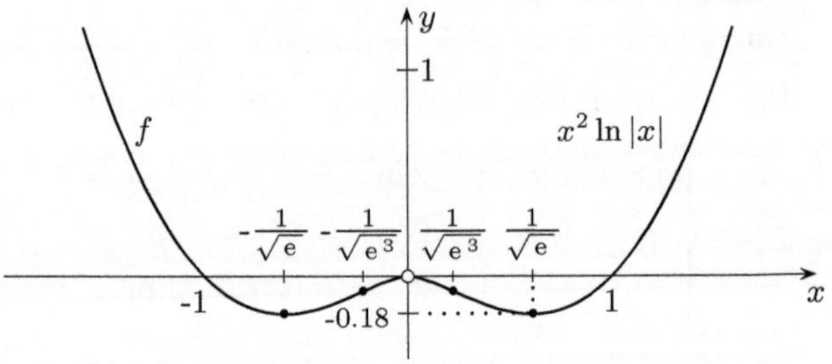

4.8 Kurvenscharen

Ortskurven der Extrem- und Wendepunkte von Kurvenscharen

Eine **Kurvenschar** ist eine Menge von Funktionen $y = f_a(x)$, deren Funktionsgleichung von einem Parameter a abhängt.
Für jedes feste a beschreibt $y = f_a(x)$ eine einzelne Kurve dieser Schar.
Die **Ortskurve der Hochpunkte** der Schar ist eine Kurve, auf der alle Hochpunkte der Funktionen $f_a(x)$ liegen. Analog für Tief- und Wendepunkte.
Die gefragten (Hoch-, Tief- oder Wende-) Punkte bestimmt man wie üblich. Ihre Koordinaten (x, y) hängen i.A. von dem Parameter a ab.
Elimination des Parameters a aus den Gleichungen $x = x(a)$ und $y = y(a)$ liefert eine Gleichung $y = y(x)$ für die gesuchte Ortskurve.
Sonderfälle:
Hängt nur x von a ab, so ist die Ortskurve eine waagerechte Gerade $y = c$.
Hängt nur y von a ab, so ist die Ortskurve eine senkrechte Gerade $x = c$.
Sind x und y unabhängig von a, so entartet die Ortskurve zu einem Punkt.

4.64 *Man skizziere einige Kurven der folgenden Scharen mit Parameter $a > 0$, und bestimme die Ortskurven ihrer Extrem- und Wendepunkte:*

(a) $f_a(x) = \frac{1}{a^2}x^3 - \frac{3}{a}x^2$, (b) $f_a(x) = 2x^3 + 3ax^2 - a^3$,

(c) $f_a(x) = x\,e^{ax}$, (d) $f_a(x) = \frac{\ln ax}{x}$.

(a) $f_a'(x) = \frac{3}{a^2}x^2 - \frac{6}{a}x = \frac{3}{a^2}x(x - 2a) = 0 \iff x = 0$ oder $x = 2a$.

$f_a''(x) = \frac{6}{a^2}x - \frac{6}{a} = \frac{6}{a^2}(x - a) = 0 \iff x = a.$

Extrempunkte [Seite 183]:

$f_a'(0) = 0$ u. $f_a''(0) = \frac{-6}{a} < 0 \Longrightarrow (0, f_a(0)) = (0,0)$ ist Hochpkt. von f_a.

$f_a'(2a) = 0$ u. $f_a''(2a) = \frac{6}{a} > 0 \Longrightarrow (2a, f_a(2a)) = (2a, -4a)$ ist Tiefpkt. von f_a.

Wendepunkte [Seite 189]:

$f_a''(a) = 0$ u. $f_a'''(x) = \frac{6}{a^2} \neq 0 \Longrightarrow (a, f_a(a)) = (a, -2a)$ $\begin{cases}\text{ist Extrempkt. von } f_a',\\ \text{d.h. Wendepkt. von } f_a.\end{cases}$

Ortskurven:

Der Nullpunkt $(0, 0)$ ist einziger Hochpunkt der Schar! Die Ortskurve der Hochpunkte entartet zu dem Punkt $(0, 0)$.

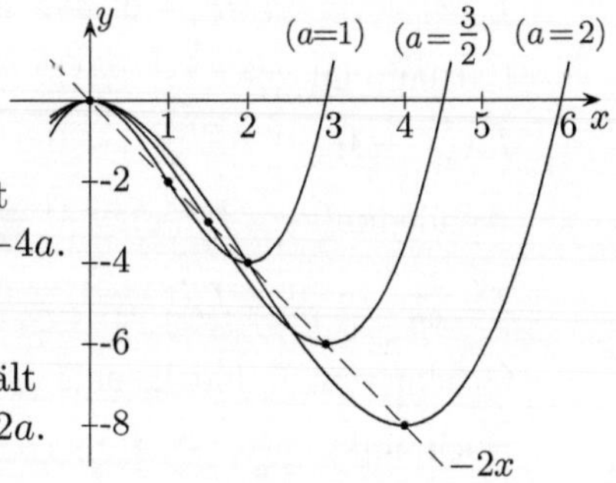

Die Ortskurve der Tiefpunkte $(2a, -4a)$ erhält man aus dem Gleichungssystem $x = 2a$, $y = -4a$.
Elimination von a liefert die Gerade $y = -2x$.

Die Ortskurve der Wendepunkte $(a, -2a)$ erhält man aus dem Gleichungssystem $x = a$, $y = -2a$.
Elimination von a liefert die Gerade $y = -2x$.

Die Ortskurven der Tief- und der Wendepunkte sind hier gleich.

(b) $f_a'(x) = 6x^2 + 6ax = 6x(x+a) = 0 \iff x = 0$ oder $x = -a$.

$f_a''(x) = 12x + 6a = 12(x + \frac{a}{2}) = 0 \iff x = -\frac{a}{2}$.

Extrempunkte:

$f_a'(0) = 0$ u. $f_a''(0) = 6a > 0 \implies (0, f_a(0)) = (0, -a^3)$ ist TP von f_a.

$f_a'(-a) = 0$ u. $f_a''(-a) = -6a < 0 \implies (-a, f_a(-a)) = (-a, 0)$ ist HP von f_a.

Wendepunkte:

$f_a''(-\frac{a}{2}) = 0$ u. $f_a'''(x) = 12 \neq 0 \implies (-\frac{a}{2}, f_a(-\frac{a}{2})) = (-\frac{a}{2}, -\frac{a^3}{2})$ $\begin{cases}\text{ist EP von } f_a', \\ \text{ist WP von } f_a.\end{cases}$

Ortskurven: Elimination von a liefert jeweils

Hochpunkte $(-a, 0)$: Gerade $y = 0$, also die x–Achse.

Tiefpunkte $(0, -\frac{a^3}{2})$: Gerade $x = 0$, also die y–Achse.

Wendepunkte $(-\frac{a}{2}, -\frac{a^3}{2})$: kubische Parabel $y = 4x^3$.

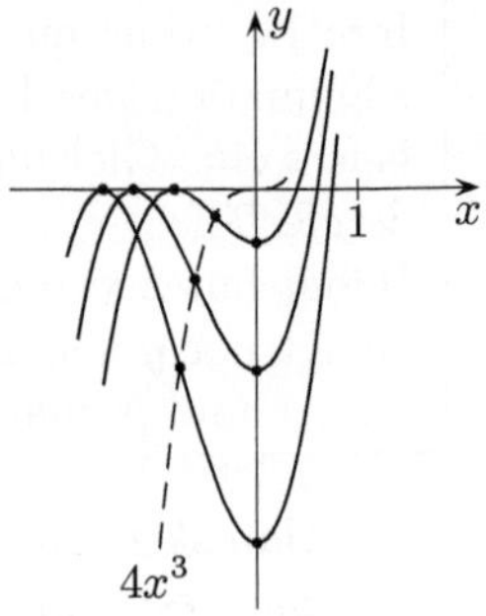

(c) $f_a'(x) = (ax+1)\,\mathrm{e}^{ax} = 0 \iff x = -\frac{1}{a}$.

$f_a''(x) = a(ax+2)\,\mathrm{e}^{ax} = 0 \iff x = -\frac{2}{a}$.

Extrempunkte:

$f_a'(-\frac{1}{a}) = 0$ u. $f_a''(-\frac{1}{a}) = \frac{a}{\mathrm{e}} > 0 \implies (-\frac{1}{a}, f_a(-\frac{1}{a})) = (-\frac{1}{a}, -\frac{1}{a\,\mathrm{e}})$ TP von f_a.

Wendepunkte: $f_a'''(x) = a^2(ax+3)\,\mathrm{e}^{ax}$

$f_a''(-\frac{2}{a}) = 0$ u. $f_a'''(-\frac{2}{a}) \neq 0 \implies (-\frac{2}{a}, f_a(-\frac{2}{a})) = (-\frac{2}{a}, -\frac{2}{a\,\mathrm{e}^2})$ $\begin{cases}\text{EP von } f_a', \\ \text{WP von } f_a.\end{cases}$

Ortskurven: f_a hat keine Hochpunkte.

Tiefpunkte $(-\frac{1}{a}, -\frac{1}{a\,\mathrm{e}})$: Elimination von a ergibt die Gerade $y = \frac{x}{\mathrm{e}}$.

Wendepunkte $(-\frac{2}{a}, -\frac{2}{a\,\mathrm{e}^2})$: Gerade $y = \frac{x}{\mathrm{e}^2}$.

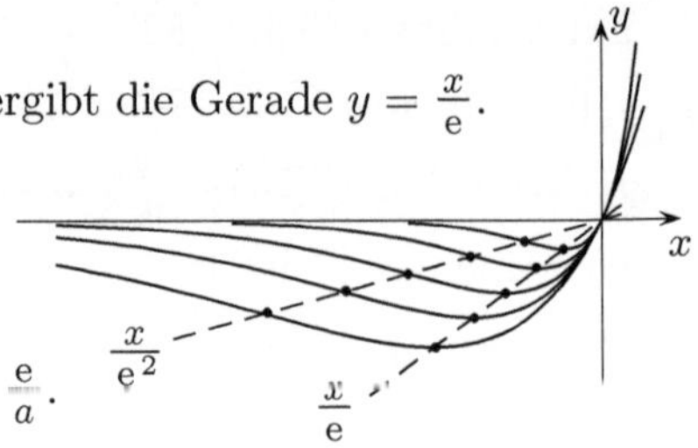

(d) $f_a'(x) = \frac{1-\ln ax}{x^2} = 0 \iff \ln ax = 1 \iff x = \frac{\mathrm{e}}{a}$.

$f_a''(x) = \frac{-3+2\ln ax}{x^3} = 0 \iff x = \frac{\mathrm{e}^{3/2}}{a}$.

Extrempunkte:

$f_a'(\frac{\mathrm{e}}{a}) = 0$ u. $f_a''(\frac{\mathrm{e}}{a}) < 0 \implies (\frac{\mathrm{e}}{a}, f_a(\frac{\mathrm{e}}{a})) = (\frac{\mathrm{e}}{a}, \frac{a}{\mathrm{e}})$ ist HP von f_a.

Wendepunkte: $f_a'''(x) = \frac{11-6\ln ax}{x^4}$

$f_a''(\frac{\mathrm{e}^{3/2}}{a}) = 0$ u. $f_a'''(\frac{\mathrm{e}^{3/2}}{a}) \neq 0 \implies (\frac{\mathrm{e}^{3/2}}{a}, f_a(\frac{\mathrm{e}^{3/2}}{a})) = (\frac{\mathrm{e}^{3/2}}{a}, \frac{3a}{2\,\mathrm{e}^{3/2}})$ $\begin{cases}\text{EP von } f_a', \\ \text{WP von } f_a.\end{cases}$

Ortskurven: f_a hat keine Tiefpunkte.

Hochpunkte $(\frac{\mathrm{e}}{a}, \frac{a}{\mathrm{e}})$: Hyperbel $y = \frac{1}{x}$.

Wendep. $(\frac{\mathrm{e}^{3/2}}{a}, \frac{3a}{2\,\mathrm{e}^{3/2}})$: Hyperbel $y = \frac{3}{2x}$.

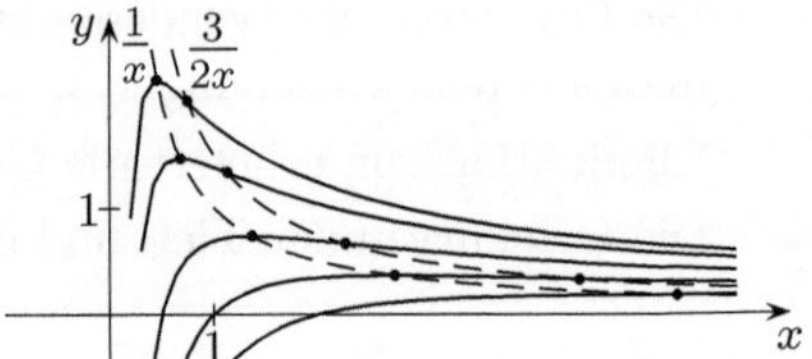

4.9 Aufgaben

Grenzwerte und Stetigkeit

4.65 *Man bestimme die folgenden Grenzwerte (wenn sie existieren):*

(a) $\lim\limits_{x\to\infty} \dfrac{(x+3)(3x-1)}{x^2-2}$, (b) $\lim\limits_{x\to 1} \dfrac{x-2}{2-\sqrt{x}}$, (c) $\lim\limits_{x\to -1} \dfrac{x^3+1}{x+1}$,

(d) $\lim\limits_{x\to 0} \dfrac{x+2}{\sqrt{x+1}-1}$, (e) $\lim\limits_{x\to 0} \operatorname{sgn}^2 x$, (f) $\lim\limits_{x\to 0} |\operatorname{sgn} x|$,

(g) $\lim\limits_{x\to 0} \left(\arctan x + \arctan \frac{1}{x}\right)$, (h) $\lim\limits_{x\to\infty} \sin\left(\frac{1}{x}\right)$, (i) $\lim\limits_{x\to 0} x \sin \frac{1}{x}$,

(j) $\lim\limits_{x\to\infty} \dfrac{\mathrm{e}^x+2\,\mathrm{e}^{2x}}{(\mathrm{e}^x-1)(\mathrm{e}^x+1)}$, (k) $\lim\limits_{x\to 0+} \dfrac{\ln x^2+3}{\ln x^5-1}$, (l) $\lim\limits_{x\to\infty} \dfrac{3\sqrt{x}+1}{4\sqrt[3]{x}-1}$.

4.66 *Man führe die folgenden Grenzwerte auf bekannte Grenzwerte zurück:*

(a) $\lim\limits_{x\to\infty} \dfrac{\mathrm{e}^{\sqrt{x}}}{x}$, (b) $\lim\limits_{x\to -\infty} x^2\, \mathrm{e}^{-\sqrt{|x|}}$, (c) $\lim\limits_{x\to\infty} \dfrac{\mathrm{e}^x}{1-x}$.

4.67 *Man benutze* $\lim\limits_{x\to 0+} x \ln x = 0$ *und* $\lim\limits_{x\to\infty} \frac{\ln x}{x} = 0$ *und berechne:*

(a) $\lim\limits_{x\to 0+} \sqrt{x} \ln x$, (b) $\lim\limits_{x\to\infty} \dfrac{\ln^2 x}{\sqrt[3]{x}}$, (c) $\lim\limits_{x\to\infty} \dfrac{\ln \sqrt{x+1}}{x+1}$.

4.68 *Man benutze* $\lim\limits_{x\to 0} \frac{\sin x}{x} = 1$ *und berechne folgende Grenzwerte:*

(a) $\lim\limits_{x\to 0} \dfrac{x}{x+\sin x}$, (b) $\lim\limits_{x\to 1} \dfrac{\sin(1-x)}{x^2-1}$, (c) $\lim\limits_{x\to 0} \dfrac{x}{\sin \pi x}$.

4.69 *Man bestimme die folgenden Grenzwerte ggf. mit der Regel von l'Hospital:*

(a) $\lim\limits_{x\to 1-} \dfrac{\frac{\pi}{2}-\arcsin x}{(1-x)^{1/2}}$, (b) $\lim\limits_{x\to\infty} \dfrac{\ln(x^m+1)}{\ln x^n}$, (c) $\lim\limits_{x\to 0+} (\sin x)^x$,

(d) $\lim\limits_{x\to 0+} (\sin x \ln x)$, (e) $\lim\limits_{x\to 0} \left(\dfrac{1}{x} - \dfrac{1}{\ln(x+1)}\right)$, (f) $\lim\limits_{x\to\infty} x^{1/\sqrt{x}}$,

(g) $\lim\limits_{x\to 0} (1+\arctan x)^{1/x}$, (h) $\lim\limits_{x\to 0+} (\sin x)^{1/\ln x}$, (i) $\lim\limits_{x\to\infty} \dfrac{\sinh x}{\cosh x}$,

(j) $\lim\limits_{x\to\infty} \left(1+\frac{a}{x}\right)^x$, (k) $\lim\limits_{x\to\infty} \dfrac{x^2+x\cos x+2}{x^2+1}$, (l) $\lim\limits_{x\to 0} \dfrac{\sin x+\cos x}{x}$.

4.70 *Man untersuche auf Stetigkeit bzw. stetige Ergänzbarkeit:*

(a) $f(x) = \frac{x}{|x|}$, (b) $f(x) = \sqrt{|x|}$, (c) $f(x) = \frac{1}{1+\mathrm{e}^{1/x}}$,

(d) $f(x) = \begin{cases} 0 & \text{falls } x \le 0 \\ \mathrm{e}^{-1/x} & \text{falls } x > 0 \end{cases}$ (e) $f(x) = \begin{cases} x \sin \frac{1}{x} & \text{falls } x \ne 0 \\ 0 & \text{falls } x = 0. \end{cases}$

4.71 *Man zeige mit Hilfe des Zwischenwertsatzes* [Seite 166]:

(a) $f(x) = \frac{1}{x} - \mathrm{e}^x$ *hat mindestens eine Nullstelle im Intervall* $]0,1[$.

(b) $f(x) = \frac{1}{x} + \frac{1}{x-1} + \frac{1}{x-2} + \frac{1}{x-3}$ *hat genau drei Nullstellen, und zwar je eine in den Intervallen* $]0,1[$, $]1,2[$ *und* $]2,3[$.

Differenzieren

4.72 *Bestimme Differenzen- und Differenzialquotient von* $f(x)$ *im Punkt* x_0:

(a) $f(x) = 2x^2 + x$, (b) $f(x) = \frac{1}{x}$, (c) $f(x) = x^3$.

Hinweis zu (c): $x^3 - x_0^3 = (x - x_0)(x^2 + xx_0 + x_0^2)$.

4.73 *Sei* $f(x) = x^2 \cdot \operatorname{sgn} x$. *Man zeige:* $f'(x) = 2|x|$.
Also ist f *einmal, aber nicht zweimal differenzierbar.*

4.74 *Seien* $f(x) = 2\sqrt{x}$ *und* a, b *mit* $0 < a < b$ *gegeben.*
Man bestimme ein $c \in]a, b[$ *mit* $f'(c) = \frac{f(b)-f(a)}{b-a}$.

4.75 *Man berechne die Ableitungen:*

(a) $\sqrt{x} + e^x$, (b) $\sqrt{x} \cdot e^x$, (c) $\sqrt{e^x}$, (d) $e^{\sqrt{2x}}$,

(e) $\sin(2x - 1)$, (f) $\cos(e^{2x})$, (g) $\cot x$, (h) $\sqrt{\tan\sqrt{x}}$,

(i) $(x^2 + 1)^{17}$, (j) $\sqrt[3]{x^4 - 1}$, (k) $\sin(e^{\sqrt{x^2+1}})$. (l) $(a^x)'$.

4.76 *Bestimme* $f'(x)$ *mit der Regel über die Ableitung der Umkehrfunktion:*

(a) $f(x) = \arcsin x$, (b) $f(x) = \sqrt[3]{x}$, (c) $f(x) = \log_a x$.

4.77 *Man bestimme die Ableitung von* f^{-1} *im Punkt* $y_0 = f(x_0)$:

(a) $f(x) = x + \sin x$, $y_0 = 0 = f(0)$, (b) $f(x) = x\,e^x$, $y_0 = e = f(1)$.

4.78 *Man berechne die* n*-te Ableitung von:*

(a) $f(x) = e^{2x+1}$, (b) $f(x) = e^x \sin x$, (c) $f(x) = x\,e^x$.

Tangenten und Normalen

4.79 (a) *Man bestimme die Tangente* T *an* $f(x) = \ln x$ *in* $(1, 0)$.

(b) *Man bestimme die Gerade* N, *die in* $(1, 0)$ *auf dieser Tangente senkrecht steht.*

Diese Gerade N *heißt* **Normale** *von* $f(x)$ *in* $(1, 0)$.

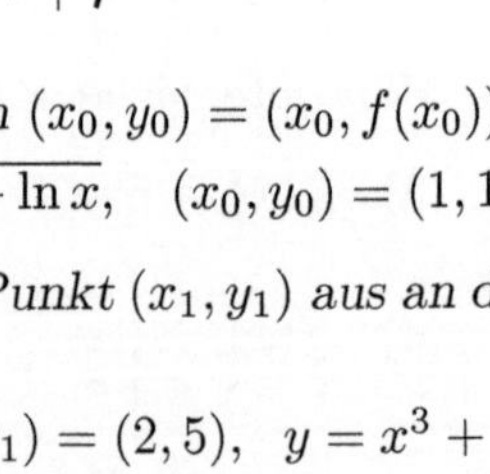

4.80 *Man bestimme Tangente und Normale von* $y = f(x)$ *in* $(x_0, y_0) = (x_0, f(x_0))$:

(a) $f(x) = e^{\sin x}$, $(x_0, y_0) = (0, 1)$, (b) $f(x) = \sqrt{1 + \ln x}$, $(x_0, y_0) = (1, 1)$.

4.81 *Man bestimme die Berührpunkte der Tangenten vom Punkt* (x_1, y_1) *aus an die Kurve* $y = f(x)$:

(a) $(x_1, y_1) = (0, 1)$, $y = \sqrt{x}$, (b) $(x_1, y_1) = (2, 5)$, $y = x^3 + 1$.

4.82 *Unter welchem Winkel* α *(in Grad) schneiden sich die Kurven* $y = \sin x$ *und* $y = \cos x$?

4.83 *Welche Gerade* L *durch* $(2, \frac{1}{2})$ *steht senkrecht auf der Parabel* $y = x^2$?

Extremwertaufgaben

4.84 *Man bestimme die Extremstellen der folgenden Funktionen:*
(a) $x^2 + \cos x$ *in* $\mathbb{R}$, (b) $e^x - x$ *in* $[-1, 1]$, (c) $x + \cos x$ *in* $[0, \infty[$.

4.85 *Man bestimme die absoluten Extremstellen der folgenden Funktionen:*
(a) $x \sin x + \cos x$ *in* $[0, 2\pi]$, (b) $x^3 e^x$ *in* $[-1, 1]$, (c) $x + 2\sin|x|$ *in* $[-\pi, \pi]$.

4.86 *Man bestimme die Gerade durch den Punkt* $(2, 1)$, *die vom 1. Quadranten das kleinste Dreieck abschneidet.*

4.87 *Welches Rechteck hat bei gegebenem Umfang* U *den größten Flächeninhalt?*

4.88 *Aus einem Draht der Länge 1 forme man einen Kreis und ein Quadrat so, dass die Summe der Flächeninhalte möglichst groß wird.*

4.89 *Welcher Punkt der Parabel* $y = x^2$ *hat den kleinsten Abstand von* $(2, \frac{1}{2})$ *?*

4.90 *Welcher Punkt des Parabelbogens* $y = 3x - x^2$, $0 \leq x \leq 3$ *hat den größten Abstand vom Nullpunkt* $(0, 0)$ *?*

4.91 *Gesucht ist das größte gleichschenklige Dreieck in einem Quadrat.*

4.92 *Gegeben sei eine Strecke* S *der Länge* a *mit den Endpunkten auf der positiven* x- *und* y-*Achse. In welcher Lage von* S *ist das vom 1. Quadranten abgeschnittene Dreieck maximal?*

Kurvendiskussionen

4.93 *Sei* D *ein Intervall,* $f : D \longrightarrow \mathbb{R}$ *differenzierbar und* $f'(x) \geq 0$. *Dann ist* f *nach* [Seite 179] *monoton steigend in* D.
(a) *Man zeige: Ist zusätzlich* f' *in keinem echten Intervall* $[a, b]$ *konstant gleich Null, so ist* f *sogar* streng *monoton steigend.*
(b) *In welchen Intervallen ist* $f(x) = x^4 + 2x^3$ *streng monoton steigend bzw. fallend?*

4.94 *Man bestimme das Steigungsverhalten und die Extrema sowie das Krümmungsverhalten und die Wendepunkte von*
(a) $f(x) = \frac{1}{3}x^3 - x$, (b) $f(x) = e^{-x^2}$.

4.95 *Man bestimme die Nullstellen, Extrema und Wendepunkte der Funktion* $f(x) = (x^2 - 1)^2$ *und skizziere die Kurve* f.

4.96 *Man führe eine Kurvendiskussion wie in* [4.63] *durch für* $f(x) = x^x$.

4.97 *Sei* $f(x) = 5\,e^x(1 + x)$. *Man zeige mit Hilfe einer Kurvendiskussion, dass die Gleichung* $f(x) = c$ *für* $c = 1$ *eine, für* $c = -\frac{1}{2}$ *zwei und für* $c = -1$ *keine Lösung hat.*

4.98 *Man skizziere einige Kurven der Kurvenschar* $f_a(x) = x^2 - 2ax + 3a^2$ *mit Parameter* a, *bestimme ihre Extrema und die Ortskurve für die Extrema.*

4.10 Lösungen

Grenzwerte und Stetigkeit

4.65

(a) $\lim\limits_{x\to\infty} \frac{(x+3)(3x-1)}{x^2-2} = \lim\limits_{x\to\infty} \frac{(1+3/x)(3-1/x)}{1-2/x^2} = \frac{3}{1} = 3.$

(b) $\lim\limits_{x\to 1} \frac{x-2}{2-\sqrt{x}} = \frac{-1}{1} = -1$, völlig unproblematisch.

(c) $\lim\limits_{x\to -1} \frac{x^3+1}{x+1} = \lim\limits_{x\to -1} \frac{(x+1)(x^2-x+1)}{x+1} = \lim\limits_{x\to -1} (x^2-x+1) = 3.$

(d) $\lim\limits_{x\to 0} \frac{x+2}{\sqrt{x+1}-1}$ existiert nicht, denn es ist

$$\lim_{x\to 0^+} \frac{x+2}{\sqrt{x+1}-1} = \infty \quad \text{und} \quad \lim_{x\to 0^-} \frac{x+2}{\sqrt{x+1}-1} = -\infty.$$

(e) $\lim\limits_{x\to 0} \operatorname{sgn}^2 x = 1$, denn $\operatorname{sgn}^2 x = 1$ für alle $x \neq 0$.

(f) $\lim\limits_{x\to 0} |\operatorname{sgn} x| = 1$, denn $|\operatorname{sgn} x| = 1$ für alle $x \neq 0$.

(g) $\lim\limits_{x\to 0} \left(\arctan x + \arctan \frac{1}{x}\right)$ existiert nicht. Die Substitution $z = \frac{1}{x}$ liefert nämlich

$\lim\limits_{x\to 0^+} \left(\arctan x + \arctan \frac{1}{x}\right) = \lim\limits_{x\to 0^+} \arctan x + \lim\limits_{z\to\infty} \arctan z = 0 + \frac{\pi}{2} = \frac{\pi}{2}$ und

$\lim\limits_{x\to 0^-} \left(\arctan x + \arctan \frac{1}{x}\right) = \lim\limits_{x\to 0^-} \arctan x + \lim\limits_{z\to -\infty} \arctan z = 0 - \frac{\pi}{2} = -\frac{\pi}{2}.$

(h) Die Substitution $z = \frac{1}{x}$ liefert $\lim\limits_{x\to\infty} \sin(\frac{1}{x}) = \lim\limits_{z\to 0^+} \sin z = 0.$

(i) $\lim\limits_{x\to 0} x \sin \frac{1}{x} = 0$, denn $|x \sin \frac{1}{x}| = |x| \cdot |\sin \frac{1}{x}| \leq |x| \xrightarrow[x\to 0]{} 0$ und Quetschlemma.

(j) $\lim\limits_{x\to\infty} \frac{e^x + 2e^{2x}}{(e^x-1)(e^x+1)}$

$$= \lim_{x\to\infty} \frac{e^x+2e^{2x}}{e^{2x}-1} = \lim_{x\to\infty} \left(\frac{e^{-x}+2}{1-e^{-2x}} \cdot \frac{e^{2x}}{e^{2x}}\right) = \lim_{x\to\infty} \frac{e^{-x}+2}{1-e^{-2x}} = \frac{0+2}{1-0} = 2.$$

(k) $\lim\limits_{x\to 0^+} \frac{\ln x^2+3}{\ln x^5-1} = \lim\limits_{x\to 0^+} \frac{2\ln x+3}{5\ln x-1} = \lim\limits_{x\to 0^+} \left(\frac{2+\frac{3}{\ln x}}{5-\frac{1}{\ln x}} \cdot \frac{\ln x}{\ln x}\right) = \lim\limits_{x\to 0^+} \frac{2+\frac{3}{\ln x}}{5-\frac{1}{\ln x}} = \frac{2}{5}.$

(l) $\lim\limits_{x\to\infty} \frac{3\sqrt{x}+1}{4\sqrt[3]{x}-1} = \lim\limits_{x\to\infty} \frac{3x^{1/2}+1}{4x^{1/3}-1} = \lim\limits_{x\to\infty} \left(\frac{x^{1/2}}{x^{1/3}} \cdot \frac{3+x^{-1/2}}{4-x^{-1/3}}\right) = \infty \cdot \frac{3}{4} = \infty.$

4.66

(a) Mit $x \to \infty$ gilt auch $t = \sqrt{x} \to \infty$. Es folgt
$\lim\limits_{x\to\infty} \frac{e^{\sqrt{x}}}{x} = \lim\limits_{t\to\infty} \frac{e^t}{t^2} = \infty$, *"Exponentialfunktion gewinnt"*, [Seite 155].

(b) Mit $x \to -\infty$ gilt $t = \sqrt{|x|} \to \infty$. Es folgt
$\lim\limits_{x\to -\infty} x^2 e^{-\sqrt{|x|}} = \lim\limits_{t\to\infty} t^4 e^{-t} = \lim\limits_{t\to\infty} \frac{t^4}{e^t} = 0$, *"Exponentialfunktion gewinnt"*.

(c) Mit $x \to \infty$ gilt $t = x - 1 \to \infty$. Es folgt
$\lim\limits_{x\to\infty} \frac{e^x}{1-x} = \lim\limits_{x\to\infty} \frac{e \cdot e^{x-1}}{-(x-1)} = -e \cdot \lim\limits_{t\to\infty} \frac{e^t}{t} = -e \cdot \infty = -\infty.$

4.67

(a) Mit $x \to 0^+$ geht auch $t = \sqrt{x} \to 0^+$. Es folgt

$$\lim_{x\to 0^+} \sqrt{x}\ln x = \lim_{t\to 0^+} t\ln t^2 = 2\cdot \lim_{t\to 0^+} t\ln t = 0.$$ *"Logarithmus verliert"*

(b) Mit $x \to \infty$ geht auch $t = \sqrt[6]{x} \to \infty$. Es folgt

$$\lim_{x\to\infty} \frac{\ln^2 x}{\sqrt[3]{x}} = \lim_{t\to\infty} \frac{\ln^2 t^6}{t^2} = 36\cdot\left(\lim_{t\to\infty}\frac{\ln t}{t}\right)^2 = 36\cdot 0^2 = 0.$$ *"Logarithmus verliert"*

(c) Mit $x \to \infty$ geht auch $t = \sqrt{x+1} \to \infty$. Es folgt

$$\lim_{x\to\infty} \frac{\sqrt{x+1}}{\ln(x+1)} = \lim_{t\to\infty}\frac{t}{\ln t^2} = \lim_{t\to\infty}\frac{t}{2\ln t} = \frac{1}{2}\lim_{t\to\infty}\frac{t}{\ln t} = \frac{1}{2}\cdot\infty = \infty.$$

4.68

(a) Mit $\lim\limits_{x\to 0}\frac{\sin x}{x} = 1$ berechnet man $\lim\limits_{x\to 0}\frac{x}{x+\sin x} = \lim\limits_{x\to 0}\frac{1}{1+\frac{\sin x}{x}} = \frac{1}{1+1} = \frac{1}{2}$.

(b) Es ist $\sin(1-x) = -\sin(x-1)$. Mit $x \to 1$ geht $t = x-1 \to 0$ und damit

$$\lim_{x\to 1}\frac{\sin(1-x)}{x^2-1} = \lim_{x\to 1}\left(\frac{1}{x+1}\cdot\frac{-\sin(x-1)}{x-1}\right) = -\lim_{x\to 1}\frac{1}{x+1}\cdot\lim_{x\to 1}\frac{\sin(x-1)}{x-1} = -\frac{1}{2}\lim_{t\to 0}\frac{\sin t}{t} = -\frac{1}{2}.$$

(c) Mit $x \to 0$ geht $t = \pi x \to 0$ und $\lim\limits_{x\to 0}\frac{x}{\sin\pi x} = \frac{1}{\pi}\lim\limits_{x\to 0}\frac{\pi x}{\sin\pi x} = \frac{1}{\pi}\lim\limits_{t\to 0}\frac{t}{\sin t} = \frac{1}{\pi}$.

4.69 Grenzwerte mit l'Hospital

(a) $\lim\limits_{x\to 1^-}\frac{\frac{\pi}{2}-\arcsin x}{(1-x)^{1/2}}$ ist vom Typ $\boxed{\frac{0}{0}}$. Anwendung von l'Hospital liefert:

$$\lim_{x\to 1^-}\frac{\frac{\pi}{2}-\arcsin x}{(1-x)^{1/2}} \overset{\left[\frac{0}{0}\right]}{=} \lim_{x\to 1^-}\frac{-\frac{1}{\sqrt{1-x^2}}}{-\frac{1}{2\sqrt{1-x}}} = \lim_{x\to 1^-}\frac{2}{\sqrt{1+x}} = \frac{2}{\sqrt{2}} = \sqrt{2}.$$

(b) $\lim\limits_{x\to\infty}\frac{\ln(x^m+1)}{\ln x^n}$ ist vom Typ $\boxed{\frac{\infty}{\infty}}$. Anwendung von l'Hospital liefert:

$$\lim_{x\to\infty}\frac{\ln(x^m+1)}{\ln x^n} \overset{\left[\frac{\infty}{\infty}\right]}{=} \lim_{x\to\infty}\frac{mx^{m-1}}{x^m+1}\cdot\frac{x}{n} = \lim_{x\to\infty}\frac{mx^m}{n(x^m+1)} = \frac{m}{n}.$$

(c) $\lim\limits_{x\to 0^+}(\sin x)^x$ ist vom Typ $\boxed{0^0}$ Es ist $(\sin x)^x = \mathrm{e}^{x\ln(\sin x)}$.

Der Exponent ist vom Typ $\boxed{0\cdot\infty}$. Umformen und l'Hospital liefert:

$$\lim_{x\to 0^+} x\ln(\sin x) = \lim_{x\to 0^+}\frac{\ln(\sin x)}{\frac{1}{x}} \overset{\left[\frac{\infty}{\infty}\right]}{=} \lim_{x\to 0^+}\frac{\frac{\cos x}{\sin x}}{-\frac{1}{x^2}} = -\lim_{x\to 0^+} x\cdot\cos x\cdot\frac{x}{\sin x} = 0\cdot 1\cdot 1 = 0.$$

Wegen der Stetigkeit der Exponentialfunktion folgt

$$\begin{aligned}\lim_{x\to 0^+}(\sin x)^x &= \lim_{x\to 0^+}\mathrm{e}^{x\ln(\sin x)}\\ &= \lim_{x\to 0^+}\exp(x\ln(\sin x)) = \exp(\lim_{x\to 0^+} x\ln(\sin x)) = \mathrm{e}^0 = 1.\end{aligned}$$

(d) $\lim\limits_{x\to 0^+}(\sin x\,\ln x)$ ist vom Typ $\boxed{0\cdot\infty}$. Umformen und l'Hospital liefert:

$$\lim_{x\to 0^+}\sin x\ln x = \lim_{x\to 0^+}\frac{\ln x}{\frac{1}{\sin x}} \overset{\left[\frac{\infty}{\infty}\right]}{=} \lim_{x\to 0^+}\frac{\frac{1}{x}}{-\frac{\cos x}{\sin^2 x}} = -\lim_{x\to 0^+}\frac{\sin x}{x}\cdot\frac{\sin x}{\cos x} = -1\cdot 0 = 0.$$

(e) $\lim\limits_{x\to 0}\left(\frac{1}{x}-\frac{1}{\ln(x+1)}\right)$ ist vom Typ $\boxed{\infty-\infty}$. Hauptnenner und zweimal l'Hospital

$$\lim_{x\to 0}\frac{\ln(x+1)-x}{x\ln(x+1)} \overset{\left[\frac{0}{0}\right]}{=} \lim_{x\to 0}\frac{\frac{1}{x+1}-1}{\ln(x+1)+\frac{x}{x+1}} = \lim_{x\to 0}\frac{-x}{x+(x+1)\ln(x+1)} \overset{\left[\frac{0}{0}\right]}{=} \lim_{x\to 0}\frac{-1}{2+\ln(x+1)} = -\frac{1}{2}.$$

(f) $\lim\limits_{x\to\infty} x^{1/\sqrt{x}}$ ist vom Typ $\boxed{\infty^0}$.
Es ist $x^{1/\sqrt{x}} = \exp\left(\ln(x^{1/\sqrt{x}})\right) = \exp\left(\frac{\ln x}{\sqrt{x}}\right)$ und $\lim\limits_{x\to\infty}\frac{\ln x}{\sqrt{x}} = 0$, siehe [4.58].
Wegen der Stetigkeit von e^x darf man Limes und Funktion vertauschen, also
$\lim\limits_{x\to\infty} x^{1/\sqrt{x}} = \lim\limits_{x\to\infty}\left(\exp(\frac{\ln x}{\sqrt{x}})\right) = \exp\left(\lim\limits_{x\to\infty}\frac{\ln x}{\sqrt{x}}\right) = \exp(0) = e^0 = 1.$

(g) $\lim\limits_{x\to 0}(1+\arctan x)^{1/x}$ ist vom Typ $\boxed{1^\infty}$.
$(1+\arctan x)^{1/x} = \exp\left(\frac{\ln(1+\arctan x)}{x}\right)$ und $\lim\limits_{x\to 0}\frac{\ln(1+\arctan x)}{x}$ ist vom Typ $\boxed{\frac{0}{0}}$.

l'Hospital: $\lim\limits_{x\to 0}\frac{\ln(1+\arctan x)}{x} \overset{\left[\frac{0}{0}\right]}{=} \lim\limits_{x\to 0}\frac{\frac{1}{1+\arctan x}\cdot\frac{1}{1+x^2}}{1} = \lim\limits_{x\to 0}\frac{1}{1+\arctan x}\frac{1}{1+x^2} = 1.$
Wegen der Stetigkeit von e^x darf man Limes und Funktion vertauschen, also
$\lim\limits_{x\to 0}(1+\arctan x)^{1/x} = \lim\limits_{x\to 0}\exp\left(\frac{\ln(1+\arctan x)}{x}\right) = \exp\left(\lim\limits_{x\to 0}\frac{\ln(1+\arctan x)}{x}\right) = e^1 = e.$

(h) $\lim\limits_{x\to 0+}(\sin x)^{1/\ln x}$ ist vom Typ $\boxed{0^0}$.
Es ist $(\sin x)^{1/\ln x} = \exp\left(\frac{\ln(\sin x)}{\ln x}\right)$ und $\lim\limits_{x\to 0+}\frac{\ln(\sin x)}{\ln x}$ ist vom Typ $\boxed{\frac{\infty}{\infty}}$.

l'Hospital: $\lim\limits_{x\to 0+}\frac{\ln(\sin x)}{\ln x} \overset{\left[\frac{\infty}{\infty}\right]}{=} \lim\limits_{x\to 0+}\frac{\frac{\cos x}{\sin x}}{\frac{1}{x}} = \lim\limits_{x\to 0+}\cos x\frac{x}{\sin x} = \lim\limits_{x\to 0+}\cos x \lim\limits_{x\to 0+}\frac{x}{\sin x} = 1.$
Die Stetigkeit der Exponentialfunktion liefert $\lim\limits_{x\to 0+}(\sin x)^{1/\ln(x)} = e^1 = e.$

(i) $\lim\limits_{x\to\infty}\frac{\sinh x}{\cosh x}$ ist vom Typ $\boxed{\frac{\infty}{\infty}}$. Anwendung von l'Hospital bringt hier nichts,
denn für $\frac{f(x)}{g(x)} = \frac{\sinh x}{\cosh x}$ ist $\frac{f'(x)}{g'(x)} = \frac{\cosh x}{\sinh x}$ usw.
Man muss umformen: $\sinh x = \frac{e^x - e^{-x}}{2}$ und $\cosh x = \frac{e^x + e^{-x}}{2}$ ergibt
$\lim\limits_{x\to\infty}\frac{\sinh x}{\cosh x} = \lim\limits_{x\to\infty}\frac{e^x-e^{-x}}{e^x+e^{-x}} = \lim\limits_{x\to\infty}\frac{1-e^{-2x}}{1+e^{-2x}} = 1.$

(j) $\lim\limits_{x\to\infty}\left(1+\frac{a}{x}\right)^x$ ist vom Typ $\boxed{1^\infty}$. Es ist $\left(1+\frac{a}{x}\right)^x = \exp\left(x\ln(1+\frac{a}{x})\right)$ und
$\lim\limits_{x\to\infty}\left(x\ln(1+\frac{a}{x})\right)$ ist vom Typ $\boxed{0\cdot\infty}$. Umformen und l'Hospital liefert
$\lim\limits_{x\to\infty}\left(x\ln(1+\frac{a}{x})\right) = \lim\limits_{x\to\infty}\frac{\ln(1+\frac{a}{x})}{\frac{1}{x}} \overset{\left[\frac{0}{0}\right]}{=} \lim\limits_{x\to\infty}\frac{\frac{-a}{x^2}\cdot\frac{1}{1+a/x}}{-\frac{1}{x^2}} = \lim\limits_{x\to\infty}\frac{a}{1+\frac{a}{x}} = a$, also
$\lim\limits_{x\to\infty}\left(1+\frac{a}{x}\right)^x = \lim\limits_{x\to\infty}\exp\left(x\ln(1+\frac{a}{x})\right) = \exp\left(\lim\limits_{x\to\infty}x\ln(1+\frac{a}{x})\right) = \exp(a) = e^a.$

(k) $\lim\limits_{x\to\infty} \frac{x^2+x\cos x+2}{x^2+1}$ ist vom Typ $\boxed{\frac{\infty}{\infty}}$. l'Hospital führt aber nicht weiter, da $\frac{f'(x)}{g'(x)} = \frac{2x+\cos x - x\sin x}{2x} = 1 + \frac{\cos x}{2x} - \frac{1}{2}\sin x$ für $x \to \infty$ keinen Grenzwert besitzt.

Umformen und $\left|\frac{x\cos x}{x^2+1}\right| \le \frac{|x|}{x^2+1} \xrightarrow[x\to\infty]{} 0$ liefert $\frac{f(x)}{g(x)} = 1 + \frac{1}{x^2+1} + \frac{x\cos x}{x^2+1} \xrightarrow[x\to\infty]{} 1$.

(l) $\lim\limits_{x\to 0} \frac{\sin x + \cos x}{x}$ exist. nicht, da $\lim\limits_{x\to 0^-} \frac{\sin x+\cos x}{x} = -\infty$ und $\lim\limits_{x\to 0^+} \frac{\sin x + \cos x}{x} = \infty$.

l'Hospital darf hier nicht angewendet werden, denn $\lim\limits_{x\to 0} \frac{\sin x+\cos x}{x}$ ist nicht vom Typ $\boxed{\frac{0}{0}}$ oder $\boxed{\frac{\infty}{\infty}}$, da der Zähler gegen 1 und der Nenner gegen 0 strebt.

4.70

(a) $\frac{x}{|x|} = \begin{cases} 1, & x > 0 \\ -1, & x < 0 \end{cases}$ ist für $x \neq 0$ stetig, denn konstante Funktionen sind stetig.
In $x_0 = 0$ ist $\frac{x}{|x|}$ nicht definiert und nicht stetig ergänzbar, da nach [4.6 (c)]
$\lim\limits_{x\to 0^+} \frac{x}{|x|} = 1 \neq -1 = \lim\limits_{x\to 0^-} \frac{x}{|x|}$.

(b) $f(x) = \sqrt{|x|}$ ist in ganz $\mathbb{R}$ stetig, da das Hintereinanderausführen stetiger Funktionen eine stetige Funktion ergibt.

(c) $\frac{1}{1+e^{1/x}}$ ist für $x \neq 0$ stetig. $\frac{1}{1+e^{1/x}}$ ist in $x_0 = 0$ nicht definiert und nicht stetig ergänzbar, denn $\lim\limits_{x\to 0^+} \frac{1}{1+e^{1/x}} = 0$ und $\lim\limits_{x\to 0^-} \frac{1}{1+e^{1/x}} = 1$.

(d) $f(x) = \begin{cases} 0, & x \le 0 \\ e^{-1/x}, & x > 0 \end{cases}$ ist in ganz $\mathbb{R}$ stetig! Drei Fälle sind zu unterscheiden:

$x < 0$: Dort ist f konstant gleich 0 und daher stetig.

$x > 0$: Dort ist $-\frac{1}{x}$ und folglich die zusammengesetzte Funktion $e^{-1/x}$ stetig.

$x = 0$: $\lim\limits_{x\to 0^-} f(x) = 0$, da f für $x \le 0$ konstant gleich 0 ist und
$\lim\limits_{x\to 0^+} f(x) = \lim\limits_{x\to 0^+} e^{-1/x} = \lim\limits_{t\to -\infty} e^t = 0$, denn $x \to 0^+ \iff \frac{-1}{x} \to -\infty$.
Also gilt $f(0) = \lim\limits_{x\to 0} f(x)$, d.h. f ist auch in $x_0 = 0$ stetig.

(e) $f(x) = \begin{cases} 0, & x = 0 \\ x\sin\frac{1}{x}, & x \neq 0 \end{cases}$ ist für $x \neq 0$ stetig. f ist auch in $x_0 = 0$ stetig,
denn $\lim\limits_{x\to 0} x\sin\frac{1}{x} = f(0) = 0$ folgt aus dem Quetschlemma:
$0 \le |x\sin\frac{1}{x}| = |x| \cdot |\sin\frac{1}{x}| \le |x|$ und $\lim\limits_{x\to 0} |x| = 0 \implies \lim\limits_{x\to 0} x\sin\frac{1}{x} = 0 = f(0)$.

4.71

(a) $f(x) = \frac{1}{x} - e^x$ ist für $x \neq 0$ stetig.
Es ist $f(\frac{1}{2}) = 2 - \sqrt{e} > 0$,
alternativ $\lim\limits_{x\to 0^+} \frac{1}{x} - e^x = \infty - 1 = \infty > 0$,
und $f(1) = 1 - e < 0$.

Nach dem Zwischenwertsatz [Seite 166] hat f im Intervall $]0,1[$ mindestens eine Nullstelle.

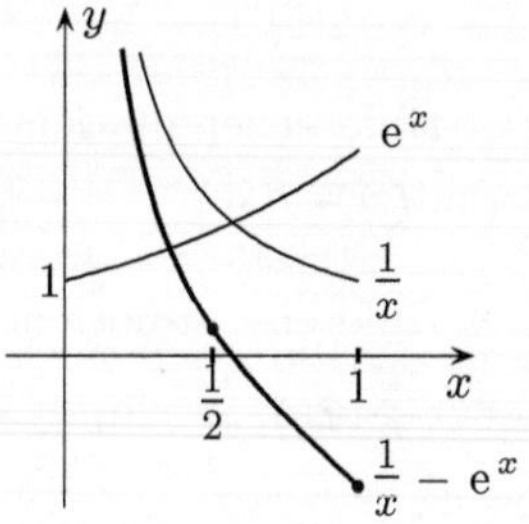

(b) Bringt man $f(x) = \frac{1}{x} + \frac{1}{x-1} + \frac{1}{x-2} + \frac{1}{x-3}$ auf den Hauptnenner, erhält man die Darstellung

$$f(x) = \frac{p(x)}{x(x-1)(x-2)(x-3)}.$$

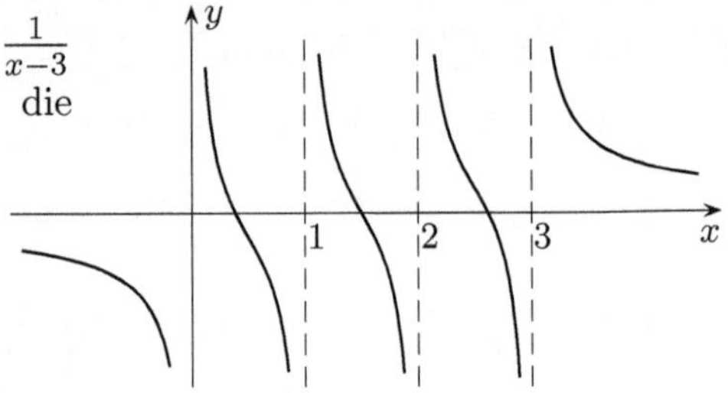

Dabei ist das Zählerpolynom $p(x)$ höchstens vom Grad 3, hat also höchstens 3 Nullstellen. Andererseits hat f in den Punkten 0, 1, 2, 3 einfache Polstellen, also solche mit Vorzeichenwechsel und daher nach dem Zwischenwertsatz [Seite 166] in jedem der 3 Intervalle $]0,1[,\ ]1,2[,\ ]2,3[$ mindestens eine Nullstelle.

Differenzieren

4.72

(a) Der Differenzenquotient (Sehnensteigung) von $f(x) = x^2 + x$ im Punkt x_0 ist

$$\frac{f(x)-f(x_0)}{x-x_0} = \frac{x^2+x-(x_0^2+x_0)}{x-x_0} = \frac{x^2-x_0^2+(x-x_0)}{x-x_0} = \frac{(x-x_0)(x+x_0)+(x-x_0)}{x-x_0} = x+x_0+1.$$

Der Differenzialquotient (Tangentensteigung) von $f(x) = x^2 + x$ im Punkt x_0 ist

$$\frac{df}{dx}(x_0) = \lim_{x\to x_0} \frac{f(x)-f(x_0)}{x-x_0} = \lim_{x\to x_0} (x + x_0 + 1) = 2x_0 + 1.$$

Also ist f differenzierbar mit der Ableitung $f'(x_0) = 2x_0 + 1$, d.h. $\left(x^2 + x\right)' = 2x + 1$.

(b) Der Differenzenquotient (Sehnensteigung) von $f(x) = \frac{1}{x}$ im Punkt $x_0 \neq 0$ ist

$$\frac{f(x)-f(x_0)}{x-x_0} = \frac{\frac{1}{x}-\frac{1}{x_0}}{x-x_0} = \frac{x_0-x}{x_0x(x-x_0)} = -\frac{1}{x_0x}.$$

Der Differenzialquotient (Tangentensteigung) von $f(x) = \frac{1}{x}$ im Punkt x_0 ist

$$\frac{df}{dx}(x_0) = \lim_{x\to x_0} \frac{f(x)-f(x_0)}{x-x_0} = \lim_{x\to x_0} -\frac{1}{x_0x} = -\frac{1}{x_0^2}.$$

Also ist f differenzierbar mit der Ableitung $f'(x_0) = -\frac{1}{x_0^2}$, d.h. $(\frac{1}{x})' = -\frac{1}{x^2}$.

(c) Der Differenzenquotient (Sehnensteigung) von $f(x) = x^3$ im Punkt x_0 ist

$$\frac{f(x)-f(x_0)}{x-x_0} = \frac{x^3-x_0^3}{x-x_0} = \frac{(x-x_0)(x^2+xx_0+x_0^2)}{x-x_0} = x^2 + xx_0 + x_0^2.$$

Der Differenzialquotient (Tangentensteigung) von $f(x) = x^3$ im Punkt x_0 ist

$$\frac{df}{dx}(x_0) = \lim_{x\to x_0} \frac{f(x)-f(x_0)}{x-x_0} = \lim_{x\to x_0} (x^2 + xx_0 + x_0^2) = 3x_0^2.$$

Also ist f differenzierbar mit der Ableitung $f'(x_0) = 3x_0^2$, d.h. $\left(x^3\right)' = 3x^2$.

4.73 Der Differenzenquotient für $f(x) = x^2 \operatorname{sgn} x$ in $x_0 = 0$ ist

$$\frac{f(x)-f(x_0)}{x-x_0} = \frac{x^2 \operatorname{sgn} x - 0}{x-0} = x \operatorname{sgn} x.$$

Also ist $\lim\limits_{x \to x_0} \frac{f(x)-f(x_0)}{x-x_0} = \lim\limits_{x \to 0} x \operatorname{sgn} x = 0.$

Daher ist f in $x_0 = 0$ differenzierbar mit $f'(0) = 0$.

Es ist $f(x) = x^2$ für $x > 0$ und $f(x) = -x^2$ für $x < 0$.

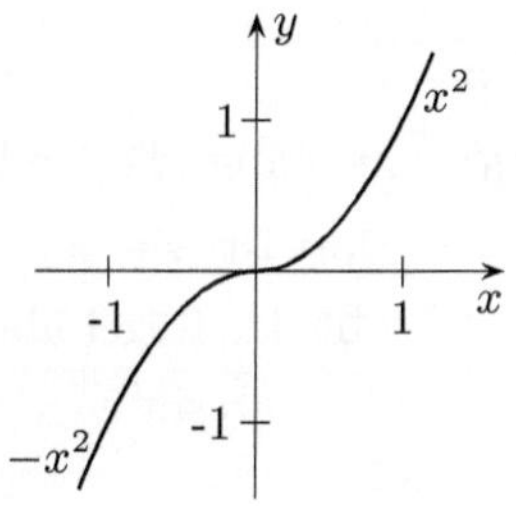

Also ist f in den Intervallen $]-\infty, 0[$ und $]0, \infty[$ differenzierbar mit der Ableitung $f'(x) = 2x$ bzw $f'(x) = -2x$. f ist daher in $\mathbb{R}$ differenzierbar mit $f'(x) = 2|x|$. Aber $|x|$ und damit auch $f'(x) = 2|x|$ ist im Nullpunkt nicht differenzierbar, also ist f nicht zweimal differenzierbar.

4.74 Ist $f(x) = 2\sqrt{x}$, so ist $f'(x) = \frac{1}{\sqrt{x}}$.

Gesucht ist ein c mit $a < c < b$ und

$$f'(c) = \frac{1}{\sqrt{c}} = \frac{f(b)-f(a)}{b-a} = \frac{2\sqrt{b}-2\sqrt{a}}{b-a} = \frac{2}{\sqrt{b}+\sqrt{a}}.$$

Man erhält $\sqrt{c} = \frac{\sqrt{b}+\sqrt{a}}{2}$ bzw. $c = \left(\frac{\sqrt{b}+\sqrt{a}}{2}\right)^2$.

$\sqrt{c} = \frac{\sqrt{a}+\sqrt{b}}{2}$ ist das arithmetische Mittel von $\sqrt{a}$ und $\sqrt{b}$.

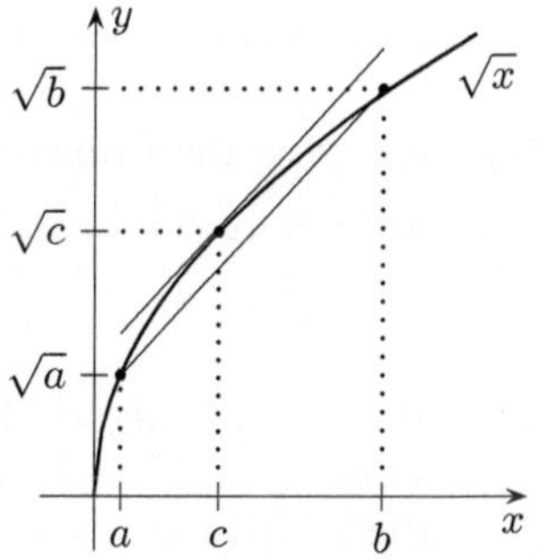

4.75

(a) $\left(\sqrt{x} + \mathrm{e}^x\right)' = \left(\sqrt{x}\right)' + \left(\mathrm{e}^x\right)' = \frac{1}{2\sqrt{x}} + \mathrm{e}^x.$ Summenregel

(b) $\left(\sqrt{x} \cdot \mathrm{e}^x\right)' = \left(\sqrt{x}\right)' \cdot \mathrm{e}^x + \sqrt{x} \cdot \left(\mathrm{e}^x\right)' = \frac{\mathrm{e}^x}{2\sqrt{x}} + \sqrt{x} \cdot \mathrm{e}^x.$ Produktregel

(c) $\left(\sqrt{\mathrm{e}^x}\right)' = \frac{1}{2\sqrt{\mathrm{e}^x}} \cdot \mathrm{e}^x = \frac{1}{2}\mathrm{e}^{x/2} = \frac{1}{2}\sqrt{\mathrm{e}^x}.$ Kettenregel

Oder Umformen: $\left(\sqrt{\mathrm{e}^x}\right)' = \left(\mathrm{e}^{x/2}\right)' = \mathrm{e}^{x/2} \cdot \frac{1}{2} = \frac{1}{2}\sqrt{\mathrm{e}^x}.$ Kettenregel

(d) $\left(\mathrm{e}^{\sqrt{2x}}\right)' = \mathrm{e}^{\sqrt{2x}} \cdot \frac{2}{2\sqrt{2x}} = \mathrm{e}^{\sqrt{2x}} \cdot \frac{1}{\sqrt{2x}}.$ Kettenregel

(e) $\left(\sin(2x-1)\right)' = \sin'(2x-1) \cdot (2x-1)' = \cos(2x-1) \cdot 2.$ Kettenregel

(f) $\left(\cos(\mathrm{e}^{2x})\right)' = \cos'(\mathrm{e}^{2x}) \cdot (\mathrm{e}^{2x})' = -\sin(\mathrm{e}^{2x}) \cdot 2\,\mathrm{e}^{2x}.$ Kettenregel

(g) $\left(\cot x\right)' = \left(\frac{\cos x}{\sin x}\right)' = \frac{(\cos x)' \sin x - \cos x (\sin x)'}{\sin^2 x}$ Quotientenregel

$= \frac{-\sin^2 x - \cos^2 x}{\sin^2 x} = -\frac{\sin^2 x + \cos^2 x}{\sin^2 x} = \frac{-1}{\sin^2 x} = -1 - \cot^2 x.$

(h) $\left(\sqrt{\tan\sqrt{x}}\right)' = \frac{1}{2\sqrt{\tan\sqrt{x}}} \cdot \frac{1}{\cos^2\sqrt{x}} \cdot \frac{1}{2\sqrt{x}}.$ Kettenregel

(i) $\left((x^2+1)^{17}\right)' = 17(x^2+1)^{16} \cdot 2x.$ Kettenregel

(j) $\left(\sqrt[3]{x^4-1}\right)' = \left((x^4-1)^{1/3}\right)' = \frac{1}{3}(x^4-1)^{-2/3} \cdot 4x^3.$ Kettenregel

(k) $\left(\sin(\mathrm{e}^{\sqrt{x^2+1}})\right)' = \cos(\mathrm{e}^{\sqrt{x^2+1}}) \cdot (\mathrm{e}^{\sqrt{x^2+1}})'$ Kettenregel

$= \cos(\mathrm{e}^{\sqrt{x^2+1}}) \cdot \mathrm{e}^{\sqrt{x^2+1}} \cdot (\sqrt{x^2+1})' = \cos(\mathrm{e}^{\sqrt{x^2+1}}) \cdot \mathrm{e}^{\sqrt{x^2+1}} \cdot \frac{x}{\sqrt{x^2+1}}.$

(l) $(\mathrm{a}^x)' = \left(\mathrm{e}^{x\ln a}\right)' = \mathrm{e}^{x\ln a} \ln a = \mathrm{a}^x \ln a.$ Kettenregel

4.76

(a) arcsin ist die Umkehrfunktion von sin im Intervall $]-\frac{\pi}{2},\frac{\pi}{2}[$.
Dort ist $\sin' x = \cos x = \sqrt{1-\sin^2 x}$.
Mit der Regel über die Ableitung der Umkehrfunktion erhält man:
$$\arcsin' x = \frac{1}{\sin'(\arcsin x)} = \frac{1}{\cos(\arcsin x)} = \frac{1}{\sqrt{1-\sin^2(\arcsin x)}} = \frac{1}{\sqrt{1-x^2}}.$$

(b) $\sqrt[3]{x}$ ist die Umkehrfunktion von x^3. Es ist $(x^3)' = 3x^2$.
Mit der Regel über die Ableitung der Umkehrfunktion erhält man:
$$\left(\sqrt[3]{x}\right)' = \frac{1}{3(\sqrt[3]{x})^2} = \frac{1}{3}x^{-2/3}.$$
Dies folgt auch mit $(\sqrt[3]{x})' = (x^{1/3})' = \frac{1}{3}x^{-2/3}$.

(c) $\log_a x$ ist die Umkehrfunktion von a^x. Es ist $\left(a^x\right)' = a^x \ln a$, [4.75 (1)].
Mit der Regel über die Ableitung der Umkehrfunktion erhält man:
$$\left(\log_a x\right)' = \frac{1}{a^{\log_a x}\ln a} = \frac{1}{x\ln a}.$$

4.77 Bei dieser Aufgabe kann man die Umkehrfunktion f^{-1} nicht mit elementaren Funktionen formelmäßig angeben. Trotzdem kann man mit Hilfe der Regel über die Ableitung der Umkehrfunktion die Ableitung $\left(f^{-1}\right)'$ in einzelnen Punkten berechnen:

(a) Für $f(x) = x + \sin x$, $(x_0, y_0) = (x_0, f(x_0)) = (0, 0)$ ist
$f'(x) = 1 + \cos x$, $f'(x_0) = f'(0) = 2$ und daher
$(f^{-1})'(y_0) = (f^{-1})'(0) = \frac{1}{f'(x_0)} = \frac{1}{f'(0)} = \frac{1}{2}$.

(b) Für $f(x) = x\,\mathrm{e}^x$, $(x_0, y_0) = (x_0, f(x_0)) = (1, \mathrm{e})$ ist
$f'(x) = (x+1)\,\mathrm{e}^x$, $f'(x_0) = f'(1) = 2\,\mathrm{e}$ und daher
$(f^{-1})'(y_0) = (f^{-1})'(\mathrm{e}) = \frac{1}{f'(x_0)} = \frac{1}{f'(1)} = \frac{1}{2\,\mathrm{e}}$.

4.78

(a) Für $f(x) = \mathrm{e}^{2x+1}$ ist $f'(x) = 2\,\mathrm{e}^{2x+1}$, $f''(x) = 4\,\mathrm{e}^{2x+1}$ usw.
Also ist $f^{(n)}(x) = 2^n\,\mathrm{e}^{2x+1}$, exakt mit vollständiger Induktion.

(b) Für $f(x) = \mathrm{e}^x \sin x$ ist $f'(x) = \mathrm{e}^x\left(\sin x + \cos x\right)$ und
$f''(x) = 2\,\mathrm{e}^x \cos x$, $f'''(x) = 2\,\mathrm{e}^x\left(\cos x - \sin x\right)$, $f^{(4)}(x) = -4\,\mathrm{e}^x \sin x$ usw.

Nach diesen Ableitungen erkennt man das Bildungsgesetz. Es lautet $(k \in \mathbb{N})$:
$$f^{(4k)}(x) = (-1)^k 4^k\,\mathrm{e}^x \sin x, \quad f^{(4k+1)}(x) = (-1)^k 4^k\,\mathrm{e}^x\left(\sin x + \cos x\right),$$
$$f^{(4k+2)}(x) = (-1)^k 4^k\, 2\,\mathrm{e}^x \cos x \quad f^{(4k+3)}(x) = (-1)^k 4^k\, 2\,\mathrm{e}^x\left(\cos x - \sin x\right).$$

(c) Für $f(x) = x\,\mathrm{e}^x$ ist $f'(x) = (x+1)\,\mathrm{e}^x$, $f''(x) = (x+2)\,\mathrm{e}^x$ usw.
Also ist $f^{(n)}(x) = (x+n)\,\mathrm{e}^x$, für $n \in \mathbb{N}$.

Tangenten und Normalen

4.79

(a) Die Tangente T in $(x_0, y_0) = (x_0, f(x_0))$ an die Kurve $y = f(x)$ hat die Gleichung $y - y_0 = f'(x_0)(x - x_0)$.

Für $f(x) = \ln x$ und $(x_0, y_0) = (1, 0)$ ist $f'(x) = \frac{1}{x}$ und $f'(x_0) = f'(1) = 1$. Man erhält

Tangente T: $y - 0 = 1 \cdot (x - 1)$ bzw. $y = x - 1$.

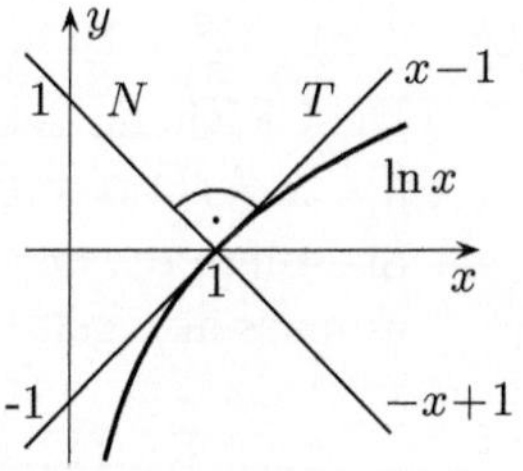

(b) Zueinander senkrechte Geraden haben die Steigungen m und $-\frac{1}{m}$, [Seite 81]. Die Tangente T in $(x_0, y_0) = (x_0, f(x_0))$ an die Kurve $y = f(x)$ hat die Steigung $f'(x_0)$, die entsprechende Normale N also die Steigung $-1/f'(x_0)$.

Also ist $y - y_0 = -\frac{1}{f'(x_0)}(x - x_0)$ die Gleichung der Normalen N auf die Kurve $y = f(x)$ im Punkt (x_0, y_0).

Für die Normale N auf die Kurve $y = \ln x$ in $(x_0, y_0) = (1, 0)$ erhält man daher

Normale N: $y - 0 = -\frac{1}{1}(x - 1)$ bzw. $y = -x + 1$.

4.80

(a) Für $f(x) = \mathrm{e}^{\sin x}$ ist $f'(x) = \mathrm{e}^{\sin x} \cos x$, also ist $f'(0) = 1$ die Steigung der Tangente T und $-\frac{1}{f'(0)} = -1$ die Steigung der Normalen N im Punkt $(x_0, y_0) = (0, 1)$. Also

Tangente T: $y - 1 = 1 \cdot (x - 0)$ bzw. $y = x + 1$,

Normale N: $y - 1 = -1 \cdot (x - 0)$ bzw. $y = -x + 1$.

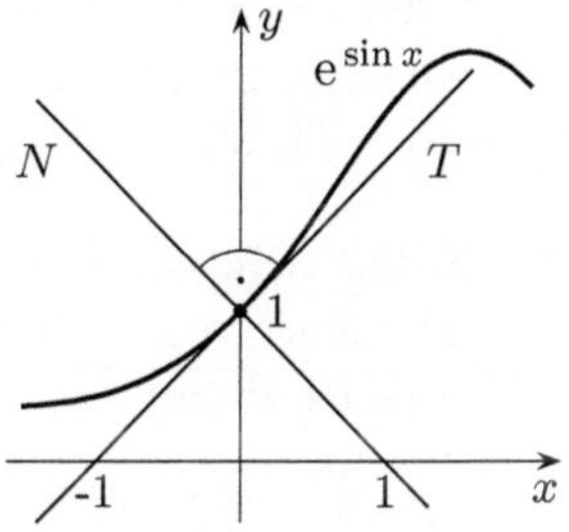

(b) Für $f(x) = \sqrt{1 + \ln x}$ ist $f'(x) = \frac{1/x}{2\sqrt{1+\ln x}}$, also ist $f'(1) = \frac{1}{2}$ die Steigung der Tangente T und $-\frac{1}{f'(1)} = -2$ die Steigung der Normalen N im Punkt $(x_0, y_0) = (1, 1)$. Also

Tangente T: $y - 1 = \frac{1}{2} \cdot (x - 1)$ bzw. $y = \frac{1}{2}x + \frac{1}{2}$,

Normale N: $y - 1 = -2 \cdot (x - 1)$ bzw. $y = -2x + 3$.

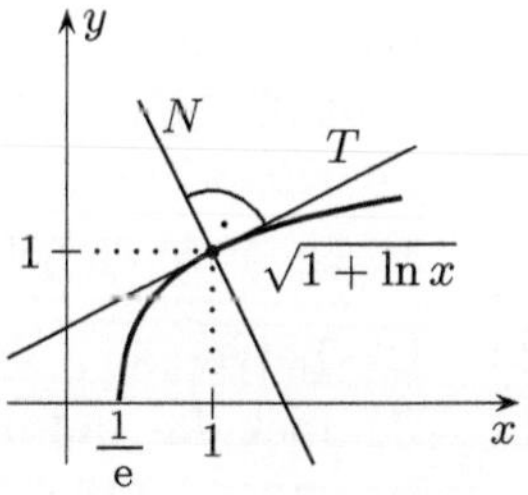

4.81

(a) $f(x) = \sqrt{x}$ und $f'(x) = \frac{1}{2\sqrt{x}}$. Die Gleichung der Tangente im Punkt $(x_0, f(x_0))$ ist $T: \; y - f(x_0) = f'(x_0)(x - x_0)$. Soll sie durch den Punkt $P = (x_1, y_1) = (\frac{1}{2}, 1)$ gehen, muss gelten

$y_1 - f(x_0) = f'(x_0)(x_1 - x_0)$

$\iff 1 - \sqrt{x_0} = \frac{1}{2\sqrt{x_0}}(\frac{1}{2} - x_0) \iff x_0 - 2\sqrt{x_0} + \frac{1}{2} = 0$

$\iff \sqrt{x_0} = y_0 = 1 \pm \frac{1}{2}\sqrt{2} \iff x_0 = \frac{3}{2} \pm \sqrt{2}$.

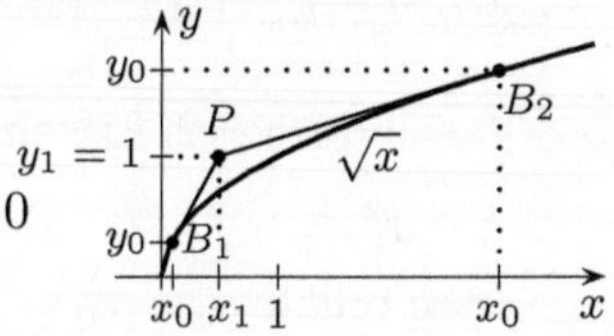

Vom Punkt $(\frac{1}{2}, 1)$ aus gibt es also zwei Tangenten an die Parabel $y = \sqrt{x}$. Die zwei Berührungspunkte sind $B_1 = (\frac{3}{2} - \sqrt{2}, 1 - \frac{1}{2}\sqrt{2})$ und $B_2 = (\frac{3}{2} + \sqrt{2}, 1 + \frac{1}{2}\sqrt{2})$.

(b) $f(x) = x^3 + 1$ und $f'(x) = 3x^2$.

Die Gleichung der Tangente im Punkt $(x_0, f(x_0))$ ist $T: \; y - f(x_0) = f'(x_0)(x - x_0)$.

Sie soll durch den Punkt $P = (x_1, y_1) = (2, 5)$ gehen, es muss also gelten

$$\begin{array}{rrcl} & y_1 - f(x_0) & = & f'(x_0)(x_1 - x_0) \\ \iff & 5 - (x_0^3 + 1) & = & 3x_0^2(2 - x_0) \\ \iff & 2x_0^3 - 6x_0^2 + 4 & = & 0 \end{array}$$

Die Lösung 1 wird geraten!
Nach Division durch den Linearfaktor $(x_0 - 1)$ erhält man die quadr. Gleichung
$2x_0^2 - 4x_0 - 4 = 0$
mit den beiden Lösungen $1 \pm \sqrt{3}$.

$\implies \; x_0 = 1 \;$ oder $\; x_0 = 1 \pm \sqrt{3}$.

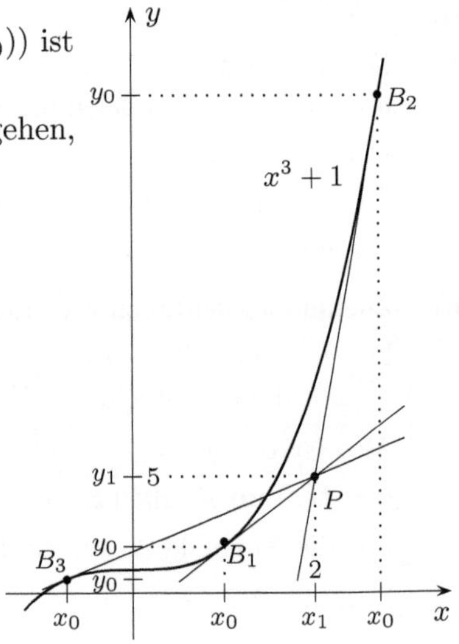

Vom Punkt $P = (2, 5)$ aus gibt es also drei Tangenten an die kubische Parabel $y = x^3 + 1$.

Die drei Berührungspunkte sind
$B_1 = (1, 2), \quad B_2 = (1 + \sqrt{3}, 11 + 6\sqrt{3}), \quad B_3 = (1 - \sqrt{3}, 11 - 6\sqrt{3})$.

4.82 Schnittwinkel der Kurven im Schnittpunkt ist der Schnittwinkel der Tangenten. Die Kurven $y = \sin x$ und $y = \cos x$ schneiden sich z.B. im Punkt $\left(\frac{\pi}{4}, \frac{1}{2}\sqrt{2}\right)$.

Die Steigung von $y = \sin x$ in diesem Punkt ist $\sin'(\frac{\pi}{4}) = \cos(\frac{\pi}{4}) = \frac{1}{2}\sqrt{2}$,
der Steigungswinkel also $\beta = \arctan(\frac{1}{2}\sqrt{2}) \approx 35.3°$.

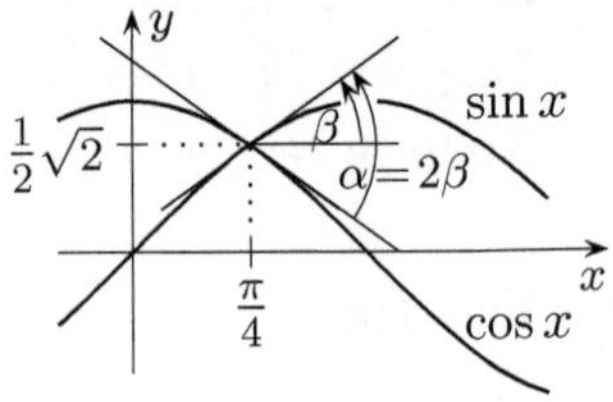

Da $\cos'(\frac{\pi}{4}) = -\frac{1}{2}\sqrt{2}$ und $\arctan(-\frac{1}{2}\sqrt{2}) \approx -35.3°$, ist der Schnittwinkel zwischen den beiden Kurven $\alpha = 2\beta \approx 70.6°$.

In den anderen Schnittpunkten ergeben sich die gleichen Winkel.

4.83 Die Lotgerade L durch $P = (2, \frac{1}{2})$ steht senkrecht auf der Parabel, d.h. auf ihrer Tangente T im Lotfußpunkt (x_0, x_0^2).

Die Tangente T in (x_0, x_0^2) hat die Steigung $y' = 2x_0$. Also hat die Lotgerade (Normale) L in diesem Punkt die Steigung $-\frac{1}{2x_0}$ und daher die Gleichung
$L: \; y - x_0^2 = -\frac{1}{2x_0}(x - x_0)$.

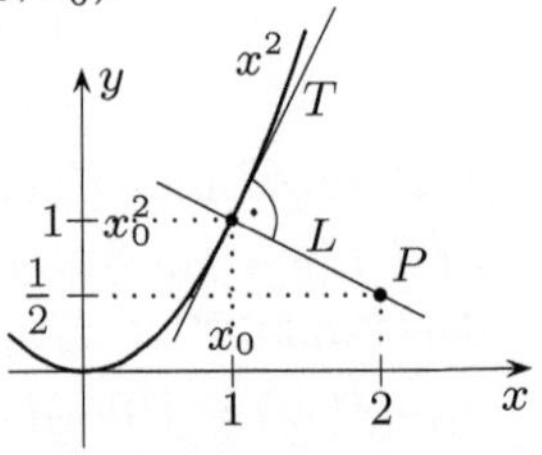

L soll durch $(2, \frac{1}{2})$ gehen. Also muss gelten

$\frac{1}{2} - x_0^2 = -\frac{1}{2x_0}(2 - x_0) \iff x_0 - 2x_0^3 = -(2 - x_0) \iff x_0^3 = 1 \iff x_0 = 1$.

Man erhält $y_0 = x_0^2 = 1$, also den Lotfußpunkt $(x_0, y_0) = (x_0, x_0^2) = (1, 1)$ und die Lotgerade $y - 1 = -\frac{1}{2}(x - 1)$, also $L: \; y = -\frac{1}{2}x + \frac{3}{2}$.

Extremwertaufgaben

4.84

(a) $f(x) = x^2 + \cos x$ ist in $\mathbb{R}$ differenzierbar. Einzige kritische Stellen sind die Nullstellen der Ableitung:
$f'(x) = 2x - \sin x = 0 \iff 2x = \sin x \iff x = 0.$
f' wechselt bei 0 das Vorzeichen von $-$ zu $+$, also hat f bei 0 ein relatives Minimum.
Dies ergibt auch die 2. Ableitung:
$f''(x) = 2 - \cos x \implies f''(0) = 1 > 0.$
$\lim_{x\to\pm\infty} f(x) = \infty \implies 0$ ist absolute Minimalstelle.

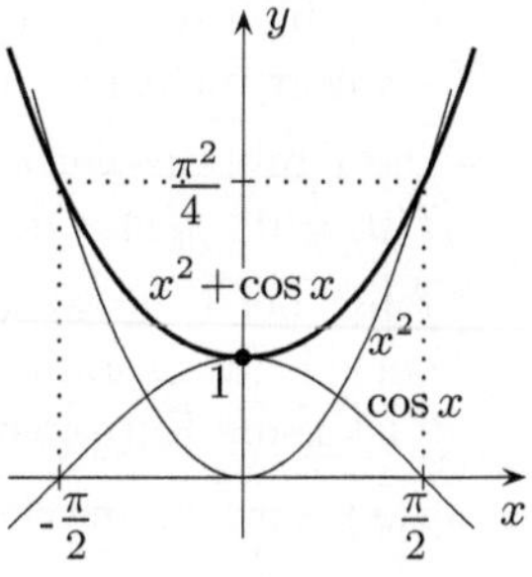

(b) $e^x - x$ ist in $\mathbb{R}$ differenzierbar.
Die einzigen kritischen Stellen von f im Intervall $[-1, 1]$ sind daher die Randstellen ± 1 und die Nullstellen der Ableitung: $f'(x) = e^x - 1 = 0 \iff x = 0.$
f' wechselt bei 0 das Vorzeichen von $-$ zu $+$.
f hat bei 0 ein relatives Minimum mit $f(0) = 1$.
Dies ergibt auch $f''(x) = e^x \implies f''(0) = 1 > 0.$
In den Randstellen ist
$f(1) = e - 1 \approx 1.72 > f(-1) = e^{-1} + 1 \approx 1.37 > 1 = f(0).$
Also hat f bei -1 ein relatives Rand-Maximum, bei 0 das absolute Minimum und bei 1 das absolute Maximum.

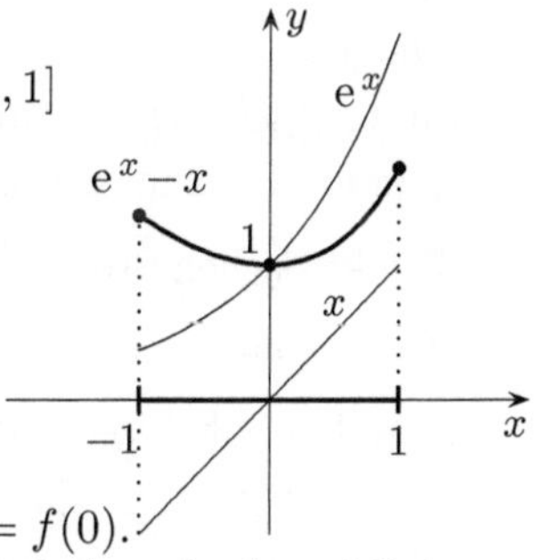

(c) $f(x) = x + \cos x$ ist in $[0, \infty[$ differenzierbar.
Die einzigen kritischen Stellen von f in $[0, \infty[$ sind die Randstelle 0 und die Nullstellen der Ableitung:
$f'(x) = 1 - \sin x = 0 \iff \sin x = 1$
$\iff x = \frac{\pi}{2} + 2k\pi,\ k \in \mathbb{N}_0.$
$f'(x) > 0$ für alle $x \neq \frac{\pi}{2} + 2k\pi$.
f ist streng monoton steigend in $[0, \infty[$, [4.93 (a)].
Die einzige Extremstelle ist daher die Randstelle 0.
Dort hat f das absolute Minimum mit $f(0) = 1$.

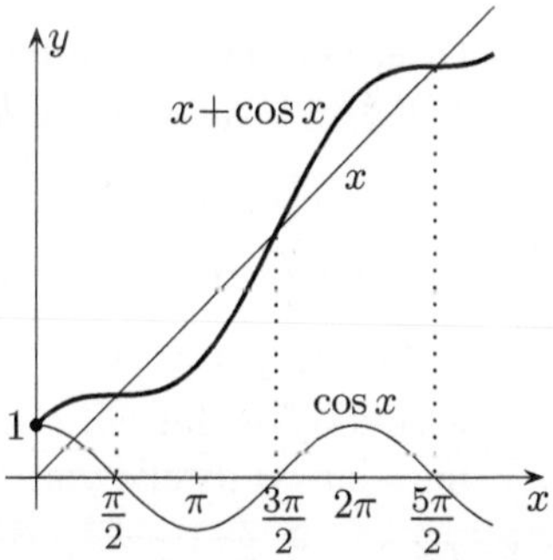

4.85

(a) $f(x) = x \sin x + \cos x$ ist in $[0, 2\pi]$ differenzierbar.
Kritische Stellen sind die Randstellen 0 und 2π und die Nullstellen der Ableitung in $[0, 2\pi]$:
$f'(x) = \sin x + x \cos x - \sin x = x \cos x = 0$
$\iff x = 0$ oder $\cos x = 0 \iff x \in \left\{0, \frac{\pi}{2}, \frac{3\pi}{2}\right\}.$
Die kritischen Stellen sind daher $0, \frac{\pi}{2}, \frac{3\pi}{2}, 2\pi$.
Die Funktionswerte in den kritischen Stellen sind
$f(0) = 1,\ f(\frac{\pi}{2}) = \frac{\pi}{2},\ f(\frac{3\pi}{2}) = -\frac{3\pi}{2},\ f(2\pi) = 1.$

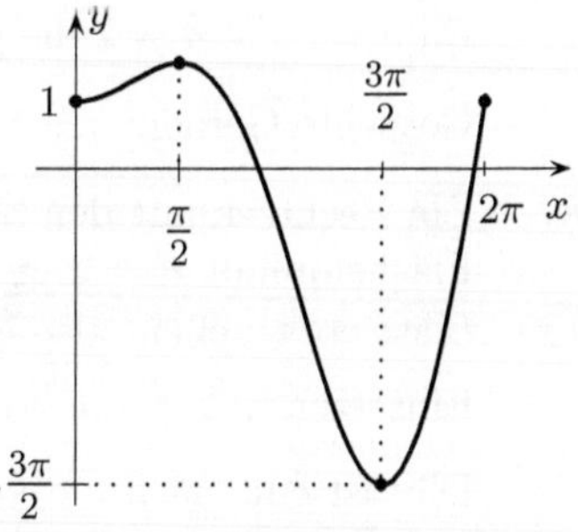

Also hat f bei 0 ein rel. Rand-Minimum, bei $\frac{\pi}{2}$ das absolute Maximum, bei $\frac{3\pi}{2}$ das absolute Minimum und bei 2π ein rel. Rand-Maximum.

(b) $f(x) = x^3\,\mathrm{e}^x$ ist in $[-1, 1]$ differenzierbar.
Kritische Stellen sind die Randstellen ± 1 und die Nullstellen der Ableitung: $f'(x) = x^2(3 + x)\,\mathrm{e}^x = 0 \iff x = 0$ oder -3.
-3 liegt nicht im Intervall $[-1, 1]$. Die krit. Stellen sind 0 und ± 1.

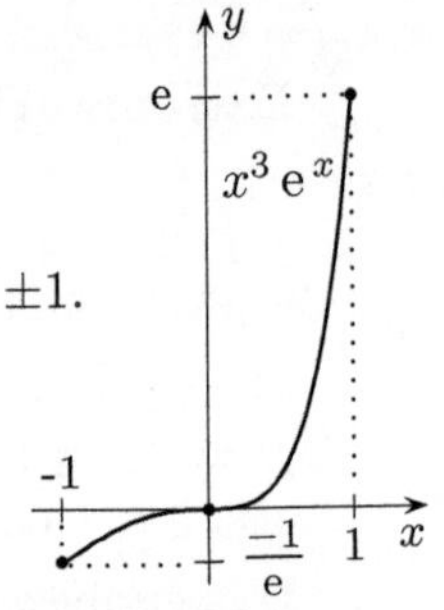

Die Funktionswerte in den kritischen Stellen sind:
$f(0) = 0,\ f(1) = \mathrm{e}\,,\ f(-1) = -\frac{1}{\mathrm{e}}$. Man erkennt:
f hat bei 1 das absolute Maximum und
bei -1 das absolute Minimmum in $[-1, 1]$.
0 ist keine Extremstelle, sondern ein Sattelpunkt (Horizontalwendepunkt).

(c) $f(x) = x + 2\sin|x|$ ist nur in 0 nicht differenzierbar.
In $[-\pi, 0]$ gilt $|x| = -x$, also $f(x) = x + 2\sin(-x) = x - 2\sin x$
und $f'(x) = 1 - 2\cos x = 0 \iff \cos x = \frac{1}{2} \iff x = -\frac{\pi}{3}$.
In $[0, \pi]$ gilt $|x| = x$, also $f(x) = x + 2\sin x$ und
$f'(x) = 1 + 2\cos x = 0 \iff \cos x = -\frac{1}{2} \iff x = \frac{2\pi}{3}$.

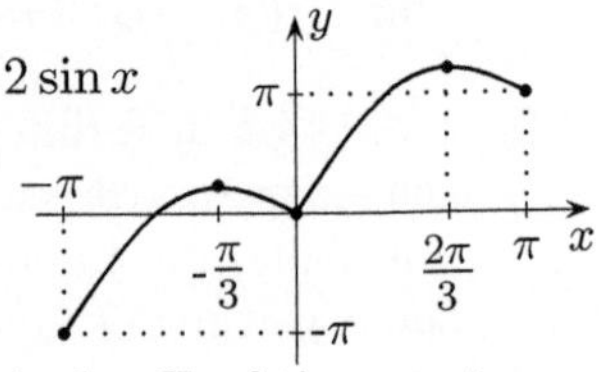

Die kritischen Stellen sind daher $-\pi,\ -\frac{\pi}{3},\ 0,\ \frac{2\pi}{3},\ \pi$ mit den Funktionswerten

$f(-\pi) = -\pi,\ \ f(-\frac{\pi}{3}) = -\frac{\pi}{3} + \sqrt{3},\ \ f(0) = 0,\ \ f(\frac{2\pi}{3}) = \frac{2\pi}{3} + \sqrt{3},\ \ f(\pi) = \pi.$

Also hat f bei $-\pi,\ 0,\ \pi$ Minima und bei $-\pi$ das absolute Minimum.
$-\frac{\pi}{3}, \frac{2\pi}{3}$ Maxima und bei $\frac{2\pi}{3}$ das absolute Maximum.

4.86 Eine Gerade, die vom 1. Quadranten ein Dreieck abschneidet hat die Form $\frac{x}{a} + \frac{y}{b} = 1$ mit $a, b > 0$, [Seite 80].
Diese geht genau dann durch den Punkt $P = (1, 2)$, wenn
$\frac{1}{a} + \frac{2}{b} = 1$, also wenn $b = \frac{2a}{a-1}$ ist. Die Aufgabe ist nur sinnvoll für $a > 1$.

Der Flächeninhalt des abgeschnittenen Dreiecks ist $\frac{1}{2} \cdot ab$,
Einsetzen von $b = \frac{2a}{a-1}$ liefert $f(a) = \frac{1}{2} \cdot \frac{2a^2}{a-1} = \frac{a^2}{a-1}$.
Geht a gegen ∞ oder von rechts gegen 1, so geht $f(a)$ gegen ∞.
Also ist $f(a)$ für ein a mit $a > 1$ minimal und dafür kommt nur eine Nullstelle von f' in Frage. Es ist

$f'(a) = \frac{2a(a-1) - a^2}{(a-1)^2} = \frac{a^2 - 2a}{(a-1)^2} = 0 \iff a = 0$ oder $a = 2$.

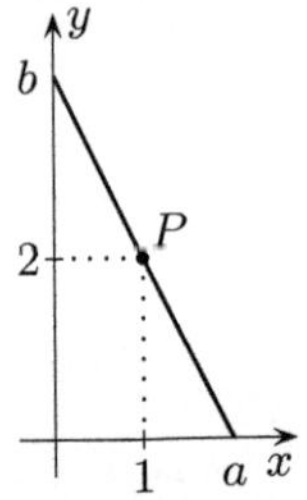

Da $a > 1$, ist $a = 2$ die gesuchte Minimalstelle, $b = \frac{2a}{a-1} = 4$.

Gesuchte Gerade: $\frac{x}{2} + \frac{y}{4} = 1$, min. Fläche: $f(2) = \frac{1}{2} \cdot ab = 4$.

4.87 Ein Rechteck mit den Seiten x und y hat den Flächeninhalt $F = x \cdot y$ und den Umfang $U = 2x + 2y$.
U ist vorgegeben, also ist $y = \frac{U}{2} - x$.
Einsetzen in $F = xy$ ergibt $f(x) = x(\frac{U}{2} - x) = \frac{U}{2}x - x^2$.

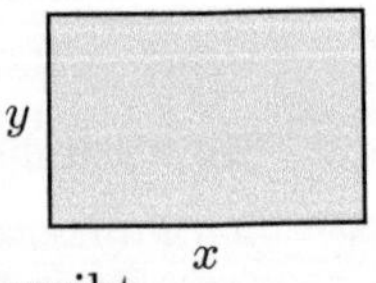

Dies ist eine nach unten geöffnete Parabel. $f'(x) = \frac{U}{2} - 2x = 0$ ergibt die Maximalstelle (Scheitelpunkt) $x_m = \frac{U}{4}$. Es folgt $y_m = \frac{U}{2} - \frac{U}{4} = \frac{U}{4} = x_m$.

Unter allen Rechtecken mit geg. Umfang hat das Quadrat die größte Fläche.

4.88 Der Draht der Länge 1 wird in zwei Stücke der Länge x und $1-x$ geteilt ($0 \leq x \leq 1$). Aus dem Teil der Länge x werde das Quadrat geformt.

Seine Fläche ist $F_1 = \left(\frac{x}{4}\right)^2 = \frac{x^2}{16}$.

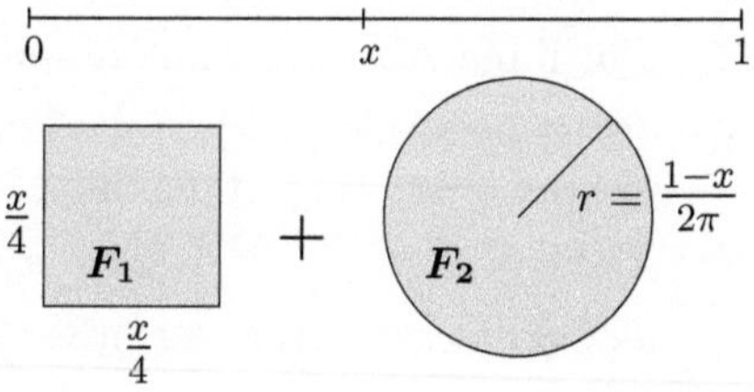

Aus dem Rest wird ein Kreis mit Umfang $2\pi r = 1-x$, also $r = \frac{1-x}{2\pi}$ geformt.

Seine Fläche ist $F_2 = \pi r^2 = \frac{(1-x)^2}{4\pi}$.

Gesamtfläche: $F(x) = F_1(x) + F_2(x) = \frac{x^2}{16} + \frac{(1-x)^2}{4\pi} = (\frac{1}{16} + \frac{1}{4\pi})x^2 - \frac{1}{2\pi}x + \frac{1}{4\pi}$.

(Beide Skizzen sind nicht maßstabsgerecht!)

Der Graph von F ist Teil einer nach oben geöffneten Parabel, die ihr absolutes Maximum an einer Randstelle annimmt.

$F'(x) = 0 \Longleftrightarrow x_0 = \frac{4}{4+\pi}$ (Minimalstelle).

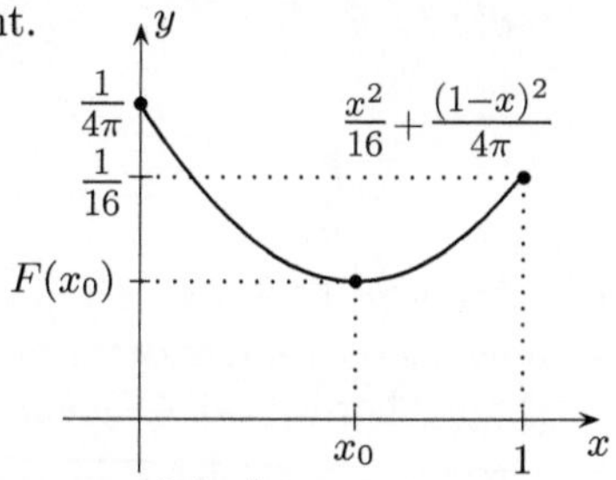

Der Vergleich der Funktionswerte an den Randstellen 0 und 1 ergibt

$F(0) = \frac{1}{4\pi} \approx 0.08 > F(1) = \frac{1}{16} \approx 0.07$.

F nimmt also bei 0 das absolute Maximum an!

Der gesamte Draht muss also für den Kreis verwandt werden, um eine möglichst große Fläche zu erzielen!

4.89 $d = \sqrt{(x-2)^2 + (y-\frac{1}{2})^2}$ ist der Abstand des Punktes $P = (2, \frac{1}{2})$ zu einem beliebigen Punkt (x, y) der Ebene.

Also hat ein Punkt (x, x^2) auf der Parabel $y = x^2$ zu P den Abstand

$d(x) = \sqrt{(x-2)^2 + (x^2-\frac{1}{2})^2}$.

Der Abstand $d(x)$ geht für $x \to \pm\infty$ gegen ∞, also gibt es einen Punkt (x, x^2) auf der Parabel mit minimalem Abstand zu P.

Wegen der Monotonie von $\sqrt{}$ wird $d(x) = \sqrt{(x-2)^2 + (x^2-\frac{1}{2})^2}$ genau dann minimal, wenn $f(x) = d^2(x) = (x-2)^2 + (x^2-\frac{1}{2})^2$ minimal wird.

Differenzieren mit der Kettenregel liefert

$f'(x) = 2(x-2) + 2(x^2-\frac{1}{2})2x = 0 \iff 2(x^3-1) = 0 \iff x^3-1 = 0 \iff x = 1$.

Die einzige kritische Stelle 1 ist die gesuchte Minimalstelle. Der Punkt $(1, 1)$ auf der Parabel hat den kleinsten Abstand von P, nämlich

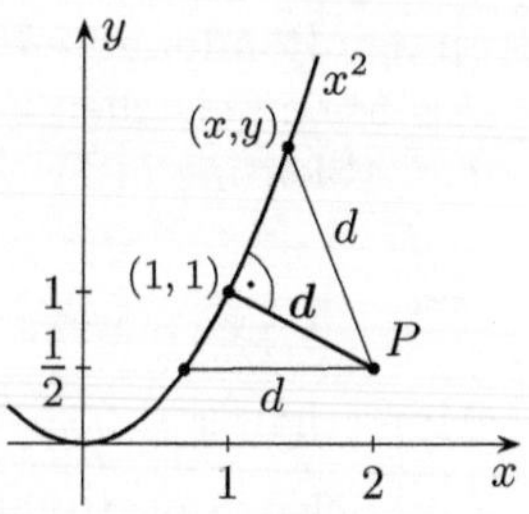

$d_{min} = d(1) = \sqrt{(1-2)^2 + (1-\frac{1}{2})^2} = \frac{\sqrt{5}}{2} \approx 1.12$.

Der Punkt auf der Parabel mit kürzestem Abstand zum Punkt $(2, \frac{1}{2})$ ist natürlich der in [4.83] berechnete Lotfußpunkt $(1, 1)$.

4.90 Punkte auf dem Parabelstück haben die Koordinaten $(x, 3x - x^2)$, $0 \leq x \leq 3$.
Für ihren Abstand zum Nullpunkt gilt $d(x) = \sqrt{x^2 + (3x - x^2)^2}$.

Es ist bequemer, statt d die Funktion $D = d^2$ zu untersuchen, da D genau dann maximal ist, wenn d maximal ist.

$D(x) = d^2(x) = x^2 + (3x - x^2)^2$ ist in $\mathbb{R}$ differenzierbar und

$D'(x) = 2x + 2(3x - x^2)(3 - 2x) = 2x(2x - 5)(x - 2)$.

Kritische Stellen sind daher nur die Nullstellen $\frac{5}{2} = 2.5$ und 2 der Ableitung und die beiden Randstellen 0 und 3:

Vergleich der Funktionswerte ergibt:

$d(0) = 0$		$x_0 = 0$	abs. Min.
$d(2) \approx 2.83$		$x_1 = 2$	rel. Max.
$d(2.5) \approx 2.80$	$\Longrightarrow$	$x_2 = 2.5$	rel. Min.
$d(3) = 3$		$x_3 = 3$	abs. Max

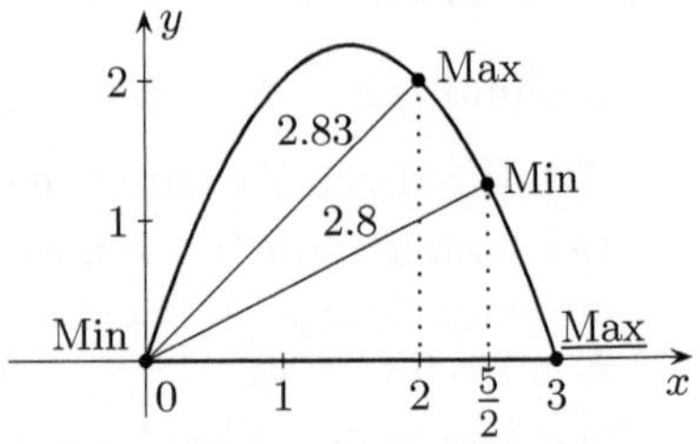

Der Punkt $(3, 0)$ des Parabelbogens hat den größten Abstand vom Nullpunkt.

4.91 Man legt die Spitze des gesuchten gleichschenkligen Dreiecks in eine Ecke des Quadrats und die anderen beiden Ecken auf die gegenüberliegenden Quadratseiten (siehe Zeichnung).

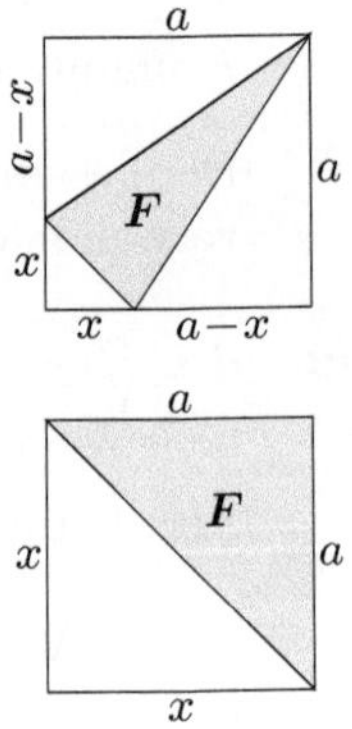

Die Dreiecksfläche F ist dann die Fläche des Quadrats a^2 vermindert um die Fläche der drei anderen Dreiecke, deren Grundlinien und Höhen man direkt abliest:

$F(x) = a^2 - \frac{1}{2}x^2 - 2 \cdot \frac{1}{2}a(a - x) = -\frac{1}{2}x^2 + ax$, für $0 \leq x \leq a$.

Es ist $F'(x) = -x + a = 0 \iff x = a$. Als Extremstellen kommen daher nur die beiden Randpunkte 0 und a in Frage.

Wegen $F(0) = 0$ und $F(a) = \frac{1}{2}a^2$ ergibt sich für $x = a$ das größte Dreieck mit $F(a) = \frac{1}{2}a^2$.

4.92 Seien $(x, 0)$ und $(0, y)$ die Endpunkte der Strecke S der Länge a auf der positiven x- bzw y-Achse. Dabei ist $0 \leq x \leq a$ und $0 \leq y \leq a$.

$x^2 + y^2 = a^2 \implies y = \sqrt{a^2 - x^2}$.

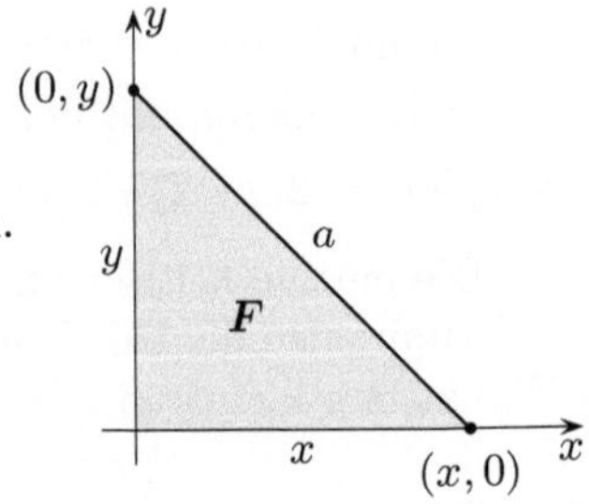

Der Flächeninhalt des abgeschnittenen Dreiecks ist

$F = \frac{1}{2}xy = \frac{1}{2}x\sqrt{a^2 - x^2} = F(x)$. F soll maximal sein.

In den Randpunkten 0 und a ist $F(0) = F(a) = 0$.

Als Maximalstellen kommen daher nur Nullstellen der Ableitung in Frage. Es ist

$$F'(x) = \frac{1}{2}\sqrt{a^2 - x^2} + \frac{x}{2}\frac{-2x}{2\sqrt{a^2-x^2}} = \frac{1}{2}\frac{a^2-2x^2}{\sqrt{a^2-x^2}} = 0 \iff x^2 = \frac{1}{2}a^2 = y^2.$$

Man erhält $x = y = \frac{1}{2}\sqrt{2}\,a$. Das abgeschnittene Dreieck ist daher gleichschenklig und hat den maximalen Flächeninhalt $F_{max} = \frac{1}{4}a^2$.

Kurvendiskussionen

4.93

(a) Sei f differenzierbar und $f'(x) \geq 0$, also f monoton steigend.
Ist f nicht streng monoton steigend, so gibt es $a < b$ mit $f(a) = f(b)$.
Da f monoton steigt, ist dann f in $[a, b]$ konstant. Folglich ist $f' = 0$ für alle x aus dem echten Intervall $[a, b]$.

(b) $f(x) = x^4 + 2x^3$ ist in ganz $\mathbb{R}$ differenzierbar mit $f'(x) = 4x^3 + 6x^2 = 2x^2(2x+3)$.
In $]-\infty, -\frac{3}{2}]$ ist $f'(x) \leq 0$ und $f'(x) = 0$ nur im Randpunkt $-\frac{3}{2}$.
Also ist f in $]-\infty, -\frac{3}{2}]$ streng monoton fallend.
Im Intervall $[-\frac{3}{2}, \infty[$ ist $f'(x) \geq 0$ und $f'(x) = 0$ nur in den zwei Punkten $-\frac{3}{2}$ und 0.
Also ist f in $[-\frac{3}{2}, \infty[$ streng monoton steigend.

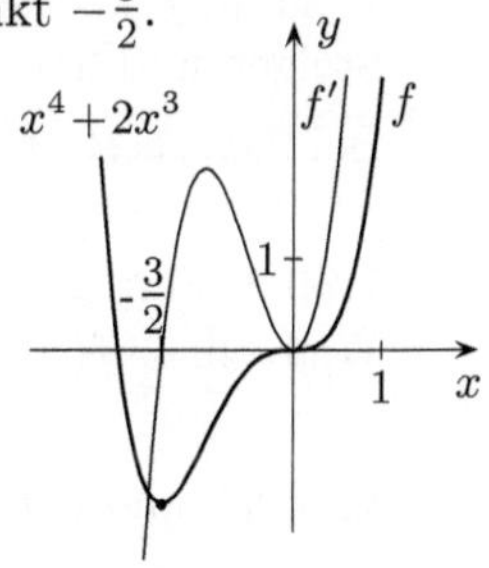

4.94

(a) $f(x) = \frac{1}{3}x^3 - x$.

Steigungsverhalten und Extrema: $f'(x) = x^2 - 1 = (x-1)(x+1)$.
$x < -1 \Longrightarrow f'(x) > 0 \Longrightarrow f$ streng monoton steigend,
$|x| < 1 \Longrightarrow f'(x) < 0 \Longrightarrow f$ streng monoton fallend,
$x > 1 \Longrightarrow f'(x) > 0 \Longrightarrow f$ streng monoton steigend.

f hat ein Maximum bei -1 und ein Minimum bei 1, denn dort ist $f'(x) = 0$ und ändert das Vorzeichen.

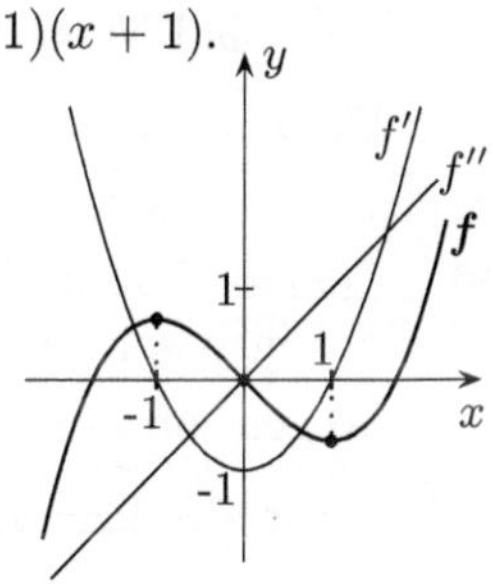

Krümmungsverhalten und Wendepunkte: $f''(x) = 2x$.
$x < 0 \Longrightarrow f''(x) < 0 \Longrightarrow f$ konkav (rechtsdrehend),
$x > 0 \Longrightarrow f''(x) > 0 \Longrightarrow f$ konvex (linksdrehend).

$(0, 0)$ ist der einzige Wendepunkt von f, denn nur dort ist $f''(x) = 0$ und ändert f das Krümmungsverhalten.

(b) $f(x) = \mathrm{e}^{-x^2}$

Steigungsverhalten und Extrema: $f'(x) = -2x\,\mathrm{e}^{-x^2}$.
$x < 0 \Longrightarrow f'(x) > 0 \Longrightarrow f$ streng monoton steigend,
$x > 0 \Longrightarrow f'(x) < 0 \Longrightarrow f$ streng monoton fallend.
Also hat f ein einziges Maximum bei 0 mit $f(0) = 1$.

Krümmungsverhalten und Wendepunkte:
$f''(x) = 2\left(2x^2 - 1\right)\mathrm{e}^{-x^2} = 0 \Longleftrightarrow x = \pm\frac{\sqrt{2}}{2}$:
$x < -\frac{\sqrt{2}}{2} \Longrightarrow f''(x) > 0 \Longrightarrow f$ konvex (linksdrehend),
$|x| < \frac{\sqrt{2}}{2} \Longrightarrow f''(x) < 0 \Longrightarrow f$ konkav (rechtsdrehend),
$x > \frac{\sqrt{2}}{2} \Longrightarrow f''(x) > 0 \Longrightarrow f$ konvex (linksdrehend).

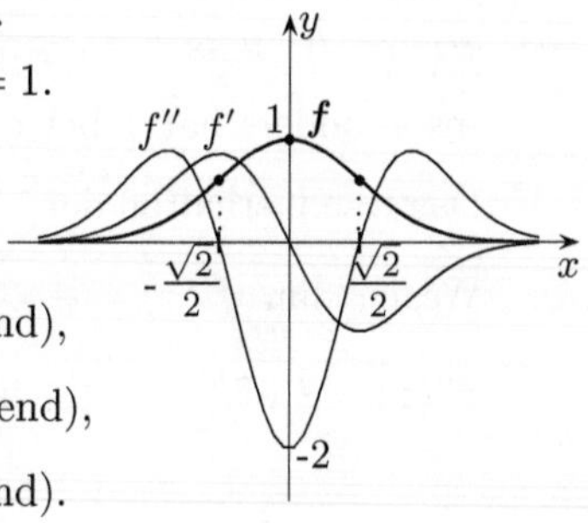

Also hat f die beiden Wendepunkte $(\pm\frac{\sqrt{2}}{2}, \mathrm{e}^{-1/2}) \approx (\pm 0.7\,, 0.6)$.

4.95 $f(x) = (x^2-1)^2$ ist eine gerade Funktion, der Graph symmetrisch zur y-Achse.

Nullstellen: $f(x) = (x^2-1)^2 = (x-1)^2(x+1)^2 = 0 \iff x = \pm 1$.

1 und -1 sind doppelte Nullstellen von f.

Extrema: $f'(x) = 2(x^2-1)\cdot 2x = 4x(x-1)(x+1)$.

$f'(x) = 0 \iff x = \pm 1$ oder $x = 0$.

f' hat bei ± 1 einfache Nullstellen mit VZW von $-$ zu $+$, f wechselt dort also vom Fallen zum Steigen und hat bei ± 1 Minima mit $f(\pm 1) = 0$.

Bei 0 wechselt f' von $+$ zu $-$, folglich hat f bei 0 ein Maximum mit $f(0) = 1$.

Weil $f(x) \geq 0$ für alle x ist, hat f bei ± 1 absolute Minima.

Weil $\lim\limits_{x\to\pm\infty} f(x) = \infty$ ist, besitzt f kein absolutes Maximum.

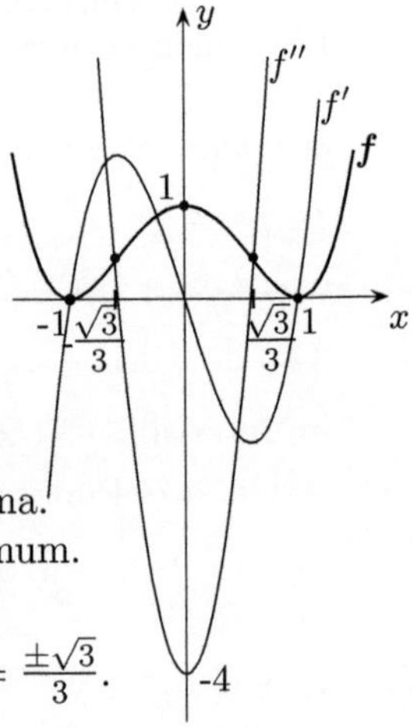

Wendepunkte: $f''(x) = 4(3x^2-1) = 0 \iff x = \pm\frac{1}{\sqrt{3}} = \frac{\pm\sqrt{3}}{3}$.

$\frac{\pm\sqrt{3}}{3}$ sind Nullstellen von f'' mit Vorzeichenwechsel, also Extrema von f'.

Die zwei Wendepunkte von f sind also $(\pm\frac{\sqrt{3}}{3}\,,\,\frac{4}{9}) \approx (\pm 0.58\,,\,0.44)$.

4.96 $f(x) = x^x = \mathrm{e}^{x\ln x}$ ist für $x > 0$ beliebig oft differenzierbar und positiv, hat insbesondere also weder Null- noch Polstellen.

Wegen $\lim\limits_{x\to\infty} x\ln x = \infty$ gilt auch $\lim\limits_{x\to\infty} f(x) = \lim\limits_{x\to\infty} \mathrm{e}^{x\ln x} = \infty$.

f hat also kein absolutes Maximum.

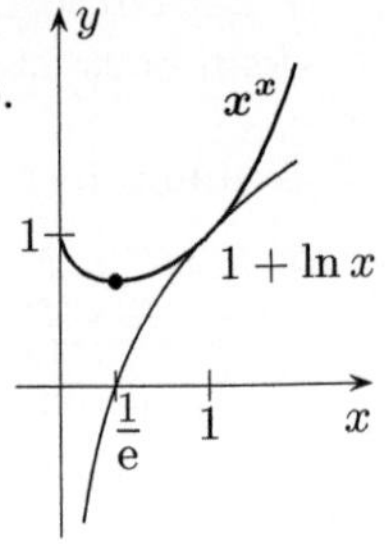

Nach l'Hospital gilt $\lim\limits_{x\to 0+} x\ln x = 0$, siehe [4.57],

also $\lim\limits_{x\to 0+} f(x) = \lim\limits_{x\to 0+} \mathrm{e}^{x\ln x} = \mathrm{e}^0 = 1$.

Nach Ketten- und Produktregel erhält man für die Ableitung

$f'(x) = \left(x^x\right)' = \left(\mathrm{e}^{x\ln x}\right)' = \mathrm{e}^{x\ln x}(1+\ln x) = x^x(1+\ln x)$.

$f'(x) = 0 \iff 1+\ln x = 0 \iff \ln x = -1 \iff x = \mathrm{e}^{-1} = \frac{1}{\mathrm{e}} \approx 0.3$.

$f'(x) < 0 \iff 0 < x < \mathrm{e}^{-1} \iff f$ ist streng monoton fallend,

$f'(x) > 0 \iff x > \mathrm{e}^{-1} \iff f$ ist streng monoton steigend.

Insbesondere hat f bei e^{-1} ein globales Minimum und keine weiteren Extrema.

Das Randverhalten der 1. Ableitung ist $\lim\limits_{x\to 0+} f'(x) = -\infty$ und $\lim\limits_{x\to\infty} f'(x) = \infty$.

Wegen $\lim\limits_{x\to 0+} f'(x) = -\infty$ nähert sich die Kurve x^x tangential der y-Achse.

$f''(x) = \frac{1}{x}\,\mathrm{e}^{x\ln x} + (1+\ln x)^2\,\mathrm{e}^{x\ln x} > 0$ für $x > 0$. Also ist f konvex für $x > 0$.

4.97 Für $f(x) = 5\,\mathrm{e}^x(1+x)$

gilt $f(x) > 0$ für alle $x > -1$,
$f(-1) = 0$,
$f(x) < 0$ für alle $x > -1$.

Für $f'(x) = 5\,\mathrm{e}^x(2+x)$

gilt $f'(x) < 0$ für alle $x < -2$,
$f'(-2) = 0$,
$f'(x) > 0$ für alle $x > -2$.

Also ist f streng monoton fallend für $x < -2$,
ist f streng monoton steigend für $x > -2$.

Folglich ist -2 die absolute Minimalstelle von f.

Wegen $f(-2) < 0$ und $f(0) = 5$ besitzt die Gleichung $f(x) = 1$ nach dem Zwischenwertsatz mindestens eine Lösung in $]-2, 0[$ und wegen der strengen Monotonie höchstens eine, also genau eine Lösung in $]-2, 0[$.

Aus $f(x) \to 0$ für $x \to -\infty$,
$f(-2) = -\frac{5}{\mathrm{e}^2} \approx -0.68 < -\frac{1}{2}$,
$f(-1) = 0$,

folgt, dass die Gleichung $f(x) = -\frac{1}{2}$ in den Intervallen $]-\infty, -2[$ und $]-2, -1[$ nach dem Zwischenwertsatz jeweils mindestens eine und wegen der strengen Monotonie wiederum genau eine Lösung besitzt.

Wegen $f(x) \geq f(-2) \approx -0.68$ hat die Gleichung $f(x) = -1$ keine Lösung.

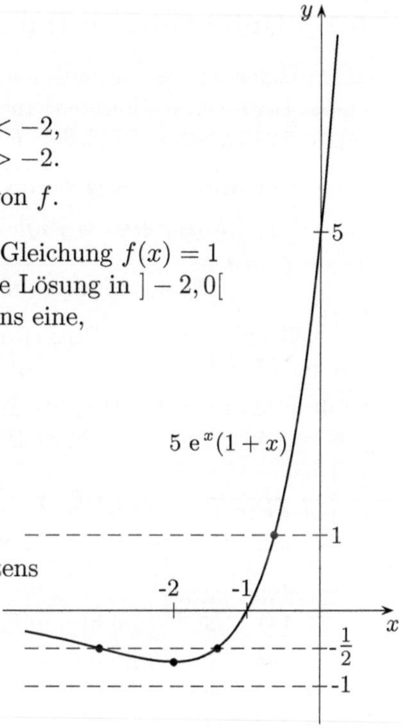

4.98 Die Kurven $y = f_a(x) = x^2 - 2ax + 3a^2$ sind nach oben geöffnete Parabeln.

$f_a'(x) = 2x - 2a = 0 \iff x = a$.

$f_a(a) = 2a^2$.

Die Minimalpunkte, also die Scheitelpunkte dieser Parabeln, sind daher $(a\,,\,2a^2)$.

Elimination des Scharparameters a aus den beiden Gleichungen $x = a$ und $y = 2a^2$ liefert die Parabel $y = 2x^2$.

Dies ist die Ortskurve der Minimalpunkte der Parabelschar.

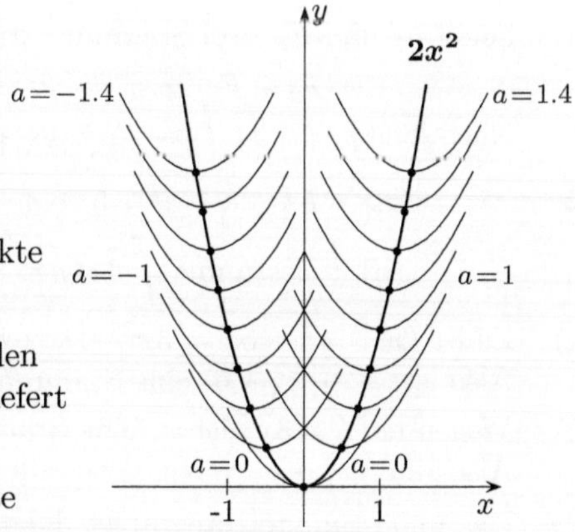

5 Integralrechnung

Man unterscheidet zwischen bestimmten und unbestimmten Integralen.
Unbestimmte Integrale sind Stammfunktionen.
Bestimmte Integrale sind Zahlen. Sie treten z.B. bei Flächen- und Längenberechnungen auf und können mit Hilfe von Stammfunktionen berechnet werden.

5.1 Unbestimmte Integrale

Beim Differenzieren ist eine Funktion F gegeben und die Ableitung $f = F'$ gesucht. Beim (unbestimmten) Integrieren ist umgekehrt die Ableitung f gegeben und eine sog. Stammfunktion F mit $F' = f$ gesucht.

Unbestimmtes Integrieren ist die Umkehrung des Differenzierens.

Integrieren = Aufleiten *Differenzieren = Ableiten*

Stammfunktionen und unbestimmte Integrale

F heißt **eine Stammfunktion** oder **ein unbestimmtes Integral** von f, wenn $F' = f$. Beispiel: x^2 ist eine Stammfunktion von $2x$.

Oft wird **das unbestimmte Integral** von f als Menge aller Stammfunktionen F von f definiert. Schreibweise:

$$\int f(x)\,dx = F(x) + C \quad \text{mit } C \in \mathbb{R}. \qquad \text{Beispiel: } \int 2x\,dx = x^2 + C.$$

5.1 *Man zeige:*
(a) *Ist F eine Stammfunktion von f, so auch $F(x) + C$.*
(b) *Zwei Stammfunktionen von f unterscheiden sich auf Intervallen nur um eine Konstante.*

(a) Ist F eine Stammfunktion von f, also $F' = f$ und $C \in \mathbb{R}$, so ist auch $F(x) + C$ eine Stammfunktion von f, denn $(F + C)' = F' + C' = F' + 0 = f$.

(b) Seien F_1 und F_2 zwei Stammfunktionen von f auf einem Intervall. Dann gilt:

$$(F_2 - F_1)' = F_2' - F_1' = f - f = 0.$$

Nach [Seite 177] ist $F_2 - F_1$ konstant, d.h. $F_2(x) = F_1(x) + C$.

5.2 (a) *Ist $x^3 + x^2 + 5$ eine Stammfunktion von $f(x) = 3x^2 + 2x$?*
(b) *Bestimme $\int 3x^2\,dx$.*

(a) Es ist $(x^3 + x^2 + 5)' = 3x^2 + 2x$ und dies ist die gegebene Funktion $f(x)$. Also ist $x^3 + x^2 + 5$ eine Stammfunktion von $3x^2 + 2x$.

(b) Wegen $(x^3)' = 3x^2$ ist x^3 eine Stammfunktion von $3x^2$.
Also sind $x^3 + C$ mit $C \in \mathbb{R}$ alle Stammfunktionen von $3x^2$.
Das unbestimmte Integral ist daher $\int 3x^2\,dx = x^3 + C$ mit $C \in \mathbb{R}$.
Den Zusatz $C \in \mathbb{R}$ lassen wir im Folgenden weg.

Grundintegrale, siehe auch F4

$$\int x^r\,dx = \frac{1}{r+1}x^{r+1} + C \quad \text{für } r \in \mathbb{R},\ r \neq -1.$$

$$\int \frac{1}{x}\,dx = \ln|x| + C, \quad \text{siehe [4.28 (d)]}. \qquad \int \sin x\,dx = -\cos x + C.$$

$$\int \mathrm{e}^x\,dx = \mathrm{e}^x + C. \qquad \int \cos x\,dx = \sin x + C.$$

5.3 *Man gebe die unbestimmten Integrale an und kontrolliere durch Ableiten:*

(a) $\int 0\,dx$, (b) $\int 1\,dx$, (c) $\int x\,dx$, (d) $\int x^2\,dx$,

(e) $\int \frac{1}{x^2}\,dx$, (f) $\int \sqrt{x}\,dx$, (g) $\int \frac{1}{\sqrt{x}}\,dx$, (h) $\int \sqrt[3]{x}\,dx$.

(a) $\int 0\,dx = C$, denn $C' = 0$. (b) $\int 1\,dx = x + C$, denn $x' = 1$.

(c) $\int x\,dx = \frac{1}{2}x^2 + C$, denn $(\frac{1}{2}x^2)' = x$. (d) $\int x^2\,dx = \frac{1}{3}x^3 + C$, denn $(\frac{1}{3}x^3)' = x^2$.

(e) $\int \frac{1}{x^2}\,dx = \int x^{-2}\,dx = \frac{1}{-1}x^{-1} + C = -\frac{1}{x} + C$, denn $(-\frac{1}{x})' = (-x^{-1})' = \frac{1}{x^2}$.

(f) $\int \sqrt{x}\,dx = \int x^{1/2}\,dx = \frac{2}{3}x^{3/2} + C$, denn $(\frac{2}{3}x^{3/2})' = \frac{2}{3}\cdot\frac{3}{2}x^{1/2} = x^{1/2}$.

(g) $\int \frac{1}{\sqrt{x}}\,dx = \int x^{-1/2}\,dx = 2x^{1/2} + C = 2\sqrt{x} + C$, denn $(2\sqrt{x})' = \frac{1}{\sqrt{x}}$.

(h) $\int \sqrt[3]{x}\,dx = \int x^{1/3}\,dx = \frac{3}{4}x^{4/3} + C = \frac{3}{4}\sqrt[3]{x^4} + C$, denn $(\frac{3}{4}x^{4/3})' = x^{1/3}$.

Alle stetigen Funktionen besitzen Stammfunktionen. Aber es ist oft nicht möglich, z.B. für $f(x) = \mathrm{e}^{x^2}$, sie mit Hilfe bekannter Funktionen auszudrücken.

Es gibt kein allgemeines Verfahren, Stammfunktionen zu berechnen!

In der Praxis versucht man, gesuchte Integrale umzuformen und auf bekannte, in Integraltafeln zu findende Grundintegrale zurückzuführen, siehe auch **F4**. Beim Umformen helfen die Regeln in diesem Abschnitt.

Differenzieren ist einfacher als Integrieren.

Deshalb ist es sinnvoll, bei komplizierteren Rechnungen, Substitutionen usw. eine **Probe** zu machen, indem man die gefundenen Stammfunktionen ableitet.

Linearität

$$\int r\cdot f(x)\,dx = r\cdot\int f(x)\,dx$$

Vorziehen eines konstanten Faktors r

$$\int (f(x) + g(x))\,dx = \int f(x)\,dx + \int g(x)\,dx$$

Integral der Summe = Summe der Integrale

5.4 *Man integriere und überprüfe durch Differenzieren:*

$$\text{(a)} \int (1+2x+x^3)\,dx, \quad \text{(b)} \int \left(2\,\mathrm{e}^x + \tfrac{1}{x}\right)dx, \quad \text{(c)} \int (\sqrt{x} - 3\sin x)\,dx.$$

(a) $\displaystyle\int (1+2x+x^3)\,dx = \int 1\,dx + \int 2x\,dx + \int x^3\,dx = x + x^2 + \tfrac{1}{4}x^4 + C\,.$

Probe: $(x + x^2 + \frac{1}{4}x^4)' = 1 + 2x + x^3$.

(b) $\displaystyle\int \left(2\,\mathrm{e}^x + \tfrac{1}{x}\right)dx = 2\int \mathrm{e}^x\,dx + \int \tfrac{1}{x}\,dx = 2\,\mathrm{e}^x + \ln|x| + C.$

Probe: $(2\,\mathrm{e}^x + \ln|x|)' = 2\,\mathrm{e}^x + \frac{1}{x}$, $(\ln|x|)' = \frac{1}{x}$, siehe [4.28 (d)].

(c) $\displaystyle\int (\sqrt{x} - 3\sin x)\,dx = \int x^{1/2}\,dx - 3\int \sin x\,dx = \tfrac{2}{3}x^{3/2} + 3\cos x + C\,.$

Probe: $(\frac{2}{3}x^{3/2} + 3\cos x)' = x^{1/2} - 3\sin x = \sqrt{x} - 3\sin x$.

5.5 *Man gebe Stammfunktionen für die folgenden Partialbrüche an:*

$$\text{(a)}\ \tfrac{1}{x-1}, \quad \text{(b)}\ \tfrac{1}{(x+5)^4}, \quad \text{(c)}\ \tfrac{3}{2x+6}, \quad \text{(d)}\ \tfrac{5}{(3x-2)^2}, \quad \text{(e)}\ \tfrac{-2}{x^2+1}.$$

(a) Es ist $(\ln|x|)' = \frac{1}{x}$, [4.28 (d)]. Also ist $\ln|x-1|$ eine Stammfunktion von $\frac{1}{x-1}$.

(b) $-\frac{1}{3(x+5)^3}$ ist eine Stammfunktion von $\frac{1}{(x+5)^4}$. Verwende $\displaystyle\int x^{-4}\,dx = -\tfrac{1}{3}x^{-3}$.

(c) $\frac{3}{2x+6} = \frac{3}{2}\cdot\frac{1}{x+3}$. Also ist $\frac{3}{2}\ln|x+3|$ eine Stammfunktion von $\frac{3}{2x+6}$, siehe (a).

(d) $\frac{5}{(3x-2)^2} = \frac{5}{3^2}\cdot\frac{1}{(x-\frac{2}{3})^2}$. Also ist $-\frac{5}{9(x-\frac{2}{3})}$ eine Stammfunktion von $\frac{5}{(3x-2)^2}$.

(e) Wegen $(-2\arctan x)' = \frac{-2}{x^2+1}$ ist $-2\arctan x$ eine Stammfunktion von $\frac{-2}{x^2+1}$.

Integration rationaler Funktionen

Alle rationalen Funktionen können durch Partialbruchzerlegung (PBZ) elementar integriert werden.

Die Summanden der PBZ sind Brüche der Form $\frac{A}{(x-c)^n}$ oder $\frac{Ax+B}{(x^2+bx+c)^m}$.

Zum Integrieren der Partialbrüche benutzt man

$$\int \frac{1}{x-c}\,dx = \ln|x-c|, \qquad \int \frac{1}{(x-c)^n}\,dx = \frac{-1}{(n-1)(x-c)^{n-1}},\ n>1,$$

$$\int \frac{1}{x^2+1}\,dx = \arctan x, \qquad \int \frac{x}{x^2+1}\,dx = \tfrac{1}{2}\ln(x^2+1) = \ln\sqrt{x^2+1}.$$

Stammfunktionen von $\frac{Ax+B}{(x^2+bx+c)^m}$ sind komplizierter zu bestimmen.

Man findet sie in [**FH**]. Ausführliche Beispiele in [**HM**, Seite 289 ff].

5.6 *Man integriere die folgenden rationalen Funktionen:*

(a) $\frac{1}{x^2-1}$, (b) $\frac{x}{x^2-3x+2}$, (c) $\frac{x}{(x-1)^2}$, (d) $\frac{x^2+x+1}{x(1+x^2)}$.

(a) Partialbruchzerlegung mit der Zuhaltemethode ZHM, siehe [S. 94], liefert

$\frac{1}{x^2-1} = \frac{1}{(x-1)(x+1)} = \frac{\frac{1}{2}}{x-1} - \frac{\frac{1}{2}}{x+1}$. Also ist mit den Regeln von [S. 98]

$$\int \frac{dx}{x^2-1} = \frac{1}{2}\int \frac{dx}{x-1} - \frac{1}{2}\int \frac{dx}{x+1}$$
$$= \frac{1}{2}\ln|x-1| - \frac{1}{2}\ln|x+1| + C = \ln\sqrt{\left|\frac{x-1}{x+1}\right|} + C\,.$$

(b) PBZ mit ZHM liefert $\frac{x}{x^2-3x+2} = \frac{x}{(x-1)(x-2)} = \frac{-1}{x-1} + \frac{2}{x-2}$. Also ist

$$\int \frac{x}{x^2-3x+2}\,dx = -\int \frac{dx}{x-1} + 2\int \frac{dx}{x-2}$$
$$= -\ln|x-1| + 2\ln|x-2| + C = \ln\frac{(x-2)^2}{|x-1|} + C.$$

(c) PBZ liefert $\frac{x}{(x-1)^2} = \frac{(x-1)+1}{(x-1)^2} = \frac{1}{x-1} + \frac{1}{(x-1)^2}$. Also ist

$$\int \frac{x}{(x-1)^2}\,dx = \int \frac{dx}{x-1} + \int \frac{dx}{(x-1)^2} = \ln|x-1| - \frac{1}{x-1} + C.$$

(d) Es ist $\frac{x^2+x+1}{x(1+x^2)} = \frac{x+(1+x^2)}{x(1+x^2)} = \frac{1}{1+x^2} + \frac{1}{x}$. Also ist

$$\int \frac{x^2+x+1}{x(1+x^2)}\,dx = \int \frac{1}{1+x^2}\,dx + \int \frac{1}{x}\,dx = \arctan x + \ln|x| + C.$$

Partielle Integration

Die partielle Integration entspricht der Produktregel beim Differenzieren.

$$\int \underset{\uparrow}{f'(x)}\, \underset{\downarrow}{g(x)}\,dx = f(x)g(x) - \int f(x)\,g'(x)\,dx$$

Die unter die Faktoren gesetzten Pfeile ↑ und ↓ deuten an, welcher Faktor integriert (aufgeleitet ↑) und welcher differenziert (abgeleitet ↓) wird.

Die Produktregel des Differenzierens lautet $(fg)' = f'g + fg'$.

Auflösen nach $f'g$ und Integrieren liefert $\int f'g\,dx = fg - \int fg'\,dx$.

Dadurch wird das Integral $\int f'g\,dx$ auf das Integral $\int fg'\,dx$ zurückgeführt. Kann man dies nicht berechnen, hilft partielle Integration nicht weiter.

Die Zerlegung des Integranden in zwei Faktoren und die Wahl, welcher integriert und welcher differenziert wird, ist nicht vorgegeben.

Natürlich möchte man, dass das umgeformte Integral einfacher ist als das ursprünglich gegebene. Dafür drei Tipps:

- Potenzen x^n werden durch Differenzieren einfacher, ebenso Umkehrfunktionen wie z.B. $\ln x$, $\arcsin x, \ldots$
- Funktionen wie e^x, $\sin x$ usw. werden durch Integrieren nicht komplizierter.
- Manchmal hilft zweimaliges partielles Integrieren und Umsortieren.

5.7 *Man integriere partiell:*

(a) $\int x\,\mathrm{e}^x\,dx$, (b) $\int x^2 \sin x\,dx$, (c) $\int \ln x\,dx$.

(a) $\int \underset{\downarrow}{x} \cdot \underset{\uparrow}{\mathrm{e}^x}\,dx = x\,\mathrm{e}^x - \int 1 \cdot \mathrm{e}^x\,dx = x\,\mathrm{e}^x - \mathrm{e}^x + C = \mathrm{e}^x(x-1) + C.$

(b) Wegen $(x^2)' = 2x$ und $\int \sin x\,dx = -\cos x + C$ folgt

$$\int \underset{\downarrow}{x^2} \cdot \underset{\uparrow}{\sin x}\,dx = -x^2\cos x + 2\int \underset{\downarrow}{x} \cdot \underset{\uparrow}{\cos x}\,dx = -x^2\cos x + 2\Big(x\sin x - \int \sin x\,dx\Big)$$
$$= -x^2\cos x + 2x\sin x + 2\cos x + C = 2x\sin x + (2-x^2)\cos x + C.$$

(c) $\int \ln x\,dx \;=\; \int \underset{\uparrow}{1} \cdot \underset{\downarrow}{\ln x}\,dx,$ Einführen des Faktors 1,

$$= x \cdot \ln x - \int x \cdot \tfrac{1}{x}\,dx = x\ln x - \int dx = x\ln x - x + C.$$

Das Einführen des Faktors 1 heißt auch **Faktor-Eins-Methode**.

5.8 *Man integriere zweimal partiell! Lassen sich die Integrale so bestimmen?*

(a) $\int \mathrm{e}^x \sin x\,dx$, (b) $\int \sin x\,\sin 2x\,dx$, (c) $\int \mathrm{e}^x \cosh x\,dx$.

(a) $\int \underset{\uparrow}{\mathrm{e}^x}\,\underset{\downarrow}{\sin x}\,dx = \mathrm{e}^x \sin x - \int \underset{\uparrow}{\mathrm{e}^x}\,\underset{\downarrow}{\cos x}\,dx = \mathrm{e}^x\sin x - \mathrm{e}^x\cos x - \int \mathrm{e}^x \sin x\,dx.$

Das gesuchte Integral taucht zweimal auf. Umsortieren liefert:

$$2\int \mathrm{e}^x \sin x\,dx = \mathrm{e}^x(\sin x - \cos x) + C,\quad \int \mathrm{e}^x \sin x\,dx = \tfrac{1}{2}\,\mathrm{e}^x\big(\sin x - \cos x\big) + C.$$

> Die beliebige Konstante C braucht beim Umformen nicht geändert zu werden!
> Wir lassen $+C$ meist weg und geben $+C$ erst im Endergebnis an!
> In Integraltafeln wird häufig auf die Integrationskonstante C verzichtet.

(b) $\int \underset{\uparrow}{\sin x}\,\underset{\downarrow}{\sin 2x}\,dx \;=\; -\cos x \sin 2x + 2\int \underset{\uparrow}{\cos x}\,\underset{\downarrow}{\cos 2x}\,dx$

$$= -\cos x\sin 2x + 2\Big(\sin x\cos 2x + 2\int \sin x\,\sin 2x\,dx\Big)$$

Das gesuchte Integral taucht zweimal auf. Umsortieren liefert:

$$\int \sin x\,\sin 2x\,dx \;=\; \tfrac{1}{3}\big(\cos x\sin 2x - 2\sin x\cos 2x\big) + C.$$

(c) $\int \underset{\uparrow}{\mathrm{e}^x}\,\underset{\downarrow}{\cosh x}\,dx \;=\; \mathrm{e}^x\cosh x - \int \underset{\uparrow}{\mathrm{e}^x}\,\underset{\downarrow}{\sinh x}\,dx$

$$= \mathrm{e}^x\cosh x - \Big(\mathrm{e}^x\sinh x - \int \mathrm{e}^x\cosh x\,dx\Big).$$

Das gesuchte Integral taucht wieder zweimal auf, fällt aber beim Umsortieren raus. Dieser Weg führt hier nicht zum Ziel. Einsetzen von $\cosh x = \frac{1}{2}(\mathrm{e}^x + \mathrm{e}^{-x})$ liefert die Lösung ohne partielle Integration:

$$\int \mathrm{e}^x\cosh x\,dx = \tfrac{1}{2}\int \mathrm{e}^x(\mathrm{e}^x + \mathrm{e}^{-x})\,dx = \tfrac{1}{2}\int \mathrm{e}^{2x}\,dx + \tfrac{1}{2}\int dx = \tfrac{1}{4}\,\mathrm{e}^{2x} + \tfrac{1}{2}x + C.$$

Integration durch Substitution

Die Integration durch Substitution erfolgt in drei Schritten:

1) Einführen einer neuen Variablen t durch die Substitution

$$\boxed{t = g(x),\ dt = g'(x)\,dx} \quad \text{oder} \quad \boxed{x = h(t),\ dx = h'(t)\,dt}$$

Formales Auflösen der Gleichungen $\frac{dt}{dx} = g'(x)$ bzw. $\frac{dx}{dt} = h'(t)$ liefert den Zusammenhang von dx und dt.

Nur in seltenen Ausnahmefällen ist dx gleich dt.

2) Berechnung des umgeformten Integrals, d.h. Bestimmung einer Stammfunktion abhängig von t,

3) Rücksubstitution $t = g(x)$ oder $t = h^{-1}(x)$.

Diese **Substitutionsmethode** entspricht der Kettenregel beim Differenzieren. Substituieren hilft bei vielen, aber nicht bei allen Integralen. Wir erläutern die Substitutionsmethode durch einige Standardsubstitutionen und Beispiele.

Lineare Substitution $\boxed{\int f(ax+b)\,dx = \frac{1}{a}F(ax+b) + C}$

$$\int f(ax+b)\,dx = \frac{1}{a}\int f(t)\,dt \qquad \boxed{t = ax+b,\ dt = a\,dx,\ dx = \frac{1}{a}\,dt}$$

$$= \frac{1}{a}F(t) \qquad F \text{ Stammfunktion von } f, \text{ d.h. } F' = f$$

$$= \frac{1}{a}F(ax+b) + C. \qquad \text{Rücksubstitution}$$

5.9 *Man integriere durch lineare Substitution:*

(a) $\int (2x-3)^7\,dx$, (b) $\int 3\sin(5-x)\,dx$, (c) $\int \mathrm{e}^{5-3x}\,dx$.

(a)
$$\int (2x-3)^7\,dx = \frac{1}{2}\int t^7\,dt \qquad \boxed{t = 2x-3,\ dt = 2\,dx,\ dx = \frac{1}{2}\,dt}$$

$$= \frac{1}{2}\cdot\frac{1}{8}t^8 \qquad \text{Grundintegral}$$

$$= \frac{1}{16}(2x-3)^8 + C. \qquad \text{Rücksubstitution}$$

(b)
$$\int 3\sin(5-x)\,dx = -3\int \sin t\,dt \qquad \boxed{t = 5-x,\ dt = -dx,\ dx = -dt}$$

$$= 3\cos t \qquad \text{Grundintegral}$$

$$= 3\cos(5-x) + C. \qquad \text{Rücksubstitution}$$

(c)
$$\int \mathrm{e}^{5-3x}\,dx = -\frac{1}{3}\int \mathrm{e}^t\,dt \qquad \boxed{t = 5-3x,\ dt = -3\,dx,\ dx = -\frac{1}{3}\,dt}$$

$$= -\frac{1}{3}\mathrm{e}^t \qquad \text{Grundintegral}$$

$$= -\frac{1}{3}\mathrm{e}^{5-3x} + C. \qquad \text{Rücksubstitution}$$

Substitutionsregel: $\boxed{\int f(g(x))\, g'(x)\, dx = F(g(x)) + C}$

$$\begin{aligned} \int f(g(x))g'(x)\,dx &= \int f(t)\,dt && \text{Subst.: } \boxed{t = g(x),\ dt = g'(x)\,dx} \\ &= F(t) && F \text{ Stammfunktion von } f\text{, d.h. } F' = f \\ &= F\big(g(x)\big) + C. && \text{Rücksubstitution} \end{aligned}$$

5.10 *Man bestimme die folgenden Integrale:*

(a) $\int 2x\,e^{x^2}\,dx$, (b) $\int x^2 \sin x^3\,dx$, (c) $\int \frac{\ln x}{x}\,dx$,

(d) $\int x(2+3x^2)^3\,dx$, (e) $\int \frac{\sin x\,dx}{\cos x + \cos^2 x}$.

(a)
$$\begin{aligned} \int 2x\,e^{x^2}\,dx = \int e^{x^2} 2x\,dx &= \int e^t\,dt && \boxed{t = g(x) = x^2,\ dt = g'(x)\,dx = 2x\,dx} \\ &= e^t && \text{Grundintegral} \\ &= e^{x^2} + C. && \text{Rücksubstitution} \end{aligned}$$

(b)
$$\begin{aligned} \int x^2 \sin x^3\,dx = \int \sin x^3\,x^2\,dx &= \tfrac{1}{3}\int \sin t\,dt && \boxed{t = x^3,\ dt = 3x^2\,dx,\ \tfrac{1}{3}\,dt = x^2\,dx} \\ &= -\tfrac{1}{3}\cos t && \text{Grundintegral} \\ &= -\tfrac{1}{3}\cos x^3 + C. && \text{Rücksubstitution} \end{aligned}$$

(c)
$$\begin{aligned} \int \frac{\ln x}{x}\,dx = \int \ln x\,\frac{dx}{x} &= \int t\,dt && \boxed{t = \ln x,\ dt = \frac{dx}{x}} \\ &= \tfrac{1}{2}\,t^2 && \text{Grundintegral} \\ &= \tfrac{1}{2}\,(\ln x)^2 + C. && \text{Rücksubstitution} \end{aligned}$$

(d)
$$\begin{aligned} \int x(2+3x^2)^3\,dx &= \tfrac{1}{6}\int t^3\,dt && \boxed{t = 2 + 3x^2,\ dt = 6x\,dx,\ x\,dx = \tfrac{1}{6}\,dt} \\ &= \tfrac{1}{6}\cdot\tfrac{1}{4}\,t^4 = \tfrac{1}{24}\,t^4 && \text{Grundintegral} \\ &= \tfrac{1}{24}\left(2+3x^2\right)^4 + C. && \text{Rücksubstitution} \end{aligned}$$

(e)
$$\begin{aligned} \int \frac{\sin x\,dx}{\cos x + \cos^2 x} &= -\int \frac{dt}{t+t^2} = -\int \frac{dt}{(1+t)t} && \boxed{t = \cos x,\ dt = -\sin x\,dx} \\ &= \int \frac{dt}{1+t} - \int \frac{dt}{t} && \text{PBZ [Seite 93 ff]} \\ &= \ln|1+t| - \ln|t| = \ln\left|\frac{1+t}{t}\right| && \text{Grundintegrale} \\ &= \ln\left|\frac{1+\cos x}{\cos x}\right| + C. && \text{Rücksubstitution} \end{aligned}$$

Ein einfacher Spezialfall des letzten Typs ist der folgende:

Ableitung des Nenners im Zähler $$\int \frac{f'(x)}{f(x)}\,dx = \ln|f(x)| + C$$

$$\int \frac{f'(x)}{f(x)}\,dx = \int \frac{1}{t}\,dt \qquad \text{Subst.: } t = f(x),\ dt = f'(x)\,dx$$
$$= \ln|t| \qquad \text{Grundintegral}$$
$$= \ln|f(x)| + C. \qquad \text{Rücksubstitution}$$

5.11 *Man integriere die folgenden Integrale vom Typ* $\int \frac{f'(x)}{f(x)}\,dx$:

(a) $\int \frac{x}{x^2-1}\,dx$, (b) $\int \frac{dx}{x\ln x}$, (c) $\int \tan x\,dx$, (d) $\int \frac{\cosh 2x}{\sinh 2x}\,dx$.

Evtl. erst umformen, um die Ableitung des Nenners im Zähler zu erhalten!

Ableitung des Nenners

(a) $\int \frac{x}{x^2-1}\,dx = \frac{1}{2}\int \frac{2x}{x^2-1}\,dx = \frac{1}{2}\ln|x^2-1| + C.$ $\qquad (x^2-1)' = 2x$

(b) $\int \frac{dx}{x\ln x} = \int \frac{1/x}{\ln x}\,dx = \ln|\ln x| + C.$ $\qquad (\ln x)' = \frac{1}{x}$

(c) $\int \tan x\,dx = \int \frac{\sin x}{\cos x}\,dx = -\int \frac{-\sin x}{\cos x}\,dx = -\ln|\cos x| + C.$ $\qquad (\cos x)' = -\sin x$

(d) $\int \frac{\cosh 2x}{\sinh 2x}\,dx = \frac{1}{2}\int \frac{2\cosh 2x}{\sinh 2x}\,dx = \frac{1}{2}\ln|\sinh 2x| + C.$ $\qquad (\sinh 2x)' = 2\cosh 2x$

Substituieren der Wurzel

Taucht im Integranden eine Wurzel $\sqrt{g(x)}$ auf, ist es einen Versuch wert, diese zu substituieren d.h. man probiert die folgende Substitution

$$t = \sqrt{g(x)},\ t^2 = g(x),\ 2t\,dt = g'(x)\,dx, \quad x = g^{-1}(t^2),\ dx = \left(g^{-1}\right)'(t^2)\,2t\,dt$$

5.12 *Man löse die folgenden Integrale durch Substituieren der Wurzel:*

(a) $\int \sqrt{2x+5}\,dx$, (b) $\int \frac{dx}{1+\sqrt{1+x}}$, (c) $\int e^{\sqrt{x}}\,dx$, (d) $\int \cos\sqrt{2x+1}\,dx$.

(a) $$\int \sqrt{2x+5}\,dx = \int t\cdot t\,dt \qquad t = \sqrt{2x+5},\ t^2 = 2x+5,\ 2t\,dt = 2\,dx$$
$$= \int t^2\,dt = \frac{1}{3}t^3 \qquad \text{Grundintegral}$$
$$= \frac{1}{3}\left(\sqrt{2x+5}\right)^3 + C = \frac{1}{3}\sqrt{(2x+5)^3} + C. \qquad \text{Rücksubstitution}$$

(b) $$\int \frac{dx}{1+\sqrt{1+x}} = \int \frac{2t}{1+t}\,dt = 2\int \frac{(1+t)-1}{1+t}\,dt \qquad t = \sqrt{1+x},\ t^2 = x+1,\ 2t\,dt = dx$$
$$= 2\int \left(1 - \frac{1}{1+t}\right)dt = 2t - 2\ln|1+t| \qquad \text{PBZ, Grundintegral}$$
$$= 2\sqrt{1+x} - 2\ln\left|1+\sqrt{1+x}\right| + C. \qquad \text{Rücksubstitution}$$

(c) $$\int \mathrm{e}^{\sqrt{x}}\,dx = 2\int t\,\mathrm{e}^t\,dt$$ $\boxed{t=\sqrt{x},\ x=t^2,\ dx=2t\,dt}$

$$= 2\,\mathrm{e}^t(t-1)$$ partielle Integration, [5.7 (a)]

$$= 2\,\mathrm{e}^{\sqrt{x}}\big(\sqrt{x}-1\big)+C.$$ Rücksubstitution

(d) $$\int \cos\sqrt{2x+1}\,dx = \int t\cos t\,dt$$ $\boxed{t=\sqrt{2x+1},\ x=\tfrac{1}{2}(t^2-1),\ dx=t\,dt}$

$$= t\sin t - \int \sin t\,dt = t\sin t+\cos t$$ partielle Integration [5.7 (b)]

$$= \sqrt{2x+1}\,\sin\sqrt{2x+1}+\cos\sqrt{2x+1}+C.$$ Rücksubstitution

5.2 Bestimmte Integrale

Bestimmte Integrale tauchen bei vielen Summationsprozessen auf, z.B. bei der Berechnung von Kurvenlängen, Flächen- und Rauminhalten.
Sie können oft mit Hilfe von Stammfunktionen berechnet werden.

Wir skizzieren die Definition des bestimmten Integrals nur für stetige Funktionen.

Unter- und Obersummen

Sei $f\colon [a,b]\to\mathbb{R}$ stetig und $a=x_0<x_1<\cdots<x_n=b$ eine **Zerlegung** Z des Intervalls $[a,b]$ in n Teilintervalle $J_k:=[x_{k-1},x_k]$.
Die Zerlegung Z heißt **äquidistant**, wenn alle ihre Teilintervalle gleich lang sind, also falls $x_k-x_{k-1}=\frac{1}{n}(b-a)$ für $k=1,\dots,n$.

Auf jedem Teilintervall J_k besitzt f als stetige Funktion
ein absolutes Minimum $m_k=\min\{f(x)\,|\,x\in J_k\}$ und
ein absolutes Maximum $M_k=\max\{f(x)\,|\,x\in J_k\}$.

$$U_n = m_1(x_1-x_0)+\cdots+m_n(x_n-x_{n-1}) = \sum_{k=1}^{n} m_k(x_k-x_{k-1}) \quad \text{und}$$

$$O_n = M_1(x_1-x_0)+\cdots+M_n(x_n-x_{n-1}) = \sum_{k=1}^{n} M_k(x_k-x_{k-1})$$

heißen zur Zerlegung Z gehörende **Untersumme** bzw. **Obersumme** von f auf dem Intervall $[a,b]$. Es gilt stets $U_n\le O_n$.

Ist die Zerlegung Z äquidistant mit n gleich langen Teilintervallen, so gilt
$$U_n=(m_1+\cdots+m_n)\tfrac{b-a}{n} \quad\text{und}\quad O_n=(M_1+\cdots+M_n)\tfrac{b-a}{n}.$$

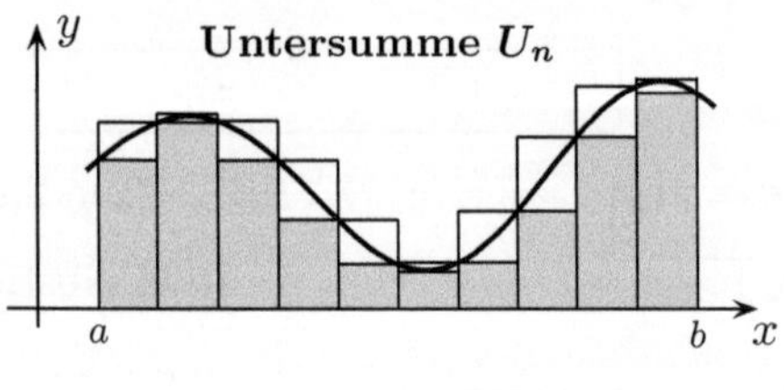

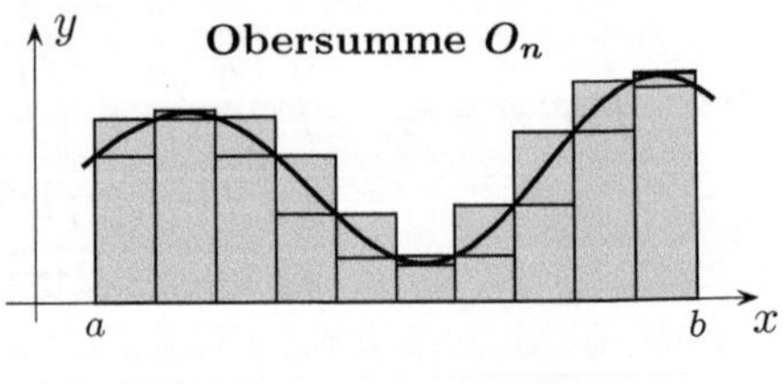

5.13 *Für $f(x) = x - 1$ in $[1,5]$ bestimme man die Unter- und Obersummen für*

(a) *die äquidistante Zerlegung von $[1,5]$ in 4 Teilintervalle,*

(b) *die äquidistante Zerlegung von $[1,5]$ in n Teilintervalle.*

(a) Die äquidistante Zerlegung von $[1,5]$ in 4 Teilintervalle hat die 5 **Stützstellen** $x_0 = 1,\ x_1 = 2,\ x_2 = 3,\ x_3 = 4,\ x_4 = 5.$
Die Teilintervalle $J_k = [x_{k-1}, x_k]$ haben die Länge $\frac{5-1}{4} = 1.$
Die monoton wachsende Funktion $f(x) = x - 1$ nimmt ihr Minimum bzw. ihr Maximum jeweils am linken bzw. rechten Endpunkt der Teilintervalle an.

Die Minima und Maxima sind
$m_1 = 0,\ m_2 = 1,\ m_3 = 2,\ m_4 = 3$ und
$M_1 = 1,\ M_2 = 2,\ M_3 = 3,\ M_4 = 4.$
Damit erhält man

$$\begin{aligned} U_4 &= m_1 \cdot 1 + m_2 \cdot 1 + m_3 \cdot 1 + m_4 \cdot 1 \\ &= 0 \cdot 1 + 1 \cdot 1 + 2 \cdot 1 + 3 \cdot 1 = 6, \end{aligned}$$

$$\begin{aligned} O_4 &= M_1 \cdot 1 + M_2 \cdot 1 + M_3 \cdot 1 + M_4 \cdot 1 \\ &= 1 \cdot 1 + 2 \cdot 1 + 3 \cdot 1 + 4 \cdot 1 = 10. \end{aligned}$$

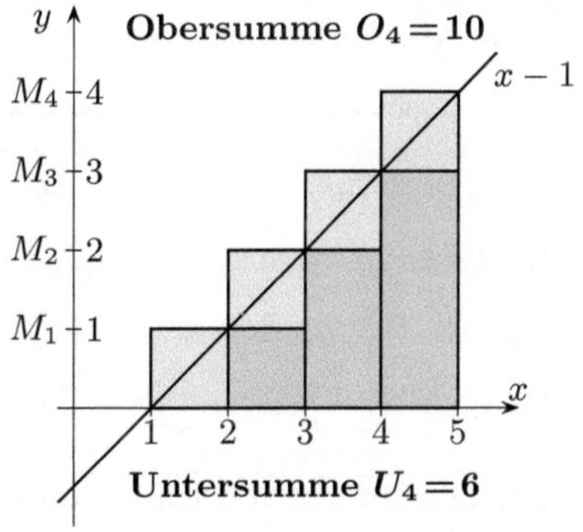

(b) Die äquidistante Zerlegung von $[1,5]$ in n Teilintervalle hat die $n+1$ Stützstellen $x_0 = 1,\ x_1 = 1 + \frac{4}{n},\ \ldots,\ x_k = 1 + k\frac{4}{n},\ \ldots,\ x_{n-1} = 5 - \frac{1}{n},\ x_n = 5.$
Die Teilintervalle $[x_{k-1}, x_k]$ haben die Länge $\frac{5-1}{n} = \frac{4}{n}$ für $k = 1 \ldots n.$
Die monoton wachsende Funktion $f(x) = x - 1$ nimmt ihr Minimum m_k bzw. ihr Maximum M_k jeweils am linken bzw. rechten Endpunkt der Teilintervalle an.
Also ist $m_k = f(x_{k-1}) = x_{k-1} - 1 = 1 + (k-1)\frac{4}{n} - 1 = (k-1)\frac{4}{n}$ und $M_k = f(x_k) = 1 + k\frac{4}{n} - 1 = k\frac{4}{n}.$ Es folgt:

$$\begin{aligned} U_n &= (m_1 + m_2 + \cdots + m_n)\frac{4}{n} \\ &= \big(0 + 1 + \cdots + (n-1)\big)\left(\frac{4}{n}\right)^2 \\ &= \frac{(n-1)n}{2} \cdot \left(\frac{4}{n}\right)^2 \\ &= \frac{4^2}{2} \cdot \frac{n-1}{n} = 8 - \frac{8}{n}. \end{aligned}$$

$$\begin{aligned} O_n &= (M_1 + M_2 + \cdots + M_n)\frac{4}{n} \\ &= (1 + 2 + \cdots + n)\left(\frac{4}{n}\right)^2 \\ &= \frac{n(n+1)}{2} \cdot \left(\frac{4}{n}\right)^2 \\ &= \frac{4^2}{2} \cdot \frac{n+1}{n} = 8 + \frac{8}{n}. \end{aligned}$$

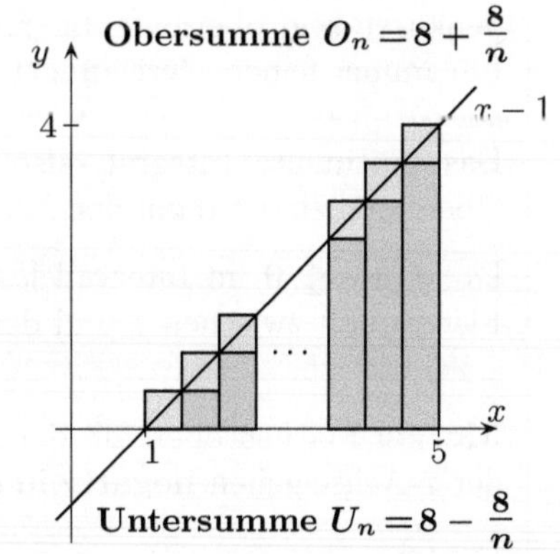

Bestimmtes Integral

Geht man zu immer feineren Zerlegungen über, indem man die Anzahl n der Teilintervalle gegen ∞ und ihre Länge gegen Null gehen lässt, so haben für stetige Funktionen f die Unter- und Obersummen einen gemeinsamen Grenzwert.

Der gemeinsame Grenzwert $\int_a^b f(x)\,dx = \lim_{n\to\infty} U_n = \lim_{n\to\infty} O_n$

heißt **bestimmtes Integral von f von a bis b.**

Für alle Zerlegungen gilt $U_n \leq \int_a^b f(x)\,dx \leq O_n$

5.14 *Berechne* $\int_1^5 (x-1))\,dx$ *mit Hilfe von Unter- und Obersummen.*

In [5.13 (b)] wurden die entsprechenden Unter- und Obersummen berechnet:
$U_n = 8 - \frac{8}{n}$ und $O_n = 8 + \frac{8}{n}$.

Es ist $\lim_{n\to\infty} U_n = \lim_{n\to\infty} (8 - \frac{8}{n}) = 8$ und $\lim_{n\to\infty} O_n = \lim_{n\to\infty} (8 + \frac{8}{n}) = 8$.

Die Grenzwerte von Unter- und Obersummen sind gleich.

Also ist $\int_1^5 (x-1)\,dx = \lim_{n\to\infty} U_n = \lim_{n\to\infty} O_n = 8$.

Interpretation als Flächeninhalt

Ist $\boldsymbol{f(x) \geq 0}$ im Intervall $[a,b]$, so kann man den Flächeninhalt zwischen der Funktion f und der x-Achse durch Unter- und Obersummen annähern.
Die Summanden $m_k(x_k - x_{k-1})$ und $M_k(x_k - x_{k-1})$ sind Flächeninhalte von Rechtecken mit Grundseite $(x_k - x_{k-1})$ und Höhe m_k bzw M_k.
Ihre Summen sind Inhalte von Flächen zwischen Treppenkurven und x-Achse.

Die zu U_n gehörende Treppenkurve liegt unterhalb, die zu O_n gehörende Treppenkurve liegt oberhalb von f.
Für immer feinere Zerlegungen nähern sich die Treppenkurven f immer mehr an.
Das bestimmte Integral, also der gemeinsame Grenzwert von Unter- und Obersummen, ist dann der Inhalt der Fläche zwischen f und der x-Achse.

Ist $\boldsymbol{f(x) \leq 0}$ im Intervall $[a,b]$, so ist das bestimmte Integral der negative Flächenhalt zwischen f und der x-Achse.

Merke: Flächen oberhalb der x-Achse gehen **positiv** und Flächen unterhalb der x-Achse gehen **negativ** in die Berechnung des bestimmten Integrals ein!

5.15 *Berechne die bestimmten Integrale durch Interpretation als Flächeninhalt:*

(a) $\displaystyle\int_{-1}^{4}(x+1)\,dx$, (b) $\displaystyle\int_{0}^{2}(x-1)\,dx$, (c) $\displaystyle\int_{-R}^{R}\sqrt{R^2-x^2}\,dx$.

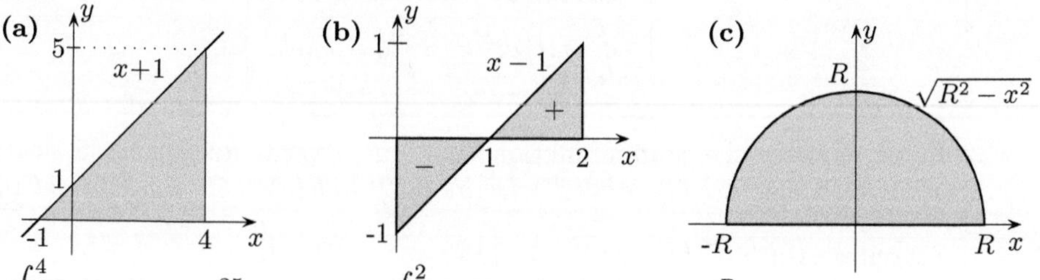

$$\int_{-1}^{4}(x+1)\,dx=\frac{25}{2}$$

Dreiecksfläche =
$\frac{1}{2}$ Grundseite · Höhe

$$\int_{0}^{2}(x-1)\,dx=0$$

gleichgroße Dreiecke,
unterschiedliche Vorzeichen

$$\int_{-R}^{R}\sqrt{R^2-x^2}\,dx=\frac{1}{2}\pi\,R^2$$

halbe Kreisfläche

Linearität

$$\int_a^b r\cdot f(x)\,dx = r\cdot\int_a^b f(x)\,dx$$

Vorziehen eines konstanten Faktors r

$$\int_a^b \big(f(x)+g(x)\big)\,dx = \int_a^b f(x)\,dx + \int_a^b g(x)\,dx$$

Integral der Summe
=
Summe der Integrale

Monotonie

$$f(x)\le g(x) \quad\Longrightarrow\quad \int_a^b f(x)\,dx \le \int_a^b g(x)\,dx$$

Additivität

$$\int_a^b f(x)\,dx = \int_a^c f(x)\,dx + \int_c^b f(x)\,dx$$

Dabei setzt man $\displaystyle\int_a^a f(x)\,dx = 0$ und $\displaystyle\int_b^a f(x)\,dx = -\int_a^b f(x)\,dx.$

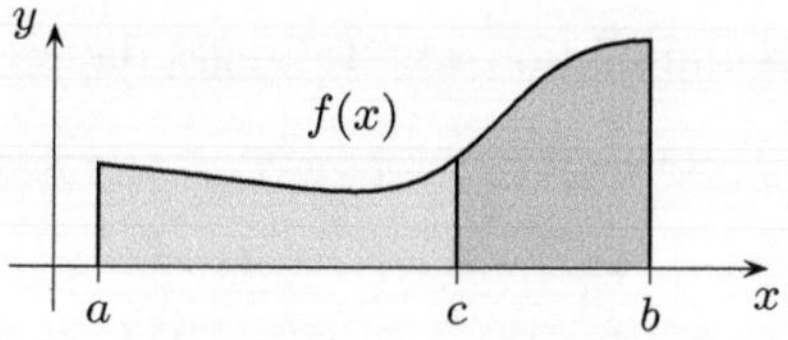

Bestimmte Integrale kann man mit Stammfunktionen berechnen:

Hauptsatz der Analysis

Ist f in $[a,b]$ stetig und F eine **Stammfunktion** von f in $[a,b]$, dann gilt

$$\int_a^b f(t)\,dt = F(b) - F(a)$$

Es ist egal, welche Stammfunktion von f man verwendet, siehe [5.1], da die addierte Konstante C entfällt: $(F(b)+C)-(F(a)+C) = F(b)-F(a)$.

Schreibweisen: $F(b)-F(a) = \Big[F(x)\Big]_a^b = F(x)\Big|_a^b$

5.16 *Man berechne die folgenden bestimmten Integrale:*

(a) $\int_0^3 2x\,dx$, (b) $\int_2^3 (1-2x)\,dx$, (c) $\int_{-5}^1 (-1-\frac{1}{2}x)\,dx$,

(d) $\int_0^1 x^2\,dx$, (e) $\int_{-1}^1 (3x^2-2x)\,dx$, (f) $\int_{-1}^1 (x-1)^2\,dx$.

(a) $F(x) = x^2$ ist eine Stammfunktion von $f(x) = 2x$, da $(x^2)' = 2x$ ist. Also gilt

$$\int_0^3 2x\,dx = \Big[x^2\Big]_0^3 = 9-0 = 9.$$

(b) $x - x^2$ ist eine Stammfunktion von $1-2x$, da $(x-x^2)' = 1-2x$ ist. Also gilt

$$\int_2^3 (1-2x) = \Big[x-x^2\Big]_2^3 = (3-9)-(2-4) = -4.$$

(c) $-x-\frac{1}{4}x^2$ ist eine Stammfunktion von $-1-\frac{1}{2}x$, da $(-x-\frac{1}{4}x^2)' = -1-\frac{x}{2}$. Also:

$$\int_{-5}^1 (-1-\tfrac{1}{2}x)\,dx = \Big[-x-\tfrac{1}{4}x^2\Big]_{-5}^1 = (-1-\tfrac{1}{4})-(5-\tfrac{25}{4}) = 0.$$

(d) $\frac{1}{3}x^3$ ist eine Stammfunktion von x^2, da $(\frac{1}{3}x^3)' = x^2$ ist. Also gilt

$$\int_0^1 x^2\,dx = \Big[\tfrac{1}{3}x^3\Big]_0^1 = \tfrac{1}{3}\Big[x^3\Big]_0^1 = \tfrac{1}{3}.$$ *Konstante Faktoren vorziehen!*

(e) x^3-x^2 ist eine Stammfunktion von $3x^2-2x$, da $(x^3-x^2)' = 3x^2-2x$ ist. Also:

$$\int_{-1}^1 (3x^2-2x)\,dx = \Big[x^3-x^2\Big]_{-1}^1 = (1-1)-(-1-1) = 2.$$

(f) $\frac{1}{3}(x-1)^3$ ist eine Stammfunktion von $(x-1)^2$, da $(\frac{1}{3}(x-1)^3)' = (x-1)^2$ ist.

$$\int_{-1}^1 (x-1)^2\,dx = \Big[\tfrac{1}{3}(x-1)^3\Big]_{-1}^1 = \tfrac{1}{3}\big((1-1)^3-(-1-1)^3\big) = \tfrac{8}{3}.$$

5.17 *Man berechne die bestimmten Integrale.*

$$\text{(a)} \int_0^1 x\,\mathrm{e}^x\,dx, \qquad \text{(b)} \int_1^{\mathrm{e}} \ln x\,dx, \qquad \text{(c)} \int_0^{\pi} \sin^2 x\,dx.$$

(a) $\displaystyle\int_0^1 x\,\mathrm{e}^x\,dx = \Big[\mathrm{e}^x(x-1)\Big]_0^1 = 0-(-1) = 1,$ Stammfunktion siehe [5.7 (a)].

(b) $\displaystyle\int_1^{\mathrm{e}} \ln x\,dx = \Big[x\ln x - x\Big]_1^{\mathrm{e}} = (\mathrm{e}-\mathrm{e})-(0-1) = 1,$ siehe [5.7 (c)].

(c) $\displaystyle\int_0^{\pi} \sin^2 x\,dx = \tfrac{1}{2}\Big[(x-\cos x\sin x)\Big]_0^{\pi} = \tfrac{1}{2}\big((\pi-0)-(0-0)\big) = \tfrac{1}{2}\pi,$ siehe [5.37 (e)].

5.18 *Man berechne die bestimmten Integrale, Stammfunktionen siehe z.B.* **F4**.

$$\text{(a)} \int_0^1 \sqrt{x}\,dx, \qquad \text{(b)} \int_1^4 \frac{dx}{\sqrt{x}}, \qquad \text{(c)} \int_0^1 (-2x+3\sqrt{x}\,)\,dx,$$

$$\text{(d)} \int_0^{\pi} \cos x\,dx, \qquad \text{(e)} \int_0^{\pi} \sin x\,dx, \qquad \text{(f)} \int_1^2 \mathrm{e}^x\,dx,$$

$$\text{(g)} \int_1^{\mathrm{e}} \frac{dx}{x}, \qquad \text{(h)} \int_0^1 \frac{dx}{1+x}, \qquad \text{(i)} \int_{-\sqrt{3}}^{\sqrt{3}} \frac{dx}{1+x^2}.$$

(a) $\displaystyle\int_0^1 \sqrt{x}\,dx = \Big[\tfrac{2}{3}x^{\frac{3}{2}}\Big]_0^1 = \tfrac{2}{3}.$

(b) $\displaystyle\int_1^4 \frac{dx}{\sqrt{x}} = \Big[2\sqrt{x}\Big]_1^4 = 2(\sqrt{4}-\sqrt{1}\,) = 2.$

(c) $\displaystyle\int_0^1 (-2x+3\sqrt{x}\,)\,dx = \Big[-x^2+2x^{\frac{3}{2}}\Big]_0^1 = (-1+2)-0 = 1.$

(d) $\displaystyle\int_0^{\pi} \cos x\,dx = \Big[\sin x\Big]_0^{\pi} = 0-0 = 0.$

(e) $\displaystyle\int_0^{\pi} \sin x\,dx = \Big[-\cos x\Big]_0^{\pi} = -\cos\pi-(-\cos 0) = -(-1)-(-1) = 2.$

(f) $\displaystyle\int_1^2 \mathrm{e}^x\,dx = \Big[\mathrm{e}^x\Big]_1^2 = \mathrm{e}^2-\mathrm{e}^1 \approx 4.67.$

(g) $\displaystyle\int_1^{\mathrm{e}} \frac{dx}{x} = \Big[\ln x\Big]_1^{\mathrm{e}} = \ln\mathrm{e}-\ln 1 = 1-0 = 1.$

(h) $\displaystyle\int_0^1 \frac{dx}{1+x} = \Big[\ln(1+x)\Big]_0^1 = \ln 2-\ln 1 = \ln 2-0 = \ln 2 \approx 0.69.$

(i) $\displaystyle\int_{-\sqrt{3}}^{\sqrt{3}} \frac{dx}{1+x^2} = \Big[\arctan x\Big]_{-\sqrt{3}}^{\sqrt{3}} = \tfrac{\pi}{3}-(-\tfrac{\pi}{3}) = \tfrac{2\pi}{3},$ [Seite 104] : $\tan(\pm\tfrac{\pi}{3}) = \pm\sqrt{3}$.

5.19 *Man bestimme r so, dass gilt*

$$\text{(a)} \int_0^r x^2\,dx = 9, \qquad \text{(b)} \int_r^2 (2x-1)\,dx = 2, \qquad \text{(c)} \int_r^{2r} 2x\,dx = 3.$$

(a) $\displaystyle\int_0^r x^2\,dx = \frac{1}{3}\left[x^3\right]_0^r = \frac{1}{3}r^3 = 9 \iff r^3 = 27 \iff r = 3.$

(b) $\displaystyle\int_r^2 (2x-1)\,dx = \left[x^2 - x\right]_r^2 = 2 - (r^2 - r) = 2$

$\iff r^2 - r = 0 \iff r_1 = 0,\ r_2 = 1.$

(c) $\displaystyle\int_r^{2r} 2x\,dx = \left[x^2\right]_r^{2r} = 4r^2 - r^2 = 3r^2 = 3 \iff r^2 = 1 \iff r_1 = 1,\ r_2 = -1.$

Um die obigen bestimmten Integrale zu berechnen, wurden zunächst Stammfunktionen bestimmt und dann die Grenzen eingesetzt.
Beim partiellen Integrieren und beim Substituieren kann es günstig sein, die Grenzen gleich einzusetzen bzw. mit zu substituieren.

Daher formulieren wir diese beiden Regeln noch einmal für bestimmte Integrale:

Partielle Integration für bestimmte Integrale

$$\int_a^b \underset{\uparrow}{f'(x)}\,\underset{\downarrow}{g(x)}\,dx = \Big[f(x)\,g(x)\Big]_a^b - \int_a^b f(x)g'(x)\,dx$$

5.20 *Man berechne durch partielle Integration:*

$$\text{(a)} \int_1^{\mathrm{e}} x\ln x\,dx, \qquad \text{(b)} \int_0^{\pi} x\sin x\,dx, \qquad \text{(c)} \int_0^{\pi} \mathrm{e}^x\cos x\,dx.$$

(a) $\displaystyle\int_1^{\mathrm{e}} \underset{\uparrow}{x}\,\underset{\downarrow}{\ln x}\,dx = \left[\tfrac{1}{2}x^2\ln x\right]_1^{\mathrm{e}} - \frac{1}{2}\int_1^{\mathrm{e}} \frac{x^2}{x}\,dx = \frac{1}{2}\mathrm{e}^2 - \frac{1}{2}\int_1^{\mathrm{e}} x\,dx$

$\displaystyle = \frac{1}{2}\mathrm{e}^2 - \frac{1}{2}\left[\tfrac{1}{2}x^2\right]_1^{\mathrm{e}} = \frac{1}{2}\mathrm{e}^2 - \frac{1}{4}\mathrm{e}^2 + \frac{1}{4} = \frac{1}{4}(\mathrm{e}^2 + 1) \approx 2.1.$

(b) $\displaystyle\int_0^{\pi} \underset{\downarrow}{x}\,\underset{\uparrow}{\sin x}\,dx = \Big[-x\cos x\Big]_0^{\pi} + \int_0^{\pi} \cos x\,dx = \pi + \Big[\sin x\Big]_0^{\pi} = \pi + 0 = \pi.$

(c) $\displaystyle\int_0^{\pi} \underset{\downarrow}{\mathrm{e}^x}\,\underset{\uparrow}{\cos x}\,dx = \underbrace{\Big[\mathrm{e}^x\sin x\Big]_0^{\pi}}_{=0} - \int_0^{\pi} \mathrm{e}^x\sin x\,dx = -\int_0^{\pi} \underset{\downarrow}{\mathrm{e}^x}\,\underset{\uparrow}{\sin x}\,dx$

$\displaystyle = \Big[\mathrm{e}^x\cos x\Big]_0^{\pi} - \int_0^{\pi} \mathrm{e}^x\cos x\,dx = -\mathrm{e}^{\pi} - 1 - \int_0^{\pi} \mathrm{e}^x\cos x\,dx.$

Also $\displaystyle\int_0^{\pi} \mathrm{e}^x\cos x\,dx = -\mathrm{e}^{\pi} - 1 - \int_0^{\pi} \mathrm{e}^x\cos x\,dx.$ Umsortieren liefert

$\displaystyle 2\int_0^{\pi} \mathrm{e}^x\cos x\,dx = -(\mathrm{e}^{\pi} + 1)$, also $\displaystyle\int_0^{\pi} \mathrm{e}^x\cos x\,dx = -\frac{1}{2}(\mathrm{e}^{\pi} + 1) \approx -12.07.$

Substitutionsregel für bestimmte Integrale

Bei bestimmten Integralen können die Grenzen gleich mit substituiert werden. Das erspart die Rücksubstitution vor dem Einsetzen der Grenzen.

$$\int_{x=a}^{b} f\big(g(x)\big)g'(x)\,dx \;=\; \int_{t=g(a)}^{g(b)} f(t)\,dt.$$

Substitution: $\left.\begin{array}{rcl} g(x) & = & t \\ g'(x)\,dx & = & dt \end{array}\;\right|\; \begin{array}{lcl} x=a & \Leftrightarrow & t=g(a) \\ x=b & \Leftrightarrow & t=g(b) \end{array}$

Die Angabe der Grenzen in der Form "$x = a$" bzw "$t = g(a)$" hilft, Fehler beim Substituieren der Grenzen zu vermeiden.

5.21 *Man berechne mit der Substitutionsregel:*

(a) $\displaystyle\int_{-2}^{2} \sqrt{2x+5}\,dx$, (b) $\displaystyle\int_{0}^{\pi/2} (1+\sin x)\cos x\,dx$, (c) $\displaystyle\int_{0}^{\pi} \mathrm{e}^{\cos x}\sin x\,dx$,

(d) $\displaystyle\int_{\mathrm{e}}^{\mathrm{e}^2} \frac{dx}{x\ln x}$, (e) $\displaystyle\int_{0}^{4\pi} \sin\sqrt{x}\,dx$, (f) $\displaystyle\int_{0}^{1/2} \frac{\arcsin x}{\sqrt{1-x^2}}\,dx$.

(a) $$\int_{x=-2}^{2} \sqrt{2x+5}\;dx = \frac{1}{2}\int_{t=1}^{9} \sqrt{t}\;dt \qquad \left[\begin{array}{r} 2x+5=t \\ dx=\frac{1}{2}dt \end{array}\;\middle|\; \begin{array}{l} x=-2 \Leftrightarrow t=1 \\ x=2 \quad\Leftrightarrow t=9 \end{array}\right]$$

$$= \left[\tfrac{1}{3}t^{3/2}\right]_{t\,=\,1}^{9} = \tfrac{1}{3}(27-1) = \tfrac{26}{3}.$$

(b) $$\int_{x=0}^{\pi/2} (1+\sin x)\cos x\;dx = \int_{t=0}^{1} (1+t)\;dt \qquad \left[\begin{array}{r} \sin x=t \\ \cos x\;dx=dt \end{array}\;\middle|\; \begin{array}{l} x=0 \Leftrightarrow t=0 \\ x=\frac{\pi}{2} \Leftrightarrow t=1 \end{array}\right]$$

$$= \left[t+\tfrac{1}{2}t^2\right]_{t\,=\,0}^{1} = \tfrac{3}{2}.$$

(c) $$\int_{x=0}^{\pi} \mathrm{e}^{\cos x}\sin x\;dx = -\int_{t=1}^{-1} \mathrm{e}^{t}\;dt \qquad \left[\begin{array}{r} \cos x=t \\ -\sin x\;dx=dt \end{array}\;\middle|\; \begin{array}{l} x=0 \Leftrightarrow t=1 \\ x=\pi \Leftrightarrow t=-1 \end{array}\right]$$

$$= \int_{t=-1}^{1} \mathrm{e}^{t}\;dt = \left[\mathrm{e}^{t}\right]_{t=-1}^{1} = \mathrm{e} - \tfrac{1}{\mathrm{e}} \approx 2.35.$$

(d) $$\int_{x=\mathrm{e}}^{\mathrm{e}^2} \frac{dx}{x\ln x} = \int_{t=1}^{2} \frac{1}{t}\;dt \qquad \left[\begin{array}{r} \ln x=t \\ \frac{dx}{x}=dt \end{array}\;\middle|\; \begin{array}{l} x=\mathrm{e} \;\;\Leftrightarrow t=1 \\ x=\mathrm{e}^2 \Leftrightarrow t=2 \end{array}\right]$$

$$= \left[\ln|t|\right]_{t=1}^{2} = \ln 2 - \ln 1 = \ln 2.$$

(e) $$\int_{x=0}^{4\pi} \sin\sqrt{x}\;dx = 2\int_{t=0}^{2\sqrt{\pi}} \underset{\downarrow}{t}\;\underset{\uparrow}{\sin t}\;dt \qquad \left[\begin{array}{r} x=t^2 \\ dx=2t\,dt \end{array}\;\middle|\; \begin{array}{l} x=0 \;\;\Leftrightarrow t=0 \\ x=4\pi \Leftrightarrow t=2\sqrt{\pi} \end{array}\right]$$

$$= 2\left[\sin t - t\cos t\right]_{t=0}^{2\sqrt{\pi}} = 2(\sin 2\sqrt{\pi} - 2\sqrt{\pi}\cos 2\sqrt{\pi}) - 0 \approx 5.74.$$

(f) $$\int_{0}^{1/2} \frac{\arcsin x}{\sqrt{1-x^2}}\;dx = \int_{t=0}^{\pi/6} t\;dt \qquad \left[\begin{array}{r} \arcsin x=t \\ \frac{dx}{\sqrt{1-x^2}}=dt \end{array}\;\middle|\; \begin{array}{l} x=0 \Leftrightarrow t=0 \\ x=\frac{1}{2} \Leftrightarrow t=\frac{\pi}{6} \end{array}\right]$$

$$= \left[\frac{t^2}{2}\right]_{t\,=\,0}^{\pi/6} = \frac{\pi^2}{72} \approx 0.14.$$

Integration symmetrischer und periodischer Funktionen

- Ist f **ungerade**, so ist $\displaystyle\int_{-a}^{a} f(x)\,dx = 0.$

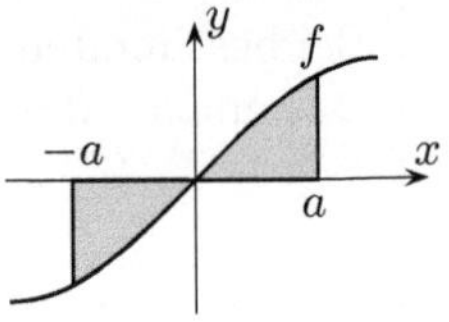

- Ist f **gerade**, so ist $\displaystyle\int_{-a}^{a} f(x)\,dx = 2\int_{0}^{a} f(x)\,dx.$

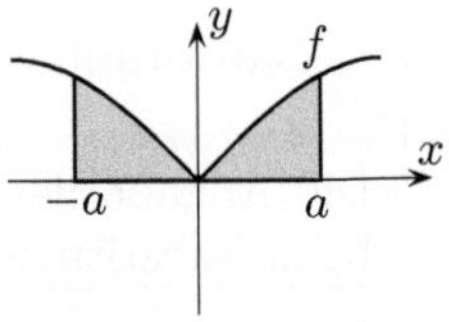

- Ist f **periodisch** mit der Periode $p > 0$, so gilt für alle a :

$$\int_{0}^{p} f(x)\,dx = \int_{a}^{a+p} f(x)\,dx \qquad \text{und} \qquad \int_{a}^{b} f(x)\,dx = \int_{a+p}^{b+p} f(x)\,dx.$$

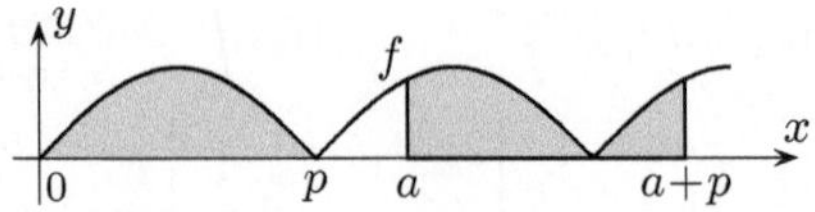

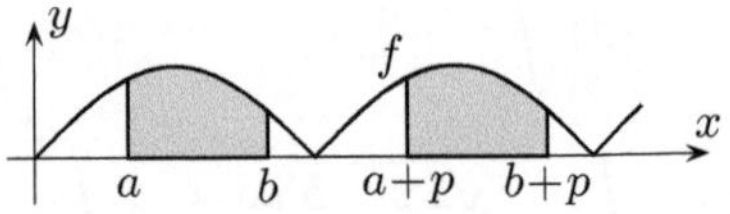

5.22 *Man berechne die folgenden bestimmten Integrale:*

(a) $\displaystyle\int_{-2}^{2}(x^4+x^2)\,dx,$ (b) $\displaystyle\int_{-\pi}^{\pi}\sin x\cos^2 x\,dx,$ (c) $\displaystyle\int_{-\pi/3}^{2\pi/3}\left|\sin x\right|dx.$

(a) $\displaystyle\int_{-2}^{2}(x^4+x^2)\,dx = 2\int_{0}^{2}(x^4+x^2)\,dx,$ denn $f(x)=x^4+x^2$ ist gerade.

Einsetzen von 0 ist meist leichter als das Einsetzen eines Wertes $\neq 0$.

$$\begin{aligned}\textstyle\int_{-2}^{2}(x^4+x^2)\,dx &= 2\int_{0}^{2}(x^4+x^2)\,dx \\ &= 2\left[\tfrac{1}{5}x^5+\tfrac{1}{3}x^3\right]_0^2 = 2(\tfrac{1}{5}2^5+\tfrac{1}{3}2^3)-0 = \tfrac{64}{5}+\tfrac{16}{3} = \tfrac{272}{15}.\end{aligned}$$

(b) $\displaystyle\int_{-\pi}^{\pi}\sin x\cos^2 x\,dx = 0,$ denn $f(x)=\sin x\cos^2 x$ ist ungerade.

(c) $\displaystyle\int_{-\pi/3}^{2\pi/3}\left|\sin x\right|dx = \int_{0}^{\pi}\left|\sin x\right|dx = \int_{0}^{\pi}\sin x\,dx = 2,$ vgl. [5.18 (e)].

$f(x)=\left|\sin x\right|$ hat die Periode π.

5.3 Uneigentliche Integrale

Integrale über unbeschränkte Intervalle oder unbeschränkte Funktionen heißen auch **uneigentliche Integrale**. Wir betrachten nur zwei einfache Typen.

Integrale über unbeschränkte Intervalle

Integrale über unbeschränkte Intervalle $[a, \infty[$ werden als Grenzwerte von Integralen über beschränkte Intervalle $[a, b]$ für $b \to \infty$ definiert:

$$\int_a^\infty f(x)\,dx = \lim_{b\to\infty} \int_a^b f(x)\,dx$$

Existiert dieser Grenzwert, so sagt man, das uneigentliche Integral $\int_a^\infty f(x)\,dx$ konvergiert. Andernfalls divergiert es.

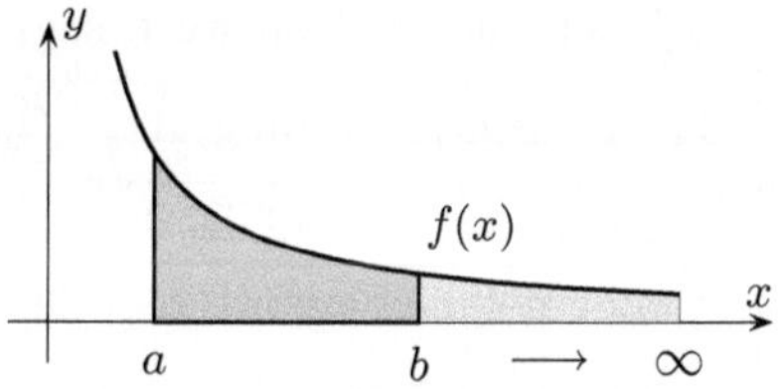

Integrale $\int_{-\infty}^b f(x)\,dx = \lim_{a\to-\infty} \int_a^b f(x)\,dx$ werden entsprechend definiert.

Beispiele: $\int_1^\infty \frac{dx}{x^2}$ konvergiert und $\int_1^\infty \frac{dx}{x}$ divergiert [5.53], denn:

ausführliche Schreibweise	abgekürzt
$\int_1^\infty \frac{dx}{x^2} = \lim\limits_{b\to\infty} \int_1^b \frac{dx}{x^2} = \lim\limits_{b\to\infty} \left[-\frac{1}{x}\right]_1^b = \lim\limits_{b\to\infty} -\frac{1}{b}+1=1$	$\int_1^\infty \frac{dx}{x^2} = \left[-\frac{1}{x}\right]_1^\infty = 0+1=1$
$\int_1^\infty \frac{dx}{x} = \lim\limits_{b\to\infty} \int_1^b \frac{dx}{x} = \lim\limits_{b\to\infty} \left[\ln x\right]_1^b = \lim\limits_{b\to\infty} \ln b - 0 = \infty$	$\int_1^\infty \frac{dx}{x} = \left[\ln x\right]_1^\infty = \infty - 0 = \infty$

5.23 *Man berechne die folgenden uneigentlichen Integrale:*

(a) $\int_1^\infty \frac{1}{\sqrt{x}}\,dx$, (b) $\int_0^\infty \frac{dx}{1+x^2}$, (c) $\int_{-\infty}^0 e^x\,dx$, (d) $\int_0^\infty x\,e^{-x^2}\,dx$.

(a) Das uneigentliche Integral $\int_1^\infty \frac{1}{\sqrt{x}}\,dx$ divergiert, denn

$\int_1^\infty \frac{dx}{\sqrt{x}} = \lim\limits_{b\to\infty} \int_1^b \frac{dx}{\sqrt{x}} = \lim\limits_{b\to\infty} \left[2\sqrt{x}\right]_1^b = \lim\limits_{b\to\infty} 2\sqrt{b} - 2\sqrt{1} = \infty$. Oder kürzer:

$\int_1^\infty \frac{1}{\sqrt{x}}\,dx = \left[2\sqrt{x}\right]_1^\infty = \infty - 2 = \infty$.

Im Folgenden benutzen wir die abgekürzte Schreibweise:

(b) $\int_0^\infty \frac{dx}{1+x^2} = \left[\arctan x\right]_0^\infty = \frac{\pi}{2}$, da $\lim\limits_{x\to\infty} \arctan x = \frac{\pi}{2}$ und $\arctan 0 = 0$.

(c) $\int_{-\infty}^0 e^x\,dx = \left[e^x\right]_{-\infty}^0 = 1$, da $e^0 = 1$ und $\lim\limits_{x\to-\infty} e^x = 0$.

(d) Die Substitution $[t = -x^2,\ dt = -2x\,dx$ oder $x\,dx = -\frac{1}{2}dt]$ liefert

$\int_{x=0}^\infty x\,e^{-x^2}\,dx = -\frac{1}{2}\int_{t=0}^{-\infty} e^t\,dt = -\frac{1}{2}\left[e^t\right]_0^{-\infty} = \frac{1}{2}$, da $\lim\limits_{t\to-\infty} e^t = 0$ und $e^0 = 1$.

Integrale über unbeschränkte Funktionen

Auch diese uneigentlichen Integrale werden als Grenzwerte definiert: Sei $[a, b]$ ein Intervall in $\mathbb{R}$ und f in jedem Intervall $[c, b]$, $a < c < b$ stetig, aber nicht in $[a, b]$. Dann definiert man

$$\boldsymbol{\int_a^b f(x)\,dx = \lim_{c\to a+} \int_c^b f(x)\,dx.}$$

Existiert dieser Grenzwert, sagt man, das uneigentliche Integral $\int_a^b f(x)\,dx$ konvergiert. Andernfalls divergiert es.

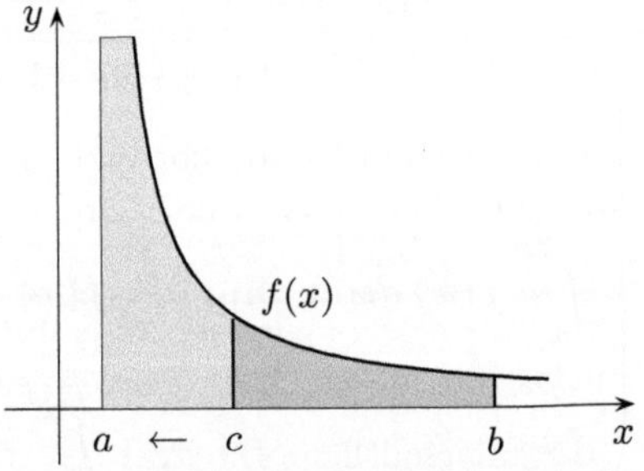

Analog definiert man Integrale, die *an der oberen Grenze b uneigentlich sind.*

Beispiele: $\int_0^1 \frac{dx}{\sqrt{x}}$ konvergiert und $\int_0^1 \frac{dx}{x}$ divergiert, denn:

ausführliche Schreibweise	abgekürzt
$\int_0^1 \frac{dx}{\sqrt{x}} = \lim_{c\to 0+} \int_c^1 \frac{dx}{\sqrt{x}} = \lim_{c\to 0+} \Big[2\sqrt{x}\Big]_c^1 = \lim_{c\to 0+} (2 - 2\sqrt{c}) = 2$	$\int_0^1 \frac{dx}{\sqrt{x}} = \Big[2\sqrt{x}\Big]_0^1 = 2$
$\int_0^1 \frac{dx}{x} = \lim_{c\to 0+} \int_c^1 \frac{dx}{x} = \lim_{c\to 0+} \Big[\ln x\Big]_c^1 = \lim_{c\to 0+} (0 - \ln c) = \infty$	$\int_0^1 \frac{dx}{x} = \Big[\ln x\Big]_0^1 = \infty$

5.24 *Man berechne die folgenden uneigentlichen Integrale:*

(a) $\int_0^1 \ln x\,dx$, (b) $\int_0^1 \frac{\arcsin x}{\sqrt{1-x^2}}\,dx$, (c) $\int_0^{\ln 4} \frac{e^x}{e^x-1}\,dx$, (d) $\int_0^{\pi/2} \tan x\,dx$.

(a)
$$\int_0^1 \ln x\,dx = \lim_{c\to 0+} \int_c^1 \ln x\,dx = \lim_{c\to 0+} \Big[x\ln x - x\Big]_c^1 \qquad \text{vgl. [5.7 (c)]}$$
$$= \lim_{c\to 0+} \big(-1 - (c\ln c - c)\big) = -1. \qquad \text{vgl. [4.57]}$$

Im Folgenden benutzen wir die abgekürzte Schreibweise:

(b)
$$\int_0^1 \frac{\arcsin x}{\sqrt{1-x^2}}\,dx = \int_{t=0}^{\pi/2} t\,dt = \Big[\tfrac{t^2}{2}\Big]_{t=0}^{\pi/2} = \frac{\pi^2}{8} \approx 1.23. \qquad \begin{bmatrix} t = \arcsin x & x = 0 \Leftrightarrow t = 0 \\ dt = \frac{dx}{\sqrt{1-x^2}} & x = 1 \Leftrightarrow t = \frac{\pi}{2} \end{bmatrix}$$

Hier wandelte die Substitution ein uneigentliches in ein normales Integral um.

(c)
$$\int_0^{\ln 4} \frac{e^x}{e^x-1}\,dx = \int_{t=1}^4 \frac{dt}{t-1} = \Big[\ln|t-1|\Big]_{t=1}^4 = \ln 3 - \ln 0 = \infty. \qquad \begin{bmatrix} t = e^x & x = 0 \Leftrightarrow t = 1 \\ dt = e^x\,dx & x = \ln 4 \Leftrightarrow t = 4 \end{bmatrix}$$

(d)
$$\int_0^{\pi/2} \tan x\,dx = \Big[-\ln|\cos x|\Big]_0^{\pi/2} = \infty, \qquad \text{vgl. [5.11 (c)]}$$

5.4 Anwendungen

Fläche zwischen Funktionen

Seien f und g stetige Funktionen mit $f(x) \geq g(x)$ für alle $x \in [a, b]$.

Dann ist der Inhalt A der Fläche, zwischen f und g über $[a, b]$:

$$A = \int_a^b \big(f(x) - g(x)\big)\, dx.$$

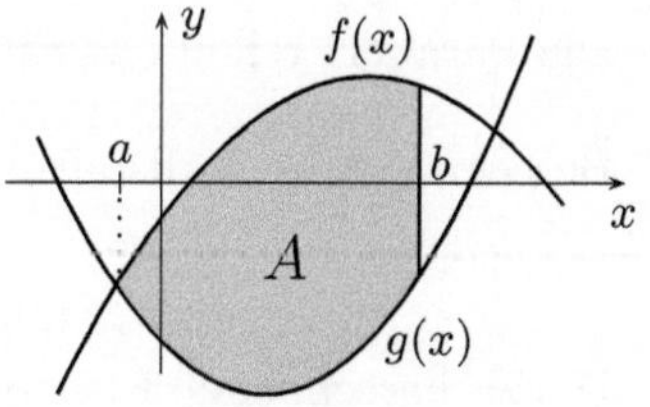

Anschaulich: A ist zusammengesetzt aus schmalen senkrechten Streifen mit Breite Δx und Höhe $f(x) - g(x)$.

$$A \approx \sum \big(f(x) - g(x)\big)\, \Delta x \xrightarrow[\Delta x \to 0]{} \int_a^b \big(f(x) - g(x)\big)\, dx$$

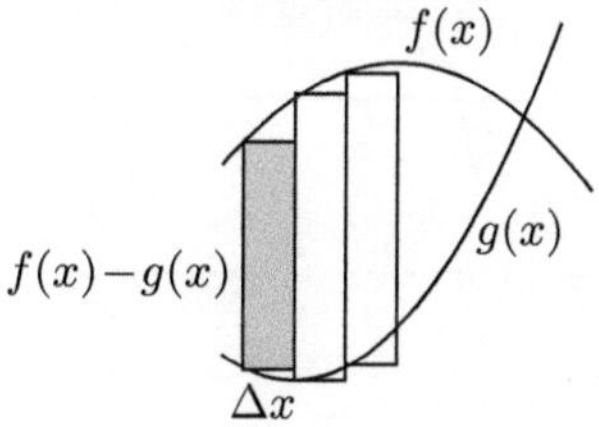

Beachte: Die Höhe $f(x) - g(x)$ muss ≥ 0 sein. Deshalb benötigt man die Voraussetzung $f(x) \geq g(x)$ für alle $x \in [a, b]$.

Sind f und g beliebig, muss also zunächst geklärt werden, welche Funktion wo oberhalb der anderen verläuft.
Insbesondere muss man die Schnittstellen der Funktionen bestimmen und die Flächeninhalte zwischen den Schnittstellen getrennt berechnen.
Liegt eine der beiden Funktionen im ganzen Intervall $[a, b]$ oberhalb der anderen, so gilt

$$A = \left| \int_a^b \big(f(x) - g(x)\big)\, dx \right|$$

Die Lage der Funktionen bzgl. der x-Achse spielt dagegen keine Rolle!

Merke:	Bei der Berechnung von Flächen zwischen Funktionen darf nicht über Schnittstellen der Funktionen hinweg integriert werden!

5.25 *Berechne den Inhalt der Flächen zwischen den folgenden Funktionen:*

(a) $y = \sqrt{x}$ und $y = x^2$ im Intervall $[0, 1]$,

(b) $y = x^3 - 4x$ und $y = 0$ (der x-Achse) im 4. Quadranten,

(c) $y = \sin x$, $y = x$ und den Geraden $x = 0$ und $x = \frac{\pi}{2}$,

(d) $y = x^3 - x + 2$ und $y = -x^2 + x + 2$.

(a) Schnittstellen der Funktionen bestimmen:

Es ist $x^2 = \sqrt{x} \iff x = 0$ oder $x = 1$.
Im Intervall $[0, 1]$ ist $\sqrt{x} \geq x^2$, folglich gilt

$$\begin{aligned} A &= \int_0^1 \left(\sqrt{x} - x^2\right) dx \\ &= \left[\frac{2}{3}x^{3/2} - \frac{1}{3}x^3\right]_0^1 = \frac{2}{3} - \frac{1}{3} = \frac{1}{3}. \end{aligned}$$

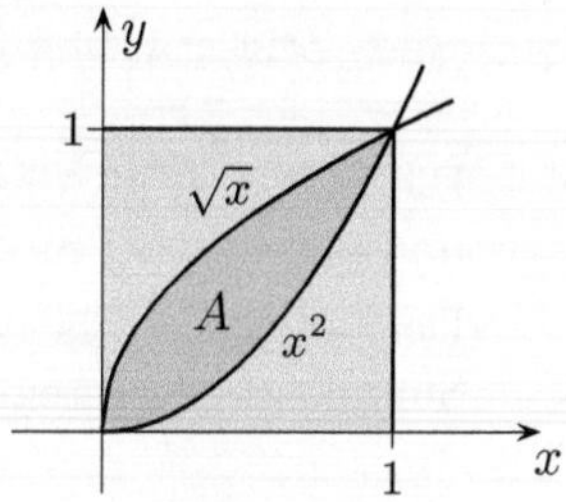

Alternativ: Aus Symmetriegründen ist

$$A = 1 - 2\int_0^1 x^2\,dx = 1 - 2\Big[\tfrac{1}{3}x^3\Big]_0^1 = 1 - \tfrac{2}{3} = \tfrac{1}{3}.$$

Die Parabeln teilen das Einheitsquadrat in drei gleichgroße Teile von je $\frac{1}{3}$.

(b) Berechnung der Nullstellen von $y = x^3 - 4x$:

$$x^3 - 4x = 0 \iff x(x^2-4) = 0$$
$$\iff x_1 = 0,\ x_2 = 2,\ x_3 = -2.$$

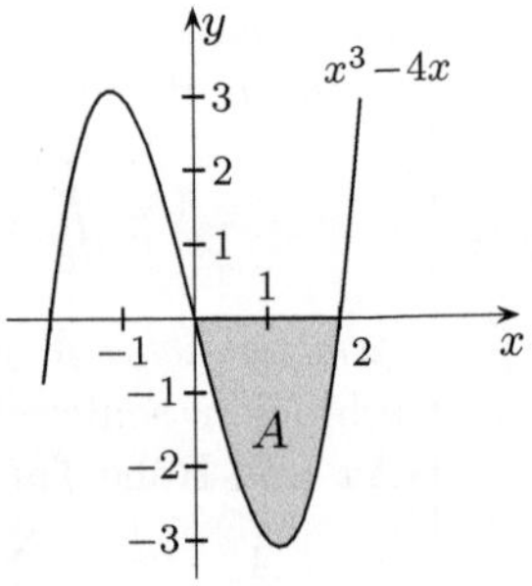

Die zu berechnende Fläche liegt unterhalb der x-Achse. Der gesuchte Flächeninhalt ist

$$A = -\int_0^2 (x^3 - 4x)\,dx.$$ Man erhält

$$A = -\int_0^2 (x^3 - 4x)\,dx = -\Big[\tfrac{1}{4}x^4 - 2x^2\Big]_0^2 = -\tfrac{16}{4} + 8 = 4.$$

(c) Da sich $\sin x$ und x nur an der Stelle $x = 0$ schneiden und $x \geq \sin x$ ist für $x \geq 0$, ist die gesuchte Fläche

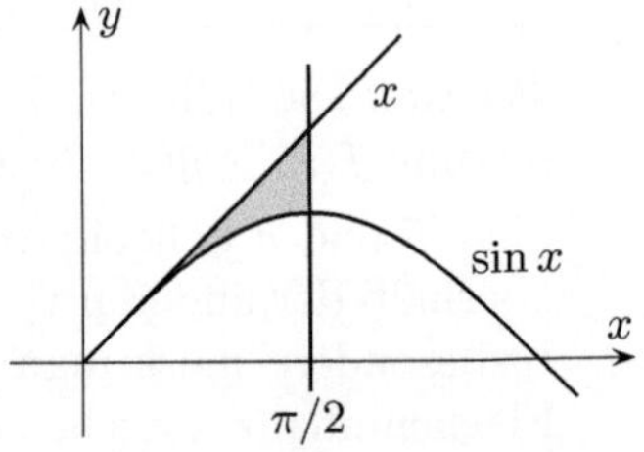

$$A = \int_0^{\pi/2} (x - \sin x)\,dx = \Big[\tfrac{1}{2}x^2 + \cos x\Big]_0^{\pi/2}$$
$$= (\tfrac{1}{8}\pi^2 + 0) - (0 + 1) = \tfrac{1}{8}\pi^2 - 1 \approx 0.23.$$

Alternativ: Die Gerade $y = x$ bildet mit der x-Achse über $[0, \frac{\pi}{2}]$ ein Dreieck mit dem Inhalt $\frac{1}{2}\cdot\frac{\pi}{2}\cdot\frac{\pi}{2} = \frac{1}{8}\pi^2$. Von der Dreiecksfläche zu subtrahieren ist

$$\int_0^{\pi/2} \sin x\,dx = \frac{1}{2}\int_0^{\pi} \sin x\,dx = 1 \text{ siehe [5.18 (e)], also } A = \tfrac{1}{8}\pi^2 - 1.$$

(d) Schnittstellen der Funktionen:

Für $f(x) = x^3 - x + 2$ und $g(x) = -x^2 + x + 2$ gilt:

$f(x) = g(x)$

$\iff x^3 - x + 2 = -x^2 + x + 2$

$\iff x^3 + x^2 - 2x = 0$

$\iff x(x^2 + x - 2) = 0$

$\iff x(x-1)(x+2) = 0$

$\iff x_1 = -2,\ x_2 = 0,\ x_3 = 1$

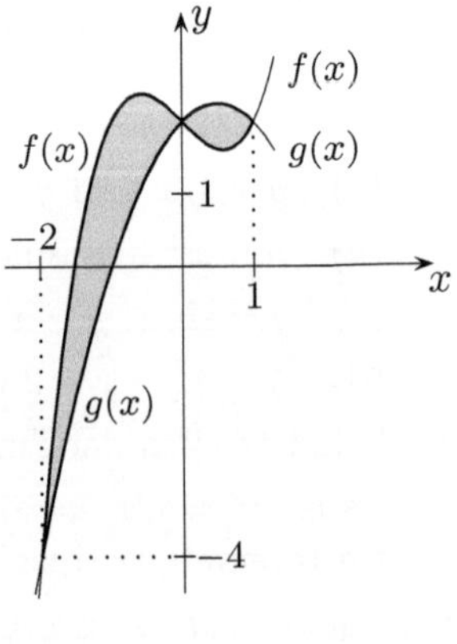

Die Skizze zeigt, dass $f(x) \geq g(x)$ in $[-2, 0]$ und $g(x) \geq f(x)$ in $[0, 1]$.

Der gesuchte Flächeninhalt ergibt sich als Summe zweier Integrale.

$$
\begin{aligned}
A &= \int_{-2}^{0} (f(x) - g(x))\,dx + \int_{0}^{1} (g(x) - f(x))\,dx \\
&= \int_{-2}^{0} (x^3 + x^2 - 2x)\,dx + \int_{0}^{1} (-x^3 - x^2 + 2x)\,dx \\
&= \left[\tfrac{1}{4}x^4 + \tfrac{1}{3}x^3 - x^2\right]_{-2}^{0} + \left[-\tfrac{1}{4}x^4 - \tfrac{1}{3}x^3 + x^2\right]_{0}^{1} \\
&= 0 - (\tfrac{16}{4} - \tfrac{8}{3} - 4) + (-\tfrac{1}{4} - \tfrac{1}{3} + 1 - 0) = \tfrac{8}{3} + \tfrac{5}{12} = \tfrac{37}{12}.
\end{aligned}
$$

Alternativ: Nach Bestimmung der Schnittstellen hätte man A auch mit dem Ansatz $A = \left|\int_{-2}^{0} (f(x) - g(x))\,dx\right| + \left|\int_{0}^{1} (f(x) - g(x))\,dx\right|$ berechnen können, da in den beiden Intervallen jeweils eine Funktion oberhalb der anderen verläuft.

5.26 *Man berechne den Inhalt der skizzierten Flächen:*

(a) Die begrenzende Gerade geht durch die Punkte $(-1, -\frac{1}{\mathrm{e}})$ und $(1, \mathrm{e})$.

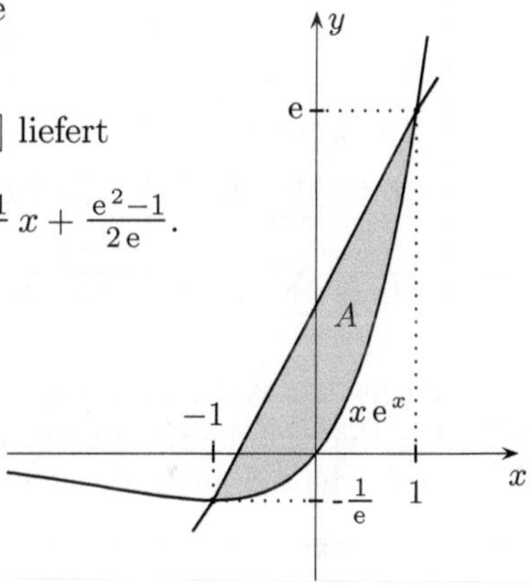

Die Zwei-Punkte-Form einer Geraden [Seite 80] liefert

$y - (-\frac{1}{\mathrm{e}}) = \frac{\mathrm{e} - (-\frac{1}{\mathrm{e}})}{1 - (-1)}(x - (-1))$, also $y = \frac{\mathrm{e}^2+1}{2\mathrm{e}}\,x + \frac{\mathrm{e}^2-1}{2\mathrm{e}}$.

Also ist der Flächeninhalt

$$A = \int_{-1}^{1} \left(\tfrac{\mathrm{e}^2+1}{2\mathrm{e}}\,x + \tfrac{\mathrm{e}^2-1}{2\mathrm{e}} - x\,\mathrm{e}^x\right) dx.$$

Nach [5.7 (a)] ist $\int x\,\mathrm{e}^x\,dx = \mathrm{e}^x(x-1)$, also

$$
\begin{aligned}
A &= \int_{-1}^{1} \left(\tfrac{\mathrm{e}^2+1}{2\mathrm{e}}\,x + \tfrac{\mathrm{e}^2-1}{2\mathrm{e}} - x\,\mathrm{e}^x\right) dx \\
&= \left[\tfrac{\mathrm{e}^2+1}{4\mathrm{e}}\,x^2 + \tfrac{\mathrm{e}^2-1}{2\mathrm{e}}\,x - (x-1)\,\mathrm{e}^x\right]_{-1}^{1} \\
&= \left(\tfrac{\mathrm{e}^2+1}{4\mathrm{e}} + \tfrac{\mathrm{e}^2-1}{2\mathrm{e}} - 0\right) - \left(\tfrac{\mathrm{e}^2+1}{4\mathrm{e}} - \tfrac{\mathrm{e}^2-1}{2\mathrm{e}} + \tfrac{2}{\mathrm{e}}\right) = \tfrac{\mathrm{e}^2-1}{\mathrm{e}} - \tfrac{2}{\mathrm{e}} = \mathrm{e} - \tfrac{3}{\mathrm{e}} \approx 1.6.
\end{aligned}
$$

(b) Wir berechnen $\int_{-2}^{2} \sqrt{2x+5}\,dx$ und ziehen vom Ergebnis den Flächeninhalt der beiden Dreiecke mit den Eckpunkten $(0,0), (-2,1), (-2,0)$ bzw. $(0,0), (2,0), (2,3)$ ab.

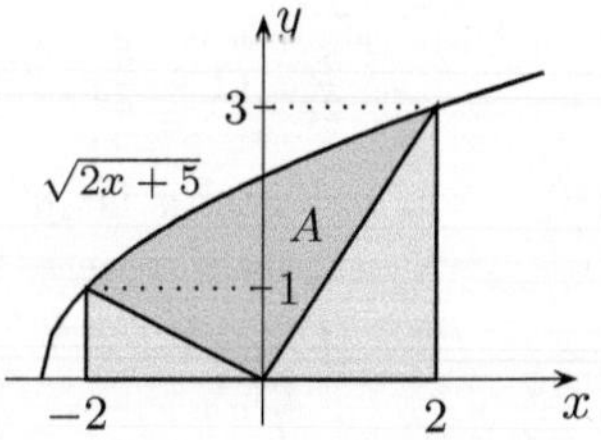

Nach [5.12 (a)] ist $\int \sqrt{2x+5}\,dx = \frac{1}{3}\sqrt{(2x+5)^3}$, also

$$\int_{-2}^{2} \sqrt{2x+5}\,dx = \frac{1}{3}\left[\sqrt{(2x+5)^3}\right]_{-2}^{2} = \tfrac{1}{3}(27-1) = \tfrac{26}{3}.$$

Die Dreiecksflächen sind $\frac{1}{2}\cdot 2\cdot 1 = 1$ bzw. $\frac{1}{2}\cdot 2\cdot 3 = 3$, also $A = \frac{26}{3} - 1 - 3 = \frac{14}{3}$.

5.27 *Man berechne den Inhalt A eines Kreises mit Radius R durch ein Integral.*

Hinweis: $\int \sqrt{R^2-x^2}\,dx = \frac{1}{2}(x\sqrt{R^2-x^2} + R^2 \arcsin\frac{x}{R})$, siehe [**FH**].

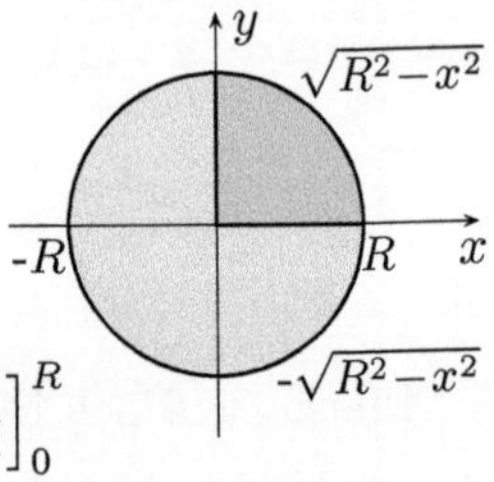

$$
\begin{aligned}
A &= \int_{-R}^{R} \left(\sqrt{R^2-x^2} - (-\sqrt{R^2-x^2})\right) dx \\
&= 2\int_{-R}^{R} \sqrt{R^2-x^2}\,dx \\
&= 4\int_{0}^{R} \sqrt{R^2-x^2}\,dx \;=\; 2\left[x\sqrt{R^2-x^2} + R^2 \arcsin\frac{x}{R}\right]_0^R \\
&= 2R^2 \arcsin 1 = 2R^2\frac{\pi}{2} = \pi R^2, \quad \text{da } \sin\frac{\pi}{2} = 1, \text{ also } \arcsin 1 = \frac{\pi}{2} \text{ ist.}
\end{aligned}
$$

Bogenlänge

Die Länge der Kurve $y = y(x),\ a \le x \le b$ ist

$$L = \int_a^b \sqrt{1+y'^2}\,dx$$

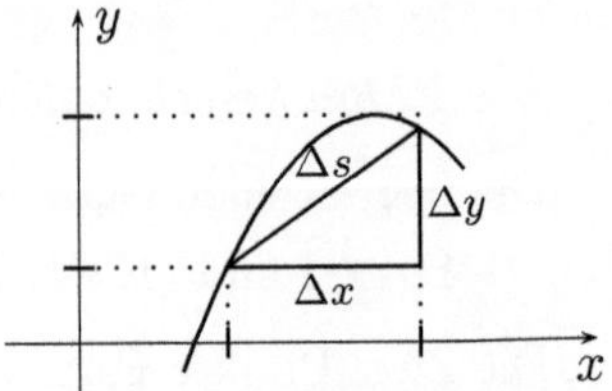

$$\Delta s = \sqrt{(\Delta x)^2+(\Delta y)^2} = \sqrt{1+(\tfrac{\Delta y}{\Delta x})^2}\,\Delta x$$

Anschauliche Erklärung:

$$L \approx \sum \Delta s = \sum \sqrt{(\Delta x)^2 + (\Delta y)^2}$$

$$L \approx \sum \sqrt{1+\left(\tfrac{\Delta y}{\Delta x}\right)^2}\,\Delta x \;\xrightarrow[\Delta x \to 0]{}\; \int_a^b \sqrt{1+y'^2}\,dx.$$

Wegen der Wurzel unter dem Integral sind Bogenlängen oft schwer zu berechnen. Die Berechnung der Bogenlänge einer Ellipse führt z.B. auf sog. elliptische Integrale, die sich nicht durch elementare Funktionen ausdrücken lassen.

5.28 *Man berechne die Bogenlänge von:*

(a) $y = x^{3/2},\ 0 \le x \le \frac{4}{3}$, (b) $y = \cosh x,\ -\ln 2 \le x \le \ln 2$.

(a) Für $y = x^{3/2}$ ist $y' = \frac{3}{2}x^{1/2}$ und $y'^2 = \frac{9}{4}x$, also

$$
\begin{aligned}
L &= \int_0^{4/3} \sqrt{1+y'^2}\,dx \;=\; \int_0^{4/3} \sqrt{1+\tfrac{9}{4}x}\,dx \\
&= \frac{8}{27}\left[(1+\tfrac{9}{4}x)^{3/2}\right]_0^{4/3} \;=\; \frac{8}{27}(4^{3/2}-1) = \frac{8}{27}\cdot 7 \;\approx\; 2.1.
\end{aligned}
$$

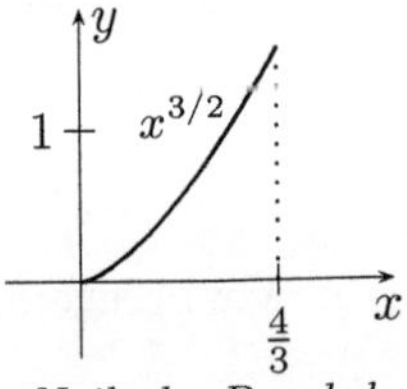

Neilsche Parabel

(b) Für $y = \cosh x$ ist $y' = \sinh x$. $\sqrt{1+y'^2}$ ist gerade:

$$
\begin{aligned}
L &= \int_{-\ln 4}^{\ln 4} \sqrt{1+y'^2}\,dx \\
&= 2\int_0^{\ln 4} \sqrt{1+y'^2}\,dx \;=\; 2\int_0^{\ln 4} \sqrt{1+\sinh^2 x}\,dx \\
&= 2\int_0^{\ln 4} \cosh x\,dx \;=\; 2\left[\sinh x\right]_0^{\ln 4} \\
&= 2\sinh\ln 4 \;=\; e^{\ln 4} - e^{-\ln 4} \;=\; 4 - \frac{1}{4} \;=\; 3.75.
\end{aligned}
$$

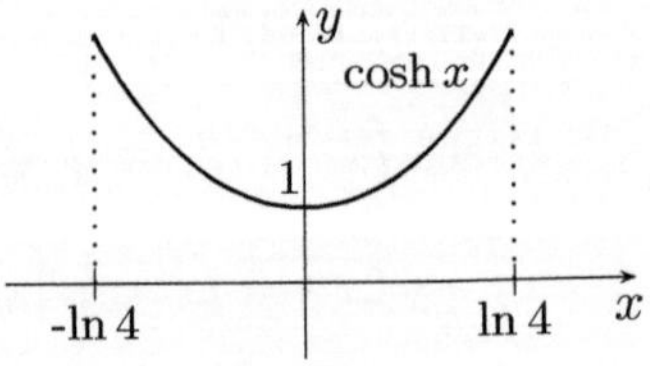

Kettenlinie

Volumen eines Rotationskörpers

Ein Rotationskörper entsteht durch Rotation einer sog. **erzeugenden Fläche** um die x-Achse.

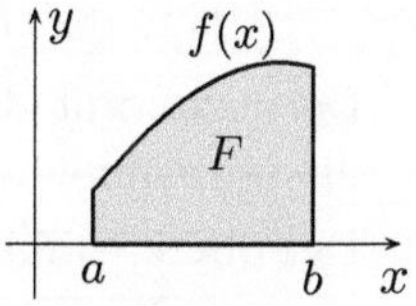

Die erzeugende Fläche F sei die Fläche zwischen der Funktion $y = f(x) \geq 0$ und der x-Achse über dem Intervall $[a, b]$.

Dann ist das Volumen des Rotationskörpers

$$V = \pi \int_a^b f^2(x)\, dx$$

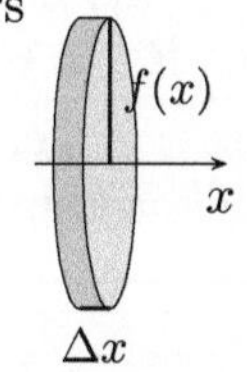

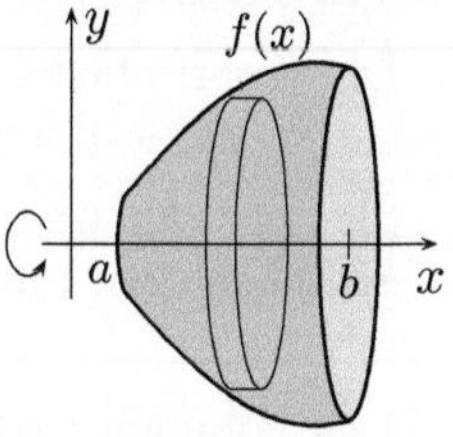

Anschaulich:

Der Rotationskörper ist zusammengesetzt aus dünnen Kreisscheiben (Zylindern) mit Radius $f(x)$ und Dicke Δx. Das Volumen ΔV dieser Scheiben ist *Grundfläche* × *Höhe*, also $\Delta V = \pi f^2(x)\, \Delta x$. Das Gesamtvolumen ist daher

$$V \approx \sum \Delta V = \pi \sum f^2(x)\, \Delta x \underset{\Delta x \to 0}{\longrightarrow} \pi \int_a^b f^2(x)\, dx.$$

5.29 *Man berechne das Volumen V des Kreiskegels mit Radius R und Höhe H.*

Die x-Achse sei die Rotationsachse des Kegels, seine Spitze liege im Ursprung. Seine Mantellinie ist die Gerade $y = \frac{R}{H}x$, die erzeugende Fläche das rechtwinklige Dreieck unter der Geraden im Intervall $[0, H]$.

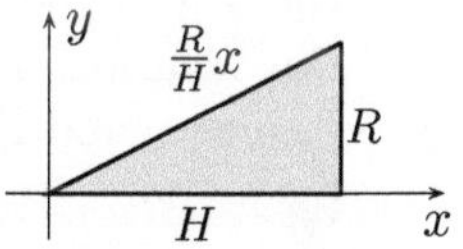

Das Volumen des Kegels ist daher:

$$\begin{aligned} V &= \pi \int_0^H \left(\tfrac{R}{H}x\right)^2 dx = \frac{\pi R^2}{H^2} \left[\tfrac{1}{3}x^3\right]_0^H = \tfrac{1}{3}\pi R^2 H. \\ &= \tfrac{1}{3} \times \textit{Grundfläche} \times \textit{Höhe}, \text{ siehe etwa } [\textbf{FH}, \text{S. } 32]. \end{aligned}$$

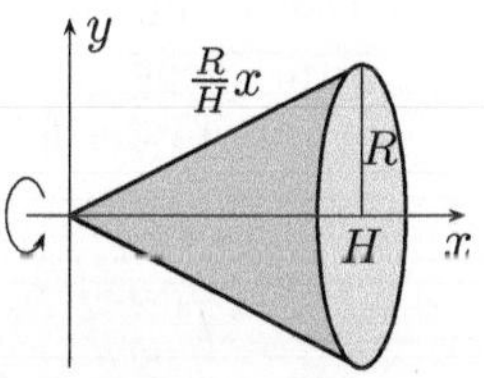

5.30 *Man berechne das Volumen V des Rotationsparaboloids, das durch Rotation der Fläche zwischen $y = \sqrt{x}$ und der x-Achse über dem Intervall $[0, 2]$ entsteht.*

Das Volumen des Rotationsparaboloids ist

$$\begin{aligned} V &= \pi \int_0^2 \sqrt{x}^{\,2}\, dx \\ &= \pi \int_0^2 x\, dx = \frac{\pi}{2} \left[x^2\right]_0^2 = \frac{\pi}{2}[4 - 0] = 2\pi. \end{aligned}$$

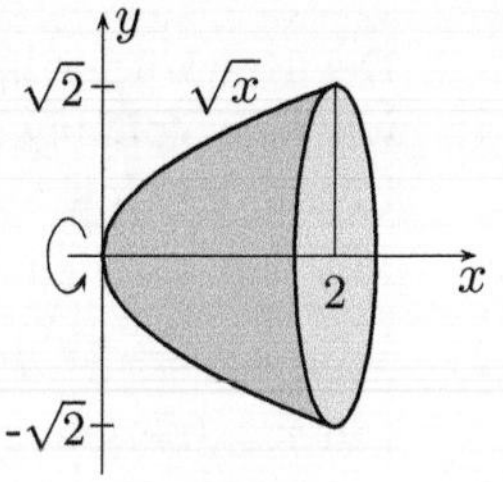

5.31 *Man berechne das Volumen V einer Scheibe, die durch zwei parallele Ebenen aus einer Kugel vom Radius R geschnitten wird.*

Der Kreis mit Radius R um den Ursprung hat die Gleichung $x^2 + y^2 = R^2$.

Der obere Halbkreis wird durch die Funktion $y = +\sqrt{R^2 - x^2}$, $-R \leq x \leq R$ dargestellt.

Die Kugelscheibe liege zwischen den Ebenen $x = a$ und $x = b$ mit $-R \leq a < b \leq R$.

Sie entsteht, wenn die erzeugende Fläche F zwischen dem Intervall $[a, b]$ und $\sqrt{R^2 - x^2}$ um die x-Achse rotiert.

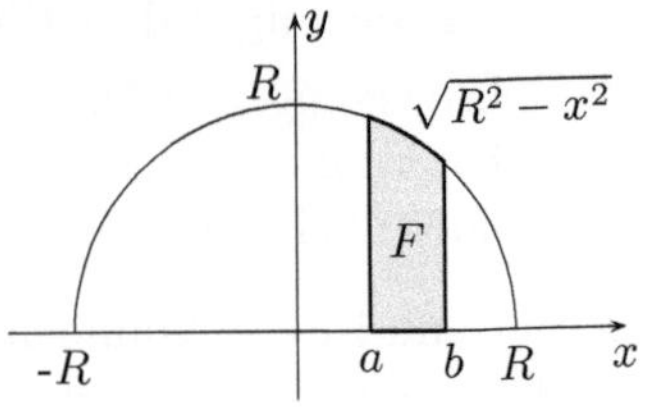

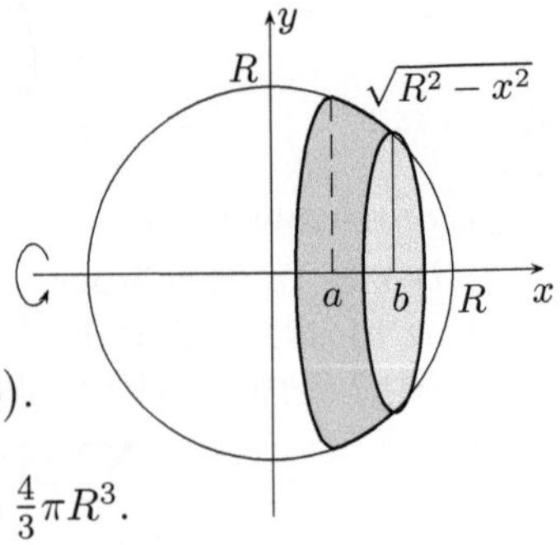

Das Volumen V der Scheibe ist dann:

$$V = \pi \int_a^b \left(\sqrt{R^2 - x^2}\right)^2 dx = \pi \int_a^b \left(R^2 - x^2\right) dx$$

$$= \pi \left[R^2 x - \tfrac{1}{3}x^3\right]_a^b = \pi\left(R^2(b-a) - \tfrac{1}{3}(b^3 - a^3)\right).$$

$a = -R$, $b = R$ ergibt das Volumen der Vollkugel: $\frac{4}{3}\pi R^3$.

5.32 *Man berechne das Restvolumen V einer zylindrisch durchbohrten Kugel vom Radius R, wenn der Radius r des Bohrlochs $r < R$ beträgt.*

Diese Aufgabe kann man auf die vorhergehende zurückführen.
Das Bohrloch ist nämlich ein Zylinder mit Radius r und Höhe $2H = 2\sqrt{R^2 - r^2}$, also mit Volumen

$V_Z =$ *Grundfläche* $\times$ *Höhe* $= \pi r^2 \cdot 2H$.

Das Volumen V_S der Kugelscheibe zwischen den Ebenen $x = a = -H$ und $x = b = H$ wurde in der letzten Aufgabe berechnet zu

$$V_S = \pi\left(R^2(b-a) - \tfrac{1}{3}(b^3 - a^3)\right)$$

$$= \pi\left(R^2 2H - \tfrac{1}{3}2H^3\right) = 2\pi H\left(R^2 - \tfrac{1}{3}H^2\right).$$

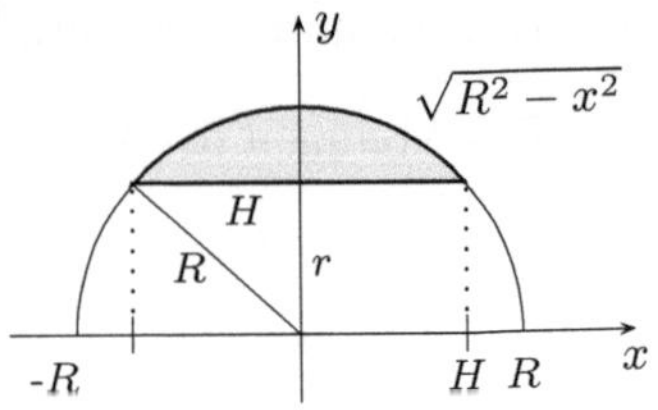

Also hat der Restkörper das Volumen

$$V = V_S - V_Z = 2\pi H\left(R^2 - \tfrac{1}{3}H^2\right) - \pi r^2 \cdot 2H$$

$$= 2\pi H\left(R^2 - \tfrac{1}{3}(R^2 - r^2) - r^2\right)$$

$$= 2\pi H\left(\tfrac{2}{3}R^2 - \tfrac{2}{3}r^2\right) = \tfrac{4}{3}\pi H^3.$$

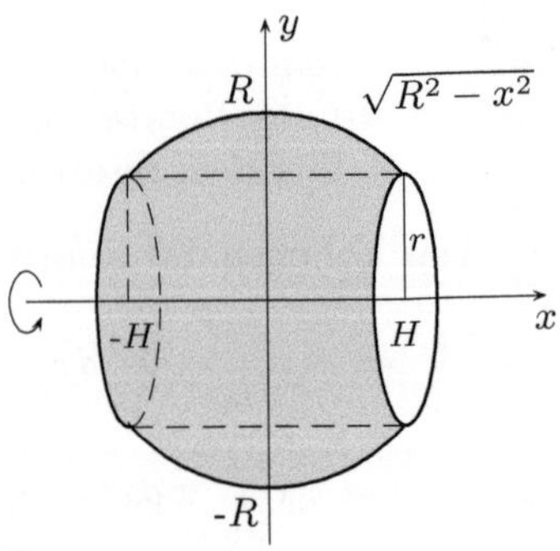

Der Restkörper hat also das gleiche Volumen wie eine Vollkugel mit Radius H, der halben Länge des Bohrlochs.

Mit den gegebenen Größen R und r ist
$V = \frac{4}{3}\pi(R^2 - r^2)\sqrt{R^2 - r^2}$.

Für $r = 0$ ergibt sich das Volumen der Kugel: $\frac{4}{3}\pi R^3$.

5.5 Aufgaben

Einfache Stammfunktionen und unbestimmte Integrale

5.33 *Gesucht sind unbestimmte Integrale für die folgenden Funktionen. Hier kann man auch das Nachschlagen in einer Integraltafel üben!*

(a) $3x^2$, (b) $2x^3$, (c) $\frac{2}{x^3}$, (d) $\sqrt[4]{x}$, (e) $\frac{1}{\sqrt[3]{x}}$,

(f) e^{x-2}, (g) $3\,\mathrm{e}^{3x}$, (h) 2^x, (i) $\frac{3}{4x}$, (j) $\frac{1}{x-1}$,

(k) $3\cos x$, (l) $\cos 3x$, (m) $\cosh x$, (n) $\frac{1}{\sqrt{1-x^2}}$, (o) $\frac{-2}{1+x^2}$.

5.34 *Bestimme die folgenden Integrale:*

(a) $\int\left(5x^3-\frac{5}{x^3}+2x^4+\frac{2}{x^4}\right)dx$, (b) $\int\left(2\sqrt{x}+\frac{2}{\sqrt{x}}\right)dx$, (c) $\int\left(x^2\sqrt{x}-\frac{x}{\sqrt[3]{x}}\right)dx$.

5.35 *Bestimme Stammfunktionen von:*

(a) $x^4+6x^2-\frac{1}{x}$, (b) $\sqrt[4]{x^7}+2\cos x$, (c) $12x^3-\sqrt{x}+2\,\mathrm{e}^{-x}$,

(d) $\sinh x-2\cosh 2x$, (e) $\frac{1}{\cos^2 x}-\frac{1}{\sin^2 x}$, (f) $\mathrm{e}^{2x}+\mathrm{e}^{-2x}$.

5.36 *Integriere durch Partialbruchzerlegung (PBZ):*

(a) $\frac{1}{x^2-a^2}$, (b) $\frac{x}{x^2-4}$, (c) $\frac{x^2}{x^2+4}$, (d) $\frac{x^2+1}{x^3-x}$, (e) $\frac{2x^2+1}{x^3+x}$.

Partielle Integration

5.37 *Integriere mit partieller Integration:*

(a) $x\,\mathrm{e}^{3x}$, (b) $x^3\,\mathrm{e}^x$, (c) $x\cos x$, (d) $\sqrt{x}\ln x$, (e) $\sin^2 x$.

5.38 *Integriere durch zweimaliges partielles Integrieren:*

(a) $\cos x\,\cos 2x$, (b) $\mathrm{e}^{2x}\sin x$, (c) $\sin x\cos 3x$.

Substitutionsregel

5.39 *Integriere durch lineare Substitution:*

(a) $\sin(4x+7)$, (b) e^{5x}, (c) $(2+5x)^{20}$, (d) $(\sqrt{2}-7x)^5$.

5.40 *Integriere mit der Substitutionsregel:*

(a) $3x^2\,\mathrm{e}^{x^3}$, (b) $\frac{1}{\sqrt{x}}\cos\sqrt{x}$, (c) $x^3(3+x^4)^{12}$, (d) $\frac{x^2}{\sqrt{1+x^3}}$,

(e) $\frac{1}{a^2+x^2}$, (f) $\frac{x}{1-x^4}$, (g) $x\ln(1+x^2)$, (h) $\frac{\ln(\ln x)}{x}$.

5.41 *Integriere durch Rückführung auf den Typ* $\frac{f'}{f}$, [Seite 225]:

(a) $\cot x$, (b) $\frac{1}{(1+x^2)\arctan x}$, (c) $\frac{1}{\tan x\ln(\sin x)}$, (d) $\frac{x+\tan x}{x\tan x}$.

5.42 *Integrale mit trigonometrischen Funktionen:*

(a) $\displaystyle\int \frac{\sin 2x}{\cos x+\cos^2 x}\,dx$, (b) $\displaystyle\int \cos^2 x\,dx$, (c) $\displaystyle\int \frac{dx}{\cos x}$, (d) $\displaystyle\int \frac{\cos x}{1+\sin^2 x}\,dx$.

5.43 *Manchmal hilft es, die Wurzel zu substituieren:*

(a) $\displaystyle\int \sin\sqrt{x}\,dx$, (b) $\displaystyle\int \mathrm{e}^{\sqrt{x+1}}\,dx$, (c) $\displaystyle\int \frac{x}{\sqrt{1-x^2}}\,dx$, (d) $\displaystyle\int \frac{dx}{1+\sqrt[3]{x+1}}$.

5.44 *Integriere mit der Substitution* $\left[x=\sin t,\ dx=\cos t\,dt,\ \sqrt{1-x^2}=\cos t\right]$ *:*

(a) $\displaystyle\int \frac{1}{\sqrt{1-x^2}}\,dx$, (b) $\displaystyle\int \frac{x}{\sqrt{1-x^2}}\,dx$, (c) $\displaystyle\int \frac{x^2}{\sqrt{1-x^2}^3}\,dx$, (d) $\displaystyle\int \sqrt{1-x^2}\,dx$.

Bestimmte Integrale

5.45 *Bestimme Ober- und Untersummen für:*

(a) x^2 *über* $[0,b]$, *Zerlegung* Z *äquidistant mit* n *Teilintervallen,*
(b) $\cos x$ *über* $[0,\pi]$, *Zerlegung* Z *äquidistant mit 4 Teilintervallen.*

5.46 *Sei* $a=x_0<x_1<\cdots<x_{n-1}<x_n=b$ *eine äquidistante Zerlegung* Z *von* $[a,b]$ *in* n *Teilintervalle und* $f\colon [a,b]\to\mathbb{R}$ *monoton wachsend.*
Bestimme die zugehörige Ober- und Untersumme O_n *bzw.* U_n *und zeige:*

$$O_n(Z)-U_n(Z)\ \xrightarrow[n\to\infty]{}\ 0.$$

5.47 *Interpretiere* $S_n=1+\frac{1}{2}+\frac{1}{3}+\cdots+\frac{1}{n-1}+\frac{1}{n}$ *als Obersumme von* $\displaystyle\int_1^{n+1}\frac{1}{x}\,dx$ *und zeige so, dass* $S_n>\ln n$.

5.48 *Bestimme die folgenden Integrale durch Interpretation als Flächeninhalt:*

(a) $\displaystyle\int_{-1}^{2}\operatorname{sgn}x\,dx$, (b) $\displaystyle\int_{-1}^{2}|x|\,dx$, (c) $\displaystyle\int_{-1}^{1}(2-|x|)\,dx$,

(d) $\displaystyle\int_0^{\pi}\sin^2 x\,dx$. *Zeige zunächst* $\displaystyle\int_0^{\pi}\sin^2 x\,dx=\int_0^{\pi}\cos^2 x\,dx$.

5.49 *Finde Stammfunktionen und berechne mit dem Hauptsatz, ,* [*Seite 230*]*:*

(a) $\displaystyle\int_{-1}^{3}x^2\,dx$, (b) $\displaystyle\int_{-\pi/2}^{\pi/2}\cos x\,dx$, (c) $\displaystyle\int_0^{1}\arctan x\,dx$,

(d) $\displaystyle\int_0^{2}\frac{x^2}{\sqrt{1+x^3}}\,dx$, (e) $\displaystyle\int_{-1}^{3}\mathrm{e}^{\sqrt{x+1}}\,dx$, (f) $\displaystyle\int_1^{100}\frac{dx}{(x+2)^2}$.

5.50 *Berechne direkt mit partieller Integration bzw. durch Substitution:*

(a) $\displaystyle\int_0^{1}x\,\mathrm{e}^{2x}\,dx$, (b) $\displaystyle\int_0^{2}6x^2\,\mathrm{e}^{x^3}\,dx$, (c) $\displaystyle\int_{-1}^{2}\frac{2x}{1+x^2}\,dx$,

(d) $\displaystyle\int_0^{1}\arcsin x\,dx$, (e) $\displaystyle\int_{-1}^{3}\cos\sqrt{x+1}\,dx$, (f) $\displaystyle\int_0^{1/2}\frac{x^2\,dx}{\sqrt{1-x^2}^3}$.

Uneigentliche Integrale

5.51 *Berechne die uneigentlichen Integrale:*

(a) $\displaystyle\int_{e}^{\infty} \frac{dx}{x \ln x}$, (b) $\displaystyle\int_{0}^{\infty} \sin x \, e^{-x} \, dx$, (c) $\displaystyle\int_{-\infty}^{0} x \, e^{-x^2} \, dx$.

5.52 *Berechne die uneigentlichen Integrale:*

(a) $\displaystyle\int_{-2}^{1} \frac{dx}{\sqrt{2+x}}$, (b) $\displaystyle\int_{0}^{2} \frac{dx}{\sqrt{4-x^2}}$, (c) $\displaystyle\int_{0}^{\pi/2} \tan x \, dx$.

5.53 *Man beweise, dass die uneigentlichen Integrale*

(a) $\displaystyle\int_{1}^{\infty} \frac{1}{x^\alpha} \, dx$ *genau dann konvergieren, wenn* $\alpha > 1$ *ist,*

(b) $\displaystyle\int_{0}^{1} \frac{1}{x^\alpha} \, dx$ *genau dann konvergieren, wenn* $\alpha < 1$ *ist.*

Anwendungen

5.54 *Berechne den Inhalt* A *der von* f *und* g *eingeschlossenen Fläche:*

(a) $f(x) = 2x + 1$, $g(x) = x^2 - 2$,

(b) $f(x) = x^3 + 2x^2 - x$, $g(x) = x^2 + x$,

(c) $f(x) = x^2$, $g(x) = \frac{2}{1+x^2}$,

(d) $f(x) = \tan x$, $g(x) = \sin 2x$, $x \in]-\frac{\pi}{2}, \frac{\pi}{2}[$.

5.55 *Bestimme den Inhalt einer Ellipse* $\frac{x^2}{a^2} + \frac{y^2}{b^2} = 2$ *mit den Halbachsen* a *und* b.

5.56 *Berechne die Querschnittsfläche der rechts skizzierten Linse, bei der die Ränder Parabelbögen sind.*

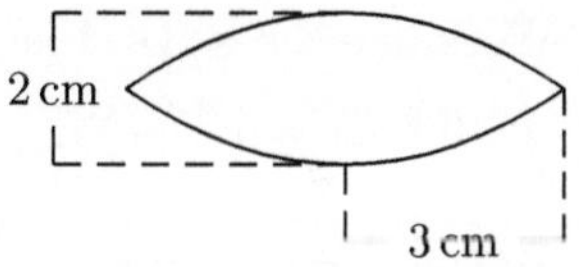

5.57 *Berechne die Bogenlänge*

(a) *eines Kreisbogens mit Radius* R *und Öffnungswinkel* α ,

(b) *eines Parabelbogens* $y = \frac{1}{2}x^2$, $0 \leq x \leq b$.

5.58 *Die Fläche* $F = \{(x, y) \mid a \leq x \leq b, \; 0 \leq y \leq f(x), \}$ *rotiere um die* x*-Achse. Berechne das Volumen des entstehenden Rotationskörpers:*

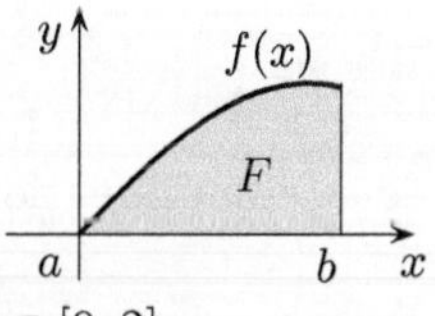

(a) $f(x) = 2x + 1$, $x \in [0, 2]$,

(b) $f(x) = \frac{1}{4}x^3$, $x \in [0, 2]$,

(c) $f(x) = \sin x$, $x \in [0, \pi]$,

(d) $f(x) = b\sqrt{1 - \frac{x^2}{a^2}}$, $0 \leq x \leq a$.

5.59 *Volumen eines Fasses:*

Die Mantellinie eines Fasses mit 40 cm Durchmesser oben bzw. unten und 60 cm mittig an der dicksten Stelle, sowie 80 cm Höhe sei eine Parabel.

Wie viel Liter Inhalt hat das Fass?

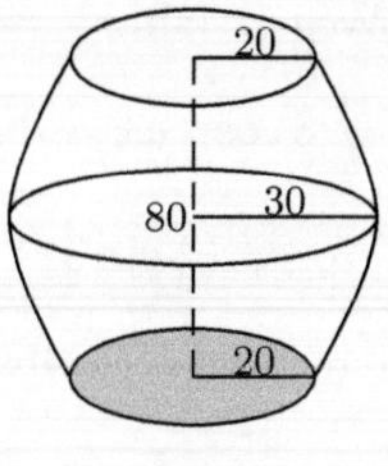

5.6 Lösungen

Einfache Stammfunktionen und unbestimmte Integrale

5.33

(a) Wegen $(x^3)' = 3x^2$ ist $F(x) = x^3$ eine Stammfunktion von $f(x) = 3x^2$ und $\int 3x^2\,dx = x^3 + C.$

(b) Wegen $(\frac{1}{2}x^4)' = 2x^3$ ist $F(x) = \frac{1}{2}x^4$ eine Stammfunktion von $f(x) = 2x^3$ und $\int 2x^3\,dx = \frac{1}{2}x^4 + C.$

(c) Wegen $(-x^{-2})' = 2x^{-3} = \frac{2}{x^3}$ ist $F(x) = -x^{-2} = -\frac{1}{x^2}$ eine Stammfunktion von $f(x) = \frac{2}{x^3}$ und $\int \frac{2}{x^3}\,dx = -\frac{1}{x^2} + C.$

(d) Wegen $(\frac{4}{5}x^{5/4})' = x^{1/4} = \sqrt[4]{x}$ ist $F(x) = \frac{4}{5}x^{5/4}$ eine Stammfunktion von $f(x) = \sqrt[4]{x}$ und $\int \sqrt[4]{x}\,dx = \int x^{1/4}\,dx = \frac{4}{5}x^{5/4} + C.$

(e) Wegen $(\frac{3}{2}x^{2/3})' = x^{-1/3} = \frac{1}{\sqrt[3]{x}}$ ist $F(x) = \frac{3}{2}x^{2/3}$ eine Stammfunktion von $f(x) = \frac{1}{\sqrt[3]{x}}$ und $\int \frac{dx}{\sqrt[3]{x}} = \int x^{-1/3}\,dx = \frac{3}{2}x^{2/3} + C.$

(f) Wegen $(\mathrm{e}^{x-2})' = \mathrm{e}^{x-2}$ ist $F(x) = \mathrm{e}^{x-2}$ eine Stammfunktion von $f(x) = \mathrm{e}^{x-2}$ und $\int \mathrm{e}^{x-2}\,dx = \mathrm{e}^{x-2} + C.$

(g) Wegen $(\mathrm{e}^{3x})' = 3\,\mathrm{e}^{3x}$ ist $F(x) = \mathrm{e}^{3x}$ eine Stammfunktion von $f(x) = 3\,\mathrm{e}^{3x}$ und $\int 3\,\mathrm{e}^{3x}\,dx = \mathrm{e}^{3x} + C.$

(h) Wegen $(2^x)' = \ln 2 \cdot 2^x$ [4.28 (a)] ist $\frac{2^x}{\ln 2}$ eine Stammfunktion von $f(x) = 2^x$ und $\int 2^x\,dx = \frac{2^x}{\ln 2} + C.$

(i) Wegen $\left(\frac{3}{4}\ln|x|\right)' = \frac{3}{4}\left(\ln|x|\right)' = \frac{3}{4}\cdot\frac{1}{x} = \frac{3}{4x}$ ist $F(x) = \frac{3}{4}\ln|x| = \ln|x|^{3/4}$ eine Stammfunktion von $f(x) = \frac{3}{4x}$ und $\int \frac{3}{4x}\,dx = \frac{3}{4}\int \frac{dx}{x} = \frac{3}{4}\ln|x| + C.$

(j) Wegen $(\ln|x-1|)' = \frac{1}{x-1}$ ist $F(x) = \ln|x-1|$ eine Stammfunktion von $f(x) = \frac{1}{x-1}$ und $\int \frac{dx}{x-1} = \ln|x-1| + C.$

(k) Wegen $(\sin x)' = \cos x$ ist $3\sin x$ eine Stammfunktion von $3\cos x$ und $\int 3\cos x\,dx = 3\sin x + C.$

(l) Wegen $(\frac{1}{3}\sin 3x)' = \cos 3x$ ist $F(x) = \frac{1}{3}\sin 3x$ eine Stammfunktion von $f(x) = \cos 3x$ und $\int \cos 3x\,dx = \frac{1}{3}\sin 3x + C.$

(m) Wegen $(\sinh x)' = \cosh x$ ist $F(x) = \sinh x$ eine Stammfunktion von $f(x) = \cosh x$ und $\displaystyle\int \cosh x\,dx = \sinh x + C$.

(n) Wegen $(\arcsin x)' = \frac{1}{\sqrt{1-x^2}}$ ist $F(x) = \arcsin x$ eine Stammfunktion von $f(x) = \frac{1}{\sqrt{1-x^2}}$ und

$$\int \frac{dx}{\sqrt{1-x^2}} = \arcsin x + C.$$

Es gilt aber auch $(-\arccos x)' = \frac{1}{\sqrt{1-x^2}}$, also ist auch $-\arccos x$ eine Stammfunktion von $\frac{1}{\sqrt{1-x^2}}$ und $\displaystyle\int \frac{dx}{\sqrt{1-x^2}}\,dx = -\arccos x + C$.

Die beiden Stammfunktionen $\arcsin x$ und $-\arccos x$ unterscheiden sich nur um eine Konstante. Es gilt

$$\arcsin x = -\arccos x + \tfrac{\pi}{2} \quad \text{für } -1 \le x \le 1.$$

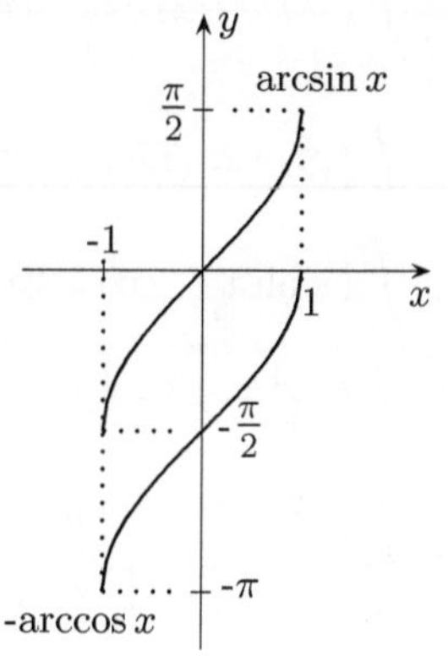

(o) Wegen $(-2\arctan x)' = \frac{-2}{1+x^2}$ ist $F(x) = -2\arctan x$ eine Stammfunktion von $f(x) = \frac{-2}{1+x^2}$ und $\displaystyle\int \frac{-2}{1+x^2}\,dx = -2\int \frac{dx}{1+x^2} = -2\arctan x + C$.

Es gilt aber auch $(2\operatorname{arccot} x)' = \frac{-2}{1+x^2}$, also ist auch $2\operatorname{arccot} x$ eine Stammfunktion von $f(x)$ und $\displaystyle\int \frac{-2}{1+x^2}\,dx = 2\operatorname{arccot} x + C$.

Die beiden Stammfunktionen $-2\arctan x$ und $2\operatorname{arccot} x$ unterscheiden sich nur um eine Konstante. Es gilt

$$-2\arctan x = 2\operatorname{arccot} x - \pi \quad \text{für alle } x \in \mathbb{R}.$$

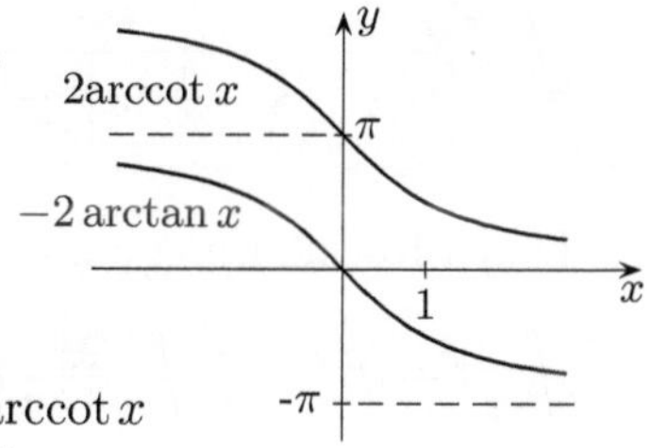

5.34

(a)
$$\begin{aligned}\int \left(5x^3 - \tfrac{5}{x^3} + 2x^4 + \tfrac{2}{x^4}\right) dx &= \int (5x^3 - 5x^{-3} + 2x^4 + 2x^{-4})\,dx \\ &= \tfrac{5}{4}x^4 - 5\cdot\tfrac{1}{-2}x^{-2} + \tfrac{2}{5}x^5 + 2\cdot\tfrac{1}{-3}\,x^{-3} \\ &= \tfrac{5}{4}x^4 + \tfrac{5}{2x^2} + \tfrac{2}{5}x^5 - \tfrac{2}{3x^3} + C.\end{aligned}$$

Merke: x^r wird integriert, indem man den Exponenten um 1 erhöht und durch den neuen Exponenten teilt.

(b)
$$\begin{aligned}\int \left(2\sqrt{x} + \tfrac{2}{\sqrt{x}}\right) dx &= \int (2x^{1/2} + 2x^{-1/2})\,dx = 2\cdot\tfrac{2}{3}x^{3/2} + 2\cdot 2x^{1/2} \\ &= \tfrac{4}{3}\sqrt{x^3} + 4\sqrt{x} = 4\sqrt{x}\left(\tfrac{1}{3}x + 1\right) + C.\end{aligned}$$

(c)
$$\begin{aligned}\int \left(x^2\sqrt{x} - \tfrac{x}{\sqrt[3]{x}}\right) dx &= \int (x^{5/2} - x^{2/3})\,dx = \tfrac{2}{7}x^{7/2} - \tfrac{3}{5}x^{5/3} \\ &= \tfrac{2}{7}x^3\sqrt{x} - \tfrac{3}{5}x\sqrt[3]{x^2} + C.\end{aligned}$$

5.35

(a) $\int (x^4 + 6x^2 - \frac{1}{x})\,dx = \frac{1}{5}x^5 + 2x^3 - \ln|x| + C.$

(b) $\int (\sqrt[4]{x^7} + 2\cos x)\,dx = \int (x^{7/4} + 2\cos x)\,dx = \frac{4}{11}x^{11/4} + 2\sin x + C.$

(c) $\int (12x^3 - \sqrt{x} + 2\,\mathrm{e}^{-x})\,dx = 3x^4 - \frac{2}{3}x^{3/2} - 2\,\mathrm{e}^{-x} + C.$

(d) $\int (\sinh x - 2\cosh 2x)\,dx = \cosh x - \sinh 2x + C.$

(e) $\int (\frac{1}{\cos^2 x} - \frac{1}{\sin^2 x})\,dx = \tan x + \cot x + C.$

(f) $\int (\mathrm{e}^{2x} + \mathrm{e}^{-2x})\,dx = \int 2\cosh 2x\,dx = \frac{1}{2}(\mathrm{e}^{2x} - \mathrm{e}^{-2x}) + C = \sinh 2x + C.$

5.36

(a) PBZ mit ZHM liefert $\frac{1}{x^2-a^2} = \frac{1}{(x-a)(x+a)} = \frac{\frac{1}{2a}}{x-a} - \frac{\frac{1}{2a}}{x+a}$ für $a \neq 0$. Also:

$$\int \frac{dx}{x^2-a^2} = \frac{1}{2a}\int \frac{dx}{x-a} - \frac{1}{2a}\int \frac{dx}{x+a} = \frac{1}{2a}\ln|x-a| - \frac{1}{2a}\ln|x+a|$$
$$= \frac{1}{2a}\ln\left|\frac{x-a}{x+a}\right| + C.$$

(b) Durch Rückführung auf den Typ $\int \frac{f'}{f}\,dx$ [S. 225] erhält man

$$\int \frac{x}{x^2-4}\,dx = \frac{1}{2}\int \frac{2x}{x^2-4}\,dx = \frac{1}{2}\ln|x^2-4| + C.$$

(c) PBZ mit Polynomdivision liefert $\frac{x^2}{x^2+4} = \frac{x^2+4-4}{x^2+4} = 1 - \frac{4}{x^2+4}$.

Mit [5.40 (e)] folgt $\int \frac{x^2}{x^2+4}\,dx = \int dx - 4\int \frac{dx}{x^2+4} = x - 2\arctan\frac{x}{2} + C.$

(d) PBZ mit ZHM liefert $\frac{x^2+1}{x^3-x} = \frac{x^2+1}{x(x-1)(x+1)} = \frac{1}{x-1} + \frac{1}{x+1} - \frac{1}{x}$. Also ist

$$\int \frac{x^2+1}{x^3-x}\,dx = \int \frac{dx}{x-1} + \int \frac{dx}{x+1} - \int \frac{dx}{x} = \ln|x-1| + \ln|x+1| - \ln x$$
$$= \ln\left|\frac{(x-1)(x+1)}{x}\right| = \ln\left|\frac{x^2-1}{x}\right| + C.$$

(e) PBZ liefert $\frac{2x^2+1}{x^3+x} = \frac{2x^2+1}{x(x^2+1)} = \frac{1}{x} + \frac{x}{x^2+1}$. Mit $\int \frac{f'}{f}\,dx = \ln|f| + C$ folgt

$$\int \frac{2x^2+1}{x^3+x}\,dx = \int \frac{dx}{x} + \int \frac{x}{x^2+1}\,dx = \ln|x| + \frac{1}{2}\ln|x^2+1|$$
$$= \ln|x\sqrt{x^2+1}| + C.$$

Partielle Integration

5.37

(a) $\int \underset{\downarrow}{x} \; \underset{\uparrow}{e^{3x}}\, dx = \frac{1}{3}x\,e^{3x} - \frac{1}{3}\int e^{3x}\, dx = \frac{1}{3}x\,e^{3x} - \frac{1}{9}e^{3x} = \frac{1}{9}\,e^{3x}(3x-1) + C.$

(b) $$\begin{aligned}\int \underset{\downarrow}{x^3} \; \underset{\uparrow}{e^{x}}\, dx &= x^3 e^x - 3\int \underset{\downarrow}{x^2} \; \underset{\uparrow}{e^{x}}\, dx = x^3 e^x - 3\Big(x^2 e^x - 2\int \underset{\downarrow}{x} \; \underset{\uparrow}{e^{x}}\, dx\Big)\\ &= x^3 e^x - 3x^2 e^x + 6x\,e^x - 6\,e^x + C.\end{aligned}$$

(c) $\int \underset{\downarrow}{x} \; \underset{\uparrow}{\cos x}\, dx = x\sin x - \int \sin x\, dx = x\sin x + \cos x + C.$

(d) $$\begin{aligned}\int \underset{\uparrow}{\sqrt{x}} \; \underset{\downarrow}{\ln x}\, dx &= \frac{2}{3}x^{3/2}\ln x - \frac{2}{3}\int x^{3/2}\cdot\frac{1}{x}\, dx = \frac{2}{3}x^{3/2}\ln x - \frac{2}{3}\int x^{1/2}\, dx\\ &= \frac{2}{3}x^{3/2}\ln x - \frac{4}{9}x^{3/2} + C.\end{aligned}$$

(e) $$\begin{aligned}\int \sin^2 x\, dx = \int \underset{\uparrow}{\sin x} \; \underset{\downarrow}{\sin x}\, dx &= -\cos x\sin x + \int \underset{\uparrow}{\cos x} \; \underset{\downarrow}{\cos x}\, dx \\ &= -\cos x\sin x + \Big[\cos x\sin x + \int \sin x\sin x\, dx\Big].\end{aligned}$$

Das gesuchte Integral fällt raus. Partielle Integration führt nicht zum Ziel. Ersetzt man aber $\cos^2 x$ durch $1-\sin^2 x$, so erhält man die Gleichung

$$\int \sin^2 x\, dx = -\cos x\sin x + \int (1-\sin^2 x)\, dx = -\cos x\sin x + \int 1\, dx - \int \sin^2 x\, dx.$$

Also $2\int \sin^2 x\, dx = -\cos x\sin x + \int 1\, dx$ und $\int \sin^2 x\, dx = \frac{1}{2}(x - \cos x\sin x) + C.$

5.38

(a) $$\begin{aligned} I &= \int \underset{\uparrow}{\cos x} \; \underset{\downarrow}{\cos 2x}\, dx = \sin x\cos 2x - \int (\sin x)(-2\sin 2x)\, dx\\ &= \sin x\cos 2x + 2\int \underset{\uparrow}{\sin x} \; \underset{\downarrow}{\sin 2x}\, dx\\ &= \sin x\cos 2x + 2\Big(-\cos x\sin 2x - \int (-\cos x)\cdot 2\cos 2x\, dx\Big)\\ &= \sin x\cos 2x - 2\cos x\sin 2x + 4\underbrace{\int \cos x\cos 2x\, dx}_{=I}.\end{aligned}$$

Also ist $I = \int \cos x\cos 2x\, dx = \frac{1}{3}\big(2\cos x\sin 2x - \sin x\cos 2x\big) + C.$

(b) $$\begin{aligned} I &= \int \underset{\downarrow}{e^{2x}} \; \underset{\uparrow}{\sin x}\, dx = -e^{2x}\cos x - \int (2\,e^{2x})(-\cos x)\, dx\\ &= -e^{2x}\cos x + 2\int \underset{\downarrow}{e^{2x}} \; \underset{\uparrow}{\cos x}\, dx = -e^{2x}\cos x + 2\Big(e^{2x}\sin x - \int 2\,e^{2x}\sin x\, dx\Big)\\ &= -e^{2x}\cos x + 2\,e^{2x}\sin x - 4\underbrace{\int e^{2x}\sin x\, dx}_{=I}.\end{aligned}$$

Also ist $I = \int e^{2x}\sin x\, dx = \frac{1}{5}\big(-e^{2x}\cos x + 2\,e^{2x}\sin x\big) + C.$

(c)
$$\begin{aligned} I &= \int \underset{\uparrow}{\sin x}\ \underset{\downarrow}{\cos 3x}\,dx = -\cos x\cos 3x - \int(-\cos x)(-3\sin 3x)\,dx \\ &= -\cos x\cos 3x - 3\int \underset{\uparrow}{\cos x}\ \underset{\downarrow}{\sin 3x}\,dx \\ &= -\cos x\cos 3x - 3(\sin x\sin 3x - \int \sin x\cdot 3\cos 3x\,dx) \\ &= -\cos x\cos 3x - 3\sin x\sin 3x + 9\underbrace{\int \sin x\cos 3x\,dx}_{=I}\ . \end{aligned}$$

Also ist $I = \int \sin x\cos 3x\,dx = \frac{1}{8}\big(\cos x\cos 3x + 3\sin x\sin 3x\big) + C$.

Substitutionsregel

5.39 Die lineare Substitution $\big[t = ax+b,\ dt = a\,dx$ bzw. $dx = \frac{1}{a}\,dt\big]$ liefert

(a) $\int\sin(4x+7)\,dx = \frac{1}{4}\int \sin t\,dt = -\frac{1}{4}\cos t = -\frac{1}{4}\cos(4x+7)+C.$ $\quad\big[t=4x+7\big]$

(b) $\int \mathrm{e}^{5x}\,dx = \frac{1}{5}\int \mathrm{e}^{t}\,dt = \frac{1}{5}\mathrm{e}^{t} = \frac{1}{5}\mathrm{e}^{5x}+C.$ $\quad\big[t=5x\big]$

(c) $\int(2+5x)^{20}\,dx = \frac{1}{5}\int t^{20}\,dt = \frac{1}{5}\cdot\frac{1}{21}t^{21} = \frac{1}{105}(2+5x)^{21}+C.$ $\quad\big[t=2+5x\big]$

(d) $\int\big(\sqrt{2-7x}\big)^5\,dx = -\frac{1}{7}\int t^{5/2}\,dt = -\frac{1}{7}\cdot\frac{2}{7}t^{7/2} = -\frac{2}{49}\big(\sqrt{2-7x}\big)^7+C.$ $\big[t=2-7x\big]$

5.40

(a) Die Substitution $\big[t=x^3,\ dt=3x^2\,dx\big]$ liefert:

$$\int 3x^2\,\mathrm{e}^{x^3}\,dx = \int \mathrm{e}^{t}\,dt = \mathrm{e}^{t} = \mathrm{e}^{x^3}+C.$$

(b) Die Substitution $\big[t=\sqrt{x},\ dt=\frac{1}{2\sqrt{x}}\,dx,\ 2\,dt=\frac{1}{\sqrt{x}}\,dx\big]$ liefert:

$$\int\frac{1}{\sqrt{x}}\cos\sqrt{x}\,dx = 2\int\cos t\,dt = 2\sin t = 2\cos\sqrt{x}+C.$$

(c) Die Substitution $\big[t=3+x^4,\ dt=4x^3\,dx,\ \frac{1}{4}\,dt=x^3\,dx\big]$ liefert:

$$\int x^3(3+x^4)^{12}\,dx = \frac{1}{4}\int t^{12}\,dt = \frac{1}{4}\cdot\frac{1}{13}t^{13} = \frac{1}{52}\big(3+x^4\big)^{13}+C.$$

(d) Die Substitution $\big[t=1+x^3,\ dt=3x^2\,dx,\ \frac{1}{3}\,dt=x^2\,dx\big]$ liefert:

$$\int\frac{x^2}{\sqrt{1+x^3}}\,dx = \frac{1}{3}\int\frac{dt}{\sqrt{t}}\,dt = \frac{2}{3}\sqrt{t} = \frac{2}{3}\sqrt{1+x^3}+C.$$

oder "Wurzel substituieren" : $\big[u=\sqrt{1+x^3},\ du=\frac{3x^2}{2\sqrt{1+x^3}}\,dx\big]$ liefert

$$\int\frac{x^2}{\sqrt{1+x^3}}\,dx = \frac{2}{3}\int du = \frac{2}{3}u = \frac{2}{3}\sqrt{1+x^3}+C.$$

(e) Die (lineare) Substitution $\big[t=\frac{x}{a},\ x=at,\ dx=a\,dt,\ dt=\frac{dx}{a}\big]$ liefert:

$$\int\frac{dx}{a^2+x^2} = \int\frac{a\,dt}{a^2+a^2t^2} = \frac{1}{a}\int\frac{dt}{1+t^2} = \frac{1}{a}\arctan t = \frac{1}{a}\arctan\frac{x}{a}+C.$$

(f) Die Substitution $\left[t = x^2,\ dt = 2x\,dx\right]$ liefert mit PBZ bzw. [5.36 (a)]:

$$\int \frac{x}{1-x^4}\,dx = \frac{1}{2}\int \frac{dt}{1-t^2} = \frac{1}{4}\int \frac{dt}{1+t} + \frac{1}{4}\int \frac{dt}{1-t} = \frac{1}{4}\ln\left|\frac{1+t}{1-t}\right| = \frac{1}{4}\ln\left|\frac{1+x^2}{1-x^2}\right| + C.$$

(g) Die Substitution $\left[t = 1+x^2,\ dt = 2x\,dx\right]$ liefert zusammen mit [5.7 (c)]:

$$\int x\ln(1+x^2)\,dx = \frac{1}{2}\int \ln t\,dt = \frac{1}{2}(t\ln t - t) = \frac{1+x^2}{2}\big(\ln(1+x^2) - 1\big) + C.$$

(h) Die Substitution $\left[t = \ln x,\ dt = \frac{1}{x}\,dx\right]$ liefert zusammen mit [5.7 (c)]:

$$\int \frac{\ln(\ln x)}{x}\,dx = \int \ln t\,dt = t\ln t - t = t(\ln t - 1) = \ln x\big(\ln(\ln x) - 1\big) + C.$$

5.41

(a) $$\int \cot x\,dx = \int \frac{\cos x}{\sin x}\,dx = \ln|\sin x| + C.$$

(b) $$\int \frac{dx}{(1+x^2)\arctan x} = \int \frac{\frac{1}{1+x^2}}{\arctan x}\,dx = \ln|\arctan x| + C.$$

(c) Nach Kettenregel gilt $\big(\ln(\sin x)\big)' = \dfrac{\cos x}{\sin x} = \dfrac{1}{\tan x}$, also

$$\int \frac{dx}{\tan x\ln(\sin x)} = \int \frac{\cos x}{\sin x\ln(\sin x)}\,dx = \int \frac{\frac{\cos x}{\sin x}}{\ln(\sin x)}\,dx = \ln\big|\ln(\sin x)\big| + C.$$

(d) Mit $\tan x = \dfrac{\sin x}{\cos x}$ und $(x\sin x)' = x\cos x + \sin x$ folgt

$$\int \frac{x+\tan x}{x\tan x}\,dx = \int \frac{x\cos x+\sin x}{x\sin x}\,dx = \ln|x\sin x| + C.$$

5.42

(a) $$\int \frac{\sin 2x}{\cos x+\cos^2 x}\,dx = \int \frac{2\sin x\cos x}{\cos x+\cos^2 x}\,dx = \int \frac{2\sin x}{1+\cos x}\,dx = -2\ln(1+\cos x) + C.$$

(b) $$\int \cos^2 x\,dx = \int \underset{\uparrow}{\cos x}\ \underset{\downarrow}{\cos x}\,dx = \sin x\cos x - \int \sin x(-\sin x)\,dx$$

$$= \sin x\cos x + \int \big(1-\cos^2 x\big)\,dx = \sin x\cos x + x - \int \cos^2 x\,dx.$$

Neu sortieren liefert $\displaystyle\int \cos^2 x\,dx = \frac{1}{2}\big(x + \sin x\cos x\big) + C.$

(c) $$\int \frac{dx}{\cos x} = \int \frac{\cos x}{\cos^2 x}\,dx = \int \frac{\cos x}{1-\sin^2 x}\,dx \quad [t = \sin x,\ dt = \cos x\,dx]$$

$$= \int \frac{dt}{1-t^2} = \int \left(\frac{\frac{1}{2}}{1-t} + \frac{\frac{1}{2}}{1+t}\right)dt = \frac{1}{2}\big(\ln|1+t| - \ln|1-t|\big)$$

$$= \ln\sqrt{\left|\frac{1+t}{1-t}\right|} = \ln\sqrt{\left|\frac{1+\sin x}{1-\sin x}\right|} + C.$$

(d) Die Substitution $\left[t = \sin x,\ dt = \cos x\,dx\right]$ liefert:

$$\int \frac{\cos x}{1+\sin^2 x}\,dx = \int \frac{dt}{1+t^2} = \arctan t = \arctan(\sin x) + C.$$

5.43

(a) Die Substitution $\left[t=\sqrt{x},\ x=t^2,\ dx=2t\,dt\right]$ und partielle Integration liefert:

$$\begin{aligned}\int \sin\sqrt{x}\,dx &= \int \underset{\downarrow}{2t}\,\underset{\uparrow}{\sin t}\,dt = -2t\cos t+\int 2\cos t\,dt\\ &= 2\sin t-2t\cos t = 2\sin\sqrt{x}-2\sqrt{x}\cos\sqrt{x}+C.\end{aligned}$$

(b) Die Substitution $\left[t=\sqrt{x+1},\ x+1=t^2,\ dx=2t\,dt\right]$ liefert mit [5.7 (a)]:

$$\int \mathrm{e}^{\sqrt{x+1}}\,dx = 2\int t\,\mathrm{e}^t\,dt = 2\big(t\,\mathrm{e}^t-\mathrm{e}^t\big) = 2\big(\sqrt{x+1}\cdot\mathrm{e}^{\sqrt{x+1}}-\mathrm{e}^{\sqrt{x+1}}\big)+C.$$

(c) Substitution: $\left[t=\sqrt{1-x^2},\ t^2=1-x^2,\ 2t\,dt=-2x\,dx,\ x\,dx=-t\,dt\right]$

$$\int \frac{x}{\sqrt{1-x^2}}\,dx = -\int \frac{t}{t}\,dt = -\int dt = -t = -\sqrt{1-x^2}+C.$$

(d) Die Substitution $\left[t=\sqrt[3]{x+1},\ t^3=x+1,\ 3t^2\,dt=dx\right]$ liefert:

$$\int \frac{dx}{1+\sqrt[3]{x+1}} = \int \frac{3t^2}{1+t}\,dt = 3\int \frac{t^2-1+1}{t+1}\,dt = 3\int \Big(t-1+\frac{1}{t+1}\Big)\,dt$$

$$= 3\big(\tfrac{t^2}{2}-t+\ln|t+1|\big) = \tfrac{3}{2}\Big(\sqrt[3]{x+1}^{\,2}-2\sqrt[3]{x+1}+2\ln\big|\sqrt[3]{x+1}+1\big|\Big)+C.$$

5.44 Die Substitution $\left[x=\sin t,\ t=\arcsin x,\ dx=\cos t\,dt,\ \sqrt{1-x^2}=\cos t\right]$ liefert:

(a) $$\int \frac{dx}{\sqrt{1-x^2}} = \int \frac{\cos t}{\sqrt{1-\sin^2 t}}\,dt = \int dt = t = \arcsin x+C.$$

Dies ist ein Grundintegral, siehe **F 4**.

Mit $\arcsin' x=\frac{1}{\sqrt{1-x^2}}$ erkennt man das Integral auch ohne Substitution.

(b) $$\int \frac{x}{\sqrt{1-x^2}}\,dx = \int \frac{\sin t}{\sqrt{1-\sin^2 t}}\cos t\,dt = \int \sin t\,dt = -\cos t = -\sqrt{1-x^2}+C.$$

Siehe Aufgabe [5.43 (c)] für einen einfacheren Weg!

(c) $$\int \frac{x^2}{\sqrt{1-x^2}^{\,3}}\,dx = \int \frac{1-\cos^2 t}{\cos^3 t}\cos t\,dt = \int \Big(\frac{1}{\cos^2 t}-1\Big)\,dt$$

$$= \tan t - t = \frac{x}{\sqrt{1-x^2}}-\arcsin x+C.$$

Bei der letzten Umformung wurde $\tan t=\dfrac{\sin t}{\sqrt{1-\sin^2 t}}$ benutzt (siehe [3.71]).

(d) $$\int \sqrt{1-x^2}\,dx = \int \sqrt{1-\sin^2 t}\,\cos t\,dt = \int \cos^2 t\,dt.$$

Jetzt gibt es folgende drei Möglichkeiten:

(1) Man setzt $\cos^2 t=\frac{1}{2}(1+\cos 2t)$ [3.73] ein und erhält

$$\begin{aligned}\int\sqrt{1-x^2}\,dx &= \tfrac{1}{2}\int(1+\cos 2t)\,dt = \tfrac{1}{2}\big(t+\tfrac{1}{2}\sin 2t\big) = \tfrac{1}{2}\big(t+\sin t\cos t\big)\\ &= \tfrac{1}{2}\big(\arcsin x+x\sqrt{1-x^2}\,\big)+C, \qquad \text{nach obiger Substitution.}\end{aligned}$$

(2) Man setzt $\cos^2 t=1-\sin^2 t$ ein und benutzt [5.37 (e)].

(3) Man benutzt [5.42 (b)].

Bestimmte Integrale

5.45

(a) $Z : x_0 = 0 < x_1 = \frac{b}{n} < \cdots < x_k = k\frac{b}{n} < \cdots < x_n = b$
ist die äquidistante Zerlegung von $[0, b]$ in n Intervalle.
Die Stützstellen sind $x_k = k\frac{b}{n}$, die Teilintervalle
$J_k = [x_{k-1}, x_k]$ haben die Länge $x_k - x_{k-1} = \frac{b}{n}$.

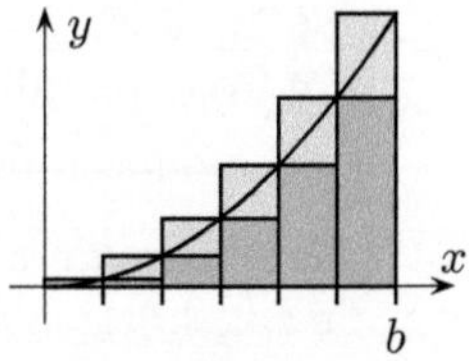

$f(x) = x^2$ wächst monoton. Die Maxima und Minima von f in J_k sind daher

$M_k = f(x_k) = x_k^2 = k^2\left(\frac{b}{n}\right)^2$ und $m_k = f(x_{k-1}) = x_{k-1}^2 = (k-1)^2\left(\frac{b}{n}\right)^2$.

Ober- und Untersummen sind daher, vgl. [**EM 1**, 3.54]:

$$\begin{aligned} O_n &= \frac{b}{n}\big(f(x_1) + \cdots + f(x_n)\big) = \frac{b}{n}\big(x_1^2 + \cdots + x_n^2\big) \\ &= \left(\frac{b}{n}\right)^3\big(1^2 + 2^2 + \cdots + n^2\big) = \frac{b^3}{n^3}\frac{n(n+1)(2n+1)}{6} = \frac{1}{3}b^3\left(1 + \frac{3}{2n} + \frac{1}{2n^2}\right) . \\ U_n &= \frac{b}{n}\big(f(x_0) + \cdots + f(x_{n-1})\big) = \frac{b}{n}\big(x_0^2 + \cdots + x_{n-1}^2\big) \\ &= \left(\frac{b}{n}\right)^3\big(0^2 + \cdots + (n-1)^2\big) = \frac{b^3}{n^3}\frac{(n-1)n(2n-1)}{6} = \frac{1}{3}b^3\left(1 - \frac{3}{2n} + \frac{1}{2n^2}\right) . \end{aligned}$$

Für $n \to \infty$ gilt $O_n, U_n \longrightarrow \frac{1}{3}b^3$. Insbesondere folgt $\displaystyle\int_0^b x^2\,dx = \frac{1}{3}b^3$.

(b) $x_0 = 0 < x_1 = \frac{\pi}{4} < x_2 = \frac{\pi}{2} < x_3 = \frac{3\pi}{4} < x_4 = \pi$
ist die äquidistante Zerlegung von $[0, \pi]$ in die vier
Intervalle $J_1 = [0, \frac{\pi}{4}]$, $J_2 = [\frac{\pi}{4}, \frac{\pi}{2}]$, $J_3 = [\frac{\pi}{2}, \frac{3\pi}{4}]$
und $J_4 = [\frac{3\pi}{4}, \pi]$, alle mit der Länge $\frac{\pi}{4}$.
$\cos x$ ist in $[0, \pi]$ monoton fallend.

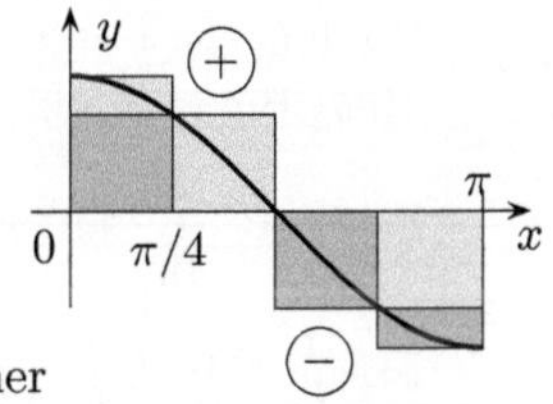

Maxima und Minima in den vier Teilintervallen sind daher

$M_1 = \cos 0 = 1,\ M_2 = \cos\frac{\pi}{4} = \frac{1}{2}\sqrt{2},\ M_3 = \cos\frac{\pi}{2} = 0,\ M_4 = \cos\frac{3\pi}{4} = -\frac{1}{2}\sqrt{2},$

$m_1 = \cos\frac{\pi}{4} = \frac{1}{2}\sqrt{2},\ m_2 = \cos\frac{\pi}{2} = 0,\ m_3 = \cos\frac{3\pi}{4} = -\frac{1}{2}\sqrt{2},\ m_4 = \cos\pi = -1$.

Ober- und Untersumme sind daher

$O_4 = \frac{\pi}{4}(M_1 + M_2 + M_3 + M_4) = \frac{\pi}{4}(1 + \frac{1}{2}\sqrt{2} + 0 - \frac{1}{2}\sqrt{2}) = \frac{\pi}{4} \approx 0.78,$

$U_4 = \frac{\pi}{4}(m_1 + m_2 + m_3 + m_4) = \frac{\pi}{4}(\frac{1}{2}\sqrt{2} + 0 - \frac{1}{2}\sqrt{2} - 1) = -\frac{\pi}{4} \approx -0.78.$

Es gilt $U_4 \approx -0.78 < \displaystyle\int_0^\pi \cos x\,dx = 0 < O_4 \approx 0.78$ vgl. [5.18 (d)].

5.46 Eine äquidistante Zerlegung $Z : a = x_0 < x_1 < \cdots < x_{n-1} < x_n = b$ von $[a, b]$ in n Teilintervalle hat die Teilungspunkte $x_k = a + k\frac{b-a}{n}$.
Die Teilintervalle $J_k = [x_{k-1}, x_k]$ haben die Länge $x_k - x_{k-1} = \frac{b-a}{n}$.
Da f monoton wächst gilt $M_k = \max\{f(x) \,|\, x \in J_k\} = f(x_k)$ und
$m_k = \min\{f(x) \,|\, x \in J_k\} = f(x_{k-1})$. Ober- und Untersummen zu Z sind

$O_n = M_1(x_1 - x_0) + \cdots + M_n(x_n - x_{n-1}) = \frac{b-a}{n}\big(f(x_1) + f(x_2) + \cdots + f(x_n)\big),$

$U_n = m_1(x_1 - x_0) + \cdots + m_n(x_n - x_{n-1}) = \frac{b-a}{n}\big(f(x_0) + f(x_1) + \cdots + f(x_{n-1})\big).$

Zieht man die beiden Summen voneinander ab, heben sich die mittleren Terme $f(x_1), \ldots, f(x_{n-1})$ gegenseitig auf und man erhält

$O_n - U_n = \frac{b-a}{n}\big(f(x_n) - f(x_0)\big) = \frac{b-a}{n}\big(f(b) - f(a)\big) \xrightarrow[n\to\infty]{} 0.$

5.47 $x_0 = 1 < x_1 = 2 < \cdots < x_n = n+1$ ist eine äquidistante Zerlegung von $[1, n+1]$ in n Teilintervalle der Länge 1.
$\frac{1}{x}$ ist monoton fallend.

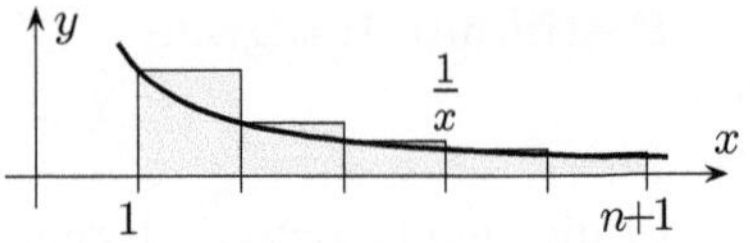

Das Maximum auf dem Teilintervall $[k, k+1]$ ist daher $M_k = \frac{1}{k}$ und die zugehörige Obersumme ist

$$O_n = S_n = 1 + \tfrac{1}{2} + \ldots + \frac{1}{n-1} + \frac{1}{n}$$
$$> \int_1^{n+1} \frac{dx}{x} = \Big[\ln x\Big]_1^{n+1} = \ln(n+1) - \ln 1 = \ln(n+1) > \ln n.$$

5.48

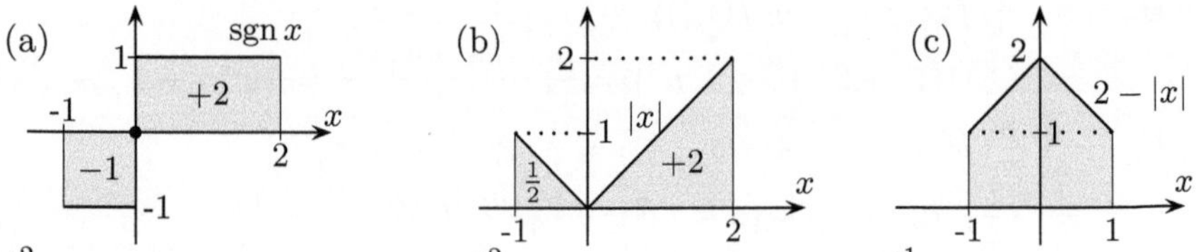

$\int_{-1}^{2} \operatorname{sgn} x \, dx = -1+2 = 1$ $\int_{-1}^{2} |x| \, dx = \frac{1}{2}+2 = \frac{5}{2}$ $\int_{-1}^{1} \big(2 - |x|\big) \, dx = 3$

(d) Die Kurven $y = \sin^2 x$ und $y = \cos^2 x$ gehen durch Verschieben um $\frac{\pi}{2}$ ineinander über. Beide Funktionen sind π-periodisch.

Es folgt $\int_0^{\pi} \sin^2 x \, dx = \int_{-\pi/2}^{\pi/2} \cos^2 x \, dx = \int_0^{\pi} \cos^2 x \, dx$, also

$$\pi = \int_0^{\pi} 1 \, dx = \int_0^{\pi} \big(\sin^2 x + \cos^2 x\big) \, dx = \int_0^{\pi} \sin^2 x \, dx + \int_0^{\pi} \cos^2 x \, dx = 2 \int_0^{\pi} \sin^2 x \, dx.$$

Zusammen folgt

$$\int_0^{\pi} \sin^2 x \, dx = \int_0^{\pi} \cos^2 x \, dx = \tfrac{\pi}{2}.$$

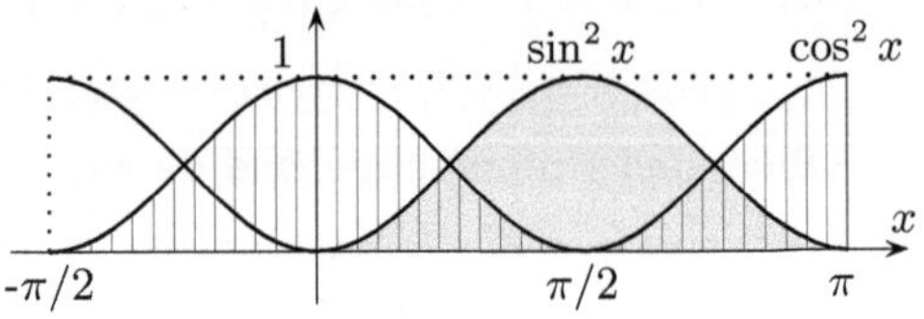

5.49

(a) $F(x) = \frac{1}{3}x^3$ ist eine Stammfunktion von $f(x) = x^2$. Also ist

$$\int_{-1}^{3} x^2 \, dx = \Big[\tfrac{1}{3}x^3\Big]_{-1}^{3} = \tfrac{27}{3} - \tfrac{1}{3}(-1) = \tfrac{28}{3} \,.$$

(b) $F(x) = \sin x$ ist eine Stammfunktion von $f(x) = \cos x$. Daher ist

$$\int_{-\pi/2}^{\pi/2} \cos x \, dx = \Big[\sin x\Big]_{-\pi/2}^{\pi/2} = \sin(\tfrac{\pi}{2}) - \sin(-\tfrac{\pi}{2}) = 1 + 1 = 2 \,.$$

<u>Oder:</u>
$\cos x$ ist gerade. Also

$$\int_{-\pi/2}^{\pi/2} \cos x \, dx = 2 \int_0^{\pi/2} \cos x \, dx$$
$$= 2\Big[\sin x\Big]_0^{\pi/2} = 2(1-0) = 2.$$

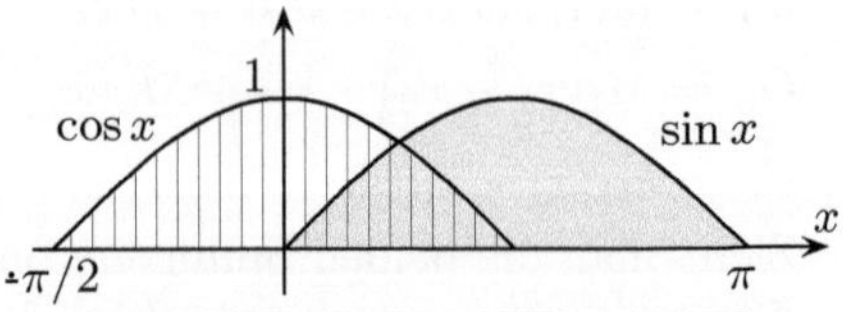

$$\boxed{\int_{-\pi/2}^{\pi/2} \cos x \, dx = \int_0^{\pi} \sin x \, dx = 2}$$

(c) Partiell: $\int \arctan x \, dx = \int 1 \cdot \arctan x \, dx = x \arctan x - \int \frac{x}{1+x^2} \, dx.$ Also ist

$$\int_0^1 \arctan x \, dx = \Big[x \arctan x - \tfrac{1}{2}\ln(1+x^2)\Big]_0^1 = \tfrac{\pi}{4} - \tfrac{1}{2}\ln 2 \approx 0.4388.$$

Oder:

$$\int_0^1 \arctan x \, dx = \tfrac{\pi}{4} - \int_0^{\pi/4} \tan x \, dx$$
$$= \tfrac{\pi}{4} + \Big[\ln \cos x\Big]_0^{\pi/4}$$
$$= \tfrac{\pi}{4} + \ln \tfrac{1}{\sqrt{2}} \approx 0.4388 .$$

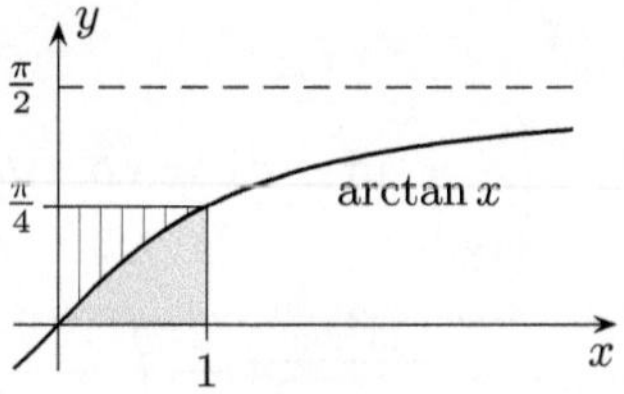

(d) $\frac{2}{3}\sqrt{1+x^3}$ ist eine Stammfunktion von $\frac{x^2}{\sqrt{1+x^3}}$ [5.40 (d)]. Daher ist

$$\int_0^2 \frac{x^2}{\sqrt{1+x^3}} \, dx = \Big[\tfrac{2}{3}\sqrt{1+x^3}\Big]_0^2 = \tfrac{2}{3}(\sqrt{9}-1) = \tfrac{4}{3} .$$

(e) $2\,\mathrm{e}^{\sqrt{x+1}}\big(\sqrt{x+1}-1\big)$ ist eine Stammfunktion von $\mathrm{e}^{\sqrt{x+1}}$ [5.43,(b)]. Daher ist

$$\int_{-1}^3 \mathrm{e}^{\sqrt{x+1}} \, dx = \Big[2\,\mathrm{e}^{\sqrt{x+1}}\big(\sqrt{x+1}-1\big)\Big]_{-1}^3 = 4\,\mathrm{e}^2 - 2\,\mathrm{e}^2 - (0 - 2\,\mathrm{e}^0)$$
$$= 2\,\mathrm{e}^2 + 2 \approx 16.78.$$

(f) $-\frac{1}{x+2}$ ist eine Stammfunktion von $\frac{1}{(x+2)^2}$. Daher ist

$$\int_1^{100} \frac{dx}{(x+2)^2} = \Big[-\frac{1}{x+2}\Big]_1^{100} = -\tfrac{1}{102} - (-\tfrac{1}{3}) \approx 0.32 .$$

5.50

(a) Partielle Integration ergibt

$$\int_0^1 \underset{\downarrow}{x}\, \underset{\uparrow}{\mathrm{e}^{2x}} \, dx = \Big[\tfrac{1}{2}x\,\mathrm{e}^{2x}\Big]_0^1 - \int_0^1 \tfrac{1}{2}\,\mathrm{e}^{2x} \, dx = \tfrac{1}{2}\,\mathrm{e}^2 - \Big[\tfrac{1}{4}\,\mathrm{e}^{2x}\Big]_0^1$$
$$= \tfrac{1}{2}\,\mathrm{e}^2 - \big(\tfrac{1}{4}\,\mathrm{e}^2 - \tfrac{1}{4}\big) = \tfrac{1}{4}(\mathrm{e}^2+1) \approx 2.097.$$

(b) Die Substitution $\big[t = x^3,\ dt = 3x^2\,dx,\ x=0 \Rightarrow t=0,\ x=2 \Rightarrow t=8\big]$ liefert

$$\int_{x=0}^2 6x^2\,\mathrm{e}^{x^3} \, dx = \int_{t=0}^8 2\,\mathrm{e}^t \, dt = 2\Big[\mathrm{e}^t\Big]_{t=0}^8 = 2(\mathrm{e}^8 - 1) \approx 5\,960.$$

(c) Die Subst. $\big[t = 1+x^2,\ dt = 2x\,dx,\ x=-1 \Rightarrow t=2,\ x=2 \Rightarrow t=5\big]$ liefert

$$\int_{x=-1}^2 \frac{2x}{1+x^2} \, dx = \int_{t=2}^5 \frac{dt}{t} = \Big[\ln t\Big]_{t=2}^5 = \ln 5 - \ln 2 = \ln \tfrac{5}{2} \approx 0.92.$$

(d) Partielle Integration ergibt

$$\int_0^1 \underset{\uparrow}{1} \cdot \underset{\downarrow}{\arcsin x} \, dx = \Big[x \arcsin x\Big]_0^1 - \int_0^1 \frac{x\,dx}{\sqrt{1-x^2}} = \arcsin 1 - \int_0^1 \frac{x}{\sqrt{1-x^2}} \, dx.$$

Das letzte Integral berechnen wir mit [5.43 (c)]:

$$\int_0^1 \frac{x}{\sqrt{1-x^2}} \, dx = \Big[-\sqrt{1-x^2}\Big]_0^1 = 0 - (-1) = 1.$$

Damit ist $\int_0^1 \arcsin x \, dx = \arcsin 1 - 1 = \frac{\pi}{2} - 1 \approx 0.571.$

(e) $\left[t = \sqrt{x+1},\ t^2 = x+1,\ 2t\,dt = dx,\ x = -1 \Rightarrow t = 0,\ x = 3 \Rightarrow t = 2\right]$ ergibt

$$\int_{x=-1}^{3} \cos(\sqrt{x+1})\,dx = 2\int_{t=0}^{2} \underset{\downarrow}{t}\,\underset{\uparrow}{\cos t}\,dt = 2\Big(\Big[t\sin t\Big]_0^2 - \int_0^2 \sin t\,dt\Big)$$

$$= 4\sin 2 - 2\Big[-\cos t\Big]_0^2 = 2\big(2\sin 2 + \cos 2 - 1\big) \approx 0.805.$$

(f) $\left[x = \sin t,\ dx = \cos t\,dt,\ \sqrt{1-x^2} = \cos t,\ x = 0 \Rightarrow t = 0,\ x = \frac{1}{2} \Rightarrow t = \frac{\pi}{6}\right]$ ergibt

$$\int_0^{1/2} \frac{x^2\,dx}{\sqrt{1-x^2}^3} = \int_0^{\pi/6} \Big(\frac{1}{\cos^2 t} - 1\Big)\,dt = \Big[\tan t - t\Big]_0^{\pi/6} = \tfrac{1}{\sqrt{3}} - \tfrac{\pi}{6}, \text{ (s. [S. 169])}.$$

Uneigentliche Integrale

5.51

(a) Es ist $\displaystyle\int_{\mathrm{e}}^{\infty} \frac{dx}{x\ln x} = \lim_{b\to\infty}\int_{\mathrm{e}}^{b} \frac{1/x}{\ln x}\,dx = \lim_{b\to\infty}\Big[\ln(\ln x)\Big]_{\mathrm{e}}^{b} = \lim_{b\to\infty}\ln(\ln b) = \infty.$

Das uneigentliche Integral $\displaystyle\int_{\mathrm{e}}^{\infty}\frac{dx}{x\ln x}$ divergiert.

(b) $\displaystyle\int_0^{\infty} \sin x\,\mathrm{e}^{-x}\,dx$ siehe [5.8 (a)]

$$= \lim_{b\to\infty}\Big[\tfrac{\mathrm{e}^{-x}}{2}\big(-\sin x - \cos x\big)\Big]_0^b = \tfrac{1}{2}.$$

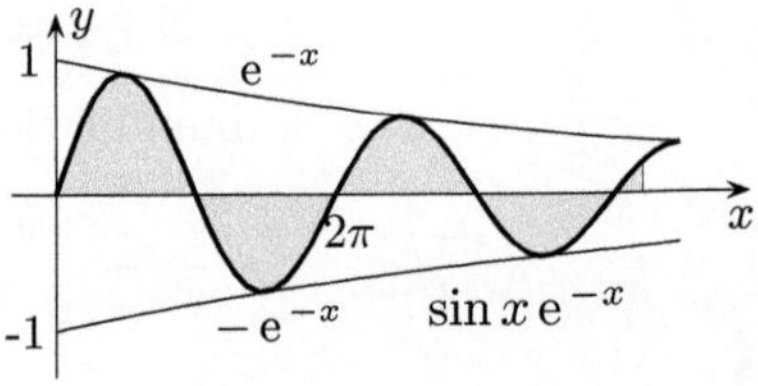

(c) $[t = -x^2,\ dt = -2x\,dx]$ ergibt

$$\int_{x=-\infty}^{0} x\,\mathrm{e}^{-x^2}\,dx = -\tfrac{1}{2}\int_{t=-\infty}^{0} \mathrm{e}^{t}\,dt$$

$$= -\tfrac{1}{2}\Big[\mathrm{e}^{t}\Big]_{-\infty}^{0} = -\tfrac{1}{2}.$$

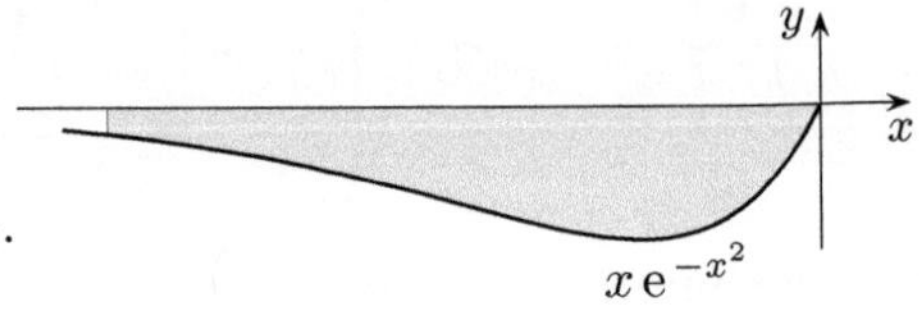

5.52

(a) $$\int_{-2}^{1} \frac{dx}{\sqrt{2+x}} = \lim_{c\to-2^+}\int_c^1 \frac{dx}{\sqrt{2+x}}$$

$$= \lim_{c\to-2^+}\Big[2\sqrt{2+x}\Big]_c^1 = 2\lim_{c\to-2^+}\big(\sqrt{3} - \sqrt{2+c}\big) = 2\sqrt{3}.$$

(b) Mit der (linearen) Substitution $\left[t = \frac{x}{2},\ dt = \frac{dx}{2}\right]$ erhält man

$$\int_0^2 \frac{dx}{\sqrt{4-x^2}} = \frac{1}{2}\int_{x=0}^{2} \frac{dx}{\sqrt{1-\frac{x^2}{4}}} = \int_{t=0}^{1}\frac{dt}{\sqrt{1-t^2}} = \lim_{c\to 1^-}\Big[\arcsin t\Big]_0^c = \arcsin 1 = \tfrac{\pi}{2}.$$

(c) $$\int_0^{\pi/2} \tan x\,dx = \lim_{c\to(\frac{\pi}{2})^-}\int_0^c \tan x\,dx$$

$$= \lim_{c\to(\frac{\pi}{2})^-}\Big[-\ln(\cos x)\Big]_0^c = \lim_{c\to(\frac{\pi}{2})^-}\big(-\ln(\cos c)\big) = \infty.$$

5.53

(a) Für $\alpha \neq 1$ gilt $\int_1^b \frac{1}{x^\alpha}\,dx = \left[\frac{1}{1-\alpha}x^{1-\alpha}\right]_1^b = \frac{1}{1-\alpha}(b^{1-\alpha}-1) = \frac{1}{\alpha-1}(1-\frac{1}{b^{\alpha-1}})$.

- Für $\alpha > 1$ ist $\lim\limits_{b\to\infty} \frac{1}{b^{\alpha-1}} = 0$.

Also ist für $\alpha > 1$ das uneigentliche Integral $\int_1^\infty \frac{1}{x^\alpha}\,dx$ konvergent und zwar ist

$$\int_1^\infty \frac{1}{x^\alpha}\,dx = \lim_{b\to\infty} \int_1^b \frac{1}{x^\alpha}\,dx = \lim_{b\to\infty} \frac{1}{\alpha-1}(1-\frac{1}{b^{\alpha-1}}) = \frac{1}{\alpha-1}.$$

- Für $\alpha < 1$ ist $\lim\limits_{b\to\infty} \frac{1}{b^{\alpha-1}} = \infty$. Also ist für $\alpha < 1$ das Integral

$$\int_1^\infty \frac{1}{x^\alpha}\,dx = \lim_{b\to\infty} \int_1^b \frac{1}{x^\alpha}\,dx = \lim_{b\to\infty} \frac{1}{\alpha-1}(1-\frac{1}{b^{\alpha-1}}) = \infty\,,\quad \text{also divergent.}$$

- Für $\alpha = 1$ gilt $\int_1^b \frac{1}{x^\alpha}\,dx = \int_1^b \frac{dx}{x} = \left[\ln x\right]_1^b = \ln b - \ln 1 = \ln b$.

Es ist $\int_1^\infty \frac{dx}{x} = \lim\limits_{b\to\infty} \int_1^b \frac{dx}{x} = \lim\limits_{b\to\infty} \ln b = \infty$, das Integral ist also divergent.

(b) Für $\alpha \neq 1$ gilt $\int_c^1 \frac{1}{x^\alpha}\,dx = \left[\frac{1}{1-\alpha}x^{1-\alpha}\right]_c^1 = \frac{1}{1-\alpha}(1-c^{1-\alpha}) = \frac{1}{\alpha-1}(\frac{1}{c^{\alpha-1}}-1)$.

- Für $\alpha < 1$ ist $\lim\limits_{c\to 0+} \frac{1}{c^{\alpha-1}} = 0$.

Also ist für $\alpha < 1$ das uneigentliche Integral $\int_0^1 \frac{1}{x^\alpha}\,dx$ konvergent, und zwar ist

$$\int_0^1 \frac{1}{x^\alpha}\,dx = \lim_{c\to 0+} \int_c^1 \frac{1}{x^\alpha}\,dx = \lim_{c\to 0+} \frac{1}{\alpha-1}(\frac{1}{c^{\alpha-1}}-1) = \frac{1}{1-\alpha}.$$

- Für $\alpha > 1$ ist $\lim\limits_{c\to 0+} \frac{1}{c^{\alpha-1}} = \infty$. Also ist für $\alpha > 1$ das Integral

$$\int_0^1 \frac{1}{x^\alpha}\,dx = \lim_{c\to 0+} \int_c^1 \frac{1}{x^\alpha}\,dx = \lim_{c\to 0+} \frac{1}{\alpha-1}(\frac{1}{c^{\alpha-1}}-1) = \infty\,,\quad \text{also divergent.}$$

- Für $\alpha = 1$ gilt $\int_c^1 \frac{1}{x^\alpha}\,dx = \int_c^1 \frac{dx}{x} = \left[\ln x\right]_c^1 = \ln 1 - \ln c = -\ln c$.

Es ist $\int_0^1 \frac{dx}{x} = \lim\limits_{c\to 0+} \int_c^1 \frac{dx}{x} = \lim\limits_{c\to 0+} (-\ln c) = \infty$, das Integral ist also divergent.

Anwendungen

5.54

(a) Schnittstellen der Funktionen bestimmen:
$f(x) = 2x+1 = x^2-2 = g(x) \iff x = -1$ oder $x = 3$
Der gesuchte Flächeninhalt ist daher

$$\left|\int_{-1}^3 (f(x)-g(x))\,dx\right| = \left|\int_{-1}^3 (-x^2+2x+3)\,dx\right|$$
$$= \left|\left[-\tfrac{1}{3}x^3+x^2+3x\right]_{-1}^3\right|$$
$$= \left|-9+9+9-(\tfrac{1}{3}+1-3)\right|$$
$$= 9-(-\tfrac{5}{3}) = \tfrac{32}{3}.$$

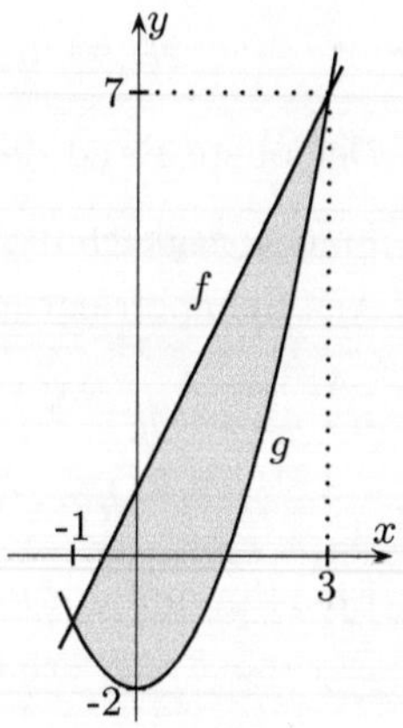

(b) Schnittstellen der Funktionen bestimmen:

$x^3 + 2x^2 - x = x^2 + x \iff x^3 + x^2 - 2x = 0 \iff x \in \{-2,\ 0,\ 1\}$

Der gesuchte Flächeninhalt ist daher

$$A = \underbrace{\left|\int_{-2}^{0} (f(x) - g(x))\,dx\right|}_{A_1} + \underbrace{\left|\int_{0}^{1} (f(x) - g(x))\,dx\right|}_{A_2}$$

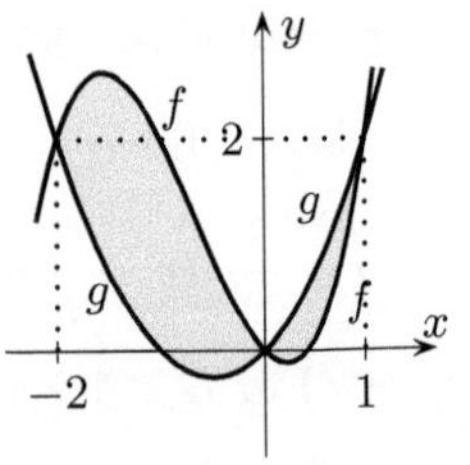

$$A_1 = \left|\int_{-2}^{0} (x^3 + x^2 - 2x)\,dx\right| = \left|\left[\tfrac{1}{4}x^4 + \tfrac{1}{3}x^3 - x^2\right]_{-2}^{0}\right|$$
$$= \left|0 - (4 - \tfrac{8}{3} - 4)\right| = \tfrac{8}{3}\,.$$

$$A_2 = \left|\int_{0}^{1} (x^3 + x^2 - 2x)\,dx\right| = \left|\left[\tfrac{1}{4}x^4 + \tfrac{1}{3}x^3 - x^2\right]_{0}^{1}\right| = \left|\tfrac{1}{4} + \tfrac{1}{3} - 1 - 0\right| = \tfrac{5}{12}\,.$$

Zusammen ergibt sich $A = A_1 + A_2 = \frac{8}{3} + \frac{5}{12} = \frac{37}{12}$.

(c) Schnittstellen der Funktionen bestimmen:

$x^2 = \dfrac{2}{1+x^2} \iff x^4 + x^2 = 2 \iff x^2 = 1 \iff x = \pm 1$

Aus Symmetriegründen ist der gesuchte Flächeninhalt

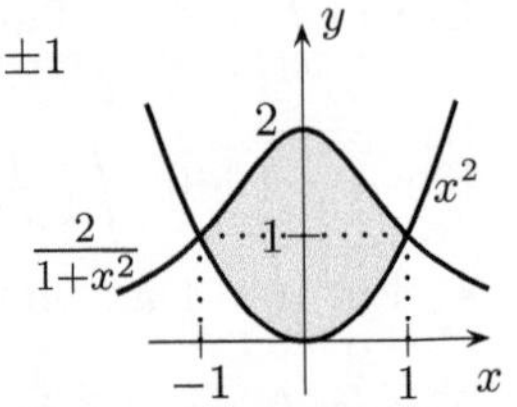

$$A = \left|2\int_{0}^{1} \left(\frac{2}{1+x^2} - x^2\right) dx\right| = 2\left|\left[2\arctan x - \tfrac{1}{3}x^3\right]_{0}^{1}\right|$$
$$= 2\left|2\arctan 1 - \tfrac{1}{3} - (0 - 0)\right|$$
$$= 2\left|2\tfrac{\pi}{4} - \tfrac{1}{3}\right| = \pi - \tfrac{2}{3} \approx 2.475.$$

(d) Schnittstellen der Funktionen bestimmen (im Intervall $]-\frac{\pi}{2}, \frac{\pi}{2}[$) :

Es ist $\sin 2x = 2\sin x \cos x$ und $\tan x = \frac{\sin x}{\cos x}$. Es folgt

$$\begin{aligned} \sin 2x = \tan x &\iff 2\sin x\cos x = \frac{\sin x}{\cos x} \\ &\iff \sin x(2\cos^2 x - 1) = 0 \\ &\iff \sin x = 0 \text{ oder } \cos^2 x = \tfrac{1}{2} \\ &\iff x = 0 \text{ oder } x = \pm\tfrac{\pi}{4}. \end{aligned}$$

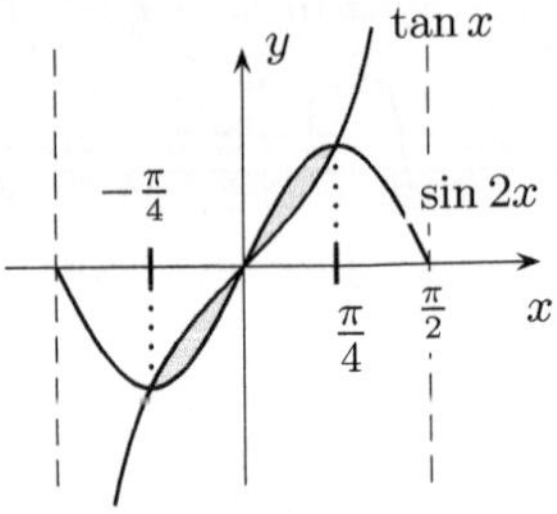

Der gesuchte Flächeninhalt ist daher (Symmetrie!)

$$A = 2\int_{0}^{\pi/4} (\sin 2x - \tan x)\,dx$$
$$= \left[-\cos 2x + 2\ln(\cos x)\right]_{0}^{\pi/4} = (0 + 2\ln\tfrac{\sqrt{2}}{2}) - (-1 + 0) = 1 - \ln 2 \approx 0.31.$$

5.55 Der obere Rand der Ellipse $\frac{x^2}{a^2} + \frac{y^2}{b^2} = 1$ hat die Funktionsgleichung $y = b\sqrt{1 - \frac{x^2}{a^2}}$, $-a \le x \le a$.

Aus Symmetriegründen ist der Flächeninhalt

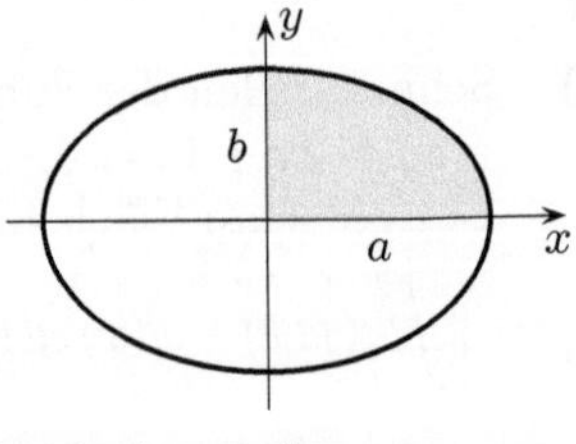

$$\begin{aligned} A &= 4\int_{0}^{a} b\sqrt{1 - \tfrac{x^2}{a^2}}\,dx = 4\tfrac{b}{a}\int_{0}^{a} \sqrt{a^2 - x^2}\,dx \\ &= 4\tfrac{b}{a}\left[\tfrac{1}{2}\left(x\sqrt{a^2 - x^2} + a^2\arcsin\tfrac{x}{a}\right)\right]_{0}^{a} = 2\tfrac{b}{a}\cdot a^2\arcsin 1 = \pi ab. \end{aligned}$$

Eine Stammfunktion von $\sqrt{a^2 - x^2}$ schlägt man am besten in einer Tafel nach. Für $a = b = R$ erhält man den Flächeninhalt πR^2 eines Kreises mit Radius R.

5.56 Legt man das obere Parabelstück wie skizziert in ein Koordinatensystem (1 Einheit entspricht 1 cm), so ist die Querschnittsfläche gegeben durch

$$A = 2\int_{-3}^{3} f(x)\,dx = 4\int_{0}^{3} f(x)\,dx.$$

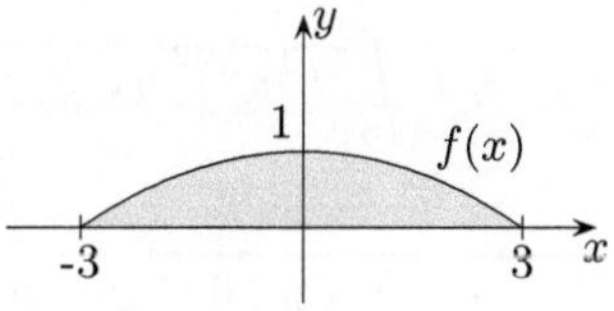

f erhält man mit dem Ansatz

$f(x) = ax^2 + 1$ und $f(3) = 0$.

$f(3) = 0 \implies 9a = -1$, also $a = -\frac{1}{9}$.

Es folgt: $A = 4\int_{0}^{3} (-\frac{1}{9}x^2 + 1)\,dx = 4\big[-\frac{1}{27}x^3 + x\big]_0^3 = 4 \cdot 2 = 8.$

Die Querschnittsfläche der Linse beträgt also $8\,\text{cm}^2$.

5.57

(a) Für $0 \le \alpha \le \pi$ ist der Kreisbogen die Funktion $y = \sqrt{R^2 - x^2}$, $R\cos\alpha \le x \le R$.

Mit $y' = -\frac{x}{\sqrt{R^2-x^2}}$ liefert die Formel auf [S. 240]:

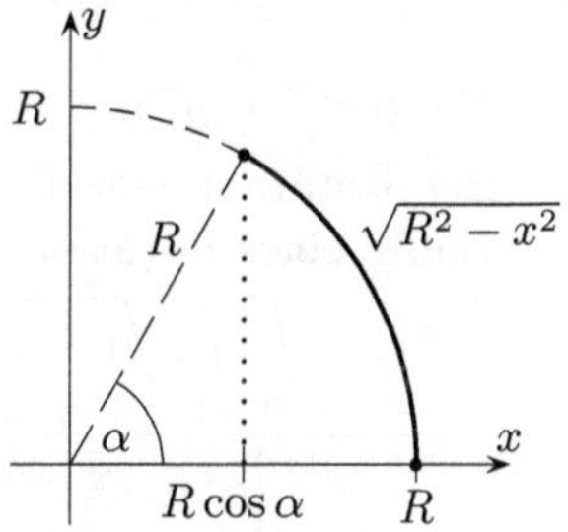

$$L = \int_{R\cos\alpha}^{R} \sqrt{1 + y'^2}\,dx = \int_{R\cos\alpha}^{R} \sqrt{1 + \frac{x^2}{R^2-x^2}}\,dx.$$

$$= R\int_{R\cos\alpha}^{R} \frac{dx}{\sqrt{R^2-x^2}} = R\Big[\arcsin\frac{x}{R}\Big]_{R\cos\alpha}^{R}$$

$$= R\big(\tfrac{\pi}{2} - \arcsin(\cos\alpha)\big) = R\arccos(\cos\alpha) = R\alpha.$$

(b) Für die Parabel $y = \frac{1}{2}x^2$ ist $y' = x$.

Die Bogenlängenformel ergibt

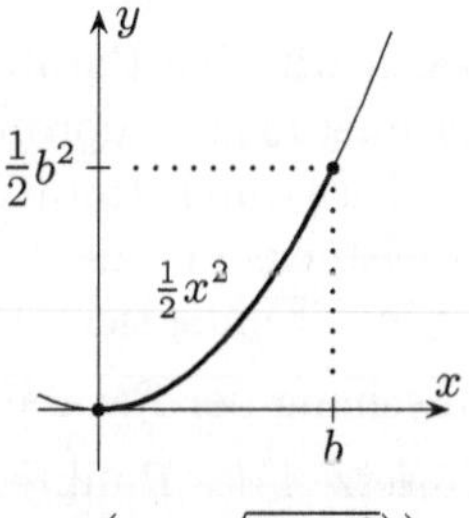

$$L = \int_{x=0}^{b} \sqrt{1 + y'^2}\,dx = \int_0^b \sqrt{1 + x^2}\,dx.$$

Das Integral $\int \sqrt{1 + x^2}\,dx$ findet man in der Formelsammlung [**FH**]:

$$L = \tfrac{1}{2}\Big[x\sqrt{1 + x^2} + \ln\big(x + \sqrt{1 + x^2}\big)\Big]_0^b = \tfrac{1}{2}\big(b\sqrt{1 + b^2} + \ln\big(b + \sqrt{1 + b^2}\big)\big).$$

5.58

(a) $F:\ 0 \le x \le 2,\ 0 \le y \le 2x + 1$

Bei Rotation von F um die x-Achse entsteht ein Kegelstumpf mit dem Volumen

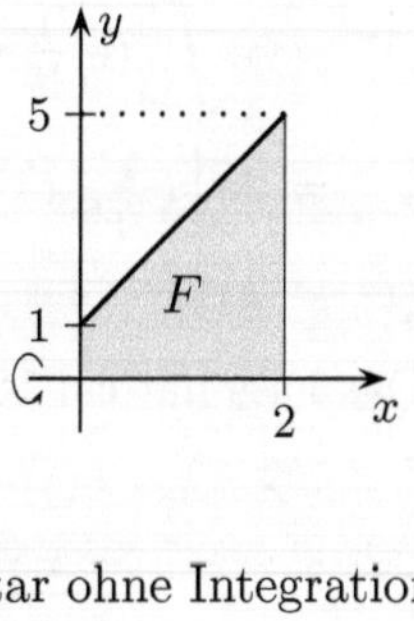

$$V = \pi\int_0^2 (2x + 1)^2\,dx = \pi\Big[\tfrac{4}{3}x^3 + 2x^2 + x\Big]_0^2$$

$$= \pi\big(\tfrac{32}{3} + 8 + 2 - 0\big) = \tfrac{62}{3}\pi \approx 64.93.$$

Das Volumen des Kegelstumpfes kann man auch elementar ohne Integration berechnen. Sein Volumen ist die Differenz zweier Kegelvolumina.

(b) $F:\ 0 \le x \le 2,\ 0 \le y \le \frac{1}{4}x^3$

Das Volumen des bei Rotation um die x-Achse entstehenden Rotationskörpers ist

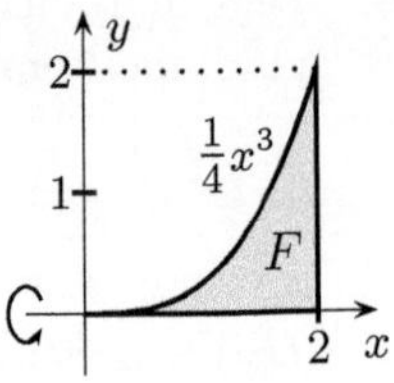

$$V = \pi \int_0^2 \left(\tfrac{1}{4}x^3\right)^2 dx = \pi \left[\tfrac{1}{16} \cdot \tfrac{1}{7}x^7\right]_0^2 .$$
$$= \tfrac{8\pi}{7} \approx 3.59.$$

(c) $F:\ 0 \le x \le \pi,\ 0 \le y \le \sin x$

Das Volumen des bei Rotation um die x-Achse entstehenden Rotationskörpers ist, siehe [S. 241]:

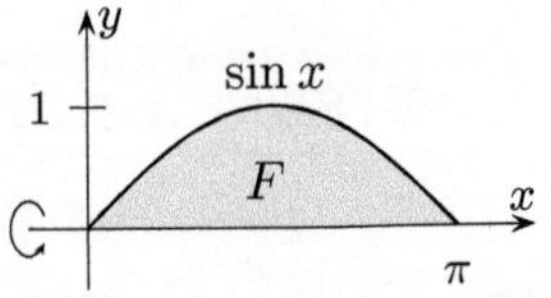

$$V = \pi \int_0^\pi \left(\sin x\right)^2 dx = \pi \left[\tfrac{x}{2} - \tfrac{1}{4}\sin 2x\right]_0^\pi$$
$$= \pi \cdot \tfrac{\pi}{2} = \tfrac{\pi^2}{2} \approx 4.93.$$

(d) $F:\ 0 \le x \le a,\ 0 \le y \le b\sqrt{1 - \frac{x^2}{a^2}}$

Bei Rotation von F um die x-Achse entsteht die Hälfte eines Rotationsellipsoids mit dem Volumen

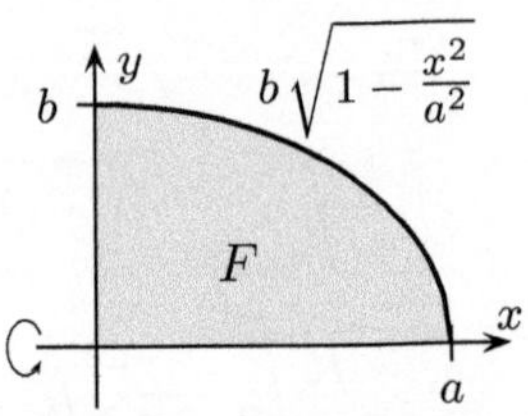

$$V = \pi \int_0^a \left(b\sqrt{1 - \tfrac{x^2}{a^2}}\right)^2 dx = \tfrac{\pi b^2}{a^2} \int_0^a \left(a^2 - x^2\right) dx$$
$$= \tfrac{\pi b^2}{a^2}\left[a^2 x - \tfrac{1}{3}x^3\right]_0^a = \tfrac{\pi b^2}{a^2} \cdot \tfrac{2}{3}a^3 = \tfrac{2\pi}{3}ab^2.$$

Für $a = b = R$ erhält man eine Halbkugel mit Radius R und Volumen $\frac{2\pi}{3}R^3$.

5.59 Legen wir eine Parabel wie nebenstehend gezeichnet in ein Koordinatensystem, so entsteht das Fass durch Rotation des gezeichneten Parabelstücks um die x-Achse.

1 Einheit entspricht 1 dm = 10 cm.

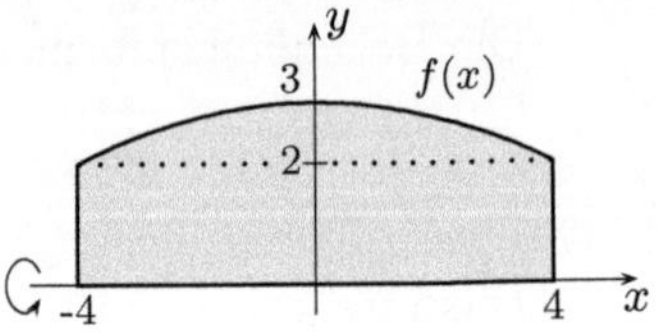

Gleichung der Parabel: $y = ax^2 + 3$.

Einsetzen des Punktes $(4, 2)$: $2 = 16a + 3 \implies a = -\frac{1}{16}$.

Also ist $y = f(x) = -\frac{1}{16}x^2 + 3$ die Funktion, die durch Rotation um die x-Achse über dem Intervall $[-4, 4]$ das Fass erzeugt. Es folgt:

$$V = \pi \int_{-4}^{4} (-\tfrac{1}{16}x^2 + 3)^2\, dx = 2\pi \int_0^4 (\tfrac{1}{256}\, x^4 - \tfrac{3}{8}x^2 + 9)\, dx$$
$$= 2\pi \left[\tfrac{1}{5 \cdot 256}\, x^5 - \tfrac{1}{8}x^3 + 9x\right]_0^4 = 2\pi(\tfrac{1 \cdot 2^{10}}{5 \cdot 2^8} - \tfrac{1}{8} \cdot 2^6 + 36)$$
$$= 2\pi(\tfrac{4}{5} - 8 + 36) = 2\pi \cdot 28.8 \approx 181.$$

Das Fass hat ca. 181 Liter Inhalt. 1 Liter = $1000\,\text{cm}^3 = 1\,\text{dm}^3$.

6 Kombinatorik

6.1 Permutationen und Kombinationen

Zur Berechnung von Wahrscheinlichkeiten muss man häufig die Anzahl der Elemente gewisser Mengen berechnen. Für eine Menge M bezeichnet $|M|$ die Anzahl ihrer Elemente, siehe auch [**EM 1**, Kapitel 1].

Abzählung von Mengen

M und N seien endliche Mengen mit $|M| = m$ und $|N| = n$.

1) Ist $M \cap N = \emptyset$, so gilt $|M \cup N| = m + n$. **Additionsprinzip**
2) Ist $M \subseteq N$, so gilt $|N \setminus M| = n - m$.
3) $|M \times N| = m \cdot n$. **Multiplikationsprinzip**

6.1 *Es seien $M = \{2, 4, 6, 8\}$, $N = \{1, 3, 5\}$ und $R = \{3, 5\}$. Man gebe $|M \cup N|$, $|N \setminus R|$, $|R \times N|$ und $|M \setminus R|$ an.*

$|M \cup N| = 4 + 3 = 7$, da $M \cap N = \emptyset$.

$|N \setminus R| = 3 - 2 = 1$, da $R \subseteq N$.

$|R \times N| = 2 \cdot 3 = 6$, $R \times N = \{(3,1), (3,3), (3,5), (5,1), (5,3), (5,5)\}$.

$|M \setminus R| = |M| = 4$, hier wird direkt $M \setminus R$ gebildet, da keine der Regeln anwendbar ist.

6.2 *Vier Orte A, B, C, D sind durch ein Straßennetz gemäß nebenstehender Skizze verbunden.*

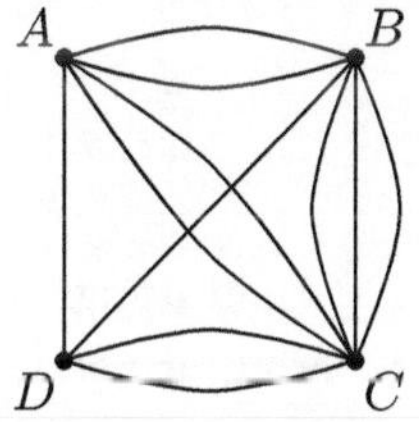

(a) *Wieviele verschiedene Wege $B - C - D$ gibt es?*

(b) *Wieviele verschiedene Rundreisen $A - B - C - D - A$ gibt es?*

(c) *Auf wieviele verschiedene Arten kann man von A nach D gelangen, wenn kein Ort mehr als einmal besucht werden soll?*

(a) Es gibt 3 Wege v_1, v_2, v_3 von B nach C und 2 Wege w_1, w_2 von C nach D. Mit $M = \{v_1, v_2, v_3\}$ und $N = \{w_1, w_2\}$ gibt es nach dem Multiplikationsprinzip $|M \times N| = 3 \cdot 2 = 6$ Wege $B - C - D$.

(b) Entsprechend (a) gibt es nach dem Multiplikationsprinzip genau $2 \cdot 3 \cdot 2 \cdot 1 = 12$ verschiedene Rundreisen $A - B - C - D - A$.

(c) Man kann auf folgenden Wegen von A nach D gelangen, ohne einen Ort zweimal zu besuchen:

$A - D$	1 Möglichkeit	
$A - B - D$	$2 \cdot 1 = 2$ Möglichkeiten	(Multiplikationsprinzip)
$A - B - C - D$	$2 \cdot 3 \cdot 2 = 12$ Möglichkeiten	"
$A - C - D$	$2 \cdot 2 = 4$ Möglichkeiten	"
$A - C - B - D$	$2 \cdot 3 \cdot 1 = 6$ Möglichkeiten	"

Da diese 5 Wegmengen disjunkt sind, erhält man die Gesamtzahl der Wege durch Addition (Additionsprinzip). Man kann also auf 25 verschiedene Arten von A nach D gelangen, ohne einen Ort mehr als einmal zu besuchen.

Für eine endliche Menge N sind 4 Anzahlprobleme relevant und viele praktische Fragestellungen führen auf diese. Die Beweise der Anzahlformeln dieses Abschnitts findet man in [Abschnitt 6.5].

k-Permutationen über $N = \{1, 2, \ldots, n\}$

Eine **k-Permutation ohne Wiederholungen** (über N) ist ein k-Tupel aus lauter verschiedenen Elementen von N.	Anzahl $= n(n-1)\cdots(n-k+1) = \boldsymbol{\frac{n!}{(n-k)!}}$
Eine **k-Permutation mit Wiederholungen** (über N) ist ein k-Tupel aus Elementen von N. Die Elemente von N dürfen mehrfach auftreten.	Anzahl $= \boldsymbol{n^k}$

Bemerkungen:

1. Für $k = n$ heißen n-Permutationen ohne Wiederholung kurz **Permutationen**. Die Anzahl der Permutationen über N ist $n(n-1)\cdots 2 \cdot 1 = n!$.
2. Eine k-Permutation mit Wiederholungen ist ein Element von N^k.

6.3 *Es sei $N = \{1, 2, 3\}$. Man schreibe alle k-Permutationen ohne Wiederholungen bzw. mit Wiederholungen auf für*

(a) $k = 1$, (b) $k = 2$, (c) $k = 3$.

(a) 1-Permutationen ohne Wiederholungen: 1, 2, 3 — Die Begriffsbildungen fallen
1-Permutationen mit Wiederholungen: 1, 2, 3 — für $k = 1$ zusammen.

(b) 2-Permutationen ohne Wiederholungen: $(1,2)$, $(1,3)$, $(2,1)$, $(2,3)$, $(3,1)$, $(3,2)$.
Anzahl $= 3 \cdot 2 = 6$.

2-Permutationen mit Wiederholungen: $(1,1)$, $(1,2)$, $(1,3)$, $(2,1)$, $(2,2)$, $(2,3)$, $(3,1)$, $(3,2)$, $(3,3)$.
Anzahl $= 3^2 = 9$.

(c) 3-Permutationen ohne Wiederholungen (Permutationen über N): $(1,2,3)$, $(1,3,2)$, $(2,1,3)$, $(2,3,1)$, $(3,1,2)$, $(3,2,1)$.
Anzahl $= 3! = 3 \cdot 2 \cdot 1 = 6$.

3-Permutationen mit Wiederholungen: $(1,1,1)$, $(1,1,2)$, $(1,1,3)$, $\ldots$, $(3,3,3)$.
Anzahl $= 3^3 = 27$.

Im Folgenden werden die Binomialkoeffizienten $\binom{n}{k}$ (lies: n über k) benötigt, siehe [**EM1**, S. 103].

Wir wiederholen die wichtigsten Formeln für die Binomialkoeffizienten:

Binomialkoeffizienten

$n = 0, 1, 2, \dots \qquad k = 1, 2, \dots \qquad k \le n$

$\binom{n}{k} = \frac{n!}{k!(n-k)!} = \frac{n(n-1)(n-2)\cdots(n-k+1)}{k!} = \binom{n}{n-k} \qquad \binom{n}{0} = 1$

$\binom{n+1}{k} = \binom{n}{k} + \binom{n}{k-1}$ (**Rekursionsformel**)

$\binom{n}{k}$ ist die Anzahl der k-elementigen Teilmengen einer n-elementigen Menge.

$\sum_{k=0}^{n} \binom{n}{k} = \binom{n}{0} + \binom{n}{1} + \binom{n}{2} + \cdots + \binom{n}{n} = 2^n$

Allgemeine binomische Formel

$$(a+b)^n = \sum_{k=0}^{n} \binom{n}{k} a^k b^{n-k} = \sum_{k=0}^{n} \binom{n}{k} a^{n-k} b^k$$

$$= \binom{n}{0} a^n + \binom{n}{1} a^{n-1} b^1 + \binom{n}{2} a^{n-2} b^2 + \cdots + \binom{n}{k} a^{n-k} b^k + \cdots + \binom{n}{n} b^n$$

k-Kombinationen über $N = \{1, 2, \dots, n\}$

Eine **k-Kombination ohne Wiederholungen** (über N) ist ein k-Tupel $(x_1, x_2, \dots, x_k)$ aus Elementen von N mit $x_1 < x_2 < \cdots < x_k$.	Anzahl $= \binom{n}{k}$
Eine **k-Kombination mit Wiederholungen** (über N) ist ein k-Tupel $(x_1, x_2, \dots, x_k)$ aus Elementen von N mit $x_1 \le x_2 \le \cdots \le x_k$.	Anzahl $= \binom{n+k-1}{k}$

Wichtig:

Eine k-Kombination ohne Wiederholungen über einer n-elementigen Menge N lässt sich interpretieren als k-elementige Teilmenge von N.

6.4 *Es sei $N = \{1, 2, 3\}$. Man schreibe alle k-Kombinationen ohne Wiederholungen bzw. mit Wiederholungen über N auf für*

(a) $k = 1$, (b) $k = 2$, (c) $k = 3$.

(a) 1-Kombinationen ohne Wiederholungen: 1, 2, 3 — Die Begriffsbildungen fallen

1-Kombinationen mit Wiederholungen: 1, 2, 3 — für $k = 1$ zusammen.

(b) 2-Kombinationen ohne Wiederholungen: $(1,2)$, $(1,3)$, $(2,3)$.

Anzahl $= \binom{3}{2} = 3$.

2-Kombinationen mit Wiederholungen: $(1,1)$, $(1,2)$, $(1,3)$, $(2,2)$, $(2,3)$, $(3,3)$.

Anzahl $= \binom{4}{2} = 6$.

(c) 3-Kombinationen ohne Wiederholungen: $(1, 2, 3)$.
Anzahl $= \binom{3}{3} = 1$.

3-Kombinationen mit Wiederholungen: $(1,1,1)$, $(1,1,2)$, $(1,1,3)$, $(1,2,2)$, $(1,2,3)$ $(1,3,3)$, $(2,2,2)$, $(2,2,3)$, $(2,3,3)$, $(3,3,3)$.
Anzahl $= \binom{3+3-1}{2} = \binom{5}{2} = 10$.

Man erkennt, dass die Kombinationen ohne Wiederholungen genau den Teilmengen der dreielementigen Menge $N = \{1, 2, 3\}$ (bis auf die leere Menge) entsprechen.

6.5 *Bei den folgenden Fragestellungen entscheide man jeweils, ob k-Permutationen bzw. k-Kombinationen mit bzw. ohne Wiederholungen abgezählt werden sollen, und berechne die jeweilige Anzahl.*

(a) *Wieviele Wörter aus 3 verschiedenen Buchstaben lassen sich aus dem deutschen Alphabet (26 Buchstaben) bilden?*

(b) *Wie groß ist die Anzahl der möglichen Tototipps bei der Fußball-Elferwette? (0 =: Unentschieden, 1: Heimsieg, 2: Auswärtssieg.)*

(c) *Wieviele mögliche Tippreihen gibt es beim deutschen Zahlenlotto?*

(d) *Wieviele verschiedene Wurfbilder gibt es beim Würfeln mit 5 gleichen Würfeln?*

(e) *Wieviele Wurfbilder sind beim Kegeln (9 Kegel) möglich?*

(f) *Jemand hat von 5 verschiedenen Sonderbriefmarken zu 45 Cent jeweils 10 Stück zur Verfügung und will damit einen Brief mit 1,80 € frankieren. Wieviele Frankierungsmöglichkeiten hat er, wenn die Reihenfolge des Aufklebens der Briefmarken keine Rolle spielt?*

(a) Jedes Wort ist eine 3-Permutation ohne Wiederholungen über einer 26-elementigen Menge (dem Alphabet).
Anzahl $= 26 \cdot 25 \cdot 24 = \underline{15\,600}$.

(b) Ein Tototipp ist eine 11-Permutation mit Wiederholungen über einer 3-elementigen Menge $N = \{0, 1, 2\}$ bzw. $N = \{$Unentschieden, Heimsieg, Auswärtssieg$\}$.
Anzahl $= 3^{11} = \underline{177\,147}$.

(c) Jeder Lottotipp beim deutschen Zahlenlotto ist eine 6-Kombination ohne Wiederholungen über einer 49-elementigen Menge (eine 6-elementige Teilmenge einer 49-elementigen Menge).
Anzahl $= \binom{49}{6} = \underline{13\,983\,816}$.

(d) Jedes Wurfbild ist eine 5-Kombination mit Wiederholungen über einer 6-elementigen Menge (gebildet aus den Augenzahlen $1, 2, 3, 4, 5, 6$ der Würfel).
Anzahl $= \binom{6+5-1}{5} = \binom{10}{5} = \frac{10 \cdot 9 \cdot 8 \cdot 7 \cdot 6}{1 \cdot 2 \cdot 3 \cdot 4 \cdot 5} = \underline{252}$.

(e) Bleiben k Kegel stehen ($0 \leq k \leq 9$), so ist das Wurfbild eine k-Kombination ohne Wiederholungen über einer 9-elementigen Menge. Summation über alle möglichen k liefert die Gesamtzahl der Wurfbilder beim Kegeln (dabei wird eine "Pumpe", bei der alle Kegel stehenbleiben, als Wurfbild mitgezählt).

$$\text{Anzahl} = \sum_{k=0}^{9} \binom{9}{k} = 2^9 = \underline{512}.$$

Man kann auch gleich jedes Wurfbild als Teilmenge einer 9-elementigen Menge auffasssen. Dann erhält man nach [**EM1**, 6.19] oder dem obigen Kasten über Binomialkoeffizienten 2^9 als Anzahl der Wurfbilder (Anzahl der Teilmengen einer 9-elementigen Menge).

(f) Jede Frankierung ist eine 4-Kombination mit Wiederholungen über einer 5-elementigen Menge (man benötigt 4 Briefmarken zu 45 Cent zur Frankierung und es stehen 5 Sorten in jeweils ausreichender Zahl zur Verfügung).

$$\text{Anzahl} = \binom{5+4-1}{4} = \binom{8}{4} = \frac{8 \cdot 7 \cdot 6 \cdot 5}{1 \cdot 2 \cdot 3 \cdot 4} = \underline{70}.$$

Wir geben eine weitere Anzahlformel an, die bei vielen Abzählungsproblemen benutzt werden kann.

> Die Anzahl der k-Tupel, unter deren Komponenten genau l verschiedene sind mit den Häufigkeiten $k_1, k_2, \ldots, k_l$, $k_1 + k_2 + \cdots + k_l = k$, ist gegeben durch
>
> $$\frac{\boldsymbol{k!}}{\boldsymbol{k_1! \cdot k_2! \cdots k_l!}}$$

6.6 *Wieviele 5-stellige Zahlen gibt es, die genau die Ziffern* 8, 8, 9, 9, 9 *haben?*

Jede solche Zahl ist ein 5-Tupel, in dem 8 mit der Häufigkeit 2 und 9 mit der Häufigkeit 3 auftritt. Nach obiger Formel folgt:

$$\text{Anzahl} = \frac{5!}{2! \cdot 3!} = \binom{5}{2} = \frac{5 \cdot 4}{2} = \underline{10}.$$

Alternative Lösung:

Man suche von den 5 Stellen der Zahl diejenigen beiden Stellen, an denen die 8 steht. (2-Kombinationen ohne Wiederholung über einer 5-elementigen Menge oder Anzahl der 2-elementigen Teilmengen einer 5-elementigen Menge). Also ist die Anzahl $= \binom{5}{2} = 10$.

Auflistung der Zahlen: 88999, 89899, 89989, 89998, 98899
98989, 98998, 99889, 99898, 99988

Statt der 2 Stellen für die 8 kann man auch die 3 Stellen für die 9 wählen. Man erkennt daher an diesem Beispiel direkt: $\binom{5}{2} = \binom{5}{3}$.

6.2 Urnenmodelle

Die Anzahlen, die durch die 4 Anzahlformeln für Permutationen bzw. Kombinationen mit bzw. ohne Wiederholungen gegeben sind, werden häufig an einem **Urnenmodell** veranschaulicht.
Aus einer Urne mit n unterscheidbaren Kugeln werden nacheinander k Kugeln gezogen. Wieviele Ziehungsmöglichkeiten gibt es unter den folgenden Voraussetzungen?

(1) Die Reihenfolge wird berücksichtigt, Kugeln werden nicht zurückgelegt.
(2) Die Reihenfolge wird berücksichtigt, Kugeln werden zurückgelegt.
(3) Die Reihenfolge ist egal, Kugeln werden nicht zurückgelegt.
(4) Die Reihenfolge ist egal, Kugeln werden zurückgelegt.

Veranschaulichung am Beispiel $n = 3$ und $k = 2$.
Aus der Urne mit 3 Kugeln werden nacheinander 2 Kugeln gezogen.

Ziehungsmöglichkeiten für die obigen 4 Fälle:

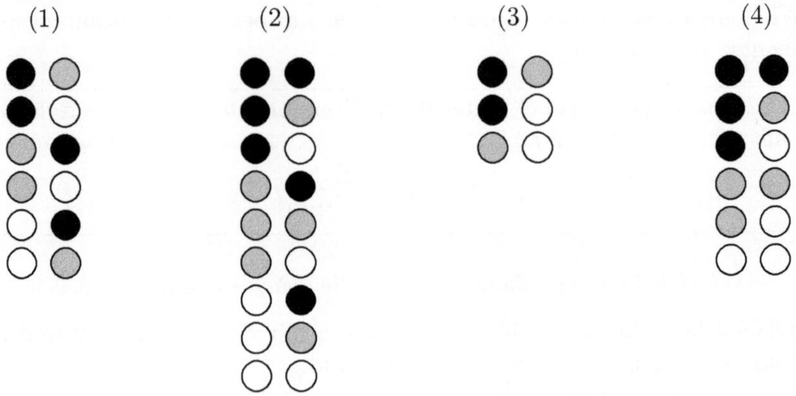

Permutationen ohne Wiederh.	Permutationen mit Wiederh.	Kombinationen ohne Wiederh.	Kombinationen mit Wiederh.
Anzahl $= 3 \cdot 2 = 6$	Anzahl $= 3^2 = 9$	Anzahl $= \binom{3}{2} = 3$	Anzahl $= \binom{4}{2} = 6$
allgemein:	allgemein:	allgemein:	allgemein:
$= \boldsymbol{\frac{n!}{(n-k)!}}$	$= \boldsymbol{n^k}$	$= \boldsymbol{\binom{n}{k}}$	$= \boldsymbol{\binom{n+k-1}{k}}$

6.7 *Für die in* [6.5] *gestellten Anzahlfragen entscheide man jeweils, welches Urnenmodell man ihnen zuordnen kann.*

(a) Wörter aus Buchstaben, **Urnenmodell (1)**:
Urne mit 26 Kugeln (den Buchstaben), aus der 3 Kugeln ohne Zurücklegen und mit Berücksichtigung der Reihenfolge zu ziehen sind.

(b) Fußballtoto, **Urnenmodell (2)**:
Urne mit 3 Kugeln, aus der 11 Kugeln mit Zurücklegen und mit Berücksichtigung der Reihenfolge zu ziehen sind.

(c) Lottotipps, **Urnenmodell (3)**:
Urne mit 49 Kugeln, aus der 6 Kugeln ohne Zurücklegen und ohne Berücksichtigung der Reihenfolge zu ziehen sind.

(d) Würfelbilder, **Urnenmodell (4)**:
Urne mit 6 Kugeln (den Augenzahlen), aus der 5 Kugeln mit Zurücklegen und ohne Berücksichtigung der Reihenfolge zu ziehen sind.

(e) Kegelbilder, **Urnenmodell (3)**:
Bleiben k Kegel stehen, so ist das Wurfbild der stehengebliebenen Kegel eine Ziehung aus einer Urne mit 9 Kugeln, aus der k Kugeln ohne Zurücklegen und ohne Berücksichtigung der Reihenfolge zu ziehen sind.

(f) Frankieren mit Briefmarken, **Urnenmodell (4)**:
Urne mit 5 Kugeln (den Briefmarken), aus der 4 Kugeln mit Zurücklegen und ohne Berücksichtigung der Reihenfolge zu ziehen sind.

Das jeweilige Urnenmodell ergibt sich auch direkt über den Zusammenhang mit k-Permutationen bzw. k-Kombinationen, da in [6.5] angegeben wurde, um welchen Abzählungstyp es sich jeweils handelt.

6.8 *In einer Urne befinden sich* 5 *blaue,* 3 *rote und* 2 *gelbe Kugeln. Wieviele Ziehungsmöglichkeiten gibt es beim Ziehen von* 4 *Kugeln bzw.* 5 *Kugeln*
(a) *ohne Berücksichtigung der Reihenfolge?*
(b) *bei Berücksichtigung der Reihenfolge?*

Hier handelt es sich um keines der Urnenmodelle (1) - (4), da nicht alle Kugeln in der Urne unterscheidbar sind.

Es werden (a) und (b) gleichzeitig schematisch gelöst:
Bei der Abzählung mit Berücksichtigung der Reihenfolge wird in den einzelnen Fällen jeweils die Formel für die Anzahl der k-Tupel, unter deren Komponenten genau l verschiedene mit den Häufigkeiten $k_1, k_2, \dots, k_l$ $(k_1 + k_2 + \dots + k_l = k)$ sind, von [S. 265] benutzt. Dabei werden im Nenner die Faktoren 1! meistens weggelassen. Die Anzahlen in den einzelnen Fällen werden addiert (Additionsprinzip).

Strukturierung erleichtert häufig das Lösen von Abzählproblemen!

Lösung für 4 Kugeln

Ziehungsmöglichkeiten		Anzahl bei Berücks. der Reihenfolge
4 blau		1
3 blau	1 rot	$4!/3! = 4$
	1 gelb	$4!/3! = 4$
2 blau	2 rot	$4!/(2!2!) = 6$
	1 rot/1 gelb	$4!/2! = 12$
	2 gelb	$4!/(2!2!) = 6$
1 blau	3 rot	$4!/(1!3!) = 4$
	2 rot/1 gelb	$4!/(1!2!) = 12$
	1 rot/2 gelb	$4!/(1!2!) = 12$
0 blau	3 rot/1 gelb	$4!/3! = 4$
	2 rot/2 gelb	$4!/(2!2!) = 6$
Gesamt = **11**		Gesamt = **71**

↔

Lösung für 5 Kugeln

Ziehungsmöglichkeiten		Anzahl bei Berücks. der Reihenfolge
5 blau		1
4 blau	1 rot	$5!/4! = 5$
	1 gelb	$5!/4! = 5$
3 blau	2 rot	$5!/(3!2!) = 10$
	1 rot/1 gelb	$5!/3! = 20$
	2 gelb	$5!/(3!2!) = 10$
2 blau	3 rot	$5!/(2!3!) = 10$
	2 rot/1 gelb	$5!/(2!2!) = 30$
	1 rot/2 gelb	$5!/(2!2!) = 30$
1 blau	3 rot/1 gelb	$5!/3! = 20$
	2 rot/2 gelb	$5!/(2!2!) = 30$
0 blau	3 rot/2 gelb	$5!/(3!2!) = 10$
Gesamt = **12**		Gesamt = **181**

Bemerkung zu (a):
Bei der Lösung ohne Berücksichtigung der Reihenfolge ist klar, dass die Anzahl für 5 Kugeln um genau 1 größer ist als die Anzahl bei 4 Kugeln, da die Fälle 4 blaue, 3 blaue, ... , 0 blaue bei 4 Kugeln genau den Fällen 5 blaue, 4 blaue, ... , 1 blaue bei 5 Kugeln entsprechen. Es kommt also bei 5 Kugeln lediglich der letzte Fall 0 blaue, 3 rote, 2 gelbe hinzu.

6.3 Schubfachprinzip

Ein einfaches Abzählprinzip mit teilweise überraschenden Anwendungen ist das Schubfachprinzip.

Schubfachprinzip

Verteilt man auf k Schubfächer mehr als k Objekte, so gibt es ein Schubfach, in dem (mindestens) zwei Objekte liegen.

6.9 *Warum gibt es in einer Klasse mit 28 Schülern mindestens zwei Schüler, deren Nachnamen mit den gleichen Anfangsbuchstaben beginnen?*

Das deutsche Alphabet besteht aus 26 Buchstaben (Schubfächer). Verteilt man darauf die 28 Schüler, so gibt es nach dem Schubfachprinzip ein Schubfach, dem zwei Schüler zugeordnet sind. Also gibt es mindestens zwei Schüler, deren Nachnamen mit den gleichen Anfangsbuchstaben beginnen.
(Das klappt natürlich auch schon bei 27 Schülern.)

6.10 *Ein Fakir liegt auf einem Nagelbrett der Größe* $1.96\,\text{m} \times 0.7\,\text{m}$, *das mit* 300 *Nägeln bestückt ist. Dann gibt es darauf* 2 *Nägel, die einen Abstand von weniger als* $10\,\text{cm}$ *haben.*
Hinweis: $196 = 28 \cdot 7$.

Wir denken uns das Brett in Quadrate der Seitenlänge 7 cm eingeteilt. Wegen $196 = 28 \cdot 7$ gibt es genau $28 \cdot 10 = 280$ solcher Quadrate. Verteilt man die 300 Nägel auf diese Quadrate (Schubfächer), so gibt es nach dem Schubfachprinzip ein Quadrat, in dem sich (mindestens) 2 Nägel befinden. Diese haben den größten Abstand, wenn sie sich in gegenüberliegenden Ecken des Quadrats befinden. Die Diagonale des Quadrats in cm beträgt $\sqrt{7^2 + 7^2} = \sqrt{98} < 10$, d.h. diese beiden Nägel haben einen Abstand von weniger als 10 cm.

Verallgemeinertes Schubfachprinzip

Schreibt man für k Schubfächer Belegungszahlen $p_1, p_2, \ldots, p_k$ vor, so gilt:
Verteilt man auf k Schubfächer mehr als $p_1 + p_2 + \cdots + p_k - k$ Objekte, so gibt es ein Schubfach j, in dem (mindestens) p_j Objekte liegen.
Für $p_1 = \cdots = p_k = 2$ erhält man das obige Schubfachprinzip.

6.11 *10 Lager fassen 100, 200, 300, ..., 1000 Stück eines gewissen Produkts. Wieviel Stück müssen mindestens auf die Lager verteilt werden, damit man die Gewissheit hat, dass mindestens ein Lager gefüllt ist?*

Nach dem verallgemeinerten Schubfachprinzip benötigt man mehr als

$$100 + 200 + \cdots + 1000 - 10 = 100 \cdot 5 \cdot 11 - 10 = 5490$$

Stück, um diese Gewissheit zu haben.

6.12 *In einer Millionenstadt gibt es immer 5 Personen, die die gleiche Anzahl von Haaren auf dem Kopf haben.*
Dabei gehen wir von der (realistischen) Annahme aus, dass im Normalfall die Anzahl der Kopfhaare eines Menschen kleiner als 200 000 ist.

Die möglichen Anzahlen von Kopfhaaren interpretieren wir als 200 000 Schubfächer, für die die Belegungszahlen 5 vorgeschrieben sind.
Verteilt man mehr als $5 \cdot 200\,000 - 200\,000$ Dinge (Einwohner) auf die Schubfächer, so wird nach dem verallgemeinerten Schubfachprinzip in mindestens einem Schubfach die vorgeschriebene Belegungszahl erreicht, bei 1 000 000 Einwohnern ist dies also der Fall.

6.4 Siebformel

Siebformel
oder
Prinzip von Inklusion und Exklusion

Es seien A, B, C endliche Mengen. Dann gilt:

(i) $|A \cup B| = |A| + |B| - |A \cap B|$

(ii) $|A \cup B \cup C| = |A| + |B| + |C| - (|A \cap B| + |A \cap C| + |B \cap C|) + |A \cap B \cap C|$

Die Formeln lassen sich auf mehr als 3 Mengen verallgemeinern.

6.13 (a) *Wieviele natürliche Zahlen < 100 sind durch 2 oder durch 3 teilbar?*

(b) *Wieviele natürliche Zahlen ≤ 100 sind durch 2, durch 3 oder durch 5 teilbar?*

(a) Wir setzen $A = \{2, 4, 6, \ldots, 100\}$ und $B = \{3, 6, 9, \ldots, 99\}$.
Gesucht ist $|A \cup B|$. Es ist $|A| = 50$ und $|B| = 33$.
$A \cap B$ besteht aus den durch 6 teilbaren Zahlen ≤ 100, also
$A \cap B = \{6, 12, 18, \ldots, 96\}$ mit $|A \cap B| = 16$.
Es folgt nach Siebformel (i): $|A \cup B| = 50 + 33 - 16 = 67$.

(b) Zusätzlich sei $C = \{5, 10, 15, \ldots, 100\}$, also $|C| = 20$. Dann ist, siehe (a),
$A \cap C = \{10, 20, \ldots, 100\}$, $B \cap C = \{15, 30, \ldots, 90\}$, $A \cap B \cap C = \{30, 60, 90\}$.
$|A \cap C| = 10$, $|B \cap C| = 6$, $|A \cap B \cap C| = 3$.
Die Siebformel (ii) liefert
$|A \cup B \cup C| = 50 + 33 + 20 - (16 + 10 + 6) + 3 = 74$.

Häufig angewandt werden kann die folgende Formulierung der Siebformel für Komplementärmengen.

Siebformel für Komplementärmengen

Es sei M eine Menge und $A, B, C \subseteq M$ (A, B, C charakterisieren Eigenschaften von Elementen von M). Dann gilt:

(i) $|M \setminus (A \cup B)| = |M| - (|A| + |B|) + |A \cap B|$

(ii) $|M \setminus (A \cup B \cup C)| = |M| - (|A| + |B| + |C|)$
$+(|A \cap B| + |A \cap C| + |B \cap C|) - |A \cap B \cap C|$

$M \setminus (A \cup B)$ bzw. $M \setminus (A \cup B \cup C)$ ist die Menge derjenigen Elemente von M, die **keine** der Eigenschaften A, B bzw. A, B, C haben.

6.14 *Wieviele natürliche Zahlen* ≤ 100 *sind weder durch* 2 *noch durch* 3 *teilbar?*

Nach [6.13 (a)] sind dies $100 - 67 = 33$ Zahlen.
Dies ergibt sich auch aus der Siebformel für Komplementärmengen mit $M = \{1, 2, \ldots, 100\}$ und A und B wie in [6.13 (a)].

6.15 *Auf wieviele Arten kann man* 8 *Geschenke auf* 3 *Personen verteilen, wenn keine Person leer ausgehen soll?*

Wir setzen:
$M =$ Menge aller Verteilungen der 8 Geschenke auf 3 Personen. $|M| = 3^8$
(Jedes der 8 Geschenke kann jeder der 3 Personen gegeben werden.)
$A =$ Menge der Verteilungen, bei der Person 1 kein Geschenk bekommt. $|A| = 2^8$
$B =$ Menge der Verteilungen, bei der Person 2 kein Geschenk bekommt. $|B| = 2^8$
$C =$ Menge der Verteilungen, bei der Person 3 kein Geschenk bekommt. $|C| = 2^8$
Gesucht ist $|M \setminus (A \cup B \cup C)|$.
Zur Anwendung der Siebformel für Komplementärmengen benötigen wir noch $|A \cap B|$, $|A \cap C|$, $|B \cap C|$ und $|A \cap B \cap C|$.
Erhalten 2 Personen kein Geschenk, bekommt die 3. Person alle Geschenke. Also folgt
$|A \cap B| = |A \cap C| = |B \cap C| - 1$. Ferner ist $|A \cap B \cap C| = 0$.
Damit ist die gesuchte Anzahl
$|M \setminus (A \cup B \cup C)| = 3^8 - 3 \cdot 2^8 + 3 \cdot 1 - 0 = 6561 - 768 + 3 = \underline{5806}$.

6.5 Beweise der Anzahlformeln

In [Abschnitt 6.1] haben wir die folgenden Anzahlformeln angegeben:

Anzahl der	ohne Wiederholung	mit Wiederholung
k-Permutationen	$\frac{n!}{(n-k)!}$	n^k
k-Kombinationen	$\binom{n}{k}$	$\binom{n+k-1}{k}$

Anzahl der k-Tupel mit l verschiedenen Komponenten der Vielfachh. $k_1, \ldots, k_l$
$\frac{k!}{k_1! \cdot k_2! \cdots k_l!}$

Es folgen die Beweise dieser 5 Anzahlformeln. Es sei $N = \{1, \ldots, n\}$.

(1) Anzahl der k-Permutationen o. Wiederh. $= \frac{n!}{(n-k)!} = n(n-1)\cdots(n-k+1)$.
Eine k-Permutation ohne Wiederholungen über der n-elementigen Menge N ist ein k-Tupel aus lauter verschiedenen Elementen von N. Für die erste Komponente des Tupels hat man n Möglichkeiten, für die zweite Komponente dann nur noch $n-1$ Möglichkeiten, da Wiederholungen verboten sind. Schließlich hat man für die k-te Komponente noch $n-k+1$ Möglichkeiten. Insgesamt gibt es also $n(n-1)\cdots(n-k+1)$ k-Tupel aus lauter veschiedenen Elementen von N.

(2) Anzahl der k-Permutationen mit Wiederholungen $= n^k$.
Eine k-Permutation mit Wiederholungen über N ist ein k-Tupel aus Elementen von N. Jetzt hat man für jede Komponente genau k Wahlmöglichkeiten, da Wiederholungen erlaubt sind. Nach dem Multiplikationsprinzip ergibt sich die Gesamtanzahl durch Multiplikation zu n^k.
(Kurz: Es gilt $|N^k| = n^k$.)

(3) Anzahl der k-Kombinationen ohne Wiederholungen $= \binom{n}{k}$.
Eine k-Kombination ohne Wiederholungen über N ist ein k-Tupel $(x_1, x_2, \ldots, x_k)$ aus Elementen von N mit $x_1 < x_2 < \cdots < x_k$. Es werden also alle k-Permutationen aus den Elementen $x_1, x_2, \ldots, x_k$ zusammengefasst, und nur die geordnete Form beschreibt eine k-Kombination. Die verschiedenen Elemente $x_1, x_2, \ldots, x_k$ können auf $k!$ Arten angeordnet werden. Es gibt $n(n-1\cdots(n-k+1)$ k-Permutationen von N, davon fasst man jeweils $k!$ zusammen. Also gibt es $\frac{n(n-1)\cdots(n-k+1)}{k!} = \binom{n}{k}$ k-Kombinationen ohne Wiederholungen über N.

(4) Anzahl der k-Kombinationen mit Wiederholungen $= \binom{n+k-1}{k}$.
Diese Abzählung ist etwas schwieriger. Wir benutzen, dass $\binom{n}{k}$ die Anzahl der k-elementigen Teilmengen einer n-elementigen Menge ist.
Eine k-Kombination mit Wiederholungen über $N = \{1, 2, \ldots, n\}$ ist ein k-Tupel $(a_1, a_2, \ldots, a_k)$ aus Elementen von N mit $a_1 \leq a_2 \leq \cdots \leq a_k$.
Es sei $N^* = \{1, 2, 3, \ldots, n, x_2 = x_1, x_3 = x_2, \ldots, x_k = x_{k-1}\}$ die $n+k-1$-elementige Menge aus den Zahlen 1 bis n und den $k-1$ Gleichungen $x_2 = x_1$ bis $x_k = x_{k-1}$.
Jede k-elementige Teilmenge von N^* entspricht eindeutig einer k-Kombination mit Wiederholungen über $N = \{1, 2, \ldots, n\}$ und umgekehrt, gemäß der folgenden Vorschrift: Schreibe die in der k-elementigen Teilmenge vorkommenden Zahlen (eine Zahl kommt vor, da es in N^* nur $k-1$ Gleichungen gibt!) der Größe nach in das Tupel und wiederhole sie gemäß den vorkommenden Gleichungen.
(Beipiele für $n = 5$ und $k = 4$: Der Teilmenge $\{3, 5, x_2 = x_1, x_4 = x_3\}$ entspricht das 4-Tupel $(3, 3, 5, 5)$, der Teilmenge $\{3, x_2 = x_1, x_3 = x_2, x_4 = x_3\}$ entspricht $(3, 3, 3, 3)$. Umgekehrt entspricht der 4-Kombination $(1, 3, 3, 5)$ die Teilmenge $\{1, 3, 5, x_3 = x_2\}$.)
So erkennt man, dass die Anzahl der k-Kombinationen mit Wiederholungen gleich der Anzahl der k-elementigen Teilmengen einer $(n+k-1)$-elementigen Menge ist, also gleich $\binom{n+k-1}{k}$.

(5) Anzahl der k-Tupel mit l verschied. Komp. der Vielfachh. $k_1, \ldots, k_l = \frac{k!}{k_1! \cdot k_2! \cdots k_l!}$.
Die erste der l verschiedenen Komponenten kann auf $\binom{k}{k_1}$ aus den Komponenten des k-Tupels gewählt werden, die zweite dann auf $\binom{k-k_1}{k_2}$ Arten aus den verbleibenden $k - k_1$ Komponenten usw., die letzte der l verschiedenen Komponenten schließlich noch auf $\binom{k-k_1-k_2-\cdots-k_{l-1}}{k_l}$ Arten aus den restlichen $k - k_1 - k_2 - \cdots - k_{l-1}$ Komponenten (es ist natürlich $\binom{k-k_1-k_2-\cdots-k_{l-1}}{k_l} = 1$ wegen $k_1 + k_2 + \cdots + k_l = k$, also $k - k_1 - k_2 - \cdots - k_{l-1} = k_l$). Multiplikation liefert die gesuchte Anzahl:

$$\begin{aligned}
\text{Anzahl} &= \binom{k}{k_1} \cdot \binom{k-k_1}{k_2} \cdot \binom{k-k_1-k_2}{k_3} \cdots \binom{k-k_1-k_2-\cdots-k_{l-1}}{k_l} \\
&= \frac{k!}{(k_1)!(k-k_1)!} \cdot \frac{(k-k_1)!}{k_2!(k-k_1-k_2)!} \cdot \frac{(k-k_1-k_2)!}{k_3!(k-k_1-k_2-k_3)!} \cdots \frac{(k-k_1-k_2-\cdots-k_{l-1})!}{k_l \cdot 0!} \\
&= \frac{k!}{k_1! \cdot k_2! \cdots k_l!}.
\end{aligned}$$

Die Fakultäten $(k-k_1)!$ bis $(k-k_1-k_2-\cdots-k_{l-1})!$ kürzen sich heraus!

6.6 Aufgaben

6.16 (a) *Wieviele 3-stellige Zahlen mit lauter verschiedenen Ziffern gibt es?*
(b) *Wieviele 3-stellige Zahlen gibt es, in denen genau 2 gleiche Ziffern vorkommen?*

6.17 *Wieviele 5-stellige Zahlen gibt es, bei denen sich gerade und ungerade Ziffern abwechseln? (0 ist eine gerade Zahl.)*
Wieviel % aller 5-stelligen Zahlen sind das?

6.18 *Beim Zahlenlotto werden 6 aus 49 Zahlen gezogen. Wieviele Tipps gibt es, die* (a) *genau 3* (b) *genau 4* (c) *genau 5* *richtige Zahlen haben?*
Wieviel % der Gesamttipps sind das jeweils?

6.19 *Wieviele verschiedene "Wörter" kann man aus den Buchstaben des Wortes HOTTENTOTTEN bilden, wenn jeweils alle Buchstaben verwendet werden sollen?*

6.20 *Transaktionsnummern bei Banken sind häufig 6-stellig und bestehen aus Großbuchstaben (26er Alphabet) und Ziffern (0 bis 9). Wieviele Transaktionsnummern gibt es, wenn solch eine Nummer mindestens einen Buchstaben und eine Ziffer enthalten soll?*

6.21 *Jemand will auf dem Markt 5 Stück Obst kaufen von den Sorten Äpfel, Birne und Banane. Wieviele Einkaufsmöglichkeiten hat er?*

6.22 *In einem Parlament sitzen 30 CDU-Abgeordnete, 20 SPD-Abgeordnete und 8 Abgeordnete der Grünen. Es soll eine Kommission aus 5 CDU-Abgeordneten, 3 SPD-Abgeordneten und einem Grünen-Abgeordneten gebildet werden. Wieviele verschiedene Kommissionen lassen sich bilden?*

6.23 12 Personen werden anonym nach ihrem Geburtsmonat befragt. Wieviele Befragungsergebnisse sind möglich?
Wieviele Befragungsergebnisse gibt es bei 100 Personen?

6.24
(a) Wieviele verschiedene Skatblätter kann ein Spieler beim Skatspiel bekommen?
(b) Wieviele verschiedene Blattverteilungen an die drei Spieler sind beim Skatspiel insgesamt möglich?
(c) Wieviele Skatblätter mit 4 Buben gibt es?
(d) Wieviele Skatblätter ohne Buben gibt es?

6.25 Aus 5 Jungen und 3 Mädchen sollen für eine Spielpaarung zwei Vierer-Mannschaften gebildet werden, die jeweils mindestens je ein Mädchen enthalten. Wieviele Spielpaarungen gibt es?

6.26 Die Zahl 9 soll in genau drei positive Summanden zerlegt werden. Wieviele Zerlegungen sind möglich,
(a) ohne Berücksichtigung der Reihenfolge der Summanden?
(b) bei Berücksichtigung der Reihenfolge der Summanden?

6.27 Bei einer Variante des Pokerspiels mit 52 Karten ($2, 3, 4, \ldots, 10, B, D, K, A$ in den Farben Karo, Herz, Pik und Kreuz) bekommen die Spieler 5 Karten auf die Hand. Gewinnen kann man u.a. mit "Paaren" (z.B. zweimal 3), "Dreiern" (z.B. dreimal K), "Full House" und "Straights" (siehe unten).
(a) Wieviele Blattmöglichkeiten für einen Spieler gibt es?
(b) Wieviele Möglichkeiten für "genau ein Paar" gibt es?
(c) Wieviele Möglichkeiten für ein "Full House" (Dreier + Paar) gibt es?
(d) Wieviele Möglichkeiten für "Straight"
(5 Karten in direkter Folge, nicht über das Ass hinaus) gibt es?
(e) Wieviele Möglichkeiten für "Straight Flush"
(5 Karten gleicher Farbe in direkter Folge) gibt es?
Man berechne bei (b) - (e) jeweils die Prozentanteile an den Gesamtmöglichkeiten.

6.28 Nach wievielen Wochen ist beim Lotto 6 aus 49 auf jeden Fall eine Zahl zweimal aufgetreten?

6.29 Man zeige: Unter 6 natürlichen Zahlen gibt es stets zwei Zahlen, deren Differenz durch 5 teilbar ist.

6.30 Auf einem Fest treffen sich 20 Personen. Dann gibt es zwei Personen, die die gleiche Anzahl von Bekannten unter den Festgästen haben.

6.31 Auf einem Bauernhof werden Eier in Paletten zu 36 Stück verpackt. Wieviel Hühner dürfen höchstens auf dem Hof sein, damit auf einer Palette immer mindestens 7 Eier vom selben Huhn sind?

6.32 Wieviele natürliche Zahlen von 100 bis 1000 sind durch keine der Zahlen 3, 5 und 7 teilbar?

6.33 *Auf wieviele Arten können die Dreiecksflächen der nebenstehenden Figur mit den Farben grün, blau und rot gefärbt werden, so dass benachbarte Dreiecke unterschiedlich gefärbt sind? (An Dreiecksecken dürfen gleiche Farben aneinanderstoßen.)*
Man zähle die Anzahl einmal direkt ab und dann mit Hilfe der Siebformel.

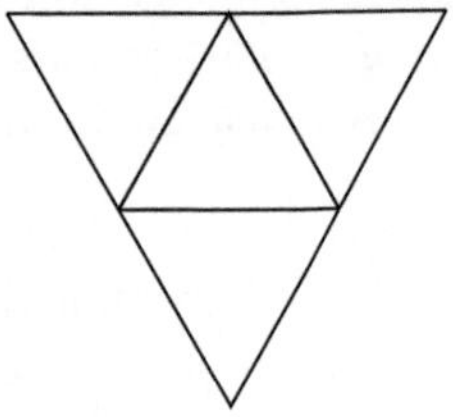

6.7 Lösungen

6.16

(a) Für die erste Ziffer gibt es 9 Möglichkeiten (keine 0), für die zweite Ziffer dann auch 9 Möglickeiten und für die dritte Ziffer noch 8 Möglichkeiten. Insgesamt gibt es also $9 \cdot 9 \cdot 8 = 648$ dreistellige Zahlen mit lauter verschiedenen Ziffern (Urnenmodell (1)).

(b) Es gibt insgesamt 900 dreistellige Zahlen, davon haben nach (a) 648 lauter verschiedene Ziffern. 9 Zahlen haben drei gleiche Ziffern. Also verbleiben genau $900 - 648 - 9 = 243$ dreistellige Zahlen mit genau 2 gleichen Ziffern.

6.17 1. Fall: Die erste Ziffer ist gerade.
Diese kann dann auf 4 Arten gewählt werden, da die Zahl nicht mit 0 beginnen kann. Die nächsten Ziffern können dann jeweils auf 5 Arten gewählt werden. Insesamt gibt es also $4 \cdot 5 \cdot 5 \cdot 5 \cdot 5 = 2500$ solcher Zahlen.
2. Fall: Die erste Ziffer ist ungerade.
Dann gibt es (Argumentation wie eben) $5^5 = 3125$ solcher Zahlen.
Nach dem Additionsprinzip existieren also $2500 + 3125 = 5625$ 5-stellige Zahlen, bei denen sich gerade und ungerade Ziffern abwechseln.
Da es 90 000 5-stellige Zahlen gibt, sind dies $\frac{5625}{90\,000} \approx 6\,\%$ aller 5-stelligen Zahlen.

6.18 Es gibt $\binom{49}{6} = 13\,983\,816$ mögliche Lottotipps (Urnenmodell (3)), s. [S. 266].

(a) 3 Zahlen müssen aus den 6 gezogenen Zahlen gewählt werden, die anderen 3 Zahlen aus den verbleibenden 43 Zahlen. Also gibt es $\binom{6}{3} \cdot \binom{43}{3} = 246\,820$ mögliche Tippreihen, die genau 3 richtige Zahlen enthalten, das sind ca. 1.8 % aller Tippreihen.

(b) Entsprechend (a) gibt es $\binom{6}{4} \cdot \binom{43}{2} = 13\,545$ Möglichkeiten, das sind ca. 0.097 % aller Tippreihen.

(c) Entsprechend (a) gibt es $\binom{6}{5} \cdot \binom{43}{1} = 258$ Möglichkeiten, das sind ca. 0.0018 % aller Tippreihen.

6.19 Das Wort HOTTENTOTTEN besteht aus 12 Buchstaben. Dabei kommen genau 5 T´s, 2 E´s, 2 O´s, 2 N´s und ein H vor. Nach der Formel auf [Seite 265] gibt es genau $\frac{12!}{5!2!2!2!1!} = 498\,960$ "Wörter" aus diesen Buchstaben.

6.20 6-stellige Transaktionsnummern sind Permutationen mit Wiederholungen (Urnenmodell (2)). Insgesamt gibt es 36^6 solcher Nummern bestehend aus Buchstaben und Ziffern. Da mindestens ein Buchstabe und mindestens eine Ziffer vorkommen soll, scheiden diejenigen "Nummern" aus, die nur aus Buchstaben bzw. nur aus Ziffern bestehen. Das sind 26^6 bzw. 10^6 Stück.
Die gesuchte Anzahl ist also $36^6 - 26^6 - 10^6 = 1\,866\,866\,560$.

6.21 Jeder Einkauf ist eine 5-Kombination mit Wiederholungen über einer 3-elementigen Menge (Urnenmodell (4)). Also gibt es $\binom{3+5-1}{5} = 21$ Einkaufsmöglichkeiten.

6.22 Die 5 CDU-Abgeordneten können auf $\binom{30}{5}$ Arten aus den 30 CDU-Abgeordneten ausgewählt werden, die SPD-Abgeordneten auf $\binom{20}{3}$ Arten und der Grünen-Abgeordnete auf 8 Arten. Also kann eine Kommission der geforderten Zusammensetzung auf $\binom{30}{5} \cdot \binom{20}{3} \cdot 8 = 1\,299\,654\,720$ Arten gebildet werden.

6.23 Ein Befragungsergebnis bei k Personen ist eine k-Kombination mit Wiederholungen über einer 12-elementigen Menge (die Monate 1 bis 12) (Urnenmodell (4)).
Bei 12 Personen gibt es also $\binom{12+12-1}{12} = \binom{23}{12} = 1\,352\,078$ mögliche Befragungsergebnisse.
Bei 100 Personen gibt es $\binom{100+12-1}{12} = \binom{111}{12} = 3\,943\,664\,897\,925\,675$ mögliche Befragungsergebnisse.

6.24

(a) Ein Skatblatt besteht aus 32 Karten. Jeder Spieler bekommt 10 Karten. Diese bilden eine 10-elementige Teilmenge der 32-elementigen Menge (des Skatblatts) (Urnenmodell (3)). Also gibt es $\binom{32}{10} = 64\,512\,240$ Möglichkeiten, ein Skatblatt zu bekommen.

(b) Die drei Skatspieler werden wie üblich mit Vorhand, Mittelhand und Hinterhand bezeichnet. Nach (a) kann Vorhand $\binom{32}{10}$ verschiedene Skatblätter bekommen. Entsprechend bestehen dann für Mittelhand noch $\binom{22}{10}$ Blattmöglichkeiten und für Hinterhand noch $\binom{12}{10}$ Möglichkeiten. Die verbleibenden 2 Karten bilden den Skat. Ingesamt sind also
$\binom{32}{10} \cdot \binom{22}{10} \cdot \binom{12}{10} = 2\,753\,294\,408\,504\,640$ Blattverteilungen möglich.
Alternative Lösung:
Eine Skatkartenverteilung ist ein 32-Tupel aus 4 Elementen mit den Vielfachheiten 10, 10, 10 und 2. Die Stellen des 32-Tupels entsprechen dabei den 32 Skatkarten, die 4 Elemente sind Vorhand, Mittelhand, Hinterhand und Skat. Nach der entsprechenden Formel gibt es genau $\frac{32!}{10!10!10!2!}$ solche 32-Tupel.
Man mache sich kar, dass dies die gleiche Zahl ergibt wie bei der ersten Berechnung, siehe dazu [S. 272], Beweis (5).

(c) Es gibt $\binom{28}{6} = 376\,740$ Skatblätter mit 4 Buben.
Zu den 4 Buben müssen noch 6 Karten aus den restlichen 28 Karten ausgewählt werden.

(d) Es gibt $\binom{28}{10} = 13\,123\,110$ Möglichkeiten für ein Blatt ohne Buben.

Ein Blatt ohne Buben kommt also fast 35-mal häufiger vor als ein Blatt mit 4 Buben.

6.25 Eine der Vierer-Mannschaften besteht aus 2 Mädchen und 2 Jungen. Diese kann auf $\binom{3}{2} \cdot \binom{5}{2} = 3 \cdot 10 = 30$ Arten gebildet werden. Die restlichen Personen bilden dann die zweite Mannschaft. Also gibt es genau 30 Spielpaarungen.

6.26 Mögliche Zerlegungen der 9 in drei Summanden sind:

$$9 = \underbrace{7+1+1}_{\frac{3!}{2!1!}} = \underbrace{6+2+1}_{3!} = \underbrace{5+3+1}_{3!} = \underbrace{5+2+2}_{\frac{3!}{2!1!}} = \underbrace{4+4+1}_{\frac{3!}{2!1!}} = \underbrace{4+3+2}_{3!} = \underbrace{3+3+3}_{1}$$

Unter den möglichen Zerlegungen stehen die Anzahlen der Möglichkeiten bei Berücksichtigung der Reihenfolge. Das Additionsprinzip liefert nun:

(a) Es gibt genau 7 Zerlegungsmöglichkeiten.

(b) Es gibt genau $3 + 6 + 6 + 3 + 3 + 6 + 1 = 28$ Zerlegungsmöglichkeiten.

6.27 Die 13 Zahlenwerte 2,3,4,5,6,7,8,9,10,B,D,K,A der Karten nennen wir Kartenstufen, kurz Stufen.

(a) Es gibt $\binom{52}{5} = 2\,598\,960$ Möglichkeiten für ein Pokerblatt.
(5-Kombinationen ohne Wiederholungen über einer 52-elementigen Menge, Urnenmodell (3).)

(b) Das Paar kann in 13 verschiedenen Kartenstufen auftreten. Betrachten wir eine feste Stufe, z.B. die 2. Dann gibt es $\binom{4}{2} = 6$ Möglichkeiten ein Paar zu bilden. Die restlichen 3 Karten können auf folgende Arten ergänzt werden: Für die dritte Karte hat man 48 Möglichkeiten (keine 2 mehr!), für die nächste dann noch 44 Möglichkeiten (die Stufe der dritten Karte darf nicht mehr auftreten, da das Blatt nur ein Paar enthalten soll), für die letzte Karte dann noch 40 Möglichkeiten. Da aber die Reihenfolge dieser 3 Karten keine Rolle spielt, muss die Anzahl $48 \cdot 44 \cdot 40$ durch 3! geteilt werden. Wegen der 13 verschiedenen Kartenstufen ist die Gesamtanzahl der Pokerblätter mit genau einem Paar $= 13 \cdot \binom{4}{2} \cdot \frac{48 \cdot 44 \cdot 40}{3!} = 1\,098\,240$.

(c) Für den Dreier gibt es 13 Stufenmöglichkeiten, für das Paar dann noch 12 Möglichkeiten. Der Dreier kann aus den 4 Karten einer Stufe auf $\binom{4}{3}$ gebildet werden, das Paar aus 4 Karten auf $\binom{4}{2}$ Arten. Insgesamt gibt es $13 \cdot 12 \cdot \binom{4}{3} \cdot \binom{4}{2} = 3\,744$ Möglichkeiten für ein "Full House".

(d) Bei "Straight" kann als unterste Karte auftreten: $A, 2, 3, 4, 5, 6, 7, 8, 9, 10$ (10 Möglichkeiten), denn "Straight" darf nicht über das Ass hinausgehen (z.B. ist B,D,K,A,2 kein "Straight"). Jede dieser untersten Karten kann in einer der 4 Farben auftreten. Ist eine unterste Karte gewählt, gibt es für die nächsten Karten jeweils 4 Möglichkeiten (die nächste Stufe in einer der 4 Farben). Das ergibt zunächst $10 \cdot 4^5 = 10\,240$ Möglichkeiten. Sind die Karten allerdings in einer Farbe, so liegt ein höherwertiger "Straight Flush" bzw. "Royal Flush" (siehe (e)) vor. Die unter (e) berechnete Anzahl 40 ist also noch abzuziehen. Damit gibt es 10 200 Möglichkeiten für "Straight".

(e) Nach (d) gibt es 10 Anfangsmöglichkeiten für "Straight". Da es 4 Farben gibt, existieren 40 Möglichkeiten für eine Straße in gleicher Farbe. Davon ist aber die auf Ass endende Straße ein sog. "Royal Flush", ein Blatt der höchsten Wertigkeit beim Pokern. Es verbleiben 36 "Straight Flush".

Prozentangaben:
(b) ca. 42 %, (c) ca. 0.14 %, (d) ca. 0.4 %, (e) ca. 0.0014 %.

6.28 Betrachtet man die 49 Zahlen als Schubfächer, so ist nach dem Schubfachprinzip $x \in \mathbb{N}$ gesucht mit $6x > 49$. Es folgt $x > 8$. Also tritt nach spätestens 9 Wochen eine Zahl zum zweiten Mal auf.

6.29 Bei Division durch 5 können 5 Reste bleiben. Betrachtet man diese Reste als Schubfächer und verteilt die 6 Zahlen auf die 5 Schubfächer, so gibt es ein Schubfach, in dem 2 Zahlen liegen. Es gibt unter den 6 Zahlen also 2 Zahlen, die bei Division durch 5 den gleichen Rest lassen. Ihre Differenz ist durch 5 teilbar.

6.30 Jede Person kann 0, 1, 2, 3, ... , 19 andere Personen kennen. Diese Anzahlen der Bekanntschaften betrachten wir als Schubfächer. Die Schubfächer 0 und 19 können nicht gleichzeitig besetzt sein. Denn wenn es jemanden gibt, der keine der anderen Personen kennt, kann es keine Person geben, die alle anderen kennt. Besetzt man nun die möglichen 19 Schubfächer mit den 20 Personen, so gibt es nach dem Schubfachprinzip ein Schubfach, welches mit zwei Personen besetzt ist. Also gibt es zwei Personen, die die gleiche Anzahl von Bekanntschaften unter den Festgästen haben.
Die Aussage ist unabhängig von der Anzahl der Festgäste, sie gilt für alle Gästeanzahlen $n \geq 2$, da der Beweis in gleicher Weise für jede Gästeanzahl $n \geq 2$ geführt werden kann.

6.31 Wir nehmen an, es seien k Hühner auf dem Bauernhof. Die Hühner betrachten wir als "Schubfächer", für die wir die Belegungszahlen 7 vorgeben. Verteilen wir dann Eier auf die Schubfächer, so ist nach dem verallgemeinerten Schubfachprinzip das maximale k gesucht, für das $7k - k < 36$ ist.

$$7k - k < 36 \iff 6k < 36 \iff k < 6$$

Bei höchstens 5 Hühnern gibt es immer ein Huhn, von dem mindestens 7 Eier auf jeder Palette stammen.
Oder:
Bei 6 Hühnern kann jedes Huhn 6 Eier zur Palette beisteuern und dann ist sie voll.
Bei 5 Hühnern muss ein Huhn mehr als 6 Eier beitragen, da $5 \cdot 6 = 30$.

6.32 Es seien $M = \{100, 101, 102, \ldots, 1000\}$ und A, B, C die Mengen der durch 3, 5 bzw. 7 teilbaren Zahlen aus M, also

$A = \{102, 105, 108, \ldots, 999\}$, $B = \{100, 105, 110, \ldots, 1000\}$,
$C = \{105, 112, 119, \ldots, 994\}$.

Da 3, 5 und 7 Primzahlen sind, ergibt sich:

$A \cap B = \{105, 120, \ldots, 990\}$ ist die Menge der durch 15 teilbaren Zahlen in M.

$A \cap C = \{105, 126, \ldots, 987\}$ ist die Menge der durch 21 teilbaren Zahlen in M.

$B \cap C = \{105, 140, \ldots, 980\}$ ist die Menge der durch 35 teilbaren Zahlen in M.

$A \cap B \cap C = \{105, 210, \ldots, 945\}$ ist die Menge der durch 105 teilb. Zahlen in M.

Es folgt $|M| = 901$, $|A| = 300$, $|B| = 181$, $|C| = 128$,
$|A \cap B| = 60$, $|A \cap C| = 43$, $|B \cap C| = 25$, $|A \cap B \cap C| = 9$.

Damit liefert die Siebformel für Komplementärmengen
$|M \setminus (A \cup B \cup C)| = 901 - (300 + 181 + 128) + (60 + 43 + 25) - 9 = 411$.

Von den Zahlen von 100 bis 1000 sind 411 Zahlen weder durch 3 noch durch 5 noch durch 7 teilbar.

6.33 Direkte Abzählung:
Das mittlere Dreieck kann auf 3 Arten gefärbt werden, jedes der anderen Dreiecke dann noch auf 2 Arten. Also gibt es $3 \cdot 2 \cdot 2 \cdot 2 = 24$ mögliche Färbungen, bei denen benachbarte Dreiecke unterschiedlich gefärbt sind.

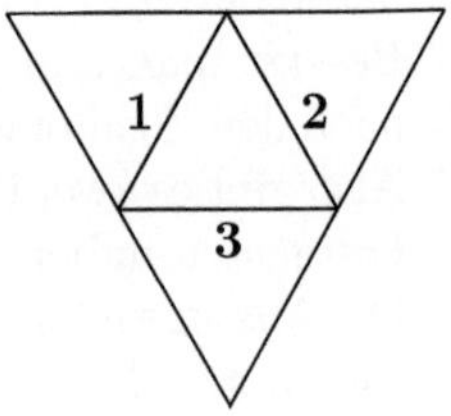

Abzählung mit der Siebformel:
Es sei M die Menge aller Färbungen, also $|M| = 3^4$.
Wir setzen
$A =$ Menge der Färbungen mit gleicher Farbe an Kante 1,
$B =$ Menge der Färbungen mit gleicher Farbe an Kante 2,
$C =$ Menge der Färbungen mit gleicher Farbe an Kante 3.
Gesucht ist die Anzahl der Färbungen, die weder zu A, noch zu B noch zu C gehören.
Mit $|A| = |B| = |C| = 3^3$, $|A \cap B| = |A \cap C| = |B \cap C| = 3^2$, $|A \cap B \cap C| = 3$ liefert die Siebformel für Komplementärmengen
$|M \setminus (A \cup B \cup C)| = 3^4 - 3 \cdot 3^3 + 3 \cdot 3^2 - 3 = 24$.

7 Stochastik

7.1 Zufallsexperimente, Ereignisse, relative Häufigkeiten

Zufallsexperiment

Ein **Zufallsexperiment** hat folgende Eigenschaften:

- Es wird unter genau festgelegten Bedingungen durchgeführt,
- alle möglichen Ergebnisse des Experiments sind vorher bekannt,
- das Ergebnis des Experiments lässt sich nicht vorhersagen,
- es kann unter gleichen Bedingungen beliebig oft wiederholt werden.

Ergebnisse, Ereignisse

Ω bezeichnet die endliche **Ergebnismenge** eines Zufallsexperiments und wird auch **Grundraum** oder **Ergebnisraum** genannt.
$\omega, \omega_1, \omega_2, \ldots \in \Omega$ bezeichnen einzelne Ergebnisse.

Ein zufälliges Ereignis oder kurz **Ereignis** ist eine Teilmenge von Ω.
Jede einelementige Teilmenge $\{\omega\}$ von Ω heißt **Elementarereignis**.

Ein Ereignis $A \subseteq \Omega$ **tritt ein** bzw. **findet statt bei einem Zufallsexperiment**, wenn das Ergebnis ω des Experiments ein Element von A ist, anderenfalls tritt A beim Experiment nicht ein bzw. findet nicht statt:

$$A \text{ tritt ein} \iff \omega \in A, \qquad A \text{ tritt nicht ein} \iff \omega \notin A.$$[3]

Ω heißt **sicheres Ereignis**, $\emptyset$ heißt **unmögliches Ereignis**.

Beachte: $A \subseteq B \subseteq \Omega$ bedeutet: Wenn A eintritt, so tritt B ein.

7.1 *Beispiele für Zufallsexperimente.*

(a) Standardbeispiel: Werfen eines Würfels
Wir identifizieren die geworfenene Augenzahl mit der entsprechenden Zahl.
Ergebnisse: 1, 2, 3, 4, 5, 6. Ergebnismenge: $\Omega = \{1, 2, 3, 4, 5, 6\}$.
Elementarereignisse: $\{1\}$, $\{2\}$, $\{3\}$, $\{4\}$, $\{5\}$, $\{6\}$.
$A = \{2, 4, 6\} \subseteq \Omega$ ist das Ereignis "Es wird eine gerade Augenzahl gewürfelt".
Würfelt man $\omega_1 = 3$, so tritt A nicht ein, würfelt man $\omega_2 = 4$, so tritt A ein.

Bei allen Gegenständen, mit denen wir Zufallsexperimente durchführen, setzen wir ohne weitere Erwähnung voraus, dass sie "ideal" sind, dass also ihre physikalische Beschaffenheit das Ergebnis des Experiments nicht beeinflusst. (Ein Bleiplättchen an der Eins beim Würfeln ist verboten!)

---

[3] Ist ω das Ergebnis eines Zufallsexperiments, so sagt man auch: ω tritt ein.

(b) Zweimaliges Werfen einer 1-Euro-Münze.
Ergebnisse: Beide Würfe können W (Wappen) oder Z (Zahl) zeigen, also können wir ein Ergebnis als geordnetes Paar mit diesen Komponenten auffassen.
Ergebnismenge: $\Omega = \{(W,W),(W,Z),(Z,W),(Z,Z)\}$.
Elementarereignisse: $\{(W,W)\},\{(W,Z)\},\{(Z,W)\},\{(Z,Z)\}$.
$A = \{(W,Z),(Z,W)\}$ ist das Ereignis "Beide Würfe zeigen verschiedene Bilder".
Wirft man W und W, so tritt A nicht ein.
Das Experiment entspricht dem Werfen zweier unterscheidbarer 1-Euro-Münzen.

(c) Werfen zweier ununterscheidbarer 1-Euro-Münzen.
Es gibt drei Ergebnisse:
ω_1 : Beide Münzen zeigen W.
ω_2 : Beide Münzen zeigen Z.
ω_3 : Die Münzen zeigen verschiedene Bilder.
Ergebnismenge: $\Omega = \{\omega_1,\omega_2,\omega_3\}$.
Das Ereignis "Beide Münzen zeigen verschiedene Bilder" ist nun $A = \{\omega_3\}$, ein Elementarereignis. Man beachte den Unterschied zu (b).

(d) Werfen eines roten und eines grünen Würfels.
(j,k) sei das Ergebnis: Der rote Würfel zeigt j, der grüne k.
Ergebnismenge:
$$\begin{aligned}\Omega &= \{1,2,3,4,5,6\} \times \{1,2,3,4,5,6\}\\ &= \{(1,1),\dots,(1,6),(2,1),\dots,(2,6),\dots,(6,6)\}\\ &= \{(j,k) \mid j,k \in \{1,\dots,6\}\}.\end{aligned}$$
$A = \{(1,3),(2,2),(3,1)\}$ ist das Ereignis "Die Augensumme ist 4".
Beim Wurf $(3,1)$ tritt A ein.
$B = \{(j,k) \mid j,k \in \{1,\dots,6\},\ j > k\}$ ist das Ereignis "Die Augenzahl des roten Würfels ist größer als die des grünen". Beim Wurf $(5,2)$ tritt B ein.

Das gleiche Experiment kann man auch durch zweimaliges Werfen desselben Würfels simulieren. Beim Werfen zweier ununterscheidbarer Würfel ändert sich wieder die Ergebnismenge, siehe (b) und (c).

Oft interessiert nur ein Aspekt des Experiments, hier z.B. die Augensumme. Dies wird präzisiert durch den Begriff der Zufallsvariablen, siehe [Abschnitt 7.5].

(e) 6-maliges Werfen eines Würfels.
Hier sind die Ergebnisse endliche Folgen der Länge 6 mit Gliedern aus der Menge $\Omega = \{1,\dots,6\}$.
Man fasst sie auf als 6-Tupel und damit als Elemente der Ergebnismenge
$$\Omega_1 = \underbrace{\Omega \times \cdots \times \Omega}_{\text{6-fach}} = \Omega^6 = \{(a_1,\dots,a_6) \mid a_1,\dots,a_6 \in \{1,\dots,6\}\}.$$

> Führt man n-mal nacheinander ($n \in \mathbb{N}$ fest) ein Zufallsexperiment mit der Ergebnismenge Ω durch, so ist die Ergebnismenge dieses Zufallsexperiments das kartesische Produkt (die Menge von n-Tupeln)
> $$\Omega^n = \{(a_1,\dots,a_n) \mid a_1,\dots,a_n \in \Omega\}.$$

(f) Werfen eines Würfels, bis eine Sechs kommt.
Hier ist die Ergebnismenge Ω die Menge aller endlichen Folgen $a_1, \ldots, a_n$ mit $a_1, \ldots, a_{n-1} \in \{1, 2, 3, 4, 5\}$ und $a_n = 6$ ($n \in \mathbb{N}$ läuft), siehe auch [7.62].
$n = 100$ wird in der Praxis extrem selten auftreten, siehe [7.63 (a)].

(g) Ziehung der Lottozahlen "6 aus 49".
Die Ergebnisse aus den im Fernsehen übertragenen Ziehungen (wir vernachlässigen hier die Zusatzzahl) sind Elemente der Ergebnismenge

$$\Omega = \{(a_1, \ldots, a_6) \mid a_1, \ldots, a_6 \in \{1, 2, \ldots, 49\},\ a_1 < \cdots < a_6\},$$

z.B. die Ziehung $(10, 15, 24, 27, 40, 45)$ vom 4.2.2012.
Man kann die Ergebnisse auch als 6-elementige Teilmengen von $\{1, \ldots, 49\}$ auffassen und erhält damit für ihre Anzahl (siehe [**EM 1**, S. 104], ferner [S. 295]):

$$|\Omega| = \binom{49}{6} = 13\,983\,816.$$

(h) Kartenspiele.
Ergebnisse sind die möglichen Kartenverteilungen auf die Spieler nach sorgfältigem Mischen und Austeilen der Karten.
Z.B. ist beim Skatspiel (siehe [7.22]) ein Ergebnis ein 4-Tupel (S_1, S_2, S_3, S), wobei S_1, S_2, S_3 die Kartenmengen der drei Spieler und S die Menge der beiden Karten im Skat ist.

(i) Entnahme einer Stichprobe bei Produktion einer Ware.
Z.B. entnimmt man bei der Produktion einer Pralinensorte zufällig 10 Pralinen, Ergebnis ist die Anzahl der fehlerhaften unter ihnen.

(k) Ziehen von (in der Regel nummerierten) Kugeln gleicher Größe aus einem verdeckten Gefäß, meist **Urne** genannt. Dabei kann man
  (1) die Reihenfolge der gezogenen Kugeln berücksichtigen oder nicht berücksichtigen
  (2) die Kugeln nach jeder Ziehung zurückgelegen oder nach der Ziehung nicht zurücklegen.

Solche **Urnenmodelle** wurden kombinatorisch bereits in [Kapitel 6] behandelt und haben zahlreiche Anwendungsmöglichkeiten in der Wahrscheinlichkeitsrechnung.
So ist die Lottoziehung "6 aus 49" eine Ziehung von 6 aus 49 nummerierten Kugeln ohne Zurücklegen.
Das zweimalige Werfen eines Würfels entspricht einer zweimaligen Ziehung einer Kugel aus sechs nummerierten Kugeln mit Zurücklegen.
Eine Zusammenfassung der benötigten Formeln findet man auf [S. 295].

Mit Hilfe mengentheoretischer Operationen wie Vereinigung, Durchschnitt u.a. kann man aus Ereignissen neue Ereignisse konstruieren und diese durch Venn-Diagramme in der Ergebnismenge Ω veranschaulichen, siehe [**EM 1**, S. 18].

Kombination von Ereignissen Ω sei Ergebnismenge eines Zufallsexperiments. $A, B, C \subseteq \Omega$ seien Ereignisse.		
Ereignis E	Name	Interpretation von $\omega \in E$
$\boldsymbol{A \cap B}$	Durchschnitt von A und B	A und B treten ein (beide Ereignisse treten ein)
$\boldsymbol{A \cup B}$	Vereinigung von A und B	A tritt ein oder B tritt ein (mind. ein Ereignis tritt ein)
$\boldsymbol{A \setminus B}$	A vermindert um B	A tritt ein, B nicht
$\boldsymbol{\overline{A} := \Omega \setminus A}$	Komplement von A in Ω	A tritt nicht ein $\overline{A}$: **Gegenereignis** zu A
$\boldsymbol{A + B}$ Setzt voraus: $A \cap B = \emptyset$	disjunkte Vereinigung $A \cup B$ von A und B	A tritt ein oder B tritt ein, niemals treten beide ein

Sind $A_1, \dots, A_n$ Ereignisse, so werden $A_1 \cap \dots \cap A_n$ und $A_1 \cup \dots \cup A_n$ wie üblich definiert. Man schreibt $A_1 + \dots + A_n$ statt $A_1 \cup \dots \cup A_n$, falls die Ereignisse $A_1, \dots, A_n$ paarweise disjunkt sind, d.h. wenn $A_j \cap A_k = \emptyset$ für alle $j \neq k$ gilt.

7.2 *Für das Zufallsexperiment "Zweimaliges Werfen einer Münze" seien die Ereignisse A, B, C gegeben durch*

A: Zweimal Wappen.
B: Mindestens einmal Wappen.
C: Verschiedene Bilder.

Man schreibe A, B, C als Teilmengen der Ergebnismenge $\Omega = \{(W,W),(W,Z),(Z,W),(Z,Z)\}$ und gebe jeweils das Gegenereignis an.

Zu A: $A = \{(W,W)\}$, Gegenereignis ist $\overline{A} = \Omega \setminus A = \{(W,Z),(Z,W),(Z,Z)\}$.
Zu B: $B = \{(W,Z),(Z,W),(W,W)\}$. Gegenereignis ist $\overline{B} = \Omega \setminus B = \{(Z,Z)\}$.
Zu C: $C = \{(W,Z),(Z,W)\}$. Gegenereignis ist $\overline{C} = \Omega \setminus C = \{(W,W),(Z,Z)\}$.

7.3 *Für das Zufallsexperiment "Werfen eines Würfels" seien die Ereignisse A, B, C, D gegeben durch*

A: Gerade Augenzahl.
B: Ungerade Augenzahl.
C: Drei oder Vier.
D: Keine Sechs, keine Eins.

Man schreibe A, B, C, D als Teilmengen von $\Omega = \{1, \dots, 6\}$ und gebe an:

(a) *jedes Gegenereignis,* (b) *alle Vereinigungen je zweier Mengen,*
(c) *alle Durchschnitte,* (d) $\overline{A \cup C}$ *und* $\overline{B \cap D}$.

Es ist $A = \{2,4,6\}$, $B = \{1,3,5\}$, $C = \{3,4\}$, $D = \{2,3,4,5\}$.

(a) Gegenereignisse:
$\overline{A} = \Omega \setminus A = B$, $\overline{B} = \Omega \setminus B = A$, $\overline{C} = \{1,2,5,6\}$, $\overline{D} = \{1,6\}$.

(b) Vereinigungen je zweier Mengen:
$A \cup B = \Omega$, $A \cup C = \{2,3,4,6\}$, $A \cup D = \{2,3,4,5,6\}$,
$B \cup C = \{1,3,4,5\}$, $B \cup D = \{1,2,3,4,5\}$, $C \cup D = D$ (da $C \subseteq D$).

(c) Durchschnitte:
$A \cap B = \emptyset$, $A \cap C = \{4\}$, $A \cap D = \{2,4\}$,
$B \cap C = \{3\}$, $B \cap D = \{3,5\}$, $C \cap D = C$ (da $C \subseteq D$),
$A \cap C \cap D = \{4\}$, $B \cap C \cap D = \{3\}$.
Die restlichen Durchschnitte sind leer.

(d) $\overline{A \cup C} = \{1,5\}$ nach (b) und $\overline{B \cap D} = \{1,2,4,6\}$ nach (c).
Oder man verwendet die de Morganschen Regeln, siehe [**EM 1**, S. 11] und (a):
$\overline{A \cup C} = \overline{A} \cap \overline{C} = \{1,5\}$ und $\overline{B \cap D} = \overline{B} \cup \overline{D} = \{1,2,4,6\}$.

7.4 *Für das Zufallsexperiment "Werfen mit einem roten und einem grünen Würfel" seien die Ereignisse A, B, C gegeben durch:*
A: Der rote Würfel zeigt eine Vier.
B: Die Augensumme der Würfel ist mindestens neun.
C: Die Augenzahl des roten Würfels ist um zwei größer als die des grünen.
Man schreibe A, B, C als Teilmengen der Ergebnismenge Ω auf und berechne alle Durchschnitte und alle Differenzen dieser Ereignisse.

Siehe [7.1 (d)]: Es ist $\Omega = \{(1,1),\dots,(1,6),(2,1),\dots,(2,6),\dots,(6,6)\}$.
Man erhält daher
$A = \{(4,1),(4,2),(4,3),(4,4),(4,5),(4,6)\}$,
$B = \{(3,6),(4,5),(4,6),(5,4),(5,5),(5,6),(6,3),(6,4),(6,5),(6,6)\}$,
$C = \{(3,1),(4,2),(5,3),(6,4)\}$.
Es ist
$A \cap B = \{(4,5),(4,6)\}$, $A \cap C = \{(4,2)\}$, $B \cap C = \{(6,4)\}$,
$A \cap B \cap C = \emptyset$.
Ferner gilt
$A \setminus B = \{(4,1),(4,2),(4,3),(4,4)\}$,
(der rote Würfel zeigt eine Vier, die Augensumme ist kleiner als 9).
$B \setminus A = \{(3,6),(5,4),(5,5),(5,6),((6,3),(6,4),(6,5),(6,6)\}$,
(die Augensumme ist mindestens 9, der rote Würfel zeigt keine Vier).
$A \setminus C - \{(4,1),(4,3),(4,4),(4,5),(4,6)\}$,
$C \setminus A = \{(3,1),(5,3),(6,4)\}$,
$B \setminus C = \{(3,6),(4,5),(4,6),(5,4),(5,5),(5,6),(6,3),(6,5),(6,6)\}$,
$C \setminus B = \{(3,1),(4,2),(5,3)\}$.

7.5 *A und B seien Ereignisse. Man weise nach:*
Genau eines der Ereignisse A, B tritt ein $\iff$ $(A \cap \overline{B}) \cup (B \cap \overline{A})$ tritt ein.

Genau eines der Ereignisse A, B tritt ein $\iff$
A tritt ein, B tritt nicht ein oder B tritt ein, A tritt nicht ein $\iff$
$A \cap \overline{B}$ tritt ein oder $B \cap \overline{A}$ tritt ein $\iff$
$(A \cap \overline{B}) \cup (B \cap \overline{A})$ tritt ein.

Es ist einsichtig, dass die Chancen besser stehen, beim Münzwurf "Zahl" zu werfen als beim Würfeln eine Sechs zu würfeln. Um ein Maß für die Gewissheit des Eintretens eines Ereignisses A zu erhalten, kann man ein Zufallsexperiment häufig wiederholen und nachzählen, wie oft das Ereignis A eintritt.

Relative Häufigkeit

Sei Ω die Ergebnismenge eines Zufallsexperiments, $A \subseteq \Omega$ ein Ereignis.
n-malige Wiederholung des Experiments ergibt ein Ergebnis-Tupel $a = (a_1, \ldots, a_n)$ mit $a_1, \ldots, a_n \in \Omega$.
Die Anzahl aller j mit $a_j \in A$ gibt an, wie oft A beim Ergebnis-Tupel $a = (a_1, \ldots, a_n)$ eingetreten ist, und heißt **absolute Häufigkeit** von A beim Ergebnis-Tupel a.
Die Zahl $$\boldsymbol{r_a(A) = \frac{\text{Anzahl der Versuche, bei denen } A \text{ eintritt}}{\text{Gesamtanzahl der Versuche}}}$$
heißt **relative Häufigkeit** von A beim Ergebnis-Tupel a.
Die absolute/relative Häufigkeit eines Ergebnisses $\omega \in \Omega$ ist definiert als die absolute/relative Häufigkeit des Elementarereignisses $\{\omega\}$.

Ist klar, um welches Tupel a es sich handelt, schreibt man $r(A)$ statt $r_a(A)$.

7.6 *30-faches Werfen eines Würfels liefert das Ergebnis-Tupel*
$a = (5, 5, 6, 5, 2, 1, 3, 4, 1, 2, 4, 6, 6, 2, 3, 6, 4, 3, 1, 6, 2, 4, 3, 4, 4, 2, 4, 3, 2, 3)$.
Man bestimme jeweils die relative Häufigkeit der Ereignisse
$A = \{6\}$, $B = \{1, 3\}$ *und* $C = \{2, 4, 6\}$.

Man zählt nach: $r(A) := r_a(A) = \frac{5}{30} = \frac{1}{6}$, $r(B) = \frac{9}{30} = \frac{3}{10}$, $r(C) = \frac{18}{30} = \frac{3}{5}$, was so ungefähr den Erwartungen $r(A) \approx \frac{1}{6}$, $r(B) \approx \frac{1}{3}$, $r(C) \approx \frac{1}{2}$ entspricht.

7.7 *Beim Werfen einer Reißzwecke auf eine glatte Fläche gibt es die Ergebnisse 1 (Spitze nach oben) und 0 (Spitze schräg nach unten).*
Bei 60 Würfen erhalte man das folgende Ergebnis-Tupel a:
0000101101 0011011010 1011001100 1000010101 1000001010 0010011010.
Wie groß ist die relative Häufigkeit der Elementarereignisse?

Man zählt nach: $r(\{1\}) = \frac{25}{60} = \frac{5}{12} \approx 0.417$, $r(\{0\}) = \frac{35}{60} = \frac{7}{12} \approx 0.583$.
Die Chancen für das Eintreten von $\{0\}$ scheinen besser zu stehen.

Eigenschaften der relativen Häufigkeit

Es seien Ω Ergebnismenge eines Zufallsexperiments, $A, B, C \subseteq \Omega$ Ereignisse, $r(A)$ die relative Häufigkeit von A beim Ergebnis-Tupel $a = (a_1, \ldots, a_n)$ aus n Durchführungen des Experiments. Dann gilt:

(RH1) $0 \leq r(A) \leq 1$.

(RH2) $r(\Omega) = 1$, $r(\emptyset) = 0$.

(RH3) $r(A \cup B) = r(A) + r(B)$, falls $A \cap B = \emptyset$.

7.2 Grundbegriffe der beschreibenden Statistik

Häufig begegnen uns Bevölkerungsstatistiken, Wahlstatistiken, Arbeitslosenstatistiken usw. Eine der Hauptaufgaben der *beschreibenden Statistik* ist es, die für die wesentlichen Gesichtspunkte der jeweiligen Fragestellung vorliegenden Daten übersichtlich graphisch und/oder tabellarisch darzustellen, im Unterschied zur *beurteilenden* oder *schließenden* Statistik.
An sog. Untersuchungseinheiten werden die Werte eines oder mehrerer Merkmale festgestellt. Typische Beispiele:

Untersuchungseinheit	**Merkmale**
Neugeborene in einer Frauenklinik	Gewicht und Körpergröße
voll erwerbstätige Personen in Deutschland	Bruttoeinkommen
PKW's in Deutschland	Baujahr

Es handelt sich meist um *quantitative*, d.h. zahlenmäßig erfassbare Merkmale, im Gegensatz zu den *qualitativen*, artmäßig erfassbaren Merkmalen.

Quantitative Merkmale können *diskret*, d.h. isolierte Zahlenwerte, sein
(z.B. Anzahl der Legehennen, Alter von Personen)
oder *stetig*, d.h. im Prinzip beliebige Werte aus einem Intervall, sein
(z.B. Gewicht, Größe, Länge).

Die Menge der Untersuchungseinheiten, über die bzgl. eines oder mehrerer Merkmale eine Aussage gemacht werden soll, heißt **Grundgesamtheit** oder **Population** (z.B. die Neugeborenen aller Frauenkliniken in Niedersachsen).

Eine **Stichprobe** ist eine zufällig gewonnene endliche Folge aus einer Grundgesamtheit. Hat sie n Glieder, so heißt sie Stichprobe **vom Umfang n**.
Da es hier um Daten geht, interessieren meist nicht die Objekte der Grundgesamtheit, sondern ihre Werte unter einem Merkmal. Daher bezeichne eine Stichprobe $x_1, \ldots, x_n$ stets eine Folge von Werten eines Merkmals.

7.8 *Es wurde eine Stichprobe aus 60 Klausuren eines Jahrgangs einer Schule genommen. Die prozentualen Anteile der Zensuren von 1 (sehr gut) bis 6 (ungenügend) sind in einer Tabelle dargestellt.*

Die 60 Klausuren bilden die Stichprobe, das Merkmal ist die erzielte Note.

Übersichtlicher als eine Tabelle ist häufig eine graphische Darstellung solcher Daten, siehe die folgende Aufgabe.

Note	Anteil in Prozent an der Stichprobe
1	10
2	15
3	40
4	30
5	5
6	0

7.9 *Man stelle die in einer Tabelle gegebenen Ergebnisse der Wahlen zum deutschen Bundestag 2009 graphisch dar.*

Partei	Gültige Zweitstimmen	in Prozent
CDU/CSU	14 658 515	33.8
SPD	9 990 488	23
F.D.P.	6 316 080	14.6
Grüne	4 643 272	10.7
Die Linke	5 155 933	11.9
Sonstige	2 606 902	6

Stichprobe: Gültige Zweitstimmen, Merkmal: Gewählte Partei.
Übliche graphische Darstellungen sind **Stabdiagramm** bzw. **Kreisdiagramm**.

Stabdiagramm zur Tabelle

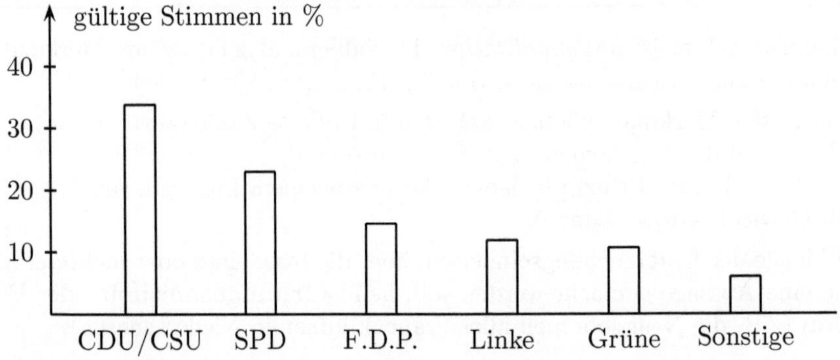

Die Parteien werden auf einer waagerechten Achse markiert, ihr jeweiliger prozentualer Anteil an den Zweitstimmen bestimmt die Höhe des "Stabes".

Kreisdiagramm zur Tabelle

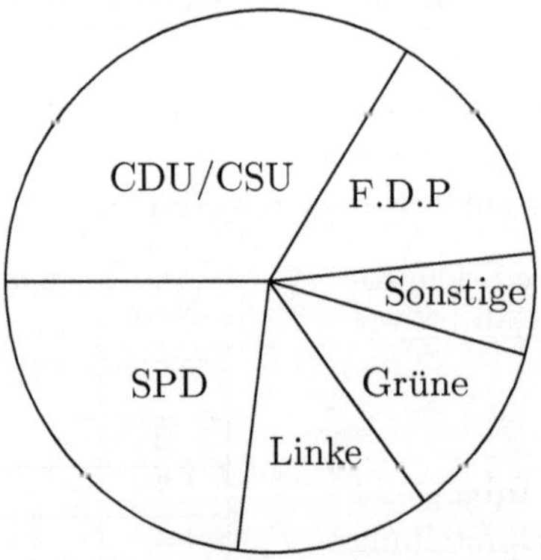

Der prozentuale Anteil an den Zweitstimmen liefert die Größe des zu einer Partei gehörenden Kreissegments.

Ist der Stichprobenumfang n wesentlich kleiner als die Anzahl der möglichen Merkmalswerte (z.B. wenn diese einem Intervall entstammen können), so sind die obigen Darstellungen (Stabdiagramm, Kreisdiagramm) ungeeignet. Man kann dann die Stichprobenwerte in *Klassen* einteilen, das sind halboffene Intervalle der Form $[a_j, a_{j+1})$ mit $a_1 < \cdots < a_m < a_{m+1}$, und über jedem halboffenen Intervall ein Rechteck errichten, dessen Fläche der Häufigkeit entspricht, mit der die Daten in diesem halboffenen Intervall liegen. Es entsteht ein sog. **Histogramm**.

Histogramm

Gegeben ist eine Stichprobe $x_1, \ldots, x_n$.
Wähle $m+1$ Zahlen a_j mit $a_1 < a_2 < \cdots < a_{m+1}$, so dass alle Stichprobenwerte in einem der Intervalle

$$[a_1, a_2),\ [a_2, a_3),\ \ldots\ ,\ [a_m, a_{m+1})$$

enthalten sind.
Über jedem Intervall $[a_j, a_{j+1})$ errichte ein Rechteck R_j der Fläche k_j,

$$k_j = \frac{1}{n} \times \text{Anzahl der } i \text{ mit } x_i \in [a_j, a_{j+1})\,.$$

k_j heißt **relative Klassenhäufigkeit** für die Klasse j.

$$\text{Höhe von } R_j\text{:} \quad h_j = \frac{k_j}{a_{j+1} - a_j}.$$

Wählt man Intervalle gleicher Länge (gleiche Klassenbreiten), so sind nicht nur die Flächen, sondern auch die Höhen proportional zu den jeweiligen Klassenhäufigkeiten.

Die Wahl der Klassenanzahl m sowie die Breite der Intervalle muss jeweils festgelegt werden. **Faustregel für die Klassenanzahl** m: $m \approx \sqrt{n}$.

7.10 *Für die folgende Stichprobe vom Umfang $n = 40$ erstelle man ein Histogramm.*

3.2	6.4	4.1	3.9	5.3	5.4	3.8	5.6	6.2	3.7
3.1	5.4	3.1	6.9	4.3	6.4	6.8	4.6	5.2	4.7
6.2	3.3	5.2	4.8	6.5	3.4	3.5	3.3	5.6	4.2
4.4	3.5	5.2	5.3	3.5	3.6	5.0	4.7	4.4	5.9

Nach der Faustregel wählen wir 6 Klassen (gleicher Länge 0.7) von 2.9 bis 7.1:
$a_1 = 2.9, \quad a_2 = 3.6, \quad a_3 = 4.3, \quad a_4 = 5, \quad a_5 = 5.7, \quad a_6 = 6.4, \quad a_7 = 7.1.$
Als relative Klassenhäufigkeiten erhält man:
$k_1 = \frac{9}{40}, \quad k_2 = \frac{6}{40}, \quad k_3 = \frac{7}{40},$
$k_4 = \frac{10}{40}, \quad k_5 = \frac{3}{40}, \quad k_6 = \frac{5}{40}.$
Die zugehörigen Höhen sind:
$h_1 = \frac{k_1}{0.7} \approx 0.32, \quad h_2 = \frac{k_2}{0.7} \approx 0.21,$
$h_3 = \frac{k_3}{0.7} \approx 0.25, \quad h_4 = \frac{k_4}{0.7} \approx 0.36,$
$h_5 = \frac{k_5}{0.7} \approx 0.11, \quad h_6 = \frac{k_6}{0.7} \approx 0.18.$

Histogramm zur Stichprobe

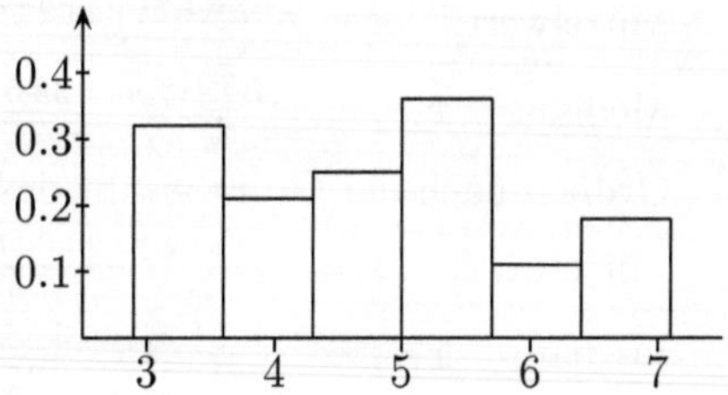

Sei $x_1, \ldots, x_n$ eine Stichprobe. Wir wollen ihr eine Zahl $l(x_1, \ldots, x_n)$ zuordnen, die ihre "ungefähre Lage" auf der Zahlengeraden beschreibt, ein sog. Lagemaß. Forderung an ein **Lagemaß** ist, dass es sich bei Verschiebung jeder Zahl x_j um $a \in \mathbb{R}$ ebenfalls um a mitverschiebt:

$$l(x_1 - a, \ldots, x_n - a) = l(x_1, \ldots, x_n) - a.$$

Lagemaße

$x_1, \ldots, x_n$ sei eine Stichprobe.

$x_{(1)} \leq x_{(2)} \leq \cdots \leq x_{(n)}$ sei eine Anordnung von $x_1, \ldots, x_n$ der Größe nach.

Wichtig sind folgende Lagemaße:

Arithmetisches Mittel oder **Mittelwert** $\overline{x}$ von $x_1, \ldots, x_n$:

$$\overline{x} = \frac{1}{n} \sum_{j=1}^{n} x_j = \frac{1}{n}(x_1 + x_2 + \cdots + x_n)$$

Empirischer **Median** oder **Zentralwert** $x_{1/2}$ von $x_1, \ldots, x_n$:

$$x_{1/2} = \begin{cases} x_{(\frac{n+1}{2})} & \text{falls } n \text{ ungerade} \\ \frac{x_{(\frac{n}{2})} + x_{(\frac{n}{2}+1)}}{2} & \text{falls } n \text{ gerade} \end{cases}$$

Der Median ist also bei Ordnung einer Stichprobe nach der Größe der mittlere Wert für ungerades n und das arithmetische Mittel der beiden mittleren Werte für gerades n. Er ist wesentlich weniger anfällig gegen extrem abweichende Stichprobenwerte ("Ausreißer") als der Mittelwert, siehe [7.11 (c)].

7.11 *Für die folgenden Stichproben $x_1, \ldots, x_n$ bestimme man die zugehörige geordnete Stichprobe $x_{(1)}, \ldots, x_{(n)}$, Mittelwert und Median:*

(a) $2, 7, 5, 1, 2, 6, 3$.

(b) $2, 7, 5, 1, 2, 6, 3, 7$.

(c) $2, 7, 5, 1, 2, 6, 3, 71$.

(a) Ordnen nach der Größe ergibt
$x_{(1)} = 1,\ x_{(2)} = 2,\ x_{(3)} = 2,\ x_{(4)} = 3,\ x_{(5)} = 5,\ x_{(6)} = 6,\ x_{(7)} = 7$.
Mittelwert: $\overline{x} = \frac{2+7+5+1+2+6+3}{7} = \frac{26}{7} \approx 3.715$.
Median: $x_{1/2} = x_{(4)} = 3$.

(b) Ordnen nach der Größe ergibt bis $x_{(7)}$ die Anordnung aus (a), dazu $x_{(8)} = 7$.
Mittelwert: $\overline{x} = \frac{2+7+5+1+2+6+3+7}{8} = \frac{33}{8} = 4.125$.
Median: $x_{1/2} = \frac{x_{(4)}+x_{(5)}}{2} = \frac{3+5}{2} = 4$.

(c) Ordnen nach der Größe ergibt das Ergebnis aus (b) bis auf $x_{(8)} = 71$.
Mittelwert: $\overline{x} = \frac{2+7+5+1+2+6+3+71}{8} = \frac{97}{8} = 12.125$.
Median: $x_{1/2} = \frac{x_{(4)}+x_{(5)}}{2} = \frac{3+5}{2} = 4$, wie in (b).
Der Stichprobenwert x_8 weicht extrem von den anderen ab (ein "Ausreißer").

Merke:
Der Mittelwert ist empfindlich, der Median unempfindlich gegen extrem abweichende Stichprobenwerte.

7.12 *Wie groß wird der Mittelwert bzw. der Median höchstens, wenn man zwei der Zahlen in den Stichproben aus [7.11] verfünffacht?*

(a) Der Mittelwert wird am größten, wenn man die größten Zahlen verfünffacht, hier also 6 und 7. Dann ist $\overline{x} = \frac{2+35+5+1+2+30+3}{7} = \frac{78}{7} \approx \underline{11.14}$.
Es war $x_{(1)} = 1,\ x_{(2)} = 2,\ x_{(3)} = 2,\ x_{(4)} = 3,\ x_{(5)} = 5,\ x_{(6)} = 6,\ x_{(7)} = 7$ mit Median $x_{(4)} = 7$.
Verfünffacht man zwei Zahlen, die vor $x_{(6)} = 6$ liegen, und zwar solche, die bei Verfünffachung größer als 6 werden, also $x_{(2)}, x_{(3)}, x_{(4)}$ oder $x_{(5)}$, so rückt $x_{(6)} = 6$ in die Mitte. Der Median ist dann also 6, und größer kann er nicht werden.

(b) Größter erreichbarer Mittelwert ist $\frac{2+5\cdot 7+5+1+2+6+3+5\cdot 7}{8} = \frac{89}{8} = \underline{11.125}$.
Größter erreichbarer Median ist $\frac{6+7}{2} = 6.5$, z.B. bei Verfünff. von $x_{(2)}$ und $x_{(3)}$.

(c) Größter erreichbarer Mittelwert ist $\frac{2+5\cdot 7+5+1+2+6+3+5\cdot 71}{8} = \frac{409}{8} = \underline{51.125}$.
Größter erreichbarer Median ist wieder 6.5.

Lagemaße sagen nichts aus über die "Streuung" der Werte der Stichprobe um das jeweilige Lagemaß. So haben die Stichproben 7, 8, 9 und 0, 8, 16 denselben Mittelwert und denselben Median, die Werte der zweiten Stichprobe streuen jedoch viel stärker um den Mittelwert.
Für Stichproben $x_1, \ldots, x_n$ definieren wir nun zwei klassiche Streuungsmaße $\sigma(x_1, \ldots, x_n)$. Im Gegensatz zu Lagemaßen verändern sie sich nicht bei Verschiebungen, d.h. für $a \in \mathbb{R}$ gilt $\sigma(x_1 - a, \ldots, x_n - a) = \sigma(x_1, \ldots, x_n)$.

Streuungsmaße

$x_1, \ldots, x_n$ sei eine Stichprobe mit Mittelwert $\overline{x} = \frac{1}{n}(x_1 + \cdots + x_n)$.
Empirische **Varianz** oder **Stichprobenvarianz** $\boldsymbol{s^2}$ von $x_1, \ldots, x_n$: [4]

$$s^2 = \frac{1}{n-1}\sum_{j=1}^{n}(x_j - \overline{x})^2 = \frac{1}{n-1}((x_1 - \overline{x})^2 + \cdots + (x_n - \overline{x})^2).$$

Empirische **Standardabweichung** oder **Stichprobenstandardabweichung** $\boldsymbol{s}$ von $x_1, \ldots, x_n$:

$$s = \sqrt{s^2} = \sqrt{\frac{1}{n-1}\sum_{j=1}^{n}(x_j - \overline{x})^2}.$$

Oft ist die folgende Formel praktischer zur Berechnung von s^2:

$$s^2 = \frac{1}{n-1}\Big(\sum_{j=1}^{n} x_j^2 - n \cdot \overline{x}^2\Big).$$

[4] Aus mathematischen Gründen wird durch $n-1$ dividiert. Die naheliegende Division durch n statt durch $n-1$ wird von vielen Taschenrechnern als zusätzliche Funktion bereitgestellt.

7.13 *Für die folgenden Stichproben berechne man jeweils Varianz und Standardabweichung:*

(a) $7, 8, 9, \qquad 0, 8, 16.$

(b) $2, 7, 5, 1, 2, 6, 3, 7, \qquad 2, 8, 5, 0, 1, 6, 3, 8 \qquad 2, 7, 5, 1, 2, 6, 3, 71.$

(a) Der Mittelwert ist jeweils 8. Damit folgt für die Stichprobe $7, 8, 9$:
$s^2 = \frac{1}{2}((7-8)^2 + (8-8)^2 + (9-8)^2) = 1$, also $s = 1$.
Für $0, 8, 16$ gilt: $s^2 = \frac{1}{2}((0-8)^2 + (8-8)^2 + (16-8)^2) = 64$, also $s = 8$.

(b) $2, 8, 5, 0, 1, 6, 3, 8$ hat den Mittelwert $\frac{33}{8} = 4.125$, die beiden anderen Mittelwerte kennen wir aus [7.11] als 4.125 bzw. 12.125.
Zur Berechnung von s^2 verwenden wir die untere Formel aus dem Kasten.
Zu $2, 7, 5, 1, 2, 6, 3, 7$:
$s^2 = \frac{1}{7}((2^2 + 7^2 + 5^2 + 1^2 + 2^2 + 6^2 + 3^2 + 7^2) - 8 \cdot 4.125^2) \approx 5.84$, also $s \approx 2.42$.
Zu $2, 8, 5, 0, 1, 6, 3, 8$:
$s^2 = \frac{1}{7}((2^2 + 8^2 + 5^2 + 0^2 + 1^2 + 6^2 + 3^2 + 8^2) - 8 \cdot 4.125^2) \approx 9.55$, also $s \approx 3.09$.
Die vier im Vergleich zur ersten Stichprobe jeweils um 1 nach unten bzw. nach oben abweichenden Werte haben die Streuung und damit die Varianz vergrößert.
Zu $2, 7, 5, 1, 2, 6, 3, 71$:
$s^2 = \frac{1}{7}((2^2 + 7^2 + 5^2 + 1^2 + 2^2 + 6^2 + 3^2 + 71^2) - 8 \cdot 12.125^2) \approx 570.4$, also $s \approx 23.9$.
Der "Ausreißer" 71 (im Vergleich zur ersten Stichprobe) hat die Varianz deutlich vergrößert.

7.3 Klassische Wahrscheinlichkeit, Laplace-Verteilung

Die relative Häufigkeit eines Ereignisses A ist bei hinreichend häufiger Wiederholung des entsprechenden Zufallsexperiments ein gutes Maß für die Gewissheit des Eintretens von A. Wenn jedes Ergebnis $\omega \in \Omega$ eines Zufallsexperiments, d.h. jedes Elementarereignis $\{\omega\}$, annähernd die gleiche relative Häufigkeit aufweist, d.h. wenn man gute Gründe hat, dass jedes Ergebnis mit dem gleichen Grad an Gewissheit eintritt, so spricht man von einem **Laplace-Experiment**.
Ist $n = |\Omega|$ die Anzahl der möglichen Ergebnisse eines Laplace-Experiments, so ordnet man jedem Ergebnis die **Wahrscheinlichkeit** $p = \frac{1}{n}$ zu.

Laplace-Experiment

Ein Laplace-Experiment liegt vor, wenn jedes Ergebnis ω der Ergebnismenge mit derselben Wahrscheinlichkeit eintritt.

Zur genaueren Fassung des hier schon benutzten Wahrscheinlichkeitsbegriffs wird auf [Abschnitt 7.4], insbesondere auf [7.30], verwiesen.

7.14 *Welche der folgenden Zufallsexperimente sind Laplace-Experimente?*

(a) *Werfen einer Münze.*
(b) *Werfen eines Würfels* [7.1 (a)]
(c) *Werfen zweier unterscheidbarer Münzen.* [7.1 (b)]
(d) *Werfen zweier ununterscheidbarer Münzen.* [7.1 (c)]
(e) *Werfen eines roten und eines grünen Würfels.* [7.1 (d)]

(a) Die Ergebnisse W, Z haben beide die Wahrscheinlichkeit $p = \frac{1}{2}$.
Es liegt ein Laplace-Experiment vor.

(b) Jede Augenzahl von 1 bis 6 hat die Wahrscheinlichkeit $p = \frac{1}{6}$.
Es liegt ein Laplace-Experiment vor.

(c) Die Ergebnisse (W, W), (W, Z), (Z, W), (Z, Z) haben die Wahscheinlichkeit $\frac{1}{4}$.
Es liegt ein Laplace-Experiment vor.

(d) Die Ergebnisse sind
ω_1 : Beide Münzen zeigen Wappen.
ω_2 : Beide Münzen zeigen Zahl.
ω_3 : Eine Münze zeigt Wappen, die andere zeigt Zahl.
Führt man genügend viele Versuche durch, so stellt man fest, dass die relativen Häufigkeiten für die Ergebnisse ω_1, ω_2, ω_3 sich den Werten $\frac{1}{4}$, $\frac{1}{4}$, $\frac{1}{2}$ nähern.
Damit liegt kein Laplace-Experiment vor.

(e) (j, k) sei das Ergebnis: Der rote Würfel zeigt j, der grüne Würfel zeigt k.
Es gibt 36 Ergebnisse, jedes Ergebnis hat die Wahrscheinlichkeit $\frac{1}{36}$.
Damit liegt ein Laplace-Experiment vor.

Klassische Wahrscheinlichkeit für Laplace-Experimente

$\Omega = \{\omega_1, \ldots, \omega_n\}$ sei die endliche Ergebnismenge eines Laplace-Experiments.
Dann ist $p = \frac{1}{n}$ die Wahrscheinlichkeit jedes Ergebnisses $\omega \in \Omega$.
Ist $A \subseteq \Omega$ ein Ereignis und $\omega \in A$, so heißt ω ein für A **günstiges** Ergebnis.
Die klassische **Wahrscheinlichkeit** oder **Laplace-Wahrscheinlichkeit** eines Ereignisses $A \subseteq \Omega$ wird definiert durch

$$P(A) = \frac{|A|}{n}, \quad A \subseteq \Omega, \quad \text{d.h.}$$

$$\text{Wahrscheinlichkeit von } A = \frac{|A|}{|\Omega|} = \frac{\textbf{Anzahl der günstigen Ergebnisse}}{\textbf{Anzahl der möglichen Ergebnisse}}.$$

P heißt auch Wahrscheinlichkeitsverteilung auf Ω, und zwar die sog. **Gleichverteilung** oder **Laplace-Verteilung** auf Ω bzw. auf $\omega_1, \ldots, \omega_n$.

Beachte: $P(\{\omega_k\}) = \frac{1}{n} = p, \quad k = 1, \ldots, n,$ für jedes Ergebnis ω_k.

Die klassische Wahrscheinlichkeit P ordnet jedem Ereignis, also jeder Teilmenge von Ω, eine reelle Zahl zwischen 0 und 1 zu, d.h. P ist eine Funktion von der Menge aller Teilmengen von Ω in das Intervall $[0, 1] = \{x \in \mathbb{R} \,|\, 0 \leq x \leq 1\}$. Wie bei relativen Häufigkeiten gilt:

Eigenschaften der klassischen Wahrscheinlichkeit

Ω sei endliche Ergebnismenge eines Laplace-Experiments, $A, B \subseteq \Omega$ seien Ereignisse, $\overline{A} = \Omega \setminus A$ sei das Gegenereignis zu A. Dann gilt:

(W1) $P(A) \geq 0$.

(W2) $P(\Omega) = 1, \quad P(\emptyset) = 0$.

(W3) $P(A \cup B) = P(A) + P(B)$, falls $A \cap B = \emptyset$ **Additivität.**

Insbesondere: $1 = P(\Omega) = P(A \cup \overline{A}) = P(A) + P(\overline{A})$, also

$\boxed{P(\overline{A}) = 1 - P(A)}$ **Wahrscheinlichkeit des Gegenereignisses**

(W3*) $P(A \cup B) = P(A) + P(B) - P(A \cap B)$ **Additionssatz.**

7.15 *Für das Zufallsexperiment "Werfen zweier unterscheidbarer Münzen", seien die Ereignisse A, B, C gegeben durch*

A: Zweimal Wappen.

B: Mindestens einmal Wappen.

C: Verschiedene Bilder.

Man berechne jeweils ihre Wahrscheinlichkeit.

Die Ergebnismenge ist $\Omega = \{(W,W),(W,Z),(Z,W),(Z,Z)\}$, $|\Omega| = 4$.

Zu A: $P(A) = P(\{(W,W)\}) = \frac{1}{4}$.

Zu B: $P(B) = P(\{(W,Z),(Z,W),(W,W)\}) = \frac{3}{4}$.

Zu C: $P(C) = P(\{(W,Z),(Z,W)\}) = \frac{2}{4} = \frac{1}{2}$.

Bemerkung: Sind die Münzen nicht unterscheidbar, so liegt kein Laplace-Experiment vor, siehe [7.14 (d)]. Indem man die Münzen unterscheidbar macht, wird dieses Experiment zu einem Laplace-Experiment und man kann die Wahrscheinlichkeit des Ereignisses "Verschiedene Bilder" ausrechnen.

Bei Zufallsexperimenten mit ununterscheidbaren Objekten muss man diese zur Berechnung von Wahrscheinlichkeiten durch Nummerieren o.ä. unterscheidbar machen.

7.16 *Für das Laplace-Experiment "Werfen eines Würfels" berechne man die Wahrscheinlichkeit der folgenden Ereignisse und ihrer Gegenereignisse.*
(a) *"Gerade Augenzahl"*, (b) *"Keine Sechs"*, (c) *"Keine Vier, keine Drei"*.

Die Ergebnismenge ist $\Omega = \{1,2,3,4,5,6\}$.

(a) "Gerade Augenzahl" ist das Ereignis $A = \{2,4,6\}$, $P(A) = \frac{|A|}{6} = \frac{1}{2}$.

Das Gegenereignis "Ungerade Augenzahl" ist $\overline{A} = \{1,3,5\}$,
$P(\overline{A}) = \frac{|\overline{A}|}{6} = \frac{1}{2} = 1 - P(A)$.

(b) "Keine Sechs" ist das Ereignis $B = \{1,2,3,4,5\}$. Es ist $P(B) = \frac{|B|}{6} = \frac{5}{6}$.
Gegenereignis: $\overline{B} = \Omega \setminus B = \{6\}$, $P(\overline{B}) = \frac{1}{6} = 1 - P(B)$.

Oft ist es einfacher, zur Berechnung von $P(B)$ die Wahrscheinlichkeit $P(\overline{B}) = 1 - P(B)$ des Gegenereignisses zu berechnen.

Hier also: $P(\overline{B}) = \frac{1}{6}$, folglich $P(B) = 1 - \frac{1}{6} = \frac{5}{6}$.

(c) Gegenereignis von C: "Keine Drei, keine Vier" ist $\overline{C} = \{3,4\}$.
$P(\overline{C}) = \frac{2}{6} = \frac{1}{3}$, $P(C) = 1 - \frac{1}{3} = \frac{2}{3}$.

7.17 *Für das Experiment "Werfen eines Würfels" und die Ereignisse aus* [7.16] *berechne man jeweils die Wahrscheinlichkeit, dass*
(a) *zwei von ihnen eintreten,* (b) *drei eintreten,*
(c) *eines von zweien eintritt,* (d) *eines von dreien eintritt.*
Beachte: "Eines" heißt immer "mindestens eines".

Wir verwenden die Bezeichnungen aus [7.16], also
$A = \{2,4,6\}$, $B = \{1,2,3,4,5\}$, $C = \{1,2,5,6\}$.

(a) Die Wahrscheinlichkeit, dass A und B eintreten, also $A \cap B = \{2,4\}$ eintritt, ist
$P(A \cap B) = \frac{|A \cap B|}{|\Omega|} = \frac{2}{6} = \frac{1}{3}$.
Entsprechend folgt mit $A \cap C = \{2,6\}$ und $B \cap C = \{1,2,5\}$
$P(A \cap C) = \frac{1}{3}$, $P(B \cap C) = \frac{1}{2}$.

(b) Die Wahrscheinlichkeit, dass A, B und C eintreten, also $A \cap B \cap C = \{2\}$ eintritt, ist $P(A \cap B \cap C) = \frac{|A \cap B \cap C|}{|\Omega|} = \frac{1}{6}$.

(c) Die Wahrscheinlichkeit, dass (mindestens!) eines der Ereignisse A, B eintritt, also $A \cup B = \{1,2,3,4,5,6\} = \Omega$ eintritt, ist $P(A \cup B) = 1$.
Oder: $P(A \cup B) = P(A) + P(B) - P(A \cap B) = \frac{1}{2} + \frac{5}{6} - \frac{1}{3} = 1$ nach (W3*).
Entsprechend folgt mit $A \cup C = \{1,2,4,5,6\}$ und $B \cup C = \Omega$:
$P(A \cup C) = \frac{5}{6}$ und $P(B \cup C) = 1$.

(d) Die Wahrscheinlichkeit, dass A, B oder C eintritt, also $A \cup B \cup C = \Omega$ eintritt, ist 1.

7.18 *Für das Laplace-Experiment "n-faches Werfen eines Würfels" berechne man die Wahrscheinlichkeit, mindestens eine Sechs zu werfen, für*
(a) $n = 2$, (b) $n = 3$, (c) $n = 4$.

Ergebnismenge ist Ω^n mit 6^n Elementen, wobei $\Omega = \{1,2,3,4,5,6\}$, s. [7.1 (e)].

(a) $n = 2$: $\Omega = \{(1,1),\ldots,(1,6),(2,1)\ldots,(2,6),\ldots,(6,1),\ldots,(6,6)\}$.
Die Sechs kann im ersten oder im zweiten Wurf fallen, das Ereignis "Mindestens eine Sechs" ist daher $A = \{(6,1),\ldots,(6,6),(1,6),\ldots,(5,6)\}$.
Daher ist $P(A) = \frac{|A|}{|\Omega|} = \frac{11}{36} \approx \underline{30.6\%}$.

Alternatives Vorgehen (praktischer für größere n):
Berechne die Wahrscheinlichkeit des Gegenereignisses $P(\overline{A}) = 1 - P(A)$.
Das Gegenereignis "Keine Sechs" tritt ein bei jedem Ergebnis (a, b), wobei $a, b \in \{1, 2, 3, 4, 5\}$. Die Anzahl der für $\overline{A}$ günstigen Ergebnisse ist daher
$|\overline{A}| = 5 \cdot 5 = 25,\ \ P(\overline{A}) = \frac{|\overline{A}|}{|\Omega|} = \frac{25}{36},\quad P(A) = 1 - P(\overline{A}) = \frac{11}{36}$ wie oben.

(b) $n = 3$: $\ |\Omega^3| = 6^3 = 216$.
Sei B das Ereignis "Bei drei Würfen mindestens eine Sechs".
Analog zu (a) gilt für das Gegenereignis:
$\overline{B} = \{(a, b, c) |\, a, b, c \in \{1, 2, 3, 4, 5\}\} = \{1, 2, 3, 4, 5\}^3$, also $|\overline{B}| = 5^3 = 125$.
Daher ist $P(\overline{B}) = \frac{|\overline{B}|}{|\Omega|} = \frac{5^3}{6^3} = \frac{125}{216} \approx 57.9\%,\quad P(B) = 1 - P(\overline{B}) = \frac{91}{216} \approx \underline{42.1\%}$.

(c) $n = 4$: $\ |\Omega^4| = 6^4 = 1296$.
Sei C das Ereignis "Bei vier Würfen mindestens eine Sechs".
Analog zu (a) gilt für das Gegenereignis:
$\overline{C} = \{(a, b, c, d) |\, a, b, c, d \in \{1, 2, 3, 4, 5\}\} = \{1, 2, 3, 4, 5\}^4$, also $|\overline{C}| = 5^4 = 625$.
$P(\overline{C}) = \frac{|\overline{C}|}{|\Omega|} = \frac{5^4}{6^4} = \frac{625}{1296} \approx 48.2\%,\quad P(C) = 1 - P(\overline{C}) = \frac{671}{1296} \approx \underline{51.8\%}$.

7.19 *Für das Laplace-Experiment "Werfen zweier verschiedenfarbiger Würfel" (bzw. "Zweimaliges Werfen eines Würfels") berechne man die Wahrscheinlichkeit $P(E_j)$ der Ereignisse E_j: "Die Augensumme der Würfel ist j".*

Warum ist $\sum\limits_{j=2}^{12} P(E_j) = 1$?

Zur letzten Frage:
Beim Werfen zweier Würfel können als Augensummen die Zahlen $2, 3, \ldots, 12$ auftreten. Also kommt jedes Ergebnis in genau einer Menge E_j, $j \in \{2, \ldots, 12\}$, vor.
Es folgt:

$$1 = P(\Omega) = P(E_1 \cup \cdots \cup E_{12}) = P(E_1) + \cdots + P(E_{12}) = \sum_{j=2}^{12} P(E_j),$$

da $E_i \cap E_j = \emptyset$ für $i \neq j$.

Wir ordnen die Ergebnisse in einer $(6, 6)$ Matrix an. Ergebnisse mit gleicher Augensumme liegen auf derselben Nebendiagonalen.
So ist z.B. $E_5 = \{(4, 1), (3, 2), (2, 3), (1, 4)\}$.

Gesucht ist $\quad P(E_j) = \frac{|E_j|}{|\Omega|} = \frac{|E_j|}{36}\quad$ für $j = 2, \ldots, 12$.

$j = 5$

(1,1)	(1,2	(1,3)	~~(1,4)~~	(1,5)	(1,6)
(2,1)	(2,2	~~(2,3)~~	(2,4)	(2,5)	(2,6)
(3,1)	~~(3,2~~	(3,3)	(3,4)	(3,5)	(3,6)
~~(4,1)~~	(4,2	(4,3)	(4,4)	(4,5)	(4,6)
(5,1)	(5,2	(5,3)	(5,4)	(5,5)	(5,6)
(6,1)	(6,2	(6,3)	(6,4)	(6,5)	(6,6)

$P(E_2) = \frac{1}{36} = P(E_{12})$,
$P(E_3) = \frac{2}{36} = P(E_{11})$,
$P(E_4) = \frac{3}{36} = P(E_{10})$,
$P(E_5) = \frac{4}{36} = P(E_9)$,
$P(E_6) = \frac{5}{36} = P(E_8)$,
$P(E_7) = \frac{6}{36}$.

Für die folgenden Abschnitte benötigen wir Formeln aus [Kapitel 6].

Anzahl der Auswahlen von k Objekten aus n Objekten

	mit Berücksichtigung der Reihenfolge	**ohne** Berücksichtigung der Reihenfolge
ohne Zurücklegen	$n\cdot(n-1)\cdots(n-k+1)=\frac{n!}{(n-k)!}$	$\binom{n}{k}=\frac{n\cdot(n-1)\cdots(n-k+1)}{1\cdot 2\cdots(k-1)\cdot k}$
mit Zurücklegen	$n^k=\lvert M^k\rvert$, M Menge, $\lvert M\rvert=n$	$\binom{n+k-1}{k}$

Abzählprinzip für k-Tupel

Wir bilden k-Tupel $(a_1,\ldots,a_k)$, indem wir die k Plätze von links nach rechts besetzen. Dann ist deren Anzahl $\boldsymbol{j_1\cdot j_2\cdot\ldots\cdot j_k}$, wenn
$\boldsymbol{j_1}$ die Anzahl der Wahlmöglichkeiten für $\boldsymbol{a_1}$, danach
$\boldsymbol{j_2}$ die Anzahl der Wahlmöglichkeiten für $\boldsymbol{a_2}$, danach
usw. und schließlich
$\boldsymbol{j_k}$ die Anzahl der Wahlmöglichkeiten für $\boldsymbol{a_k}$ ist.

Beispiel: Anzahl der vierstelligen Zahlen mit lauter verschiedenen Ziffern.
Für die Wahl der ersten Ziffer gibt es 9 Möglichkeiten (0 entfällt), danach für die Wahl der zweiten noch 9, danach für die Wahl der dritten noch 8 und schließlich noch 7 für die vierte. Insgesamt ist also $9\cdot 9\cdot 8\cdot 7=4536$ die gesuchte Anzahl.

7.20 *Was ist "wahrscheinlicher": Mit einem Würfel in 4 Würfen mindestens eine Sechs oder mit zwei Würfeln in 24 Würfen mindestens einen Pasch $(6,6)$ zu werfen?*

Es sei A das Ereignis: "Würfeln einer 6 in 4 Würfen".
Es sei B das Ereignis: "Wurf von $(6,6)$ in 24 Würfen".
Nach [7.18 (c)] ist $P(A)=\frac{671}{1296}\approx 51.8\%$.
Wir berechnen nun die Wahrscheinlichkeit des Gegenereignisses $\overline{B}$.
Bei diesem Experiment, 24 Würfe mit zwei Würfeln, müssen wir zur Berechnung der Wahrscheinlichkeit die Würfel als unterscheidbar ansehen, siehe [S. 292], die Ergebnisse sind 24-Tupel mit Komponenten aus

$$M=\{(j,k)\mid j,k\in\{1,\ldots,6\}\}=\{(1,1),\ldots,(1,6),(2,1),\ldots,(2,6),\ldots,(6,6)\},$$

die Anzahl der möglichen Ergebnisse ist daher $|M|^{24}=36^{24}$.
Ergebnisse ohne Sechserpasch sind 24-Tupel aus $M\setminus\{(6,6)\}$, die Anzahl der für $\overline{B}$ günstigen Fälle ist 35^{24}. Damit ist

$$P(\overline{B})=\frac{35^{24}}{36^{24}}=(\tfrac{35}{36})^{24}\approx 0.509=50.9\%,\text{ also}\quad P(B)=1-P(\overline{B})\approx \underline{49.1\%}.$$

Das Eintreten von A ist wahrscheinlicher.

Anmerkung: Für den Glücksspieler Marquis de Méré, der dies Problem 1654 dem Mathematiker und Philosophen Blaise Pascal stellte, war die Frage wohl nicht zu beantworten. Die Beschäftigung mit diesem Problem gilt als Geburtsstunde der Stochastik.

7.21 **Geburtstagsproblem.** *Es sei vorausgesetzt, dass die Wahrscheinlichkeit, an einem bestimmten Tag im Jahr Geburtstag zu haben, für alle 365 Tage des Jahres dieselbe ist. Wie groß ist die Wahrscheinlichkeit, dass in einem Raum mit 30 Personen mindestens zwei am selben Tag Geburtstag haben?*
Hinweis: Man berechne die Wahrscheinlichkeit des Gegenereignisses.
Ein weiteres Geburtstagsproblem findet man in [7.85].

Wir zählen die Tage des Jahres durch, z.B. erhält der 3. März die Nummer 62 (Schaltjahre werden vernachlässigt).
Die Geburtstage der 30 Personen liefern ein 30-Tupel aus den Zahlen $1, 2, \ldots, 365$. Die Ergebnismenge Ω ist die Menge aller dieser 30-Tupel, $\Omega = \{1, 2, \ldots, 365\}^{30}$. Nach [S. 295] ist $|\Omega| = 365^{30}$ die Anzahl der möglichen Ergebnisse. Ist A das genannte Ereignis, so ist das Gegenereignis $\overline{A}$ die Menge aller Tupel in Ω mit paarweise verschiedenen Komponenten.
Nach [S. 295] gibt es davon $365 \cdot 364 \cdots (365 - 30 + 1)$. Dies ist die Anzahl der für $\overline{A}$ günstigen Ergebnisse. Es folgt

$$P(\overline{A}) = \frac{365 \cdots 336}{365^{30}} \approx 0.294, \quad \text{also} \quad P(A) = 1 - P(\overline{A}) \approx 0.706 = \underline{70.6\%}.$$

Mit einer Wahrscheinlichkeit von 70.6% haben, entgegen üblichen Vorstellungen, in einem Raum mit 30 Personen mindestens zwei am selben Tag Geburtstag.
Man rechne nach: Ab 23 Personen ist die Wahrscheinlichkeit größer als 50%.

7.22 *Ein deutsches Skatspiel hat 32 Karten, je vier Karten (in den roten "Farben" Karo, Herz und den schwarzen "Farben" Pik, Kreuz) der Werte* $7, 8, 9, 10, B, D, K, A$. *Die Werte* B, D, K *(Bube, Dame, König) heißen Bilder,* A *bedeutet Ass. Jeder der drei Spieler erhält* 10 *Karten, zwei Karten kommen verdeckt in den "Skat", den der Alleinspieler aufnehmen kann. Wie groß ist die Wahrscheinlichkeit, dass im Skat*

(a) *zwei Buben liegen,* (b) *genau ein Bube liegt,*
(c) *mindestens ein Bube liegt?*

Ergebnisraum sei $\Omega = \{(S_1, S_2, S_3, S) |\ (S_1, S_2, S_3, S)$ ist eine Kartenverteilung an die Spieler 1, 2 und 3 und für den Skat$\}$.
Also ist $|S_j| = 10$ $(j = 1, 2, 3)$, $|S| = 2$, und S_1, S_2, S_3, S sind paarweise disjunkt. Mit den Formeln auf [S. 295] folgt: Für die zwei Karten im Skat S gibt es $\binom{32}{2}$ Möglichkeiten, für die 10 Karten von Spieler 1 bleiben $\binom{30}{10}$ Möglichkeiten ("Blätter"), für Spieler 2 bleiben $\binom{20}{10}$ Blätter, die zehn Karten für Spieler 3 sind dann festgelegt. Damit gibt es nach dem Abzählprinzip für Tripel

$$\binom{32}{2} \cdot \binom{30}{10} \cdot \binom{20}{10} = 2\,753\,294\,408\,504\,640$$

mögliche Ergebnisse, d.h. Elemente von Ω, siehe auch [6.24].
Beachte: Dieselbe Anzahl erhält man, wenn man mit den Möglichkeiten für Spieler 1 beginnt.

(a) Für zwei Buben im Skat gibt es $\binom{4}{2}$ Möglichkeiten. Damit gibt es nach dem Abzählprinzip [S. 295] $g = \binom{4}{2} \cdot \binom{30}{10} \cdot \binom{20}{10}$ günstige Ergebnisse.
Die Wahrscheinlichkeit, dass zwei Buben im Skat liegen, ist

$$\frac{g}{|\Omega|} = \frac{\binom{4}{2} \cdot \binom{30}{10} \cdot \binom{20}{10}}{\binom{32}{2} \cdot \binom{30}{10} \cdot \binom{20}{10}} = \frac{\binom{4}{2}}{\binom{32}{2}} = \frac{4 \cdot 3}{32 \cdot 31} = \frac{3}{248} \approx \underline{1.2\%} \quad \text{(siehe auch [7.79 (a)]).}$$

(b) Für genau einen Buben im Skat gibt es $4 \cdot 28$ Möglichkeiten (ein Bube, eine Karte aus den restlichen 28 Karten). Analog zu (a) erhält man als Wahrscheinlichkeit, dass genau ein Bube im Skat liegt: $\frac{4 \cdot 28}{\binom{32}{2}} = \frac{7}{31} \approx \underline{22.6\%}$.

(c) Mindestens ein Bube im Skat bedeutet zwei oder einer im Skat.
Da sich die Fälle ausschließen, erhält man das Ergebnis durch Addition der Wahrscheinlichkeiten in (a) und (b). Die Wahrscheinlichkeit, dass mindestens ein Bube im Skat liegt, ist $\frac{3}{248} + \frac{7}{31} = \frac{59}{248} \approx \underline{23.8\%}$.

Bemerkung: Der hier gewählte Ergebnisraum Ω ist interessant im Hinblick auf [7.81, 7.82, 7.101]. Wir hätten für diese Aufgabe als Ergebnisraum aber auch nur die Menge der $\binom{32}{2} = 16 \cdot 31 = 496$ möglichen Skatverteilungen wählen und im Wesentlichen dieselben Rechnungen durchführen können. So hätten sich in (a) genau $\binom{4}{2} = 6$ günstige Möglichkeiten ergeben, als Wahrscheinlichkeit also $\frac{6}{496} = \frac{3}{248}$, wie oben.

7.23 *Für das Laplace-Experiment "Lottoziehung 6 aus 49", siehe [7.1 (g)], berechne man die Wahrscheinlichkeiten der folgenden Ereignisse A, B, C, D:*

(a) *A: Alle sechs Gewinnzahlen sind kleiner als 42.*

(b) *B: Zu den sechs Gewinnzahlen gehört nicht die Zahl 7.*

(c) *C: Ein Tipp enthält genau vier Gewinnzahlen.*

(d) *D: Genau drei Gewinnzahlen sind ungerade.*

(a) Dies Ereignis entspricht genau einer Ziehung "6 aus 41". Damit, siehe [S. 295], gibt es $\binom{41}{6}$ günstige Möglichkeiten, es ist

$$P(A) = \frac{\binom{41}{6}}{\binom{49}{6}} = \frac{41 \cdot 40 \cdots 36}{49 \cdot 48 \cdots 44} = \frac{374\,699}{1\,165\,318} \approx 0.322 = \underline{32.2\%}.$$

(b) Wir berechnen $P(\overline{B})$, die Wahrscheinlichkeit des Gegenereignisses. Wenn 7 feststeht, müssen noch 5 Gewinnzahlen aus 48 Zahlen gezogen werden. Dafür gibt es $\binom{48}{5}$ Möglichkeiten.

Da $\binom{49}{6} = \frac{49 \cdot 48 \cdots 44}{6 \cdot 5 \cdots 1} = \binom{48}{5} \cdot \frac{49}{6}$, ist $P(\overline{B}) = \frac{\binom{48}{5}}{\binom{49}{6}} = \frac{6}{49}$.

Daher ist $P(B) = 1 - P(\overline{B}) = \frac{43}{49} \approx 0.878 = \underline{87.8\%}$.

(c) Es gibt 6 Gewinnzahlen und 43 Nichtgewinnzahlen. Jedes für C günstige Ergebnis erhält man durch eine "Ziehung" von vier Zahlen aus den Gewinnzahlen und zwei Zahlen aus den Nichtgewinnzahlen. Dafür gibt es nach dem Abzählprinzip $\binom{6}{4} \cdot \binom{43}{2}$ Möglichkeiten. Damit ist

$$P(C) = \frac{\binom{6}{4} \cdot \binom{43}{2}}{\binom{49}{6}} = \frac{\binom{6}{2} \cdot \binom{43}{2}}{\binom{49}{6}} = \frac{13\,545}{13\,983\,816} = \frac{645}{665896} \approx 0.00097 \approx \underline{0.1\%}.$$

Bemerkung: Die $\binom{6}{4} \cdot \binom{43}{2} = 13\,545$ günstigen Möglichkeiten teilen sich bei einer Ziehung auf in:
1. "4 Gewinnzahlen mit Zusatzzahl", das sind $\binom{6}{4} \cdot \binom{42}{1} = 630$ Fälle (die fünfte Zahl ist die Zusatzzahl, für die sechste Zahl gibt es noch 42 Möglichkeiten).
2. "4 Gewinnzahlen ohne Zusatzzahl". Dafür gibt es $\binom{6}{4} \cdot \binom{42}{2} = 12915$ Möglichkeiten (zwei zusätzliche Zahlen, die weder Gewinnzahl noch Zusatzzahl sind).
Probe: $\binom{42}{1} + \binom{42}{2} = \binom{43}{3}$, siehe die Rekursionsformel auf [S. 263].

(d) Von den Zahlen $1, 2, \ldots, 49$ sind 25 ungerade und 24 gerade. Jedes für D günstige Ergebnis erhält man durch eine Ziehung von je drei Zahlen aus den ungeraden und aus den geraden Zahlen. Dafür gibt es nach dem Abzählprinzip [S. 295] $\binom{25}{3} \cdot \binom{24}{3}$ Möglichkeiten, analog zu Teil (c).

Damit ist $P(D) = \frac{\binom{25}{3} \cdot \binom{24}{3}}{\binom{49}{6}} = 20 \cdot \frac{25 \cdot 24 \cdot 23 \cdot 24 \cdot 23 \cdot 22}{49 \cdot 48 \cdots 44} = \frac{2300}{6906} \approx 0.333 = \underline{33.3\%}.$

Die Ergebnisse aus (c) und (d) von Aufgabe [7.23] lassen sich verallgemeinern. Die Ziehung von n Kugeln aus einer Urne mit r roten und s schwarzen ununterscheidbaren Kugeln ist kein Laplace-Experiment, analog zu [7.14 (d)]. Sie wird jedoch zu einem solchen, wenn wir die Kugeln mit den Zahlen $1, 2, \ldots, r+s$ nummerieren und die Entnahme analog zum Lotto als "Ziehung von n aus $r+s$ Zahlen" auffassen. Ω sei die entsprechende Ergebnismenge. Es ist $|\Omega| = \binom{r+s}{n}$ nach [S. 295].
Die Frage nach der Wahrscheinlichkeit, genau k rote Kugeln zu ziehen, ist prinzipiell in [7.23 (c),(d)] beantwortet: Jedes günstige Ergebnis entspricht einer Ziehung von k Kugeln aus den roten und $n-k$ Kugeln aus den schwarzen Kugeln. Also gibt es $\binom{r}{k} \cdot \binom{s}{n-k}$ günstige Ergebnisse, siehe [S. 295].

Stichprobenentnahme (bei kleinen Zahlen)

Ω sei die Ergebnismenge der zufälligen Ziehung von n Kugeln aus einer Urne mit r roten und s schwarzen Kugeln ohne Zurücklegen und ohne Berücksichtigung der Reihenfolge (n, r, s sind fest vorgegeben), mit der Laplace-Verteilung

$$p(\omega) = \frac{1}{\binom{r+s}{n}} \qquad \text{für } \omega \in \Omega.$$

A_k sei das Ereignis "Genau k der gezogenen Kugeln sind rot". Dann ist

$$P(A_k) = \frac{\binom{r}{k} \cdot \binom{s}{n-k}}{\binom{r+s}{n}}.$$

Diese Formeln sind nur für kleine r, s brauchbar. Ist das Verhältnis von $r+s$ zur Größe n der Stichprobe sehr groß, so verwendet man zur Berechnung von Wahrscheinlichkeiten die sog. **Binomialverteilung**, siehe [Abschnitt 7.8].

7.24 *Aus einer Urne mit 5 roten und 3 schwarzen Kugeln werden 4 Kugeln ohne Zurücklegen gezogen. Wie groß ist die Wahrscheinlichkeit, dass*
(a) *genau zwei rote,* (b) *keine schwarze,*
(c) *mindestens zwei schwarze dabei sind?*

Mit den Bezeichnungen des Kastens auf [S. 298] ist $n = 4$, $r = 5$, $s = 3$. Die Formel aus dem Kasten liefert

(a) für $k = 2$: $P(A_2) = \dfrac{\binom{5}{2}\cdot\binom{3}{2}}{\binom{8}{4}} = \dfrac{\binom{5}{2}\cdot\binom{3}{1}}{\binom{8}{4}} = \frac{5\cdot 4}{1\cdot 2}\cdot 3\cdot\frac{1\cdot 2\cdot 3\cdot 4}{8\cdot 7\cdot 6\cdot 5} = \frac{3}{7} \approx \underline{42.9\%}.$

(b) für $k = 4$: $P(A_4) = \dfrac{\binom{5}{4}\cdot\binom{3}{0}}{\binom{8}{4}} = \dfrac{\binom{5}{1}\cdot\binom{3}{0}}{\binom{8}{4}} = \frac{5}{1}\cdot 1\cdot\frac{1\cdot 2\cdot 3\cdot 4}{8\cdot 7\cdot 6\cdot 5} = \frac{1}{14} \approx \underline{7\%}.$

(c) Das genannte Ereignis C ist das Ziehen von keiner, genau einer oder genau zwei roten Kugeln. Also ist $C = A_2 \cup A_1 \cup A_0 = A_2 + A_1 + A_0$ (s. [S. 282]), da die Ereignisse A_k paarweise disjunkt sind. Daher ist $P(C) = P(A_2)+P(A_1)+P(A_0)$.

Da $P(A_1) = \dfrac{\binom{5}{1}\cdot\binom{3}{3}}{\binom{8}{4}} = \frac{5}{1}\cdot 1\cdot\frac{1\cdot 2\cdot 3\cdot 4}{8\cdot 7\cdot 6\cdot 5} = \frac{1}{14} \approx 7\%$ und $P(A_0) = 0$,

ist mit (a): $P(C) = \frac{3}{7} + \frac{1}{14} = \frac{7}{14} = \frac{1}{2} = \underline{50\%}.$

7.25 *In einem Päckchen mit 100 Schrauben sind 5 fehlerhaft. Wie groß ist die Wahrscheinlichkeit, dass von 10 entnommenen Schrauben*
(a) *genau zwei fehlerhaft sind?*
(b) *höchstens zwei fehlerhaft sind?*
(c) *mindestens zwei fehlerhaft sind?*

Ω sei die Ergebnismenge der zufälligen Entnahme von 10 Schrauben aus dem Päckchen.
A_k sei das Ereignis "Genau k der entnommenen Schrauben sind korrekt".
Identifiziert man die korrekten Schrauben mit den roten Kugeln und die fehlerhaften mit den schwarzen Kugeln so lässt sich die Formel des Kastens anwenden.

(a) Mit $r = 95$, $s = 5$ und $n = 10$ folgt $P(A_8) = \dfrac{\binom{95}{8}\cdot\binom{5}{2}}{\binom{100}{10}} = \frac{1335}{10012} \approx 0.07 = \underline{7\%}.$

(b) Die Ereignisse A_k sind paarweise disjunkt, das genannte Ereignis A ist daher $A = A_8 \cup A_9 \cup A_{10} = A_8 + A_9 + A_{10}$. Daher ist

$$\begin{aligned} P(A) &= P(A_8) + P(A_9) + P(A_{10}) = \frac{\binom{95}{8}\cdot\binom{5}{2}}{\binom{100}{10}} + \frac{\binom{95}{9}\cdot\binom{5}{1}}{\binom{100}{10}} + \frac{\binom{95}{10}\cdot\binom{5}{0}}{\binom{100}{10}} \\ &\approx 0.07 + 0.34 + 0.58 \\ &\approx 0.99 \approx \underline{99\%}. \end{aligned}$$

(c) Gesucht ist die Wahrscheinlichkeit des Ereignisses $B = A_8 + A_7 + A_6 + A_5$. Es ist $\Omega = A_5 + A_6 + \cdots + A_{10}$. Also ist $B = A_8 + (\Omega \setminus A)$, wenn A das Ereignis aus Teil (b) ist. Daher erhält man
$P(B) = P(A_8) + (1 - P(A)) \approx 0.07 + 0.01 = 0.08 = \underline{8\%}.$

7.4 Wahrscheinlichkeit

Die relative Häufigkeit für hinreichend große $n \in \mathbb{N}$ ist ein gutes Maß für die Gewissheit des Eintretens eines Ereignisses A. Ihre Eigenschaften auf [S. 284] sowie die Eigenschaften der klassischen Wahrscheinlichkeit auf [S. 292] führten die Mathematiker zu folgender axiomatischer Definition der Wahrscheinlichkeit. Wir beschränken uns auf endliche Ergebnismengen.

Wahrscheinlichkeit

Sei Ω eine nichtleere endliche Menge, in der Regel die Ergebnismenge eines Zufallsexperiments und daher **Ergebnismenge** genannt, sei P eine auf den Teilmengen von Ω (**Ereignissen**) definierte reellwertige Funktion.

(Ω, P) heißt endlicher **Wahrscheinlichkeitsraum** (W-Raum), falls gilt:

(W1) $P(A) \geq 0$ für jedes Ereignis $A \subseteq \Omega$. (Nichtnegativität)

(W2) $P(\Omega) = 1$ für das sichere Ereignis Ω. (Normierung)

(W3) $P(A \cup B) = P(A) + P(B)$, **falls** $\boldsymbol{A \cap B = \emptyset}$. **(Additivität)**

P heißt dann **Wahrscheinlichkeitsverteilung** (W-Verteilung) oder Wahrscheinlichkeitsmaß oder kurz **Wahrscheinlichkeit** auf Ω.
Die Zahl $P(A)$ heißt die Wahrscheinlichkeit des Ereignisses A.
Die **Wahrscheinlichkeit eines Ergebnisses** $\omega \in \Omega$ ist definiert als Wahrscheinlichkeit $P(\{\omega\})$ des Elementarereignisses $\{\omega\}$.

Die Schwierigkeiten der Wahrscheinlichkeitstheorie liegen darin, geeignete Wahrscheinlichkeitsräume für die jeweiligen Zufallsexperimente zu finden.

(W3) besagt $P(A+B) = P(A)+P(B)$. Allgemeiner gilt für W-Verteilungen P:

$$P(A_1 + \cdots + A_n) = P(A_1) + \cdots + P(A_n) = \sum_{k=1}^{n} P(A_k).$$

Beachte: Hier wird $A_i \cap A_j = \emptyset$ für $i \neq j$ vorausgesetzt!
Anderenfalls gilt der **Additionssatz**, auch **Siebformel** genannt:

$n = 2$: $P(A \cup B) = P(A) + P(B) - P(A \cap B)$.

$n = 3$: $P(A \cup B \cup C) =$
$P(A) + P(B) + P(C) - P(A \cap B) - P(A \cap C) - P(B \cap C) + P(A \cap B \cap C)$.

Aus der Siebformel auf [S. 269] folgt der Additionssatz für Laplace-Verteilungen.

7.26 *Werfen einer Münze:*
Sei $\Omega = \{W, Z\}$, $P(\Omega) = 1$, $P(\{W\}) = P(\{Z\}) = \frac{1}{2}$, $P(\emptyset) = 0$.
Man zeige, dass (Ω, P) ein Wahrscheinlichkeitsraum ist.

Ω hat genau 4 Teilmengen, nämlich die Ereignisse $\emptyset, \{W\}, \{Z\}, \{W, Z\}$.
Die Eigenschaften (W1) und (W2) für P sind erfüllt.
Zu (W3): Wir untersuchen nur die disjunkte Vereinigung $\{W\} + \{Z\}$.
(Alles andere ist klar!)
$P(\{W\} + \{Z\}) = P(\Omega) = 1 = \frac{1}{2} + \frac{1}{2} = P(\{W\}) + P(\{Z\})$, (W3) ist erfüllt.

Bemerkung: Hier und in [7.27] gilt $P(\{\omega\}) = \frac{1}{|\Omega|}$ für jedes $\omega \in \Omega$, d.h. alle Elementarereignisse haben die gleiche Wahrscheinlichkeit. Solche W-Verteilungen heißen Laplace-Verteilungen und wurden im letzten Abschnitt behandelt.

7.27 *Werfen eines Würfels:*
Sei $\Omega = \{1, \ldots, 6\}$ und $P(A) = \frac{|A|}{6}$ für $A \subseteq \Omega$.
Man zeige, dass (Ω, P) ein Wahrscheinlichkeitsraum ist.

(W1) ist erfüllt. Da $|\Omega| = 6$, ist $P(\Omega) = \frac{|\Omega|}{6} = 1$, (W2) ist erfüllt.
Ist $A \cap B = \emptyset$, so ist $|A \cup B| = |A| + |B|$. Hieraus folgt (W3), denn

$$P(A \cup B) = \frac{|A \cup B|}{6} = \frac{|A|+|B|}{6} = \frac{|A|}{6} + \frac{|B|}{6} = P(A) + P(B).$$

7.28 *Sei $\Omega = \{\omega_1, \omega_2, \omega_3\}$ eine Ergebnismenge und P eine W-Verteilung auf Ω mit $P(\{\omega_1\}) = \frac{1}{2}$, $P(\{\omega_2\}) = \frac{1}{4}$, $P(\{\omega_3\}) = \frac{1}{4}$.*
Man berechne $P(A)$ für jedes Ereignis $A \subseteq \Omega$.

Ω hat $2^3 = 8$ Teilmengen, siehe [**EM 1**, S. 19]. Ereignisse sind

$$\emptyset,\ \Omega,\ \{\omega_1\},\ \{\omega_2\},\ \{\omega_3\},\ \{\omega_1, \omega_2\},\ \{\omega_1, \omega_3\},\ \{\omega_2, \omega_3\}.$$

Es ist $P(\Omega) = 1$. Mit $1 = P(\Omega + \emptyset) = P(\Omega) + P(\emptyset)$ folgt $P(\emptyset) = 0$ (s. [7.29 (a)]).
Wegen (W3) und $\{\omega_1\} \cap \{\omega_2\} = \emptyset$ ist
$P(\{\omega_1, \omega_2\}) = P(\{\omega_1\} + \{\omega_2\}) = P(\{\omega_1\}) + P(\{\omega_2\}) = \frac{1}{2} + \frac{1}{4} = \frac{3}{4}$.
Analog ergibt sich $P(\{\omega_1, \omega_3\}) = \frac{3}{4}$ und $P(\{\omega_2, \omega_3\}) = \frac{1}{2}$.

Wichtige Eigenschaften der Wahrscheinlichkeit

Sei P eine Wahrscheinlichkeitsverteilung auf der Ergebnismenge Ω,
$\overline{A} = \Omega \setminus A$ sei das Gegenereignis zu A. Dann gilt:

(a) $P(\emptyset) = 0$ (Das unmögliche Ereignis hat die Wahrscheinlichkeit 0.)
(b) $0 \leq P(A) \leq 1$ (P ordnet jedem Ereignis eine Zahl aus $[0, 1]$ zu.)
(c) $P(\overline{A}) = 1 - P(A)$ ($\overline{A}$ hat die Wahrscheinlichkeit $1 - P(A)$.)
(d) $A \subseteq B \Longrightarrow P(A) \leq P(B)$ (Tritt B ein, wenn A eintritt, ist $P(A) \leq P(B)$.)
(e) $P(A \cup B) = P(A) + P(B) - P(A \cap B)$ (Additionssatz für $n = 2$.)

7.29 *Man beweise die Aussagen im vorangehenden Kasten.*
Hinweis zu (e): $A \cup B = (A \setminus B) \cup (A \cap B) \cup (B \setminus A) = (A \setminus B) + (A \cap B) + (B \setminus A)$.

(a) Das unmögliche Ereignis hat die Wahrscheinlichkeit 0:
Da $\Omega = \Omega \cup \emptyset$ und $\Omega \cap \emptyset = \emptyset$, folgt mit (W2) und (W3):
$1 = P(\Omega) = P(\Omega + \emptyset) = P(\Omega) + P(\emptyset) = 1 + P(\emptyset)$, also $P(\emptyset) = 0$.

(b) Es ist $1 = P(\Omega) = P(A \cup \overline{A}) = P(A) + P(\overline{A})$ nach (W3), da $A \cap \overline{A} = \emptyset$.
Da $P(\overline{A}) \geq 0$ nach (W1), ist $P(A) \leq 1$ und $P(\overline{A}) = 1 - P(A)$.

(c) ist in (b) mitbewiesen worden. $\boldsymbol{P(\overline{A}) = 1 - P(A)}$

$1 - P(A)$ heißt auch **komplementäre Wahrscheinlichkeit** zu A.

(d) Da $A \subseteq B$, ist $B = A \cup (B \setminus A) = A + (B \setminus A)$.
Nach (W3) und (W1) ist $P(B) = P(A) + P(B \setminus A) \geq P(A)$.

(e) Nach dem Hinweis ist
$$A \cup B = (A \setminus B) \cup (A \cap B) \cup (B \setminus A) = (A \setminus B) + (A \cap B) + (B \setminus A),$$
da die drei Mengen paarweise einen leeren Durchschnitt haben.
Daher folgt mit der Eigenschaft (W3) einer Wahrscheinlichkeitsverteilung
$$(*)\quad P(A \cup B) = P(A \setminus B) + P(A \cap B) + P(B \setminus A).$$
Wieder nach (W3) gilt
$$P(A \setminus B) + P(A \cap B) = P((A \cap B) \cup (A \setminus B)) = P(A) \text{ und}$$
$$P(A \cap B) + P(B \setminus A) = P((A \cap B) \cup (B \setminus A)) = P(B), \text{ also}$$
$$P(A \setminus B) = P(A) - P(A \cap B) \text{ und } P(B \setminus A) = P(B) - P(A \cap B).$$
Einsetzen in $(*)$ liefert die gewünschte Aussage.

Das Vorgehen in [7.28] zeigt, dass es zur Festlegung der Wahrscheinlichkeitsverteilung auf Ω genügt, die Wahrscheinlichkeiten auf den Elementarereignissen $\{\omega\}$ (oder, siehe [Kasten S. 300], auf den Ergebnissen $\omega \in \Omega$) geeignet festzulegen.

$\Omega = \{\omega_1, \ldots, \omega_n\}$ sei eine Ergebnismenge, $p : \{\{\omega\} | \omega \in \Omega\} \longrightarrow \mathbb{R}$ eine Funktion. Zur Vereinfachung schreiben wir stets $p(\omega)$ statt $p(\{\omega\})$. Gilt
$$\text{(w1)}\quad p(\omega_j) \geq 0 \text{ für } j = 1, \ldots, n \text{ und}$$
$$\text{(w2)}\quad p(\omega_1) + \cdots + p(\omega_n) = \sum_{\omega \in \Omega} p(\omega) = 1\,,$$
so ist P mit
$$(*)\qquad P(A) = \sum_{\omega \in A} p(\omega) \quad (A \subseteq \Omega)$$
eine Wahrscheinlichkeitsverteilung auf Ω mit $P(\{\omega\}) = p(\omega)$.
P heißt **die durch p definierte** Wahrscheinlichkeitsverteilung auf Ω.

Häufig nennt man dann bereits p eine W-Verteilung auf Ω. p ordnet jedem Elementarereignis $\{\omega_j\}$ die Wahrscheinlichkeit $p(\omega_j)$ zu, $j = 1, \ldots, n$.

Ist umgekehrt P eine Wahrscheinlichkeitsverteilung auf Ω, so setzt man
$$p(\omega) = p(\{\omega\}) := P(\{\omega\}), \quad (\omega \in \Omega).$$
p hat die Eigenschaften (w1) und (w2). Ferner gilt die Eigenschaft $(*)$.

7.30 *Sei $\Omega = \{\omega_1, \ldots, \omega_n\}$ eine endliche Menge, $p(\omega_j) = \frac{1}{|\Omega|} = \frac{1}{n}$, $j = 1, \ldots, n$, und P die durch p definierte Wahrscheinlichkeitsverteilung. Man zeige, dass P die klassische Wahrscheinlichkeit (***Laplace-Verteilung***) aus [Abschnitt 7.3] und daher (Ω, P) ein Wahrscheinlichkeitsraum ist.*

Die Bedingungen (w1) und (w2) für p sind sicherlich erfüllt.
Es ist $P(A) = \sum\limits_{\omega \in A} p(\omega) = \sum\limits_{\omega \in A} \frac{1}{|\Omega|} = \frac{1}{|\Omega|} \cdot \sum\limits_{\omega \in A} 1 = \frac{1}{|\Omega|} \cdot (\underbrace{1 + 1 + \cdots + 1}_{|A| \text{ Summanden}}) = \frac{|A|}{|\Omega|}$.

Damit ist P die klassische Wahrscheinlichkeit, hat also die Eigenschaften (W1), (W2) und (W3), und folglich ist (Ω, P) ein Wahrscheinlichkeitsraum.

7.5 Zufallsvariablen

Oft interessiert an einem Zufallsexperiment nur ein gewisses Merkmal, wie z.B. bei einem Glücksspiel der Gewinn oder Verlust, der mit einem Ergebnis verbunden ist. Funktionen, die jedem Ergebnis eine reelle Zahl zuordnen, heißen Zufallsgrößen oder Zufallsvariablen und spielen in der Stochastik eine wichtige Rolle. Sie werden dort (im Gegensatz zu den üblichen Bezeichnungen f, g, h für Funktionen) mit großen Buchstaben X, Y, Z bezeichnet.

Zufallsvariablen

Sei (Ω, P) ein endlicher Wahrscheinlichkeitsraum, d.h. Ω ist eine endliche Ergebnismenge und P ist eine Wahrscheinlichkeitsverteilung auf Ω.

Eine **Zufallsgröße** oder **Zufallsvariable** ist eine reellwertige Funktion $X : \Omega \longrightarrow \mathbb{R}$, die jedem Ergebnis eine reelle Zahl zuordnet.

Man verwendet folgende Standardbezeichnungen:

$$\begin{aligned} \{X = x\} &= \{\omega \in \Omega \,|\, X(\omega) = x\} \\ \{a \leq X \leq b\} &= \{\omega \in \Omega \,|\, a \leq X(\omega) \leq b\}, \end{aligned}$$

entsprechend für $\{a < X\}$, $\{X < b\}$ usw.

Statt $P(\{X = x\})$ schreibt man $P(X = x)$ usw.

Man fasst den Wertebereich von X, nämlich

$$X(\Omega) = \{X(\omega) |\, \omega \in \Omega\} = \{x_1, \ldots, x_m\},$$

als eine neue Ergebnismenge auf.

Die **Wahrscheinlichkeitsverteilung** von X ist die Funktion p_X mit

$$p_X(x_j) := P(X = x_j), \quad j = 1, \ldots, m.$$ [5]

Die Funktion $F : \mathbb{R} \longrightarrow [0, 1]$ mit

$$F(x) = P(X \leq x) = \sum_{x_k \leq x} P(X = x_k)$$

heißt **Verteilungsfunktion** der Zufallsvariablen X.

7.31 *Für das Zufallsexperiment "Werfen eines Würfels" und die Zufallsvariable $X : \{1, \ldots, 6\} \longrightarrow \mathbb{R}$, $X(k) = 0$, falls k gerade, $X(k) = 1$, falls k ungerade, gebe man die Wahrscheinlichkeitsverteilung von X an.*

Die Ergebnismenge ist $\Omega = \{1, \ldots, 6\}$ mit der Laplace-Verteilung $P(A) = \frac{|A|}{6}$, es ist $X(\Omega) = \{X(\omega) |\, \omega \in \Omega\} = \{0, 1\}$.

Da $\{X = 0\} = \{\omega \in \Omega \,|\, X(\omega) = 0\} = \{2, 4, 6\}$, $\{X = 1\} = \{1, 3, 5\}$, ergibt sich

$$p_X(0) = P(X = 0) = \tfrac{3}{6} = \tfrac{1}{2} \quad \text{und} \quad p_X(1) = P(X = 1) = \tfrac{3}{6} = \tfrac{1}{2}$$

als gesuchte W-Verteilung von X. Sie entspricht dem Werfen einer Münze.

---

[5] Es ist $p_X(x_j) \geq 0$ für $j = 1, \ldots, m$. Wegen der Additivität von P gilt

$$\sum_{j=1}^{m} p_X(x_j) = P(X = x_1) + \cdots + P(X = x_m) = P(\{X = x_1\} + \cdots + \{X = x_m\}) = P(\Omega) = 1.$$

Daher definiert p_X nach dem Kasten auf [S. 302] eine Wahrscheinlichkeitsverteilung auf $X(\Omega)$.

7.32 *Für das Zufallsexperiment "Dreimaliges Werfen einer Münze" mit der Laplace-Verteilung und die Zufallsvariable*

$$X(\omega) = \text{Anzahl der Würfe mit Wappen}$$

gebe man die W-Verteilung von X an.

Die Ergebnismenge ist $\Omega = \{(a,b,c) \mid a,b,c \in \{W,Z\}\}$ mit $|\Omega| = 2^3 = 8$, die Laplace-Verteilung ist $P(A) = \frac{|A|}{8}$. Es ist $X(\Omega) = \{0,1,2,3\}$ und

$$\begin{array}{lcl} \{X=0\} &=& \{(Z,Z,Z)\}, \\ \{X=1\} &=& \{(W,Z,Z),(Z,W,Z),(Z,Z,W)\}, \\ \{X=2\} &=& \{(W,W,Z),(W,Z,W),(Z,W,W)\}, \\ \{X=3\} &=& \{(W,W,W)\}. \end{array}$$

Damit ergibt sich

$$P(X=0) = P(X=3) = \tfrac{1}{8} \quad \text{und} \quad P(X=1) = P(X=2) = \tfrac{3}{8}, \quad \text{d.h.}$$

$$p_X(0) = p_X(3) = \tfrac{1}{8} \quad \text{und} \quad p_X(1) = p_X(2) = \tfrac{3}{8}$$

als gesuchte W-Verteilung von X.

7.33 *Für das Zufallsexperiment aus [7.19], "Werfen zweier Würfel", und die Zufallsvariable* $X : \Omega \longrightarrow \mathbb{R}$, *die jedem Ergebnis die Augensumme zuordnet, d.h.* $X((j,k)) = j + k$, *gebe man an:*

(a) *Den Wertebereich* $X(\Omega)$ *von* X.

(b) *Das Ereignis* $\{X = 5\}$.

(c) *Die Ereignisse* $\{X > 8\}$ *und* $\{3 < X \leq 5\}$.
Man stelle sie dar als disjunkte Vereinigung von Ereignissen $\{X = x\}$.

(d) *Die Wahrscheinlichkeiten der Ereignisse in (b) und (c).*

(e) *Die Wahrscheinlichkeitsverteilung und die Werte* $F(k) = \sum_{j \leq k} P(X = j)$ $(k = 2, \ldots, 12)$ *der Verteilungsfunktion von* X.

Hier betrachten wir die Ergebnismenge $\Omega = \{(j,k) \mid j,k \in \{1,\ldots,6\}\}$ mit der durch $p((j,k)) = \frac{1}{36}$ definierten Wahrscheinlichkeitsverteilung P auf Ω.

(a) $X(\Omega) = \{X(\omega) \mid \omega \in \Omega\} = \{2,3,\ldots,11,12\}$. (Mögliche Augensummen: 2, ... 12.)

(b) $\{X=5\} = \{\omega \in \Omega \mid X(\omega) = 5\} = \{(1,4),(2,3)(3,2),(4,1)\}$.

(c) $\{X > 8\}$ ist das Ereignis "Die Augensumme ist größer als 8".

$$\begin{array}{lcl} \{X>8\} &=& \{\omega \in \Omega \mid X(\omega) > 8\} \\ &=& \{(3,6),(4,5),(4,6),(5,4),(5,5),(5,6),(6,3),(6,4),(6,5),(6,6)\} \\ &=& \{X=9\} + \{X=10\} + \{X=11\} + \{X=12\} \\ &=& \{(3,6),(4,5),(5,4),(6,3)\} + \{(4,6),(5,5),(6,4)\} \\ && +\{(5,6),(6,5)\} + \{(6,6)\} \end{array}$$

$\{3 < X \leq 5\}$ ist das Ereignis "Die Augensumme ist 4 oder 5".

$$\begin{array}{lcl} \{3<X\leq 5\} &=& \{\omega \in \Omega \mid 3 < X(\omega) \leq 5\} \\ &=& \{(1,3),(2,2),(3,1),(1,4),(2,3),(3,2),(4,1)\} \\ &=& \{X=4\} + \{X=5\} \\ &=& \{(1,3),(2,2),(3,1)\} + \{(1,4),(2,3),(3,2),(4,1)\} \end{array}$$

(d) Nach [7.19] ist $P(X=5) = P(\{\omega \in \Omega \mid X(\omega) = 5\}) = \frac{4}{36} = \frac{1}{9}$. Nach Teil (c) ist

$$\begin{aligned} P(X>8) &= P(\{X=9\}+\{X=10\}+\{X=11\}+\{X=12\}) \\ &= P(X=9)+P(X=10)+P(X=11)+P(X=12) \\ &= \frac{4+3+2+1}{36} = \frac{10}{36} = \frac{5}{18} \approx \underline{27.8\%}. \end{aligned}$$

Mit 27.8% Wahrscheinlichkeit ist die Augensumme größer als 8.
Analog erhält man $P(3 < X \leq 5) = \frac{7}{36} \approx \underline{19.4\%}$.

(e) Die W-Verteilung von X ist gegeben durch $p_X(k) = P(X=k)$, $k = 2, \ldots 12$, wobei $P(A) = \frac{|A|}{36}$ die Laplaceverteilung auf Ω ist.
In [7.19] haben wir $P(X=k)$ berechnet für $k = 2, \ldots, 12$. Durch Addition ergibt sich die Verteilungsfunktion $F(k) = \sum_{x \leq k} P(X=x)$ von X.

k	2	3	4	5	6	7	8	9	10	11	12
$P(X=k)$	$\frac{1}{36}$	$\frac{2}{36}$	$\frac{3}{36}$	$\frac{4}{36}$	$\frac{5}{36}$	$\frac{6}{36}$	$\frac{5}{36}$	$\frac{4}{36}$	$\frac{3}{36}$	$\frac{2}{36}$	$\frac{1}{36}$
$F(k)$	$\frac{1}{36}$	$\frac{3}{36}$	$\frac{6}{36}$	$\frac{10}{36}$	$\frac{15}{36}$	$\frac{21}{36}$	$\frac{26}{36}$	$\frac{30}{36}$	$\frac{33}{36}$	$\frac{35}{36}$	1

7.34 *Für die vorangehende Aufgabe berechne man mit Hilfe der Verteilungsfunktion*

(a) $P(X < 7)$, (b) $P(X > 8)$,
(c) $P(3 < X \leq 8)$, (d) $P(3 \leq X < 8)$.

(a) Es ist $X < 7 \iff X \leq 6$. Damit ist
$P(X<7) = P(X \leq 6) = F(6) = \frac{15}{36} = \frac{5}{12} \approx 41.7\%$.

(b) Es ist $X > 8 \iff$ nicht $X \leq 8$.
Daher ist $X > 8$ das Gegenereignis zu $X \leq 8$ und
$P(X>8) = 1 - P(X \leq 8) = 1 - F(8) = 1 - \frac{26}{36} = \frac{10}{36} \approx \underline{27.8\%}$, wie oben.

(c) $P(3 < X \leq 8) = \sum_{3<x\leq 8} P(X=x) = \sum_{x \leq 8} P(X=x) - \sum_{x\leq 3} P(X-x)$
$= F(8) - F(3) = \frac{26}{36} - \frac{3}{36} = \frac{23}{36} \approx \underline{63.9\%}$.

(d) $P(3 \leq X < 8) = P(2 < X \leq 7) = F(7) - F(2) = \frac{20}{36} \approx \underline{55.6\%}$ analog zu (c).

Allgemein gilt:

Rechnen mit der Verteilungsfunktion

Seien $a, b \in \mathbb{R}$ mit $a < b$.

$$\begin{aligned} P(X<a) &= F(a) - P(X=a) \\ P(X>a) &= 1 - F(a) \\ P(a<X\leq b) &= F(b) - F(a) \\ P(a<X<b) &= F(b) - F(a) - P(X=b) \\ P(a\leq X\leq b) &= F(b) - F(a) + P(X=a) \\ P(a\leq X<b) &= F(b) - F(a) + P(X=a) - P(X=b) \end{aligned}$$

7.35 *Beim Glücksspiel* **Chuck Luck** *werden drei Würfel geworfen. Der Spieler setzt auf eine der Zahlen* $1, \ldots, 6$. *Fällt sie einmal bzw. zweimal bzw. dreimal, so gewinnt er das entsprechende Vielfache seines Einsatzes. Anderenfalls geht dieser an die Bank.*
Zur Vereinfachung der Aufgabe setze der Spieler stets einen Euro auf 6.

(a) *Man definiere eine passende Zufallsvariable* X.
(b) *Mit welcher Wahrscheinlichkeit wird der Spieler gewinnen?*
(c) *Man berechne die W-Verteilung von* X *und versuche, eine durchschnittliche Gewinnbilanz bei häufiger Ausführung des Spiels zu erstellen.*

Die Ergebnismenge ist $\Omega = \{(i, j, k) \,|\, i, j, k \in \{1, \ldots, 6\}\}$, wobei (i, j, k) bedeute: Der erste Würfel zeigt i, der zweite j, der dritte k (zur Berechnung von Wahrscheinlichkeiten müssen die Würfel unterschieden werden, siehe [S. 292]).

(a) Wir setzen

$$X((i, j, k)) = \begin{cases} \text{Anzahl der Sechsen unter } i, j, k, & \text{falls diese Anzahl} \neq 0, \\ -1 \quad \text{sonst.} \end{cases}$$

X ordnet jedem Ergebnis den entsprechenden Gewinn (in Euro) des Spielers zu. Fällt keine Sechs, so verliert er, d.h. sein "Gewinn" beträgt -1 (Euro).

(b) Sei A das Ereignis "Es fällt mindestens eine Sechs", d.h. der Spieler gewinnt. Wir berechnen die Wahrscheinlichkeit des Gegenereignisses $\overline{A}$.
Die Anzahl der möglichen Fälle ist $|\Omega| = 6^3$. Geordnete Tripel mit Komponenten aus $\{1, \ldots, 5\}$, also für $\overline{A}$ günstige Fälle, gibt es 5^3.

Damit ist $P(\overline{A}) = P(X = -1) = \frac{5^3}{6^3} = \frac{125}{216} \approx 57.9\%$ und
$P(A) = 1 - P(\overline{A}) \approx \underline{42.1\%}$.

(c) Zu $p_X(1) = P(X = 1)$:
Tripel mit genau einer Sechs haben die Form $(6, j, k)$, $(i, 6, k)$ oder $(i, j, 6)$, wobei $i, j, k \in \{1, \ldots, 5\}$. Hiervon gibt es $3 \cdot 25 = 75$, also ist

$$P(X = 1) = \frac{75}{216} \approx 0.347 = \underline{34.7\%}.$$

Zu $p_X(2) = P(X = 2)$:
Tripel mit genau zwei Sechsen haben die Form $(6, 6, k)$, $(6, j, 6)$ oder $(i, 6, 6)$, wobei $i, j, k \in \{1, \ldots, 5\}$. Hiervon gibt es $3 \cdot 5 = 15$, also ist

$$P(X = 2) = \frac{15}{216} \approx 0.69 = \underline{6.9\%}.$$

Zu $p_X(3) = P(X = 3)$: $P(X = 3) = P(\{(6, 6, 6)\}) = \frac{1}{216} \approx 0.005 = \underline{0.5\%}$.

Auf die Dauer wird der Spieler daher in einem von 216 Spielen 3 Euro, in 15 von 216 Spielen 2 Euro und in 75 von 216 Spielen 1 Euro gewinnen. In 125 von 216 Spielen wird er einen Euro verlieren.

Gesamtbilanz: $1 \cdot 3 + 15 \cdot 2 + 75 \cdot 1 - 125 \cdot 1$ Euro, also -17 Euro,
pro Spiel ca. -8 Cent.

Der Bankvorteil gegenüber einem sog. **fairen Spiel** mit der Gesamtbilanz (dem Erwartungswert, s.u.) 0 beträgt also bei Chuck Luck ca. 8%.

Die letzte Teilaufgabe motiviert die Definition des folgenden wichtigen Begriffs.

Erwartungswert einer Zufallsvariablen

Sei (Ω, P) ein endlicher Wahrscheinlichkeitsraum, d.h. Ω ist eine endliche Ergebnismenge und P ist eine Wahrscheinlichkeitsverteilung auf Ω. Sei ferner

$X : \Omega \longrightarrow \mathbb{R}$	eine Zufallsvariable,
$X(\Omega) = \{X(\omega) \mid \omega \in \Omega\} = \{x_1, x_2, \ldots, x_m\}$	der Wertebereich von X,
$p_j = p_X(x_j) = P(X = x_j) \quad (j = 1, \ldots, m)$	die W-Verteilung von X.

Dann heißt
$$E(X) = p_1x_1 + p_2x_2 + \cdots + p_mx_m = \sum_{j=1}^{m} p_jx_j$$
der **Erwartungswert** der Zufallsvariablen X.

7.36 *Für die Beispiele [7.16], [7.31], [7.32], [7.33] und [7.35] berechne man jeweils den Erwartungswert der Zufallsvariablen X.*

Zu [7.16], Werfen eines Würfels, $X(k) = k$ (Augenzahl).
Es ist $X(\Omega) = \{1, 2, 3, 4, 5, 6\}$, $x_k = k$ für $k = 1, \ldots, 6$.
$p_k = p_X(x_k) = p_X(k) = P(X = k) = \frac{1}{6}$ für $k = 1, \ldots, 6$.
Damit folgt $E(X) = \frac{1}{6} \cdot 1 + \frac{1}{6} \cdot 2 + \frac{1}{6} \cdot 3 + \frac{1}{6} \cdot 4 + \frac{1}{6} \cdot 5 + \frac{1}{6} \cdot 6 = \frac{1}{6} \cdot 21 = 3.5$.
Der Erwartungswert beim Werfen eines Würfels ist 3.5.

Merke: Der Erwartungswert von X muss nicht unter den Werten $x_1, \ldots, x_m$ von X vorkommen!

Zu [7.31]: Werfen eines Würfels, $X(k) = 0$, falls k gerade, $X(k) = 1$ sonst.
Es ist $X(\Omega) = \{0, 1\}$, $x_1 = 0$, $x_2 = 1$.
$p_1 = p_X(x_1) = p_X(0) = P(X = 0) = \frac{1}{2}$, $p_2 = p_X(x_2) = p_X(1) = P(X = 1) = \frac{1}{2}$.
Damit folgt $E(X) = \frac{1}{2} \cdot 0 + \frac{1}{2} \cdot 1 = \frac{1}{2}$.

Zu [7.32]: Dreimaliges Werfen einer Münze, $X(\omega) =$ Anzahl der Wappen.
Es ist $X(\Omega) = \{0, 1, 2, 3\}$, $x_1 = 0$, $x_2 = 1$, $x_3 = 2$, $x_4 = 3$.
$p_1 = P(X = 0) = p_4 = P(X = 3) = \frac{1}{8}$, $p_2 = P(X = 1) = p_3 = P(X = 2) = \frac{3}{8}$,
also $E(X) = p_1x_1 + \cdots + p_4x_4 = \frac{1}{8} \cdot 0 + \frac{3}{8} \cdot 1 + \frac{3}{8} \cdot 2 + \frac{1}{8} \cdot 3 = \frac{3}{2}$.

Zu [7.33]: Werfen zweier Würfel, $X(\omega) =$ Augensumme des Wurfs.
Nach [7.33 (a),(e)] ist
$$\begin{aligned} E(X) &= \tfrac{1}{36} \cdot 2 + \tfrac{2}{36} \cdot 3 + \tfrac{3}{36} \cdot 4 + \tfrac{4}{36} \cdot 5 + \tfrac{5}{36} \cdot 6 + \tfrac{6}{36} \cdot 7 + \tfrac{5}{36} \cdot 8 + \tfrac{4}{36} \cdot 9 + \\ &\qquad + \tfrac{3}{36} \cdot 10 + \tfrac{2}{36} \cdot 11 + \tfrac{1}{36} \cdot 12 \\ &= \tfrac{1}{36}(2 + 6 + 12 + 20 + 30 + 42 + 40 + 36 + 30 + 22 + 12) = \tfrac{252}{36} = 7. \end{aligned}$$

Zu [7.35]: Chuck Luck.
Im Wesentlichen haben wir die Aufgabe schon gelöst, siehe [7.35 (c)].
Es ist $X(\omega) = \{1, 2, 3, -1\}$, $x_1 = 1$, $x_2 = 2$, $x_3 = 3$ und $x_4 = -1$,
$p_1 = P(X = 1) = \frac{75}{216}$, $\quad p_2 = P(X = 2) = \frac{15}{216}$,
$p_3 = P(X = 3) = \frac{1}{216}$, $\quad p_4 = P(X = -1) = \frac{125}{216}$,
also $E(X) = \frac{75}{216} \cdot 1 + \frac{15}{216} \cdot 2 + \frac{1}{216} \cdot 3 + \frac{215}{216} \cdot (-1) = \frac{-17}{216} \approx -0.08$.
Der Spieler kann pro Spiel einen Verlust von 8 Cent erwarten.

7.37 *Beim Zufallsexperiment "Entnahme von 10 Schrauben aus einem Päckchen mit 100 Schrauben, von denen 5 fehlerhaft sind", siehe [7.25], sei $X(\omega)$ die Anzahl der korrekten Schrauben.*

(a) *Berechne näherungsweise die Wahrscheinlichkeitsverteilung von X.*

(b) *Mit welcher Wahrscheinlichkeit sind mindestens 3 Schrauben fehlerhaft?*

(c) *Was ist der Erwartungswert von X?*

(a) Die Zufallsvariable X kann die Werte $5, 6, \ldots, 10$ annehmen. (5 Schrauben müssen mindestens korrekt sein, da nur 5 fehlerhafte in dem Päckchen sind.) Es ist also $X(\Omega) = \{5, 6, 7, 8, 9, 10\}$.
In [7.25] haben wir $P(X = k)$ für $k = 8, 9, 10$ berechnet. Analog ergeben sich die restlichen Werte:

$$P(X=7) = \frac{\binom{95}{7}\cdot\binom{5}{3}}{\binom{100}{10}} \approx 0.006, \qquad P(X=6) = \frac{\binom{95}{6}\cdot\binom{5}{4}}{\binom{100}{10}} \approx 0.0003,$$

$$P(X=5) = \frac{\binom{95}{5}\cdot\binom{5}{5}}{\binom{100}{10}} \approx 0.000003.$$

Damit ergibt sich:

k	5	6	7	8	9	10
$P(X = k)$	0.000003	0.0003	0.006	0.07	0.34	0.58

Dieses Beispiel beschreibt eine speziell verteilte Zufallsgröße, siehe auch [S. 298].

> Gilt $p_X(k) = P(X = k) = \dfrac{\binom{r}{k}\cdot\binom{s}{n-k}}{\binom{r+s}{n}}, \quad k \in X(\Omega),$
> für feste $r, s, n \in \mathbb{N}$, so sagt man:
> Die Zufallsgröße X ist **hypergeometrisch verteilt.**

(b) Das Ereignis "Mindestens drei Schrauben sind fehlerhaft" ist $\{X \leq 7\}$.
Nach [S. 305] ist $P(X \leq 7) = 1 - P(X \geq 8) \approx 1 - 0.99 = 0.01 = \underline{1\%}$.

(c) $E(X) \approx 0.000003 \cdot 5 + 0.0003 \cdot 6 + 0.006 \cdot 7 + 0.07 \cdot 8 + 0.34 \cdot 9 + 0.58 \cdot 10 \approx \underline{9.46}$.

Der Erwartungswert kennzeichnet die Lage der Werte von X auf der Zahlengeraden. Wichtig ist auch die Streuung der Werte der Zufallsvariablen um den Erwartungswert, siehe auch [S. 289]. Die Varianz und die Standardabweichung einer Zufallsvariablen kennzeichnen diese Streuung.

> **Varianz einer Zufallsvariablen**
>
> X sei eine Zufallsvariable auf dem endlichen Wahrscheinlichkeitsraum (Ω, P), es sei $X(\Omega) = \{x_1, \ldots, x_m\}$, $p_j = P(X = x_j)$ für $j = 1, \ldots, m$ und $E(X)$ der Erwartungswert von X. Dann heißt
>
> $$\begin{aligned} V(X) &= p_1 \cdot (x_1 - E(X))^2 + \cdots + p_m \cdot (x_m - E(X))^2 \\ &= \sum_{j=1}^{m} p_j \cdot (x_j - E(X))^2 \quad \textbf{Varianz} \text{ von } X \quad \text{und} \\ \sigma(X) &= \sqrt{V(X)} \quad \textbf{Standardabweichung} \text{ von } X. \end{aligned}$$

Die Berücksichtigung der Quadrate $(x_i - E(X))^2$ bedingt, dass sich größere Abweichungen vom Erwartungswert stärker auf $V(X)$ auswirken als kleine.

7.38 *Bei einer Vereinstombola werden 100 Lose mit den Nummern 1 bis 100 zu je 10 Euro verkauft, die Hälfte der Einnahmen, also 500 Euro, soll als Gewinn ausgeschüttet werden. Die folgenden Zufallsvariablen X_1, X_2, X_3 beschreiben verschiedene Gewinnverteilungen auf die Lose:*

$X_1(1) = 300,\ X_1(2) = X_1(3) = 100,\ X_1(j) = 0$ *sonst.*

$X_2(1) = 100,\ X_2(2) = \cdots = X_2(21) = 20,\ X_2(j) = 0$ *sonst.*

$X_3(1) = \cdots = X_3(25) = 20,\ X_3(j) = 0$ *sonst.*

(a) *Man berechne die Erwartungswerte von X_1, X_2, X_3.*

(b) *Man berechne Varianz und Standardabweichung von X_1, X_2, X_3.*

(a) Der Ergebnisraum ist $\{1, 2, \ldots, 100\}$, die Wahrscheinlichkeitsverteilung ist die Laplace-Verteilung. Die Wahrscheinlichkeit, Los 1 zu ziehen, ist $\frac{1}{100}$, die, Los 2 oder Los 3 zu ziehen, $\frac{2}{100}$. $X_1(\Omega) = \{300, 100, 0\}$. Somit ergibt sich

$$E(X_1) = P(X_1 = 300) \cdot 300 + P(X_1 = 100) \cdot 100 + P(X_1 = 0) \cdot 0 = \frac{1}{100} \cdot 300 + \frac{2}{100} \cdot 100 + \frac{97}{100} \cdot 0 = 5\,.$$

Entsprechend ist

$$E(X_2) = \frac{1}{100} \cdot 100 + \frac{20}{100} \cdot 20 = 5 = E(X_3)\,.$$

Bei der vorgegebenen Gewinnausschüttung von 50% der Einnahmen bei allen drei Zufallsvariablen ist der Erwartungswert für jede Verteilung auf die Einzellose gleich 5, also wie zu erwarten die Hälfte des Einsatzes.

(b) $V(X_1) = \frac{1}{100}(300-5)^2 + \frac{2}{100}(100-5)^2 + \frac{97}{100}(0-5)^2 = \underline{1075}$, $\quad \sigma(X_1) \approx \underline{32.8}$.

$V(X_2) = \frac{1}{100}(100-5)^2 + \frac{20}{100}(20-5)^2 + \frac{79}{100}(0-5)^2 = \underline{155}$, $\quad \sigma(X_2) \approx \underline{12.4}$.

$V(X_3) = \frac{25}{100}(20-5)^2 + \frac{75}{100}(0-5)^2 = \underline{75}$, $\quad \sigma(X_3) \approx \underline{8.7}$.

Bei wenigen großen Gewinnen ist die Varianz und damit die Standardabweichung am größten, bei vielen kleinen Gewinnen am kleinsten.
Bei der äußerst unattraktiven Verteilung von 5 Euro Gewinn auf jedes Los (das ist der Erwartungswert!) ist die Varianz 0, wie immer, wenn X nur den Erwartungswert annimmt.

7.6 Mehrstufige Experimente, Pfadregeln

Ist Ω die Ergebnismenge eines Zufallsexperiments, so liefert $\Omega \times \Omega$ die Ergebnismenge bei zweifacher Durchführung des Zufallsexperiments usw., siehe [7.1 (e)]. Oft erfolgt die Durchführung eines Zufallsexperiments in mehreren Einzelexperimenten (Stufen) mit Ergebnissen aus $\Omega_1, \Omega_2, \ldots, \Omega_n$. Entsprechend wird dann das kartesische Produkt $\Omega_1 \times \Omega_2 \times \cdots \times \Omega_n$ als Ergebnismenge angesehen. Mehrstufige Experimente können in **Baumdiagrammen** dargestellt werden.

7.39 *Für das mehrstufige Experiment "Dreimaliges Werfen einer Münze" wird ein Baumdiagramm (**Ergebnisbaum**) aufgestellt.*
Es wird erläutert, wie man aus diesem Diagramm die Wahrscheinlichkeit des Ereignisses "Mindestens zweimal fällt Wappen" erhält.

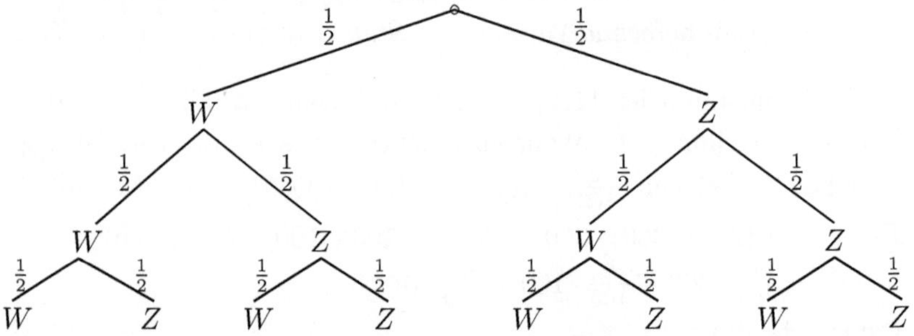

Hier ist Ω^3 die Ergebnismenge, wobei $\Omega = \{W, Z\}$.
Der zugehörige Baum "verzweigt" zu den Ergebnissen Wappen (W) und Zahl (Z) der ersten Stufe. An die Zweige schreiben wir die Wahrscheinlichkeiten (oder Anteile, gegeben z.B. durch Prozentzahlen) der entsprechenden Ergebnisse.
Für jedes Ergebnis a_1 der ersten Stufe verzweigt der Baum zu den ihm folgenden Ergebnissen der zweiten Stufe. Wieder stehen an den Zweigen, die von a_1 ausgehen, jeweils die Anteile der Ergebnisse, die ihm beim Experiment folgen.

Die Summe über alle Wahrscheinlichkeiten (Anteile), die an von a_1 ausgehenden Zweigen stehen, muss 1 ergeben.

So fährt man fort und erhält dadurch den oben gezeichneten Ergebnisbaum.

Z.B. gehört zum Ergebnis (W, Z, Z) der Pfad $W - Z - Z$ - man beginnt stets bei der Spitze.

Die Wahrscheinlichkeit $p(\omega)$ jedes Ergebnisses $\omega \in \Omega^3$ wird definiert als Produkt der Wahrscheinlichkeiten (Anteile) längs des Pfades, der zum Ergebnis ω gehört.

Für den Pfad $W - Z - Z \in \Omega^3$ ergibt sich also $p((W, Z, Z)) = \frac{1}{2} \cdot \frac{1}{2} \cdot \frac{1}{2} = \frac{1}{8}$.

1. Pfadregel
In einem Baumdiagramm erhält man die Wahrscheinlichkeit eines Ergebnisses, indem man die Wahrscheinlichkeiten längs des Pfades, der zum Ergebnis gehört, miteinander multipliziert.

Die Wahrscheinlichkeit $P(A)$ eines Ereignisses A ergibt sich gemäß [S. 302] als Summe über die Wahrsch. aller Ergebnisse, die zu A gehören. Man sagt dann auch über den entsprechenden Pfad, der zum Ergebnis gehört: Er **gehört zu A**.

2. Pfadregel (Summenregel)

In einem Baumdiagramm ergibt sich die Wahrscheinlichkeit eines Ereignisses A als Summe über die Wahrscheinlichkeiten aller Pfade, die zu A gehören.

Das Ereignis "Mindestens zweimal fällt Wappen" ist
$A = \{(W,W,Z),(W,Z,W),(Z,W,W),(W,W,W)\}$, also
$P(A) = p((W,W,Z)) + p((W,Z,W)) + p((Z,W,W)) + p((W,W,W)) = 4 \cdot \frac{1}{8} = \frac{1}{2}$.

7.40 *Ein zweistufiges Zufallsexperiment finde wie folgt statt:*
Erst wird eine Münze geworfen. Fällt Wappen, so wird sie noch einmal geworfen. Fällt Zahl, so wird gewürfelt mit einem Würfel mit zwei Einsen und vier Zweien.
Man berechne die Wahrscheinlichkeit der einzelnen Ergebnisse mittels eines Baumdiagramms.
Was ist die Wahrscheinlichkeit des Ereignisses A: "Das Experiment endet mit dem Wurf von 2 oder mit dem Wurf von Zahl"?

Hier ist $\Omega_1 = \{W, Z\}$, $\Omega_2 = \{W, Z, 1, 2\}$.
$p_1(W) = p_1(Z) = \frac{1}{2}$ sind die Wahrscheinlichkeiten der Ergebnisse der 1. Stufe.
Die Wahrscheinlichkeit (der Anteil) $p_2(a_2|a_1)$ des Ergebnisses a_2 der 2. Stufe, falls bei der 1. Stufe a_1 eingetreten ist, hängt hier von a_1 ab und werde daher so bezeichnet. $p_2(a_2|a_1)$ heißt **Übergangswahrscheinlichkeit**[6] von a_1 zu a_2.

$$p_2(W|W) = \tfrac{1}{2}, \quad p_2(Z|W) = \tfrac{1}{2}, \quad p_2(1|W) = 0, \quad p_2(2|W) = 0,$$
$$p_2(1|Z) = \tfrac{1}{3}, \quad p_2(2|Z) = \tfrac{2}{3}, \quad p_2(W|Z) = 0, \quad p_2(Z|Z) = 0.$$

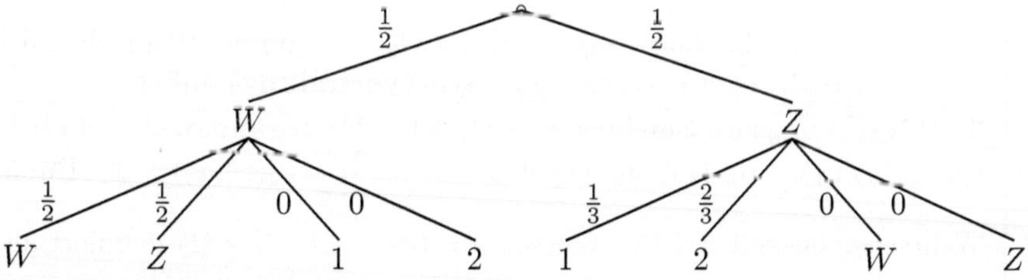

$p(a,b)$ sei die Wahrscheinlicheit des Ergebnisses (a,b) des zweistufigen Zufallsexperiments gemäß der 1. Pfadregel. Dann gilt:
$p(W,W) = p(W,Z) = \frac{1}{4}$, $\quad p(Z,1) = \frac{1}{6}$, $\quad p(Z,2) = \frac{2}{6} = \frac{1}{3}$, $\quad p(a,b) = 0$ sonst.
Es ist $A = \{(W,Z),(W,2),(Z,2),(Z,Z)\}$. Mit der 2. Pfadregel folgt:
$P(A) = p(W,Z) + p(W,2) + p(Z,2) + p(Z,Z) = \frac{1}{4} + 0 + \frac{1}{3} + 0 = \frac{7}{12}$.

[6]Übergangswahrscheinlichkeiten sind bedingte Wahrscheinlichkeiten, s. [Abschn. 7.7]. Siehe auch [7.49] und [N. Henze, Stochast. f. Einsteiger, Vieweg+Teubner Verlag, 9. erw. Aufl. 2012].

7.41 *In einer Urne befinden sich drei Würfel W_1, W_2, W_3. W_1 hat die Augenzahlen 1 bis 6, W_2 die Augenzahlen 2, 2, 4, 4, 6, 6 und W_3 sechsmal die 6. Als zweistufiges Zufallsexperiment wird einer der Würfel zufällig herausgenommen und geworfen. Wie groß ist die Wahrscheinlichkeit, dass*
(a) *eine 2,* (b) *eine 6* *gewürfelt wird?*

Seien $\Omega_1 = \{W_1, W_2, W_3\}$ und $\Omega_2 = \{1, \ldots, 6\}$ die Ergebnismengen der Einzelexperimente. Dann ist $\Omega_1 \times \Omega_2$ die Ergebnismenge des zweistufigen Experiments. Die W-Verteilung auf Ω_1 ist gegeben durch $p_1(W_j) = \frac{1}{3}$.
Die Übergangswahrscheinlichkeiten sind, siehe [7.40] (im Ergebnisbaum lassen wir die Zweige mit Wahrscheinlichkeit 0 weg!):

$p_2(k|W_1) = \frac{1}{6}$ für $k = 1, \ldots, 6$, $p_2(k|W_2) = \frac{1}{3}$ für $k = 2, 4, 6$,
$p_2(6|W_3) = 1$, $p_2(k|W_j) = 0$ sonst.

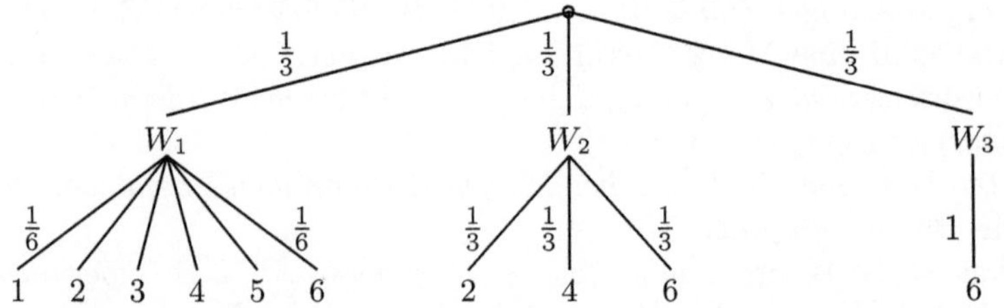

(a) Das Ereignis "Es wird eine 2 gewürfelt" ist $A = \{(W_1, 2), (W_2, 2), (W_3, 2)\}$.
Nach den Pfadregeln gilt $P(A) = \frac{1}{3} \cdot \frac{1}{6} + \frac{1}{3} \cdot \frac{1}{3} + \frac{1}{3} \cdot 0 = \frac{1}{6}$.

(b) Das Ereignis "Es wird eine 6 gewürfelt" ist $B = \{(W_1, 6), (W_2, 6), (W_3, 6)\}$.
Nach den Pfadregeln gilt $P(B) = \frac{1}{3} \cdot \frac{1}{6} + \frac{1}{3} \cdot \frac{1}{3} + \frac{1}{3} \cdot 1 = \frac{1}{2}$.

Die Beispiele demonstrieren, wie man bei mehrstufigen Zufallsexperimenten eine passende Wahrscheinlichkeitsverteilung P definieren kann. Man beachte [S. 302]!

Wahrscheinlichkeit bei mehrstufigen Zufallsexperimenten

Gegeben seien Ergebnismengen $\Omega_1, \Omega_2, \Omega_3$ und durch Wahrscheinlichkeiten $p_1(a_1)$, $a_1 \in \Omega_1$, eine W-Verteilung (**Startverteilung**) auf Ω_1.

2-stufig: Für jedes Ergebnis $a_1 \in \Omega_1$ seien **Übergangswahrscheinlichkeiten** $p_2(a_2|a_1) \geq 0$, $a_2 \in \Omega_2$, gegeben mit $\sum\limits_{a_2 \in \Omega_2} p_2(a_2|a_1) = 1$. Dann ist die Wahrscheinlichkeit des Ergebnisses $\omega = (a_1, a_2) \in \Omega_1 \times \Omega_2$ definiert als

$$p(\omega) = p_1(a_1) \cdot p_2(a_2|a_1) \qquad \textbf{(1. Pfadregel)}$$

3-stufig: Für jedes Paar $(a_1, a_2) \in \Omega_1 \times \Omega_2$ seien ferner Übergangswahrscheinlichkeiten $p_3(a_3|a_1, a_2) \geq 0$ gegeben mit $\sum\limits_{a_3 \in \Omega_3} p_3(a_3|a_1, a_2) = 1$. Dann ist die Wahrscheinlichkeit des Ergebnisses $\omega = (a_1, a_2, a_3) \in \Omega_1 \times \Omega_2 \times \Omega_3$ def. als

$$p(\omega) = p_1(a_1) \cdot p_2(a_2|a_1) \cdot p_3(a_3|a_1, a_2) \qquad \textbf{(1. Pfadregel)}$$

Wahrscheinlichkeit eines Ereignisses A: $P(A) = \sum_{\omega \in A} p(\omega)$ **(2. Pfadregel)**

Die Verallgemeinerung auf mehr als 3 Stufen erfolgt analog. Wichtiger Spezialfall:

Produktexperiment

Wenn die Ergebnisse der einzelnen Stufen nicht von den Ergebnissen der vorangehenden Stufen abhängen, also $p_2(a_2|a_1) =: p_2(a_2)$ nicht von a_1 abhängt, entsprechend $p_3(a_3|a_1, a_2) =: p_3(a_3)$ nicht von a_1, a_2, so gilt:
p_j definiert eine Wahrscheinlichkeitsverteilung auf Ω_j. Die Wahrscheinlichkeit eines Ergebnisses ist das **Produkt der Einzelwahrscheinlichkeiten**.

Ergebnis	Wahrscheinlichkeit
$\omega = (a_1, a_2) \in \Omega_1 \times \Omega_2$	$p(\omega) = p_1(a_1) \cdot p_2(a_2)$
$\omega = (a_1, a_2, a_3) \in \Omega_1 \times \Omega_2 \times \Omega_3$	$p(\omega) = p_1(a_1) \cdot p_2(a_2) \cdot p_3(a_3)$

Spezialfall: Mehrfache unabhängige Wiederholung des Zufallsexperiments mit Ergebnisraum Ω_1 und W-Verteilung p_1, siehe [7.18, 7.42, Abschnitt 7.8].

7.42 *Für die folgenden Produktexperimente berechne man die Wahrscheinlichkeit der Ergebnisse sowie der Ereignisse A bzw. B.*

(a) *Dreimaliges Werfen einer Münze, A: "Drei gleiche Bilder".*

(b) *4-maliges Werfen eines Würfels, B: "Genau drei Würfe mit 6".*

(a) Hier ist $\Omega_1 = \Omega_2 = \Omega_3 = \{W, Z\}$ und $p_j(W) = p_j(Z) = \frac{1}{2}$ für $j = 1, 2, 3$, s. [7.39].
Die Wahrscheinlichkeit eines Ergebnisses $\omega = (a_1, a_2, a_3) \in \Omega_1^3$ ist daher

$$p(\omega) = p_1(a_1) \cdot p_2(a_2) \cdot p_3(a_3) = p_1(a_1) \cdot p_1(a_2) \cdot p_1(a_3) = (\tfrac{1}{2})^3 = \tfrac{1}{8} = \tfrac{1}{|\Omega_1^3|}.$$

Ferner ist $P(A) = p((W, W, W)) + p((Z, Z, Z)) = \frac{1}{8} + \frac{1}{8} = \frac{1}{4}$.

(b) Es ist $\Omega_1 = \Omega_2 = \Omega_3 = \Omega_4 = \{1, 2, 3, 4, 5, 6\}$ und $p_j(a) = \frac{1}{6}$ $(j = 1, \ldots, 4, a \in \Omega_1)$.
Ist $\omega = (a_1, a_2, a_3, a_4) \in \Omega_1^4$, so ist $p(\omega) = p_1(a_1) \cdots p_1(a_4) = (\frac{1}{6})^4 = \frac{1}{1296} = \frac{1}{|\Omega_1^4|}$, s. [7.18 (c)]. Bei 4 Würfen mit genau drei Sechsen gibt es für das fehlende Ergebnis 4 Positionen und für jede Position 5 Möglichkeiten. Damit ist $|B| = 20$, zu B gehören 20 Pfade. B hat die Wahrscheinlichkeit $P(B) = \frac{20}{1296} = \frac{5}{324} \approx 1.5\%$.

7.43 *Für das zweistufige Zufallsexperiment aus [7.40] gebe man die Wahrscheinlichkeit der Ergebnisse an.*
Was ist die Wahrscheinlichkeit des Ereignisses A: "Das Experiment endet mit dem Wurf von 1"?

Die Ergebnismengen der Stufen sind hier $\Omega_1 = \{W, Z\}$, $\Omega_2 = \{W, Z, 1, 2\}$.
Ferner ist die Startverteilung gegeben durch $p_1(W) = p_1(Z) = \frac{1}{2}$.
Die Übergangswahrscheinlichkeiten haben wir bereits in [7.40] angegeben:

$$p_2(W|W) = \tfrac{1}{2}, \quad p_2(Z|W) = \tfrac{1}{2}, \quad p_2(1|W) = 0, \quad p_2(2|W) = 0,$$
$$p_2(1|Z) = \tfrac{1}{3}, \quad p_2(2|Z) = \tfrac{2}{3}, \quad p_2(W|Z) = 0, \quad p_2(Z|Z) = 0.$$

Damit ist $p(\omega) = p_1(a_1) \cdot p_2(a_2|a_1)$ die Wahrscheinlichkeit eines Ergebnisses $\omega = (a_1, a_2) \in \Omega_1 \times \Omega_2$.
Da $A = \{(W, 1), (Z, 1)\}$, folgt mit der Definition von $P(A)$ bzw. der 2. Pfadregel:

$$P(A) = p((W, 1)) + p((Z, 1)) = \tfrac{1}{2} \cdot 0 + \tfrac{1}{2} \cdot \tfrac{1}{3} = \tfrac{1}{6}.$$

7.7 Bedingte Wahrscheinlichkeit, unabhängige Ereignisse

Gegeben ist die Ergebnismenge Ω eines Zufallsexperiments mit einer W-Verteilung P. Über das Ergebnis des Zufallsexperiments erhalten wir einzig und allein die Information, dass ein Ereignis $B \subseteq \Omega$ eingetreten ist. Gesucht ist die Wahrscheinlichkeit für das Eintreten eines Ereignisses $A \subseteq \Omega$ "unter der Bedingung B". Bei Annäherung durch relative Häufigkeiten liegt es nahe, den Quotienten

$$\frac{\text{Anzahl der Versuche, bei denen } A \text{ und } B \text{ eintreten}}{\text{Anzahl der Versuche, bei denen } B \text{ eintritt}}$$

als Maß für das Eintreten von A unter der Bedingung B zu wählen.
Dies ist auch der Quotient $\frac{r_n(A\cap B)}{r_n(B)}$, wenn r_n die relative Häufigkeit bei n Versuchen bezeichnet, da sich die Zahl $\frac{1}{n}$ (n = Anzahl der Versuche) wegkürzt. Dem entspricht die Definition im folgenden Kasten.
Beachte: Im Gegensatz zur bisherigen Fragestellung, bei der Wahrscheinlichkeit als Maß für die Gewissheit von Ereignissen bei zukünftigen Experimenten untersucht wurde, soll jetzt der Grad der Gewissheit von A *nach* Durchführung eines Experiments bewertet werden.

Bedingte Wahrscheinlichkeit

Sei (Ω, P) ein endlicher Wahrscheinlichkeitsraum, d.h. Ω ist eine endliche Ergebnismenge und P ist eine Wahrscheinlichkeitsverteilung auf Ω.
Es seien $A, B \subseteq \Omega$ Ereignisse mit $P(B) > 0$. Dann heißt

$$P(A|B) = P_B(A) := \frac{P(A\cap B)}{P(B)}$$

bedingte Wahrscheinlichkeit von A unter der Bedingung B.

Produktsatz: $p(B) > 0 \implies P(A \cap B) = P(B) \cdot P_B(A)$.

Ist speziell P die Laplaceverteilung auf Ω, so gilt:

$$P(A|B) = P_B(A) = \frac{|A\cap B|}{|B|}.$$

In Anwendungen wird oft $P(A \cap B)$ aus $P(B)$ und $P_B(A)$ berechnet. Daher hat sich der Name Produktsatz eingebürgert. (Siehe auch die Fußnote auf [S. 316].)
P_B ist eine Wahrscheinlichkeitsverteilung auf Ω, da die Axiome

$P_B(A) \geq 0$, $P_B(\Omega) = 1$ und $P_B(A \cup C) = P_B(A) + P_B(C)$, falls $A \cap C = \emptyset$

und damit alle Eigenschaften einer W-Verteilung erfüllt sind, siehe [S. 300].

7.44 *Es wird verdeckt mit einem Würfel gewürfelt und man erhält die Information: "Die gewürfelte Zahl ist gerade". Wie groß ist die Wahrscheinlichkeit, dass es eine Zwei ist?*

Die spontane Antwort $\frac{1}{3}$ ist richtig.
Hier ist $B = \{2, 4, 6\}$ und $A = \{2\} \subseteq B$. Damit folgt für das Laplace-Experiment:
$P_B(A) = \frac{|A\cap B|}{|B|} = \frac{1}{3}$. Oder ausführlich mit der Definition:

$$P_B(A) = P(A|B) = \frac{P(A \cap B)}{P(B)} = \frac{P(A)}{P(B)} = \frac{\frac{1}{6}}{\frac{1}{2}} = \frac{1}{3}.$$

7.45 *Beim Zufallsexperiment "Werfen zweier verschiedenfarbiger Würfel" erhält man über das Ergebnis einzig und allein die Information "Die Augensumme ist mindestens 9". Wie groß ist die Wahrscheinlichkeit, dass eine Sechs dabei ist?*

B sei das Ereignis "Die Augensumme ist mindestens 9". Nach [7.19] ist

$$B = \{(3,6),(4,5),(4,6),(5,4),(5,5),(5,6),(6,3),(6,4),(6,5),(6,6)\}.$$

A sei das Ereignis "Beim Wurf fällt mindestens eine Sechs".
Da in B genau 7 Würfe mit Sechs vorkommen, ist $P_B(A) = \frac{7}{10}$.

Ausführlich, mit der Definition: Es ist $P(B) = \frac{10}{36} = \frac{5}{18}$. Es folgt mit

$$A \cap B = \{(3,6),(4,6),(5,6),(6,3),(6,4),(6,5),(6,6)\}:$$

$P_B(A) = \frac{P(A \cap B)}{P(B)} = \frac{\frac{7}{36}}{\frac{5}{18}} = \frac{7}{10} = \underline{70\%}$. Oder (Laplace): $P_B(A) = \frac{|A \cap B|}{|B|} = \frac{7}{10}$.

Zum Vergleich:
Es gibt 11 Würfe mit mindestens einer Sechs, d.h. $P(A) = \frac{11}{36} \approx 30.6\%$.

7.46 *Eine Urne enthalte zwei rote, zwei weiße und zwei schwarze Kugeln. Beim Zufallsexperiment "Mehrfaches Ziehen ohne Zurücklegen" erhalten Sie über das Ergebnis einzig und allein die Information "Beim dritten Zug wurde zum ersten Mal eine schwarze Kugel gezogen." Wie groß ist die Wahrscheinlichkeit, dass die beiden ersten gezogenen Kugeln rot sind?*

Wir nummerieren die Kugeln in der genannten Reihenfolge: die roten mit 1, 2, die weißen mit 3, 4, die schwarzen mit 5, 6. Die Ergebnisse entsprechen Auswahlen von 3 Objekten aus 6, ohne Wiederholung.
Der Ergebnisraum ist $\Omega = \{(a,b,c) \,|\, a,b,c \in \{1,\ldots,6\}, |\{a,b,c\}| = 3\}$ mit der Laplace-Verteilung (Gleichverteilung), Ω hat nach [S. 295] $6 \cdot 5 \cdot 4 = 120$ Elemente.
Dann beschreibt die Information das Eintreten von

$$B = \{(a,b,c) \,|\, c \in \{5,6\}; a,b \in \{1,2,3,4\}\}.$$

Gesucht ist $P_B(A)$, wobei $A = \{(a,b,c) \in \Omega \,|\, a,b \in \{1,2\}\}$.
Nach dem Abzählprinzip für Tripel ist $|B| = 4 \cdot 3 \cdot 2 = 24$ und $|A \cap B| = 2 \cdot 1 \cdot 2 = 4$.

Damit ist $P_B(A) = \frac{P(A \cap B)}{P(B)} = \frac{\frac{4}{120}}{\frac{24}{120}} = \frac{1}{6}$.

Bemerkung:
Durch die Information in der Aufgabe wird nach der Wahrscheinlichkeit gefragt, bei einer Ziehung von zwei Kugeln aus einer Urne mit zwei roten und zwei weißen Kugeln zwei rote zu ziehen. Nach der 1. Pfadregel ist diese Wahrscheinlichkeit $\frac{1}{2} \cdot \frac{1}{3}$, also $\frac{1}{6}$.

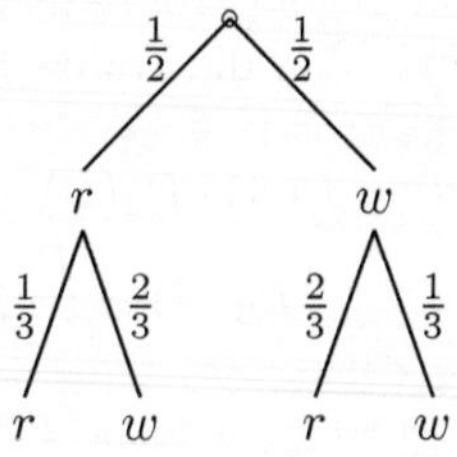

7.47 *Ein bayerischer Ferienort hat 400 Bewohner, 100 Touristen und 300 Einheimische. Von den Touristen grüßen 40% mit "Grüß Gott", die anderen je nach Tageszeit mit "Guten Morgen" usw., bei den Einheimischen sind dies entsprechend 90%. Sie treffen einen Bewohner und fragen ihn nach dem Weg. Er begrüßt Sie mit "Grüß Gott". Mit welcher Wahrscheinlichkeit ist es ein Einheimischer?*

Zufallsexperiment: Treffen eines Einwohners
Ergebnismenge: Menge der Bewohner des Ferienortes
Jeder der 400 Bewohner soll mit derselben Wahrscheinlichkeit getroffen werden.

Das Ereignis B sei die Begrüßung mit "Grüß Gott" (genauer: die Menge derjenigen, die so grüßen), das Ereignis A, dass der Getroffene ein Einheimischer ist. $A \cap B$ hat 270, B hat $40 + 270 = 310$ Elemente. Es folgt

$$P_B(A) = \frac{P(A \cap B)}{P(B)} = \frac{|A \cap B|}{|B|} = \frac{270}{310} = \underline{\frac{27}{31}}.$$

Entsprechende Lösung mit einer **Vierfeldertafel**: Siehe [7.99].

Oft berechnet man bedingte Wahrscheinlichkeiten mit einem Baumdiagramm (**Ereignisbaum**) mit den Stufen "Ergebnis gehört zu A bzw. zu $\overline{A}$" und "Ergebnis gehört zu B bzw. zu $\overline{B}$", d.h. statt der Ergebnisse schreiben wir diese Ereignisse hin. Am Zweig vom Ereignis U zum Ereignis $U \cap V$ steht $P_U(V)$ (in der Spitze: $U = \Omega$). Auch für diese Baumdiagramme gelten Pfadregeln. Die 1. Pfadregel ist hier der Produktsatz $P(U \cap V) = P(U) \cdot P_U(V)$ für bed. Wahrscheinlichkeiten.[7]

$\overline{A}$ entspricht hier den Touristen, $\overline{B}$ den anders Grüßenden. Die "Übergangswahrscheinlichkeiten" sind vorgegeben, es sind die bedingten Wahrscheinlichkeiten

$$P_A(B) = \frac{9}{10}, \qquad P_A(\overline{B}) = \frac{1}{10}, \qquad P_{\overline{A}}(B) = \frac{2}{5}, \qquad P_{\overline{A}}(\overline{B}) = \frac{3}{5}.$$

Mit der 1. Pfadregel folgt:

$P(A \cap B) = P(A) \cdot P_A(B) = \frac{3}{4} \cdot \frac{9}{10} = \frac{27}{40}$,

und $P(B) = P(A \cap B) + P(\overline{A} \cap B)$

$= \frac{27}{40} + \frac{1}{4} \cdot \frac{2}{5} = \frac{31}{40}$

(auch "2. Pfadregel" genannt).

Damit ergibt sich wieder

$$P_B(A) = \frac{P(A \cap B)}{P(B)} = \frac{P(A) \cdot P_A(B)}{P(B)} = \frac{27}{31}.$$

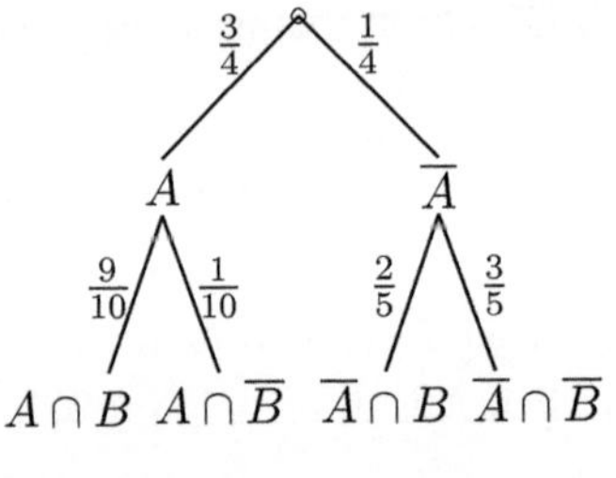

Man betrachte das Baumdiagramm im vorangehenden Beispiel. Die Anwendung der 1. Pfadregel (Produktsatz für bed. Wahrsch.) bzw. der 2. Pfadregel ($P(B)$ ist die Summe über die Wahrscheinlichkeiten aller Pfade, die zu B führen) bedeutete dort

$P(A \cap B) = P(A) \cdot P_A(B)$ bzw. $P(B) = P(A) \cdot P_A(B) + P(\overline{A}) \cdot P_{\overline{A}}(B)$, also

$$P_B(A) = \frac{P(A \cap B)}{P(B)} = \frac{P(A) \cdot P_A(B)}{P(A) \cdot P_A(B) + P(\overline{A}) \cdot P_{\overline{A}}(B)}.$$

---

[7] Bei drei Stufen lautet er $P(U \cap V \cap W) = P(U) \cdot P_U(V) \cdot P_{U \cap V}(W)$, falls $P(U \cap V) > 0$. Die zweite Pfadregel entspricht der Formel von der totalen Wahrscheinlichkeit, s.u., hier für $k = 2$ im Wes. der Regel $P(B) = P(A \cap B) + P(\overline{A} \cap B)$, die aus $B = (A \cap B) \cup (\overline{A} \cap B)$ folgt.

Dies ist die Formel von Bayes im Spezialfall $k = 2$. Allgemeiner gilt:

> Bei einem Zufallsexperiment trete stets genau eines der Ereignisse $A_1, \dots, A_k$ ein, d.h. es ist $\Omega = A_1 + \cdots + A_k$. Ferner sei $P(A_j) > 0$ für alle j.
> Ist B ein Ereignis mit $P(B) > 0$, so gilt:
>
> **Formel von der totalen Wahrscheinlichkeit**
>
> $$P(B) = P(A_1) \cdot P_{A_1}(B) + \cdots + P(A_k) \cdot P_{A_k}(B)$$
>
> ---
>
> **Formel von Bayes**
>
> $$P_B(A_j) = \frac{P(A_j) \cdot P_{A_j}(B)}{P(A_1) \cdot P_{A_1}(B) + \cdots + P(A_k) \cdot P_{A_k}(B)} = \frac{P(A_j) \cdot P_{A_j}(B)}{P(B)}$$

7.48 *In der Situation von Aufgabe [7.47] trifft man einen Einwohner, der "Grüß Gott" sagt. Mit der Formel von Bayes berechne man die Wahrscheinlichkeit, einen Touristen getroffen zu haben.*

Das Ereignis B ist die Begrüßung mit "Grüß Gott" (genauer: die Menge der Einwohner, die so grüßen), das Ereignis $A_1 := A$, dass der Getroffene ein Einheimischer ist. Damit ist $A_2 = \overline{A}$ das Ereignis, dass der Getroffene ein Tourist ist. Jeder Bewohner ist entweder Einheimischer oder Tourist, d.h. genau eines der Ereignisse A_1, A_2 tritt ein. Bekannt ist

$P(A_1) = \frac{3}{4}, \quad P(A_2) = P(\overline{A}) = \frac{1}{4}, \quad P_{A_1}(B) = \frac{9}{10}, \quad P_{A_2}(B) = P_{\overline{A}}(B) = \frac{2}{5}.$

Nach der Formel von der totalen Wahrscheinlichkeit ist

$P(B) = P(A_1) \cdot P_{A_1}(B) + P(A_2) \cdot P_{A_2}(B) = \frac{3}{4} \cdot \frac{9}{10} + \frac{1}{4} \cdot \frac{2}{5} = \frac{31}{40}$, wie in [7.47].

Ferner ist $P(A_2) \cdot P_{A_2}(B) = \frac{1}{4} \cdot \frac{2}{5} = \frac{2}{20}$. Mit der Formel von Bayes folgt

$$P_B(\overline{A}) = P_B(A_2) = \frac{P(A_2) \cdot P_{A_2}(B)}{P(B)} = \frac{4}{31} \approx 0.13 = 13\%,$$

d.h. mit 13% Wahrscheinlichkeit hat man einen Touristen getroffen.
Dies entspricht dem Ergebnis $P_B(A) = \frac{27}{31} \approx 87\%$ in [7.47].

7.49 *In der Situation von Aufgabe [7.41] erhält man die Information B, dass eine 6 gewürfelt wurde. Mit der Formel von Bayes berechne man die Wahrscheinlichkeit, dass mit Würfel W_j gewürfelt wurde, $j = 1, 2, 3$.*

Siehe [7.41]: Es ist $\Omega = \{W_1, W_2, W_3\} \times \{1, \dots, 6\}$ nach Definition eines mehrstufigen Experiments, die W-Verteilung P auf Ω ist auf [S. 312] definiert, ferner ist $B = \{(W_1, 6), (W_2, 6), (W_3, 6)\}$. Das Würfeln mit W_j entspricht den Ereignissen $A_j = \{(W_j, i) \mid i = 1, \dots, 6\}$, $j = 1, 2, 3$. Ferner ist $\Omega = A_1 + A_2 + A_3$. Damit können wir die Formel von Bayes für $k = 3$ auf A_1, A_2, A_3 und B anwenden.

Mit den Methoden aus [Abschnitt 7.6] liest man aus dem Diagramm in [7.41] ab: $P(A_1) = P(A_2) = P(A_3) = \frac{1}{3}$, ferner $P(A_1 \cap B) = P(\{(W_1, 6)\}) = \frac{1}{18}$, also $P_{A_1}(B) = \frac{P(A_1 \cap B)}{P(A_1)} = \frac{1}{6}$. Analog: $A_2 \cap B = \{(W_2, 6)\}$, $P_{A_2}(B) = \frac{1}{3}$, $P_{A_3}(B) = 1$.

Zugehöriger Ereignisbaum:

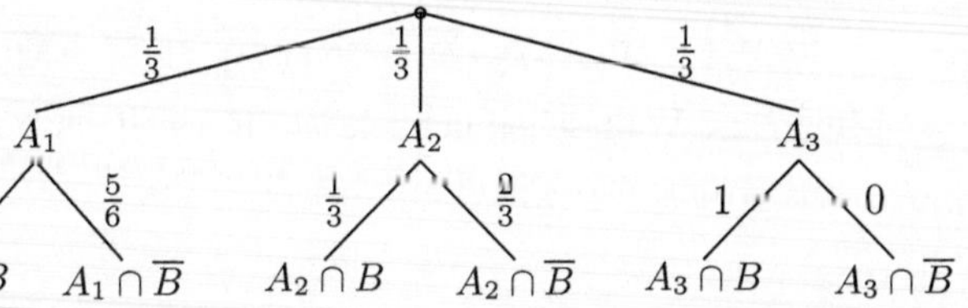

Nach der Formel von der totalen Wahrscheinlichkeit ("2. Pfadregel") ist
$P(B) = P(A_1)\cdot P_{A_1}(B) + P(A_2)\cdot P_{A_2}(B) + P(A_3)\cdot P_{A_3}(B) = \frac{1}{3}\cdot\frac{1}{6} + \frac{1}{3}\cdot\frac{1}{3} + \frac{1}{3}\cdot 1 = \frac{1}{2}$.
Mit der Formel von Bayes folgt

$$P_B(A_1) = \frac{P(A_1)\cdot P_{A_1}(B)}{P(B)} = \frac{\frac{1}{3}\cdot\frac{1}{6}}{\frac{1}{2}} = \frac{1}{9},\quad P_B(A_2) = \frac{P(A_2)\cdot P_{A_2}(B)}{P(B)} = \frac{\frac{1}{3}\cdot\frac{1}{3}}{\frac{1}{2}} = \frac{2}{9} \text{ und}$$

$P_B(A_3) = \frac{P(A_3)\cdot P_{A_3}(B)}{P(B)} = \frac{2}{3}$. Diese Resultate hatte man wohl auch erwartet.

Bemerkung: Die Übergangswahrscheinlichkeiten für 6 aus [7.41] ergeben sich hier als bedingte Wahrscheinlichkeiten: Es ist
$p_2(6|W_1) = P_{A_1}(B) = \frac{1}{6},\ p_2(6|W_2) = P_{A_2}(B) = \frac{1}{3},\ p_3(6|W_3) = P_{A_3}(B) = 1$.

7.50 *Ein bestimmter Dopingtest liefert Ergebnisse, die in genau 90% der Fälle richtig sind, also in 10% der Fälle ein negatives Ergebnis für gedopte Sportler und ein positives Ergebnis für nichtgedopte Sportler liefern. In einer Sportart dopen während einer Großveranstaltung 30% der Sportler. Mit welcher Wahrscheinlichkeit*

(a) *ist ein Sportler gedopt, wenn der Test für ihn positiv ausfällt?*

(b) *ist ein Sportler gedopt, wenn der Test für ihn zweimal positiv ausfällt, wenn also auch die sog. B-Probe positiv ist?*
(B bezeichnet hier also kein Ereignis und wird in der Lösung auch nicht als Variable für ein Ereignis benutzt!)

Die Ergebnismenge Ω ist hier die Menge der Sportler der betrachteten Sportart.
Das Ereignis A sei die Menge der Sportler, die dopen.
Die Zusatzinformation über einen zufällig gewählten Sportler ist, dass er positiv getestet wurde.
Das Ereignis C sei die Menge der positiv getesteten Sportler.

(a) Es ist $P(A) = 30\%$,
Nach Voraussetzung ist $P_A(C) = 90\% = \frac{9}{10}$, entsprechend $P_{\overline{A}}(C) = \frac{1}{10}$.
Nach der Formel von der totalen Wahrscheinlichkeit ist
$P(C) = P(A)\cdot P_A(C) + P(\overline{A})\cdot P_{\overline{A}}(C) = \frac{3}{10}\cdot\frac{9}{10} + \frac{7}{10}\cdot\frac{1}{10} = \frac{34}{100} = 0.34$.
Ferner ist $P(A)\cdot P_A(C) = \frac{3}{10}\cdot\frac{9}{10} = \frac{27}{100} = 0.27$. Mit der Formel von Bayes folgt

$$P_C(A) = \frac{0.27}{0.34} \approx 0.784 = \underline{79.4\%}.$$

Mit 79.4% Wahrscheinlichkeit ist ein positiv getesteter Sportler gedopt.

(b) D sei das Ereignis, zweimal positiv getestet zu sein.
Dann ist $P(A\cap D) = \frac{9}{10}\cdot P(A\cap C)$, also

$$P_A(D) = \frac{P(A\cap D)}{P(A)} = \frac{\frac{9}{10}P(A\cap C)}{P(A)} = \frac{9}{10}\cdot P_A(C) = \frac{81}{100} = 0.81$$

und entsprechend $P_{\overline{A}}(D) = \frac{1}{10}\cdot P_{\overline{A}}(C) = \frac{1}{100}$.
Eine zweite Anwendung der Formel von Bayes ergibt

$$P_D(A) = \frac{P(A)\cdot P_A(D)}{P(A)\cdot P_A(D) + P(\overline{A})\cdot P_{\overline{A}}(D)} = \frac{0.3\cdot 0.81}{0.3\cdot 0.81 + 0.7\cdot 0.01} = 0.972 = \underline{97.2\%}.$$

Mit 97.2% Wahrscheinlichkeit ist ein zweifach positiv getesteter Sportler gedopt.

Einfacher geht es direkt mit einem Ereignisbaum (hier vereinfacht dargestellt).
$A \cap C \cap D = A \cap D$ entspricht dem linken Pfad,

$$P(A \cap D) = 0.3 \cdot 0.9 \cdot 0.9$$

gilt nach der 1. Pfadregel.
Zu D (zweimal positiv getestet) führen zwei Pfade,

$$P(D) = 0.3 \cdot 0.9 \cdot 0.9 + 0.7 \cdot 0.1 \cdot 0.1$$

gilt nach der zweiten Pfadregel. Damit ist

$$P_D(A) = \frac{P(A \cap D)}{P(D)} = 0.972 = 97.2\%,$$

wie oben.

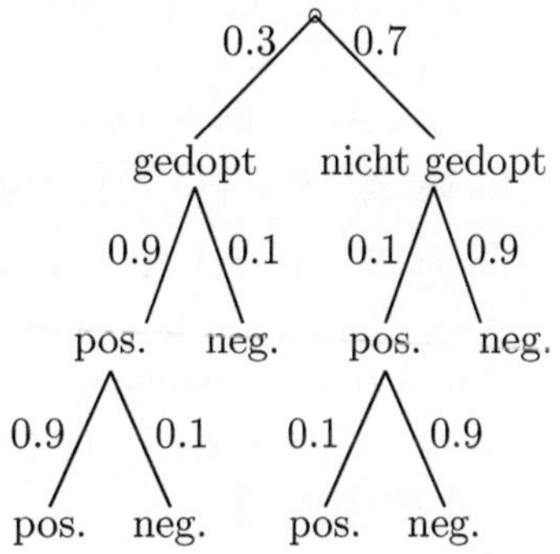

Entsprechend erhält man mit den ersten beiden Stufen des Baumes für $P_C(A)$:

$$P(A \cap C) = 0.3 \cdot 0.9 = 0.27\,, \qquad P(C) = 0.3 \cdot 0.9 + 0.7 \cdot 0.1 = 0.34,$$

$$P_C(A) = \frac{P(A \cap C)}{P(C)} = \frac{0.27}{0.34} = 0.784 = 78.4\%\,, \qquad \text{wie oben.}$$

Zwei Ereignisse A, B nennt man unabhängig, wenn die Wahrscheinlichkeit des Eintretens von A nicht von B abhängt (oder umgekehrt, siehe Kasten).
Anders formuliert: A, B sind unabhängig, wenn sich die Wahrscheinlichkeit von A durch die Information, dass B eingetreten ist, nicht ändert.

Unabhängige Ereignisse

(Ω, P) sei ein Wahrscheinlichkeitsraum, $A, B, C \subseteq \Omega$ seien Ereignisse.

A, B sind **unabhängig** $\iff$ $P(A \cap B) = P(A) \cdot P(B)$
$\iff$ $P_B(A) = P(A)$
$\iff$ $P_A(B) = P(B)$

A, B, C sind unabhängig $\iff$ $P(A \cap B \cap C) = P(A) \cdot P(B) \cdot P(C)$ **und** je zwei der Ereignisse A, B, C sind unabhängig.

Nicht unabhängige Ereignisse heißen **abhängig**.

7.51 *Beim zweimaligen Werfen eines Würfels, siehe [7.19], sei A das Ereignis "Die Augensumme ist 7". Man untersuche, ob A und B unabhängig sind, falls B das folgende Ereignis ist:*

(a) *Der erste Wurf zeigt 4.*
(b) *Der zweite Wurf zeigt eine gerade Zahl.*
(c) *Die Augenzahl des ersten Wurfes ist kleiner als die des zweiten.*

Nach [7.19] ist $A = \{(1,6), (2,5), (3,4), (4,3), (5,2), (6,1)\}$ und $P(A) = \frac{1}{6}$.

(a) Es ist $B = \{(4,1), (4,2), (4,3), (4,4), (4,5), (4,6)\}$.
Ein Ergebnis in A, nämlich $(4,3)$, gehört zu B, also ist $P_B(A) = \frac{1}{6} = P(A)$. Daher sind A und B unabhängig.

Wir zeigen noch, dass auch $P_A(B) = P(B)$ und $P(A \cap B) = P(A) \cdot P(B)$ gilt.
$P(B) = \frac{|B|}{36} = \frac{6}{36} = \frac{1}{6}$ und $P_A(B) = \frac{1}{6}$, da genau ein Ergebnis aus B zu A gehört. Also gilt $P_A(B) = P(B)$.

Es ist $A \cap B = \{(4,3)\}$. Also ist $P(A \cap B) = \frac{1}{36} = \frac{1}{6} \cdot \frac{1}{6} = P(A) \cdot P(B)$.

(b) Es ist $B = \{(1,2),(1,4),(1,6),(2,2),\ldots,(6,6)\}$, also $|B| = 18$ und $P(B) = \frac{1}{2}$.
Wegen $|A \cap B| = 3$ folgt $P(A \cap B) = \frac{3}{36} = \frac{1}{12} = \frac{1}{6} \cdot \frac{1}{2} = P(A) \cdot P(B)$.
A und B sind unabhängig.

(c) Es ist $B = \{(1,2),\ldots,(1,6),(2,3),\ldots,(5,6)\}$, also $|B| = 5+4+3+2+1 = 15$ und $P(B) = \frac{15}{36} = \frac{5}{12}$.
Wegen $|A \cap B| = 3$ folgt $P_B(A) = \frac{3}{15} = \frac{1}{5} \neq P(A) = \frac{1}{6}$.
A und B sind also abhängig.

7.52 *Für das Experiment "Zweimaliges Werfen einer Münze" untersuche man die Ereignisse A, B, C auf Unabhängigkeit.*
A: Verschiedene Bilder, *B: Wappen im 1. Wurf,*
C: Wappen im 2. Wurf.

Die Ergebnismenge $\Omega = \{(W,W),(W,Z),(Z,W),(Z,Z)\}$ hat vier Elemente.
Es ist $A = \{(W,Z),(Z,W)\}$, $B = \{(W,W),(W,Z)\}$, $C = \{(W,W),(Z,W)\}$, also $P(A) = P(B) = P(C) = \frac{1}{2}$.
Damit ist schon klar, dass A, B, C nicht unabhängig sind, denn $P(A) \cdot P(B) \cdot P(C) = \frac{1}{8}$, und kein Ereignis ($\subseteq \Omega$!) hat die Wahrscheinlichkeit $\frac{1}{8}$.
Oder: $A \cap B \cap C = \emptyset$, also $P(A \cap B \cap C) = 0 \neq P(A) \cdot P(B) \cdot P(C)$.

Damit sind A, B, C abhängig.
Aber es gilt, da $A \cap B, A \cap C, B \cap C$ jeweils einelementig sind:
$P(A \cap B) = \frac{1}{4} = P(A) \cdot P(B)$, $P(A \cap C) = \frac{1}{4} = P(A) \cdot P(C)$,
$P(B \cap C) = \frac{1}{4} = P(B) \cdot P(C)$, je zwei der Ereignisse sind unabhängig.

7.53 *Für das Experiment "Dreimaliges Werfen einer Münze" untersuche man die Ereignisse A, B, C auf Unabhängigkeit.*

(a) *A: Mindestens zweimal Zahl,*
$B = \{(Z,Z,Z),(Z,Z,W),(W,Z,W),(Z,W,W)\}$,
$C = \{(W,W,W),(Z,Z,Z),(W,Z,W),(W,Z,Z)\}$.

(b) *Wie in* (a), *bis auf* $B = \{(Z,Z,Z),(Z,Z,W),(W,Z,Z),(Z,W,W)\}$.

(a) Für die Ergebnismenge Ω gilt $|\Omega| = 8$, siehe [7.32]. Da

$$A = \{(W,Z,Z),(Z,W,Z),(Z,Z,W),(Z,Z,Z)\},$$

ist $P(A) = P(B) = P(C) = \frac{4}{8} = \frac{1}{2}$.
Es ist $A \cap B \cap C = \{(Z,Z,Z)\}$, also gilt $P(A \cap B \cap C) = \frac{1}{8} = P(A) \cdot P(B) \cdot P(C)$, die erste Bedingung für die Unabhängigkeit von A, B, C ist erfüllt.

Die Durchschnitte je zweier verschiedener Ereignisse sind zweielementig, haben also die Wahrscheinlichkeit $\frac{1}{4} = \frac{1}{2} \cdot \frac{1}{2}$. Damit sind je zwei Ereignisse unabhängig, A, B, C sind unabhängig.

(b) $A \cap B \cap C$ ändert sich nicht, also gilt wieder $P(A \cap B \cap C) = \frac{1}{8} = P(A) \cdot P(B) \cdot P(C)$. Da jedoch $|A \cap B| = 3$, ist $P(A \cap B) = \frac{3}{8} \neq \frac{1}{4} = P(A) \cdot P(B)$, A und B sind nicht unabhängig (ebenso sind B und C nicht unabhängig). Damit sind A, B, C abhängig.

Anmerkung: Es genügt also nicht, für die Unabhängigkeit allein die Bedingung für den Durchschnitt der drei Ereignisse zu fordern, denn wenn drei Ereignisse unabhängig sind, sollen natürlich je zwei von ihnen auch unabhängig sein. Entsprechend fordert man:

n Ereignisse $A_1, \ldots, A_n$ sind unabhängig $\iff$
(1) $P(A_1 \cap \cdots \cap A_n) = P(A_1) \cdot \ldots \cdot P(A_n)$ und
(2) Je $n-1$ der Ereignisse sind unabhängig.

7.8 Bernoulli-Experimente, Binomialverteilung

In der Praxis werden oft n gleichartige Experimente unter sich gegenseitig nicht beeinflussenden Bedingungen hintereinander durchgeführt.
Wir betrachten hier Experimente, die nur zwei mögliche Ergebnisse ω und $\overline{\omega}$ haben (oft auch **Treffer** und **Niete** genannt). Ein solches Experiment heißt **Bernoulli-Experiment** oder auch Treffer-Niete-Experiment. Ist die Treffer-Wahrscheinlichkeit p, so spricht man von einem Bernoulli-Experiment mit der Treffer-Wahrscheinlichkeit p oder auch der Wahrscheinlichkeit p.

Standard-Beispiele:
1. Mehrfaches Ziehen aus einer Urne mit roten und schwarzen Kugeln, wobei nach jedem Zug die jeweilige Kugel zurückgelegt wird, damit sich für jeden Zug dieselbe Wahrscheinlichkeit ergibt.
2. Anwendungbezogener: Qualitätskontrolle bei der Produktion einer Ware. Das zufällig ausgewählte Warenstück kann fehlerfrei oder fehlerhaft sein. Auf das Zurücklegen kann man bei großen Stückzahlen verzichten.

7.54 *Aus einer Urne mit 12 roten und 8 schwarzen Kugeln werden, mit Zurücklegen, 5 Kugeln gezogen.*

(a) *Wie groß ist die Wahrscheinlichkeit, dass darunter genau 3 rote sind?*

(b) *X sei die Zufallsvariable, die jedem Ergebnis die Anzahl der gezogenen roten Kugeln zuordnet. Man berechne die Wahrscheinlichkeitsverteilung von X und zeichne hierfür ein Stabdiagramm. Ferner berechne man die Werte $F(k) = P(X \leq k)$ $(k = 0, \ldots, 5)$ der Verteilungsfunktion von X.*

(c) *Wie groß ist die Wahrscheinlichkeit, mindestens 2 und höchstens 4 rote Kugeln zu ziehen?*

(a) Es handelt sich um ein Produktexperiment im Sinne von [S. 313].
Die Ergebnisse sind Elemente von Ω^5, $\Omega = \{r, s\}$, versehen mit dem Produkt der Wahrscheinlichkeiten der Einzelexperimente. Jede Ziehung ist ein Bernoulli-Experiment mit der Wahrscheinlichkeit $p = \frac{3}{5}$ für Rot (durch das Zurücklegen), entsprechend $1 - p = \frac{2}{5}$ für Schwarz.
Ein mögliches "günstiges" Ergebnis ist (r, s, r, r, s) mit der Wahrscheinlichkeit

$$p(1-p)p^2(1-p) = p^3(1-p)^2 = 0.6^3 \cdot 0.4^2 \approx 3.5\%.$$

Eine solche Folge von 5 nacheinander ausgeführten Bernoulli-Experimenten derselben Wahrscheinlichkeit heißt auch **Bernoulli-Kette** der Länge 5.

Für die drei Positionen, bei denen Rot gezogen wird, gibt es nach [S. 295] $\binom{5}{3}$ Möglichkeiten. Da sich die Wahrscheinlichkeiten addieren, hat das Ereignis, dass von 5 zufällig mit Zurücklegen entnommenen Kugeln 3 rot sind, die Wahrscheinlichkeit

$$\binom{5}{3}p^3(1-p)^2 = \frac{5 \cdot 4 \cdot 3}{1 \cdot 2 \cdot 3} \cdot 0.6^3 \cdot 0.4^2 \approx 0.346 = \underline{34.6\%}.$$

(b) Sind k der 5 entnommenen Kugeln rot, so ist analog zu (a) die Wahrscheinlichkeit für jedes Ergebnis mit genau k roten Kugeln $p^k(1-p)^{5-k}$. Ebenfalls gibt es analog zu (a) für die k Stellen im Ergebnis, an denen r steht, $\binom{5}{k}$ Möglichkeiten. Damit folgt

$$P(X = k) = \binom{5}{k} \cdot p^k \cdot (1-p)^{5-k} = \binom{5}{k} \cdot 0.6^k \cdot 0.4^{5-k}.$$

Für die Verteilungsfunktion F gilt $F(k) = P(X \leq k) = \sum_{j=0}^{k} P(X = j)$.

Wahrscheinlichkeitsverteilung und Verteilungsfunktion

k	$P(X=k)$	$F(k) = P(X \leq k)$
0	1%	1%
1	7.7%	8.7%
2	23%	31.7%
3	34.6%	66.3%
4	25.9%	92.2%
5	7.8%	100%

Stabdiagramm

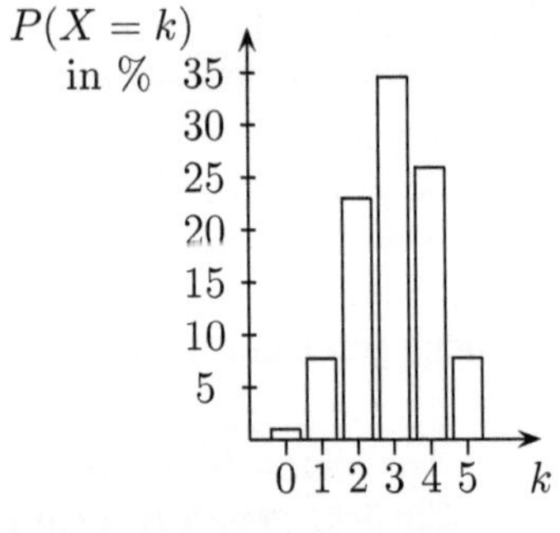

(c) Die gesuchte Wahrscheinlichkeit ist
$P(2 \leq X \leq 4) = P(X = 2) + P(X = 3) + P(X = 4) = \underline{83.5\%}$.
Sie ergibt sich auch mit Hilfe der Verteilungsfunktion F (**bei großen Zahlen nur durch diese**), mit Hilfe einer Tabelle oder eines Taschenrechners:
$P(2 \leq X \leq 4) = P(X \leq 4) - P(X \leq 1) = F(4) - F(1) \approx 92.2\% - 8.7\% = 83.5\%$.

Für die vorangehenden Resultate kommt es nicht darauf an, dass n-mal das gleiche Experiment durchgeführt wird. Entscheidend ist, dass die Experimente sich nicht gegenseitig beeinflussen und es sich jedes Mal um ein Bernoulli-Experiment derselben Treffer-Wahrscheinlichkeit p handelt.

Bernoulli-Ketten

n Bernoulli-Experimente mit derselben Treffer-Wahrscheinlichkeit p und, zur Vereinfachung, dem Ergebnisraum $\Omega = \{1, 0\}$ (1 steht für Treffer, 0 für Niete) werden unabhängig voneinander durchgeführt. Ein solches Zufallsexperiment heißt **Bernoulli-Kette** der Länge n.

Es ist ein Produktexperiment, für das gilt:

(1) Der Ergebnisraum ist $\Omega^n = \{(a_1, \ldots, a_n) | \, a_1, \ldots, a_n \in \{0, 1\}\}$.

(2) Die Wahrscheinlichkeit $P(\{\omega\})$ eines Ergebnisses ω ist das Produkt der Wahrscheinlichkeiten p bzw. $1-p$ seiner Komponenten, bei k Treffern und $n-k$ Nieten also

$$P(\{\omega\}) = p^k(1-p)^{n-k}.$$

k Treffer und $n-k$ Nieten können sich auf $\binom{n}{k}$ Arten auf ein n-Tupel verteilen. Gibt die Zufallsvariable X auf Ω^n an, wie oft in einem Ergebnis einer Bernoulli-Kette ein Treffer vorkommt, d.h. ist $X(\omega)$ die Anzahl der Treffer in ω, so gilt daher für $0 \le k \le n$:

$$P(X = k) \;=\; \binom{n}{k} \cdot p^k \cdot (1-p)^{n-k} \qquad \textbf{Formel von Bernoulli}$$

7.55 *Bei der Produktion von Pralinen weiß man aus Erfahrung, dass ca. $p = 5\%$ den Anforderungen nicht genügen und als zweite Wahl verkauft werden müssen. Wie groß ist die Wahrscheinlichkeit, dass von 10 zufällig entnommenen Pralinen genau 2 fehlerhaft sind?*
Man fasse die Einzelentnahmen als Bernoulli-Experiment auf!

Die Ergebnisse des Experiments "10-malige Entnahme einer Praline" sind Elemente von Ω^{10}, $\Omega = \{0, 1\}$. Dabei stehe 0 für fehlerfrei, 1 für fehlerhaft. Die Wahrscheinlichkeiten der einzelnen Ergebnisse in den Komponenten werden multipliziert.

Ein typisches Ergebnis einer solchen Bernoulli-Kette der Länge 10 ist z.B. $(0, 0, 0, 1, 0, 0, 1, 0, 0, 0)$ mit der Wahrscheinlichkeit

$$(1-p)^3 p(1-p)^2 p(1-p)^3 = p^2(1-p)^8 = 0.05^2 \cdot 0.95^8 \approx 0.0017 = 0.17\%.$$

Nach der Formel von Bernoulli hat das Ereignis, dass von 10 zufällig entnommenen Pralinen genau 2 fehlerhaft sind, die Wahrscheinlichkeit

$$\binom{10}{2} p^2 (1-p)^8 = \frac{10 \cdot 9}{1 \cdot 2} \cdot 0.05^2 \cdot 0.95^8 \approx 0.0746 = \underline{7.46\%}.$$

7.56 *Für das Zufallsexperiment aus der vorigen Aufgabe sei X die Zufallsvariable, die jedem Ergebnis die Anzahl der fehlerhaften Pralinen zuordnet. Man gebe die Wahrscheinlichkeitsverteilung P von X an und berechne $P(X=0)$, $P(X=1)$, $P(X=7)$ und $F(2)$, wobei F die Verteilungsfunktion von X ist.*

Nach der Formel von Bernoulli hat das Ereignis, dass von 10 entnommenen Pralinen genau k fehlerhaft sind, bei 5% Fehlerwahrscheinlichkeit die Wahrscheinlichkeit

$$P(X = k) = \binom{10}{k} \cdot 0.05^k \cdot 0.95^{10-k}.$$

Es folgt $\quad P(X=0) \approx 59.87\%, \quad P(X=1) \approx 31.51\%, \quad P(X=7) \approx 8 \cdot 10^{-8}.$

$F(2) = \sum_{j=0}^{2} P(X=j) = P(X=0) + P(X=1) + P(X=2)$ ist die Wahrscheinlichkeit, dass von 10 entnommenen Pralinen höchsten 2 fehlerhaft sind. Man rechnet aus: $\underline{F(2) \approx 98.85\%}$.

7.57 *Ein Würfel wird zehnmal geworfen. Man bestimme die Wahrscheinlichkeiten der folgenden Ereignisse:*

(a) *3-mal Augenzahl größer 4.*

(b) *7-mal keine Sechs.*

(c) *Mindestens eine und höchstens 3 Sechsen.*

(d) *Höchstens 3-mal Augenzahl kleiner 5.*

(a) Wir sehen das Würfeln als Bernoulli-Experiment an mit dem Treffer "Die Augenzahl ist größer als 4" und der Wahrscheinlichkeit $p = \frac{1}{3}$. Nach der Formel von Bernoulli ist

$$P(X=3) = \binom{10}{3}(\tfrac{1}{3})^3(\tfrac{2}{3})^7 = \frac{10\cdot 9\cdot 8\cdot 2^7}{1\cdot 2\cdot 3\cdot 3^{10}} \approx \underline{26\%}.$$

(b) Beim Treffer "Keine Sechs" ist $p = \frac{5}{6}$, also

$$P(X=7) = \binom{10}{7}(\tfrac{5}{6})^7(\tfrac{1}{6})^3 \approx \underline{15.5\%}.$$

(c) Beim Treffer "Sechs" ist $p = \frac{1}{6}$, also

$$\begin{aligned} P(1 \le X \le 3) &= P(X=1) + P(X=2) + P(X=3) \\ &= \binom{10}{1}\cdot\tfrac{1}{6}\cdot(\tfrac{5}{6})^9 + \binom{10}{2}\cdot(\tfrac{1}{6})^2\cdot(\tfrac{5}{6})^8 + \binom{10}{3}\cdot(\tfrac{1}{6})^3\cdot(\tfrac{5}{6})^7 \\ &\approx \underline{76.9\%}. \end{aligned}$$

(d) Beim Treffer "Augenzahl kleiner 5" ist $p = \frac{2}{3}$, also

$$\begin{aligned} P(X \le 3) &= P(X=0) + P(X=1) + P(X=2) + P(X=3) \\ &= \binom{10}{0}\cdot(\tfrac{2}{3})^0\cdot(\tfrac{1}{3})^{10} + \binom{10}{1}\cdot(\tfrac{2}{3})^1\cdot(\tfrac{1}{3})^9 + \\ &\qquad \binom{10}{2}\cdot(\tfrac{2}{3})^2\cdot(\tfrac{1}{3})^8 + \binom{10}{3}\cdot(\tfrac{2}{3})^3\cdot(\tfrac{1}{3})^7 \\ &\approx \underline{2\%}. \end{aligned}$$

7.58 *Bei einer Klausur im Multiple-Choice-Verfahren hat jede der 10 Aufgaben vier Antworten, drei davon falsch und eine richtig. Wie groß ist die Wahrscheinlichkeit, durch Raten genau vier Aufgaben richtig zu bearbeiten?*

Hier ist jedes der 10 Bernoulli-Experimente das zufällige Ankreuzen einer Aufgabe, die Trefferwahrscheinlichkeit ist $p = 25\% = \frac{1}{4}$. Nach der Formel von Bernoulli ist die gesuchte Wahrscheinlichkeit

$$P(X=4) = \binom{10}{4}\cdot 0.25^4 \cdot 0.75^{10-4} \approx 0.146 = \underline{14.6\%}.$$

Binomialverteilung

Sei $0 \le p \le 1$, $n \in \mathbb{N}$, sei X eine Zufallsvariable mit Werten in $\{0, 1, 2, \ldots, n\}$. X besitzt eine **Binomialverteilung** mit den Parametern n und p, falls gilt:

$$P(X=k) = \binom{n}{k}\cdot p^k \cdot (1-p)^{n-k}, \quad \text{für } 0 \le k \le n.$$

Dann gilt: X hat den Erwartungswert $E(X) = n\cdot p$, die Varianz $V(X) = n\cdot p\cdot(1-p)$.

Die auftretenden Binomialkoeffizienten begründen den Namen der Verteilung.

7.59 *Bei einer Klausur im Multiple-Choice-Verfahren gibt es für jede der 10 Aufgaben vier Antworten, drei davon falsch und eine richtig. Bestanden hat man bei mindestens 5 richtig bearbeiteten Aufgaben.*

(a) *$X(\omega)$ sei die Anzahl der beim Ergebnis ω richtig angekreuzten Aufgaben. Man gebe die Wahrscheinlichkeitsverteilung von X und $F(k)$ für die Verteilungsfunktion F von X an und skizziere $P(X = k)$ in Abhängigkeit von k ($k = 0, 1, \ldots, 10$).*

(b) *Wie groß ist die Wahrscheinlichkeit, die Klausur durch reines Raten zu bestehen?*

(c) *Man berechne den Erwartungswert, die Varianz und die Standardabweichung von X.*

Nach [7.58] ist X binomialverteilt mit den Parametern $n = 10$ und $p = 0.25$,

$$P(X = k) = \binom{10}{k} \cdot 0.25^k \cdot 0.75^{n-k}.$$

Bei solch kleinen Zahlen können wir die Resultate noch gut berechnen.
In der Praxis verwendet man zur Berechnung der Werte der Verteilungsfunktion Tabellen aus einer Formelsammlung oder einen Taschenrechner mit entsprechenden Funktionen.

(a) Bekannt ist bereits
$P(X = 4) = \binom{10}{4} \cdot 0.25^4 \cdot 0.75^{10-4} \approx 0.146 = 14.6\%$, siehe [7.58]. Analog erhält man:

k	$P(X = k)$	$P(X \leq k)$
0	5.6%	5.6%
1	18.8%	24.4%
2	28.2%	52.6%
3	25%	77.6%
4	14.6%	92.2%
5	5.8%	98.03%
6	1.62%	99.65%
7	0.31%	99.96%
8	0.03%	100%
9	0%	100%
10	0%	100%

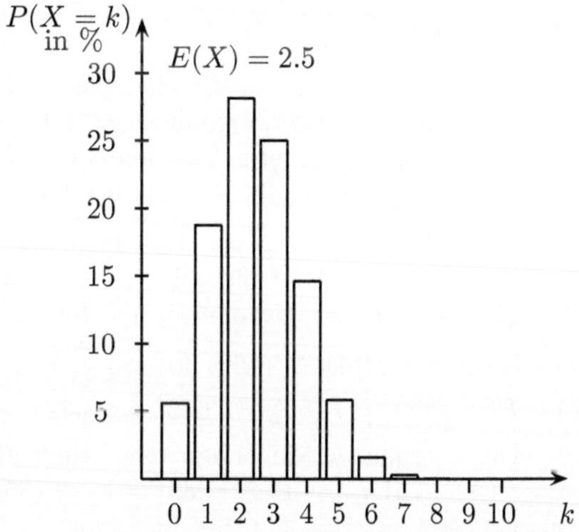

Wahrscheinlichkeitsverteilung und Verteilungsfunktion für eine binomialverteilte Zufallsvariable mit den Parametern $n = 10$ und $p = 0.25$.
Die Tabelle ist unabhängig von dem zu Grunde liegenden Wahrscheinlichkeitsraum. Für größere Zahlen n werden die Diagramme symmetrischer und flacher.

(b) Die Wahrscheinlichkeit, höchstens 4 Aufgaben richtig zu haben, entnimmt man der Tabelle: $P(X \leq 4) \approx 92.2\%$. Damit kennt man auch die Wahrscheinlichkeit des Gegenereignisses, mindestens 5 Aufgaben richtig zu haben, als

$$P(X \geq 5) = 1 - P(X \leq 4) \approx \underline{7.8\%}.$$

Die Wahrscheinlichkeit, nur durch Raten die Klausur zu bestehen, beträgt 7.8%.

(c) Nach dem [Kasten S. 324] gilt für den Erwartungswert und die Varianz von X:
$E(X) = n \cdot p = 10 \cdot 0.25 = 2.5$,
$V(X) = n \cdot p \cdot (1-p) = 10 \cdot 0.25 \cdot 0.75 = 1.875$,
$\sigma(X) = \sqrt{V(X)} \approx 1.37$.

7.60 *Was sind der Erwartungswert, die Varianz und die Standardabweichung für die Zufallsvariablen in [7.54] und [7.55]?*

Zu [7.54], Ziehung von 5 Kugeln aus 12 roten und 8 schwarzen,
$X(\omega) =$ Anzahl der roten Kugeln: Es ist $n = 5$, $p = 0.6$, also
$E(X) = n \cdot p = 5 \cdot 0.6 = 3$,
$V(X) = n \cdot p \cdot (1-p) = 5 \cdot 0.6 \cdot 0.4 = 1.2$,
$\sigma(X) = \sqrt{V(X)} \approx 1.1$.
Zu [7.55], 10-malige Entnahme von Pralinen,
$X(\omega) =$ Anzahl der schadhaften Pralinen: Es ist $n = 10$, $p = 0.05$, also
$E(X) = n \cdot p = 10 \cdot 0.05 = 0.5$,
$V(X) = n \cdot p \cdot (1-p) = 10 \cdot 0.05 \cdot 0.95 = 0.475$,
$\sigma(X) = \sqrt{V(X)} \approx 0.69$.

7.61 *40% der Mitteleuropäer haben Blutgruppe A. Wie groß ist die Wahrscheinlichkeit, dass bei 100 zufällig ausgewählten Blutspendern die Blutgruppe A vorliegt bei*

(a) *genau 40,* (b) *höchstens 50,*
(c) *mehr als 35,* (d) *mindestens 30, höchstens 50 Spendern.*

Hinweis: Für die Verteilungsfunktion F einer binomialverteilten Zufallsvariablen mit Parametern $n = 100$ und $p = 0.4$ erhält man mit einer Tabelle, einem geeigneten Taschenrechner oder durch ein kleines Programm:
$F(29) \approx 0.0148$, $F(35) \approx 0.1795$ *und* $F(50) \approx 0.9832$.

Für jede Auswahl ω von 100 Spendern sei $X(\omega)$ die Anzahl der Spender mit Blutgruppe A. X ist binomialverteilt (Treffer: Blutgruppe A, Niete: andere Blutgruppe) mit den Parametern $n = 100$ und $p = 0.4$.

(a) Nach [S. 324] ist $P(X = 40) = \binom{100}{40} \cdot 0.4^{40} \cdot 0.6^{60} \approx 0.0812 = \underline{8.12\%}$.

(b) $P(X \leq 50) = F(50) \approx 0.9832 = \underline{98.32\%}$ nach dem Hinweis.

(c) Das komplementäre Ereignis zu "Mehr als 35" ist "Höchstens 35". Daher ist
$P(X > 35) = 1 - P(X \leq 35) = 1 - F(35) \approx 1 - 0.1795 = 0.8205 = \underline{82.05\%}$.

(d) Die gesuchte Wahrscheinlichkeit ist
$P(30 \leq X \leq 50) = P(X \leq 50) - P(X \leq 29) =$
$F(50) - F(29) \approx 0.9832 - 0.0148 = 0.9684 = \underline{96.84\%}$.

7.62 *Ein Würfel wird mehrfach geworfen. Wie groß ist die Wahrscheinlichkeit,*

(a) *im 10. Wurf zum ersten Mal eine Sechs zu werfen?*

(b) *im 10. Wurf die vierte Sechs zu werfen bzw.*
in 10 Würfen genau 4 Sechsen zu werfen?

(c) *im 100. Wurf die siebzehnte Sechs zu werfen?*

Diese Aufgabe fällt unter das Motto "Warten auf den ersten (bzw. vierten bzw. siebzehnten) Treffer" und wird in [7.63] verallgemeinert.

(a) Bei einem 10-fach wiederholten Bernoulli-Experiment mit der Wahrscheinlichkeit p ist die Wahrscheinlichkeit für jede Folge mit 9 Nieten und einem Treffer $(1-p)^9 \cdot p$, also hier $(\frac{5}{6})^9 \cdot \frac{1}{6} \approx \underline{3.2\%}$. Dies ist auch die gesuchte Wahrscheinlichkeit.

(b) Wird im 10. Wurf die vierte Sechs geworfen, so müssen in den ersten neun Würfen 3 Sechsen gefallen sein. Die Wahrscheinlichkeit jeder solchen Folge ist $(\frac{1}{6})^4 \cdot (\frac{5}{6})^6$. Für die ersten 9 Ergebnisse gibt es $\binom{9}{3}$ Möglichkeiten. Die gesuchte Wahrscheinlichkeit ist daher $\binom{9}{3} \cdot (\frac{1}{6})^4 \cdot (\frac{5}{6})^6 \approx \underline{2.2\%}$. Nach der Formel von Bernoulli ist die Wahrscheinlichkeit für 4 Sechsen in 10 Würfen $\binom{10}{4} \cdot (\frac{1}{6})^4 \cdot (\frac{5}{6})^6 \approx \underline{4.5\%}$.

(c) Analog zu (b) ist die gesuchte Wahrscheinlichkeit $\binom{99}{16} \cdot (\frac{1}{6})^{17} \cdot (\frac{5}{6})^{83} \approx \underline{1.8\%}$.

7.63 *Ein Bernoulli-Experiment der Wahrscheinlichkeit p wird mehrfach durchgeführt. Wie groß ist die Wahrscheinlichkeit, bei der k-ten Ausführung*

(a) *den ersten Treffer zu erzielen?*

(b) *den r-ten Treffer zu erzielen ($r \leq k$)?*

(a) Bei einem k-fach wiederholten Bernoulli-Experiment mit der Wahrscheinlichkeit p ist die Wahrscheinlichkeit für jede Folge mit $k-1$ Nieten und genau einem Treffer $p(1-p)^{k-1}$. Dies ist dann auch die gesuchte Wahrscheinlichkeit.

(b) Wird bei der k-ten Durchführung der r-te Treffer erzielt, so müssen bei den ersten $k-1$ Experimenten $r-1$ Treffer erzielt worden sein. Die Wahrscheinlichkeit einer jeden solchen Folge ist $p^r \cdot (1-p)^{k-r}$. Für die ersten $k-1$ Ergebnisse gibt es $\binom{k-1}{r-1}$ Möglichkeiten. Die gesuchte Wahrscheinlichkeit ist daher $\binom{k-1}{r-1} \cdot p^r \cdot (1-p)^{k-r}$.

Bemerkung: Beim Zufallsexperiment "Warten auf den ersten Treffer" ist ein geeigneter Ergebnisraum die abzählbar unendliche Menge

$$\Omega = \{(1), (0,1), (0,0,1), (0,0,0,1), (0,0,0,0,1), \ldots\}.$$

Man kann auch für solche Mengen eine Wahrscheinlichkeitsverteilung definieren. Ist $\omega_k = (0,0,\ldots,0,1) \in \Omega$ das Ergebnis mit genau $k-1$ Nieten (Nullen), $k \geq 1$, und p_k die Wahrscheinlichkeit von ω_k, so muss $p_k \geq 0$ und $\sum_{k=1}^{\infty} p_k = 1$ gelten (siehe [Kapitel 2, Reihen]), in Verallgemeinerung endlicher Wahrscheinlichkeitsräume, siehe [S. 302]. Dann ist durch $P(A) = \sum_{\omega_k \in A} p_k$ eine Wahrscheinlichkeitsverteilung auf Ω definiert mit $P(\{\omega_k\}) = p_k$.

Dies ist hier, also für $p_k = p(1-p)^{k-1}$ ($k \geq 1$) **(geometrische Verteilung)**, der Fall. Nach (a) und der Summenformel für die geometrische Reihe gilt für $p \neq 0$

$$\sum_{k=1}^{\infty} p_k = \sum_{k=1}^{\infty} p(1-p)^{k-1} = p \cdot \sum_{k=0}^{\infty} (1-p)^k = p \cdot \frac{1}{1-(1-p)} = 1\,.$$

7.9 Aufgaben

Ereignisse, relative Häufigkeit

7.64 *Ereignisse beim Zufallsexperiment "Werfen eines Würfels" seien:*
A: ungerade Augenzahl, B*: Augenzahl* ≤ 2, C*: Augenzahl zwei oder fünf.*
Man schreibe die Ereignisse als Teilmengen der Ergebnismenge $\Omega = \{1,2,3,4,5,6\}$ *und berechne alle Gegenereignisse, Durchschnitte, Vereinigungen und Differenzmengen, ferner* $\overline{B \cup C}$ *und* $\overline{A \cap B}$.

7.65 *Seien* $A, B \subseteq \Omega$ *Ereignisse und* $\omega \in \Omega$ *ein Ergebnis eines Zufallsexperiments. Man zeige:*
A *tritt ein* $\iff$ A *und* B *treten ein oder* A *und* $\overline{B}$ *treten ein.*

7.66 *Seien* $A, B, C \subseteq \Omega$ *Ereignisse und* $\omega \in \Omega$ *ein Ergebnis eines Zufallsexperiments. Man zeige: Genau eines der Ereignisse* A, B, C *tritt ein* $\iff$
$(A \cap \overline{B} \cap \overline{C}) \cup (\overline{A} \cap B \cap \overline{C}) \cup (\overline{A} \cap \overline{B} \cap C)$ *tritt ein.*

7.67 *36-faches Werfen eines Würfels liefert das folgende Tupel* a:
$(5,5,6,5,2,1,3,4,1,2,4,6,6,2,3,6,4,3,1,6,2,4,3,4,4,2,4,3,2,3,6,2,2,5,6,5)$.
Man bestimme jeweils die relative Häufigkeit der Ereignisse
$A = \{2\}$, $B = \{1,6\}$, C : *"Die Augenzahl ist ungerade".*
Wie ändern sich die Resultate bei Fortsetzung um weitere 24 Versuche
$$(6,3,4,1,1,5,2,1,3,5,6,2,1,6,3,4,2,3,2,2,5,1,2,1)\,?$$

7.68 *Wir werfen zweimal eine Münze, und dies 20-mal. Ergebnis ist die Folge* a:
$(Z,Z),(W,Z),(W,W),(Z,Z),(W,W),(Z,W),(Z,W),(W,Z),(W,Z),(W,Z),$
$(Z,W),(W,Z),(Z,W),(W,Z),(W,W),(W,Z),(W,W),(Z,W),(Z,Z),(Z,Z)$.
Man berechne hierfür die relative Häufigkeit des Ereignisses "Verschiedene Bilder".

Beschreibende Statistik

7.69 *Für die folgende Stichprobe vom Umfang* $n = 32$ *erstelle man ein Histogramm mit 6 Klassen gleicher Länge.*

132	164	141	139	153	154	165	153
131	154	143	164	162	146	152	147
152	148	165	134	135	133	156	149
146	153	135	136	150	147	144	159

7.70 *Für die folgenden Stichproben bestimme man die zugehörigen geordneten Stichproben, Mittelwert und Median:*

(a) 0.7, 0.5, 0.5, 0.1, 0.2, 0.6, 0.3, 0.6 .

(b) 0.7, 0.5, 0.6, 0.7, 0.2, 0.6, 0.3 .

(c) 0.7, 0.5, 0.5, 0.1, 0.2, 0.6, 0.3, 7.9 .

7.71 *Wie groß wird der Mittelwert bzw. der Median höchstens, wenn man zwei der Zahlen in den Stichproben aus* [7.70] *verdreifacht?*

7.72 *Für die folgenden Stichproben berechne man jeweils Varianz und Standardabweichung:*

(a) 10, 12, 14, 16 *bzw.* 11, 8, 14, 19.

(b) 0.7, 0.5, 0.5, 0.1, 0.2, 0.6, 0.3, 0.6 *bzw.*
0.7, 0.5, 0.5, 0.1, 0.2, 0.6, 0.3, 7.9.

Laplace-Verteilung

7.73 *Für das Laplace-Experiment "Werfen eines Würfels" berechne man die Wahrscheinlichkeit der folgenden Ereignisse und ihrer Gegenereignisse.*
A: "Ungerade Augenzahl", B: "Keine Drei, keine Fünf",
C: "Keine Zwei, keine Eins".

7.74 *Für die Ereignisse der vorangehenden Aufgabe berechne man jeweils die Wahrscheinlichkeit, dass*

(a) *zwei eintreten,* (b) *drei eintreten,*
(c) *eines von zweien eintritt,* (d) *eines von dreien eintritt,*
(e) *genau eines von zweien eintritt,* (f) *genau eines von dreien eintritt.*

Hinweis zu (e) *und* (f)*:* [7.5, 7.66].

7.75 *Für das Zufallsexperiment "Zweimaliges Werfen eines Würfels" schreibe man die folgenden Ereignisse als Menge von Paaren und berechne ihre Wahrscheinlichkeit:*

(a) *A: Der erste Wurf zeigt Fünf.*
(b) *B: Weder Eins noch Vier fällt.*
(c) *C: Das Produkt der Augen ist 12.*
(d) *D: Das Produkt der Augen ist höchstens 7.*

7.76 *Für die Ereignisse A, B, D aus* [7.75] *berechne man die Wahrscheinlichkeiten aller Gegenereignisse, aller Durchschnitte und aller Vereinigungen.*

7.77 *Aus den dreistelligen Zahlen von 100 bis 999 wird zufällig eine Zahl gezogen. Wie groß ist die Wahrscheinlichkeit, dass sie*

(a) *lauter verschiedene Ziffern hat?*
(b) *genau zwei gleiche Ziffern hat?*

Hinweis: [6.16].

7.78 *Aus einem verdeckten Skatspiel wird eine Karte gezogen. Wie groß ist die Wahrscheinlichkeit, dass dies*

(a) *eine Dame,* (b) *ein Bild,* (c) *ein roter Zahlenwert ist?*

Ein Ass ist weder Bild noch Zahlenwert, zum Skatspiel siehe auch [7.22].

7.79 *Wie groß ist beim Skatspiel die Wahrscheinlichkeit, dass im Skat*

(a) *zwei Buben,* (b) *ein Bild und eine Zahl*
(c) *zwei Zahlenwerte liegen?*

7.80 **Ziegenproblem:** *In einer amerikanischen Spielshow sind auf der Bühne drei Türen aufgebaut. Hinter einer befindet sich der Hauptgewinn, ein Auto, hinter den beiden anderen steht jeweils eine Ziege. Der Kandidat wählt eine Tür, die verschlossen bleibt. Der Moderator, der die Verteilung kennt, öffnet daraufhin eine andere Tür, hinter der sich eine Ziege befindet, und fragt den Kandidaten, ob er bei seiner Entscheidung bleiben oder zur zweiten verschlossenen Tür wechseln will. Er erhält den Preis hinter der von ihm zuletzt gewählten Tür.*

Bei welcher Entscheidung ist die Wahrscheinlichkeit größer, dass er das Auto gewinnt, und wie groß ist sie?

7.81 *Man bestimme die Wahrscheinlichkeit, beim Skatspiel genau die folgende Anzahl an Buben zu erhalten:*

(a) *Zwei.* (b) *Zwei rote.* (c) *Vier.* (d) *Keinen.*

7.82 *Beim Skatspiel sei A das Ereignis, dass mindestens ein Bube im Skat liegt, und B das Ereignis, dass Spieler 1 genau zwei Buben hat. Man berechne $P(A \cap B)$, d.h. die Wahrscheinlichkeit, dass beide Ereignisse eintreten.*

7.83 *Eine Münze wird 8-mal geworfen. Wie groß ist die Wahrscheinlichkeit, dass genau viermal Zahl fällt?*

7.84 *Was ist "wahrscheinlicher": Mit einem Würfel in 5 Würfen mindestens eine Sechs oder mit zwei Würfeln in 32 Würfen mindestens einmal $(6,6)$ zu werfen? (Siehe [7.20]!)*

7.85 **2. Geburtstagsproblem:** *Es sei vorausgesetzt, dass die Wahrscheinlichkeit, an einem bestimmten Tag im Jahr Geburtstag zu haben, für alle 365 Tage des Jahres dieselbe ist.*

Fritz befindet sich in einem Raum mit weiteren 29 Personen. Wie groß ist die Wahrscheinlichkeit, dass mindestens eine dieser Personen am selben Tag Geburtstag hat wie Fritz (vergleiche mit [7.21])?

Ab wievielen Personen beträgt die Wahrscheinlichkeit mindestens 50%?

Hinweis: Man berechne die Wahrscheinlichkeit des Gegenereignisses.

7.86 *Beim Laplace-Experiment "Lottoziehung 6 aus 49", siehe [7.23], seien A, B, C die folgenden Ereignisse:*

A: Alle sechs Gewinnzahlen sind ungerade.
B: Alle sechs Gewinnzahlen sind kleiner als 20.
C: Zu den sechs Gewinnzahlen gehören 2 und 49.

(a) *Welche Wahrscheinlichkeit ist größer, $P(A)$ oder $P(C)$?*
(b) *Man berechne $P(A \cup B)$, $P(A \cup C)$ und $P(B \cup C)$ (siehe [S. 292, (W3*)]).*

7.87 *Für das Laplace-Experiment "Lottoziehung 6 aus 49", siehe [7.23], berechne man die Wahrscheinlichkeit der folgenden Ereignisse:*

(a) *A: Genau drei Richtige.*
(b) *B: Genau drei Richtige mit Zusatzzahl.*
(c) *C: Genau drei Richtige ohne Zusatzzahl.*

Allgemeine Wahrscheinlichkeitsdefinition

7.88 *Sei $\Omega = \{\omega_1, \ldots, \omega_4\}$ die Ergebnismenge eines Zufallsexperiments.*

(a) *Warum erhält man mit $p(\omega_1) = \frac{1}{6}$, $p(\omega_2) = \frac{1}{2}$, $p(\omega_3) = \frac{1}{6}$, $p(\omega_4) = \frac{1}{6}$ eine Wahrscheinlichkeitsverteilung P auf Ω?*

(b) *Man berechne $P(\{\omega_1, \omega_2\})$, $P(\{\omega_1, \omega_2, \omega_3\})$ und $P(\{\omega_1, \omega_3, \omega_4\})$.*

7.89 *Ist $A \cap B = \emptyset$, so heißen die Ereignisse A und B* **unvereinbar**, *sonst* **vereinbar**.
Man zeige:
Ist $P(A) + P(B) > 1$, so sind A und B vereinbar.
Man zeige am Beispiel des Experiments "Würfeln mit einem Würfel", dass die Umkehrung dieser Aussage falsch ist.

7.90 *Es sei $P(A) = \frac{1}{4}$, $P(B) = \frac{3}{8}$ und $P(A \cap B) = \frac{1}{8}$. Man berechne hiermit:*

(a) $P(\overline{A})$, $P(\overline{B})$, (b) $P(A \cup B)$, (c) $P(A \cap \overline{B})$, (d) $P(A \cup \overline{B})$.

Hinweis zu (c): $A = (A \cap B) \cup (A \cap \overline{B})$.

7.91 **Additionssatz** *bzw. Siebformel für drei Mengen:*
Sei P eine Wahrscheinlichkeitsverteilung auf der Ergebnismenge Ω. Man weise durch dreimalige Anwendung von $P(D \cup E) = P(D) + P(E) - P(D \cap E)$ den Additionssatz für drei Mengen nach:

$$P(A \cup B \cup C) = P(A) + P(B) + P(C) - P(A \cap B) - P(A \cap C) - P(B \cap C) + P(A \cap B \cap C).$$

Zufallsvariablen

7.92 *In einer Lostrommel befinden sich 50 Lose à 50 Cent, 30 Lose à 1 Euro und 20 Lose à 2 Euro. Es wird ein Los gezogen. Die Zufallsvariable X ordne jedem Ergebnis den Wert des Loses zu. Man berechne den Erwartungswert und die Varianz von X.*

7.93 *Der bereits erwähnte Marquis de Méré (siehe [7.20]) stellte B. Pascal eine weitere Frage:*
Ist beim Wurf mit drei Würfeln die Augensumme 11 ebenso wahrscheinlich wie die Augensumme 12?
In moderner Sprechweise:
Beim Zufallsexperiment "Werfen dreier Würfel" ordne die Zufallsvariable X jedem Ergebnis die Augensumme zu. Ist $P(X = 11) = P(X = 12)$?

7.94 *Es wird mit zwei Würfeln um Geld gewürfelt: Augensumme 2 und 12 gewinnt 7 Euro, Augensumme 3, 4, 10, 11 gewinnt 2 Euro, Augensumme 5, 6, 8, 9 verliert einen Euro und Augensumme 7 verliert 3 Euro. Ist es ein faires Spiel? (Man führe eine Zufallsvariable ein und berechne mit Hilfe von [7.19] ihren Erwartungswert.)*
Wie muss man gegebenenfalls den Hauptgewinn erhöhen, damit es fair wird?

Mehrstufige Experimente

7.95 *Ein zweistufiges Zufallsexperiment finde wie folgt statt:*
Erst wird ein Würfel geworfen. Fällt 1 oder 2, so wird er noch einmal geworfen. Fällt 3, 4, 5 oder 6, so werden zwei unterscheidbare Münzen geworfen. Die Ergebnisse sind also Paare der Form (a, b) bzw. $(a, (c, d))$.

(a) *Man berechne die Wahrscheinlichkeit der Ergebnisse $(2, 2)$, $(4, 2)$, $(1, (W, W))$ und $(3, (W, Z))$.*

(b) *Was ist die Wahrscheinlichkeit des Ereignisses A: "Das Experiment endet mit einem Münzwurf mit gleichen Bildern"?*

(c) *Was ist die Wahrscheinlichkeit des Ereignisses B: "Das Experiment endet mit dem Wurf von 6 oder einem Münzwurf mit gleichen Bildern"?*

Bedingte Wahrscheinlichkeit, unabhängige Ereignisse

7.96 *Aus einem gut gemischten Skatspiel wird verdeckt eine Karte gezogen. Wie groß ist die Wahrscheinlichkeit, dass diese Karte ein Bild (Bube, Dame oder König), ein Pik bzw. ein Pik-Bild ist?*
Man erhält zusätzlich die Information, dass es ein Bild bzw. ein Pik ist. Wie groß ist dann die Wahrscheinlichkeit, dass es ein Pik-Bild ist?

7.97 *Für die vier Ereignisse aus [7.75] berechne man alle bedingten Wahrscheinlichkeiten $P_U(V)$, wobei U, V jeweils eines der Ereignisse A, B, C, D ist. Sind zwei bzw. drei bzw. vier dieser Ereignisse unabhängig?*

7.98 *Sei B ein Ereignis, also eine Teilmenge der Ergebnismenge Ω, mit $P(B) \neq 0$. Man zeige, dass die bedingte Wahrscheinlichkeit P_B mit $P_B(A) = \frac{P(A \cap B)}{P(B)}$ die Eigenschaften (W1), (W2) und (W3) einer Wahrscheinlichkeitverteilung hat.*

7.99 *Ein Hochhaus wird von 50 Parteien bewohnt. 40 davon haben die lokale Tageszeitung abonniert, von diesen wiederum 30% auch eine Wochenzeitschrift. Von den 10 Parteien, die nicht die Tageszeitung abonniert haben, haben 60% eine Wochenzeitschrift abonniert. Beim Betreten des Hauses treffen Sie einen Bewohner, der seine Wochenzeitschrift aus dem Briefkasten holt. Mit Hilfe eines Ereignisbaumes bestimme man, mit welcher Wahrscheinlichkeit er auch die Tageszeitung abonniert hat.*

7.100 *Vier Würfel werden im Becher geschüttelt und zugleich verdeckt auf den Tisch geworfen. Ein Dreier bedeutet genau drei gleiche Zahlen.*
Man erhält über einen Wurf die Information B: Es ist mindestens eine Fünf und mindestens eine Sechs gefallen, zwei Würfel zeigen dieselbe Zahl.
Wie groß ist die Wahrscheinlichkeit, dass ein Dreier dabei ist?
Wie groß ist diese Wahrscheinlichkeit ohne die Information?

7.101 *Beim Skatspiel habe Spieler 1 genau zwei Buben. Wie groß ist die Wahrscheinlichkeit, dass im Skat mindestens ein weiterer Bube liegt?*

7.102 *In Adorf sind 30% der Bewohner jünger als 31 Jahre, 30% sind 31 bis 60 Jahre alt, der Rest ist älter als 60. Eine beliebte Fernsehserie wird in Adorf von höchstens 30-jährigen Zuschauern zu 20%, von 31- bis 60-jährigen zu 40% und von den übrigen zu 70% regelmäßig gesehen.*

(a) *Mit welcher Wahrscheinlichkeit schaut ein Adorfer regelmäßig die Serie?*
Hinweis: Formel von der totalen Wahrscheinlichkeit.

(b) *Sie erfahren über den Adorfer Bewohner Herrn Lehmann, dass er die Serie regelmäßig anschaut. Mit welcher Wahrscheinlichkeit ist Herr Lehmann mindestens 61 Jahre alt?*
Hinweis: Formel von Bayes.

7.103 *Beim Zufallsexperiment "Dreimaliges Werfen einer Münze" sei das Ereignis* $A = \{(W,W,Z),(W,Z,W),(Z,Z,W),(W,Z,Z)\}$ *. Man untersuche, ob* A *und* B *unabhängig sind, wobei* B *das folgende Ereignis ist:*

(a) *"Genau zweimal Zahl",* (b) *"Mindestens zweimal Wappen",*
(c) $B = \{(Z,Z,Z),(Z,W,W),(W,Z,W),(Z,W,Z)\}$.

7.104 *Beim Zufallsexperiment "Dreimaliges Werfen einer Münze" sei das Ereignis* A_j*: Im* j*-ten Wurf fällt Zahl. Man zeige, dass* A_1, A_2, A_3 *unabhängig sind.*

7.105 *Man zeige: Sind* A, B *unabhängig, so auch* $A, \overline{B}$.

7.106 *Die Ereignisse* A *und* B *seien unabhängig, es gelte* $P(A) = \frac{2}{3}$, $P(B) = \frac{1}{2}$. *Mit welcher Wahrscheinlichkeit*

(a) *treten beide Ereignisse ein?* (b) *tritt mindestens ein Ereignis ein?*
(c) *tritt genau ein Ereignis ein?*

Bernoulli-Experimente

7.107 *Ein Würfel wird mehrfach geworfen. Wie groß ist die Wahrscheinlichkeit,*

(a) *bis zum 5. Wurf mindestens eine Sechs zu werfen?*
(b) *im 5. Wurf die erste Sechs zu werfen?*
(c) *in 5 Würfen genau eine Sechs zu werfen?*

7.108 *Ein Würfel wird mehrfach geworfen.*

(a) *Wie oft muss man würfeln, bis die Wahrscheinlichkeit, mindestens eine Sechs zu werfen, mindestens 0.8 ist?*
(b) *Für welche* n *ist die Wahrscheinlichkeit, im* n*-ten Wurf die erste Sechs zu werfen, mindestens 1%?*

7.109 *Ein Würfel wird mehrfach geworfen. Wie groß ist die Wahrscheinlichkeit,*

(a) *in 50 Würfen genau 20-mal Drei oder Vier zu werfen?*
(b) *im 100. Wurf die 14. Sechs zu werfen?*

7.110 *Durchschnittlich 60% der 100 Angestellten einer Firma essen in der werkseigenen Kantine. Wie groß ist die Wahrscheinlichkeit, dass folgende Anzahl von Personen in der Kantine isst:*

(a) *genau 70,* (b) *höchstens 50,* (c) *mehr als 70,*
(d) *weniger als 70,* (e) *höchstens 51,* (f) *mehr als 50, höchstens 70?*

Hinweis: Für die Verteilungsfunktion F einer binomialverteilten Zufallsvariablen mit Parametern $n = 100$ und $p = 0.6$ erhält man mit einer Tabelle, einem geeigneten Taschenrechner oder durch ein kleines Programm:
$F(50) \approx 0.027$ *und* $F(70) \approx 0.9852$.

7.111 *Von den 100 Beschäftigten einer Firma kommen durchschnittlich 40% mit dem eigenen Kfz zur Arbeit.*

(a) *Mit welcher Wahrscheinlichkeit genügt ein Parkplatz mit 50 Plätzen?*

(b) *Wieviele Parkplätze müssen mindestens vorhanden sein, damit sie mit einer Wahrscheinlichkeit von 95% ausreichen?*

Hinweis: Für die Verteilungsfunktion F einer binomialverteilten Zufallsvariablen mit Parametern $n = 100$ und $p = 0.4$ ist $F(50) \approx 0.9832$ und $F(48) \approx 0.9577$.

7.10 Lösungen

Ereignisse, relative Häufigkeit

7.64 Ereignisse: Gegenereignisse:

A: ungerade Augenzahl, $A = \{1, 3, 5\}$, $\overline{A} = \{2, 4, 6\}$.

B: Augenzahl ≤ 2, $B = \{1, 2\}$, $\overline{B} = \{3, 4, 5, 6\}$.

C: Augenzahl 2 oder 5, $C = \{2, 5\}$, $\overline{C} = \{1, 3, 4, 6\}$.

Durchschnitte:
$A \cap B = \{1\}$, $A \cap C = \{5\}$, $B \cap C = \{2\}$, $A \cap B \cap C = \emptyset$ (unmögliches Ereignis).

Vereinigungen:
$A \cup B = \{1, 2, 3, 5\} = A \cup C$, $B \cup C = \{1, 2, 5\}$, $A \cup B \cup C = \{1, 2, 3, 4, 5\}$.

Hieraus folgt: $\overline{B \cup C} = \{3, 4, 6\}$ und $\overline{A \cap B} = \{2, 3, 4, 5, 6\}$.

7.65 Für das Ergebnis $\omega \in \Omega$ eines Zufallsexperiments bedeutet A tritt ein: $\omega \in A$.

A und B treten ein $\iff$ $\omega \in A \cap B$,

A und $\overline{B}$ treten ein $\iff$ $\omega \in A \cap \overline{B}$,

A und B treten ein oder A und $\overline{B}$ treten ein $\iff$ $\omega \in (A \cap B) \cup (A \cap \overline{B})$.

Zu zeigen ist also $A = (A \cap B) \cup (A \cap \overline{B})$.
Mit dem Distributivgesetz für Mengen und $B \cup \overline{B} = \Omega$ folgt:
$A = A \cap \Omega = A \cap (B \cup \overline{B}) = (A \cap B) \cup (A \cap \overline{B})$.

7.66 Genau eines der Ereignisse A, B, C tritt ein bedeutet:
A tritt ein, B und C nicht oder B tritt ein, A und C nicht oder C tritt ein, A und B nicht.
Also beim Ergebnis $\omega \in \Omega$: Genau eines der Ereignisse A, B, C tritt ein
$\iff \omega \in A \cap \overline{B} \cap \overline{C}$ oder $\omega \in \overline{A} \cap B \cap \overline{C}$ oder $\omega \in \overline{A} \cap \overline{B} \cap C$.
$\iff \omega \in (A \cap \overline{B} \cap \overline{C}) \cup (\overline{A} \cap B \cap \overline{C}) \cup (\overline{A} \cap \overline{B} \cap C)$
$\iff (A \cap \overline{B} \cap \overline{C}) \cup (\overline{A} \cap B \cap \overline{C}) \cup (\overline{A} \cap \overline{B} \cap C)$ tritt ein.

7.67 Das Ereignis A, d.h. Wurf einer 2, tritt in a genau 8-mal ein. Daher ist die relative Häufigkeit von A: $r(A) = r_a(A) = \frac{8}{36} \approx \underline{0.22}$.
B, d.h. Wurf von 1 oder 6, tritt genau 10-mal ein, also $r(B) = \frac{10}{36} \approx \underline{0.28}$.
C, d.h. ungerade Augenzahl, tritt genau 14-mal ein, also $r(C) = \frac{14}{36} \approx \underline{0.39}$.
Fazit: 36 Versuche sind hier zu wenig, um sich den erwarteten Zahlen $\frac{1}{6} \approx 0.167$, $\frac{1}{3} \approx 0.33$ und $\frac{1}{2}$ für A, B bzw C hinreichend anzunähern.
Die Fortsetzung um die weiteren 24 angegebenen Versuche ergibt mit
$r(A) = \frac{14}{60} \approx \underline{0.23}$, $r(B) = \frac{19}{60} \approx \underline{0.32}$ und $r(C) = \frac{27}{60} = \underline{0.45}$,
eine teilweise bessere Näherung. Bei großen Anzahlen von Würfen kann man jedoch gute Näherungen für $\frac{1}{6}$, $\frac{1}{3}$ und $\frac{1}{2}$ erwarten.

7.68 Das Ereignis A "Verschiedene Bilder", also $A = \{(W, Z), (Z, W)\}$, tritt in a genau 12-mal ein. Damit ist seine relative Häufigkeit bei dieser Ergebnisfolge $\frac{12}{20} = 0.6$. Wenn Sie selbst den Versuch wesentlich öfter als 20-mal durchführen, wird sich $r(A)$ bei ca. 0.5 einpendeln, $r(\{(W, W)\})$ und $r(\{(Z, Z)\})$ jeweils bei 0.25.

Beschreibende Statistik

7.69 Wir wählen 6 ($\approx \sqrt{32}$) Klassen gleicher Länge 6 von 130 bis 166:
$a_1 = 130$, $a_2 = 136$, $a_3 = 142$, $a_4 = 148$, $a_5 = 154$, $a_6 - 160$, $a_7 = 166$.
Als relative Klassenhäufigkeiten erhält man:
$k_1 = \frac{6}{32}$, $k_2 = \frac{3}{32}$, $k_3 = \frac{6}{32}$,
$k_4 = \frac{8}{32}$, $k_5 = \frac{4}{32}$, $k_6 = \frac{5}{32}$.
Probe: Die Summe ist 1.
Die zugehörigen Hohen sind:
$h_1 = \frac{k_1}{6} \approx 0.031$, $h_2 = \frac{k_2}{6} \approx 0.016$,
$h_3 = \frac{k_3}{6} \approx 0.031$, $h_4 = \frac{k_4}{6} \approx 0.042$,
$h_5 = \frac{k_5}{6} \approx 0.021$, $h_6 = \frac{k_6}{6} \approx 0.026$.

Histogramm zur Stichprobe

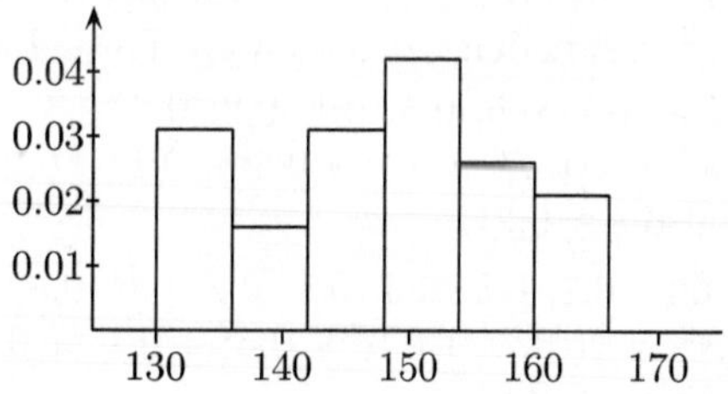

7.70

(a) Ordnen nach der Größe ergibt
$x_{(1)} = 0.1$, $x_{(2)} = 0.2$, $x_{(3)} = 0.3$, $x_{(4)} = 0.5$,
$x_{(5)} = 0.5$, $x_{(6)} = 0.6$, $x_{(7)} = 0.6$, $x_{(8)} = 0.7$.
Mittelwert: $\overline{x} = \frac{7+5+5+1+2+6+3+6}{80} = \frac{7}{16} = \underline{0.4375}$.
Median: $x_{1/2} = \frac{1}{2}(x_{(4)} + x_{(5)}) = \underline{0.5}$.

(b) Ordnen nach der Größe ergibt
$x_{(1)} = 0.2,\ x_{(2)} = 0.3,\ x_{(3)} = 0.5,\ x_{(4)} = 0.6,$
$x_{(5)} = 0.6,\ x_{(6)} = 0.7,\ x_{(7)} = 0.7.$
Mittelwert: $\overline{x} = \frac{7+5+6+7+2+6+3}{70} = \frac{36}{70} \approx \underline{0.514}$.
Median: $x_{1/2} = x_{(4)} = \underline{0.6}$.

(c) Ordnen nach der Größe ergibt das Ergebnis aus (b), bis auf $x_{(8)} = 7.9$.
Mittelwert: $\overline{x} = \frac{7+5+5+1+2+6+3+79}{80} = \frac{108}{80} \approx \underline{1.35}$.
Median: $x_{1/2} = \frac{x_{(4)}+x_{(5)}}{2} = \underline{0.6}$, wie in (b).

7.71

(a) Der Mittelwert wird am größten, wenn man die größten Zahlen verdreifacht, hier also 0.6 und 0.7. Dann ist $\overline{x} = \frac{21+5+5+1+2+18+3+6}{80} = \frac{61}{80} \approx \underline{0.76}$
Der Median vergrößert sich, wenn sich die beiden mittleren Glieder der neu geordneten Stichprobe vergrößern. Verdreifacht man $x_{(3)} = 0.3,\ x_{(4)} = 0.5$, so ist der Median $\underline{0.6}$.

(b) Siehe (a): Größter Mittelwert ist $\frac{21+5+6+21+2+6+3}{70} = \frac{64}{70} \approx \underline{0.914}$.
Größter Median ist $\underline{0.7}$ bei Verdreifachung von $x_{(4)} = 0.6,\ x_{(5)} = 0.6$ (oder von $x_{(3)},\ x_{(4)}$).

(c) Siehe (a): Größter Mittelwert ist $\frac{3\cdot 7+5+6+7+2+6+3+3\cdot 79}{80} = \frac{287}{80} \approx \underline{3.59}$
Größter Median ist wieder $\underline{0.7}$.

7.72

(a) Der Mittelwert ist jeweils 13. Damit folgt für die Stichprobe $10, 12, 14, 16$:
$s^2 = \frac{1}{3}((10-13)^2+(12-13)^2+(14-13)^2+(16-13)^2) = \frac{20}{3}$, also $\underline{s = \frac{\sqrt{20}}{\sqrt{3}} \approx 2.58}$.
Für $11, 8, 14, 19$ gilt: $s^2 = \frac{1}{3}((11-13)^2+(8-13)^2+(14-13)^2+(19-13)^2) = \frac{66}{3}$, also $\underline{s = \frac{\sqrt{66}}{\sqrt{3}} \approx 4.69}$.

(b) Die Mittelwerte kennen wir aus [7.70] als 0.4375 und 1.35. Zur Berechnung von s^2 verwenden wir die untere Formel aus dem Kasten auf [S. 289].
Zu 0.7, 0.5, 0.5, 0.1, 0.2, 0.6, 0.3, 0.6:
$s^2 = \frac{1}{7}((0.7^2+0.5^2+0.5^2+0.1^2+0.2^2+0.6^2+0.3^2+0.6^2) - 8\cdot 0.4375^2) \approx 0.046$, also $\underline{s \approx 0.21}$.
Zu 0.7, 0.5, 0.5, 0.1, 0.2, 0.6, 0.3, 7.9:
$s^2 = \frac{1}{7}((0.7^2+0.5^2+0.5^2+0.1^2+0.2^2+0.6^2+0.3^2+7.9^2) - 8\cdot 1.35^2) \approx 7.06$, also $\underline{s \approx 2.65}$.
Der "Ausreißer" 7.9 hat die Varianz deutlich verändert.

Laplace-Verteilung

7.73 Ergebnisraum ist $\Omega = \{1,2,3,4,5,6\}$,
es ist $A = \{1,3,5\}$, $B = \{1,2,4,6,\}$, $C = \{3,4,5,6\}$.
$P(A) = \frac{|A|}{|\Omega|} = \frac{3}{6} = \underline{\frac{1}{2}}$. Gegenereignis "Gerade Augenzahl" ist $\overline{A} = \{2,4,6\}$,
$P(\overline{A}) = \frac{|\overline{A}|}{6} = \underline{\frac{1}{2}} = 1 - P(A)$.
$P(B) = \frac{|B|}{6} = \underline{\frac{2}{3}}$. Gegenereignis ist $\overline{B} = \Omega \setminus B$: "Drei oder Fünf", $\overline{B} = \{3,5\}$,
$P(\overline{B}) = \frac{2}{6} = \underline{\frac{1}{3}} = 1 - P(B)$.
$P(C) = \frac{|C|}{6} = \underline{\frac{2}{3}}$. Gegenereignis ist $\overline{C} = \Omega \setminus C$: "Zwei oder Eins", $\overline{C} = \{1,2\}$,
$P(\overline{C}) = \frac{2}{6} = \underline{\frac{1}{3}} = 1 - P(C)$.

7.74 A, B, C und ihre Gegenereignisse findet man in der vorangehenden Aufgabe.

(a) Die Wahrscheinlichkeit, dass A und B eintreten, also $A \cap B = \{1\}$ eintritt, ist $P(A \cap B) = \frac{|A \cap B|}{|\Omega|} = \underline{\frac{1}{6}}$. Entsprechend folgt mit $A \cap C = \{3,5\}$ und $B \cap C = \{4,6\}$: $P(A \cap C) = \underline{\frac{1}{3}} = P(B \cap C)$.

(b) Die Wahrscheinlichkeit, dass A, B und C eintreten, also $A \cap B \cap C = \emptyset$ eintritt, ist 0.

(c) Die Wahrscheinlichkeit, dass (mindestens!) eines der Ereignisse A, B eintritt, also $A \cup B = \{1,2,3,4,5,6\} = \Omega$ eintritt, ist $\underline{P(A \cup B) = 1}$.

Oder: $P(A \cup B) = P(A) + P(B) - P(A \cap B) = \frac{1}{2} + \frac{2}{3} - \frac{1}{6} = 1$ nach (W3*).
Entsprechend folgt mit $A \cup C = \{1,3,4,5,6\}$ und $B \cup C = \Omega$:
$\underline{P(A \cup C) = \frac{5}{6}}$ und $\underline{P(B \cup C) = 1}$.

(d) Die Wahrscheinlichkeit, dass A, B oder C eintritt, also $A \cup B \cup C = \Omega$ eintritt, ist 1.

(e) Genau eines der Ereignisse A, B tritt ein $\iff$ $(A \cap \overline{B}) \cup (B \cap \overline{A})$ tritt ein gilt nach [7.5].
Es ist $A \cap \overline{B} = \{3,5\}$, $B \cap \overline{A} = \{2,4,6\}$, also $(A \cap \overline{B}) \cup (B \cap \overline{A}) = \{2,3,4,5,6\}$.
Die Wahrscheinlichkeit, dass genau eines der Ereignisse A, B eintritt, ist $\underline{\frac{5}{6}}$.
Entsprechend
für A, C: $P((A \cap \overline{C}) \cup (C \cap \overline{A})) = P(\{1,4,6\}) = \underline{\frac{1}{2}}$,
für B, C: $P((B \cap \overline{C}) \cup (C \cap \overline{B})) = P(\{1,2,3,5\}) = \underline{\frac{2}{3}}$.

(f) Nach [7.66] gilt: Genau eines der Ereignisse A, B, C tritt ein $\iff$
$(A \cap \overline{B} \cap \overline{C}) \cup (\overline{A} \cap B \cap \overline{C}) \cup (\overline{A} \cap \overline{B} \cap C)$ tritt ein.
Dieses letzte Ereignis berechnet man als $\emptyset \cup \{2\} \cup \emptyset$,
also ist $\underline{\frac{1}{6}}$ die gesuchte Wahrscheinlichkeit.

7.75

(a) Für den zweiten Wurf gibt es noch 6 Möglichkeiten, damit gibt es 6 günstige Fälle, es ist $A = \{(5,1),(5,2),(5,3),(5,4),(5,5),(5,6)\}$.
Mögliche Fälle gibt es $6 \cdot 6 = 36$.
Die gesuchte Wahrscheinlichkeit ist $P(A) = \frac{|A|}{36} = \frac{6}{36} = \underline{\frac{1}{6}}$.

(b) Die günstigen Fälle sind Würfe mit den Augenzahlen 2, 3, 5 oder 6, es ist $B = \{(i,j) \,|\, i,j \in \{2,3,5,6\}\}$. B hat $4 \cdot 4 = 16$ Elemente.
Die gesuchte Wahrscheinlichkeit ist $P(B) = \frac{|B|}{36} = \frac{16}{36} = \underline{\frac{4}{9}}$.

(c) Da $12 = 2 \cdot 6 = 3 \cdot 4 = 4 \cdot 3 = 6 \cdot 2$, ist $C = \{(2,6),(3,4),(4,3),(6,2)\}$.
Die gesuchte Wahrscheinlichkeit ist $P(C) = \frac{|C|}{36} = \frac{4}{36} = \underline{\frac{1}{9}}$.

(d) Mögliche Zerlegungen von $1, 2, \ldots, 6$ in ein Produkt aus 2 Faktoren ≤ 6 sind

$$1 = 1 \cdot 1, \quad 2 = 1 \cdot 2 = 2 \cdot 1, \quad 3 = 1 \cdot 3 = 3 \cdot 1, \quad 4 = 4 \cdot 1 = 1 \cdot 4 = 2 \cdot 2,$$
$$5 = 1 \cdot 5 = 5 \cdot 1, \quad 6 = 1 \cdot 6 = 6 \cdot 1 = 2 \cdot 3 = 3 \cdot 2.$$

Damit ist $D = \{(1,1),(1,2),(2,1),(1,3),(3,1),(4,1),(1,4),(2,2),$
$(1,5),(5,1),(1,6),(6,1),(2,3),(3,2)\}$.
Die gesuchte Wahrscheinlichkeit ist $P(D) = \frac{|D|}{36} = \frac{14}{36} = \underline{\frac{7}{18}}$.

7.76 Gegenereignisse:
$P(\overline{A}) = 1 - P(A) = \underline{\frac{5}{6}}, \quad P(\overline{B}) = 1 - P(B) = \underline{\frac{5}{9}}, \quad P(\overline{D}) = 1 - P(D) = \underline{\frac{11}{18}}$.
Durchschnitte:
$A \cap B = \{(5,2),(5,3),(5,5),(5,6)\}, \quad P(A \cap B) = \underline{\frac{1}{9}}$.
$A \cap D = \{(5,1)\}, \quad P(A \cap D) = \underline{\frac{1}{36}}, \quad A \cap B \cap D = \emptyset, \quad P(A \cap B \cap D) = \underline{0}$.
$B \cap D = \{(2,2),(2,3),(3,2)\}, \quad P(B \cap D) = \frac{3}{36} = \underline{\frac{1}{12}}$.
Vereinigungen:
Natürlich kann man die Vereinigungen direkt berechnen.
Praktisch ist jedoch die Formel $P(A \cup B) = P(A) + P(B) - P(A \cap B)$.
Damit ergibt sich hier:
$P(A \cup B) = \frac{1}{6} + \frac{4}{9} - \frac{1}{9} = \underline{\frac{1}{2}}, \qquad P(A \cup D) = \frac{1}{6} + \frac{14}{36} - \frac{1}{36} = \underline{\frac{19}{36}}$,
$P(B \cup D) = \frac{4}{9} + \frac{14}{36} - \frac{1}{12} = \frac{27}{36} = \underline{\frac{3}{4}}$.
$P(A \cup B \cup D) = \frac{28}{36} = \underline{\frac{7}{9}}$, denn $A \cup B \cup D$ besitzt genau 28 Elemente.
Alternative Berechnung von $P(A \cup B \cup D)$:
Man benutzt den Additionssatz von [S. 300] für $P(A \cup B \cup D)$:

$$\begin{aligned} &P(A \cup B \cup D) \\ &= P(A) + P(B) + P(D) - P(A \cap B) - P(A \cap D) - P(B \cap D) + P(A \cap B \cap D) \\ &= \frac{1}{6} + \frac{4}{9} + \frac{14}{36} - \frac{1}{9} - \frac{1}{36} - \frac{1}{12} + 0 = \frac{28}{36} = \frac{7}{9}. \end{aligned}$$

7.77

(a) Nach [6.16] gibt es $9 \cdot 9 \cdot 8 = 648$ solche Zahlen mit drei verschiedenen Ziffern: 9 Möglichkeiten für die Hunderterziffer, dann noch 9 Möglichkeiten für die Zehnerziffer und schließlich 8 für die Einerziffer.
Dies ist die Anzahl der "günstigen" Möglichkeiten.
Dreistellige Zahlen gibt es 900.
Daher ist die gesuchte Wahrscheinlichkeit $\frac{648}{900} = \frac{18}{25} = 0.72 = \underline{72\%}$.

(b) Dreistellige Zahlen mit genau zwei gleichen Ziffern gibt es 243.
Denn nach (a) gibt es $900 - 648 = 252$ dreistellige Zahlen mit mindestens 2 gleichen Ziffern. Davon haben 9 Zahlen 3 gleiche Ziffern. Also gibt es 243 dreistellige Zahlen mit genau zwei gleichen Ziffern.
Die gesuchte Wahrscheinlichkeit ist $\frac{243}{900} = \frac{27}{100} = \underline{27\%}$.

7.78 Ein Skatblatt besteht aus 32 Karten.

(a) Es gibt 4 Damen, die gesuchte Wahrscheinlichkeit ist $\frac{4}{32} = \frac{1}{8} = \underline{12.5\%}$.

(b) Es gibt 12 Bilder, die gesuchte Wahrscheinlichkeit ist $\frac{12}{32} = \frac{3}{8} = \underline{37.5\%}$.

(c) Es gibt 8 rote Zahlenwerte, die Wahrscheinlichkeit ist $\frac{8}{32} = \frac{1}{4} = \underline{25\%}$.

7.79 Wir wählen als Ergebnisraum die Menge der $\binom{32}{2} = 16 \cdot 31 = 496$ möglichen 2 Karten im Skat.

(a) Siehe [7.22 (a)]. Auswahlen von 2 Buben aus 4 Buben gibt es $\binom{4}{2} = 6$, s. [S. 295].
Mögliche Fälle gibt es 496. Die Wahrscheinlichkeit ist $\frac{6}{496} = \underline{1.2\%}$.

(b) Jedes der 12 Bilder kann mit jedem der 16 Zahlenwerte zusammentreffen, es gibt $12 \cdot 16 = 192$ günstige Fälle. Die Wahrscheinlichkeit ist $\frac{192}{496} = \underline{\frac{12}{31} \approx 38.7\%}$.

(c) Auswahlen von 2 Zahlenwerten aus 16 gibt es $\binom{16}{2} = 120$.
Die Wahrscheinlichkeit ist $\frac{120}{496} = \underline{\frac{15}{62} \approx 24.2\%}$.

7.80 Im Jahr 1991 empfahl eine bekannte amerikanische Journalistin in ihrer Spalte einer Wochenzeitschrift dem Kandidaten, nach Öffnen einer Tür durch den Moderator die Tür zu wechseln. Sie sagte, die Chancen würden sich dadurch verdoppeln, und begründete dies. Sie erhielt eine riesige Anzahl von Zuschriften. Ca. 90% vertraten die Ansicht, der Kandidat solle nicht wechseln, da durch das Vorgehen des Moderators sich seine Chancen von 1 : 2 auf 1 : 1 erhöht hätten. Das ist aber falsch! Das Problem wurde auch in Europa heiß diskutiert.
Es gibt eine einfache zwingende Begründung für den Wechsel und die Gewinn-Wahrscheinlichkeit:
1. Bleibt der Kandidat bei seiner ersten Entscheidung, so gewinnt er genau dann das Auto, wenn er am Anfang auf die Tür zeigt, hinter der es steht. Die Wahrscheinlichkeit für Letzteres ist (Gleichverteilung!) $\mathbf{\frac{1}{3}}$.
2. Wechselt der Kandidat nach der Aktion des Moderators zur zweiten verschlossenen Tür, so gewinnt er genau dann das Auto, wenn er am Anfang auf eine Tür zeigt, hinter der eine Ziege steht. Die Wahrscheinlichkeit für Letzteres ist $\mathbf{\frac{2}{3}}$.
Durch den Wechsel verdoppelt sich also seine Gewinnwahrscheinlichkeit.

7.81 Wir wählen als Ergebnisraum die Menge der $m = \binom{32}{10} = 64\,512\,240$ möglichen Skatblätter (Auswahl von 10 aus 32) für einen Spieler.

(a) Auswahlen von zwei Buben aus vieren gibt es $\binom{4}{2} = 6$. Zu den zwei Buben erhält man 8 von 28 Karten (ein weiterer Bube darf nicht dabei sein), das sind $\binom{28}{8} = 3\,108\,105$ Möglichkeiten, siehe [S. 295]. Nach dem Abzählprinzip [S. 295] ergeben sich $g = 6 \cdot 3\,108\,105 = 18\,648\,630$ "günstige" Fälle.
Die gesuchte Wahrscheinlichkeit ist damit

$$\frac{g}{m} = \frac{18\,648\,630}{64\,512\,240} = \frac{2079}{7192} \approx 0.289 = \underline{28.9\%}.$$

(b) Die Rechnung erfolgt wie in (a). Nur gibt es jetzt genau eine Möglichkeit, zwei rote Buben zu erhalten, der Faktor 6 bei den günstigen Fällen entfällt.
Die Wahrscheinlichkeit ist jetzt $\frac{2079}{6 \cdot 7192} = \frac{693}{14384} \approx \underline{4.8\%}$.

(c) Zu den vier Buben erhält man 6 von 28 Karten, das sind $v = \binom{28}{6} = 376\,740$ Möglichkeiten.
Die gesuchte Wahrscheinlichkeit ist $\frac{v}{m} = \frac{376\,740}{64\,512\,240} = \frac{21}{3596} \approx \underline{0.6\%}$.

(d) Hat man keinen Buben, so erhält man 10 von 28 Karten, das sind $k = \binom{28}{10} = 13\,123\,110$ Möglichkeiten.
Die gesuchte Wahrscheinlichkeit ist $\frac{k}{m} = \frac{1463}{7192} \approx \underline{20\%}$.
Ein Blatt ohne Buben ist damit ungefähr 35-mal wahrscheinlicher als eines mit vier Buben.

7.82 Wir wählen als Ergebnisraum die Menge der möglichen Kartenverteilungen auf den Skat und die drei Spieler mit $m = \binom{32}{10} \cdot \binom{22}{10} \cdot \binom{12}{10}$ Elementen, siehe [7.22].

Das Ereignis B hat $6 \cdot \binom{28}{8}$ Elemente, siehe [7.81 (a)]. Für den Skat (Ereignis A) gibt es dann zwei Fälle: Er enthält genau einen oder zwei Buben. Da sie sich ausschließen, addieren sich die Wahrscheinlichkeiten (Additivität).

Fall 1: Der Skat enthält genau einen Buben.
Es gibt noch zwei Auswahlen für den Buben und 20 Möglichkeiten für die zweite Karte (sie darf kein Bube und keine Karte von Spieler 1 sein). Für Spieler 2 bleiben $\binom{20}{10}$ Möglichkeiten, die Karten von Spieler 3 sind dann festgelegt.
Nach dem Abzählprinzip [S. 295] gibt es in diesem Fall
$g_1 = 6 \cdot \binom{28}{8} \cdot 2 \cdot 20 \cdot \binom{20}{10}$ günstige Ergebnisse.

Fall 2: Der Skat enthält zwei Buben.
Für Spieler 2 bleiben $\binom{20}{10}$ Möglichkeiten. Nach dem Abzählprinzip gibt es hier
$g_2 = 6 \cdot \binom{28}{8} \cdot 1 \cdot \binom{20}{10}$ günstige Ergebnisse.

Mögliche Ergebnisse gibt es $m = \binom{32}{10} \cdot \binom{22}{10} \cdot \binom{12}{10}$, siehe [7.22].

Die gesuchte Wahrscheinlichkeit ist $\frac{g_1+g_2}{m} = \frac{369}{7192} \approx 0.0513 = \underline{5.13\%}$.

7.83 Die Ergebnisse sind 8-Tupel, deren Komponenten Z oder W sind, ihre Anzahl ist daher $2^8 = 256$, siehe [S. 295]. Die günstigen Ergebnisse sind 8-Tupel, bei denen genau in 4 Komponenten Z auftritt. Nach [S. 295] gibt es genau $\binom{8}{4} = \frac{8 \cdot 7 \cdot 6 \cdot 5}{2 \cdot 3 \cdot 4} = 70$ Möglichkeiten, aus 8 Komponenten 4 auszuwählen. Damit gibt es 70 günstige Ergebnisse. Die gesuchte Wahrscheinlichkeit ist $\frac{70}{256} \approx \underline{27\%}$.

7.84 A und B seien die beiden Ereignisse. Wir berechnen wie in [7.20] jeweils die Wahrscheinlichkeit des Gegenereignisses $\overline{A}$ bzw. $\overline{B}$.

Zu $\overline{A}$: Beim ersten Experiment, 5 Würfe mit einem Würfel, sind die Ergebnisse 5-Tupel aus $\{1,\ldots,6\}$, die Anzahl der möglichen Fälle ist also $6^5 = 7\,776$, siehe [S. 295]. Ergebnisse ohne Sechs sind 5-Tupel aus $\{1,\ldots,5\}$, die Anzahl der günstigen Ergebnisse für $\overline{A}$ ist $5^5 = 3125$. Damit ist

$$P(\overline{A}) = \tfrac{5^5}{6^5} \approx 0.402 = 40.2\%, \text{ also } \quad P(A) = 1 - P(\overline{A}) \approx \underline{59.8\%}.$$

Zu $\overline{B}$: Beim zweiten Experiment, 32 Würfe mit zwei Würfeln, müssen wir zur Berechnung der Wahrscheinlichkeit die Würfel als unterscheidbar ansehen, siehe [S. 292], es gibt 36 Möglichkeiten für einen Wurf. Die Anzahl der möglichen Ergebnisse bei 32 Würfen ist 36^{32}.

Ergebnisse ohne Sechserpasch sind 32-Tupel ohne $(6,6)$, es gibt 35 Möglichkeiten für einen Wurf. Die Anzahl der für $\overline{B}$ günstigen Fälle ist also 35^{32}. Damit ist

$$P(\overline{B}) = (\tfrac{35}{36})^{32} \approx 0.406 = 40.6\%, \quad \text{also} \quad P(B) = 1 - P(\overline{B}) \approx \underline{59.4\%}.$$

Das Eintreten von A ist geringfügig wahrscheinlicher.

7.85 Die Ergebnismenge Ω ist die Menge aller 29-Tupel aus den Zahlen $1, 2, \ldots, 365$ (Schaltjahre werden vernachlässigt). Nach [S. 295] ist $|\Omega| = 365^{29}$ die Anzahl der möglichen Ergebnisse. Ist A das genannte Ereignis, so ist das Gegenereignis $\overline{A}$ die Menge aller Tupel in Ω, bei denen der Geburtstag von Fritz fehlt.
Nach [S. 295] gibt es davon 364^{29}. Dies ist die Anzahl der für $\overline{A}$ günstigen Ergebnisse. Es folgt

$$P(\overline{A}) = (\tfrac{364}{365})^{29} \approx 0.924 = 92.4\%, \quad \text{also} \quad P(A) \approx 0.076 = \underline{7.6\%}.$$

Mit einer Wahrscheinlichkeit von 7.6% hat mindestens eine der 29 Personen am selben Tag Geburtstag wie Fritz.

Sei A_n das Ereignis, dass von n Personen mindestens eine am selben Tag Geburtstag hat wie eine weitere fest ausgewählte Person.
Es soll gelten: $\quad P(A_n) \geq 50\%$, d.h. $\quad P(\overline{A_n}) = (\tfrac{364}{365})^n \leq 0.5$.
Logarithmieren ergibt (beachte $\ln(\tfrac{364}{365}) = \ln(364) - \ln(365) < 0$):

$$(\tfrac{364}{365})^n \leq 0.5 \iff n \cdot \ln(\tfrac{364}{365}) \leq \ln(0.5) \iff n \geq \tfrac{\ln(0.5)}{\ln(364)-\ln(365)} \approx 252.6.$$

Ab $\underline{n = 253}$ ist die Wahrscheinlichkeit von A_n mindestens 50%.

7.86 Es handelt sich um ein Laplace-Experiment.
Mögliche Tipps gibt es $m = \binom{49}{6} = 13\,983\,816$, siehe [7.1 (g)].

(a) Von den Zahlen $1, 2, \ldots, 49$ sind 25 ungerade. Die für A günstigen Ergebnisse entsprechen einer Ziehung von 6 Zahlen aus diesen Zahlen. Ihre Anzahl ist daher $\binom{25}{6}$, siehe [S. 295]. Damit ist $\quad P(A) = \frac{\binom{25}{6}}{\binom{49}{6}} = \frac{177\,100}{13\,983\,816} = \frac{25}{1974} \approx 0.013 = \underline{1.3\%}.$

Wenn 2 und 49 feststehen, müssen noch 4 Gewinnzahlen aus 47 Zahlen gezogen werden. Daher ist $\quad P(C) = \frac{\binom{47}{4}}{\binom{49}{6}} = \frac{178\,365}{13\,983\,816} = \frac{5}{392} \approx 0.013 = \underline{1.3\%}.$

Es ist $\frac{25}{1974} < \frac{5}{392}$, denn $(9800 =)25{\cdot}392 < 9870(= 5{\cdot}1974)$, also ist $P(A) < P(C)$.

(b) Nach dem Additionssatz [S. 300] ist $P(A \cup B) = P(A) + P(B) - P(A \cap B)$.
Zunächst ist, analog zu (a), $P(B) = \frac{\binom{19}{6}}{\binom{49}{6}} = \frac{27\,132}{13\,983\,816} = \frac{323}{166\,474} \approx 0.002 = \underline{0.2\%}$.
$A \cap B$ ist das Ereignis: Alle Gewinnzahlen sind ungerade und kleiner als 20.
Somit ist $P(A \cap B) = \frac{\binom{10}{6}}{\binom{49}{6}} = \frac{210}{13\,983\,816} = \frac{5}{332\,948} \approx 0$.
Daher ist $P(A \cup B) \approx P(A) + P(B) \approx \underline{0.015}$.
Wegen $A \cap C = B \cap C = \emptyset$ gilt mit $p(C) \approx 0.013$ aus (a):
$P(A \cup C) = P(A) + P(C) \approx \underline{0.025}$ und $P(B \cup C) = P(B) + P(C) \approx \underline{0.015}$.

7.87 Es handelt sich um ein Laplace-Experiment.
Mögliche Tipps gibt es $m = \binom{49}{6} = 13\,983\,816$, siehe [7.1 (g)].

(a) Es gibt 6 Gewinnzahlen und 43 Nichtgewinnzahlen. Jedes für A günstige Ergebnis erhält man durch eine "Ziehung" von drei Zahlen aus den Gewinnzahlen und drei Zahlen aus den Nichtgewinnzahlen. Dafür gibt es nach dem Abzählprinzip [S. 295] $g = \binom{6}{3} \cdot \binom{43}{3} = 246\,820$ Möglichkeiten. Damit ist $P(A) = \frac{g}{m} \approx \underline{1.77\%}$.

(b) Günstige Ziehungen für das Ereignis B, drei Gewinnzahlen und Zusatzzahl, gibt es $\binom{6}{3} \cdot \binom{42}{2} = 17\,220$, da die Zusatzzahl eine Nichtgewinnzahl ist und als vierte Zahl feststeht und dann noch 2 von 42 Nichtgewinnzahlen dazukommen. Also ist $P(B) = \frac{17\,220}{13\,983\,816} = \frac{205}{166\,474} \approx \underline{0.12\%}$.

(c) Günstige Ziehungen für das Ereignis C, drei Gewinnzahlen ohne Zusatzzahl, gibt es $\binom{6}{3} \cdot \binom{42}{3} = 229\,600$, da die Zusatzzahl eine Nichtgewinnzahl ist und 3 von 42 Nichtgewinnzahlen dabei sind. Also ist $P(C) = \frac{229\,600}{13\,983\,816} = \frac{4100}{249\,711} \approx \underline{1.64\%}$.
Probe: $\binom{42}{2} + \binom{42}{3} = \binom{43}{3}$, siehe [S. 263]. Oder: $17\,220 + 229\,600 = 246\,820$.

Allgemeine Wahrscheinlichkeitsdefinition

7.88

(a) Es gilt $p(\omega_1) + p(\omega_2) + p(\omega_3) + p(\omega_4) = 1$ und $0 \leq p(\omega_j)$ für alle j. Damit ist durch diese Vorgabe der Wahrscheinlichkeiten auf den Ergebnissen des Experiments eine Wahrscheinlichkeitsverteilung P auf Ω gegeben.

(b) Nach (a) ist $P(\{\omega_1, \omega_2\}) = p(\omega_1) + p(\omega_2) = \frac{1}{6} + \frac{1}{2} = \underline{\frac{2}{3}}$.
Ebenso folgt $P(\{\omega_1, \omega_2, \omega_3\}) = \frac{1}{6} + \frac{1}{2} + \frac{1}{6} = \underline{\frac{5}{6}}$ oder
$P(\{\omega_1, \omega_2, \omega_3\}) = P(\{\omega_1, \omega_2\}) + P(\{\omega_3\}) = \frac{2}{3} + \frac{1}{6} = \frac{5}{6}$ mit der Eigenschaft (W3).
$P(\{\omega_1, \omega_3, \omega_4\}) = \frac{1}{6} + \frac{1}{6} + \frac{1}{6} = \underline{\frac{1}{2}}$.

7.89 Annahme: A und B sind unvereinbar, d.h. $A \cap B = \emptyset$.
Nach (W3) gilt dann $P(A \cup B) = P(A) + P(B)$. Nach (W2) ist $P(A \cup B) \leq 1$, ein Widerspruch zur Voraussetzung $P(A) + P(B) > 1$.
Zur Widerlegung der Umkehraussage:
Beim Würfeln mit einem Würfel sei $A = \{1, 2\}$ und $B = \{2, 3\}$. Dann ist $A \cap B = \{2\}$, A und B sind vereinbar, aber es ist $P(A) + P(B) = \frac{1}{3} + \frac{1}{3} = \frac{2}{3} < 1$.

7.90

(a) Da $P(A) = \frac{1}{4}$ und $P(B) = \frac{3}{8}$, ist $P(\overline{A}) = 1 - \frac{1}{4} = \underline{\frac{3}{4}}$ und $P(\overline{B}) = 1 - \frac{3}{8} = \underline{\frac{5}{8}}$.

(b) Nach [S. 300] ist $P(A \cup B) = P(A) + P(B) - P(A \cap B) = \frac{1}{4} + \frac{3}{8} - \frac{1}{8} = \underline{\frac{1}{2}}$.

(c) Nach dem Hinweis ist $A = (A \cap B) \cup (A \cap \overline{B})$, ferner ist $(A \cap B) \cap (A \cap \overline{B}) = \emptyset$.
Mit (W3) folgt $P(A) = P(A \cap B) + P(A \cap \overline{B})$, also
$P(A \cap \overline{B}) = P(A) - P(A \cap B) = \frac{1}{4} - \frac{1}{8} = \underline{\frac{1}{8}}$.

(d) $P(A \cup \overline{B}) = P(A) + P(\overline{B}) - P(A \cap \overline{B}) = \frac{1}{4} + \frac{5}{8} - \frac{1}{8} = \underline{\frac{3}{4}}$ mit (c).

7.91 Mit $D = A \cup B$ und $E = C$ erhalten wir:
$P(A \cup B \cup C)$
$= P(D \cup E)$
$= P(D) + P(E) - P(D \cap E)$
$= P(A \cup B) + P(C) - P((A \cup B) \cap C)$
$= P(A \cup B) + P(C) - P((A \cap C) \cup (B \cap C))$, (Distributivgesetz)
$= P(A) + P(B) - P(A \cap B) + P(C) - \big(P(A \cap C) + P(B \cap C) - P((A \cap C) \cap (B \cap C))\big)$
$= P(A) + P(B) + P(C) - P(A \cap B) - P(A \cap C) - P(B \cap C) + P(A \cap B \cap C)$.

Zufallsvariablen

7.92 Die Wahrscheinlichkeit p_1, p_2 bzw. p_3 zum Ziehen von Losen im Wert von $\frac{1}{2}$, 1 bzw. 2 Euro ist $\frac{1}{2}$, $\frac{3}{10}$ bzw. $\frac{1}{5}$. Nach Definition ist der Erwartungswert

$$E(X) = \frac{1}{2} \cdot 0.5 + \frac{3}{10} \cdot 1 + \frac{1}{5} \cdot 2 = \frac{19}{20} = \underline{0.95}, \quad \text{also 95 Cent.}$$

Die Varianz und die Standardabweichung sind
$V(X) = \frac{1}{2} \cdot (0.5 - 0.95)^2 + \frac{3}{10} \cdot (1 - 0.95)^2 + \frac{1}{5} \cdot (2 - 0.95)^2 = 0.3225$ und
$\sigma(X) = \sqrt{V(X)} \approx 0.57$.

7.93 Zur Berechnung der Wahrscheinlichkeiten muss man die Würfel unterscheiden.
Augensumme 12 ergibt sich bis auf die Reihenfolge sechsmal als
$1+5+6$, $2+4+6$, $2+5+5$, $3+3+6$, $3+4+5$, $4+4+4$.
Augensumme 11 ergibt sich bis auf die Reihenfolge ebenfalls sechsmal als
$1+4+6$, $1+5+5$, $2+3+6$, $2+4+5$, $3+3+5$, $3+4+4$.
Dies hatte der Marquis sich wohl überlegt, war aber durch die Realität unschlüssig geworden. Jede Summe mit drei verschiedenen Summanden wird nämlich durch 6 verschiedene Würfe realisiert, so
$1+5+6$ durch $(1,5,6), (1,6,5), (5,1,6), (5,6,1), (6,1,5), (6,5,1)$.
Jede Summe mit zwei verschiedenen Summanden wird durch drei Würfe realisiert, so $3+3+6$ durch $(3,3,6), (3,6,3), (6,3,3)$.
Jede Summe mit drei gleichen Summanden wird nur durch einen Wurf realisiert, so $4+4+4$ durch $(4,4,4)$.
Daher ereignet sich
Augensumme 12 bei $6+6+3+3+6+1 = 25$ und
Augensumme 11 bei $6+3+6+6+3+3 = 27$ Würfen.
Es ist $P(X=12) = \frac{25}{216} \approx \underline{11.6\%}$ und $P(X=11) = \frac{27}{216} = \frac{1}{8} = \underline{12.5\%}$.

7.94 $X(\omega)$ sei der Gewinnn bzw. Verlust beim Wurf mit dem Ergebnis ω. Die benötigten Wahrscheinlichkeiten entnehmen wir [7.19].

Augensumme	2	12	3	11	4	10	5	9	6	8	7
Wahrscheinlichkeit	$\frac{1}{36}$	$\frac{1}{36}$	$\frac{2}{36}$	$\frac{2}{36}$	$\frac{3}{36}$	$\frac{3}{36}$	$\frac{4}{36}$	$\frac{4}{36}$	$\frac{5}{36}$	$\frac{5}{36}$	$\frac{6}{36}$

Der Erwartungswert von X ist

$\frac{1}{36}(2\cdot 1\cdot 7+2\cdot 2\cdot 2+2\cdot 3\cdot 2+2\cdot 4\cdot(-1)+2\cdot 5\cdot(-1)+6\cdot(-3)) = -\frac{1}{18}$,

also ca. 6 Cent Verlust pro Spiel.

Es ist kein faires Spiel. Durch Erhöhen des Hauptgewinns auf 8 Euro wird es fair.

Mehrstufige Experimente

7.95

Die Ergebnismenge der ersten Stufe ist $\Omega_1 = \{1,2,3,4,5,6\}$. Die Startverteilung, d.h. die Wahrscheinlichkeitsverteilung der ersten Stufe des mehrstufigen Experiments, wird definiert durch $p_1(a_1) = \frac{1}{6}$ für jedes Ergebnis $a_1 \in \Omega_1$.

Die Ergebnismenge der zweiten Stufe ist

$\Omega_2 = \{1,2,3,4,5,6,(W,W),(W,Z),(Z,W),(Z,Z)\}$.

Für jedes $a_2 \in \Omega_2$ bezeichne $p_2(a_2|a_1)$ die Wahrscheinlichkeit für a_2 auf der zweiten Stufe, falls in der ersten Stufe a_1 eingetreten ist (Übergangswahrscheinlichkeit von a_1 zu a_2).

Hier ist $p_2(j|1) = p_2(j|2) = \frac{1}{6}$, $p_2(j|3) = \cdots = p_2(j|6) = 0$ für $j = 1,\ldots,6$ und $p_2((c,d)|1) = p_2((c,d)|2) = 0$, $p_2((c,d)|k) = \frac{1}{4}$ für $k = 3,4,5,6$, $(c,d) \in \{(W,W),(W,Z),(Z,W),(Z,Z)\}$.

Dann ist definitionsgemäß $p(a_1,a_2) = p_1(a_1)\cdot p_2(a_2|a_1)$ die Wahrscheinlichkeit des Ergebnisses $(a_1,a_2) \in \Omega_1 \times \Omega_2$ (1. Pfadregel, siehe [S. 312]).

Nach dem Vorbild von [Abschnitt 7.6] zeichne man einen Ergebnisbaum!

(a)
$$p_1(2) = \tfrac{1}{6} \text{ und } p_2(2|2) = \tfrac{1}{6} \implies p(2,2) = \tfrac{1}{36}$$
$$p_1(4) = \tfrac{1}{6} \text{ und } p_2(2|4) = 0 \implies p(4,2) = 0$$
$$p_1(1) = \tfrac{1}{6} \text{ und } p_2((W,W)|1) = 0 \implies p(1,(W,W)) = 0$$
$$p_1(3) = \tfrac{1}{6} \text{ und } p_2((W,Z)|3) = \tfrac{1}{4} \implies p(3,(W,Z)) = \tfrac{1}{6}\cdot\tfrac{1}{4} = \tfrac{1}{24}$$

(b) Es ist $A = \{(k,(m,m))|\, 3 \le k \le 6,\ m = W \text{ oder } m = Z\}$.

Nach der zweiten Pfadregel bzw. [S. 302] ist die Wahrscheinlichkeit $P(A)$ von A die Summe aller $p(\omega)$ mit $\omega \in A$ (Summe der Wahrsch. aller Pfade, die zu A gehören).

Wie in (a) folgt: $p(\omega) = \frac{1}{24}$ für jedes $\omega \in A$.

Da $|A| = 4\cdot 2 = 8$ nach dem Abzählprinzip auf [S. 295], ergibt sich:

$P(A) = 8\cdot\frac{1}{24} = \underline{\frac{1}{3} \approx 33.3\%}$.

(c) B ist die disjunkte Vereinigung des Ereignisses A aus Teil (b) mit dem Ereignis C: "Das Experiment endet mit dem Wurf von 6". Daher ist $P(B) = P(A)+P(C)$.
Wie in (a) haben die Ergebnisse in C die Wahrscheinlichkeit $\frac{1}{36}$.
Es ist $C = \{(1,6),(2,6)\}$, also ist $P(C) = 2 \cdot \frac{1}{36} = \frac{1}{18}$.
Die gesuchte Wahrscheinlichkeit $P(B)$ ergibt sich daher als
$P(B) = P(A) + P(C) = \frac{1}{3} + \frac{1}{18} = \underline{\frac{7}{18}}$.

Bedingte Wahrscheinlichkeit, unabhängige Ereignisse

7.96 In einem Skatblatt gibt es 8 Pik-Karten, 3 Pik-Bilder und 12 Bilder insgesamt. Eine Karte wird gezogen.
Ereignisse und ihre Wahrscheinlichkeiten:
B: "Die Karte zeigt ein Bild", $P(B) = \frac{12}{32} = \frac{3}{8} = 37.25\%$.
A_1: "Die Karte zeigt Pik", $P(A_1) = \frac{8}{32} = \frac{1}{4} = 25\%$.
A_2: "Die Karte zeigt ein Pik-Bild", $P(A_2) = \frac{3}{32} \approx 9.4\%$.
Da $A_2 \cap B = A_2 \cap A_1$ aus den drei Pik-Bildern besteht, ist

$$P_B(A_2) = \frac{P(A_2 \cap B)}{P(B)} = \frac{\frac{3}{32}}{\frac{3}{8}} = \underline{\frac{1}{4}},\ P_{A_1}(A_2) = \frac{P(A_2 \cap A_1)}{P(A_1)} = \frac{\frac{3}{32}}{\frac{1}{4}} = \underline{\frac{3}{8}}.$$

Oder (Laplace-Exper.): $P_B(A_2) = \frac{|A_2 \cap B|}{|B|} = \frac{3}{12} = \frac{1}{4}$, $P_{A_1}(A_2) = \frac{|A_2 \cap A_1|}{|A_1|} = \frac{3}{8}$.

7.97 Mit der Laplace-Verteilung ist hier $P(U) = \frac{|U|}{|\Omega|} = \frac{|U|}{36}$. Damit und mit der Definition der bedingten Wahrscheinlichkeit folgt $P_U(V) = \frac{P(U \cap V)}{P(U)} = \frac{|U \cap V|}{|V|}$.
Ist $U = V$, so ist $P_U(V) = P_U(U) = 1$.
Für $U \neq V$ erhält man mit $|A| = 6$, $|B| = 16$, $|C| = 4$ und $|D| = 14$:

U	V	$U \cap V$	$P_U(V)$	$P_V(U)$
A	B	$\{(5,2),(5,3),(5,5),(5,6)\}$	$\frac{2}{3}$	$\frac{1}{4}$
A	C	$\emptyset$	0	0
A	D	$\{(5,1)\}$	$\frac{1}{6}$	$\frac{1}{14}$
B	C	$\{(2,6),(6,2)\}$	$\frac{1}{8}$	$\frac{1}{2}$
B	D	$\{(2,2),(2,3),(3,2)\}$	$\frac{3}{16}$	$\frac{3}{14}$
C	D	$\emptyset$	0	0

Da für $U \neq V$ stets $P_U(V) \neq P(V)$, sind keine zwei und damit auch keine drei und keine vier Ereignisse unabhängig.

7.98 Nachzuprüfen sind die Eigenschaften (W1), (W2) und (W3), d.h.:
$P_B(A) \geq 0$, $P_B(\Omega) = 1$ und $P_B(A \cup C) = P_B(A) + P_B(C)$, falls $A \cap C = \emptyset$.

(W1) ist klar, da $P(X) \geq 0$ gilt.
Zu (W2): $P_B(\Omega) = \frac{P(\Omega \cap B)}{P(B)} = \frac{P(B)}{P(B)} = 1$.
Zu (W3): Zu zeigen ist $P_B(A \cup C) = P_B(A) + P_B(C)$, fall $A \cap C = \emptyset$.
Sei $A \cap C = \emptyset$. Es ist $(A \cup C) \cap B = (A \cap B) \cup (C \cap B)$ nach dem Distributivgesetz und $(A \cap B) \cap (C \cap B) = \emptyset$. Da P additiv ist, folgt
$P((A \cup C) \cap B)) = P((A \cap B) \cup (C \cap B)) = P(A \cap B) + P(C \cap B)$.
Setzt man dies in $P_B(A \cup C) = \frac{P((A \cup C) \cap B)}{P(B)}$ ein, folgt direkt die Behauptung.

7.99 Das Ergebnis des Zufallsexperiments ist "Treffen eines Bewohners", wobei vorausgesetzt sei, dass man jeden Bewohner mit derselben Wahrscheinlichkeit trifft. B sei das Ereignis: "Abo einer Wochenzeitschrift" (genauer: die Menge der Parteien, die eine solche abonniert haben). Die Information B ist bekannt.
A sei das Ereignis "Abo der Tageszeitung".
Gesucht ist $P_B(A)$. Wir kennen $P(A) = \frac{4}{5}$ und $P_A(B)$. Mit einem Ereignisbaum für das zweistufige Experiment mit den Stufen "Ergebnis gehört zu A bzw. zu $\overline{A}$" und "Ergebnis gehört zu B bzw. $\overline{B}$", siehe [7.47], berechnen wir $P(A \cap B)$ und kennen dann $P_B(A) = \frac{P(A \cap B)}{P(B)}$.

Die "Übergangswahrscheinlichkeiten" zur zweiten Stufe sind vorgegeben, es sind die bedingten Wahrscheinlichkeiten

$$P_A(B) = \frac{3}{10},\ P_A(\overline{B}) = \frac{7}{10},\ P_{\overline{A}}(B) = \frac{3}{5},\ P_{\overline{A}}(\overline{B}) = \frac{2}{5}.$$

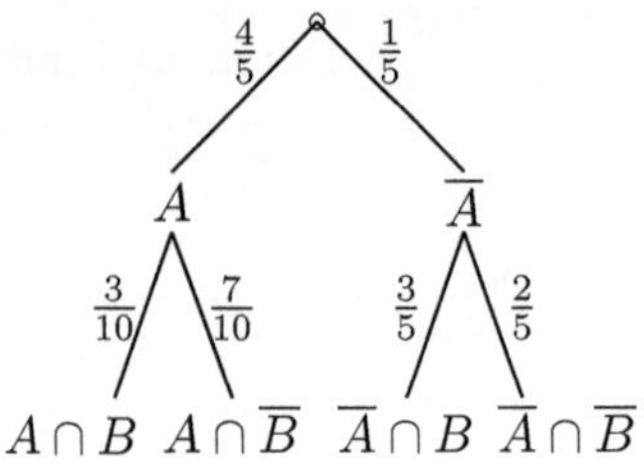

Nach der 1. Pfadregel ist $P(A \cap B)$
$= P(A) \cdot P_A(B) = \frac{4}{5} \cdot \frac{3}{10} = \frac{6}{25}$,
und $P(B) = P(A \cap B) + P(\overline{A} \cap B)$
$= \frac{6}{25} + \frac{1}{5} \cdot \frac{3}{5} = \frac{9}{25}$.
Dies folgt auch aus der 2. Pfadregel.
Damit ergibt sich
$P_B(A) = \frac{P(A \cap B)}{P(B)} = \frac{P(A) \cdot P_A(B)}{P(B)} = \frac{2}{3}$.

Dies diente der Einübung von Ereignisbäumen bei komplizierteren Aufgaben. Wenn man das Vorgehen gewöhnt ist, wird man auch zu Recht diesen Weg einschlagen. Einfacher ist hier:
$A \cap B$ hat 12, B hat $12 + 6 = 18$ Elemente. Es folgt

$$P_B(A) = \frac{P(A \cap B)}{P(B)} = \frac{|A \cap B|}{|B|} = \frac{12}{18} = \frac{2}{3}.$$

Dargestellt wird diese Situation auch gern in einer sog. **Vierfeldertafel**. Mit den hier gegebenen Anzahlen hat sie folgende Form

	A	$\overline{A}$	
B	$\lvert A \cap B\rvert$	$\lvert\overline{A} \cap B\rvert$	$\lvert B\rvert$
$\overline{B}$	$\lvert A \cap \overline{B}\rvert$	$\lvert\overline{A} \cap \overline{B}\rvert$	$\lvert\overline{B}\rvert$
	$\lvert A\rvert$	$\lvert\overline{A}\rvert$	$\lvert\Omega\rvert$

, hier konkret

	A	$\overline{A}$	
B	12	6	18
$\overline{B}$	28	4	32
	40	10	50

Die letzte Spalte enthält die Zeilensummen, die letzte Zeile die Spaltensummen der inneren $(2,2)$-Matrix. Man trägt die bekannten Größen ein, hier sind das die eingerahmten Zahlen 50, 40, 12 als 30% von 40 und 6 als 60% von 10. Der Rest lässt sich ergänzen. Dann ist (Laplace) $P_B(A) = \frac{P(A \cap B)}{P(B)} = \frac{|A \cap B|}{|B|} = \frac{12}{18} = \frac{2}{3}$.

Sind nur die prozentualen Anteile gegeben, so rechnet man entsprechend.

	A	$\overline{A}$	
B	$P(A \cap B)$	$P(\overline{A} \cap B)$	$P(B)$
$\overline{B}$	$P(A \cap \overline{B})$	$P(\overline{A} \cap \overline{B})$	$P(\overline{B})$
	$P(A)$	$P(\overline{A})$	$P(\Omega) = 1$

, hier

	A	$\overline{A}$	
B	0.24	0.12	0.36
$\overline{B}$	0.56	0.08	0.64
	0.8	0.2	1

.

Für unser Beispiel: $P_B(A) = \frac{P(A \cap B)}{P(B)} = \frac{0.24}{0.36} = \frac{2}{3}$.

7.100 Zur Berechnung der Wahrscheinlichkeiten seien die 4 Würfel unterscheidbar. Es ist

A: "Dreier in einem Wurf",

B: "Mindestens eine 5 und eine 6, zwei Würfel gleiche Zahl".

Es gibt $6^4 = 1296$ mögliche Würfe, siehe [S. 295].

Für den Dreier gibt es für jede Zahl $\binom{4}{3} = \binom{4}{1} = 4$ Auswahlen für die drei gleichen Würfel und jeweils noch 5 Möglichkeiten für die vierte Zahl, das sind $6 \cdot 20 = 120$ Möglichkeiten. Also ist die Wahrscheinlichkeit ohne die Information $P(A) = \frac{120}{1296} = \frac{5}{54} \approx \underline{9.3\%}$.

Gesucht ist noch die Wahrscheinlichkeit $P_B(A)$. Es ist $P_B(A) = \frac{P(A \cap B)}{P(B)}$.

Berechnung von $P(B)$:

Die Fünf und die Sechs werden mit 2 von 4 Würfeln geworfen, dafür gibt es $\binom{4}{2} = 6$ Möglichkeiten. Die restlichen zwei Zahlen können zwei Einsen bis zwei Vieren, Fünf und eine beliebige Zahl oder Sechs und eine beliebige Zahl sein. Für Fünf und eine beliebige Zahl gibt es 11 Möglichkeiten, darunter $(5,6)$ und $(6,5)$, also bleiben für Sechs und eine beliebige Zahl noch 9 weitere Möglichkeiten. Insgesamt sind es $4 + 11 + 9 = 24$ Möglichkeiten für die restlichen Zahlen. Damit hat B genau $6 \cdot 24 = 144$ Elemente. Daher ist $P(B) = \frac{144}{1296}$.

Berechnung von $P(A \cap B)$:

$A \cap B$ hat 8 Elemente, jeweils 4 mögliche Dreier mit Fünf oder Sechs, die vierte Zahl liegt fest. Also ist $P(A \cap B) = \frac{8}{1296}$.

Damit ist $P_B(A) = \frac{P(A \cap B)}{P(B)} = \frac{8}{144} = \frac{1}{18} \approx \underline{5.6\%}$.

7.101 Wir setzen

A: "Mindestens ein Bube im Skat",

B: "Spieler 1 hat genau 2 Buben".

Verwendet man [7.81, 7.82], so lässt sich die Aufgabe leicht mit der Definition der bedingten Wahrscheinlichkeit lösen, da $P(B) = \frac{2079}{7192} \approx 28.9\%$ und $P(A \cap B) = \frac{369}{7192} \approx 5.13\%$ aus diesen Aufgaben bekannt sind. Es ist

$$P_B(A) = \frac{P(A \cap B)}{P(B)} = \frac{369}{2079} = \frac{41}{231} \approx \underline{17.75\%}.$$

Zur Veranschaulichung skizzieren wir den sog. **umgekehrten Ereignisbaum** mit B und $\overline{B}$ (statt A und $\overline{A}$ wie in [7.47]) als erster Stufe.

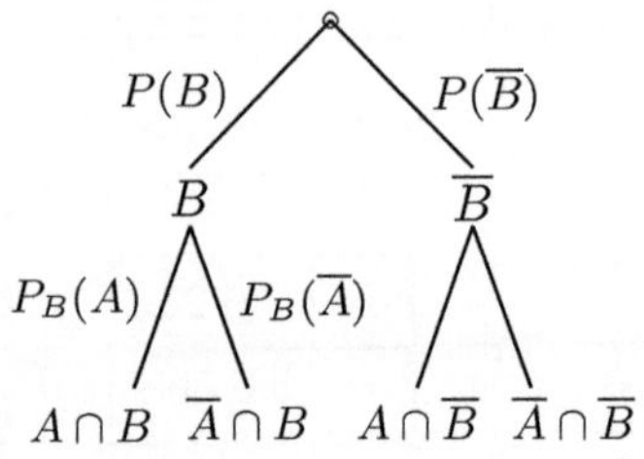

Zur Berechnung von $P_B(A)$ kann man auch $P_B(\overline{A})$ berechnen - das geht etwas leichter.
Wenn Spieler 1 zwei Buben (und acht weitere Karten) hat, gibt es für das Ereignis, dass im Skat kein weiterer Bube liegt, $\binom{20}{2} = 190$ günstige (12 Karten sind nicht verfügbar) und $\binom{22}{2} = 231$ mögliche Fälle.

Die Wahrscheinlichkeit von $\overline{A}$ unter der Bedingung B, das ist $P_B(\overline{A})$, ist daher $\frac{190}{231} \approx 82.25\%$. Damit ist $P_B(A) = 1 - P_B(\overline{A}) = \frac{41}{231} = \underline{17.75\%}$, wie oben.
Mit der ersten Pfadregel bzw. nach dem "Produktsatz" von [S. 314] ergibt sich nun (schneller als in [7.82]) auch $P(A \cap B) = P_B(A) \cdot P(B) = \frac{41}{231} \cdot \frac{2079}{7192} \approx 5.13\%$.

7.102 Die Ergebnismenge Ω ist die Menge der Einwohner von Adorf. $B \subseteq \Omega$ sei die Eigenschaft, regelmäßig die Serie zu sehen, A_1, A_2, A_3 seien die Altersgruppen in der genannten Reihenfolge. Jeder Einwohner von Adorf gehört zu genau einer dieser Gruppen. Gegeben sind
$P(A_1) = \frac{3}{10}$, $P(A_2) = \frac{3}{10}$, $P(A_3) = \frac{2}{5}$, $P_{A_1}(B) = \frac{1}{5}$, $P_{A_2}(B) = \frac{2}{5}$, $P_{A_3}(B) = \frac{7}{10}$.

(a) Nach der Formel von der totalen Wahrscheinlichkeit (oder der 2. Pfadregel) gilt $P(B) = P(A_1) \cdot P_{A_1}(B) + \cdots + P(A_3) \cdot P_{A_3}(B) = \frac{3}{10} \cdot \frac{1}{5} + \frac{3}{10} \cdot \frac{2}{5} + \frac{2}{5} \cdot \frac{7}{10} = \underline{\frac{23}{50}}$.

(b) Gesucht ist $P_B(A_3)$. Nach der Formel von Bayes ist $P_B(A_3) = \frac{P(A_3) \cdot P_{A_3}(B)}{P(B)}$.
Nach den Vorgaben ist $P(A_3) \cdot P_{A_3}(B) = \frac{2}{5} \cdot \frac{7}{10} = \frac{14}{50}$. Also folgt mit (a)

$$P_B(A_3) = \frac{\frac{14}{50}}{\frac{23}{50}} = \frac{14}{23} \approx \underline{0.61} = \underline{61\%}.$$

Mit 61% Wahrscheinlichkeit ist Herr Lehmann mindestens 61 Jahre alt.

7.103 Es ist $A = \{(W,W,Z),(W,Z,W),(Z,Z,W),(W,Z,Z)\}$ und es gibt 8 mögliche Ergebnisse. Daher ist $P(A) = \frac{4}{8} = \frac{1}{2}$.

(a) Es ist $B = \{(W,Z,Z),(Z,W,Z),(Z,Z,W),(Z,Z,Z)\}$, also
$A \cap B = \{(W,Z,Z),(Z,Z,W)\}$. Daher ist $P_A(B) = \frac{1}{2} = P(A)$,
A und B sind unabhängig.
Oder: $P(A \cap B) = \frac{2}{8} = \frac{1}{4} = \frac{1}{2} \cdot \frac{1}{2} = P(A) \cdot P(B)$.

(b) Es ist $B = \{(W,W,Z),(W,Z,W),(Z,W,W),(W,W,W)\}$, also
$A \cap B = \{\{(W,W,Z),(W,Z,W)\}$.
Analog zu (a) ergibt sich, dass A und B unabhängig sind.

(c) Hier ist $B = \{(Z,Z,Z),(Z,W,W),(W,Z,W),(Z,W,Z)\}$, $A \cap B = \{(W,Z,W)\}$,
also $P_A(B) = \frac{1}{4} \neq P(A)$. A und B sind abhängig.
Oder: $P(A \cap B) = \frac{1}{8} \neq \frac{1}{4} = P(A) \cdot P(B)$.

7.104 Es ist $A_1 = \{(Z,W,W), (Z,W,Z), (Z,Z,W), (Z,Z,Z)\}$,
$A_2 = \{(W,Z,W), (Z,Z,W), (W,Z,Z), (Z,Z,Z)\}$,
$A_3 = \{(W,W,Z), (W,Z,Z), (Z,W,Z), (Z,Z,Z)\}$.

Also ist $|A_j| = 4$ und $P(A_j) = \frac{4}{8} = \frac{1}{2}$, da $|\Omega| = 8$.
$A_1 \cap A_2 = \{(Z,Z,W), (Z,Z,Z)\}$, $P(A_1 \cap A_2) = \frac{1}{4} = P(A_1) \cdot P(A_2)$,
A_1, A_2 sind unabhängig.
Aus Symmetriegründen gilt dies auch für A_1, A_3 und A_2, A_3.
Da $A_1 \cap A_2 \cap A_3 = \{(Z,Z,Z)\}$, ist $P(A_1 \cap A_2 \cap A_3) = \frac{1}{8} = P(A_1) \cdot P(A_2) \cdot P(A_3)$.
Da auch je zwei der Ereignisse unabhängig sind, folgt: A_1, A_2, A_3 sind unabhängig.

7.105 1. Lösung: Da A, B unabhängig sind, ist $P(A \cap B) = P(A) \cdot P(B)$.
Mit [7.65] (oder mit der Additivität von P) ist $P(A) = P(A \cap B) + P(A \cap \overline{B})$, also $P(A \cap B) = P(A) - P(A \cap \overline{B})$. Ferner ist $P(\overline{B}) = 1 - P(B)$.

Einsetzen ergibt:
$P(A) - P(A \cap \overline{B}) = P(A)(1 - P(\overline{B}))$ und somit $P(A \cap \overline{B}) = P(A) \cdot P(\overline{B})$.
Die letzte Gleichung besagt, dass $A, \overline{B}$ unabhängig sind.

2. Lösung, mit den Eigenschaften der bedingten Wahrscheinlichkeit:
Da A, B unabhängig sind, ist $P_A(B) = P(B)$. Nun gilt $P_A(\overline{B}) = 1 - P_A(B)$, da P_A eine Wahrscheinlichkeitsverteilung auf Ω ist (siehe [S. 314]). Es folgt:
$P_A(\overline{B}) = 1 - P_A(B) = 1 - P(B) = P(\overline{B})$, also sind $A, \overline{B}$ unabhängig.

7.106

(a) Beide Ereignisse A und B treten ein $\iff$ $A \cap B$ tritt ein.
Da A und B unabhängig sind, ist $P(A \cap B) = P(A) \cdot P(B) = \frac{2}{3} \cdot \frac{1}{2} = \underline{\frac{1}{3}}$.

(b) Mindestens eines der Ereignisse A und B tritt ein $\iff$ $A \cup B$ tritt ein.
Nach dem Additionssatz ist $P(A \cup B) = P(A) + P(B) - P(A \cap B)$.
Mit (a) folgt: $P(A \cup B) = \frac{2}{3} + \frac{1}{2} - \frac{1}{3} = \underline{\frac{5}{6}}$.

(c) C sei das Ereignis, dass genau eines der Ereignisse A und B eintritt.
Nach [7.5] gilt: C tritt ein $\iff$ $(A \cap \overline{B}) \cup (B \cap \overline{A})$ tritt ein.
Es ist $P((A \cap \overline{B}) \cup (B \cap \overline{A})) = P(A \cap \overline{B}) + P(B \cap \overline{A})$, da $(A \cap \overline{B}) \cap (B \cap \overline{A}) = \emptyset$.
Nun ist $A = (A \cap B) \cup (A \cap \overline{B})$, also wegen der Unabhängigkeit
$P(A \cap \overline{B}) = P(A) - P(A \cap B) = P(A) - P(A) \cdot P(B) = \frac{2}{3} - \frac{1}{3} = \frac{1}{3}$
und entsprechend
$P(B \cap \overline{A}) = P(B) - P(A) \cdot P(B) = \frac{1}{2} - \frac{1}{3} = \frac{1}{6}$.
Es folgt: $P(C) = P((A \cap \overline{B}) \cup (B \cap \overline{A})) = \frac{1}{3} + \frac{1}{6} = \underline{\frac{1}{2}}$.

Bernoulli-Experimente

7.107 Es bezeichne wieder 0 eine Niete (keine Sechs), 1 einen Treffer.

(a) Das Gegenereignis ist "Fünfmal keine Sechs", also $(0,0,0,0,0)$. Es hat die Wahrscheinlichkeit $(\frac{5}{6})^5 \approx 0.402 = 40.2\%$. Daher ist die Wahrscheinlichkeit, bis zum 5. Wurf mindestens eine Sechs zu werfen, $1 - (\frac{5}{6})^5 \approx \underline{59.8\%}$.

(b) Es handelt sich um das Bernoulli-Experiment "Warten auf den ersten Treffer", die Trefferwahrscheinlichkeit ist $p = \frac{1}{6}$.
Das Ereignis $(0, 0, 0, 0, 1)$, nämlich im 5. Wurf die erste Sechs zu werfen, hat nach [7.63 (a)] die Wahrscheinlichkeit

$$(\tfrac{5}{6})^4 \cdot \tfrac{1}{6} = \tfrac{625}{7776} \approx \underline{0.08 = 8\%}.$$

(c) Die günstigen Ereignisse sind $(1, 0, 0, 0, 0), (0, 1, 0, 0, 0), (0, 0, 1, 0, 0,), (0, 0, 0, 1, 0,), (0, 0, 0, 0, 1)$. Sie haben alle dieselbe Wahrscheinlichkeit, nämlich die in (b) berechnete. Addition liefert $5 \cdot (\frac{5}{6})^4 \cdot \frac{1}{6} \approx \underline{40\%}$ als gesuchte Wahrscheinlichkeit, bei 5 Würfen genau eine Sechs zu werfen.
Dies ergibt sich auch direkt aus der Formel von Bernoulli auf [S. 323].

7.108

(a) Sei A das Ereignis "Bis zum n-ten Wurf fällt mindestens eine Sechs". Das Gegenereignis hat analog zu [7.18] oder nach der Formel von Bernoulli die Wahrscheinlichkeit $P(\overline{A}) = (\frac{5}{6})^n$, also ist $P(A) = 1 - (\frac{5}{6})^n$. Nun gilt:

$$\begin{aligned} P(A) \geq \tfrac{4}{5} \iff & \quad 1 - (\tfrac{5}{6})^n \geq \tfrac{4}{5} \iff \tfrac{1}{5} \geq (\tfrac{5}{6})^n \\ \iff & \quad -\ln 5 = \ln(\tfrac{1}{5}) \geq n \cdot \ln(\tfrac{5}{6}) \iff n \geq -\tfrac{\ln 5}{\ln 5 - \ln 6} \\ \iff & \quad n \geq 9 \,, \end{aligned}$$

denn $-\frac{\ln 5}{\ln 5 - \ln 6} \approx 8.8$. Damit muss man 9-mal würfeln, bis die Wahrscheinlichkeit, eine Sechs zu werfen, mindestens 80% ist.

(b) Die Wahrscheinlichkeit, im n-ten Wurf die erste Sechs zu werfen, ist nach [7.63] $p_n = (\frac{5}{6})^{n-1} \cdot \frac{1}{6}$. Die Folge (p_n) ist monoton fallend und geht gegen 0. Nun gilt:

$$\begin{aligned} p_n \geq \tfrac{1}{100} \iff & \quad (\tfrac{5}{6})^{n-1} \cdot \tfrac{1}{6} \geq \tfrac{1}{100} \iff (\tfrac{5}{6})^{n-1} \geq \tfrac{3}{50} \\ \iff & \quad (n-1) \cdot \ln(\tfrac{5}{6}) \geq \ln \tfrac{3}{50} \iff n - 1 \leq \tfrac{\ln 3 - \ln 50}{\ln 5 - \ln 6} \\ \iff & \quad n \leq 16 \,, \end{aligned}$$

denn $\frac{\ln 3 - \ln 50}{\ln 5 - \ln 6} \approx 15.4$. (Es ist $p_{16} \approx 1.08\%$, $p_{17} \approx 0.9\%$.) Für $n \leq 16$ ist die Wahrscheinlichkeit, im n-ten Wurf die erste Sechs zu werfen, mindestens 1%.

7.109

(a) Der Treffer ist hier eine Drei oder eine Vier, die Wahrscheinlichkeit hierfür ist $p = \frac{1}{3}$. Nach der Formel von Bernoulli ist die gesuchte Wahrscheinlichkeit $\binom{50}{20} \cdot (\frac{1}{3})^{20} \cdot (\frac{2}{3})^{30} \approx \underline{0.07 = 7\%}$.

(b) Der Treffer Sechs hat die Wahrscheinlichkeit $\frac{1}{6}$. Wird im 100. Wurf die 14. Sechs geworfen, so müssen in den ersten 99 Würfen 13 Sechsen gefallen sein. Für eine solche Folge von Würfen gibt es $\binom{99}{13}$ Möglichkeiten. Die Wahrscheinlichkeit der Folge von 100 Würfen ist damit $(\frac{1}{6})^{14} \cdot (\frac{5}{6})^{86}$. Die gesuchte Wahrscheinlichkeit ist daher $\binom{99}{13} \cdot (\frac{1}{6})^{14} \cdot (\frac{5}{6})^{86} \approx \underline{1.2\%}$.
Alternativ verwende man direkt die Formel aus [7.63 (b)].

7.110 Es handelt sich um eine Bernoulli-Kette der Länge 100, wobei es um das Verhalten der 100 Beschäftigten an einem bestimmten Tag geht: Treffer bedeutet Essen in der Kantine, Niete kein Kantinenbesuch.
Die Zufallsvariable X ordne jedem Ergebnis (100-Tupel aus Nullen und Einsen) die Anzahl der Einsen (Kantinenbesucher) zu.
X ist binomialverteilt mit den Parametern $n = 100$ und $p = 0.6$.

(a) Genau 70 Kantinenbesucher:
Nach [S. 324] ist $P(X = 70) = \binom{100}{70} \cdot 0.6^{70} \cdot 0.4^{30} \approx 0.01 = \underline{1\%}$.

(b) Höchstens 50 Kantinenbesucher bedeutet:
$X = 0$ oder ... oder $X = 50$, d.h. $X \leq 50$.
$P(X \leq 50) = F(50) \approx 0.027 = \underline{2.7\%}$ nach dem Hinweis.

(c) Mehr als 70 Kantinenbesucher:
Das komplementäre Ereignis zu "Mehr als 70" ist "Höchstens 70". Daher ist
$P(X > 70) = 1 - P(X \leq 70) = 1 - F(70) \approx 1 - 0.9852 = 0.0148 = \underline{1.48\%}$.

(d) Weniger als 70 Kantinenbesucher bedeutet "Höchstens 70, aber nicht genau 70". Mit (a) und dem Hinweis ist
$P(X < 70) = P(X \leq 70) - P(X = 70) \approx 0.9852 - 0.01 = 0.9752 = \underline{97.52\%}$.

(e) Höchstens 51 Kantinenbesucher bedeutet "Höchstens 50 oder genau 51". Also ist

$$P(X \leq 51) = P(X \leq 50) + P(X = 51) = F(50) + \binom{100}{51} \cdot 0.6^{51} \cdot 0.4^{49}$$
$$\approx 0.027 + 0.0152 = 0.0422 = \underline{4.22\%}.$$

(f) "Mehr als 50, aber höchsten 70 Kantinenbesucher" hat die Wahrscheinlichkeit

$$P(50 < X \leq 70) = P(X \leq 70) - P(X \leq 50) = F(70) - F(50)$$
$$\approx 0.9852 - 0.027 = 0.9582 = \underline{95.82\%}.$$

7.111 Es handelt sich um eine Bernoulli-Kette der Länge 100, wobei es um das Verhalten der 100 Beschäftigten an einem bestimmten Tag geht: Für jeden Angestellten bedeutet Treffer, dass er mit dem Auto zur Arbeit kommt.
Die Zufallsvariable X ordne jedem Ergebnis die Anzahl der Treffer zu, d.h. die Anzahl derjenigen Beschäftigten, die mit dem Auto zur Arbeit kommen.
X ist binomialverteilt mit den Parametern $n = 100$ und $p = 0.4$.

(a) Die Wahrscheinlichkeit, dass höchstens 50 Beschäftigte mit dem Auto zur Arbeit kommen, ist $P(X \leq 50) = F(50) \approx 0.9832 = \underline{98.32\%}$ nach dem Hinweis.

(b) Hier braucht man eine Tabelle für die Funktion $F(k) = P(X \leq k)$, der man entnehmen kann, für welches k zum ersten Mal eine Zahl der Form 0.95... erscheint.
Mit der Angabe von $F(48) = 0.9577$ folgt $k \leq 48$. Wir berechnen $F(47)$.

$$F(47) = F(48) - P(X = 48)$$
$$= 0.9577 - \binom{100}{48} \cdot 0.4^{48} \cdot 0.6^{52} = 0.9577 - 0.0215 = 0.9362 = 93.62\%.$$

48 Parkplätze müssen mindestens vorhanden sein, damit sie mit einer Wahrscheinlichkeit von 95% ausreichen.

8 Komplexe Zahlen

8.1 Die Zahlenebene

In den reellen Zahlen $\mathbb{R}$ kann man ohne Einschränkung Addieren, Subtrahieren und Multiplizieren sowie (bis auf Teilen durch Null) auch Dividieren.

Für das Wurzelziehen gilt das nicht mehr; z.B. ist $\sqrt{-1}$ keine reelle Zahl. Anders ausgedrückt: Die Gleichung $x^2 + 1 = 0$ besitzt in $\mathbb{R}$ keine Lösung.

Die komplexen Zahlen $\mathbb{C}$ erweitern $\mathbb{R}$ so, dass auch das Wurzelziehen ohne Einschränkung möglich ist.

Zur Erweiterung von $\mathbb{R}$ zu $\mathbb{C}$ benutzt man die sog. **imaginäre Einheit i**, für die $\mathbf{i^2 = -1}$ gelten soll.

Komplexe Zahlen $\mathbb{C}$

Für die imaginäre Einheit i gilt: $\boxed{\mathbf{i}^2 = -1}$

Sind x, y reelle Zahlen, so heißt $\boxed{z = x + \mathrm{i}\, y}$ eine komplexe Zahl.

Menge der komplexen Zahlen: $\boxed{\mathbb{C} = \{x + \mathrm{i}\, y \mid x, y \in \mathbb{R}\}}$

Ist $z = x + \mathrm{i}\, y$, so heißt

die reelle Zahl x **Realteil** von z, geschrieben $x = \mathrm{Re}(z)$.
die reelle Zahl y **Imaginärteil** von z, geschrieben $y = \mathrm{Im}(z)$.

Ist $y = 0$, so ist $z = x \in \mathbb{R}$; es gilt also $\mathbb{R} \subseteq \mathbb{C}$.
Ist $x = 0$, so heißt $z = \mathrm{i}\, y$ **rein imaginär**.

Komplexe Zahlen $z = x + \mathrm{i}\, y$ kann man sich als Zahlenpaare (x, y) in der Ebene vorstellen. Die x-Achse heißt **reelle Achse**, die y-Achse **imaginäre Achse**. Die Ebene heißt auch Gaußsche Zahlenebene.

Kartesische Darstellung komplexer Zahlen
Gaußsche Zahlenebene

$z = x + \mathrm{i}\, y$

$x = \mathrm{Re}(z)$ Realteil von z.
$y = \mathrm{Im}(z)$ Imaginärteil von z.

x, y heißen
kartesische Koordinaten von z.

Der **Betrag** (die Länge) von z ist
$|z| = \sqrt{x^2 + y^2}$,
s. Vektorrechnung, [**EM 1**, S. 273].

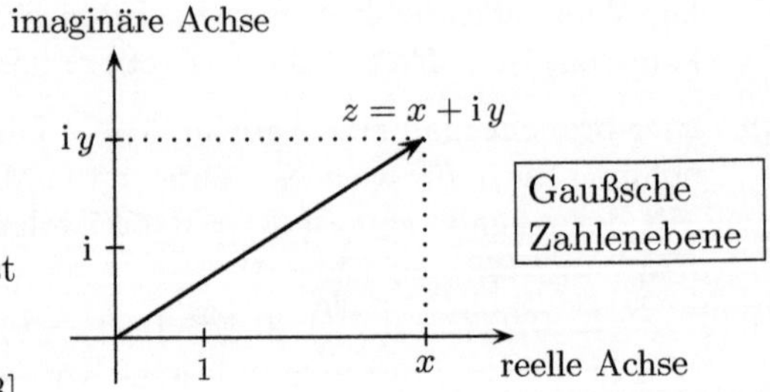

$z = x + \mathrm{i}\, y$ wird aufgefasst als Zahlenpaar (x, y) oder als Ortsvektor (x, y), siehe [**EM 1**, Seite 272].

8.1 *Man stelle die komplexen Zahlen in der Gaußschen Zahlenebene dar:*

$z_1 = 1 + 3\mathrm{i}, \quad z_2 = -2 + \mathrm{i}, \quad z_3 = -3 - 3\mathrm{i}$
$z_4 = -3\mathrm{i}, \quad z_5 = 3 - 2\mathrm{i}, \quad z_6 = 4.$

(Statt $\mathrm{i}\,y$ *schreibt man auch* $y\,\mathrm{i}$*, also z.B. statt* $\mathrm{i}\,3$ *lesbarer* $3\mathrm{i}$*.)*

Die komplexen Zahlen entsprechen den Zahlenpaaren

$z_1 = (1,3), \quad z_2 = (-2,1), \quad z_3 = (-3,-3),$
$z_4 = (0,-3), \quad z_5 = (3,-2), \quad z_6 = (4,0),$

die wie üblich als Ortsvektoren oder Punkte des $\mathbb{R}^2$ gezeichnet werden, wobei lediglich die Achsenbeschriftung auf der imaginären Achse mit i versehen wird.

Reelle Zahlen wie $z_6 = 4$ liegen auf der reellen Achse, rein imaginäre Zahlen wie $z_4 = -3\mathrm{i}$ liegen auf der imaginären Achse.

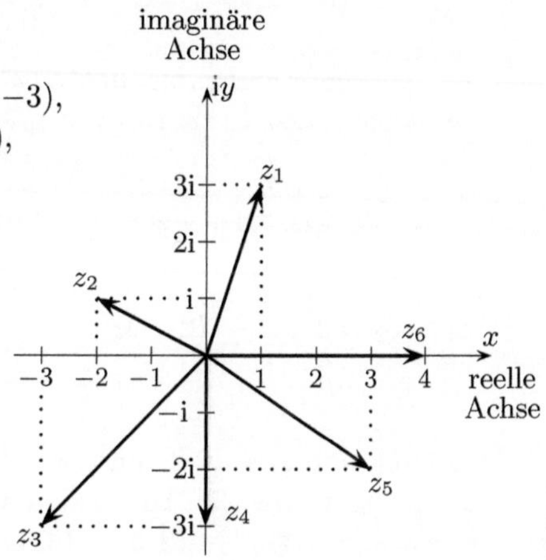

Gaußsche Zahlenebene

8.2 Addition und Multiplikation

Rechnen in $\mathbb{C}$

Mit komplexen Zahlen rechnet man wie mit reellen Zahlen!

$z_1 = x_1 + \mathrm{i}\,y_1$ und $z_2 = x_2 + \mathrm{i}\,y_2$ seien komplexe Zahlen.

Addition komplexer Zahlen:

Die Addition komplexer Zahlen ist die Vektoraddition!

$$z_1 + z_2 = x_1 + \mathrm{i}\,y_1 + x_2 + \mathrm{i}\,y_2 = (x_1 + x_2) + \mathrm{i}\,(y_1 + y_2)$$

Komplexe Zahlen werden **addiert**, indem man die Realteile und die Imaginärteile addiert.

Multiplikation komplexer Zahlen:

$$z_1 \cdot z_2 = z_1 z_2 = (x_1 + \mathrm{i}\,y_1)(x_2 + \mathrm{i}\,y_2) = (x_1 x_2 - y_1 y_2) + \mathrm{i}\,(x_1 y_2 + x_2 y_1)$$

Komplexe Zahlen werden **multipliziert**, indem man im Produkt wie üblich die Klammern ausmultipliziert, i^2 durch -1 ersetzt und Realteile und Imaginärteile zusammenfasst.

$$\boxed{\mathbf{i^2 = -1}}$$

Eine geometrische Veranschaulichung der Multiplikation ist mit der Polarkoordinatendarstellung bzw. Exponentialdarstellung möglich, siehe [S. 364].

8.2 *Für die komplexen Zahlen $z_1 = 3 - 4\mathrm{i}$ und $z_2 = -1 + 3\mathrm{i}$ berechne man $z_1 + z_2$, $z_1 - z_2$ und $z_1 z_2$.*

$z_1 + z_2 = (3 - 4\mathrm{i}) + (-1 + 3\mathrm{i}) = 3 - 1 - 4\mathrm{i} + 3\mathrm{i} = \underline{2 - \mathrm{i}}.$

$z_1 - z_2 = (3 - 4\mathrm{i}) - (-1 + 3\mathrm{i}) = 3 - 4\mathrm{i} + 1 - 3\mathrm{i} = \underline{4 - 7\mathrm{i}}.$

$z_1 z_2 = (3 - 4\mathrm{i})(-1 + 3\mathrm{i}) = -3 + 9\mathrm{i} + 4\mathrm{i} - 12\mathrm{i}^2 = -3 + 12 + 9\mathrm{i} + 4\mathrm{i} = \underline{9 + 13\mathrm{i}}.$

8.3 *Addiere und subtrahiere die komplexen Zahlen $z_1 = 2 + \mathrm{i}$ und $z_2 = 2 + 3\mathrm{i}$ und skizziere z_1, z_2 sowie $z_1 + z_2$ und $z_1 - z_2$ in der Gaußschen Zahlenebene.*

$$\begin{aligned} z_1 + z_2 &= 2 + \mathrm{i} \;+\; 2 + 3\mathrm{i} \\ &= 2 + 2 + \mathrm{i} + 3\mathrm{i} \\ &= \underline{4 + 4\mathrm{i}}. \end{aligned}$$

$$\begin{aligned} z_1 - z_2 &= 2 + \mathrm{i} \;-\; (2 + 3\mathrm{i}) \\ &= 2 + \mathrm{i} - 2 - 3\mathrm{i} \\ &= \underline{-2\mathrm{i}}. \end{aligned}$$

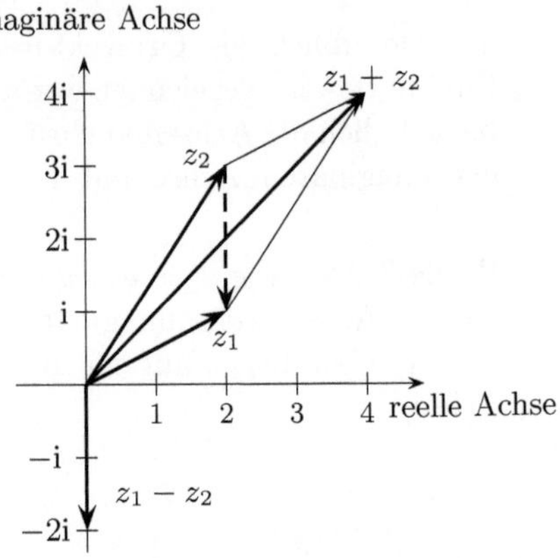

Schreibt man $z_1 = (2, 1)$ und $z_2 = (2, 3)$ als Elemente des $\mathbb{R}^2$, so erkennt man, dass $z_1 + z_2 = (2, 1) + (2, 3) = (4, 4)$ gilt, d.h. die Addition von komplexen Zahlen entspricht der Addition von Vektoren des $\mathbb{R}^2$, siehe [**EM 1**, Kap. 14].
Die Subtraktion ergibt $z_1 - z_2 = (2, 1) - (2, 3) = (0, -2)$, siehe [**EM 1**, S. 271].

8.4 *Gegeben sind die komplexen Zahlen $z_1 = 1 + \mathrm{i}$ und $z_2 = 1 - \mathrm{i}$. Man berechne z_1^2, z_2^2, $z_1 z_2$, z_1^4, z_1^8, z_2^4, z_2^8.*

$z_1^2 = (1 + \mathrm{i})(1 + \mathrm{i}) = 1 + \mathrm{i} + \mathrm{i} + \mathrm{i}^2 = 1 + 2\mathrm{i} - 1 = \underline{2\mathrm{i}},$

oder mit der binomischen Formel

$z_1^2 = (1 + \mathrm{i})^2 = 1 + 2\mathrm{i} + \mathrm{i}^2 = 1 + 2\mathrm{i} - 1 = \underline{2\mathrm{i}}.$

$z_2^2 = (1 - \mathrm{i})^2 = 1 - 2\mathrm{i} + \mathrm{i}^2 = 1 - 2\mathrm{i} - 1 = \underline{-2\mathrm{i}}.$

$z_1 z_2 = (1 + \mathrm{i})(1 - \mathrm{i}) = 1 - \mathrm{i}^2 = 1 + 1 = \underline{2}.$

Binomische Formeln

$(a + b)^2$	$=$	$a^2 + 2ab + b^2$
$(a - b)^2$	$=$	$a^2 - 2ab + b^2$
$(a + b)(a - b)$	$=$	$a^2 - b^2$

$z_1^4 = (z_1^2)^2 = 2\mathrm{i} \cdot 2\mathrm{i} = 4\mathrm{i}^2 = \underline{-4}.$ $\qquad z_1^8 = (z_1^4)^2 = (-4)^2 = \underline{16}.$

$z_2^4 = (z_2^2)^2 = (-2\mathrm{i})^2 = 4\mathrm{i}^2 = \underline{-4}.$ $\qquad z_2^8 = (z_2^4)^2 = (-4)^2 = \underline{16}.$

Potenzen von i

$$\cdots = \mathrm{i}^{-8} = \mathrm{i}^{-4} = \mathbf{i^0} = \mathrm{i}^4 = \mathrm{i}^8 = \cdots = \mathbf{1}$$
$$\cdots = \mathrm{i}^{-7} = \mathrm{i}^{-3} = \mathbf{i^1} = \mathrm{i}^5 = \mathrm{i}^9 = \cdots = \mathbf{i}$$
$$\cdots = \mathrm{i}^{-6} = \mathrm{i}^{-2} = \mathbf{i^2} = \mathrm{i}^6 = \mathrm{i}^{10} = \cdots = \mathbf{-1}$$
$$\cdots = \mathrm{i}^{-5} = \mathrm{i}^{-1} = \mathbf{i^3} = \mathrm{i}^7 = \mathrm{i}^{11} = \cdots = \mathbf{-i}$$

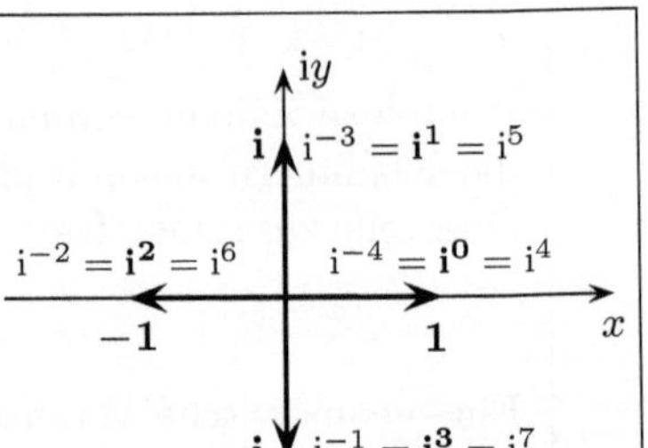

Die aus $\mathbb{R}$ bekannten Grundgesetzen der Addition und Multiplikation, siehe z.B. [**EM 1**, Seite 23], gelten auch in $\mathbb{C}$.

Grundgesetze der Addition und Multiplikation in $\mathbb{C}$

$z_1 + z_2 = z_2 + z_1$ $z_1 \cdot z_2 = z_2 \cdot z_1$	Kommutativgesetze für + und ·
$(z_1 + z_2) + z_3 = z_1 + (z_2 + z_3)$ $(z_1 \cdot z_2) \cdot z_3 = z_1 \cdot (z_2 \cdot z_3)$	Assoziativgesetze für + und ·
$z_1 \cdot (z_2 + z_3) = z_1 \cdot z_2 + z_1 \cdot z_3$ $(z_2 + z_3) \cdot z_1 = z_2 \cdot z_1 + z_3 \cdot z_1$	Distributivgesetze

8.5 *Man berechne die folgenden Produkte:*

(a) $\mathrm{i} \cdot (2+\mathrm{i})^2 \cdot \mathrm{i}^3$, (b) $(2+3\mathrm{i})(1+\mathrm{i}-(2-3\mathrm{i}))$,

(c) $(-\mathrm{i})^3(1-\mathrm{i})^3(1+\mathrm{i})^2$, (d) $(1-\mathrm{i})\left(\frac{1}{2}\sqrt{2} + \frac{1}{2}\sqrt{2}\,\mathrm{i}\right)^2(1+\mathrm{i})$.

(a) $\mathrm{i} \cdot (2+\mathrm{i})^2 \cdot \mathrm{i}^3 = \mathrm{i}^4(2+\mathrm{i})^2 = 1 \cdot (2+\mathrm{i})^2 = 4 + 4\mathrm{i} + \mathrm{i}^2 = \underline{3+4\mathrm{i}}.$

(b) $(2+3\mathrm{i})(1+\mathrm{i}-(2-3\mathrm{i})) = (2+3\mathrm{i})(-1+4\mathrm{i}) = -2+8\mathrm{i}-3\mathrm{i}-12 = \underline{-14+5\mathrm{i}}.$

(c) $(-\mathrm{i})^3(1-\mathrm{i})^3(1+\mathrm{i})^2 = \mathrm{i}\big((1-\mathrm{i})(1+\mathrm{i})\big)^2(1-\mathrm{i}) = 4\mathrm{i}(1-\mathrm{i})$ siehe [8.4]
$= 4\mathrm{i} - 4\mathrm{i}^2 = 4\mathrm{i} + 4 = \underline{4+4\mathrm{i}}.$

(d)
$$\begin{aligned}(1-\mathrm{i})\left(\tfrac{1}{2}\sqrt{2} + \tfrac{1}{2}\sqrt{2}\,\mathrm{i}\right)^2(1+\mathrm{i}) &= (1-\mathrm{i})(1+\mathrm{i})\left(\tfrac{1}{2}\sqrt{2} + \tfrac{1}{2}\sqrt{2}\,\mathrm{i}\right)^2 \\ &= 2\left(\tfrac{1}{2}\sqrt{2} + \tfrac{1}{2}\sqrt{2}\,\mathrm{i}\right)^2 = 2\left(\tfrac{1}{2} + \mathrm{i} + \tfrac{1}{2}\mathrm{i}^2\right) = \underline{2\mathrm{i}}.\end{aligned}$$

Potenzen mit nicht zu großen ganzzahligen Exponenten kann man wie üblich berechnen. Bei größeren Exponenten verwendet man Polarkoordinaten, siehe [8.8] und [**EM 1**, S. 112].

8.6 *Berechne* (a) $(4-5\mathrm{i})^2$, (b) $(2-\mathrm{i})^3$, (c) $(-1+\mathrm{i})^4$, (d) $(2-\mathrm{i})^5$.

(a) $(4-5\mathrm{i})^2 = 16 - 40\mathrm{i} + 25\mathrm{i}^2 = \underline{-9-40\mathrm{i}}.$ Binomische Formel anwenden!

(b)
$$\begin{aligned}(2-\mathrm{i})^3 &= (2-\mathrm{i})^2(2-\mathrm{i}) = (4-4\mathrm{i}+\mathrm{i}^2)(2-\mathrm{i}) = (3-4\mathrm{i})(2-\mathrm{i}) \\ &= 6 - 3\mathrm{i} - 8\mathrm{i} + 4\mathrm{i}^2 = \underline{2-11\mathrm{i}}.\end{aligned}$$

(c) $(-1+\mathrm{i})^4 = \big((-1+\mathrm{i})^2\big)^2 = \big(1-2\mathrm{i}+\mathrm{i}^2\big)^2 = (-2\mathrm{i})^2 = \underline{-4}.$

(d) Benutzt man (b), so erhält man:

$(2-\mathrm{i})^5 = (2-\mathrm{i})^3(2-\mathrm{i})^2 = (2-11\mathrm{i})(3-4\mathrm{i}) = 6 - 8\mathrm{i} - 33\mathrm{i} + 44\mathrm{i}^2 = \underline{-38-41\mathrm{i}}.$

Oder man erhält mittels der binomischen Formel [**EM 1**, Seite 103 ff]:

$$\begin{aligned}(2-\mathrm{i})^5 &= \sum_{k=0}^{5} \binom{5}{k} 2^{5-k}(-\mathrm{i})^k = \sum_{k=0}^{5} \binom{5}{k} 2^{5-k}(-1)^k \mathrm{i}^k \\ &= \binom{5}{0}2^5\mathrm{i}^0 - \binom{5}{1}2^4\mathrm{i}^1 + \binom{5}{2}2^3\mathrm{i}^2 - \binom{5}{3}2^2\mathrm{i}^3 + \binom{5}{4}2^1\mathrm{i}^4 - \binom{5}{5}2^0\mathrm{i}^5 \\ &= 32 - 80\mathrm{i} - 80 + 40\mathrm{i} + 10 - \mathrm{i} = \underline{-38-41\,\mathrm{i}}.\end{aligned}$$

8.3 Konjugiert komplexe Zahlen

Konjugiert komplexe Zahlen

$z = x + \mathrm{i}\,y$

$\overline{z} = x - \mathrm{i}\,y$ heißt die zu z **konjugiert komplexe Zahl**.

Man sagt auch: z und $\overline{z}$ sind konjugiert komplex.

Rechenregeln beim Konjugieren:

$$\overline{z+w} = \overline{z} + \overline{w}$$
$$\overline{z \cdot w} = \overline{z} \cdot \overline{w}$$
$$z + \overline{z} = 2\,\mathrm{Re}(z)$$
$$z - \overline{z} = 2\,\mathrm{Im}(z) \cdot \mathrm{i}$$
$$z \cdot \overline{z} = x^2 + y^2 = |z|^2$$
$$\overline{\overline{z}} = z$$
$$|\overline{z}| = |z| = \sqrt{x^2+y^2}$$, das ist die Länge des Vektors (x, y) bzw. $(x, -y)$.

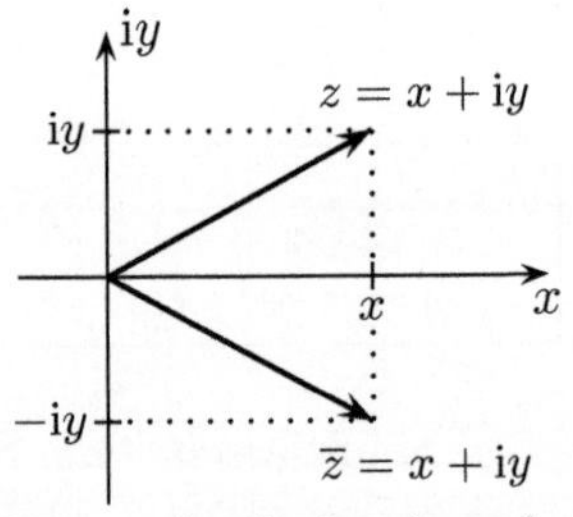

Die zu z konjugiert komplexe Zahl $\overline{z}$ entsteht durch Spiegelung von z an der x-Achse.

8.7 *Man berechne jeweils $\overline{z}$ und $|z|$.*

(a) $z = 3 + 4\mathrm{i}$, (b) $z = \frac{1}{2} - \frac{1}{2}\sqrt{3}\,\mathrm{i}$, (c) $z = -2\mathrm{i}$, (d) $z = 3$.

(a) $\overline{z} = 3 - 4\mathrm{i}$, $|z| = \sqrt{9+16} = 5$. (b) $\overline{z} = \frac{1}{2} + \frac{1}{2}\sqrt{3}\,\mathrm{i}$, $|z| = \sqrt{\frac{1}{4}+\frac{3}{4}} = 1$.

(c) $\overline{z} = 2\mathrm{i}$, $|z| = 2$. $z = -2\mathrm{i}$ ist rein imaginär, $\overline{z} = -z$.

(d) $\overline{z} = 3$, $|z| = 3$. $z = 3$ ist reell, $\overline{z} = z$.

8.8 *Für $z = -3 - 4\mathrm{i}$ und $w = 5 - 2\mathrm{i}$ rechne man nach:*

(a) $\overline{z+w} = \overline{z} + \overline{w}$, (b) $z + \overline{z} = 2\,\mathrm{Re}(z)$,

(c) $z - \overline{z} = 2\,\mathrm{Im}(z)\,\mathrm{i}$, (d) $\overline{z \cdot w} = \overline{z} \cdot \overline{w}$.

Für $z = x + \mathrm{i}y$ rechne man nach:

(e) $|z^2| = |\overline{z}^2| = |z|^2$, (f) $z \cdot \overline{z} = |z|^2$.

(a) $z + w = (-3 - 4\mathrm{i}) + (5 - 2\mathrm{i}\,) = 2 - 6\mathrm{i} \implies \overline{z+w} = 2 + 6\mathrm{i}$,
$\overline{z} + \overline{w} = (-3 + 4\mathrm{i}) + (5 + 2\mathrm{i}) = 2 + 6\mathrm{i}$, also $\overline{z+w} = \overline{z} + \overline{w}$.

(b) $z + \overline{z} = (-3 - 4\mathrm{i}) + (-3 + 4\mathrm{i}) = -6 = 2\,\mathrm{Re}(z)$.

(c) $z - \overline{z} = (-3 - 4\mathrm{i}) - (-3 + 4\mathrm{i}) = -3 - 4\mathrm{i} + 3 - 4\mathrm{i} = -8\mathrm{i} = 2\,\mathrm{Im}(z) \cdot \mathrm{i}$.

(d) $z \cdot w = (-3 - 4\mathrm{i}) \cdot (5 - 2\mathrm{i}) = \cdots = -23 - 14\mathrm{i} \implies \overline{z \cdot w} = -23 + 14\mathrm{i}$,
$\overline{z} \cdot \overline{w} = (-3 + 4\mathrm{i}) \cdot (5 + 2\mathrm{i}) = \cdots = -23 + 14\mathrm{i}$, also $\overline{z \cdot w} = \overline{z} \cdot \overline{w}$.

(e) $|z^2| = |(x^2-y^2) + 2xy\mathrm{i}| = \sqrt{(x^2-y^2)^2 + 4x^2y^2} = \sqrt{(x^2+y^2)^2} = x^2 + y^2$, analog
$|\overline{z}^2| = x^2 + y^2$, $|z|^2 = \left(\sqrt{x^2+y^2}\right)^2 = x^2 + y^2$, also $|z^2| = |\overline{z}^2| = |z|^2$.
Dies folgt mit $|z| = |\overline{z}|$ auch sofort aus der folgenden Regel für $|z|$.

(f) $z \cdot \overline{z} = (x + \mathrm{i}y)(x - \mathrm{i}y) = x^2 - (\mathrm{i}y)^2 = x^2 - (\mathrm{i})^2 y^2 = x^2 + y^2$, also $z \cdot \overline{z} = |z|^2$.

Regeln für $|z|$		
$\left|\frac{1}{z}\right| = \frac{1}{|z|}$,	$|z \cdot w| = |z| \cdot |w|$,	$|z+w| \le |z| + |w|$ (Dreiecksungleichung)

8.9 *Man zeige, dass folgende Produkte Polynome in z mit reellen Koeffizienten sind.*

(a) $(z - z_1)(z - \overline{z_1})$, (b) $(z + 1 - 2\mathrm{i})(z + 1 + 2\mathrm{i})$.

(a) $$(z - z_1)(z - \overline{z_1}) = z^2 - z\overline{z_1} - z_1 z + z_1\overline{z_1} = z^2 - z(z_1 + \overline{z_1}) + |z_1|^2 = \underline{z^2 - 2\,\mathrm{Re}(z_1)\cdot z + |z_1|^2}.$$

$(z - z_1)(z - \overline{z_1})$ ist also ein Polynom in z, das nur reelle Koeffizienten besitzt.

(b) $(z + 1 - 2\mathrm{i})(z + 1 + 2\mathrm{i}) = (z - (-1 + 2\mathrm{i}))(z - (-1 - 2\mathrm{i}))$.

Diese Umformung zeigt, dass (b) ein Spezialfall von Teil (a) ist mit $z_1 = -1 + 2\mathrm{i}$.

$\mathrm{Re}(z_1) = \mathrm{Re}(-1 + 2\mathrm{i}) = -1$ und $|z_1| = |-1 + 2\mathrm{i}| = \sqrt{5}$, also $|z_1|^2 = 5$. Mit (a):

$(z + 1 - 2\mathrm{i})(z + 1 + 2\mathrm{i}) = z^2 - 2\,\mathrm{Re}(-1 + 2\mathrm{i}) \cdot z + |-1 + 2\mathrm{i}|^2 = \underline{z^2 + 2z + 5}$.

8.10 *Man skizziere alle komplexen Zahlen z mit $|z| = 1$ und gebe 6 verschiedene Zahlen z mit $|z| = 1$ an.*

Die komplexen Zahlen z mit $|z| = 1$ werden durch Ortsvektoren der Länge 1 dargestellt.

Diese sind durch die Punkte der Ebene gegeben, deren Abstand vom Ursprung gleich 1 ist.

Sie liegen also auf dem Kreis um den Ursprung mit dem Radius 1.

Dieser Kreis heißt **Einheitskreis** (EK).

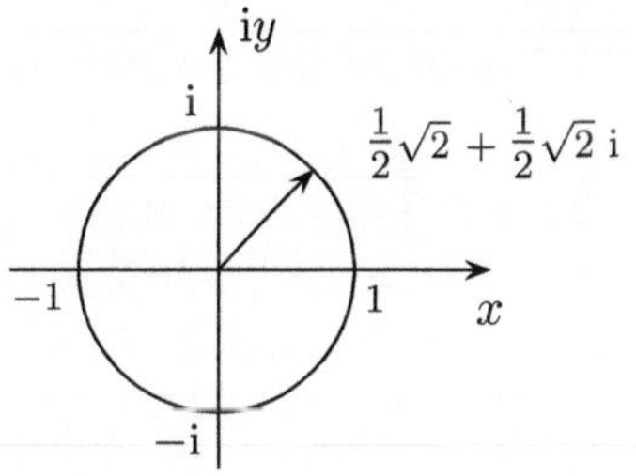

Für $z = x + \mathrm{i}\,y$ gilt: $|z| = |x + \mathrm{i}\,y| = \sqrt{x^2 + y^2} = 1 \iff x^2 + y^2 = 1$.

Die Gleichung $x^2 + y^2 = 1$ beschreibt den Einheitskreis, siehe [**EM 1**, S. 139].

Z.B. liegen die folgenden Zahlen auf dem Einheitskreis:

$z_1 = 1, \quad z_2 = \mathrm{i}, \quad z_3 = -1, \quad z_4 = -\mathrm{i}, \quad z_5 = \frac{1}{2} - \frac{1}{2}\sqrt{3}\,\mathrm{i}$.

Wegen $|z| = |\overline{z}|$ liegt dann auch $\overline{z_5} = \frac{1}{2} + \frac{1}{2}\sqrt{3}\,\mathrm{i}$ auf dem Einheitskreis.

Auch $z_6 = \frac{1}{2}\sqrt{2} + \frac{1}{2}\sqrt{2}\,\mathrm{i}$ liegt auf dem Einheitskreis, denn $|z_6| = \sqrt{\frac{1}{2} + \frac{1}{2}} = 1$.

$\vec{x}(t) = \begin{pmatrix}\cos t\\ \sin t\end{pmatrix}$, $0 \le t < 2\pi$ ist eine Parameterdarstellung des Einheitskreises $x^2 + y^2 = 1$, [**EM 1**, S. 139].

Also gilt für $z = x + \mathrm{i}y$:

$|z| = 1 \iff x^2 + y^2 = 1 \iff z = \cos t + \mathrm{i}\sin t,\ 0 \le t < 2\pi$.

8.4 Division

Um den Quotienten $\frac{z_1}{z_2}$ komplexer Zahlen zu berechnen, erweitert man den Bruch so, dass der Nenner reell wird. Man benutzt dabei, dass $z \cdot \overline{z} = |z|^2$ immer eine reelle Zahl ist.

Division in $\mathbb{C}$

$$\frac{z_1}{z_2} = \frac{z_1 \cdot \overline{z_2}}{z_2 \cdot \overline{z_2}} = \frac{1}{|z_2|^2}\, z_1 \cdot \overline{z_2}, \qquad \text{speziell} \quad \frac{1}{z} = \frac{\overline{z}}{z \cdot \overline{z}} = \frac{1}{|z|^2} \cdot \overline{z}.$$

Der Bruch $\frac{z_1}{z_2}$ wird mit dem konjugiert komplexen Nenner $\overline{z_2}$ erweitert.

Merke: $|z| = 1 \iff z \cdot \overline{z} = 1 \iff \frac{1}{z} = \overline{z}$, speziell $\mathbf{\frac{1}{i} = i^{-1} = -i}$.

8.11 *Für die komplexen Zahlen* $z_1 = \mathrm{i}$, $z_2 = 1 + \mathrm{i}$, $z_3 = 1 - \mathrm{i}$, $z_4 = -3 + 4\mathrm{i}$

berechne man (a) *ihre Kehrwerte* $\frac{1}{z_1}, \frac{1}{z_2}, \frac{1}{z_3}, \frac{1}{z_4}$,

(b) *die Quotienten* $\frac{z_2}{z_3}, \frac{z_1}{z_4}, \frac{z_1 z_3}{z_2 z_4}$,

(c) *die Summe* $\frac{1}{{z_3}^2} + \frac{z_1}{z_2} + \frac{z_1 z_4}{z_2 z_3}$.

(a) $\frac{1}{z_1} = \frac{1}{\mathrm{i}} = \frac{-\mathrm{i}}{\mathrm{i} \cdot (-\mathrm{i})} = \frac{-\mathrm{i}}{1} = \underline{-\mathrm{i}}.$

Erweitern mit i ergibt ebenfalls einen reellen Nenner: $\frac{1}{z_1} = \frac{1}{\mathrm{i}} = \frac{\mathrm{i}}{\mathrm{i}^2} = \frac{\mathrm{i}}{-1} = \underline{-\mathrm{i}}.$

$$\frac{1}{z_2} = \frac{1}{1+\mathrm{i}} = \frac{1-\mathrm{i}}{(1+\mathrm{i})(1-\mathrm{i})} = \frac{1-\mathrm{i}}{2} = \underline{\tfrac{1}{2} - \tfrac{1}{2}\mathrm{i}}.$$

$$\frac{1}{z_3} = \frac{1}{1-\mathrm{i}} = \frac{1+\mathrm{i}}{(1-\mathrm{i})(1+\mathrm{i})} = \frac{1+\mathrm{i}}{2} = \underline{\tfrac{1}{2} + \tfrac{1}{2}\mathrm{i}}.$$

$$\frac{1}{z_4} = \frac{1}{-3+4\mathrm{i}} = \frac{-3-4\mathrm{i}}{(-3+4\mathrm{i})(-3-4\mathrm{i})} = \frac{-3-4\mathrm{i}}{25} = \underline{-\tfrac{3}{25} - \tfrac{4}{25}\mathrm{i}}.$$

(b) $\frac{z_2}{z_3} = \frac{1+\mathrm{i}}{1-\mathrm{i}} = \frac{(1+\mathrm{i})(1+\mathrm{i})}{(1-\mathrm{i})(1+\mathrm{i})} = \frac{2\mathrm{i}}{2} = \underline{\mathrm{i}}.$

$$\frac{z_1}{z_4} = \frac{\mathrm{i}}{-3+4\mathrm{i}} = \frac{\mathrm{i}(-3-4\mathrm{i})}{(-3+4\mathrm{i})(-3-4\mathrm{i})} = \frac{4-3\mathrm{i}}{25} = \underline{\tfrac{4}{25} - \tfrac{3}{25}\mathrm{i}}.$$

Bei $\frac{z_1 z_3}{z_2 z_4}$ wird vor dem Erweitern in Zähler und Nenner ausmultipliziert:

$$\frac{z_1 z_3}{z_2 z_4} = \frac{\mathrm{i}(1-\mathrm{i})}{(1+\mathrm{i})(-3+4\mathrm{i})} = \frac{1+\mathrm{i}}{-7+\mathrm{i}} = \frac{(1+\mathrm{i})(-7-\mathrm{i})}{(-7+\mathrm{i})(-7-\mathrm{i})} = \frac{1}{50}(-6-8\mathrm{i}) = \underline{-\tfrac{3}{25} - \tfrac{4}{25}\mathrm{i}}.$$

(c)
$$\begin{aligned}
\frac{1}{{z_3}^2} + \frac{z_1}{z_2} + \frac{z_1 z_4}{z_2 z_3} &= \frac{z_2 + z_1 z_3^2 + z_1 z_3 z_4}{z_2 z_3^2} = \frac{(1+\mathrm{i}) + \mathrm{i}(1-\mathrm{i})^2 + \mathrm{i}(1-\mathrm{i})(-3+4\mathrm{i})}{2(1-\mathrm{i})} \\
&= \frac{(1+\mathrm{i}) + \mathrm{i}(-2\mathrm{i}) + (1+\mathrm{i})(-3+4\mathrm{i})}{2(1-\mathrm{i})} = \frac{3+\mathrm{i}-7+\mathrm{i}}{2(1-\mathrm{i})} \\
&= \frac{-2+\mathrm{i}}{1-\mathrm{i}} = \frac{(-2+\mathrm{i})(1+\mathrm{i})}{2} = \underline{-\tfrac{3}{2} - \tfrac{1}{2}\mathrm{i}}.
\end{aligned}$$

8.5 Polardarstellung komplexer Zahlen

Die komplexe Zahl $z = x + \mathrm{i}\,y$ ist der Ortsvektor bzw. Punkt (x, y) des $\mathbb{R}^2$. Dieser ist durch seine kartesischen Koordinaten x und y eindeutig bestimmt. Der Punkt (x, y) lässt sich aber auch in Polarkoordinaten r und φ eindeutig beschreiben [**EM 1**, S. 112]. Dabei ist r der Abstand des Punktes z vom Nullpunkt O und φ der gegen den Uhrzeigersinn gemessene Winkel zwischen der positiven x-Achse und der Strecke $\overline{Oz}$.
Für den Punkt $(0,0)$, also $z = 0$, ist $r = 0$ und φ beliebig.
Die Formeln für die Umrechnung der Koordinaten entnehmen wir [**EM 1**]:

Umformung

Polarkoordinaten in kartesische Koordinaten $\boldsymbol{x, y}$

$$x = r\cos\varphi$$
$$y = r\sin\varphi$$

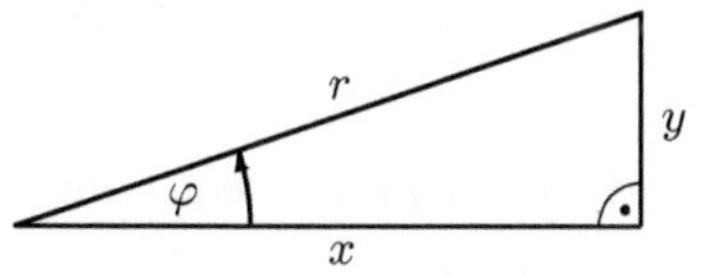

Kartesische Koordinaten in Polarkoordinaten $\boldsymbol{r, \varphi}$

$$r = \sqrt{x^2 + y^2}$$
$\tan\varphi = \frac{y}{x}$ Quadranten beachten!
$x = 0:$ Sonderfall

$$(x, y) = (r\cos\varphi, r\sin\varphi)$$

Polare Darstellung komplexer Zahlen

$$z = x + \mathrm{i}\,y$$
$$= r\,(\cos\varphi + \mathrm{i}\sin\varphi), \quad r \geq 0$$

$r = |z|$ ist der **Betrag** (die Länge) von z.
$\varphi = \arg(z)$ heißt **Winkel** (Argument) von z.

r, φ heißen **Polarkoordinaten** von z.

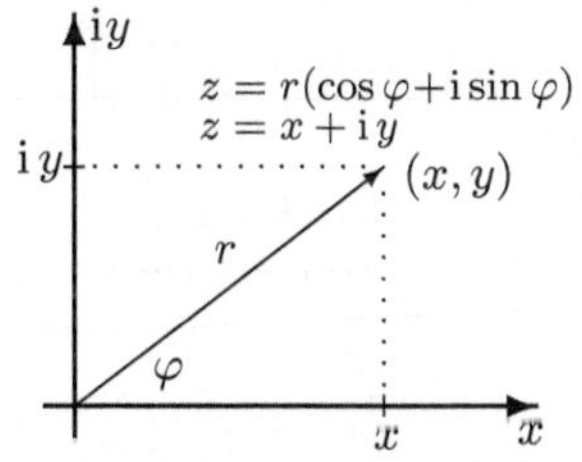

Der Winkel von z ist nicht eindeutig. Oft wählt man den Winkel im Bereich von 0 bis 2π oder $-\pi$ bis π, aber auch jeder Winkel, der sich von diesem nur um ein Vielfaches von 2π unterscheidet, beschreibt z. Anschaulich ist dies auch klar, da eine Drehung um 360° um den Nullpunkt jeden Vektor der Ebene wieder in sich selbst überführt. Zum Beispiel hat $1 - \mathrm{i}$ u.a. die Winkel $-45°$, $315°$, $675°$.

Hat z hat den Winkel φ,
so hat

$\overline{z}$	den Winkel	$-\varphi$,
$\frac{1}{z}$	den Winkel	$-\varphi$,
$-z$	den Winkel	$\varphi + \pi$.

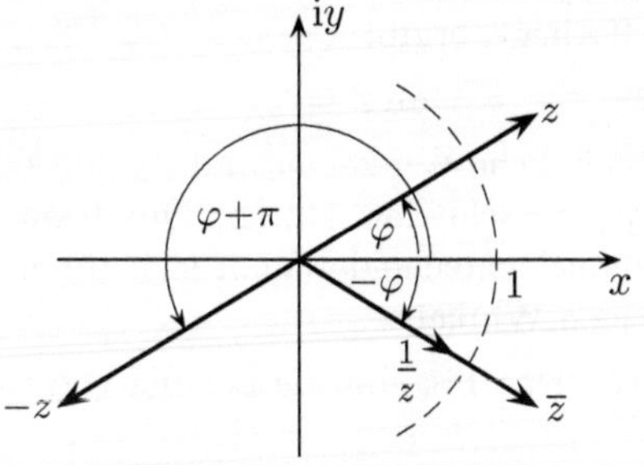

Winkel können im Gradmaß oder im Bogenmaß angegeben werden. Üblich ist die Angabe von Winkeln im Bogenmaß, vertrauter vielleicht das Gradmaß.

8.12 *Die komplexe Zahl z ist durch Polarkoordinaten gegeben. Man gebe z in kartesischer Darstellung an:*

(a) $r = 2\,,\quad \varphi = 45^\circ$, (b) $r = 1\,,\quad \varphi = \frac{7}{6}\pi$.

(a) $$\left.\begin{array}{l} x = r\cos\varphi = 2\cos 45^\circ = 2\cdot\frac{1}{2}\sqrt{2} = \sqrt{2} \\ y = r\sin\varphi = 2\sin 45^\circ = 2\cdot\frac{1}{2}\sqrt{2} = \sqrt{2} \end{array}\right\} \Longrightarrow\ z = x + \mathrm{i}\,y = \underline{\sqrt{2} + \sqrt{2}\,\mathrm{i}}\,.$$

Oder man setzt r und φ gleich in $z = r(\cos\varphi + \mathrm{i}\sin\varphi)$ ein und erhält:

$$\begin{aligned} z &= 2(\cos 45^\circ + \mathrm{i}\sin 45^\circ) \\ &= 2\left(\tfrac{1}{2}\sqrt{2} + \tfrac{1}{2}\sqrt{2}\,\mathrm{i}\right) = \underline{\sqrt{2} + \sqrt{2}\,\mathrm{i}}\,. \end{aligned}$$

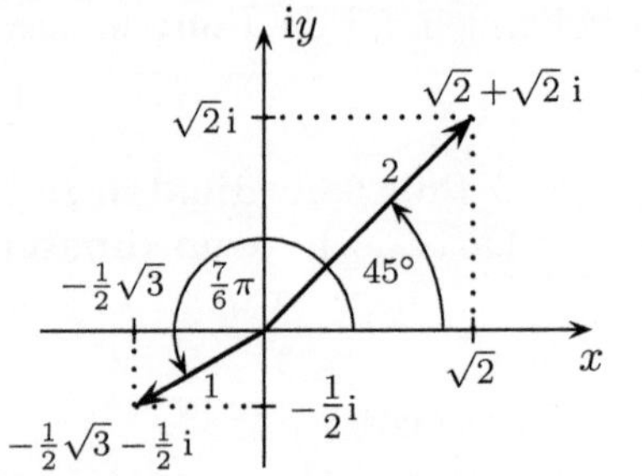

(b) $$z = \cos\tfrac{7}{6}\pi + \mathrm{i}\sin\tfrac{7}{6}\pi = \underline{-\tfrac{1}{2}\sqrt{3} - \tfrac{1}{2}\mathrm{i}}.$$

Tabelle wichtiger Sinus- und Kosinuswerte, siehe auch [Seite 104].

	0°	30°	45°	60°	90°
	0	$\frac{\pi}{6}$	$\frac{\pi}{4}$	$\frac{\pi}{3}$	$\frac{\pi}{2}$
$\sin\varphi$	0	$\frac{1}{2}$	$\frac{\sqrt{2}}{2}$	$\frac{\sqrt{3}}{2}$	1
$\cos\varphi$	1	$\frac{\sqrt{3}}{2}$	$\frac{\sqrt{2}}{2}$	$\frac{1}{2}$	0

Weitere Werte erhält man mit

$$\begin{aligned} \sin(-\varphi) &= -\sin\varphi \\ \sin(\pi \pm \varphi) &= -\sin\varphi \\ \cos(-\varphi) &= \cos\varphi \\ \cos(\pi \pm \varphi) &= -\cos\varphi \end{aligned}$$

8.13 *Die komplexe Zahl z ist in kartesischer Darstellung gegeben. Man schreibe z in polarer Darstellung.*

(a) $z = 1 + \sqrt{3}\,\mathrm{i}$, (b) $z = -1 - \sqrt{3}\,\mathrm{i}$, (c) $z = \frac{1}{2} - \frac{1}{2}\mathrm{i}$, (d) $z = 3\mathrm{i}$,
(e) $z = -5$, (f) $z = -\mathrm{i}$, (g) $z = \pi$, (h) $z = 8 + 4\mathrm{i}$.

(a) $z = 1 + \sqrt{3}\,\mathrm{i}$

Es ist $r = \sqrt{1^2 + (\sqrt{3})^2} = \sqrt{1+3} = 2$.

Bei der Berechnung von φ aus x und y ist etwas Vorsicht geboten. Da tan die Periode π hat, der Winkel φ aber zwischen 0 und 2π liegt, ergibt

$$\tan\varphi = \frac{y}{x}$$

zwei mögliche Winkel φ_1 und φ_2, die sich um π unterscheiden. Durch "Quadranten beachten" entscheidet man sich für den richtigen Winkel.

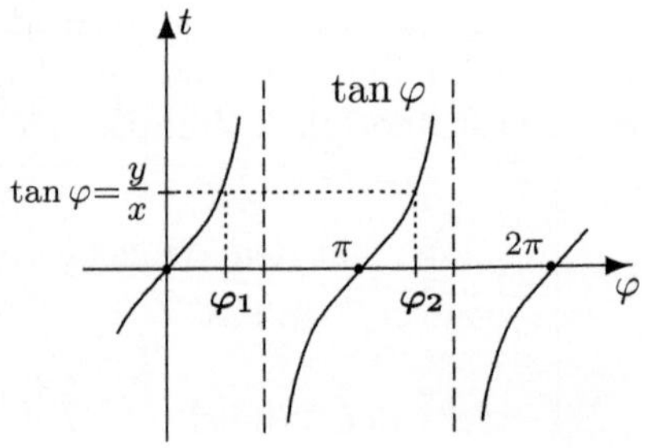

$t = \tan\varphi$ (π – periodisch)

Merke: Der TR gibt als Lösung von $\tan\varphi = \frac{y}{x}$ stets φ zwischen $-\frac{\pi}{2}$ und $\frac{\pi}{2}$ an.

$$z = 1+\sqrt{3}\,\mathrm{i} \implies \tan\varphi = \frac{\sqrt{3}}{1} = \sqrt{3} \implies \varphi = \begin{cases} 60^\circ & \text{oder} \quad 240^\circ \\ \frac{1}{3}\pi & \text{oder} \quad \frac{4}{3}\pi \ \text{(Bogenmaß)} \end{cases}$$

Da die komplexe Zahl $z = 1 + \sqrt{3}\,\mathrm{i}$ im 1. Quadranten liegt, ist $\varphi = 60^\circ$.

Ergebnis: $z = \underline{2(\cos 60^\circ + \mathrm{i}\sin 60^\circ) = 2\big(\cos\frac{1}{3}\pi + \mathrm{i}\sin\frac{1}{3}\pi\big)}$.

(b) $z = -1 - \sqrt{3}\,\mathrm{i}$

$$r = \sqrt{1+3} = \sqrt{4} = 2. \quad \tan\varphi = \frac{-\sqrt{3}}{-1} = \sqrt{3} \implies \varphi = \begin{cases} 60^\circ & \text{oder} \quad 240^\circ \\ \frac{1}{3}\pi & \text{oder} \quad \frac{4}{3}\pi \end{cases}$$

Da die komplexe Zahl $z = -1 - \sqrt{3}\,\mathrm{i}$ im 3. Quadranten liegt, ist $\varphi = 240^\circ$.

Ergebnis: $z = \underline{2(\cos 240^\circ + \mathrm{i}\sin 240^\circ) = 2\big(\cos\frac{4}{3}\pi + \mathrm{i}\sin\frac{4}{3}\pi\big)}$.

Wegen $-1 - \sqrt{3}\,\mathrm{i} = -(1 + \sqrt{3}\,\mathrm{i})$ erhält man das Ergebnis auch aus (a), denn $|-z| = |z|$ und $\arg(-z) = \arg(z + \pi)$.

(c) $z = \frac{1}{2} - \frac{1}{2}\mathrm{i}$

$$r = \sqrt{\tfrac{1}{4} + \tfrac{1}{4}} = \sqrt{\tfrac{1}{2}} = \tfrac{1}{2}\sqrt{2}. \qquad \tan\varphi = -1 \implies \varphi = \begin{cases} 135^\circ & \text{oder} \quad 315^\circ \\ \frac{3}{4}\pi & \text{oder} \quad \frac{7}{4}\pi \end{cases}$$

$z = \frac{1}{2} - \frac{1}{2}\mathrm{i}$ liegt im 4. Quadranten, also ist $\varphi = 315^\circ$.

Ergebnis: $z = \underline{\frac{1}{2}\sqrt{2}\,(\cos 315^\circ + \mathrm{i}\sin 315^\circ) = \frac{1}{2}\sqrt{2}\,\big(\cos\frac{7}{4}\pi + \mathrm{i}\sin\frac{7}{4}\pi\big)}$.

Natürlich kann man hier auch den vom TR angegebenen Winkel -45° für das Ergebnis wählen. Genauso richtig ist also das

Ergebnis: $z = \underline{\frac{1}{2}\sqrt{2}\,(\cos(-45^\circ) + \mathrm{i}\sin(-45^\circ)) = \frac{1}{2}\sqrt{2}\,\big(\cos(-\frac{1}{4}\pi) + \mathrm{i}\sin(-\frac{1}{4}\pi)\big)}$.

Bei den Aufgabenteilen (d) - (g) braucht man nicht zu rechnen: Winkel und Beträge erkennt man sofort, da die gegebenen komplexen Zahlen auf den Achsen liegen.

(d)	$z = 3\mathrm{i}$		$r = 3,\ \varphi = \frac{\pi}{2}$		$z = 3(\cos\frac{\pi}{2} + \mathrm{i}\sin\frac{\pi}{2})$.
(e)	$z = -5$	$\implies$	$r = 5,\ \varphi = \pi$	$\implies$	$z = 5(\cos\pi + \mathrm{i}\sin\pi)$.
(f)	$z = -\mathrm{i}$		$r = 1,\ \varphi = \frac{3}{2}\pi$		$z = \cos\frac{3}{2}\pi + \mathrm{i}\sin\frac{3}{2}\pi$.
(g)	$z = \pi$		$r = \pi,\ \varphi = 0$		$z = \pi(\cos 0 + \mathrm{i}\sin 0)$.

(h) $z = 8 + 4\mathrm{i}$

$$r = \sqrt{64+16} = \sqrt{80}, \quad \tan\varphi = \tfrac{4}{8} = \tfrac{1}{2} \implies \varphi \approx \begin{cases} 26.6^\circ & \text{oder} \quad 206.6^\circ \\ 0.46 & \text{oder} \quad 3.61 \end{cases}$$

z liegt im 1. Quadranten, also $z \approx \underline{\sqrt{80}\,(\cos 26.6^\circ + \mathrm{i}\sin 26.6^\circ)}$.

Hier ist die Angabe des Winkels im Gradmaß aussagekräftiger, da man bei einem Winkel von 26.6° besser die Richtung von z abschätzen kann als bei Angabe des Bogenmaßes 0.46 des Winkels.

Winkel spezieller komplexer Zahlen		
$z \in \mathbb{C}$ liegt auf der	Winkel	Beispiel
positiven reellen Achse	0	5
positiven imaginären Achse	$\frac{\pi}{2}$	$2\mathrm{i}$
negativen reellen Achse	π	-4
negativen imaginären Achse	$\frac{3}{2}\pi$	$-4\mathrm{i}$
Winkelhalbierenden des 1. Quadranten	$\frac{\pi}{4}$	$4+4\mathrm{i}$
Winkelhalbierenden des 2. Quadranten	$\frac{3}{4}\pi$	$-3+3\mathrm{i}$
Winkelhalbierenden des 3. Quadranten	$\frac{5}{4}\pi$	$-2-2\mathrm{i}$
Winkelhalbierenden des 4. Quadranten	$\frac{7}{4}\pi$	$3-3\mathrm{i}$

8.14 *Man skizziere die Beispiele aus der Tabelle in der Gaußschen Zahlenebene.*

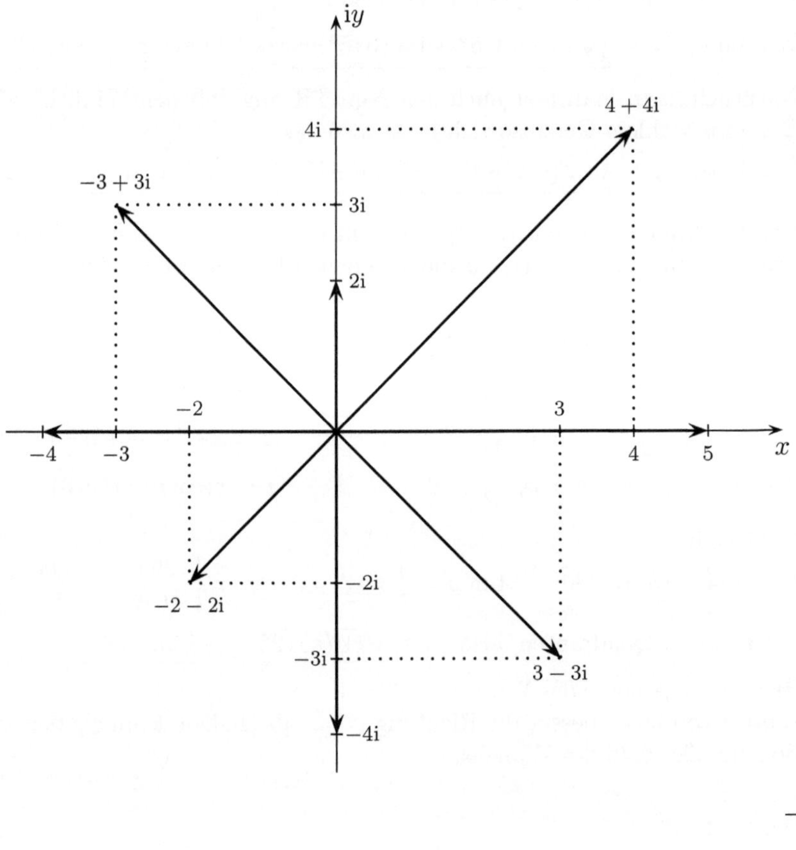

8.6 Exponentialdarstellung komplexer Zahlen

Mit der komplexen e-Funktion, siehe z.B. [**HM**, Seite 111 ff], erhält man als dritte Darstellung komplexer Zahlen die exponentielle Darstellung.

Exponential- und Polardarstellung komplexer Zahlen

$$z = r\,\mathrm{e}^{\mathrm{i}\varphi} = r(\cos\varphi + \mathrm{i}\sin\varphi)\,,\quad r, \varphi \text{ Polarkoordinaten}$$

8.15 *Man schreibe die komplexen Zahlen aus [8.13] in kartesischer, polarer und exponentieller Darstellung.*

		kartesisch		polar		exponentiell
(a)	$z =$	$1+\sqrt{3}\,\mathrm{i}$	$=$	$2(\cos\frac{1}{3}\pi + \mathrm{i}\sin\frac{1}{3}\pi)$	$=$	$2\,\mathrm{e}^{\mathrm{i}\pi/3}$
(b)	$z =$	$-1-\sqrt{3}\,\mathrm{i}$	$=$	$2(\cos\frac{4}{3}\pi + \mathrm{i}\sin\frac{4}{3}\pi)$	$=$	$2\,\mathrm{e}^{\mathrm{i}4\pi/3}$
(c)	$z =$	$\frac{1}{2}-\frac{1}{2}\mathrm{i}$	$=$	$\frac{1}{2}\sqrt{2}\,(\cos\frac{7}{4}\pi + \mathrm{i}\sin\frac{7}{4}\pi)$	$=$	$\frac{1}{2}\sqrt{2}\;\mathrm{e}^{\mathrm{i}7\pi/4}$
(d)	$z =$	$3\,\mathrm{i}$	$=$	$3(\cos\frac{\pi}{2} + \mathrm{i}\sin\frac{\pi}{2})$	$=$	$3\,\mathrm{e}^{\mathrm{i}\pi/2}$
(e)	$z =$	-5	$=$	$5(\cos\pi + \mathrm{i}\sin\pi)$	$=$	$5\,\mathrm{e}^{\mathrm{i}\pi}$
(f)	$z =$	$-\mathrm{i}$	$=$	$\cos\frac{3}{2}\pi + \mathrm{i}\sin\frac{3}{2}\pi$	$=$	$\mathrm{e}^{\mathrm{i}3\pi/2}$
(g)	$z =$	π	$=$	$\pi(\cos 0 + \mathrm{i}\sin 0)$	$=$	$\pi\,\mathrm{e}^{\mathrm{i}0} = \pi\,\mathrm{e}^{0}$
(h)	$z =$	$8+4\,\mathrm{i}$	$\approx$	$\sqrt{80}\,(\cos 0.46 + \mathrm{i}\sin 0.46)$	$=$	$\sqrt{80}\;\mathrm{e}^{0.46\,\mathrm{i}}$

Bei (h) wurde in [8.13] der Winkel bei der polaren Darstellung zur besseren Lesbarkeit in Grad angegeben. Bei der exponentiellen Darstellung muss der Winkel im Bogenmaß angegeben werden.

Für $r = 1$ erhält man aus der Exponentialdarstellung:

Eulersche Formel: $\mathrm{e}^{\mathrm{i}\varphi} = \cos\varphi + \mathrm{i}\sin\varphi$

speziell: $\mathrm{e}^{\mathrm{i}\pi} = -1$

8.16 *Die komplexe Zahl z ist in Exponentialdarstellung gegeben. Man gebe z in kartesischer Darstellung an.*

(a) $z = 2\,\mathrm{e}^{\mathrm{i}5\pi/4}$, (b) $z = \sqrt{6}\;\mathrm{e}^{\mathrm{i}(-\pi/3)}$, (c) $z = 4\,\mathrm{e}^{2\pi\mathrm{i}}$.

Man schreibt die komplexen Zahlen zunächst in polarer Darstellung und berechnet die auftretenden Sinus- und Kosinuswerte, siehe auch [Seite 104] oder **FH**.

(a) $2\,\mathrm{e}^{\mathrm{i}5\pi/4} = 2(\cos\frac{5}{4}\pi + \mathrm{i}\sin\frac{5}{4}\pi) = 2\cdot\big(-\frac{1}{2}\sqrt{2} + \mathrm{i}\cdot(-\frac{1}{2}\sqrt{2})\big) = \underline{-\sqrt{2}-\sqrt{2}\,\mathrm{i}}.$

(b) $\sqrt{6}\;\mathrm{e}^{\mathrm{i}(-\pi/3)} = \sqrt{6}\,(\cos(-\frac{1}{3}\pi) + \mathrm{i}\,\sin(-\frac{1}{3}\pi)) = \sqrt{6}\,(\cos\frac{1}{3}\pi - \mathrm{i}\,\sin\frac{1}{3}\pi)$
$= \sqrt{6}\,(\frac{1}{2} - \frac{1}{2}\sqrt{3}\,\mathrm{i}) = \underline{\frac{1}{2}\sqrt{6} - \frac{3}{2}\sqrt{2}\,\mathrm{i}}.$

(c) $4\,\mathrm{e}^{2\pi\mathrm{i}} = 4(\cos 2\pi + \mathrm{i}\sin 2\pi) = \underline{4}.$

Oder man benutzt, dass 2π dem Winkel 0 entspricht, also $4\,\mathrm{e}^{2\pi\mathrm{i}} = 4\,\mathrm{e}^{0\mathrm{i}} = 4.$

8.7 Multiplikation und Division in Exponential- bzw. Polardarstellung

Die Multiplikation und Division komplexer Zahlen ist sehr anschaulich, wenn man die Exponentialdarstellung bzw. die Polardarstellung benutzt.

Multiplikation komplexer Zahlen

$$z_1 \cdot z_2 = r_1\,\mathrm{e}^{\mathrm{i}\varphi_1} \cdot r_2\,\mathrm{e}^{\mathrm{i}\varphi_2} = r_1 r_2\,\mathrm{e}^{\mathrm{i}(\varphi_1+\varphi_2)} \quad \text{bzw.}$$

$$\begin{aligned} z_1 \cdot z_2 &= r_1(\cos\varphi_1 + \mathrm{i}\sin\varphi_1) \cdot r_2(\cos\varphi_2 + \mathrm{i}\sin\varphi_2) \\ &= r_1 r_2\big(\cos(\varphi_1+\varphi_2) + \mathrm{i}\sin(\varphi_1+\varphi_2)\big) \end{aligned}$$

Bei der **Multiplikation** komplexer Zahlen werden die Beträge *multipliziert* und die Winkel *addiert*.

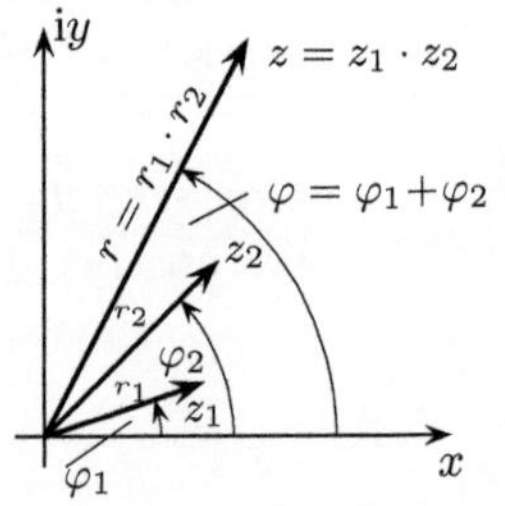

Division komplexer Zahlen

$$\frac{z_1}{z_2} = \frac{r_1\,\mathrm{e}^{\mathrm{i}\varphi_1}}{r_2\,\mathrm{e}^{\mathrm{i}\varphi_2}} = \frac{r_1}{r_2}\,\mathrm{e}^{\mathrm{i}(\varphi_1-\varphi_2)} \quad \text{bzw.}$$

$$\begin{aligned} \frac{z_1}{z_2} &= \frac{r_1(\cos\varphi_1+\mathrm{i}\sin\varphi_1)}{r_2(\cos\varphi_2+\mathrm{i}\sin\varphi_2)} \\ &= \frac{r_1}{r_2}\big(\cos(\varphi_1-\varphi_2) + \mathrm{i}\sin(\varphi_1-\varphi_2)\big) \end{aligned}$$

Bei der **Division** komplexer Zahlen werden die Beträge *dividiert* und die Winkel *subtrahiert*.

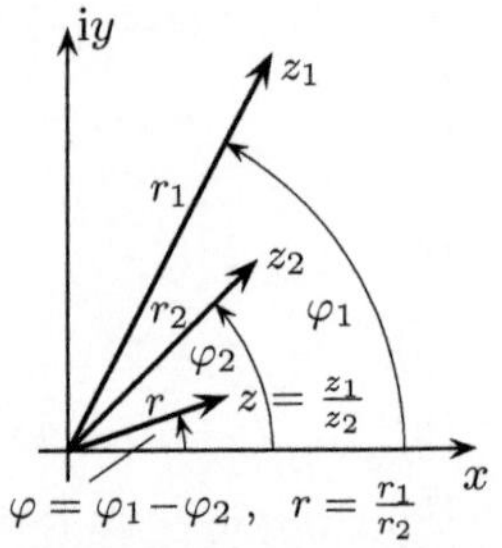

Kehrwertbildung komplexer Zahlen

Ist $z = r\,\mathrm{e}^{\mathrm{i}\varphi} = r(\cos\varphi + \mathrm{i}\sin\varphi)$, dann ist

$$\begin{aligned} \frac{1}{z} &= \frac{1}{r\,\mathrm{e}^{\mathrm{i}\varphi}} = \frac{1}{r}\,\mathrm{e}^{\mathrm{i}(-\varphi)} = \frac{1}{r}\big(\cos(-\varphi) + \mathrm{i}\sin(-\varphi)\big) \\ &= \frac{1}{r}(\cos\varphi - \mathrm{i}\sin\varphi) = \frac{1}{r^2}\big(r(\cos\varphi - \mathrm{i}\sin\varphi)\big) = \frac{1}{r^2}\,\overline{z} \end{aligned}$$

$$\boxed{|z| = 1 \iff r = 1 \iff \frac{1}{z} = \overline{z}}$$

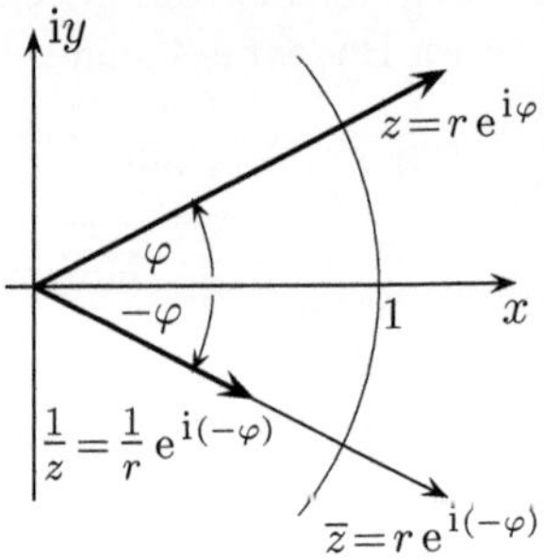

8.17 *Man berechne jeweils das Produkt* $z_1 \cdot z_2$ *und den Quotienten* $\frac{z_1}{z_2}$:

(a) $z_1 = 6\,\mathrm{e}^{\mathrm{i}\pi/3},\ z_2 = 3\,\mathrm{e}^{\mathrm{i}\pi/6}$, (b) $z_1 = 2\,\mathrm{e}^{\mathrm{i}(-\pi)},\ z_2 = 3\,\mathrm{e}^{\mathrm{i}\pi/4}$.

Wir rechnen exponentiell und geben die Ergebnisse auch kartesisch an.
In (b) verwenden wir $r\,\mathrm{e}^{\mathrm{i}\varphi} = r\,\mathrm{e}^{\mathrm{i}(\varphi+2\pi)}$.

(a) $z_1 z_2 = 6\,\mathrm{e}^{\mathrm{i}\pi/3} \cdot 3\,\mathrm{e}^{\mathrm{i}\pi/6} = 18\,\mathrm{e}^{\mathrm{i}(\pi/3+\pi/6)} = \underline{18\,\mathrm{e}^{\mathrm{i}\pi/2}} = 18(\cos\frac{\pi}{2} + \mathrm{i}\sin\frac{\pi}{2}) = \underline{18\mathrm{i}}.$

$\frac{z_1}{z_2} = 2\,\mathrm{e}^{\mathrm{i}(\pi/3-\pi/6)} = \underline{2\,\mathrm{e}^{\mathrm{i}\pi/6}} = 2(\cos\frac{\pi}{6} + \mathrm{i}\sin\frac{\pi}{6}) = \underline{\sqrt{3} + \mathrm{i}}.$

(b) $z_1 z_2 = 2\,\mathrm{e}^{\mathrm{i}(-\pi)} \cdot 3\,\mathrm{e}^{\mathrm{i}\pi/4} = 6\,\mathrm{e}^{\mathrm{i}(-\pi+\pi/4)} = 6\,\mathrm{e}^{\mathrm{i}(-3\pi/4)} = \underline{6\,\mathrm{e}^{\mathrm{i}5\pi/4}} = \underline{3\sqrt{2}\,(-1-\mathrm{i})}.$

$\frac{z_1}{z_2} = \frac{2\,\mathrm{e}^{\mathrm{i}(-\pi)}}{3\,\mathrm{e}^{\mathrm{i}\pi/4}} = \frac{2}{3}\,\mathrm{e}^{\mathrm{i}(-\pi-\pi/4)} = \frac{2}{3}\,\mathrm{e}^{\mathrm{i}(-5\pi/4)} = \underline{\frac{2}{3}\,\mathrm{e}^{\mathrm{i}3\pi/4}} = \underline{-\frac{1}{3}\sqrt{2} + \frac{1}{3}\sqrt{2}\,\mathrm{i}}.$

8.18 *Man berechne jeweils das Produkt $z_1 \cdot z_2$ und gebe das Ergebnis in kartesischer, polarer und exponentieller Darstellung an.*

(a) $z_1 = 1 - \mathrm{i}\,,\qquad z_2 = -5 + 5\mathrm{i}.$

(b) $z_1 = \sqrt{3} - \mathrm{i}\,,\qquad z_2 = 2(\cos 60° + \mathrm{i}\sin 60°).$

(c) $z_1 = \cos\frac{3}{4}\pi + \mathrm{i}\sin\frac{3}{4}\pi\,,\qquad z_2 = 4(\cos\frac{7}{6}\pi + \mathrm{i}\sin\frac{7}{6}\pi).$

(d) $z_1 = 2 + 2\mathrm{i}\,,\qquad z_2 = \sqrt{2}\,\mathrm{e}^{\mathrm{i}3\pi/4}.$

(a) $z_1 \cdot z_2 = (1-\mathrm{i})(-5+5\mathrm{i}) = -5 + 5\mathrm{i} + 5\mathrm{i} - 5\mathrm{i}^2 = \underline{10\mathrm{i}}.$

Umwandlung in die polare bzw. exponentielle Darstellung:

$z_1 \cdot z_2 = 10(\cos 90° + \mathrm{i}\sin 90°) = \underline{10(\cos\frac{1}{2}\pi + \mathrm{i}\sin\frac{1}{2}\pi)} = \underline{10\,\mathrm{e}^{\mathrm{i}\pi/2}}.$

(b) (i) Rechnung in polarer Darstellung: z_1 umwandeln.

$r_1 = \sqrt{1+3} = 2, \qquad \tan\varphi_1 = \frac{-1}{\sqrt{3}} \implies \varphi_1 = 150°$ oder $\varphi_1 = 330°.$

z_1 liegt im 4. Quadranten, also $z_1 = 2(\cos 330° + \mathrm{i}\sin 330°).$

$$\begin{aligned} z_1 \cdot z_2 &= 2 \cdot 2(\cos(60° + 330°) + \mathrm{i}\sin(60° + 330°)) && (390° \text{ entspricht } 30°)\\ &= \underline{4(\cos 30° + \mathrm{i}\sin 30°)} && \text{polare Darstellung}\\ &= \underline{4\,\mathrm{e}^{\mathrm{i}\pi/6}} && \text{exponentielle Darstellung}\\ &= 4(\tfrac{1}{2}\sqrt{3} + \tfrac{1}{2}\mathrm{i}) = \underline{2\sqrt{3} + 2\mathrm{i}}. && \text{kartesische Darstellung} \end{aligned}$$

Der Winkel von z ist nur bis auf Vielfache von 2π (bzw. 360°) eindeutig. Statt φ kann er auch als $\varphi + k \cdot 2\pi$ (bzw. $\varphi + k \cdot 360°$) für ein $k \in \mathbb{Z}$ angegeben werden. Daher entspricht der Winkel von 390° dem von $390° - 360° = 30°$.

(ii) Rechnung in kartesischer Darstellung: z_2 umwandeln.

$$\begin{aligned} z_2 &= 2(\tfrac{1}{2} + \tfrac{1}{2}\sqrt{3}\,\mathrm{i}) = 1 + \sqrt{3}\,\mathrm{i}\\ z_1 \cdot z_2 &= (\sqrt{3} - \mathrm{i})(1 + \sqrt{3}\,\mathrm{i}) = \sqrt{3} + 3\mathrm{i} - \mathrm{i} - \sqrt{3}\,\mathrm{i}^2\\ &= \underline{2\sqrt{3} + 2\mathrm{i}} && \text{kartesische Darstellung} \end{aligned}$$

$r = \sqrt{4 \cdot 3 + 4} = \sqrt{16} = 4\,,\quad \tan\varphi = \frac{2}{2\sqrt{3}} = \frac{1}{\sqrt{3}} \Longrightarrow \varphi = 30°$ oder $\varphi = 210°.$

$z_1 \cdot z_2$ liegt im 1. Quadranten, also $\varphi = 30°$.

$z_1 \cdot z_2 = \underline{4(\cos 30° + \mathrm{i}\sin 30°)} = \underline{4\,\mathrm{e}^{\mathrm{i}\pi/6}}.$

(c) Hier bietet sich die Multiplikation in polarer Darstellung an.

$$\begin{aligned} z_1 \cdot z_2 &= 4(\cos(\tfrac{3}{4}\pi + \tfrac{7}{6}\pi) + \mathrm{i}\sin(\tfrac{3}{4}\pi + \tfrac{7}{6}\pi))\\ &= \underline{4(\cos\tfrac{23}{12}\pi + \mathrm{i}\sin\tfrac{23}{12}\pi)} && \text{polare Darstellung}\\ &= \underline{4\,\mathrm{e}^{\mathrm{i}\,23\pi/12}} && \text{exponentielle Darstellung}\\ &= 4(\cos 345° + \mathrm{i}\,\sin 345°)\\ &\approx \underline{3.86 - 1.04\mathrm{i}}. && \text{kartesische Darstellung} \end{aligned}$$

(d) Wir rechnen in exponentieller Darstellung. $z_1 = 2 + 2\mathrm{i}$ umwandeln:
$r = \sqrt{2^2 + 2^2} = \sqrt{8}$ und $\varphi = \frac{\pi}{4}$, da z_1 auf der Winkelhalbierenden des 1. Quadranten liegt. Also gilt $z_1 = \sqrt{8}\,\mathrm{e}^{\mathrm{i}\pi/4}$. Man berechnet nun das Produkt

$z_1 \cdot z_2 = \sqrt{8}\,\mathrm{e}^{\mathrm{i}\pi/4} \cdot \sqrt{2}\,\mathrm{e}^{\mathrm{i}3\pi/4} = 4\,\mathrm{e}^{\mathrm{i}(\pi/4 + 3\pi/4)} = \underline{4\,\mathrm{e}^{\mathrm{i}\pi}} = \underline{4(\cos\pi + \mathrm{i}\,\sin\pi)} = \underline{-4}.$

8.19 *Für die komplexen Zahlen der vorangehenden Aufgabe berechne man jeweils* $\frac{z_1}{z_2}$ *und* $\frac{z_2}{z_1}$.

(a) $\frac{z_1}{z_2} = \frac{1-\mathrm{i}}{-5+5\mathrm{i}} = \frac{(1-\mathrm{i})(-5-5\mathrm{i})}{(-5+5\mathrm{i})(-5-5\mathrm{i})} = \frac{-5-5\mathrm{i}+5\mathrm{i}+5\mathrm{i}^2}{50} = \underline{-\frac{1}{5}}$

$= \underline{\frac{1}{5}(\cos\pi + \mathrm{i}\sin\pi)} = \underline{\frac{1}{5}\,\mathrm{e}^{\mathrm{i}\pi}}.$

Mit $z = \frac{z_1}{z_2}$ folgt $\frac{z_2}{z_1} = \frac{1}{z}$. Daher ergibt sich $\frac{z_2}{z_1} = \underline{-5} = \underline{5(\cos\pi + \mathrm{i}\sin\pi)} = \underline{5\,\mathrm{e}^{\mathrm{i}\pi}}$.

(b) Wir rechnen in polarer Darstellung.

$\frac{z_1}{z_2} = \frac{2(\cos 330° + \mathrm{i}\sin 330°)}{2(\cos 60° + \mathrm{i}\sin 60°)} = \underline{\cos 270° + \mathrm{i}\sin 270°} = \underline{\mathrm{e}^{\mathrm{i}3\pi/2}} = \underline{-\mathrm{i}}.$

$\frac{z_2}{z_1} = \frac{1}{-\mathrm{i}} = \underline{\mathrm{i}} = \underline{\cos 90° + \mathrm{i}\sin 90°} = \underline{\mathrm{e}^{\mathrm{i}\pi/2}}.$

(c) $\frac{z_1}{z_2} = \frac{\cos\frac{3}{4}\pi + \mathrm{i}\sin\frac{3}{4}\pi}{4(\cos\frac{7}{6}\pi + \mathrm{i}\sin\frac{7}{6}\pi)} = \frac{1}{4}(\cos(\frac{3}{4}\pi - \frac{7}{6}\pi) + \mathrm{i}\sin(\frac{3}{4}\pi - \frac{7}{6}\pi))$

$= \frac{1}{4}(\cos(-\frac{5}{12}\pi) + \mathrm{i}\sin(-\frac{5}{12}\pi))$ — 2π im Argument addieren!

$= \underline{\frac{1}{4}(\cos\frac{19}{12}\pi + \mathrm{i}\sin\frac{19}{12}\pi)}$ — polare Darstellung

$= \underline{\frac{1}{4}\,\mathrm{e}^{\mathrm{i}\,19\pi/12}}$ — exponentielle Darstellung

$\approx \underline{0.06 - 0.24\mathrm{i}}.$ — kartesische Darstellung

Mit $z = \frac{z_1}{z_2}$ ist wieder $\frac{z_2}{z_1} = \frac{1}{z}$. Kehrwertbilden, siehe [Seite 364], ergibt

$\frac{z_2}{z_1} = 4(\cos(2\pi - \frac{19}{12}\pi) + \mathrm{i}\sin(2\pi - \frac{19}{12}\pi)$

$= \underline{4(\cos\frac{5}{12}\pi + \mathrm{i}\sin\frac{5}{12}\pi)}$ — polare Darstellung

$= \underline{4\,\mathrm{e}^{\mathrm{i}\,5\pi/12}}$ — exponentielle Darstellung

$\approx \underline{1.04 + 3.86\,\mathrm{i}}.$ — kartesische Darstellung

(d) $\frac{z_2}{z_1} = \frac{\sqrt{8}\,\mathrm{e}^{\mathrm{i}\pi/4}}{\sqrt{2}\,\mathrm{e}^{\mathrm{i}3\pi/4}} = 2\,\mathrm{e}^{\mathrm{i}(-\pi/2)} = \underline{2\,\mathrm{e}^{\mathrm{i}3\pi/2}} = \underline{2(\cos\frac{3}{2}\pi + \mathrm{i}\sin\frac{3}{2}\pi)} = \underline{-2\mathrm{i}}.$

8.20 *Unter Benutzung von* $\mathrm{e}^{\mathrm{i}\varphi_1} \cdot \mathrm{e}^{\mathrm{i}\varphi_2} = \mathrm{e}^{\mathrm{i}(\varphi_1+\varphi_2)}$ *und der Eulerschen Formel* $\mathrm{e}^{\mathrm{i}\varphi} = \cos\varphi + \mathrm{i}\sin\varphi$ *beweise man die Additionstheoreme für den Sinus und den Kosinus* [Seite 107].

Für die rechte Seite von $\mathrm{e}^{\mathrm{i}\varphi_1} \cdot \mathrm{e}^{\mathrm{i}\varphi_2} = \mathrm{e}^{\mathrm{i}(\varphi_1+\varphi_2)}$ liefert die Eulersche Formel

$$\mathrm{e}^{\mathrm{i}(\varphi_1+\varphi_2)} = \cos(\varphi_1+\varphi_2) + \mathrm{i}\,\sin(\varphi_1+\varphi_2).$$

Für die linke Seite folgt

$$\begin{aligned}\mathrm{e}^{\mathrm{i}\varphi_1} \cdot \mathrm{e}^{\mathrm{i}\varphi_2} &= (\cos\varphi_1 + \mathrm{i}\sin\varphi_1)\cdot(\cos\varphi_2 + \mathrm{i}\sin\varphi_2)\\ &= (\cos\varphi_1\cos\varphi_2 - \sin\varphi_1\sin\varphi_2) + \mathrm{i}(\sin\varphi_1\cos\varphi_2 + \cos\varphi_1\sin\varphi_2).\end{aligned}$$

Vergleich von Imaginär- und Realteil auf beiden Seiten liefert die Additionstheoreme:

$$\begin{aligned}\sin(\varphi_1+\varphi_2) &= \sin\varphi_1\cos\varphi_2 + \cos\varphi_1\sin\varphi_2,\\ \cos(\varphi_1+\varphi_2) &= \cos\varphi_1\cos\varphi_2 - \sin\varphi_1\sin\varphi_2.\end{aligned}$$

(c) $z^4+1=0 \iff z^4=-1=\mathrm{e}^{\mathrm{i}\,\pi}=\cos\pi+\mathrm{i}\sin\pi$

$z_0=\cos(\frac{1}{4}\pi+0\cdot\frac{2\pi}{4})+\mathrm{i}\sin(\frac{1}{4}\pi+0\cdot\frac{2\pi}{4})=\cos\frac{1}{4}\pi+\mathrm{i}\sin\frac{1}{4}\pi=\underline{\frac{1}{2}\sqrt{2}+\frac{1}{2}\sqrt{2}\,\mathrm{i}}$

$z_1=\cos(\frac{1}{4}\pi+1\cdot\frac{2\pi}{4})+\mathrm{i}\sin(\frac{1}{4}\pi+1\cdot\frac{2\pi}{4})=\cos\frac{3}{4}\pi+\mathrm{i}\sin\frac{3}{4}\pi=\underline{-\frac{1}{2}\sqrt{2}+\frac{1}{2}\sqrt{2}\,\mathrm{i}}$

$z_2=\cos(\frac{1}{4}\pi+2\cdot\frac{2\pi}{4})+\mathrm{i}\sin(\frac{1}{4}\pi+2\cdot\frac{2\pi}{4})=\cos\frac{5}{4}\pi+\mathrm{i}\sin\frac{5}{4}\pi=\underline{-\frac{1}{2}\sqrt{2}-\frac{1}{2}\sqrt{2}\,\mathrm{i}}$

$z_3=\cos(\frac{1}{4}\pi+3\cdot\frac{2\pi}{4})+\mathrm{i}\sin(\frac{1}{4}\pi+3\cdot\frac{2\pi}{4})=\cos\frac{7}{4}\pi+\mathrm{i}\sin\frac{7}{4}\pi=\underline{\frac{1}{2}\sqrt{2}-\frac{1}{2}\sqrt{2}\,\mathrm{i}}$

Lösungen von $z^4=-1$
4-te Wurzeln aus -1

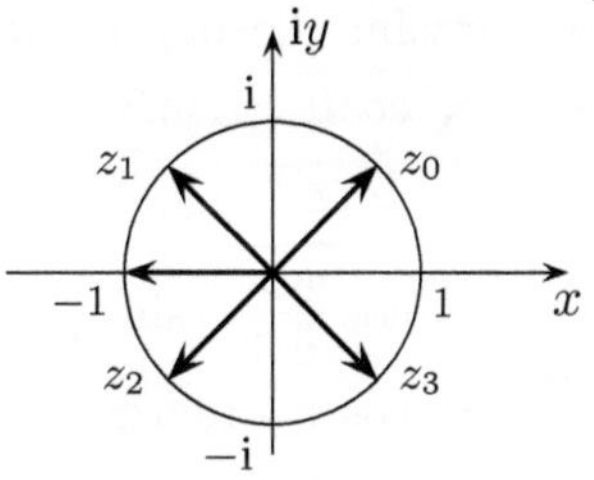

n-te Einheitswurzeln

Die n komplexen Zahlen z_k, deren n-te Potenz gleich 1 ist, nennt man **n-te Einheitswurzeln**. Sie liegen auf dem Einheitskreis und sind die Lösungen der Gleichung $z^n=1$ bzw. die Nullstellen des Polynoms z^n-1.

$$\boldsymbol{z_k=\mathrm{e}^{\mathrm{i}\,k\cdot\frac{2\pi}{n}}=\cos(k\cdot\tfrac{2\pi}{n})+\mathrm{i}\sin(k\cdot\tfrac{2\pi}{n})},\quad k=0,\dots,n-1$$

Einheitskreis $EK=\{\,z\mid |z|=1\,\}$

$z=x+\mathrm{i}y=r\,\mathrm{e}^{\mathrm{i}\,\varphi}=r\,(\cos\varphi+\mathrm{i}\sin\varphi)$
liegt auf dem Einheitskreis

$\iff |z|=1$

$\iff x^2+y^2=1$

$\iff z=\mathrm{e}^{\mathrm{i}\,\varphi}$

$\iff z=\cos\varphi+\mathrm{i}\sin\varphi$

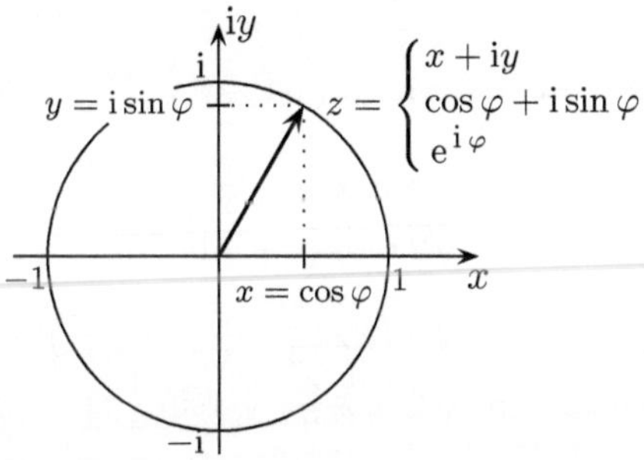

8.30 *Man gebe alle* (a) *dritten* (b) *vierten* (c) *sechsten Einheitswurzeln an und skizziere sie in der Gaußschen Zahlenebene.*

Da 1 eine n-te Einheitswurzel ist für alle $n\in\mathbb{N}$, fangen wir mit $z_0=1$ an!

(a) Dritte Einheitswurzeln: Lösungen von $z^3=1=\mathrm{e}^{\mathrm{i}\cdot 0}$.

$z_0=\mathrm{e}^{\mathrm{i}\,(0+0\cdot 2\pi/3)}=\cos 0+\mathrm{i}\sin 0=\underline{1}$

$z_1=\mathrm{e}^{\mathrm{i}\,1\cdot 2\pi/3}=\cos\frac{2}{3}\pi+\mathrm{i}\sin\frac{2}{3}\pi=\underline{-\frac{1}{2}+\frac{1}{2}\sqrt{3}\,\mathrm{i}}$

$z_2=\mathrm{e}^{\mathrm{i}\,2\cdot 2\pi/3}=\cos\frac{4}{3}\pi+\mathrm{i}\sin\frac{4}{3}\pi=\underline{-\frac{1}{2}-\frac{1}{2}\sqrt{3}\,\mathrm{i}}$

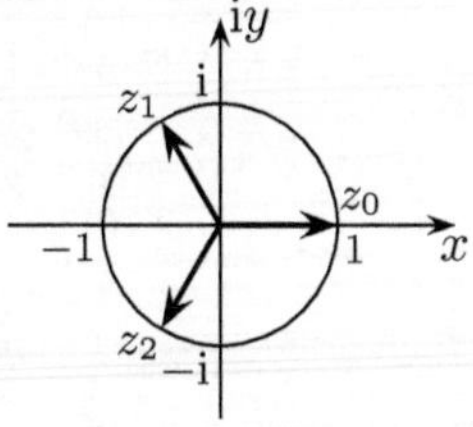

3-te Einheitswurzeln

(b) 4-te Einheitswurzeln: Lösungen von $z^4 = 1 = \mathrm{e}^{\mathrm{i}\cdot 0}$.

$$\begin{aligned} z_0 &= \mathrm{e}^{\mathrm{i}\,0\cdot 2\pi/4} = \cos 0 + \mathrm{i}\sin 0 &&= \underline{1} \\ z_1 &= \mathrm{e}^{\mathrm{i}\,1\cdot 2\pi/4} = \cos\tfrac{\pi}{2} + \mathrm{i}\sin\tfrac{\pi}{2} &&= \underline{\mathrm{i}} \\ z_2 &= \mathrm{e}^{\mathrm{i}\,2\cdot 2\pi/4} = \cos\pi + \mathrm{i}\sin\pi &&= \underline{-1} \\ z_3 &= \mathrm{e}^{\mathrm{i}\,3\cdot 2\pi/4} = \cos\tfrac{3\pi}{2} + \mathrm{i}\sin\tfrac{3\pi}{2} &&= \underline{-\mathrm{i}} \end{aligned}$$

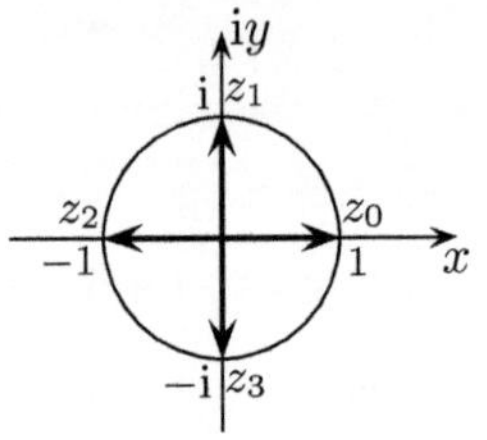

4-te Einheitswurzeln

(c) 6-te Einheitswurzeln: Lösungen von $z^6 = 1 = \mathrm{e}^{\mathrm{i}\cdot 0}$, siehe auch [8.26].

$$\begin{aligned} z_0 &= \mathrm{e}^{\mathrm{i}\,0\cdot 2\pi/6} = \cos 0 + \mathrm{i}\sin 0 &&= \underline{1} \\ z_1 &= \mathrm{e}^{\mathrm{i}\,1\cdot 2\pi/6} = \cos\tfrac{\pi}{3} + \mathrm{i}\sin\tfrac{\pi}{3} &&= \underline{\tfrac{1}{2} + \tfrac{1}{2}\sqrt{3}\,\mathrm{i}} \\ z_2 &= \mathrm{e}^{\mathrm{i}\,2\cdot 2\pi/6} = \cos\tfrac{2\pi}{3} + \mathrm{i}\sin\tfrac{2\pi}{3} &&= \underline{-\tfrac{1}{2} + \tfrac{1}{2}\sqrt{3}\,\mathrm{i}} \\ z_3 &= \mathrm{e}^{\mathrm{i}\,3\cdot 2\pi/6} = \cos\pi + \mathrm{i}\sin\pi &&= \underline{-1} \\ z_4 &= \mathrm{e}^{\mathrm{i}\,4\cdot 2\pi/6} = \cos\tfrac{4\pi}{3} + \mathrm{i}\sin\tfrac{4\pi}{3} &&= \underline{-\tfrac{1}{2} - \tfrac{1}{2}\sqrt{3}\,\mathrm{i}} \\ z_5 &= \mathrm{e}^{\mathrm{i}\,5\cdot 2\pi/6} = \cos\tfrac{5\pi}{3} + \mathrm{i}\sin\tfrac{5\pi}{3} &&= \underline{\tfrac{1}{2} - \tfrac{1}{2}\sqrt{3}\,\mathrm{i}} \end{aligned}$$

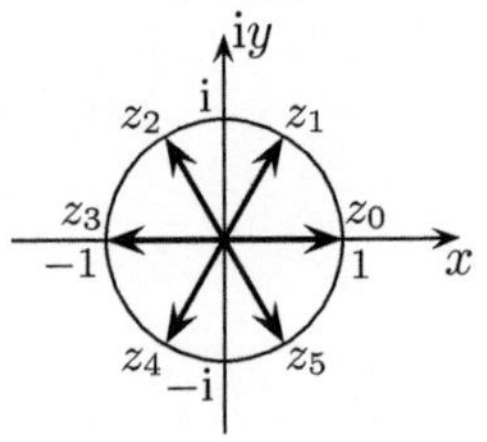

6-te Einheitswurzeln

8.31 *Bestimme alle Lösungen von $z^6 = -4 + 4\sqrt{3}\,\mathrm{i}$.*

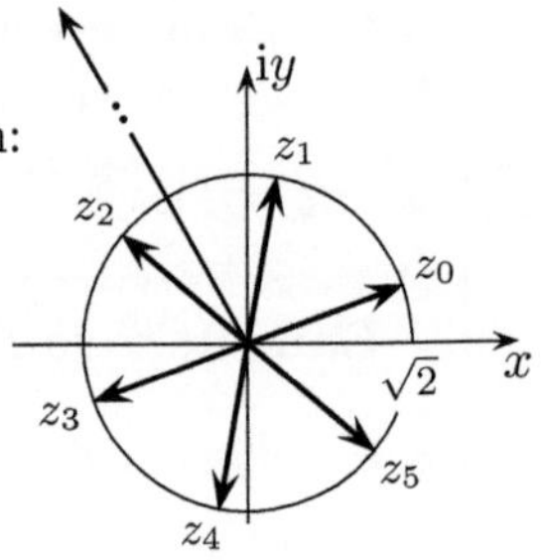

Für Betrag r und Winkel φ von $-4 + 4\sqrt{3}\,\mathrm{i}$ erhält man:

$r = \sqrt{(-4)^2 + (4\sqrt{3}\,)^2} = 8$ und

$\tan\varphi = \frac{4\sqrt{3}}{-4} = -\sqrt{3} \implies \varphi = \frac{2}{3}\pi$ (2. Quadrant)

Also $-4 + 4\sqrt{3}\,\mathrm{i} = 8\,\mathrm{e}^{\mathrm{i}\,2\pi/3} = 8(\cos\frac{2}{3}\pi + \mathrm{i}\sin\frac{2}{3}\pi)$.

$$\begin{aligned} z_0 &= \sqrt[6]{8}\left(\cos(\tfrac{1}{6}\cdot\tfrac{2\pi}{3} + 0\cdot\tfrac{2\pi}{6}) + \mathrm{i}\sin(\tfrac{1}{6}\cdot\tfrac{2\pi}{3} + 0\cdot\tfrac{2\pi}{6})\right) \\ &= \sqrt{2}\left(\cos\tfrac{\pi}{9} + \mathrm{i}\sin\tfrac{\pi}{9}\right) \approx \underline{1.33 + 0.48\,\mathrm{i}} \end{aligned}$$

$$\begin{aligned} z_1 &= \sqrt[6]{8}\left(\cos(\tfrac{1}{6}\cdot\tfrac{2\pi}{3} + 1\cdot\tfrac{2\pi}{6}) + \mathrm{i}\sin(\tfrac{1}{6}\cdot\tfrac{2\pi}{3} + 1\cdot\tfrac{2\pi}{6})\right) \\ &= \sqrt{2}\left(\cos\tfrac{4}{9}\pi + \mathrm{i}\sin\tfrac{4}{9}\pi\right) \approx \underline{0.25 + 1.39\,\mathrm{i}} \end{aligned}$$

$$\begin{aligned} z_2 &= \sqrt[6]{8}\left(\cos(\tfrac{1}{6}\cdot\tfrac{2\pi}{3} + 2\cdot\tfrac{2\pi}{6}) + \mathrm{i}\sin(\tfrac{1}{6}\cdot\tfrac{2\pi}{3} + 2\cdot\tfrac{2\pi}{6})\right) \\ &= \sqrt{2}\left(\cos\tfrac{7}{9}\pi + \mathrm{i}\sin\tfrac{7}{9}\pi\right) \approx \underline{-1.08 + 0.91\,\mathrm{i}} \end{aligned}$$

$$\begin{aligned} z_3 &= \sqrt[6]{8}\left(\cos(\tfrac{1}{6}\cdot\tfrac{2\pi}{3} + 3\cdot\tfrac{2\pi}{6}) + \mathrm{i}\sin(\tfrac{1}{6}\cdot\tfrac{2\pi}{3} + 3\cdot\tfrac{2\pi}{6})\right) \\ &= \sqrt{2}\left(\cos\tfrac{10}{9}\pi + \mathrm{i}\sin\tfrac{10}{9}\pi\right) \approx \underline{-1.33 - 0.48\,\mathrm{i}} \end{aligned}$$

$$\begin{aligned} z_4 &= \sqrt[6]{8}\left(\cos(\tfrac{1}{6}\cdot\tfrac{2\pi}{3} + 4\cdot\tfrac{2\pi}{6}) + \mathrm{i}\sin(\tfrac{1}{6}\cdot\tfrac{2\pi}{3} + 4\cdot\tfrac{2\pi}{6})\right) \\ &= \sqrt{2}\left(\cos\tfrac{13}{9}\pi + \mathrm{i}\sin\tfrac{13}{9}\pi\right) \approx \underline{-0.25 - 1.39\,\mathrm{i}} \end{aligned}$$

$$\begin{aligned} z_5 &= \sqrt[6]{8}\left(\cos(\tfrac{1}{6}\cdot\tfrac{2\pi}{3} + 5\cdot\tfrac{2\pi}{6}) + \mathrm{i}\sin(\tfrac{1}{6}\cdot\tfrac{2\pi}{3} + 5\cdot\tfrac{2\pi}{6})\right) \\ &= \sqrt{2}\left(\cos\tfrac{16}{9}\pi + \mathrm{i}\sin\tfrac{16}{9}\pi\right) \approx \underline{1.08 - 0.91\,\mathrm{i}} \end{aligned}$$

8.9 Quadratische Gleichungen

Eine reelle quadratische Gleichung besitzt nicht immer eine reelle Lösung. Für die Gleichung $x^2+4x+8=0$ liefert die p,q-Formel $x_{1,2}=-2\pm\sqrt{-4}$, und $\sqrt{-4}$ ist keine reelle Zahl. Die Gleichung hat in $\mathbb{R}$ keine Lösung.

In $\mathbb{C}$ ist die Gleichung lösbar. Wählt man $\sqrt{-4}=2\mathrm{i}$ (s. Bemerkung in [8.27 (a)]), so erhält man die konjugiert komplexen Lösungen $x_{1,2}=-2\pm 2\mathrm{i}$.

Quadratische Gleichungen mit reellen Koeffizienten

Besitzt die quadratische Gleichung $z^2+pz+q=0$ mit reellen Koeffizienten p,q nichtreelle Lösungen z_1,z_2, so gilt $z_2=\overline{z_1}$.
Es ist dann $p=-2\,\mathrm{Re}(z_1)$ und $q=|z_1|^2$, siehe [8.9 (a)].

8.32 *Man löse die quadratischen Gleichungen mit reellen Koeffizienten:*

(a) $z^2-5z+\frac{25}{2}=0$, (b) $3z^2+2z+2=0$.

(a) $z_{1,2}=\frac{5}{2}\pm\sqrt{\frac{25}{4}-\frac{25}{2}}=\frac{5}{2}\pm\sqrt{-\frac{25}{4}}=\frac{5}{2}\pm\frac{5}{2}\mathrm{i}$ Wähle $\sqrt{-\frac{25}{4}}=\frac{5}{2}\mathrm{i}$.

$\underline{z_1=\frac{5}{2}+\frac{5}{2}\mathrm{i}}$, $\underline{z_2=\frac{5}{2}-\frac{5}{2}\mathrm{i}}$. ($z_1$ und z_2 sind konjugiert komplex.)

(b) $3z^2+2z+2=0 \iff z^2+\frac{2}{3}z+\frac{2}{3}=0$

$z_{1,2}=-\frac{1}{3}\pm\sqrt{\frac{1}{9}-\frac{2}{3}}=-\frac{1}{3}\pm\sqrt{-\frac{5}{9}}=-\frac{1}{3}\pm\frac{1}{3}\sqrt{5}\,\mathrm{i}$

$\underline{z_1=\frac{1}{3}(-1+\sqrt{5}\,\mathrm{i})}$, $\underline{z_2=\frac{1}{3}(-1-\sqrt{5}\,\mathrm{i})}$. ($z_1$ und z_2 sind konjugiert komplex.)

Quadratische Gleichungen $az^2+bz+c=0$ mit komplexen Koeffizienten löst man wie im Reellen. Man dividiert zunächst durch a und benutzt die p,q-Formel für die so erhaltene quadratische Gleichung $z^2+pz+q=0$.

Quadratische Gleichungen

Die quadratische Gleichung $\boxed{z^2+pz+q=0}$ mit komplexen Koeffizienten löst man mit Hilfe der bekannten p,q-Formel:

$$z_{1,2}=-\frac{p}{2}+\sqrt{\frac{p^2}{4}-q}\,.$$

Dabei ist $\sqrt{\frac{p^2}{4}-q}$ **eine** 2-te Wurzel der komplexen Zahl $\frac{p^2}{4}-q$ [S. 369].

8.33 *Man löse die folgenden quadratischen Gleichungen:*

(a) $z^2-4\mathrm{i}z-2=0$, (b) $z^2+\sqrt{2}\,z-\frac{1}{2}\sqrt{3}\,\mathrm{i}=0$,

(c) $z^2+2\mathrm{i}z-1-2\mathrm{i}=0$, (d) $z^2-(5+\mathrm{i})z+18-\mathrm{i}=0$.

(a) $z^2-4\mathrm{i}z-2=0$:

$z_{1,2}=2\mathrm{i}\pm\sqrt{4\mathrm{i}^2+2}=2\mathrm{i}\pm\sqrt{-2}=2\mathrm{i}\pm\sqrt{2}\,\mathrm{i}$

$\underline{z_1=(2+\sqrt{2})\mathrm{i}}$, $\underline{z_2=(2-\sqrt{2})\mathrm{i}}$.

Probe:
Wurzelsatz von Vieta [**EM 1**, S. 184]
$z_1+z_2=4\,\mathrm{i}\;=-p$
$z_1\cdot z_2\;=-2=\;\;q$

(b) $z^2 + \sqrt{2}\,z - \frac{1}{2}\sqrt{3}\,\mathrm{i} = 0$:

$z_{1,2} = -\frac{\sqrt{2}}{2} \pm \sqrt{\frac{1}{2} + \frac{1}{2}\sqrt{3}\,\mathrm{i}}$, $\quad \frac{1}{2} + \frac{1}{2}\sqrt{3}\,\mathrm{i} = \cos\frac{\pi}{3} + \mathrm{i}\sin\frac{\pi}{3}$, also ist

$\sqrt{\frac{1}{2} + \frac{1}{2}\sqrt{3}\,\mathrm{i}} = \cos\frac{\pi}{6} + \mathrm{i}\sin\frac{\pi}{6} = \frac{1}{2}\sqrt{3} + \frac{1}{2}\mathrm{i}$ eine 2-te Wurzel von $\frac{1}{2} + \frac{1}{2}\sqrt{3}\,\mathrm{i}$.

$z_1 = \underline{-\frac{\sqrt{2}}{2} + \frac{\sqrt{3}}{2} + \frac{1}{2}\mathrm{i}}$, $\quad z_2 = \underline{-\frac{\sqrt{2}}{2} - \frac{\sqrt{3}}{2} - \frac{1}{2}\mathrm{i}}$.

(c) $z^2 + 2\mathrm{i}z - 1 - 2\mathrm{i} = 0$:

Wir benötigen eine 2-te Wurzel von $\frac{(2\mathrm{i})^2}{4} + 1 + 2\mathrm{i} = 2\mathrm{i} = 2(\cos\frac{\pi}{2} + \mathrm{i}\sin\frac{\pi}{2})$ und wählen $\sqrt{2}\,(\cos\frac{\pi}{4} + \mathrm{i}\sin\frac{\pi}{4}) = 1 + \mathrm{i}$. Es folgt nach der p, q-Formel:
$z_{1,2} = -\mathrm{i} \pm (1 + \mathrm{i})$, also $\underline{z_1 = 1}$ und $\underline{z_2 = -1 - 2\mathrm{i}}$.

(d) $z^2 - (5 + \mathrm{i})z + 18 - \mathrm{i} = 0$:

$\frac{p^2}{4} - q = \frac{(5+\mathrm{i})^2}{4} - 18 + \mathrm{i} = \frac{25+10\mathrm{i}+\mathrm{i}^2}{4} - 18 + \mathrm{i} = -12 + \frac{7}{2}\mathrm{i}$. Umwandeln:

$r = \sqrt{144 + \frac{49}{4}} = \frac{25}{2}$, $\quad \tan\varphi = -\frac{7}{24} \Longrightarrow \varphi \approx 164°$ (2. Quadrant)

Es ist also $\sqrt{\frac{25}{2}}\,(\cos 82° + \mathrm{i}\sin 82°) \approx 0.5 + 3.5\,\mathrm{i}$ eine 2-te Wurzel von $\frac{p^2}{4} - q$.

Damit folgt: $z_{1,2} \approx \frac{5+\mathrm{i}}{2} \pm (\frac{1}{2} + \frac{7}{2}\mathrm{i})$, also $z_1 \approx \underline{3 + 4\mathrm{i}}$ und $z_2 \approx \underline{2 - 3\mathrm{i}}$.
In Zwischenergebnissen wurde gerundet. Dass z_1 und z_2 dennoch exakte Lösungen sind, zeigt $z_1 + z_2 = 5 + \mathrm{i}$ und $z_1 \cdot z_2 = 18 - \mathrm{i}$, siehe (a), Probe mit Vieta.

Das kartesische Verfahren zur Lösung quadratischer Gleichungen kommt ohne polare Darstellung aus:

Kartesisches Verfahren zur Lösung von $w^2 = a + bi$

Ansatz: $w = u + \mathrm{i}v \Longrightarrow w^2 = u^2 - v^2 + 2uv\mathrm{i} \qquad |w|^2 = u^2 + v^2$

Realteile von w^2 vergleichen:	(1)	$u^2 - v^2 = a$
Imaginärteile von w^2 vergleichen:	(2)	$2uv = b$
$\lvert w\rvert^2 = \lvert w^2\rvert$ benutzen:	(3)	$u^2 + v^2 = \sqrt{a^2 + b^2}$

Aus (1) und (3) folgt
$$\boldsymbol{u^2 = \tfrac{1}{2}(\sqrt{a^2 + b^2} + a)}$$
$$\boldsymbol{v^2 = \tfrac{1}{2}(\sqrt{a^2 + b^2} - a)}$$

Mittels (2) schließt man nicht zutreffende Lösungen durch das Vorzeichen aus.

8.34 *Man löse mit dem kartesischen Verfahren die Gleichungen*
(a) $w^2 = -1$, (b) $w^2 = 3 + 4\mathrm{i}$, (c) $w^2 = 9 - 40\mathrm{i}$.

(a) Mit dem Ansatz $w = u + \mathrm{i}\,v$ folgt

$w^2 = -1 = a + bi$, also $a = -1,\ b = 0$ $\Rightarrow$ $u^2 = \frac{1}{2}(\sqrt{a^2 + b^2} + a) = 0$, $v^2 = \frac{1}{2}(\sqrt{a^2 + b^2} - a) = 1$ $\Rightarrow$ $u = 0$, $v = \pm 1$ $\Rightarrow w_{1,2} = \pm\mathrm{i}$.

(b) Mit dem Ansatz $w = u + \mathrm{i}\,v$ und $w^2 = 3 + 4\mathrm{i}$, also $a = 3$, $b = 4$ folgt:
$u^2 = \frac{1}{2}(\sqrt{9 + 16} + 3) = 4$ und $v^2 = \frac{1}{2}(\sqrt{9 + 16} - 3) = 1$, also $u = \pm 2$, $v = \pm 1$.
Wegen $2uv = 4$ ist $uv > 0$. Also ist $u = 2$, $v = 1$, d.h. $w_1 = \underline{2 + \mathrm{i}}$ ist eine Lösung.
$w_2 = -w_1 = \underline{-2 - \mathrm{i}}$ ist die zweite Lösung der gegebenen Gleichung.

(c) Ansatz: $w = u+\mathrm{i}\,v$, $u^2 = \frac{1}{2}(\sqrt{1681}+9) = \frac{1}{2}(41+9) = 25$, $v^2 = \frac{1}{2}(41-9) = 16$.
Wegen $2uv = -40 < 0$ ist $u = 5$, $v = -4$, d.h. $w_1 = \underline{5 - 4\mathrm{i}}$ ist eine Lösung.
$w_2 = -w_1 = \underline{-5 + 4\mathrm{i}}$ ist die zweite Lösung der Gleichung $w^2 = 9 - 40\mathrm{i}$.

8.35 *Löse die quadratische Gleichung* $z^2 - (5+\mathrm{i})z + 18 - \mathrm{i} = 0$, *vgl.* [8.33 (d)].

p,q-Formel: $z^2 - (5+\mathrm{i})z + 18 - \mathrm{i} = 0 \implies$

$$z_{1,2} = \frac{5+\mathrm{i}}{2} \pm \sqrt{\frac{(5+\mathrm{i})^2}{4} - 18 + \mathrm{i}} = \frac{5+\mathrm{i}}{2} \pm \sqrt{-12 + \frac{7}{2}\mathrm{i}}$$

Es muss $w^2 = -12 + \frac{7}{2}\mathrm{i}$ $(= a + b\mathrm{i})$ gelöst werden.

Ansatz $w = u + \mathrm{i}v$, $a = -12$, $b = \frac{7}{2}$,

$$u^2 = \frac{1}{2}\left(\sqrt{144 + \frac{49}{4}} - 12\right) = \frac{1}{2}\left(\frac{25}{2} - 12\right) = \frac{1}{4},$$
$$v^2 = \frac{1}{2}\left(\sqrt{144 + \frac{49}{4}} + 12\right) = \frac{1}{2}\left(\frac{25}{2} + 12\right) = \frac{49}{4}.$$

Wegen $2uv = \frac{7}{2} > 0$ ist $u = \frac{1}{2}$, $v = \frac{7}{2}$ eine Lösung.
Damit ist $w_1 = \frac{1}{2} + \frac{7}{2}\mathrm{i}$ eine Lösung von $w^2 = -12 + \frac{7}{2}\mathrm{i}$.
Die p,q-Formel ergibt $z_{1,2} = \frac{5+\mathrm{i}}{2} \pm (\frac{1}{2} + \frac{7}{2}\mathrm{i})$, d.h. $z_1 = \underline{3 + 4\mathrm{i}}$, $z_2 = \underline{2 - 3\mathrm{i}}$.
Dieses Verfahren ergibt also exakte Lösungen, siehe auch [8.33 (d)].

8.36 *Man löse die quadratische Gleichung* $(1 + \mathrm{i})z^2 + (1 - \mathrm{i})z + 4 - 2\mathrm{i} = 0$

(a) *unter Benutzung von Polarkoordinaten,*

(b) *mit dem kartesischen Verfahren.*

Zunächst wird die Gleichung auf Normalform gebracht.

$$(1+\mathrm{i})z^2+(1-\mathrm{i})z+4-2\mathrm{i} = 0 \iff z^2+\frac{1-\mathrm{i}}{1+\mathrm{i}}\,z+\frac{4-2\mathrm{i}}{1+\mathrm{i}} = 0 \iff z^2-\mathrm{i}z+1-3\mathrm{i} = 0$$

p,q-Formel: $z^2 - \mathrm{i}z + 1 - 3\mathrm{i} = 0 \Rightarrow z_{1,2} = \frac{\mathrm{i}}{2} \pm \sqrt{\frac{\mathrm{i}^2}{4}-1+3\mathrm{i}} = \frac{\mathrm{i}}{2} \pm \frac{1}{2}\sqrt{-5 + 12\mathrm{i}}$.

$w^2 = -5+12\mathrm{i}$ ist nun zu lösen mit
(a) der polaren Formel für die Wurzeln,
(b) dem kartesischen Verfahren.

(a) Polare Darstellung von $-5 + 12\mathrm{i}$:
$r = \sqrt{25 + 144} = 13$, $\tan\varphi = -\frac{12}{5} \implies \varphi \approx 113°$ (2. Quadrant)
$-5 + 12\mathrm{i} \approx 13\,(\cos 113° + \mathrm{i}\sin 113°)$ ist die gesuchte polare Darstellung.

$w^2 \approx 13\,(\cos 113° + \mathrm{i}\sin 113°)$ hat nach der Formel für die Wurzeln
$w_1 \approx \sqrt{13}\,(\cos 56.5° + \mathrm{i}\sin 56.5°) \approx 2 + 3\mathrm{i}$ als erste Lösung.
(Teil (b) zeigt, dass $w_1 = 2 + 3\mathrm{i}$ exakt ist, trotz Rundung.)
Lösungen der gegebenen Gleichung $(1 + \mathrm{i})z^2 + (1 - \mathrm{i})z + 4 - 2\mathrm{i} = 0$ sind folglich
$z_{1,2} = \frac{1}{2}\mathrm{i} \pm \frac{1}{2}(2 + 3\mathrm{i})$, also $z_1 = \underline{1 + 2\mathrm{i}}$ und $z_2 = \underline{-1 - \mathrm{i}}$.

(b) Kartesisches Verfahren:
Ansatz $w = u + \mathrm{i}v$: $u^2 = \frac{1}{2}(\sqrt{25 + 144} - 5) = 4$, $v^2 = \frac{1}{2}(\sqrt{25 + 144} + 5) = 9$.
Wegen $2uv = 12 > 0$ ist $w_1 = 2 + 3\mathrm{i}$ eine Lösung von $w^2 = -5 + 12\mathrm{i}$.
Es folgt $z_{1,2} = \frac{1}{2}\mathrm{i} \pm \frac{1}{2}(2 + 3\mathrm{i})$, also $z_1 = \underline{1 + 2\mathrm{i}}$ und $z_2 = \underline{-1 - \mathrm{i}}$.

8.10 Aufgaben

8.37 *Gegeben sind* $z_1 = 2 + 3\mathrm{i}$, $z_2 = -1 + 2\mathrm{i}$, $z_3 = -4 - \mathrm{i}$, $z_4 = 3 - 4\mathrm{i}$.

(a) *Man skizziere die Zahlen in der Gaußschen Zahlenebene.*

(b) *Man berechne:*

$$z_1 + z_2, \quad z_3 - z_4, \quad 4z_1 - 3z_3, \quad \mathrm{i}z_2 - 2z_4, \quad \sum_{k=1}^{4} z_k.$$

(c) *Man löse die folgenden Gleichungen nach* z *auf und berechne* z:

$$z_1 + 2z = z_3, \quad 3z_2 = z_4 + \mathrm{i}z, \quad \mathrm{i}(z_3 + z_4) = \tfrac{1}{2}z - 1.$$

8.38 *Für die komplexen Zahlen* z *berechne man*

$\mathrm{Re}(z)$, $\mathrm{Im}(z)$, $|z|$, $\arg(z)$, $\overline{z}$, $\frac{1}{z}$, z^2 *und* $\frac{z}{\overline{z}}$.

$z = 2\mathrm{i}$, $z = 1 - \mathrm{i}$, $z = -4$, $z = \frac{1}{\mathrm{i}}$ *und* $z = 2(\cos\frac{\pi}{4} + \mathrm{i}\sin\frac{\pi}{4})$.

8.39 *Für die Zahlen aus [8.37] berechne man*

(a) $z_1 \cdot z_2, \quad z_3 \cdot z_4, \quad (z_1 - z_2)(z_3 - z_4), \quad \prod_{k=1}^{4} z_k.$

(b) $\frac{z_1}{z_4}, \quad \frac{z_3}{z_2}, \quad \frac{z_1+z_3}{z_2+z_4}, \quad \frac{6z_2+3\mathrm{i}z_3}{2\mathrm{i}z_1-3z_4}.$

(c) $\overline{z_2}, \quad \overline{z_2 \cdot z_3}, \quad \overline{2z_2 - \mathrm{i}z_4}, \quad \frac{\overline{z_3}}{z_4}$ *und* $\overline{\left(\frac{z_1+z_3}{z_2+z_4}\right)}.$

8.40 *Man berechne und skizziere in der Gaußschen Zahlenebene:*

(a) $\frac{1}{1+\mathrm{i}} + \frac{1}{1-\mathrm{i}}$, (b) $\frac{\mathrm{i}}{1-\mathrm{i}} - \frac{1-\mathrm{i}}{\mathrm{i}}$, (c) $\sum_{k=1}^{5} \mathrm{i}^k$, (d) $\prod_{k=1}^{5} \mathrm{i}^k$.

8.41 *Für welche reellen Zahlen* a, b *gilt* $3a - b\mathrm{i} - a(1 + 2\mathrm{i}) + 3b - 2\mathrm{i} = 6$?

8.42 (a) *Man gebe die folgenden komplexen Zahlen in Polarkoordinaten und in Exponentialdarstellung an:*

$z = -1 + \mathrm{i}$, $z = 5\mathrm{i}$, $z = 3 - \sqrt{3}\,\mathrm{i}$, $z = -1$, $z = 1$.

(b) *Man gebe die folgenden Zahlen in kartesischer Darstellung an:*

$z = 3(\cos 240° + \mathrm{i}\sin 240°)$, $z = \frac{1}{\sqrt{3}}(\cos\frac{11}{6}\pi + \mathrm{i}\sin\frac{11}{6}\pi)$,

$z = \cos 2.4 + \mathrm{i}\sin 2.4$, $z = 0.5(\cos 5.3 + \mathrm{i}\sin 5.3)$,

$z = \frac{1}{2}\,\mathrm{e}^{\mathrm{i}2\pi/3}$, $z = \mathrm{e}^{\mathrm{i}}$.

8.43 (a) *Man berechne* $\frac{\mathrm{i}}{\mathrm{i}+\mathrm{e}^{\mathrm{i}\pi}}$ *und* $\frac{1+\mathrm{e}^{\mathrm{i}\pi/4}}{2\,\mathrm{e}^{\mathrm{i}\pi/3}}$.

(b) *Man gebe* $z = \frac{1}{1-\mathrm{e}^{\mathrm{i}\varphi}}$ *in kartesischer Darstellung an.*

8.44 *Man berechne* $\mathrm{i}^{27} - 2\mathrm{i}^{17}$, $(\mathrm{i}^{11} + \mathrm{i}^{12})^4$ *und* $(\mathrm{i}^2 + \mathrm{i}^3 + \mathrm{i}^4)^{10}$.

8.45 *Für* $z_1 = -2 + 2\sqrt{3}\,\mathrm{i}$ *und* $z_2 = 2(\cos\frac{\pi}{6} + \mathrm{i}\sin\frac{\pi}{6})$ *berechne man:*

(a) $\left(\frac{1}{4}z_1\right)^{100}$, (b) z_2^6, (c) $\left(\frac{\frac{1}{2}z_1}{z_2}\right)^3$, (d) $\left(\frac{2z_2}{z_1}\right)^{10}$.

8.46 *Man gebe die komplexe Zahl* $\left(\frac{2\sqrt{3}+2\mathrm{i}}{\sqrt{2}+\sqrt{6}\,\mathrm{i}}\right)^{10}$ *in kartesischer Darstellung an.*

8.47 *Man berechne jeweils* z^k *für* $k = 2, 3, 4, 5, 6$.

(a) $z = -1 - \mathrm{i}$, (b) $z = \sqrt{3}\,(\cos\frac{2}{3}\pi + \mathrm{i}\sin\frac{2}{3}\pi)$, (c) $z = \frac{1}{2}\,\mathrm{e}^{\mathrm{i}\pi/6}$.

8.48 *Man gebe die Lösungen der folgenden Gleichungen an. Bei* (d) - (f) *skizziere man die Lösungen in der Gaußschen Zahlenebene.*

(a) $w^2 = -3 + \mathrm{i}$, (b) $w^2 = \cos\frac{\pi}{4} + \mathrm{i}\sin\frac{\pi}{4}$, (c) $w^2 = 9\,\mathrm{e}^{3\mathrm{i}}$,

(d) $z^3 = -\sqrt{32} + \sqrt{32}\,\mathrm{i}$, (e) $z^3 = 64(\cos\frac{\pi}{3} + \mathrm{i}\sin\frac{\pi}{3})$, (f) $z^3 = \mathrm{e}^{\mathrm{i}\pi}$.

8.49 *Man bestimme diejenigen komplexen Zahlen* z, *für die gilt:*

(a) $z^4 + 8 = -8\sqrt{3}\,\mathrm{i}$, (b) $2z^8 + 1 + \sqrt{3}\,\mathrm{i} = 0$.

Man skizziere die Lösungen in der Gaußschen Zahlenebene.

8.50 *Man löse die folgenden quadratischen Gleichungen:*

(a) $z^2 - 2z + 2 = 0$, (b) $z^2 - 2z + 1 + 2\mathrm{i} = 0$,

(c) $z^2 - (4 + 3\mathrm{i})z + 1 + 5\mathrm{i} = 0$, (d) $-\mathrm{i}z^2 + (4 + \mathrm{i})z - 2 + 4\mathrm{i} = 0$.

8.51 *Man bestimme die Lösungen der Gleichung* $z^2 - (6 + 2\mathrm{i})z + 16 + 12\mathrm{i} = 0$

(a) *unter Benutzung von Polarkoordinaten.*

(b) *mit dem kartesischen Verfahren.*

8.52 *Man skizziere die folgenden Mengen in der Gaußschen Zahlenebene:*

(a) $\{z \mid |z - 2| = 1\}$, (b) $\{z \mid |z + 1 - \mathrm{i}| \le \sqrt{2}\}$,

(c) $\{z \mid |z - 1| + |z + 1| = 5\}$, (d) $\{z \mid |z - 1| - |z + 1| = 5\}$,

(e) $\{z \mid |z| < 1 - \mathrm{Re}(z)\}$, (f) $\{z \mid \mathrm{Re}(z^2 - z) + \mathrm{Im}(z) \ge 0\}$.

8.53 *Man beweise die Eulersche Formel* $\mathrm{e}^{\mathrm{i}\varphi} = \cos\varphi + \mathrm{i}\sin\varphi$ *durch formale Benutzung der Potenzreihe für* $\mathrm{e}^{\mathrm{i}\varphi}$ *(siehe* [S. 96]*) und Aufspaltung der Reihe in den reellen und den imaginären Anteil.*

8.54 *Man beweise: Man erhält alle* n*-ten Wurzeln einer komplexen Zahl* b*, indem man* **eine** n*-te Wurzel aus* b *mit den* n*-ten Einheitswurzeln multipliziert.*

Geometrisch gesprochen:

Man erhält alle n*-ten Wurzeln einer komplexen Zahl* b*, indem man eine* n*-te Wurzel aus* b *zu einem regelmäßigen* n*-Eck ergänzt.*

8.55 *Man gebe mit Hilfe der Eulerschen Formel eine Gleichung an, in der genau folgende fünf wichtigen Zahlen vorkommen:*

$$\mathbf{0},\ \mathbf{1},\ \mathrm{e},\ \pi,\ \mathrm{i}.$$

8.11 Lösungen

8.37 $z_1 = 2 + 3\text{i}, \quad z_2 = -1 + 2\text{i}, \quad z_3 = -4 - \text{i}, \quad z_4 = 3 - 4\text{i}.$

(a)

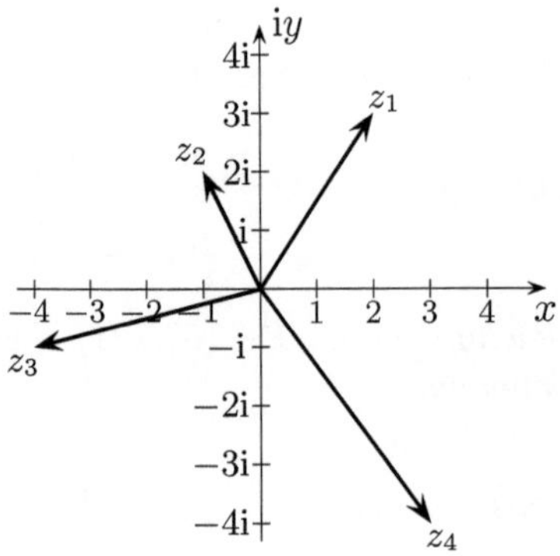

(b)

$$z_1 + z_2 = 1 + 5\text{i}$$
$$z_3 - z_4 = -7 + 3\text{i}$$
$$4z_1 - 3z_3 = 20 + 15\text{i}$$
$$\text{i}z_2 - 2z_4 = -\text{i} - 2 - 6 + 8\text{i} = -8 + 7\text{i}$$
$$\sum_{k=1}^{4} z_k = 0$$

(c)

$$z_1 + 2z = z_3, \quad z = \tfrac{1}{2}(z_3 - z_1) = -3 - 2\text{i}$$
$$3z_2 = z_4 + \text{i}z, \quad z = \tfrac{1}{\text{i}}(3z_2 - z_4) = 10 + 6\text{i}$$
$$\text{i}(z_3 + z_4) = \tfrac{1}{2}z - 1, \quad z = 2 + 2\text{i}(z_3 + z_4) = 12 - 2\text{i}$$

8.38

$z = 2\text{i}$: $\text{Re}(z) = 0$, $\text{Im}(z) = 2$, $|z| = 2$, $\arg(z) = \frac{\pi}{2}$
$\overline{z} = -2\text{i}$, $\frac{1}{z} = -\frac{1}{2}\text{i}$, $z^2 = -4$, $\frac{z}{\overline{z}} = -1$

$z = 1 - \text{i}$: $\text{Re}(z) = 1$, $\text{Im}(z) = -1$, $|z| = \sqrt{2}$, $\arg(z) = \frac{7}{4}\pi$
$\overline{z} = 1 + \text{i}$, $\frac{1}{z} = \frac{1}{2}(1 + \text{i})$, $z^2 = -2\text{i}$, $\frac{z}{\overline{z}} = -\text{i}$

$z = -4$: $\text{Re}(z) = -4$, $\text{Im}(z) = 0$, $|z| = 4$, $\arg(z) = \pi$
$\overline{z} = -4$, $\frac{1}{z} = -\frac{1}{4}$, $z^2 = 16$, $\frac{z}{\overline{z}} = 1$

$z = \frac{1}{\text{i}} = -\text{i}$: $\text{Re}(z) = 0$, $\text{Im}(z) = -1$, $|z| = 1$, $\arg(z) = \frac{3}{2}\pi$
$\overline{z} = \text{i}$, $\frac{1}{z} = \text{i}$, $z^2 = -1$, $\frac{z}{\overline{z}} = -1$

$z = 2(\cos\frac{\pi}{4} + \text{i}\sin\frac{\pi}{4}) = \sqrt{2} + \sqrt{2}\,\text{i}$:
$\text{Re}(z) = \sqrt{2}$, $\text{Im}(z) = \sqrt{2}$, $|z| = 2$, $\arg(z) = \frac{\pi}{4}$
$\overline{z} = \sqrt{2} - \sqrt{2}\,\text{i}$, $\frac{1}{z} = \frac{1}{4}(\sqrt{2} - \sqrt{2}\,\text{i})$, $z^2 = 4\text{i}$, $\frac{z}{\overline{z}} = \text{i}$

8.39

(a)

$$z_1 \cdot z_2 = (2 + 3\text{i})(-1 + 2\text{i}) = -8 + \text{i}$$
$$z_3 \cdot z_4 = (-4 - \text{i})(3 - 4\text{i}) = -16 + 13\text{i}$$
$$(z_1 - z_2)(z_3 - z_4) = (3 + \text{i})(-7 + 3\text{i}) = -24 + 2\text{i}$$
$$\prod_{k=1}^{4} z_k = (z_1 \cdot z_2)(z_3 \cdot z_4) = (-8 + \text{i})(-16 + 13\text{i}) = 115 - 120\text{i}$$

(b)
$$\frac{z_1}{z_4} = \frac{2+3i}{3-4i} = \frac{(2+3i)(3+4i)}{(3-4i)(3+4i)} = \frac{1}{25}(-6+17\,i)$$
$$\frac{z_3}{z_2} = \frac{-4-i}{-1+2i} = \frac{(-4-i)(-1-2i)}{5} = \frac{1}{5}(3+9i)$$
$$\frac{z_1+z_3}{z_2+z_4} = \frac{-2+2i}{2-2i} = \frac{(-2+2i)(2+2i)}{(2-2i)(2+2i)} = \frac{-8}{8} = -1$$
$$\frac{6z_2+3iz_3}{2iz_1-3z_4} = \frac{(-6+12i)+(-12i+3)}{(4i-6)-(9-12i)} = \frac{-3}{-15+16i} = \frac{1}{481}(45+48i)$$

(c)
$$\overline{z_2} = -1-2i$$
$$\overline{z_2\cdot z_3} = \overline{z_2}\cdot\overline{z_3} = (-1-2i)(-4+i) = 6+7i$$
$$\overline{2z_2-iz_4} = \overline{2(-1+2i)-3i-4} = -6-i$$
$$\frac{\overline{z_3}}{z_4} = \frac{-4+i}{3-4i} = \tfrac{1}{25}(-4+i)(3+4i) = \tfrac{1}{25}(-16-13i)$$
$$\frac{\overline{z_1+z_3}}{\overline{z_2+z_4}} = \frac{-2-2i}{2+2i} = -1$$

Der Vergleich mit $\frac{z_1+z_3}{z_2+z_4}$ aus (b) zeigt, dass hier $\overline{z}/\overline{w} = \overline{z/w}$ ist. Das gilt generell!

8.40

(a) $\frac{1}{1+i} + \frac{1}{1-i} = \frac{1}{2}(1-i) + \frac{1}{2}(1+i)$
$= 1$

(b) $\frac{i}{1-i} - \frac{1-i}{i} = \frac{1}{2}i(i+1) + i(1-i)$
$= \frac{1}{2} + \frac{3}{2}i$

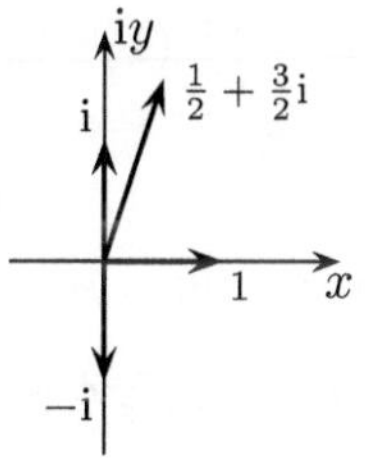

(c) $\sum_{k=1}^{5} i^k = i + i^2 + i^3 + i^4 + i^5$
$= i - 1 - i + 1 + i = i$

(d) $\prod_{k=1}^{5} i^k = i\cdot i^2\cdot i^3\cdot i^4\cdot i^5$
$= i^{15} = i^3 = -i$

8.41

$$3a - bi - a(1+2i) + 3b - 2i = 6$$
$$\iff 3a - bi - a - 2ai + 3b - 2i = 6$$
$$\iff 2a + 3b + (-2a-b-2)i = 6 \qquad \iff \qquad \begin{aligned} 2a+3b &= 6\\ -2a-b-2 &= 0\end{aligned}$$

Das LGS hat die eindeutige Lösung $a = -3, b = 4$. Für diese a, b gilt die gegebene Gleichung.

8.42

(a) $z = 1 + i = \sqrt{2}\,(\cos\frac{\pi}{4} + i\sin\frac{\pi}{4}) = \sqrt{2}\ e^{i\pi/4}$

$z = 5i = 5(\cos\frac{\pi}{2} + i\sin\frac{\pi}{2}) = 5\,e^{i\pi/2}$

$z = 3 - \sqrt{3}\,i \qquad r = \sqrt{9+3} = \sqrt{12}$

$\tan\varphi = -\frac{1}{\sqrt{3}} \implies \varphi = 150^\circ$ oder $\varphi = 330^\circ$

$= \sqrt{12}\,(\cos 330^\circ + i\sin 330^\circ) = \sqrt{12}\ e^{i\,11\pi/6}$ (4. Quadrant)

$z = -1 = \cos\pi + i\sin\pi = e^{i\pi}$

$z = 1 = \cos 0 + i\sin 0 = e^{i\cdot 0}$

(b) $z = 3(\cos 240° + \mathrm{i}\sin 240°) = 3(-\frac{1}{2} - \frac{1}{2}\sqrt{3}\,\mathrm{i}) = -\frac{3}{2} - \frac{3}{2}\sqrt{3}\,\mathrm{i}$

$z = \frac{1}{\sqrt{3}}(\cos\frac{11}{6}\pi + \mathrm{i}\sin\frac{11}{6}\pi) = \frac{1}{\sqrt{3}}(\frac{1}{2}\sqrt{3} - \frac{1}{2}\mathrm{i}) = \frac{1}{2} - \frac{1}{6}\sqrt{3}\,\mathrm{i}$

Bei den folgenden Zahlen wird mit einem Taschenrechner in RAD (Bogenmaß) gearbeitet.

$z = \cos 2.4 + \mathrm{i}\sin 2.4 \approx -0.74 + 0.68\mathrm{i}$

$z = 0.5(\cos 5.3 + \mathrm{i}\sin 5.3) \approx 0.28 - 0.42\mathrm{i}$

$z = \frac{1}{2}\,\mathrm{e}^{\mathrm{i}2\pi/3} = \frac{1}{2}(\cos\frac{2}{3}\pi + \mathrm{i}\sin\frac{2}{3}\pi) = \frac{1}{2}(-\frac{1}{2} + \frac{1}{2}\sqrt{3}\,\mathrm{i})$
$= -\frac{1}{4} + \frac{1}{4}\sqrt{3}\,\mathrm{i}$

$z = \mathrm{e}^{\mathrm{i}} = \mathrm{e}^{\mathrm{i}\cdot 1} = \cos 1 + \mathrm{i}\,\sin 1 \approx 0.54 + 0.84\,\mathrm{i}$

8.43

(a) $\frac{\mathrm{i}}{\mathrm{i}+\mathrm{e}^{\mathrm{i}\pi}} = \frac{\mathrm{i}}{\mathrm{i}-1} = \frac{\mathrm{i}(\mathrm{i}+1)}{(\mathrm{i}-1)(\mathrm{i}+1)} = \frac{-1+\mathrm{i}}{-2} = \frac{1}{2} - \frac{1}{2}\,\mathrm{i}$

Beim 2. Teil rechnen wir zunächst kartesisch:

$$\frac{1+\mathrm{e}^{\mathrm{i}\pi/4}}{2\,\mathrm{e}^{\mathrm{i}\pi/3}} = \frac{1+\cos\frac{\pi}{4} + \mathrm{i}\,\sin\frac{\pi}{4}}{2(\cos\frac{\pi}{3} + \mathrm{i}\sin\frac{\pi}{3})} = \frac{1+\frac{1}{2}\sqrt{2}+\frac{1}{2}\sqrt{2}\,\mathrm{i}}{1+\sqrt{3}\,\mathrm{i}} = \frac{(1+\frac{1}{2}\sqrt{2}+\frac{1}{2}\sqrt{2}\,\mathrm{i})(1-\sqrt{3}\,\mathrm{i})}{(1+\sqrt{3}\,\mathrm{i})(1-\sqrt{3}\,\mathrm{i})}$$
$$= \frac{1}{4}((1+\frac{1}{2}\sqrt{2}+\frac{1}{2}\sqrt{6}) + \mathrm{i}(\frac{1}{2}\sqrt{2} - \sqrt{3} - \frac{1}{2}\sqrt{6}))$$
$$\approx 0.73 - 0.56\,\mathrm{i}.$$

Oder wir rechnen in Exponentialdarstellung und stellen das Ergebnis kartesisch dar:

$$\frac{1+\mathrm{e}^{\mathrm{i}\pi/4}}{2\,\mathrm{e}^{\mathrm{i}\pi/3}} = \frac{1}{2\,\mathrm{e}^{\mathrm{i}\pi/3}} + \frac{\mathrm{e}^{\mathrm{i}\pi/4}}{2\,\mathrm{e}^{\mathrm{i}\pi/3}} = \frac{1}{2}\,\mathrm{e}^{\mathrm{i}(-\pi/3)} + \frac{1}{2}\,\mathrm{e}^{\mathrm{i}(\pi/4-\pi/3)}$$
$$= \frac{1}{2}(\mathrm{e}^{\mathrm{i}5\pi/3} + \mathrm{e}^{\mathrm{i}\,23\pi/12}) = \frac{1}{2}(\cos\frac{5}{3}\pi + \mathrm{i}\sin\frac{5}{3}\pi + \cos\frac{23}{12}\pi + \mathrm{i}\sin\frac{23}{12}\pi)$$
$$\approx 0.73 - 0.56\,\mathrm{i}$$

(b) $$\frac{1}{1-\mathrm{e}^{\mathrm{i}\varphi}} = \frac{1}{1-(\cos\varphi+\mathrm{i}\,\sin\varphi)} = \frac{1}{1-\cos\varphi-\mathrm{i}\,\sin\varphi} = \frac{1-\cos\varphi+\mathrm{i}\,\sin\varphi}{(1-\cos\varphi)^2+\sin^2\varphi}$$
$$= \frac{1-\cos\varphi+\mathrm{i}\,\sin\varphi}{2-2\cos\varphi} = \frac{1}{2} + \frac{\sin\varphi}{2(1-\cos\varphi)}\,\mathrm{i}$$

8.44 $\mathrm{i}^{27} - 2\mathrm{i}^{17} = \mathrm{i}^{28-1} - 2\mathrm{i}^{16+1} = -\mathrm{i} - 2\mathrm{i} = -3\mathrm{i}$, siehe [S. 354].

$(\mathrm{i}^{11} + \mathrm{i}^{12})^4 = (-\mathrm{i}+1)^4 = (1-\mathrm{i})^4 = ((1-\mathrm{i})^2)^2 = (-2\mathrm{i})^2 = 4\mathrm{i}^2 = -4$

$(\mathrm{i}^2 + \mathrm{i}^3 + \mathrm{i}^4)^{10} = (-1-\mathrm{i}+1)^{10} = (-\mathrm{i})^{10} = \mathrm{i}^{10} = -1$

8.45

(a) $z_1 = -2 + 2\sqrt{3}\,\mathrm{i}: \quad r = 4, \ \tan\varphi = -\sqrt{3} \implies \varphi = \frac{2}{3}\pi$ (2. Quadrant)

$= 4(\cos\frac{2}{3}\pi + \mathrm{i}\sin\frac{2}{3}\pi)$

$(\frac{1}{4}z_1)^{100} = \cos(100\cdot\frac{2}{3}\pi) + \mathrm{i}\sin(100\cdot\frac{2}{3}\pi) \qquad \frac{200}{3}\pi = 33\cdot 2\pi + \frac{2}{3}\pi$

$= \cos\frac{2}{3}\pi + \mathrm{i}\sin\frac{2}{3}\pi = \frac{1}{4}z_1$

Alternativ: Verwendet man $(\cos\frac{2}{3}\pi + \mathrm{i}\sin\frac{2}{3}\pi)^3 = 1$, so erhält man direkt $(\frac{1}{4}z_1)^{100} = (\frac{1}{4}z_1)^{99+1} = ((\frac{1}{4}z_1)^3)^{33}\cdot\frac{1}{4}z_1 = \frac{1}{4}z_1$.

(b) $z_2 = 2(\cos\frac{\pi}{6} + \mathrm{i}\sin\frac{\pi}{6})$

$z_2^6 = 2^6(\cos(6\cdot\frac{\pi}{6}) + \mathrm{i}\sin(6\cdot\frac{\pi}{6})) = 64(\cos\pi + \mathrm{i}\sin\pi) = -64$

(c) $\frac{1}{2}z_1/z_2 = \dfrac{2(\cos\frac{2}{3}\pi + \mathrm{i}\sin\frac{2}{3}\pi)}{2(\cos\frac{\pi}{6} + \mathrm{i}\sin\frac{\pi}{6})} = \cos(\frac{2}{3}\pi - \frac{\pi}{6}) + \mathrm{i}\sin(\frac{2}{3}\pi - \frac{\pi}{6}) = \cos\frac{\pi}{2} + \mathrm{i}\sin\frac{\pi}{2}$

$(\frac{\frac{1}{2}z_1}{z_2})^3 = \cos\frac{3}{2}\pi + \mathrm{i}\sin\frac{3}{2}\pi = -\mathrm{i}$

(d) $\dfrac{2z_2}{z_1} = \dfrac{4(\cos\frac{\pi}{6} + \mathrm{i}\sin\frac{\pi}{6})}{4(\cos\frac{2}{3}\pi + \mathrm{i}\sin\frac{2}{3}\pi)} = \cos(-\frac{\pi}{2}) + \mathrm{i}\sin(-\frac{\pi}{2}) = \cos\frac{3}{2}\pi + \mathrm{i}\sin\frac{3}{2}\pi = -\mathrm{i}$

$(\frac{2z_2}{z_1})^{10} = (-\mathrm{i})^{10} = -1$

8.46 $w = \dfrac{2\sqrt{3}+2\mathrm{i}}{\sqrt{2}+\sqrt{6}\,\mathrm{i}} = \dfrac{2\sqrt{3}+2\mathrm{i}}{\sqrt{2}+\sqrt{6}\,\mathrm{i}} \cdot \dfrac{\sqrt{2}-\sqrt{6}\,\mathrm{i}}{\sqrt{2}-\sqrt{6}\,\mathrm{i}} = \dfrac{2\sqrt{6}+2\sqrt{6}+\mathrm{i}(2\sqrt{2}-6\sqrt{2})}{2+6}$

$= \frac{1}{2}\sqrt{6} - \frac{1}{2}\sqrt{2}\,\mathrm{i}$

Umwandeln in die polare Darstellung:

$r = \sqrt{\frac{6}{4} + \frac{2}{4}} = \sqrt{2}\,, \quad \tan\varphi = -\frac{1}{\sqrt{3}} \implies \varphi = \frac{11}{6}\pi$ (4. Quadrant)

$w = \sqrt{2}\,(\cos\frac{11}{6}\pi + \mathrm{i}\sin\frac{11}{6}\pi)$

$w^{10} = \sqrt{2}^{\,10}(\cos(10\cdot\frac{11}{6}\pi) + \mathrm{i}\sin(10\cdot\frac{11}{6}\pi)) = 32(\cos\frac{\pi}{3} + \mathrm{i}\sin\frac{\pi}{3}) = \underline{16 + 16\sqrt{3}\,\mathrm{i}}$

8.47

(a) $z = -1 - \mathrm{i}$:

$z^2 = (-1-\mathrm{i})^2 = 2\mathrm{i}\,, \quad z^3 = 2 - 2\mathrm{i}\,, \quad z^4 = -4\,, \quad z^5 = 4 + 4\mathrm{i}\,, \quad z^6 = -8\mathrm{i}\,.$

(b) $z = \sqrt{3}\,(\cos\frac{2}{3}\pi + \mathrm{i}\sin\frac{2}{3}\pi)$:

$z^2 = 3(\cos\frac{4}{3}\pi + \mathrm{i}\sin\frac{4}{3}\pi)\,, \qquad z^3 = 3\sqrt{3}\,(\cos 2\pi + \mathrm{i}\sin 2\pi) = 3\sqrt{3}\,,$

$z^4 = 9(\cos\frac{8}{3}\pi + \mathrm{i}\sin\frac{8}{3}\pi) = 9(\cos\frac{2}{3}\pi + \mathrm{i}\sin\frac{2}{3}\pi) = 3\sqrt{3}\,z\,,$

$z^5 = 9\sqrt{3}\,(\cos\frac{4}{3}\pi + \mathrm{i}\sin\frac{4}{3}\pi)\,, \qquad z^6 = 27\,.$

(c) $z = \frac{1}{2}\,\mathrm{e}^{\mathrm{i}\pi/6}$:

$z^2 = \frac{1}{4}\,\mathrm{e}^{\mathrm{i}\pi/3}\,, \quad z^3 = \frac{1}{8}\,\mathrm{e}^{\mathrm{i}\pi/2}\,, \quad z^4 = \frac{1}{16}\,\mathrm{e}^{\mathrm{i}2\pi/3}\,, \quad z^5 = \frac{1}{32}\,\mathrm{e}^{\mathrm{i}5\pi/6}\,, \quad z^6 = \frac{1}{64}\,\mathrm{e}^{\mathrm{i}\pi}\,.$

8.48

(a) $w^2 = -3 + \mathrm{i}$:

$w = u + \mathrm{i}v\,, \qquad u^2 = \frac{1}{2}(-3 + \sqrt{10}) \approx 0.08\,, \qquad u \approx \pm 0.28\,,$

$v^2 = \frac{1}{2}(\sqrt{10} + 3) \approx 3.08\,, \qquad v \approx \pm 1.76\,.$

$2uv = 1 > 0 \implies w_1 \approx 0.28 + 1.76\,\mathrm{i}\,, \quad w_2 \approx -0.28 - 1.76\,\mathrm{i}\,.$

Oder polar rechnen:

$w^2 = -3 + \mathrm{i} \approx \sqrt{10}\,(\cos 162^\circ + \mathrm{i}\sin 162^\circ)$ (2. Quadrant)

$w_1 \approx \sqrt{\sqrt{10}}\,(\cos 81^\circ + \mathrm{i}\sin 81^\circ) \approx 0.28 + 1.76\,\mathrm{i}\,, \quad w_2 = -w_1\,.$

(b) $w^2 = \cos\frac{\pi}{4} + \mathrm{i}\sin\frac{\pi}{4}$:

$w_1 = \cos\frac{\pi}{8} + \mathrm{i}\sin\frac{\pi}{8} \approx 0.92 + 0.38\,\mathrm{i}\,, \qquad w_2 = -w_1\,.$

(c) $w^2 = 9\,\mathrm{e}^{3\mathrm{i}}$:

$w_1 = 3\,\mathrm{e}^{1.5\mathrm{i}} = 3(\cos 1.5 + \mathrm{i}\sin 1.5) \approx 0.21 + 2.99\,\mathrm{i}\,, \qquad w_2 = -w_1\,.$

(d) $z^3 = -\sqrt{32} + \sqrt{32}\,\mathrm{i} = 8(\cos\frac{3}{4}\pi + \mathrm{i}\,\sin\frac{3}{4}\pi)$

$$\begin{aligned} z_0 &= 2(\cos\tfrac{1}{4}\pi + \mathrm{i}\,\sin\tfrac{1}{4}\pi) = \sqrt{2} + \sqrt{2}\,\mathrm{i}\,, \\ z_1 &= 2(\cos(\tfrac{1}{4}\pi + \tfrac{2}{3}\pi) + \mathrm{i}\,\sin(\tfrac{1}{4}\pi + \tfrac{2}{3}\pi)) \\ &= 2(\cos(\tfrac{11}{12}\pi) + \mathrm{i}\,\sin(\tfrac{11}{12}\pi)) \\ &\approx -1.93 + 0.52\,\mathrm{i}\,, \\ z_2 &= 2(\cos(\tfrac{1}{4}\pi + \tfrac{4}{3}\pi) + \mathrm{i}\,\sin(\tfrac{1}{4}\pi + \tfrac{4}{3}\pi)) \\ &= 2(\cos(\tfrac{19}{12}\pi) + \mathrm{i}\,\sin(\tfrac{19}{12}\pi)) \\ &\approx 0.52 - 1.93\,\mathrm{i}\,. \end{aligned}$$

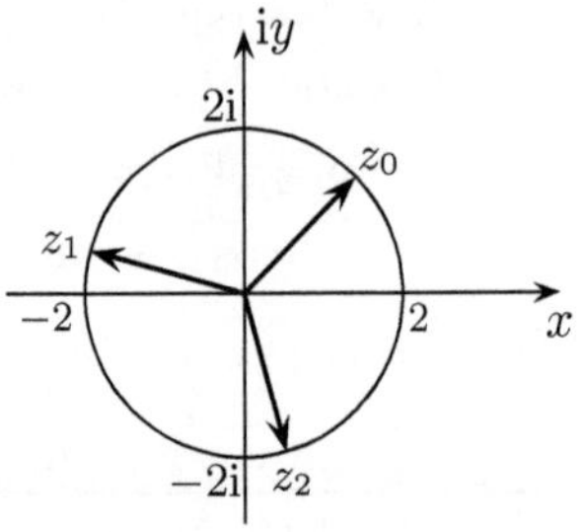

(e) $z^3 = 64(\cos\frac{\pi}{3} + \mathrm{i}\,\sin\frac{\pi}{3})$

$$\begin{aligned} z_0 &= 4(\cos\tfrac{\pi}{9} + \mathrm{i}\,\sin\tfrac{\pi}{9}) \approx 3.76 + 1.37\,\mathrm{i}\,, \\ z_1 &= 4(\cos(\tfrac{\pi}{9} + \tfrac{2}{3}\pi) + \mathrm{i}\,\sin(\tfrac{\pi}{9} + \tfrac{2}{3}\pi)) \\ &= 2(\cos(\tfrac{7}{9}\pi) + \mathrm{i}\,\sin(\tfrac{7}{9}\pi)) \\ &\approx -3.06 + 2.57\,\mathrm{i}\,, \\ z_2 &= 4(\cos(\tfrac{\pi}{9} + \tfrac{4}{3}\pi) + \mathrm{i}\,\sin(\tfrac{\pi}{9} + \tfrac{4}{3}\pi)) \\ &= 2(\cos(\tfrac{13}{9}\pi) + \mathrm{i}\,\sin(\tfrac{13}{9}\pi)) \\ &\approx -0.69 - 3.94\,\mathrm{i}\,. \end{aligned}$$

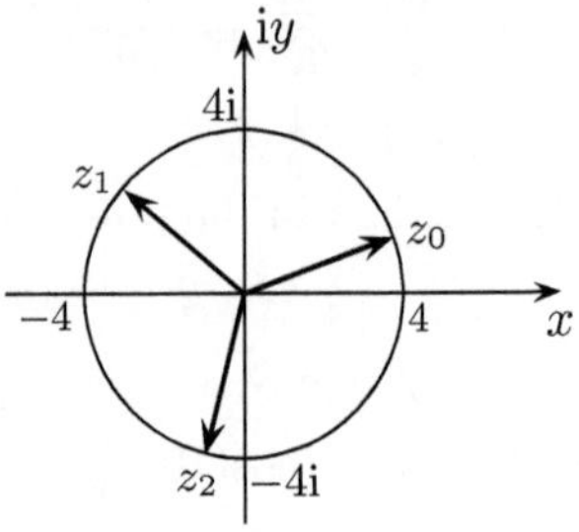

(f) $z^3 = \mathrm{e}^{\mathrm{i}\pi}$

$$\begin{aligned} z_0 &= \mathrm{e}^{\mathrm{i}\pi/3} = \tfrac{1}{2} + \tfrac{1}{2}\sqrt{3}\,\mathrm{i}\,, \\ z_1 &= \mathrm{e}^{\mathrm{i}(\pi/3+2\pi/3)} = \mathrm{e}^{\mathrm{i}\pi} = -1\,, \\ z_2 &= \mathrm{e}^{\mathrm{i}(\pi/3+4\pi/3)} = \mathrm{e}^{\mathrm{i}5\pi/3} = \tfrac{1}{2} - \tfrac{1}{2}\sqrt{3}\,\mathrm{i}\,. \end{aligned}$$

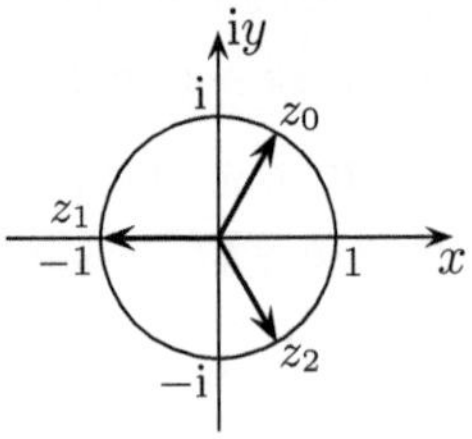

8.49

(a) $z^4 + 8 = -8\sqrt{3}\,\mathrm{i}$

$\iff z^4 = -8 - 8\sqrt{3}\,\mathrm{i} = 16(\cos\frac{4}{3}\pi + \mathrm{i}\sin\frac{4}{3}\pi)$

Die Gleichung hat die Lösungen

$$z_k = \sqrt[4]{16}(\cos(\tfrac{\pi}{3} + k\cdot\tfrac{2\pi}{4}) + \mathrm{i}\sin(\tfrac{\pi}{3} + k\cdot\tfrac{2\pi}{4}))$$
$k = 0, 1, 2, 3,$ also

$$\begin{aligned} z_0 &= 2(\cos\tfrac{\pi}{3} + \mathrm{i}\sin\tfrac{\pi}{3}) = 1 + \sqrt{3}\,\mathrm{i}\,, \\ z_1 &= 2(\cos\tfrac{5}{6}\pi + \mathrm{i}\sin\tfrac{5}{6}\pi) = -\sqrt{3} + \mathrm{i}\,, \\ z_2 &= 2(\cos\tfrac{4}{3}\pi + \mathrm{i}\sin\tfrac{4}{3}\pi) = -1 - \sqrt{3}\,\mathrm{i}\,, \\ z_3 &= 2(\cos\tfrac{11}{6}\pi + \mathrm{i}\sin\tfrac{11}{6}\pi) = \sqrt{3} - \mathrm{i}\,. \end{aligned}$$

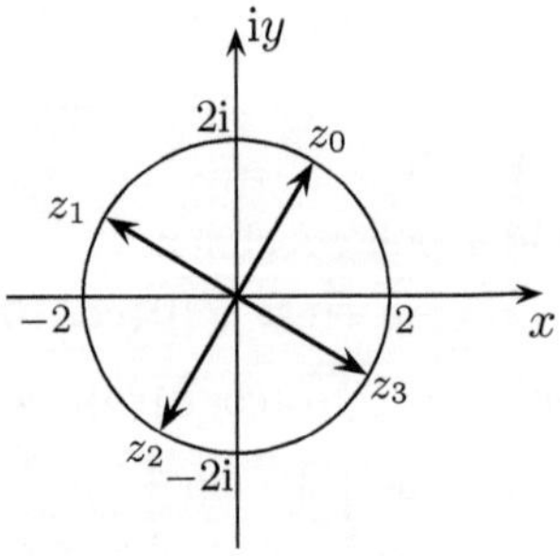

(b) $2z^8 + 1 + \sqrt{3}\,\mathrm{i} = 0$

$\iff z^8 = -\frac{1}{2} - \frac{1}{2}\sqrt{3}\,\mathrm{i} = \cos\frac{4}{3}\pi + \mathrm{i}\sin\frac{4}{3}\pi$

Die Gleichung hat die Lösungen

$z_k = \cos(\frac{\pi}{6} + k\cdot\frac{2\pi}{8}) + \mathrm{i}\sin(\frac{\pi}{6} + k\cdot\frac{2\pi}{8})$

$k = 0, 1, 2, \ldots, 7.$

Zu den Lösungen gehören die Winkel

$30°, 75°, 120°, 165°, 210°, 255°, 300°, 345°.$

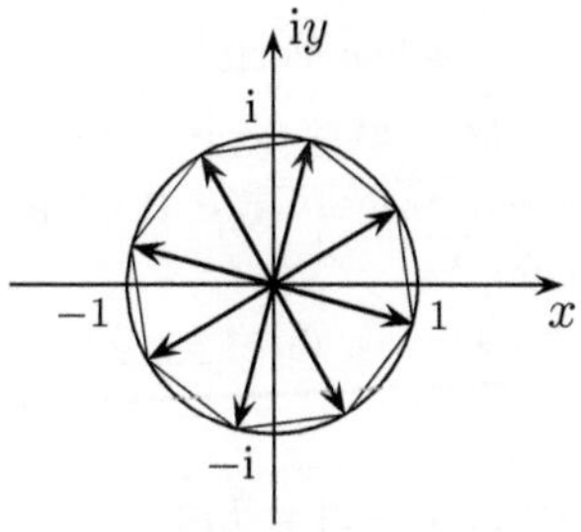

Die Lösungen bilden die Ecken eines regelmäßigen Achtecks und liegen auf dem Einheitskreis.

8.50

(a) $z^2 - 2z + 2 = 0 \iff z_{1,2} = 1 \pm \sqrt{-1}$ $\quad \underline{z_1 = 1 + \mathrm{i}},\ \underline{z_2 = 1 - \mathrm{i}}.$

(b) $z^2 - 2z + 1 + 2\mathrm{i} = 0 \iff z_{1,2} = 1 \pm \sqrt{-2\mathrm{i}}$

$w^2 = -2\mathrm{i} = 2(\cos\frac{3}{2}\pi + \mathrm{i}\sin\frac{3}{2}\pi)$ hat die Lösungen

$w_1 = \sqrt{2}\,(\cos\frac{3}{4}\pi + \mathrm{i}\sin\frac{3}{4}\pi) = \sqrt{2}\,(-\frac{1}{2}\sqrt{2} + \frac{1}{2}\sqrt{2}\,\mathrm{i}) = -1 + \mathrm{i},\ w_2 = -w_1 = 1 - \mathrm{i}.$

$z_1 = 1 + w_1 = 1 + (-1 - \mathrm{i}) = \underline{\mathrm{i}},\quad z_2 = 1 + w_2 = 1 + (1 - \mathrm{i}) = \underline{2 - \mathrm{i}}.$

(c) $z^2 - (4 + 3\mathrm{i})z + 1 + 5\mathrm{i} = 0 \iff z_{1,2} = \frac{4+3\mathrm{i}}{2} \pm \sqrt{(\frac{4+3\mathrm{i}}{2})^2 - 1 - 5\mathrm{i}}$

$w^2 = (\frac{4+3\mathrm{i}}{2})^2 - 1 - 5\mathrm{i} = \frac{1}{4}(16 + 24\mathrm{i} + 9\mathrm{i}^2) - 1 - 5\mathrm{i} = \frac{3}{4} + \mathrm{i}$

Wir benutzen das kartesische Verfahren zur Lösung, siehe [Seite 374].

Ansatz $\quad w = u + \mathrm{i}v, \quad u^2 = \frac{1}{2}(\frac{3}{4} + \sqrt{\frac{9}{16} + 1}\,) = 1,\ v^2 = \frac{1}{2}(\sqrt{\frac{9}{16} + 1} - \frac{3}{4}) = \frac{1}{4}.$

Wegen $2uv = 1 > 0$ ist $u = 1$, $v = \frac{1}{2}$ eine Lösung, also $w_1 = 1 + \frac{1}{2}\mathrm{i}$, $w_2 = -w_1$.

Es folgt: $\quad z_1 = \frac{4+3\mathrm{i}}{2} + 1 + \frac{1}{2}\mathrm{i} = \underline{3 + 2\mathrm{i}},\quad z_2 = \frac{4+3\mathrm{i}}{2} - 1 - \frac{1}{2}\mathrm{i} = \underline{1 + \mathrm{i}}.$

(d) $-\mathrm{i}z^2 + (4 + \mathrm{i})z - 2 + 4\mathrm{i} = 0 \quad\iff\quad z^2 + \mathrm{i}(4 + \mathrm{i})z - 2\mathrm{i} - 4 = 0$.

$\iff\quad z^2 + (-1 + 4\mathrm{i})z - 4 - 2\mathrm{i} = 0$

$z_{1,2} = -\frac{4\mathrm{i}-1}{2} \pm \sqrt{(\frac{4\mathrm{i}-1}{2})^2 + 4 + 2\mathrm{i}}$

$w^2 = (\frac{4\mathrm{i}-1}{2})^2 + 4 + 2\mathrm{i} = \frac{-16-8\mathrm{i}+1}{4} + 4 + 2\mathrm{i} = \frac{1}{4},\quad w = \pm\frac{1}{2}.$

$z_{1,2} = -2\mathrm{i} + \frac{1}{2} \pm \frac{1}{2},\quad z_1 = \underline{-2\mathrm{i} + 1},\ z_2 = \underline{-2\mathrm{i}}.$

8.51 $z^2 - (6 + 2\mathrm{i})z + 16 + 12\mathrm{i} \iff z_{1,2} = 3 + \mathrm{i} \pm \sqrt{(3 + \mathrm{i})^2 - 16 - 12\mathrm{i}}.$

$w^2 = (3 + \mathrm{i})^2 - 16 - 12\mathrm{i} = -8 - 6\mathrm{i}.$

(a) Rechnung in Polarkoordinaten:

$w^2 = -8 - 6\mathrm{i} \approx 10(\cos 3.785 + \mathrm{i}\sin 3.785)$ hat die Lösungen

$w_1 \approx \sqrt{10}\,(\cos 1.89 + \mathrm{i}\sin 1.89) \approx -1 + 3\mathrm{i}$ (gerundet)

$w_2 \approx \sqrt{10}\,(\cos(1.89 + \pi) + \mathrm{i}\sin(1.89 + \pi)) \approx 1 - 3\mathrm{i}$ (gerundet).

$z_1 \approx 3 + \mathrm{i} + w_0 \approx 3 + \mathrm{i} - 1 + 3\mathrm{i} \approx \underline{2 + 4\mathrm{i}}$ (gerundet)

$z_2 \approx 3 + \mathrm{i} + w_1 \approx 3 + \mathrm{i} + 1 - 3\mathrm{i} \approx \underline{4 - 2\mathrm{i}}$ (gerundet)

Probe mit Vieta!

(b) Kartesisches Verfahren:
Ansatz: $w = u + \mathrm{i}v$, $u^2 = \frac{1}{2}(-8 + \sqrt{64+36}) = 1$, $v^2 = \frac{1}{2}(\sqrt{64+36} + 8) = 9$.
Wegen $2uv = -6 < 0$ ist $w_1 = 1 - 3\mathrm{i}$ eine Lösung von $w^2 = -8 - 6\mathrm{i}$, $w_2 = -w_1$.
Es folgt
$z_1 = 3 + \mathrm{i} + w_1 = \underline{4 - 2\mathrm{i}}$, $z_2 = 3 + \mathrm{i} + w_2 = \underline{2 + 4\mathrm{i}}$ (exakt).

8.52

(a) Zu $\{z \mid |z-2| = 1\}$:
(i) geometrisch:
$|z - z_0|$ ist der Abstand der komplexen Zahlen z und z_0 in der Gaußschen Zahlenebene. Damit beschreibt $|z-2| = 1$ den Kreis um $z_0 = 2$ mit $r = 1$ in der Gaußschen Zahlenebene.

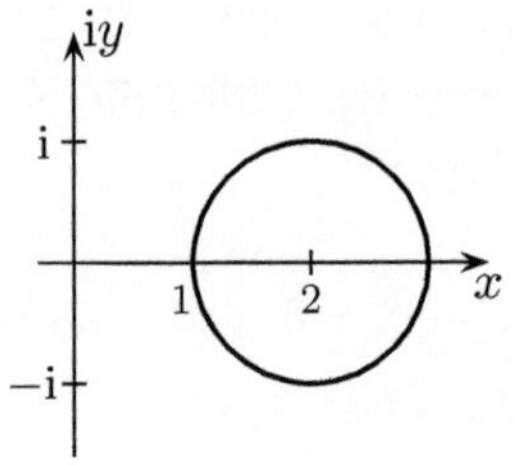

(ii) rechnerisch:
Ansatz: $z = x + \mathrm{i}y$ $z - 2 = x - 2 + \mathrm{i}y$, $|z-2| = \sqrt{(x-2)^2 + y^2}$.
$|z-2| = 1 \iff \sqrt{(x-2)^2 + y^2} = 1 \iff (x-2)^2 + y^2 = 1$.
Nach [**EM1**, S. 139] ist dies der Kreis in der (x,y)-Ebene um $(2,0)$ mit dem Radius 1. Fassen wir die (x,y)-Ebene als Gaußsche Zahlenebene auf, so ist also $\{z \mid |z-2| = 1\}$ die Menge aller komplexen Zahlen, die auf dem Kreis um die komplexe Zahl 2 mit Radius 1 liegen.

(b) Zu $\{z \mid |z + 1 - \mathrm{i}| \le \sqrt{2}\}$:
Es ist $|z + 1 - \mathrm{i}| = |z - (-1 + \mathrm{i})|$.
Damit beschreibt die Menge $\{z \mid |z + 1 - \mathrm{i}| \le \sqrt{2}\}$ nach (a) das Innere (einschließlich Rand) des Kreises um $-1+\mathrm{i}$ mit dem Radius $\sqrt{2}$.

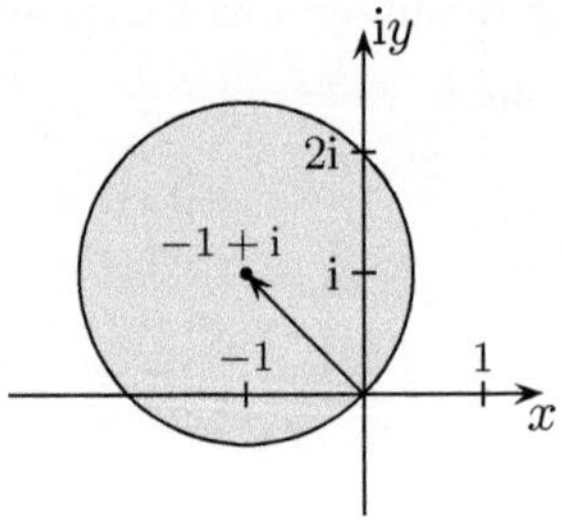

(c) Zu $\{z \mid |z-1| + |z+1| = 6\}$:
(i) geometrisch:
Zu den Bezeichnungen siehe [**EM1**, S. 142].
Gesucht sind alle komplexen Zahlen, bei denen die Summe der Abstände von 1 und -1 konstant gleich 6 ist.
Diese liegen auf einer Ellipse mit den Brennpunkten 1 und -1.
Für deren Halbachsen a und b gilt:
$a - 1 + a + 1 = 6$, also $a = 3$ und mit $a^2 - b^2 = 1$ dann weiter $b = \sqrt{8}$.

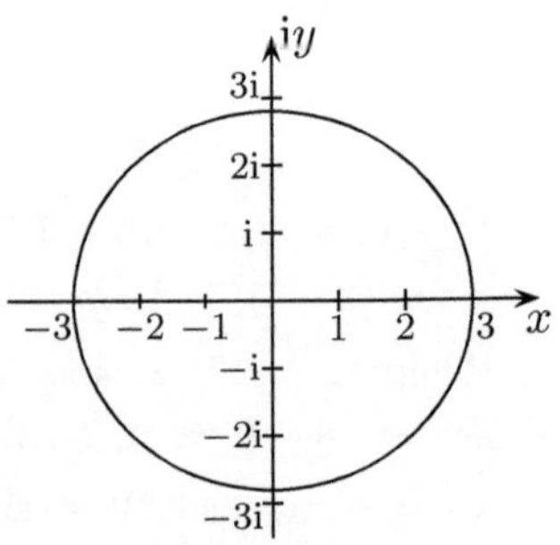

(ii) rechnerisch:
Ansatz: $z = x + \mathrm{i}y$, $z - 1 = x - 1 + \mathrm{i}y$, $z + 1 = x + 1 + \mathrm{i}y$
$|z-1| = \sqrt{(x-1)^2 + y^2}$, $|z+1| = \sqrt{(x+1)^2 + y^2}$. Also:

$$\begin{aligned}
|z-1|+|z+1|=6 &\iff \sqrt{(x-1)^2+y^2}+\sqrt{(x+1)^2+y^2}=6\\
&\implies (x-1)^2+y^2+2\sqrt{(x-1)^2+y^2}\,\sqrt{(x+1)^2+y^2}\\
&\qquad\qquad +(x+1)^2+y^2=36\\
&\iff x^2+y^2-17=-\sqrt{(x-1)^2+y^2}\,\sqrt{(x+1)^2+y^2}\\
&\implies (x^2+y^2-17)^2=((x-1)^2+y^2)((x+1)^2+y^2)\\
&\iff -32x^2-36y^2=-288\\
&\iff \frac{x^2}{9}+\frac{y^2}{8}=1
\end{aligned}$$

Diese Gleichung beschreibt in der (x,y)-Ebene eine Ellipse mit Mittelpunkt $(0,0)$ und den Halbachsen 3 und $\sqrt{8}$.

(d) Zu $\{z \mid |z-2|-|z+2|=2\}$:
Zu den Bezeichnungen siehe [**EM 1**, S. 147].
(i) geometrisch:
Gesucht sind alle komplexen Zahlen, für die die Differenz der Abstände von 2 und -2 konstant gleich $2\,(=2a)$ ist. Diese liegen auf einem Ast einer Hyperbel mit den Brennpunkten 2 und -2. Man sieht, dass -1 zur Menge gehört.

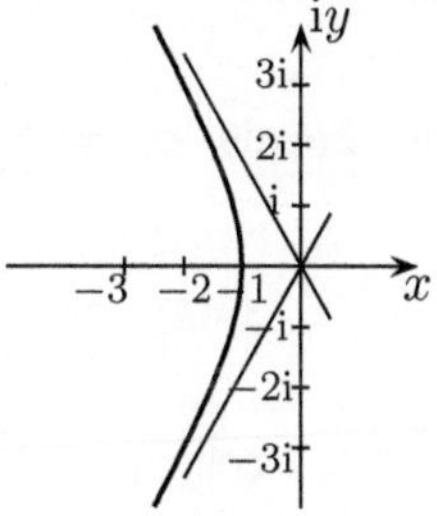

Damit erhält man den linken Ast einer in x-Richtung geöffneten Hyperbel mit dem Scheitelpunkt $(-1,0)$. Es ist $a=1$, und aus $a^2+b^2=e^2$ folgt mit $e=2$: $1+b^2=4$, also $b=\sqrt{3}$.
(ii) rechnerisch: siehe (c):

$$\begin{aligned}
|z-2|-|z+2|=2 &\iff \sqrt{(x-2)^2+y^2}-\sqrt{(x+2)^2+y^2}=2\\
&\implies 48x^2-16y^2=48 \qquad \text{wie in (c)}\\
&\implies \frac{x^2}{1}-\frac{y^2}{3}=1
\end{aligned}$$

Der Punkt $(1,0)$, also $z=1$, erfüllt die Gleichung $|z-2|-|z+2|=2$ nicht, woraus man schließt, dass der rechte Ast der Hyperbel nicht zur Menge gehört. (Quadrieren ist hier keine äquivalente Umformung.)

(e) Zu $\{z \mid |z|<1-\mathrm{Re}(z)\}$:
Ansatz: $z=x+\mathrm{i}y$,
$\mathrm{Re}(z)=x,\quad |z|=\sqrt{x^2+y^2}$.

$$\begin{aligned}
|z|<1-\mathrm{Re}(z) &\iff \sqrt{x^2+y^2}<1-x\\
&\implies x^2+y^2<(1-x)^2\\
&\iff x<\tfrac{1}{2}-\tfrac{1}{2}y^2
\end{aligned}$$

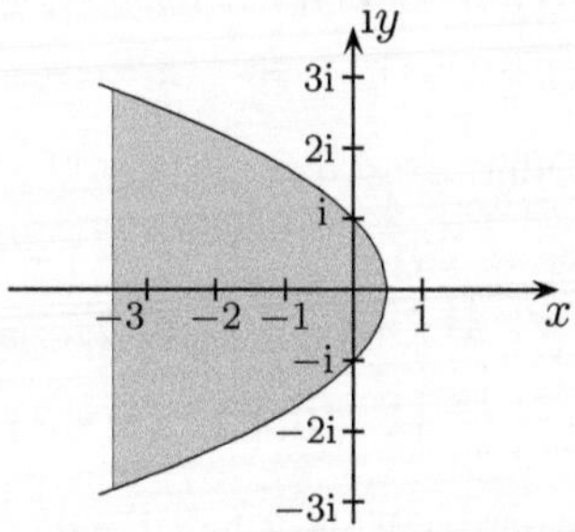

Die Menge beschreibt nach [**EM 1**, S. 153] alle komplexen Zahlen, die im Inneren einer nach links geöffneten Parabel mit Scheitelpunkt $z=\frac{1}{2}$ liegen (ohne die Parabel).

(f) Zu $\{z \mid \mathrm{Re}(z^2-z)+\mathrm{Im}(z)\geq 0\}$:
$z=x+\mathrm{i}y,\quad z^2-z=x^2-x-y^2+(2x-y)\mathrm{i}.$
$\mathrm{Re}(z^2-z)+\mathrm{Im}(z)\geq 0 \iff x^2-x-y^2+y\geq 0$
$\iff (x-\frac{1}{2})^2\geq(y-\frac{1}{2})^2$
$\iff |x-\frac{1}{2}|\geq|y-\frac{1}{2}|$

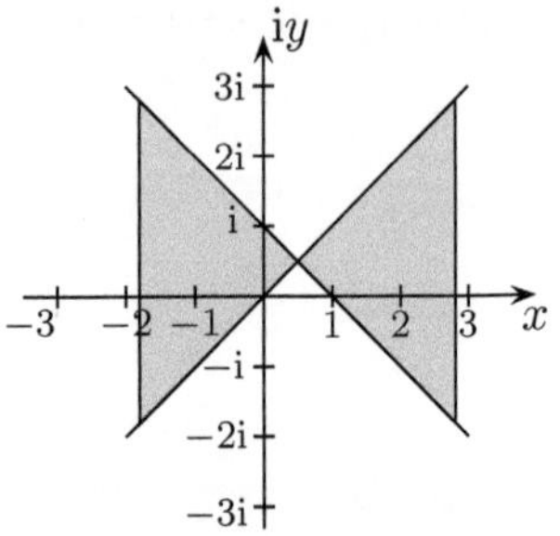

Der durch $|x|\leq|y|$ gegebene Bereich der x,y-Ebene ist in [**EM1**, 13.30 (b)] skizziert worden. Daraus ergibt sich auch der durch $|x|\geq|y|$ gegebene Bereich, und durch Verschiebung von $(0,0)$ auf $(\frac{1}{2},\frac{1}{2})$ der hier gefragte Bereich.
Daher ergibt sich als Menge $\{z \mid \mathrm{Re}(z^2-z)+\mathrm{Im}(z)\geq 0\}$ der in der Skizze gefärbte Bereich in der Gaußschen Zahlenebene einschließlich der Ränder.

8.53 Mit der Formel $\mathrm{e}^x=\sum\limits_{n=0}^{\infty}\frac{1}{n!}x^n$ und den Reihen für $\sin x$ und $\cos x$

$$\sin x = \sum_{n=0}^{\infty}\frac{(-1)^n}{(2n+1)!}x^{2n+1}=x-\frac{x^3}{3!}+\frac{x^5}{5!}\mp\cdots,$$
$$\cos x = \sum_{n=0}^{\infty}\frac{(-1)^n}{(2n)!}x^{2n}=1-\frac{x^2}{2!}+\frac{x^4}{4!}\mp\cdots$$

ergibt sich: $\mathrm{e}^{\mathrm{i}\varphi} = \sum\limits_{n=0}^{\infty}\frac{1}{n!}(\mathrm{i}\varphi)^n = 1+\mathrm{i}\varphi+\frac{\mathrm{i}^2}{2!}\varphi^2+\frac{\mathrm{i}^3}{3!}\varphi^3+\frac{\mathrm{i}^4}{4!}\varphi^4+\frac{\mathrm{i}^5}{5!}\varphi^5+\cdots$

Potenzen von i siehe [S. 354]

$= 1+\mathrm{i}\varphi-\frac{1}{2!}\varphi^2-\frac{\mathrm{i}}{3!}\varphi^3+\frac{1}{4!}\varphi^4+\frac{\mathrm{i}}{5!}\varphi^5-+\cdots$

Sortieren nach Real-und Imaginärteil

$= 1-\frac{\varphi^2}{2!}+\frac{\varphi^4}{4!}\pm\cdots+\mathrm{i}(\varphi-\frac{\varphi^3}{3!}+\frac{\varphi^5}{5!}\mp\cdots)$

$= \cos\varphi+\mathrm{i}\sin\varphi\,.$

8.54 Ist z eine n-te Wurzel der komplexen Zahl b, ist also $z^n=b$, und sind w_k $(k=0,\ldots,n-1)$ die n-ten Einheitswurzeln, also ${w_k}^n=1$,
so gilt für die n verschiedenen Produkte $z_k=z\cdot w_k$:
$z_k=z\cdot w_k \implies {z_k}^n=\big(z\cdot w_k\big)^n=z^n\cdot{w_k}^n=b\cdot 1=b$ für $k=0,1,\ldots,n-1$.

Oder: $z^n=b=r\,\mathrm{e}^{\mathrm{i}\,\varphi}\neq 0$ hat nach [S. 369] genau die n verschiedenen Lösungen $z_k=\sqrt[n]{r}\;\mathrm{e}^{\mathrm{i}\,(\frac{\varphi}{n}+k\cdot\frac{2\varphi}{n})}=\big(\sqrt[n]{r}\;\mathrm{e}^{\mathrm{i}\,\frac{\varphi}{n}}\big)\cdot\big(\mathrm{e}^{\mathrm{i}\,k\cdot\frac{2\varphi}{n}}\big)$, $k=0,1,\ldots,n-1$. Dabei ist $\sqrt[n]{r}\;\mathrm{e}^{\mathrm{i}\,\frac{\varphi}{n}}$ eine n-te Wurzel aus b, denn $\big(\sqrt[n]{r}\;\mathrm{e}^{\mathrm{i}\,\frac{\varphi}{n}}\big)^n=r\,\mathrm{e}^{\mathrm{i}\varphi}=b$ und $\mathrm{e}^{\mathrm{i}\,k\cdot\frac{2\varphi}{n}}$ $(k=0,1,\ldots,n-1)$ sind die n-ten Einheitswurzeln [S. 371].

8.55 Aus der Eulerschen Formel $\mathrm{e}^{\mathrm{i}\varphi}=\cos\varphi+\mathrm{i}\sin\varphi$ und speziell $\mathrm{e}^{\mathrm{i}\pi}=-1$ [S. 363] erhält man folgende Gleichung, in der die fünf Zahlen 0, 1, e, π, i vorkommen:

$$\mathbf{0=1+e^{\pi i}}$$

Index

F1 FORMELSAMMLUNG

Grenzwerte von Folgen ($n \longrightarrow \infty$)

$\frac{1}{n} \longrightarrow 0$	$(1+\frac{1}{n})^n \longrightarrow \mathrm{e}$	$a^n \longrightarrow \begin{cases} 0, & \text{für } \lvert a\rvert < 1 \\ 1, & \text{für } a = 1 \\ \text{divergent sonst} \end{cases}$
$\frac{n+1}{n} \longrightarrow 1$	$(1-\frac{1}{n})^n \longrightarrow \frac{1}{\mathrm{e}}$	$\frac{a^n}{n^k} \longrightarrow \infty \quad \begin{cases} a > 1 \\ k \text{ fest} \end{cases}$
$\sqrt[n]{a} \longrightarrow 1,\ a > 0$	$\frac{n}{\sqrt[n]{n!}} \longrightarrow \mathrm{e}$	$a^n n^k \longrightarrow 0 \quad \begin{cases} \lvert a\rvert < 1 \\ k \text{ fest} \end{cases}$
$\sqrt[n]{n} \longrightarrow 1$	$\frac{n^n}{n!} \longrightarrow \infty$	

Rechenregeln für Grenzwerte ($n \longrightarrow \infty$)

$$\left.\begin{array}{l} a_n \longrightarrow a \\ b_n \longrightarrow b \end{array}\right. \Longrightarrow \quad \begin{array}{l|l|l} a_n + b_n \longrightarrow a + b & a_n \cdot b_n \longrightarrow a \cdot b & \frac{a_n}{b_n} \longrightarrow \frac{a}{b},\ b \neq 0 \\ a_n - b_n \longrightarrow a - b & \sqrt{a_n} \longrightarrow \sqrt{a} & f(a_n) \longrightarrow f(a),\ f \text{ stetig} \end{array}$$

$$\begin{array}{l} a_n \longrightarrow a \\ b_n \longrightarrow a \end{array} \text{ und } \begin{array}{l} a_n \le x_n \le b_n \\ \text{für } n \ge n_0 \end{array} \Longrightarrow \quad x_n \longrightarrow a$$

$a_n \le x_n \le b_n$, alle $\searrow \downarrow \swarrow$ a

Kapitalentwicklung bei Zinseszins

Ein Kapital K_0 wird mit jährlich $p\%$ verzinst, Zinsfaktor $q = 1 + p\% = 1 + \frac{p}{100}$.
Die Zinsen werden jeweils am Jahresende dem Kapital zugeschlagen.

Kapital nach 1 Jahr	K_1	$=$	$K_0(1+p/100)$	$=$	$K_0\, q$,
Kapital nach n Jahren	K_n	$=$	$K_0(1+p/100)^n$	$=$	$K_0\, q^n$,
Verdoppelung nach	n	$=$	$\frac{\ln 2}{\ln q} \approx \frac{70}{p}$ Jahren.		

Endliche Reihen

	Summe der ersten n
$\sum_{k=1}^{n} k = 1 + 2 + \cdots + n = \frac{1}{2} n(n+1)$	natürlichen Zahlen,
$\sum_{k=1}^{n} 2k = 2 + 4 + \cdots + 2n = n(n+1)$	geraden Zahlen,
$\sum_{k=1}^{n} (2k-1) = 1 + 3 + \cdots + (2n-1) = n^2$	ungeraden Zahlen,
$\sum_{k=1}^{n} k^2 = 1 + 2^2 + \cdots + n^2 = \frac{1}{6} n(n+1)(2n+1)$	Quadratzahlen.

$$\sum_{k=0}^{n} q^k = 1 + q + q^2 + \cdots + q^n = \frac{1-q^{n+1}}{1-q},\ q \neq 1$$

endliche geometrische Reihe

Binomische Formeln

$(a+b)^2 = a^2 + 2ab + b^2$

$(a-b)^2 = a^2 - 2ab + b^2$

$(a+b)(a-b) = a^2 - b^2$

Allgemeine binomische Formel

$$(a+b)^n = \sum_{k=0}^{n} \binom{n}{k} a^{n-k} b^k = \binom{n}{0} a^n + \cdots + \binom{n}{k} a^{n-k} b^k + \cdots + \binom{n}{n} b^n$$

Reihen

Geometrische Reihe $\sum_{k=0}^{\infty} q^k = 1 + q + q^2 + q^3 + \cdots = \frac{1}{1-q}$ für $|q| < 1$

Harmonische Reihe $\sum_{k=1}^{\infty} \frac{1}{k} = 1 + \frac{1}{2} + \frac{1}{3} + \frac{1}{4} + \cdots = \infty$

Alternierende harm. Reihe $\sum_{k=1}^{\infty} (-1)^{k+1} \frac{1}{k} = 1 - \frac{1}{2} + \frac{1}{3} - \frac{1}{4} \pm \cdots = \ln 2$

Allgemeine harm. Reihe $\sum_{k=1}^{\infty} \frac{1}{k^\alpha}$ konvergiert $\iff \alpha > 1$

siehe auch uneigentliches Integral! $\int_1^{\infty} \frac{dx}{x^\alpha}$ konvergiert $\iff \alpha > 1$

Konvergenzkriterien

Notwendiges Kriterium

Ist $\sum_{k=0}^{\infty} a_k$ konvergent, so ist (a_k) eine Nullfolge, d.h. $a_k \longrightarrow 0$.

Leibniz-Kriterium für **alternierende Reihen**:

Ist (a_k) eine monoton fallende Nullfolge, so ist $\sum_{k=0}^{\infty} (-1)^k a_k$ konvergent.

Quotientenkriterium

$$\frac{|a_{k+1}|}{|a_k|} \xrightarrow[k\to\infty]{} q, \quad \text{so ist} \quad \sum_{k=0}^{\infty} a_k \begin{cases} \text{absolut konvergent} & \text{für } q < 1 \\ \text{divergent} & \text{für } q > 1 \end{cases}$$

Wurzelkriterium

$$\sqrt[k]{|a_k|} \xrightarrow[k\to\infty]{} q, \quad \text{so ist} \quad \sum_{k=0}^{\infty} a_k \begin{cases} \text{absolut konvergent} & \text{für } q < 1 \\ \text{divergent} & \text{für } q > 1 \end{cases}$$

Potenzreihen

$$\mathbf{e}^{\boldsymbol{x}} = 1 + x + \frac{x^2}{2!} + \frac{x^3}{3!} + \frac{x^4}{4!} + \frac{x^5}{5!} + \frac{x^6}{6!} + \cdots = \sum_{k=0}^{\infty} \frac{1}{k!} x^k$$

$$\cosh x = 1 + \frac{x^2}{2!} + \frac{x^4}{4!} + \frac{x^6}{6!} + \cdots = \sum_{k=0}^{\infty} \frac{1}{(2k)!} x^{2k}$$

$$\cos x = 1 - \frac{x^2}{2!} + \frac{x^4}{4!} - \frac{x^6}{6!} \pm \cdots = \sum_{k=0}^{\infty} \frac{(-1)^k}{(2k)!} x^{2k}$$

$$\sinh x = x + \frac{x^3}{3!} + \frac{x^5}{5!} + \cdots = \sum_{k=0}^{\infty} \frac{1}{(2k+1)!} x^{2k+1}$$

$$\sin x = x - \frac{x^3}{3!} + \frac{x^5}{5!} \mp \cdots = \sum_{k=0}^{\infty} \frac{(-1)^k}{(2k+1)!} x^{2k+1}$$

Anzahl der	ohne Wiederholung	mit Wiederh.
k-Permutationen über $\{1,\dots,n\}$	$n(n-1)\cdots(n-k+1)$	n^k
k-Kombinationen über $\{1,\dots,n\}$	$\binom{n}{k}$	$\binom{n+k-1}{k}$

Anzahl der k-Tupel mit l verschiedenen Komponenten der Vielfachh. $k_1,\dots,k_l$
$\frac{k!}{k_1!\cdot k_2!\cdot\ldots\cdot k_l!}$

Die k-Permutationen bzw. k-Kombinationen entsprechen den Auswahlen von k aus n Objekten **mit** bzw. **ohne** Berücksichtigung der Reihenfolge.

Formeln zur Wahrscheinlichkeit

$P(\overline{A}) = P(\Omega \setminus A) = 1 - P(A)$ Wahrsch. d. **Gegenereignisses**

$P(A\cup B) = P(A) + P(B) - P(A\cap B)$ **Additionssatz**

$P(A\cap B) = P(A|B)\cdot P(B)$ **Produktsatz** f. bedingte Wahrsch.

Binomialverteilung

Ein Zufallsexperiment habe nur zwei mögliche Ergebnisse: Treffer und Niete. Die Trefferwahrscheinlichkeit sei p. Das Experiment werde n-mal unabhängig wiederholt, X sei dabei die Anzahl der Treffer. Dann gilt:

$P(X=k) = \binom{n}{k}p^k(1-p)^{n-k}$, für $0\le k\le n$ **Binomialverteilung**

Komplexe Zahlen

Kartesische Koordinaten $\boldsymbol{x, y}$

$$z = \begin{cases} x + \mathrm{i}\,y \\ r(\cos\varphi + \mathrm{i}\sin\varphi) \\ r\,\mathrm{e}^{\mathrm{i}\varphi} \end{cases}$$

Polarkoordinaten $\boldsymbol{r, \varphi}$

$x = r\cos\varphi$

$y = r\sin\varphi$

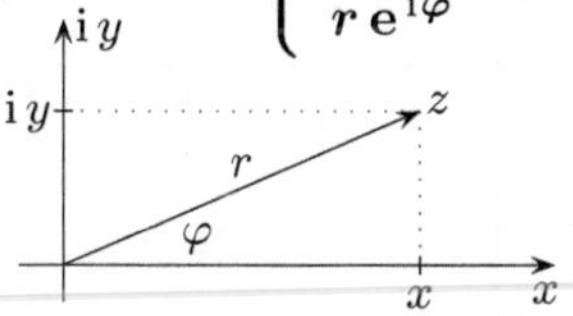

$r = |z| = \sqrt{x^2+y^2}$

$\tan\varphi = \frac{y}{x}$ Quadranten beachten!

$x = 0:$ Sonderfall

Addition	$(x_1+\mathrm{i}\,y_1)+(x_2+\mathrm{i}\,y_2)$	$=$	$(x_1+x_2)+\mathrm{i}\,(y_1+y_2)$
Multiplikation	$(x_1+\mathrm{i}\,y_1)\cdot(x_2+\mathrm{i}\,y_2)$	$=$	$(x_1x_2-y_1y_2)+\mathrm{i}\,(x_1y_2+x_2y_1)$
Division	$\frac{x_1+\mathrm{i}\,y_1}{x_2+\mathrm{i}\,y_2}$	$=$	$\frac{z_1}{z_2} = \frac{z_1\cdot\overline{z_2}}{z_2\cdot\overline{z_2}} = \frac{1}{\lvert z_2\rvert^2}\,z_1\cdot\overline{z_2}$

$$\boxed{r\,\mathrm{e}^{\mathrm{i}\varphi} = r(\cos\varphi + \mathrm{i}\,\sin\varphi)}$$

Multiplikation	$r_1\,\mathrm{e}^{\mathrm{i}\varphi_1}\cdot r_2\,\mathrm{e}^{\mathrm{i}\varphi_2}$	$= r_1\cdot r_2\,\mathrm{e}^{\mathrm{i}(\varphi_1+\varphi_2)}$	Beträge multiplizieren Winkel addieren
Division	$\frac{r_1\,\mathrm{e}^{\mathrm{i}\varphi_1}}{r_2\,\mathrm{e}^{\mathrm{i}\varphi_2}}$	$= \frac{r_1}{r_2}\,\mathrm{e}^{\mathrm{i}(\varphi_1-\varphi_2)}$	Beträge dividieren Winkel subtrahieren
Potenzen	$(r\,\mathrm{e}^{\mathrm{i}\varphi})^n$	$= r^n\,\mathrm{e}^{\mathrm{i}n\cdot\varphi}$	Betrag mit n potenzieren Winkel mit n multiplizieren

Quadratische Gleichungen

$z^2+pz+q=0$ hat die beiden Lösungen $z_{1,2} = -\frac{p}{2}\pm\sqrt{\frac{p^2}{4}-q}$.

Ist $\frac{p^2}{4}-q = r\,\mathrm{e}^{\mathrm{i}\varphi}\neq 0$, so ist $\pm\sqrt{\frac{p^2}{4}-q} = \pm\sqrt{r}\,\mathrm{e}^{\mathrm{i}\varphi/2}$.

Differenziationsregeln	**Integrationsregeln**
Linearität, c konstanter Faktor $(f+g)' = f'+g'$ und $(cf)' = cf'$	Linearität, c konstanter Faktor $\int(f+g) = \int f + \int g$ und $\int cf = c\int f$
Produktregel $(fg)' = f'g + fg'$	partielle Integration $\int f'g\,dx = fg - \int fg'\,dx$
Kettenregel $\big(f(g(x))\big)' = f'(g(x))g'(x)$	Substitutionsregel $\int f(g(x))g'(x)\,dx = \int f(t)\,dt,\ t = g(x)$
Quotientenregel $\left(\frac{f}{g}\right)' = \frac{f'g-fg'}{g^2}$	**Hauptsatz**: Ist $F' = f$, so gilt $\int_a^b f(x)\,dx = F(b) - F(a)$

Stammfunktionen und Ableitungen

f	f'	f	f'	f	f'
x^n	nx^{n-1}	$\sin x$	$\cos x$	$\arcsin x$	$\frac{1}{\sqrt{1-x^2}}$
x	1	$\cos x$	$-\sin x$	$\arccos x$	$\frac{-1}{\sqrt{1-x^2}}$
$\frac{1}{x}$	$\frac{-1}{x^2}$	$\tan x$	$\frac{1}{\cos^2 x} = 1 + \tan^2 x$	$\arctan x$	$\frac{1}{1+x^2}$
$\frac{1}{x^n}$	$\frac{-n}{x^{n+1}}$	$\cot x$	$\frac{-1}{\sin^2 x} = -1 - \cot^2 x$	$\operatorname{arccot} x$	$\frac{-1}{1+x^2}$
$\sqrt{x}$	$\frac{1}{2\sqrt{x}}$	e^x	e^x	$\ln x$	$\frac{1}{x}$
$\frac{1}{\sqrt{x}}$	$\frac{-1}{2x\sqrt{x}}$	a^x	$a^x \ln a$	$\log_a x$	$\frac{1}{x \ln a}$

Extrema, Wendepunkte

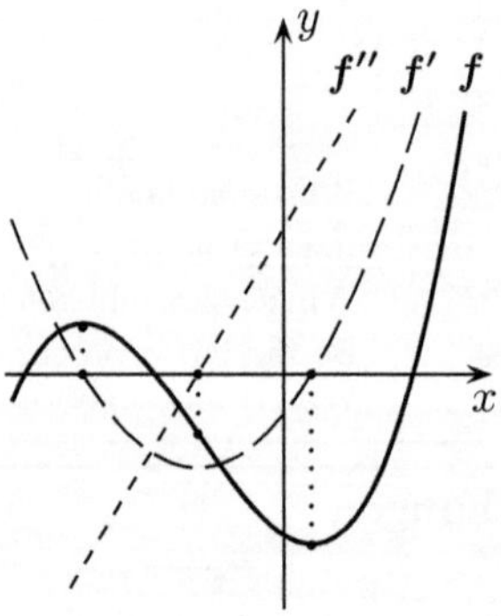

f hat **Extremum** bei $x_0 \quad \Longrightarrow \quad f'(x_0) = 0.$

$f' > 0 \Longrightarrow f$ steigt.

$f' < 0 \Longrightarrow f$ fällt.

f hat **Wendepunkt** bei x_0 $\Longleftrightarrow$ f' hat **Extremum** bei x_0 $\quad \Longrightarrow \quad f''(x_0) = 0.$

$f'' > 0 \Longrightarrow f$ ist konvex.

$f'' < 0 \Longrightarrow f$ ist konkav.

$f'(x_0) = 0$ und $\begin{matrix} f''(x_0) > 0 \\ f''(x_0) < 0 \end{matrix} \Longrightarrow f$ hat bei x_0 $\begin{matrix}\text{Minimum,} \\ \text{Maximum.}\end{matrix}$